国家电网有限公司
STATE GRID
CORPORATION OF CHINA

国家电网有限公司
技能人员专业培训教材

输电电缆运检

国家电网有限公司　组编

中国电力出版社
CHINA ELECTRIC POWER PRESS

图书在版编目（CIP）数据

输电电缆运检 / 国家电网有限公司组编. —北京：中国电力出版社，2020.7（2023.4 重印）
国家电网有限公司技能人员专业培训教材
ISBN 978-7-5198-4490-5

Ⅰ. ①输… Ⅱ. ①国… Ⅲ. ①输电线路–电力电缆–电力系统运行–技术培训–教材②输电线路–电力电缆–检修–技术培训–教材 Ⅳ. ①TM726

中国版本图书馆 CIP 数据核字（2020）第 051288 号

出版发行：中国电力出版社
地　　址：北京市东城区北京站西街 19 号（邮政编码 100005）
网　　址：http://www.cepp.sgcc.com.cn
责任编辑：吴　冰（010-63412356）
责任校对：黄　蓓　李　楠
装帧设计：郝晓燕　赵姗姗
责任印制：石　雷

印　　刷：三河市百盛印装有限公司
版　　次：2020 年 7 月第一版
印　　次：2023 年 4 月北京第二次印刷
开　　本：710 毫米×980 毫米　16 开本
印　　张：32.25
字　　数：624 千字
印　　数：2001—2500 册
定　　价：98.00 元

本书编委会

主　　任　吕春泉

委　　员　董双武　张　龙　杨　勇　张凡华

　　　　　王晓希　孙晓雯　李振凯

编写人员　王光明　甘则富　储　强　周　平

　　　　　刘锦科　吕立翔　徐　欣　王光明

　　　　　曹爱民　战　杰　徐明虎　曹　晖

前　言

为贯彻落实国家终身职业技能培训要求，全面加强国家电网有限公司新时代高技能人才队伍建设工作，有效提升技能人员岗位能力培训工作的针对性、有效性和规范性，加快建设一支纪律严明、素质优良、技艺精湛的高技能人才队伍，为建设具有中国特色国际领先的能源互联网企业提供强有力人才支撑，国家电网有限公司人力资源部组织公司系统技术技能专家，在《国家电网公司生产技能人员职业能力培训专用教材》（2010 年版）基础上，结合新理论、新技术、新方法、新设备，采用模块化结构，修编完成覆盖输电、变电、配电、营销、调度等 50 余个专业的培训教材。

本套专业培训教材是以各岗位小类的岗位能力培训规范为指导，以国家、行业及公司发布的法律法规、规章制度、规程规范、技术标准等为依据，以岗位能力提升、贴近工作实际为目的，以模块化教材为特点，语言简练、通俗易懂，专业术语完整准确，适用于培训教学、员工自学、资源开发等，也可作为相关大专院校教学参考书。

本书为《输电电缆运检》分册，由王光明、甘则富、储强、周平、刘锦科、吕立翔、徐欣、王光明、曹爱民、战杰、徐明虎、曹晖编写。在出版过程中，参与编写和审定的专家们以高度的责任感和严谨的作风，几易其稿，多次修订才最终定稿。在本套培训教材即将出版之际，谨向所有参与和支持本书籍出版的专家表示衷心的感谢！

由于编写人员水平有限，书中难免有错误和不足之处，敬请广大读者批评指正。

目　录

第三部分　电缆施工前期准备

第四部分　电力电缆终端制作与安装

第五部分　电力电缆中间接头制作与安装

第六部分　电缆辅助系统安装与检测

第七部分　电缆试验及故障测寻

第八部分　电缆线路运行维护与检修

第九部分　相　关　规　范

第一部分

电力电缆基础知识

第一章

电力电缆基本知识

模块1　电力电缆的种类及命名（Z06B1001Ⅰ）

【模块描述】本模块介绍电力电缆的种类及命名。通过概念描述、要点讲解，熟悉电力电缆的种类及命名规则，掌握常用电缆型号及规格的含义。

【模块内容】

电力电缆品种规格很多，分类方法多种多样，通常按照绝缘材料、结构、电压等级和特殊用途等方法进行分类。

一、电力电缆的种类和特点

（一）按电缆的绝缘材料分类

电力电缆按绝缘材料不同，可分为油纸绝缘电缆、挤包绝缘电缆和压力电缆三大类。

1. 油纸绝缘电缆

油纸绝缘电缆是绕包绝缘纸带后浸渍绝缘剂（油类）作为绝缘的电缆。

根据浸渍剂不同，油纸绝缘电缆可以分为黏性浸渍纸绝缘电缆和不滴流浸渍纸绝缘电缆两类，其二者结构完全一样，制造过程除浸渍工艺有所不同外，其他均相同。不滴流电缆的浸渍剂黏度大，在工作温度下不滴流，能满足高差较大的环境（如矿山、竖井等）使用。

按绝缘结构不同，油纸绝缘电缆主要分为统包绝缘电缆、分相屏蔽和分相铅包电缆。

（1）统包绝缘电缆，又称带绝缘电缆。统包绝缘电缆的结构特点，是在每相导体上分别绕包部分带绝缘后，加适当填料经绞合成缆，再绕包带绝缘，以补充其各相导体对地绝缘厚度，然后挤包金属护套。

统包绝缘电缆结构紧凑，节约原材料，价格较低。缺点是内部电场分布很不均匀，电力线不是径向分布，具有沿着纸面的切向分量。所以这类电缆又叫非径向电场型电缆。由于油纸的切向绝缘强度只有径向绝缘强度的1/2～1/10，所以统包绝缘电缆容易产生滑移放电。因此这类电缆只能用于 10kV 及以下电压等级。

（2）分相屏蔽电缆和分相铅包电缆。分相屏蔽和分相铅包电缆的结构基本相同，这两种电缆特点是，在每相绝缘线芯制好后，包覆屏蔽层或挤包铅套，然后再成缆。分相屏蔽电缆在成缆后挤包一个三相共用的金属护套，使各相间电场互不相关，从而消除了切向分量，其电力线沿着绝缘芯径向分布，所以这类电缆又叫径向电场型电缆。径向电场型电缆的绝缘击穿强度比非径向型要高得多，多用于 35kV 电压等级。

2. 挤包绝缘电缆

挤包绝缘电缆又称固体挤压聚合电缆，它是以热塑性或热固性材料挤包形成绝缘的电缆。

目前，挤包绝缘电缆有聚氯乙烯（PVC）电缆、聚乙烯（PE）电缆、交联聚乙烯（XLPE）电缆和乙丙橡胶（EPR）电缆等，这些电缆使用在不同的电压等级。

交联聚乙烯电缆是 20 世纪 60 年代以后技术发展最快的电缆品种，与油纸绝缘电缆相比，它在加工制造和敷设应用方面有不少优点，其制造周期较短，效率较高，安装工艺较为简便，导体工作温度可达到 90℃。由于制造工艺的不断改进，如用干式交联取代早期的蒸汽交联，采用悬链式和立式生产线，使得 110～220kV 高压交联聚乙烯电缆产品具有优良的电气性能，能满足城市电网建设和改造的需要。目前在 220kV 及以下电压等级，交联聚乙烯电缆已逐步取代了油纸绝缘电缆。

3. 压力电缆

压力电缆是在电缆中充以能流动、并具有一定压力的绝缘油或气体的电缆。在制造和运行过程中，油纸绝缘电缆的纸层间不可避免地会产生气隙。气隙在电场强度较高时，会出现游离放电，最终导致绝缘层击穿。压力电缆的绝缘处在一定压力（油压或气压）下，抑制了绝缘层中形成气隙，使电缆绝缘工作场强明显提高，可用于 63kV 及以上电压等级的电缆线路。

为了抑制气隙而使用带压力的油或气体填充绝缘是压力电缆的结构特点。按填充压缩气体与油的措施不同，压力电缆可分为自容式充油电缆、充气电缆、钢管充油电缆和钢管充气电缆等品种。

（二）按电缆的结构分类

电力电缆按照电缆芯线的数量不同，可以分为单芯电缆和多芯电缆。

（1）单芯电缆。指单独一相导体构成的电缆。一般大截面导体、高电压等级电缆多采用此种结构。

（2）多芯电缆。指由多相导体构成的电缆，有两芯、三芯、四芯、五芯等。该种结构一般在小截面、中低压电缆中使用较多。

（三）按电压等级分类

电缆的额定电压以 U_0/U（U_m）表示。其中：U_0 表示电缆导体对金属屏蔽之间的额定电压；U 表示电缆导体之间的额定电压；U_m 是设计采用的电缆任何两导体之间可承受的最高系统电压的最大值。根据 IEC 标准推荐，电缆按照额定电压 U 分为低压、中压、高压和超高压四类。

（1）低压电缆：额定电压 U 小于 1kV，如 0.6/1kV。

（2）中压电缆：额定电压 U 6～35kV，如 6/6，6/10，8.7/10，21/35，26/35kV。

（3）高压电缆：额定电压 U 45～150kV，如 38/66，50/66，64/110，87/150kV。

（4）超高压电缆：额定电压 U 220～500kV，如 127/220，190/330，290/500kV。

（四）按特殊需求分类

按对电力电缆的特殊需求，主要有输送大容量电能的电缆、阻燃电缆和光纤复合电缆等品种。

1. 输送大容量电能的电缆

（1）管道充气电缆。管道充气电缆（GIC）是以压缩的六氟化硫气体为绝缘的电缆，也称六氟化硫电缆。这种电缆又相当于以六氟化硫气体为绝缘的封闭母线。这种电缆适用于电压等级在 400kV 及以上的超高压、传送容量 100 万 kVA 以上的大容量电站，高落差和防火要求较高的场所。管道充气电缆由于安装技术要求较高，成本较高，对六氟化硫气体的纯度要求很严，仅用于电厂或变电站内短距离的电气联络线路。

（2）低温有阻电缆。低温有阻电缆是采用高纯度的铜或铝作导体材料，将其处于液氮温度（77K）或者液氢温度（20.4K）状态下工作的电缆。在极低温度下，由导体材料热振动决定的特性温度（德拜温度）之下时，导体材料的电阻随绝对温度的 5 次方急剧变化。利用导体材料的这一性能，将电缆深度冷却，以满足传输大容量电力的需要。

（3）超导电缆。指以超导金属或超导合金为导体材料，将其处于临界温度、临界磁场强度和临界电流密度条件下工作的电缆。利用超低温下出现失阻现象的某些金属及其合金为导体的电缆称为超导电缆，在超导状态下导体的直流电阻为零，以提高电缆的传输容量。

2. 防火电缆

防火电缆是具有防火性能电缆的总称，它包括阻燃电缆和耐火电缆两类。

（1）阻燃电缆。指能够阻滞、延缓火焰沿着其外表蔓延，使火灾不扩大的电缆。在电缆比较密集的隧道、竖井或电缆夹层中，为防止电缆着火酿成严重事故，35kV 及以下电缆应选用阻燃电缆。有条件时，应选用低烟无卤或低烟低卤护套的阻燃电缆。

（2）耐火电缆。是当受到外部火焰以一定高温和时间作用期间，在施加额定电压状态下具有维持通电运行功能的电缆，用于防火要求特别高的场所。

3. 光纤复合电力电缆

将光纤组合在电力电缆的结构层中，使其同时具有电力传输和光纤通信功能的电缆称为光纤复合电力电缆。光纤复合电力电缆集两方面功能于一体，因而降低了工程建设投资和运行维护费用。但如果光纤损坏修复困难。

二、电力电缆的命名方法

电力电缆产品命名用型号、规格和标准编号表示，而电缆产品型号一般由绝缘、导体、护层的代号构成，因电缆种类不同型号的构成有所区别；规格由额定电压、芯数、标称截面构成，以字母和数字为代号组合表示。

1. 额定电压 1（U_m=1.2kV）～35kV（U_m=40.5kV）挤包绝缘电力电缆命名方法

（1）产品型号的组成和排列顺序如图 1–1–1 所示。

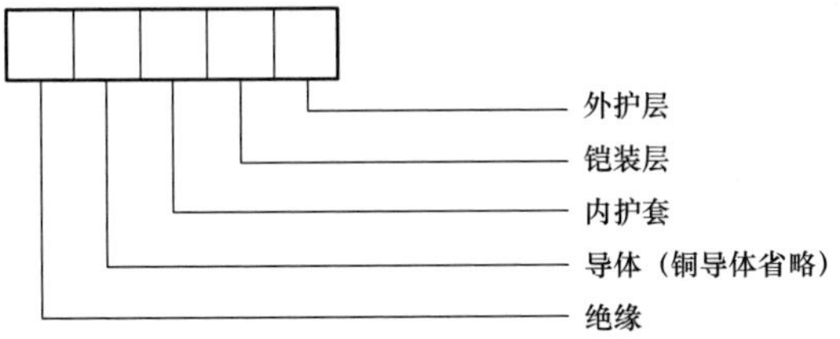

图 1–1–1　产品型号组成与排列顺序

（2）各部分代号及含义见表 1–1–1。

表 1–1–1　代 号 含 义

导体代号	铜导体	（T）省略	铠装代号	双钢带铠装	2
	铝导体	L		细圆钢丝铠装	3
绝缘代号	聚氯乙烯绝缘	V		粗圆钢丝铠装	4
	交联聚乙烯绝缘	YJ		双非磁性金属带铠装	6
	乙丙橡胶绝缘	E		非磁性金属丝铠装	7
	硬乙丙橡胶绝缘	HE	外护层代号	聚氯乙烯外护套	2
护套代号	聚氯乙烯护套	V		聚乙烯外护套	3
	聚乙烯护套	Y		弹性体外护套	4
	弹性体护套	F			
	挡潮层聚乙烯护套	A			
	铅套	Q			

举例：铜芯交联聚乙烯绝缘聚乙烯护套电力电缆，额定电压为 26/35kV，单芯，标称截面 400mm²，表示为：YJY–26/35 1×400。

2. 额定电压 110kV 及以上交联聚乙烯绝缘电力电缆命名方法

（1）产品型号依次由绝缘、导体、金属套、非金属外护套或通用外护层以及阻水结构的代号构成。

（2）各部分代号及含义见表 1–1–2。

表 1–1–2　　代 号 含 义

导体代号	铜导体	（T）省略	非金属外护套代号	聚氯乙烯外护套	02
	铝导体	L		聚乙烯外护套	03
绝缘代号	交联聚乙烯绝缘	YJ	阻水结构代号	纵向阻水结构	Z
金属护套代号	铅套	Q			
	皱纹铝套	LW			

举例：（1）额定电压 64/110kV，单芯，铜导体标称截面积 630mm²，交联聚乙烯绝缘皱纹铝套聚氯乙烯护套电力电缆，表示为：YJLW02 64/110 1×630。

（2）额定电压 64/110kV，单芯，铜导体标称截面积 800mm²，交联聚乙烯绝缘铅套聚乙烯护套纵向阻水电力电缆，表示为：YJQ03–Z 64/110 1×800。

3. 额定电压 35kV 及以下铜芯、铝芯纸绝缘电力电缆命名方法

（1）产品型号依次由绝缘、导体、金属套、特征结构、外护层代号构成。

（2）各部分代号及含义见表 1–1–3 和表 1–1–4。

表 1–1–3　　代 号 含 义

导体代号	铜导体	（T）省略	特征结构代号	分相电缆	F
	铝导体	L		不滴流电缆	D
绝缘代号	纸绝缘	Z		黏性电缆	省略
金属护套代号	铅套	Q			
	铝套	L			

表 1–1–4　　纸绝缘电缆外护层代号含义

代号	铠装层	外被层或外护套	代号	铠装层	外被层或外护套
0	无	—	4	粗圆钢丝	—
1	联锁钢带	纤维外被	5	皱纹钢带	—
2	双钢带	聚氯乙烯外套	6	双铝带或铝合金带	—
3	细圆钢丝	聚乙烯外套			

外护层代号编制原则是：一般外护层按铠装层和外被层结构顺序，以两个阿拉伯数字表示，每一个数字表示所采用的主要材料。

举例：铜芯不滴流油浸纸绝缘分相铅套双钢带铠装聚氯乙烯套电力电缆，额定电压 26/35kV，三芯，标称截面 150mm^2，表示为：ZQFD22–26/35 3×150。

4. 交流 330kV 及以下油纸绝缘自容式充油电缆命名方法

（1）产品型号依次由产品系列代号、导体、绝缘、金属套、外护层代号构成。

（2）各部分代号及含义见表 1–1–5。

表 1–1–5　　　代　号　含　义

产品系列代号	自容式充油电缆	CY	绝缘代号	纸绝缘	Z
导体代号	铜导体	（T）省略	金属护套代号	铅套	Q
	铝导体	L		铝套	L

外护层代号：充油电缆外护层型号按加强层，铠装层和外被层的顺序，通常以三个阿拉伯数字表示。每一个数字表示所采用的主要材料。

外护层以数字为代号的含义见表 1–1–6。

表 1–1–6　　　充油电缆外护层代号含义

代号	加强层	铠装层	外被层或外护套
0	—	无铠装	—
1	铜带径向加强	联锁钢带	纤维外被
2	不锈钢带径向加强	双钢带	聚氯乙烯外套
3	铜带径向加强窄铜带纵向加强	细圆钢丝	—
4	不锈钢带径向窄不锈钢带纵向加强	粗圆钢丝	—

举例：铜芯纸绝缘铅包铜带径向窄铜带纵向加强聚氯乙烯护套自容式充油电缆，额定电压 220kV，单芯，标称截面 400mm^2，表示为：CYZQ302 220/1×400。

【思考与练习】

1. 电力电缆按绝缘材料和结构分类，有哪几类？

2. 按挤包材质分类，挤包电缆有哪几类？

3. 举例说明额定电压 1（U_m=1.2kV）～35kV（U_m=40.5kV）挤包绝缘电力电缆的型号是怎样编制的。

4. 电力电缆按电压等级分类有哪几类？

模块 2 电缆的结构和性能（Z06B1002Ⅰ）

【模块描述】本模块介绍电力电缆的结构和性能。通过要点介绍，掌握电缆导体、屏蔽层、绝缘层的结构及性能，熟悉电缆护层的结构及作用。

【模块内容】

电力电缆的基本结构一般由导体、绝缘层、护层三部分组成，6kV 及以上电缆导体外和绝缘层外还增加了屏蔽层。

一、电缆导体材料的性能及结构

导体的作用是传输电流，电缆导体（线芯）大都采用高电导系数的金属铜或铝（或铝合金）制造。铜的电导率大，机械强度高，易于进行压延、拉丝和焊接等加工。铜是电缆导体最常用的材料，其主要性能如下：

20℃时的密度　8.89g/cm^3；

20℃时的电阻率　$1.724\times10^{-8}\Omega\cdot m$；

电阻温度系数　0.003 93/℃；

抗拉强度　200～210N/mm^2。

铝也是用作电缆导体比较理想的材料，其主要性能如下：

20℃时的密度　2.70g/cm^3；

20℃时的电阻率　$2.80\times10^{-8}\Omega\cdot m$；

电阻温度系数　0.004 07/℃；

抗拉强度　70～95N/mm^2。

铝合金作为电缆导体也是比较理想的材料，其主要性能如下：

20℃时的密度　2.699 6g/cm^3；

20℃时的电阻率　$1.2\times10^{-6}\Omega\cdot m$；

电阻温度系数　0.000 08/℃；

抗拉强度　167～470N/mm^2。

为了满足电缆的柔软性和可曲性的要求，电缆导体一般由多根导线绞合而成。当导体沿某一半径弯曲时，导体中心线圆外部分被拉伸，中心线圆内部分被压缩，绞合导体中心线内外两部分可以相互滑动，使导体不发生塑性变形。

绞合导体外形有圆形、扇形、腰圆形和中空圆形等。

圆形绞合导体几何形状固定，稳定性好，表面电场比较均匀。20kV 及以上油纸电缆及 10kV 及以上交联聚乙烯电缆一般都采用圆形绞合导体结构。

中空圆形导体用于自容式充油电缆，其圆形导体中央以硬铜带螺旋管支撑形成中心油道，或者以型线（Z 形线和弓形线）组成中空圆形导体。

二、电缆屏蔽层的结构及性能

屏蔽层，是能够将电场控制在绝缘内部，同时能够使绝缘界面处表面光滑，并借此消除界面空隙的导电层。电缆导体由多根导线绞合而成，它与绝缘层之间易形成气隙；而导体表面不光滑会造成电场集中。在导体表面加一层半导电材料的屏蔽层，它与被屏蔽的导体等电位，并与绝缘层良好接触，可避免在导体与绝缘层之间发生局部放电。这层屏蔽又称为内屏蔽层。

在绝缘表面和护套接触处，也可能存在间隙；电缆弯曲时，油纸电缆绝缘表面易造成裂纹或皱折，这些都是引起局部放电的因素。在绝缘层表面加一层半导电材料的屏蔽层，它与被屏蔽的绝缘层有良好接触，与金属护套或金属屏蔽层（如铜带）等电位，从而可避免在绝缘层与护套之间发生局部放电。这层屏蔽又称为外屏蔽层。

屏蔽层的材料是半导电材料，其体积电阻率为 10^{-3}～$10^{-6}\Omega\cdot m$。油纸电缆的屏蔽层为半导电纸。半导电纸有吸附离子的作用，有利于改善绝缘电气性能。挤包绝缘电缆的屏蔽层材料是加入碳黑粒子的聚合物。没有金属护套的挤包绝缘电缆，除半导电屏蔽层外，还要增加用铜带或铜丝绕包的金属屏蔽层。其作用是：在正常运行时通过电容电流；当系统发生短路时，作为短路电流的通道，同时也起到屏蔽电场的作用。在电缆结构设计中，要根据系统短路电流的大小，采用相应截面的金属屏蔽层。

三、电缆绝缘层的结构及性能

电缆绝缘层具有承受电压的功能。电缆运行时绝缘层应具有稳定的特性，较高的绝缘电阻、击穿强度，优良的耐树枝放电和局部放电性能。电缆绝缘有挤包绝缘、油纸绝缘、压力电缆绝缘三种。

1. 挤包绝缘

挤包绝缘材料主要是各类塑料、橡胶。其具有耐受电压的功能，为高分子聚合物，经挤包工艺一次成型紧密地挤包在电缆导体上。塑料和橡胶属于均匀介质，与油浸纸的夹层结构完全不同。聚氯乙烯、聚乙烯、交联聚乙烯和乙丙橡胶的主要性能如下：

（1）聚氯乙烯塑料以聚氯乙烯树脂为主要原料，加入适量配合剂、增塑剂、稳定剂、填充剂、着色剂等经混合塑化而制成。聚氯乙烯具有较好的电气性能和较高的机械强度，具有耐酸、耐碱、耐油性，工艺性能比较好；缺点是耐热性能较低，绝缘电阻率较小，介质损耗较大，因此仅用于 6kV 及以下的电缆绝缘。

（2）聚乙烯具有优良的电气性能，介电常数小、介质损耗小、加工方便；缺点是耐热性差、机械强度低、耐电晕性能差、容易产生环境应力开裂。

（3）交联聚乙烯是聚乙烯经过交联反应后的产物。采用交联的方法，将线形结构的聚乙烯加工成网状结构的交联聚乙烯，从而改善了材料的电气性能、耐热性能和机械性能。

聚乙烯交联反应的基本机理是，利用物理的方法（如用高能粒子射线辐照）或者化学的方法（如加入过氧化物化学交联剂，或用硅烷接枝等）来夺取聚乙烯中的氢原子，使其成为带有活性基的聚乙烯分子。而后带有活性基的聚乙烯分子之间交联成三度空间结构的大分子。

（4）乙丙橡胶是一种合成橡胶。用作电缆绝缘的乙丙橡胶是由乙烯、丙烯和少量第三单体共聚而成。乙丙橡胶具有良好的电气性能、耐热性能、耐臭氧和耐气候性能；缺点是不耐油，可以燃烧。

2. 油纸绝缘

油纸绝缘电缆的绝缘层采用窄条电缆纸带，绕包在电缆导体上，经过真空干燥后浸渍矿物油或合成油而形成。纸带的绕包方式，除仅靠导体和绝缘层最外面的几层外，均采用间隙式（又称负搭盖式）绕包，这使电缆在弯曲时，在纸带层间可以相互移动，在沿半径为电缆本身半径的12～25倍的圆弧弯曲时，不至于损伤绝缘。电缆纸是木纤维纸。

3. 压力电缆绝缘

在我国，压力电缆的生产和应用基本上是单一品种，即充油电缆。充油电缆是利用补充浸渍剂原理来消除气隙，以提高电缆工作场强的一种电缆。按充油通道不同，充油电缆分为自容式充油电缆和钢管充油电缆两类。我国生产应用自容式充油电缆已有近50年的历史，而钢管充油电缆尚未付诸工业性应用。运行经验表明，自容式充油电缆具有电气性能稳定、使用寿命较长的优点。自容式充油电缆油道位于导体中央，油道与补充浸渍油的设备（供油箱）相连，当温度升高时，多余的浸渍油流进油箱中，以借助油箱降低电缆中产生的过高压力；当温度降低时，油箱中浸渍油流进电缆中，以填补电缆中因负压而产生的空隙。充油电缆中浸渍剂的压力必须始终高于大气压。保证一定的压力，不仅使电缆工作场强提高，而且可以有效防止一旦护套破裂潮气浸入绝缘层。

四、电缆护层的结构及作用

电缆护层是覆盖在电缆绝缘层外面的保护层。典型的护层结构包括内护套和外护层。内护套贴紧绝缘层，是绝缘的直接保护层。包覆在内护套外面的是外护层。通常，外护层又由内衬层、铠装层和外被层组成。外护层的三个组成部分以同心圆形式层层相叠，成为一个整体。

护层的作用是保证电缆能够适应各种使用环境的要求，使电缆绝缘层在敷设和运行过程中免受机械或各种环境因素损坏，以长期保持稳定的电气性能。内护套的作用是阻止水分、潮气及其他有害物质侵入绝缘层，以确保绝缘层性能不变。内衬层的作用是保护内护套不被铠装扎伤。铠装层使电缆具备必须的机械强度。外被层主要是用于保护铠装层或金属护套免受化学腐蚀及其他环境损害。

【思考与练习】

1. 电力电缆的基本结构一般由哪几部分组成？

2. 电缆屏蔽层有何作用？

3. 电缆的外被层有何作用？

模块3　高压电缆绝缘击穿原理和高压电缆绝缘厚度确定（Z06B1003Ⅱ）

【模块描述】本模块介绍高压电缆绝缘击穿原理和高压电缆绝缘厚度的确定。通过概念讲解和要点介绍，了解高压电缆绝缘击穿机理，熟悉影响高压电缆绝缘厚度的因素，掌握电缆绝缘厚度的计算方法。

【模块内容】

一、高压电缆绝缘击穿原理

（一）固体绝缘击穿特性的划分

固体绝缘的击穿形式有电击穿、热击穿和电化学击穿。这几种击穿形式都与电压的作用时间密切相关。

1. 电击穿

电击穿理论是建立在固体绝缘介质中发生碰撞电离的基础上的，固体介质中存在的少量传导电子，在电场加速下与晶格结点上的原子碰撞，从而击穿。电击穿理论本身又分为两种解释碰撞电离的理论，即固有击穿理论与电子崩击穿理论。

电击穿的特点是电压作用时间短，击穿电压高，击穿电压和绝缘介质温度、散热条件、介质厚度、频率等因素都无关，但和电场的均匀程度关系极大。此外和绝缘介质特性也有很大关系，如果绝缘介质内有气孔或其他缺陷，会使电场发生畸变，导致绝缘介质击穿电压降低。在极不均匀电场及冲击电压作用下，绝缘介质有明显的不完全击穿现象。不完全击穿导致绝缘性能逐渐下降的效应称累积效应。绝缘介质击穿电压会随冲击电压施加次数的增多而下降。

2. 热击穿

由于绝缘介质损耗的存在，固体绝缘介质在电场中会逐渐发热升温，温度的升高又会导致固体绝缘介质电阻下降，使电流进一步增大，损耗发热也随之增大。在绝缘介质不断发热升温的同时，也存在一个通过电极及其他介质向外不断散热的过程。当发热较散热快时，介质温度会不断升高，以致引起绝缘介质分解炭化，最终击穿。这一过程即为绝缘介质的热击穿过程。

3. 电化学击穿（电老化）

在电场的长期作用下逐渐使绝缘介质的物理、化学性能发生不可逆的劣化，最终导致击穿，这种过程称电化学击穿。电化学击穿的类型有电离性击穿（电离性老化）、电导性击穿（电导性老化）和电解性击穿（电解性老化）。前两种主要在交流电场下发生，后一种主要在直流电场下发生。有机绝缘介质表面绝缘性能破坏的表现，还有表面漏电起痕。

（1）电离性老化。如果绝缘介质夹层或内部存在气隙或气泡，在交变电场下，气隙或气泡内的场强会比邻近绝缘介质内的场强大得多，但气体的起始电离场强又比固体介质低得多，所以在该气隙或气泡内很容易发生电离。

此种电离对固体介质的绝缘有许多不良后果。例如，气泡体积膨胀使介质开裂、分层，并使该部分绝缘的电导和介质损耗增大；电离的作用还可使有机绝缘物分解，新分解出的气体又会加入新的电离过程中；还会产生对绝缘材料或金属有腐蚀作用的气体；还会造成电场的局部畸变，使局部介质承受过高的电压，对电离的进一步发展起促进作用。

气隙或气泡的电离，通过上述综合效应会造成邻近绝缘物的分解、破坏（表现为变酥、炭化等形式），并沿电场方向逐渐向绝缘层深处发展。在有机绝缘材料中，放电发展通道会呈树枝状，称为“电树枝”。这种电离性老化过程和局部放电密切相关。

（2）电导性老化。如果在两极之间的绝缘层中存在水分，则当该处场强超过某定值时，水分会沿电场方向逐渐深入到绝缘层中，形成近似树枝状的痕迹，称为“水树枝”。水树枝呈绒毛状的一片或多片，有扇状、羽毛状、蝴蝶状等多种形式。

产生和发展水树枝所需的场强比产生和发展“电树枝”所需的场强低得多。产生水树枝的原因是水或其他电解液中离子在交变电场下反复冲击绝缘物，使其发生疲劳损坏和化学分解，电解液便随之逐渐渗透、扩 散到绝缘深处。

（3）电解性老化。在直流电压的长期作用下，即使所加电压远低于局部放电的起始电压，由于绝缘介质内部进行着电化学过程，绝缘介质也会逐渐老化，导致击穿。当有潮气侵入绝缘介质时，水分子本身就会离解出 H^+和 O_2，从而加速电解性老化。

（4）表面漏电起痕及电蚀损。这是有机绝缘介质表面的一种电老化问题。在潮湿、污脏的绝缘介质表面会流过泄漏电流，在电流密度较大处会先形成干燥带，电压分布随之不均匀，在干燥带上分担较高电压，从而会形成放电小火花或小电弧。此种放电现象会使绝缘体表面过热，局部炭化、烧蚀，形成漏电痕迹，漏电痕迹的持续发展可能逐渐形成沿绝缘体表面贯通两端电极的放电通道。

（二）油纸绝缘的击穿特性

油纸电缆的优点主要是优良的电气性能，干纸的耐电强度仅为 10～13kV/mm，纯油的耐电强度也仅为 10～20kV/mm，二者组合以后，由于油填充了纸中薄弱点的空气隙，纸在油中又起到了屏蔽作用，从而使总体耐电强度提高很多。油纸绝缘工频短时耐电强度可达 50～120kV/mm。

油纸绝缘的击穿过程如同一般固体绝缘介质那样，可分为短时电压作用下的电击穿、稍长时间电压作用下的热击穿及更长时间电压作用下的电化学击穿。

油纸绝缘的短时电气强度很高，但在不同介质的交界处，或层与层、带与带交接处等，都容易出现气隙，因而容易产生局部放电。局部放电对油纸绝缘的长期电气强度是很大的威胁，它对油浸纸有着电、热、化学等腐蚀作用，十分有害。

油纸绝缘在直流电压下的击穿电压常为工频电压（幅值）下的 2 倍以上，这是因为工频电压下局部放电、损耗等都比直流电压下严重得多。

二、设计电缆绝缘厚度应考虑的因素

1. 制造工艺允许的最小厚度

根据制造工艺的可能性，绝缘层必须有一个最小厚度。例如，黏性纸绝缘的层数不得少于 5～10 层，聚氯乙烯最小厚度是 0.25mm。1kV 及以下电缆的绝缘厚度基本上是按工艺上规定的最小厚度来确定的，如果按照材料的平均电场强度的公式来计算低压电缆的绝缘厚度则太薄。例如 500V 的聚氯乙烯电缆，按聚氯乙烯击穿场强是 10kV/mm 计，安全系数取 1.7，则绝缘厚度只有 0.085mm，这样小的厚度是无法生产的。

2. 电缆在制造和使用过程中承受的机械力

电缆在制造和使用过程中，要受到拉伸、剪切、压、弯、扭等机械力的作用。1kV 及以下的电缆，在确定绝缘厚度时，必须考虑其可能承受的各种机械力。大截面低压电缆比小截面低压电缆的绝缘厚度要大一些，原因就是前者所受的机械力比后者大。满足了所承受的机械力的绝缘厚度，其绝缘击穿强度的安全裕度是足够的。

3. 电缆在电力系统中所承受的电压因素

电压等级在 6kV 及以上的电缆，绝缘厚度的主要决定因素是绝缘材料的击穿强度。在讨论这个问题的时候，首先要搞清楚电力系统中电缆所承受的电压情况。

电缆在电力系统中要承受工频电压 U_0。U_0 是电缆设计导体对地或金属屏蔽之间的额定电压。在进行电缆绝缘厚度计算时，我们要取电缆的长期工频试验电压，它是（2.5～3.0）U_0。

电缆在电力系统中还要承受脉冲性质的大气过电压和内部过电压。大气过电压即雷电过电压。电缆线路一般不会遭到直击雷，雷电过电压只能从连接的架空线侵入。

装设避雷器能使电缆线路得到有效保护。因此电缆所承受的雷电过电压取决于避雷器的保护水平 U_p（U_p 是避雷器的冲击放电电压和残压两者之中数值较大者）。通常，取（120%～130%）U_p 为线路基本绝缘水平 *BIL*（Base Insulate Level），也即电缆雷电冲击耐受电压。电力电缆雷电冲击耐受电压见表 1–3–1。

表 1–3–1　　电力电缆雷电冲击耐受电压　　kV

<table>
<tr><td>额定电压（U_0/U）</td><td>3.6/6</td><td>6/6</td><td>8.7/10，8.7/15</td><td>12/20</td><td>21/35</td><td>26/35</td></tr>
<tr><td>雷电冲击耐受电压 BIL</td><td>60</td><td>75</td><td>95</td><td>125</td><td>200</td><td>250</td></tr>
<tr><td>额定电压（U_0/U）</td><td>38/66</td><td>50/66</td><td>64/110</td><td>127/220</td><td>190/330</td><td>290/500</td></tr>
<tr><td rowspan="2">雷电冲击耐受电压 BIL</td><td rowspan="2">325</td><td rowspan="2">450</td><td rowspan="2">550</td><td>950</td><td>1175</td><td>1550</td></tr>
<tr><td>1050</td><td>1300</td><td>1675</td></tr>
</table>

注　表中 220kV 及以上有两个数值，可根据避雷器的保护特性、电缆线路脉冲波特性长度及相连设备雷电冲击绝缘水平等因素选取。

确定电缆绝缘厚度，应按 *BIL* 值进行计算，因为内部过电压（即操作过电压）的幅值，一般低于雷电过电压的幅值。

三、电缆绝缘厚度的确定

综上所述，确定电缆绝缘厚度，要同时依据长期工频试验电压和线路基本绝缘水平 *BIL* 来计算，然后取其厚者。在具体设计中，一般采用最大场强和平均场强两种计算方法。

1. 用最大场强公式计算

在电缆绝缘层中，靠近导体表面的绝缘层所承受的场强最大，若电缆绝缘材料的击穿强度大于最大场强，则

$$\frac{G}{m} \geqslant E_{max} = \frac{U}{r_c \ln \frac{R}{r_c}} \tag{1–3–1}$$

式中　G——绝缘材料击穿强度，kV/mm；

m——安全裕度，一般取 1.2～1.6；

E_{max}——绝缘层最大场强，kV/mm；

U——工频试验电压或雷电冲击耐受电压，kV；

r_c——导体半径，mm；

R——绝缘外半径，mm。

经数学推导得出，绝缘外半径可用以 e 为底的指数函数表达，即

$$R=r_c\exp\frac{mU}{Gr_c} \tag{1-3-2}$$

则绝缘厚度

$$\Delta=R-r_c=r_c\left(\exp\left(\frac{mU}{Gr_c}\right)-1\right) \tag{1-3-3}$$

上列公式中的 U 应取试验电压值。即取长期工频试验电压（2.5～3.0）U_0，或取雷电冲击耐受电压，见表 1–3–1。

绝缘材料的击穿强度按不同的材料取值，严格地讲，材料的击穿强度应根据材料性质经试验确定，而且还与材料本身的厚度、导体半径等因素有关。表 1–3–2 列出了几种绝缘材料的击穿强度值，供参考。

表 1–3–2　绝缘材料的击穿强度　kV/mm

电压（kV）	工频击穿强度			冲击击穿强度		
	黏性油浸纸	充油	交联聚乙烯	黏性油浸纸	充油	交联聚乙烯
35 及以下	10	—	10～15	100	—	40～50
110～220	—	40	20～30	—	100	50～60

2. 以平均场强公式计算

挤包绝缘电缆的绝缘厚度，习惯上采用平均强度的公式进行计算。这是因为挤包绝缘电缆的击穿强度受导体半径等几何尺寸的影响较大。以平均场强公式计算时，也需按工频电压和冲击电压两种情况分别进行计算，然后取其厚者。

在长期工频电压下，绝缘厚度为

$$\Delta=\frac{U_{om}}{G}k_1k_2k_3 \tag{1-3-4}$$

在冲击电压下，绝缘厚度为

$$\Delta=\frac{BIL}{G'}k_1'k_2'k_3' \tag{1-3-5}$$

式中 BIL ——基本绝缘水平（见表 1–3–1），kV；

U_{om}——最大设计电压，kV；

G、G' ——分别为工频、冲击电压下绝缘材料击穿强度，参见表 1–3–2，kV/mm；

k_1、k_1' ——分别为工频、冲击电压下击穿强度的温度系数，是室温下与导体最高温下击穿强度的比值，对于交联聚乙烯电缆，k_1=1.1，k_1'=1.13～1.20；

k_2、k_2' ——分别为工频、冲击电压下的老化系数，根据各种电缆的寿命曲线得出，对于交联聚乙烯电缆 k_2=4，k_2'=1.1；

k_3、k_3' ——分别为工频、冲击电压下不定因素影响引入的安全系数，一般均取 1.1。

【思考与练习】

1. 固体绝缘有几种击穿形式？
2. 热击穿的原理是什么？
3. 设计电缆绝缘厚度应考虑哪些因素？

模块4 电力电缆的载流量计算（Z06B1004Ⅱ）

【模块描述】本模块包含电力电缆的载流量和最高允许工作温度的基本概念、影响载流量的因素和载流量的简单计算。通过对概念解释和要点讲解，了解电力电缆的载流量计算方法。

【模块内容】

一、电力电缆载流量和最高允许工作温度

1. 电缆载流量概念

在一个确定的适用条件下，当电缆导体流过的电流在电缆各部分所产生的热量能够及时向周围媒质散发，使绝缘层温度不超过长期最高允许工作温度，这时电缆导体上所流过的电流值称为电缆载流量。电缆载流量是电缆在最高允许工作温度下，电缆导体允许通过的最大电流。

2. 最高允许工作温度

在电缆工作时，电缆各部分损耗所产生的热量以及外界因素的影响使电缆工作温度发生变化，电缆工作温度过高，将加速绝缘老化，缩短电缆使用寿命。因此必须规定电缆最高允许工作温度。电缆的最高允许工作温度，主要取决于所用绝缘材料热老化性能。各种型式电缆的长期和短时最高允许工作温度见表 1–4–1。一般不超过表中的规定值，电缆可在设计寿命年限内安全运行。反之，工作温度过高，绝缘老化加速，电缆寿命会缩短。

表 1–4–1 各种型式电缆的长期和短时最高允许工作温度

电缆型式		最高允许工作温度（℃）	
		持续工作	短路暂态（最长持续 5s）
黏性浸渍纸绝缘电力电缆	3kV 及以下	80	220
	6kV	65	220
	10kV	60	220

续表

电缆型式		最高允许工作温度（℃）	
		持续工作	短路暂态（最长持续 5s）
黏性浸渍纸绝缘电力电缆	20～35kV	50	220
	不滴流电缆	65	175
充油电缆	普通牛皮纸	80	160
	半合成纸	85	160
充气电缆		75	220
聚乙烯绝缘电缆		70	140
交联聚乙烯绝缘电缆		90	250
聚氯乙烯绝缘电缆		70	160
橡皮绝缘电缆		65	150
丁基橡皮电缆		80	220
乙丙橡胶电缆		90	220

二、影响电力电缆载流量的主要因素

1. 电缆本体材料的影响

（1）导体材料的影响：

1）导体的电阻率越大，电缆的载流量越小。在其他情况都相同时，电缆载流量与导体材料电阻的平方根成反比。铝芯电缆载流量为相同截面铜芯电缆载流量的 78%，也即铜芯电缆载流量约比相同截面铝芯电缆的载流量大 27%。因此，选用高电导率的材料有利于提高电缆的传输容量。

2）导体截面越大，载流量越大。电缆载流量与导体材料截面积的平方根成正比（未考虑集肤效应），已知电缆的截面积及其他条件，可以计算出电缆载流量。反之，已知对电缆载流量的要求，也可按要求选择相应的电缆。

3）导体结构的影响。同样截面的导体，采用分割导体的载流量大。尤其对于大截面导体（800mm^2 及以上）而言，更是如此。

（2）绝缘材料对载流量的影响：

1）绝缘材料耐热性能好，即电缆允许最高工作温度越高，载流量越大。交联聚乙烯绝缘电缆比油纸绝缘允许最高工作温度高。所以同一电压等级、相同截面的电缆，交联聚乙烯绝缘电缆比油纸绝缘传输容量大。

2）绝缘材料热阻也是影响载流量的重要因素。选用热阻系数低、击穿强度高的绝缘材料，能降低绝缘层热阻，提高电缆载流量。

3）介质损耗越大，电力电缆载流量越小。绝缘材料的介质损耗与电压的平方成正比。计算表明，在 35kV 及以下电压等级，介质损耗可以忽略不计，但随着工作电压的提高，介质损耗的影响就较显著。例如，110kV 电缆介质损耗是导体损耗的 11%；220kV 电缆介质损耗是导体损耗的 34%；330kV 电缆介质损耗是导体损耗的 105%。因此，对于高压和超高压电缆，必须严格控制绝缘材料的介质损耗角正切值。

2. 电缆周围环境的影响

（1）周围媒质温度越高，电力电缆载流量越小。电缆线路附近有热源，如与热力管道平行、交叉或周围敷设有电缆等使周围媒质温度变化，会对电缆载流量造成影响。电缆线路与热力管道交叉或平行时，周围土壤温度会受到热力管道散热的影响，只有任何时间该地段土壤与其他地方同样深度土壤的温升不超过 10℃，电缆载流量才可以认为不受影响，否则必须降低电缆负荷。对于同沟敷设的电缆，由于多条电缆相互影响，电缆负荷应降低，否则对电缆寿命有影响。

（2）周围媒质热阻越大，电力电缆载流量越小。电缆直接埋设于地下，当埋设深度确定后，土壤热阻取决于土壤热阻系数。土壤热阻系数与土壤的组成、物理状态和含水量有关。比较潮湿紧密的土壤热阻系数约为 0.8m·K/W，一般土壤热阻系数约为 1.0m·K/W，比较干燥的土壤热阻系数约为 1.2m·K/W，含砂石而且特别干燥的土壤热阻系数约为 1.7m·K/W。降低土壤热阻系数，能够有效地提高电缆载流量。

电缆敷设在管道中，其载流量比直接埋设在地下要小。管道敷设的周围媒质热阻，实际上是三部分热阻之和，即电缆表面到管道内壁的热阻、管道热阻和管道的外部热阻，因此热阻增大。

三、电缆及其周围介质热阻

在热稳定状态下，电缆中的热流（包括导体电流损耗、介质损耗、金属护层损耗）和电缆各部分热阻（含周围媒质热阻）在导体和周围媒质之间形成的热流场，根据发热方程及如图 1–4–1 所示等值热阻，可知电缆及其周围的介质热阻由绝缘热阻、内衬层热阻、外护套热阻及土壤和管路热阻等组成。以下计算各热阻。

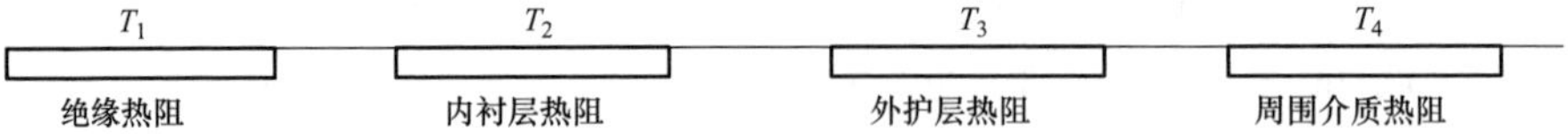

图 1–4–1　电缆及周围介质等值热阻

1. 绝缘热阻 T_1

$$T_1 = \frac{\rho_{T1}}{2\pi}\ln\left(1+\frac{2t_1}{D_c}\right) = \frac{\rho_{T1}}{2\pi}G = \frac{\rho_{T1}}{2\pi n}G_1F_1 \qquad (1\text{–}4\text{–}1)$$

式中　ρ_{T1}——绝缘热阻率（见表 1–4–2），m·K/W；

t_1——绝缘厚度，m；

D_c——导体外径，m；

G——单芯电缆的几何因数；

G_1——多芯电缆的几何因数；

n——电缆芯数；

F_1——屏蔽层影响因数，一般金属带屏蔽降低率取 0.6。

电缆本体各种材料的热阻率见表 1–4–2。

表 1–4–2　　各种材料的热阻率

材料名称		热阻率（m·K/W）
绝缘材料		
XLPE		3.50
内衬及护层	PE	3.50
	PVC	7.00
金属材料	铜	0.27×10^{-2}
	铝	0.48×10^{-2}
	铅	0.90×10^{-2}
	铁	2.00×10^{-2}
	钢	2.00×10^{-2}

2. 内衬（外护）层热阻 T_2

$$T_2 = \frac{\rho_{T2}}{2\pi}\ln(d_4 / d_3) \tag{1–4–2}$$

式中　ρ_{T2}——内衬（内护）层热阻率，m·℃/W；

d_4——内衬（外护）层内径，mm；

d_3——内衬（外护）层外径，mm。

3. 直埋于地下的热阻 T_3

$$T_3 = \frac{\rho_{T3}}{2\pi}\ln\frac{4L}{d_e} \tag{1–4–3}$$

式中　ρ_{T3}——土壤热阻率，m·K/W；

d_e——电缆外径，m；

L——电缆敷设深度，m。

4. 敷设于空气中的热阻 T_4

$$T_4 = \frac{100}{\pi d_e h} \tag{1-4-4}$$

式中 d_e——电缆外径，m；

h——散热系数，一般取 7～10W/（m^2·K）。

5. 敷设于管道中的热阻 T_5

$$T_5 = \frac{100A}{1+(B+C\theta_m)d_e} \tag{1-4-5}$$

式中 d_e——电缆外径，m；

θ_m——电缆管道中空气的平均温度值，一般可假设 m=50℃后校正；

A、B、C——分别为与电缆敷设条件有关的常数，见表 1-4-3。

表 1-4-3　　常数 *A*、*B*、*C* 的取值

敷设条件	*A*	*B*	*C*
在金属管道中	5.2	1.4	0.011
在纤维水泥管中	5.2	0.91	0.010
在陶土管道中	1.87	0.28	0.003 6

四、电缆额定载流量计算

电缆额定载流量计算有两个假设条件：① 假定电缆导体中通过的电流是连续的恒定负载（即 100%负载率）；② 假定在一定的敷设环境和运行状态下，电缆处于热稳定状态。

1. 电缆敷设环境温度的选择

为了在计算电缆载流量时有一个基准，对于不同敷设方式，规定有不同基准环境温度：如管道敷设时为 25℃；直埋敷设时为 25℃；空气或沟道敷设时为 40℃；室内敷设时为 30℃。

2. 电缆额定载流量

根据图 1-4-1 和热流场概念，由热流场富氏定律可导出热流与温升、热阻的关系，即热流与温升成正比、与热阻成反比。推导可得出

$$I = \sqrt{\frac{(\theta_c - \theta_0) - nW_i \times \frac{1}{2}(T_1 + T_2 + T_3 + T_4)}{nR[T_1 + (1+\lambda_1)T_2 + (1+\lambda_1+\lambda_2)(T_3 + T_4)]}} \tag{1-4-6}$$

式中　I——电缆连续额定载流量，A；

c——电缆导体允许最高温度，取决于电缆绝缘材料、电缆型式和电压等级，℃；

θ_0——周围媒质温度，℃；

R——单位长度导体在 c 温度时的电阻，Ω；

T_1、T_2、T_3、T_4——分别为单位长度电缆的绝缘层、内衬层、外被层、周围媒质热阻，m·K/W；

1 和 2——分别为护套损耗系数和铠装损耗系数；

n——在一个护套内的电缆芯数；

W_i——电缆绝缘介质损耗，W/m。

单芯电缆绝缘介质损耗计算公式为

$$W_i = \omega CU_0^2 \tan\delta 2\pi fCU_0^2 \tan\delta \tag{1–4–7}$$

多芯电缆绝缘介质损耗计算公式为

$$W_i = \frac{2\pi fC_n U^2}{3\tan\delta \times 10^5} \tag{1–4–8}$$

式中　ω——电源角频率，$\omega=2\pi f$，工频 f=50Hz；

U_0——电缆所在系统的相电压，kV；

U——电缆所在系统的线电压，kV；

$\tan\delta$——电缆绝缘材料的介质损耗角正切值；

C——单位长度电缆的单相电容，F/m；

C_n——单位长度电缆的多相电容，F/m。

环境温度变化时，载流量校正系数见表 1–4–4。

表 1–4–4　　载流量校正系数

长期允许工作温度 θ_c（℃）	环境温度 θ_0（℃）	实际使用温度（℃）											
		5	10	15	20	25	30	35	40	45	50	0	–5
80	25	1.17	1.13	1.04	1.05	1.00	0.96	0.91	0.85	0.80	0.74	—	1.25
	40	—	—	1.27	1.23	1.18	1.12	1.07	1.00	0.94	0.87	—	1.46
90	25	—	—	1.04	1.10	0.96	0.96	0.92	0.88	0.83	0.78	1.18	1.21
	40	—	—	1.18	1.14	1.09	1.09	1.05	1.00	0.95	0.90	1.34	1.38

电缆在电缆沟、管道中和架空敷设时，由于周围介质热阻不同，散热条件不同，

可对载流量进行校正；而对直埋电缆，因土壤条件不同，如泥土、沙地、水池附近、建筑物附近等，也要根据实际条件进行载流量校正。

3. 10kV 及以上 XLPE 电力电缆载流量校正系数

电力电缆由于敷设状态等因素不同，实际的载流量也有所不同，必须以一定条件为基准点，而代表这些基准点的参数为：电缆导体最高允许工作温度为 90℃，短路温度为 250℃，敷设环境温度为 40℃（空气中），25℃（土壤中）；直埋 1.0m 时土壤热阻率为 1.0m·K/W，绝缘热阻率为 4.0m·K/W，护套热阻率为 7.0m·K/W。各种校正系数见表 1–4–5～表 1–4–9。

电缆载流量计算为

$$I_{总} = nk_1k_2k_3k_4k_5I \tag{1–4–9}$$

式中 $I_{总}$——长期允许载流量总和；

I——电缆载流量；

n——电缆并列条数；

k_1——环境温度校正系数；

k_2——并列电缆架上敷设校正系数；

k_3——土壤热阻率的校正系数；

k_4——敷设深度校正系数；

k_5——土壤热阻的校正系数。

表 1–4–5　　环境温度校正系数

空气温度（℃）	25	30	35	40	45
校正系数	1.14	1.09	1.05	1.0	0.95
土壤温度（℃）	20	25	30	35	
校正系数	1.04	1.0	0.98	0.92	

表 1–4–6　　并列电缆架上敷设校正系数

敷设根数	敷设方式	$S=d$	$S=2d$	$S=3d$
1	并排平行	1.00	1.00	1.00
2	并排平行	0.85	0.95	1.00
3	并排平行	0.80	0.95	1.00
4	并排平行	0.70	0.90	0.95

注 d 为电缆外径，S 为电缆轴间距离。

表 1–4–7　　土壤热阻率的校正系数

土壤热阻率（m·K/W）	0.6	0.8	1.0	1.2	1.4	1.6	2.0
校正系数	1.17	1.08	1.00	0.94	0.89	0.84	0.77

表 1–4–8　　敷设深度校正系数

敷设深度（m）	0.8	1.0	1.2	1.4
校正系数	1.017	1.0	0.985	0.972

表 1–4–9　　各种土壤热阻的校正系数

土 壤 类 别	土壤热阻（Ω·m）	校正系数
湿度在 4%以下沙地，多石的土壤	300	0.75
湿度在 4%～7%沙地，湿度在 8%～12%多沙黏土	200	0.87
标准土壤，湿度在 7%～9%沙地，湿度在 12%～14%多沙黏土	120	1.0
湿度在 9%以上沙区，湿度在 14%以上黏土	80	1.05

【思考与练习】

1. 为什么不能只根据电缆导体的最高允许温度来确定电缆线路的载流量？
2. 电缆额定电流计算时有哪些假定条件？
3. 为什么大截面电缆要采用分裂导体结构？

模块 5　高压电缆的机械特性（Z06B1005Ⅲ）

【模块描述】本模块包含高压电缆的机械特性。通过对概念解释和要点讲解，了解电缆制造过程及敷设施工时产生的各种机械力，熟悉运行中电缆承受的机械应力，掌握电缆的机械力产生及分析知识。

【模块内容】

高压电缆的机械特性是指电缆在制造过程、敷设安装及长期运行所反映出来的各种机械应力性能，构成电缆的材料和电缆本体应具有一定的机械强度，以承受安装和运行中的各种机械应力。

下面着重讲解分析电缆的一般机械性能和热机械性能。

一、电缆的一般机械性能

1. 构成电缆的金属材料机械性能

（1）铜。铜是广泛应用的一种导体材料，具有优良的导电性能，较高的机械强度，良好的延展性，并且易于熔接、焊接和压接。其主要物理性能见表 1–5–1。

表 1–5–1　　铜的主要物理性能

物理性能	数值	物理性能	数值
密度（g/cm^3）	8.89	电阻温度系数（1/℃）	0.003 93
线膨胀系数（1/℃）	16.6×10^{-6}（20～100℃范围内）	熔点（℃）	1084
20℃时电阻率（Ω·m）	1.724×10^{-8}	抗拉强度（N/mm^2）	200～210

1）弯曲半径。电力电缆必须有足够大的截面，才能满足输送容量的要求。为增加电缆的柔软性，采用多股单线绞制而成，每股单线弯曲时的变形小，在弯曲半径允许值内，不会造成电缆结构和性能的损害。

2）结构稳定。电缆导体多股分为若干层绞制，平行排列的单根导体组成的线芯在弯曲时，会变形且各根导体的变形都不一样。将相邻层次的绞制方向相反，不仅可保证各层次导线沿螺旋形分布，使电缆弯曲时各层次导线受拉伸及受压缩的部分得到补偿，不至引起塑性变形，而且各层的退扭力矩得到部分抵消，增加导体结构的稳定性。

3）改善特性。在电缆结构中一般采用铜合金带作为内压型单芯高压电缆铅护套的径向加强。尤其是充油电缆的铅护套只起密封作用，而不能承受电缆内部较大的压力，因此在铅护套外加绕径向加强带，以抑制铅护套的变形。对单芯充油电缆，为减少加强层中的损耗，一般采用两层小包绕节距的非磁性的黄铜带或铝青铜带作电缆的径向加强层。

（2）铝。铝具有良好的仅次于铜的导电性能、导热性能，机械强度高，密度小。铝可作电缆的导体、金属护套，铝合金还可作电缆铠装。其主要物理性能见表 1–5–2。

表 1–5–2　　铝的主要物理性能

物理性能	数值	物理性能	数值
密度（g/cm^3）	2.70	电阻温度系数（1/℃）	0.004 07
线膨胀系数（1/℃）	23×10^{-6}（20～100℃范围内）	熔点（℃）	658
20℃时电阻率（Ω·m）	2.80×10^{-8}	抗拉强度（N/mm^2）	70～95

1）机械强度较高。在电缆的运行温度下，铝是较稳定的，不像铅会产生再结晶。铝的机械强度也较高，一般采用铝作护套的电缆承受内压力的能力较高，不需再加径向加固。同时由于其硬度较高，抵抗外部机械作用的能力较高，因此一般不需要再加铠装。

2）弯曲性能较差。铝的机械强度高，其弯曲性能比铅差，因此敷设安装较大截面的电缆大多采用皱纹铝护套，就是为了提高电缆的柔软性。

3）耐腐性能较差。化学性质活泼，作为电缆护套，埋设在土壤中易遭酸、碱腐蚀性矿物质侵蚀。

（3）铅。用铅或铅合金制成电缆的金属护套历史悠久，其优点是：① 密封性能好，可防止水分或潮气进入电缆绝缘；② 熔点低，可在较低的温度下挤压到电缆外层，不会对电缆绝缘造成过热损坏；③ 耐腐蚀性比一般金属好；④ 性质柔软，使电缆易于弯曲。其主要物理性能见表 1–5–3。

表 1–5–3　　铅的主要物理性能

物理性能	数　值	物理性能	数　值
密度（g/cm^3）	11.34	熔点（℃）	327.4
线膨胀系数（1/℃）	29.1×10^{-6}（20～100℃）	抗拉强度（N/mm^2）	20～30

1）机械强度。由于铅结晶经过压铅机时会受到很大压力，出压铅机后迅速冷却，温度再回升，致使其结晶细粗结构有变化，存在蠕变性能，所以其机械强度不高。

2）耐振性能。铅耐振性能不高，在交变力作用下易产生机械振动，会损坏电缆铅护套。可以用铅的疲劳极限来表征其耐振性能的好坏。

3）改善特性。为提高铅护套的机械强度，改善蠕变性能和抗震特性，可采用铅合金来替代纯铅作电缆的金属护套。

（4）钢。钢作为电缆的铠装，可增加电缆抗压、抗拉机械强度，使电缆护套免遭机械损伤。铠装层的材料为钢带或钢丝。钢带铠装能承受压力，适用于地下直埋敷设。钢丝铠装能承受拉力，适用于垂直和水底敷设。钢带或钢丝的主要物理性能见表 1–5–4 和表 1–5–5。

表 1–5–4　　铠装用钢带的机械性能

牌号/名称	标称厚度（mm）	抗张强度σ_b（MPa）	伸长率δ_s（%）
50W450/钢带	0.5	400	14
50W600/钢带	0.5	450	14

表 1–5–5　　铠装用钢丝的机械性能

牌号/名称	标称直径（mm）	抗张强度σ_b（MPa）	伸长率δ_s（%）
Q215/镀锌钢丝	8	540	12
Q195/镀锌钢丝	6	500	12

1）当需要承受较大拉力时，采用圆形钢丝作铠装层，钢丝的直径和根数根据电缆承受的机械力和电缆尺寸确定。

2）在高落差的竖井垂直敷设电缆，承受的拉力不是太大时，也可采用弓形截面的扁钢丝作铠装层。

3）在水底电缆会受到磨损的环境中，可采用双层钢丝铠装。

4）为了平衡两层钢丝的扭转力矩，其外层钢丝直径应比内层小些，制造中两层钢丝绞制方向应相反。

（5）铅合金。铅合金熔点低（在 327 ℃以下）、流动性好，凝固收缩率小，熔损少，重熔时成分变化小，铅合金的变形抗力小，铸锭不需加热即可用轧制、挤压等工艺制成板材、带材、管材、棒材和线材，且不需中间退火处理。铅合金的抗拉强度为 3～7kgf/mm^2，比大多数其他金属合金低得多，铅合金的剪切、蠕变强度低。

2. 电缆上产生和作用及承受的机械力

（1）在电缆制造过程中产生的机械力。

1）导体。在制造结构上，电缆导体多股分为若干层绞制，绞制方向相反，各层的退扭力矩得到部分抵消，但还潜存着一定的扭矩应力。

2）绝缘。浸渍剂纸绝缘电缆的浸渍剂的体积膨胀系数为电缆其他固体材料的 10～20 倍。当电缆温度上升时，由于浸渍剂的膨胀系数大，铅护套必然受到浸渍剂的膨胀压力而胀大。但当温度下降时，由于铅护套的塑性不可逆变形，在铅护套内部和绝缘层中必然形成气隙。

浸渍剂纸绝缘电缆制造采用的几种材料的体积膨胀系数见表 1–5–6。

表 1–5–6　　制造电缆采用的几种材料的体积膨胀系数

材料名称	铜	铝	电缆纸	浸渍剂	铅
体积膨胀系数（1/℃）	51×10^{-6}	72×10^{-6}	90×10^{-6}	（800～1000）$\times10^{-6}$	60×10^{-6}

而目前广泛使用的交联聚乙烯绝缘电缆，虽然全部采用固体材料制造，但绝缘材料膨胀系数与导体相差 10～30 倍，聚乙烯绝缘较容易回缩。

3）铠装。钢带或钢丝作为电缆保护层中的铠装层，在电缆生产制造过程中会产生旋转机械力。

钢带铠装一般采用双层，在制造中其绞制方向相同，潜存着扭矩应力。当敷设展放电缆时，潜在着的扭矩应力会释放，即电缆发生的退扭现象。

钢丝铠装采用单层或双层。单层钢丝无论绞制顺逆方向，都潜在一定的扭矩应力。两层钢丝为了平衡扭转力矩，内层钢丝比外层钢丝直径小，制造中两层钢丝绞制方向相反，两层的退扭力矩得到部分抵消，但还是潜存着扭矩应力。所以钢丝铠装根据钢丝的不同规格，其绞制节距一般为电缆铠装直径 8～12 倍。

（2）安装作用。在敷设安装施工时，作用在电缆上的机械力有：牵引力、侧压力和扭力三种。

1）牵引力。牵引力是作用在电缆被牵引力方向的拉力。电缆端部安装上牵引端时，牵引力主要作用在金属导体上，部分作用在金属护套和铠装上。但垂直方向敷设的电缆（如竖井电缆和水底电缆），其牵引力主要作用在铠装上。

作用在电缆导体的允许牵引应力，一般取导体材料抗拉强度的 1/4 左右。铜导体抗张强度约为 240N/mm^2，允许最大牵引强度约为 70N/mm^2；铝导体抗张强度约为160N/mm^2，允许最大牵引强度为 40N/mm^2；对有中心油道的空心导体，要求不能使油道发生变形的最大牵引力约为 27 000N。

作用在电缆绝缘层及外护层的允许牵引力，如采用牵引网套来牵引电缆，这时牵引力集中在绝缘层和外护层上。交联聚乙烯绝缘电缆外通常还有一层聚氯乙烯（或聚乙烯）护层，它的抗张强度约为 25N/mm^2，允许最大牵引强度约为 7N/mm^2。

作用在金属护套的允许牵引力，牵引力集中在金属护套上，虽然铅合金的抗张强度较低，但它有加强带加固，所以允许最大牵引强度约为 10N/mm^2；而铝护套的抗张强度虽高，但为了防止皱纹变形，所以允许最大牵引强度约为 20N/mm^2。

2）侧压力。作用在电缆上与其导体呈垂直方向的压力称为侧压力。侧压力主要发生在牵引电缆时的弯曲部分，但直线部分也有侧压力的作用。在电缆线路在滚轮、弧形滑槽或敷设水底电缆用的入水槽等处的电缆上，要受到侧压力。盘装电缆横置平放，或用桶装、圈装的电缆，下层电缆要受到上层电缆的压力，也是侧压力。

电缆的允许侧压力与电缆的结构、构成电缆的材料、其金属和非金属类的允许抗张强度等有很大关系。

3）扭力。扭力是作用在电缆上的旋转机械力。直线状态的电缆转变为圈形状态时，因电缆自身逐渐旋转产生的旋转机械力，称为扭转力，即潜在退扭力。圈形状态的电缆转变为直线状态时，释放电缆在制造中潜在的扭转力而产生的旋转机械力，称为退扭力。

在敷设施工时，圈形状态的电缆转变为直线状态释放潜存的扭转力，产生了退扭力，如盘装电缆展放、圈装的水底电缆展放入水等。直线状态的电缆转变为圈形状态

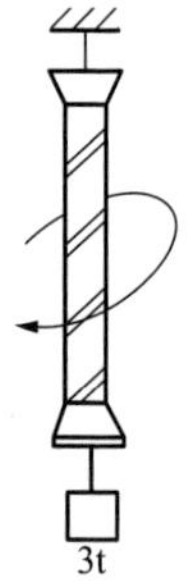

图 1–5–1 电缆扭转试验图

时，因电缆自身逐渐旋转产生的旋转机械力，如盘装电缆展放成直线，再绕成圈状；水底电缆制成后圈形盘入船舱等。

在高落差环境敷设电缆时，电缆扭转的机械特性非常明显。尤其是高压单芯充油电缆的导电线芯、径向铜带加强层和轴向铜带加强层（或钢丝铠装）在生产绞制过程中潜存的扭转力，其决定着电缆绕轴心自转的大小和方向。采用单层纵向铜带铠装时，纵向铠装扭矩应力对扭转起着主导作用。如图 1–5–1 所示的扭转试验，可以弄清电缆产生扭转（扭转或退扭）的根源。试验的电缆长度为 6.4m，其截面为 600mm^2，单层纵向螺旋形铜带铠装加固，电缆自重 27kg/m，上端悬吊固定，下端加 3t 重的载荷，测得悬挂点最大扭转角为 100°～110°。

（3）电缆在长期运行中承受的各种机械应力：

1）直埋敷设的运行电缆线路上堆置重物机械压力；其他设施施工与电缆线路交叉时，挖掘施工电缆暴露后，电缆下面土层被挖空临时性悬吊机械力；地面的不均匀沉降产生的机械拉力。

2）桥梁上的运行电缆线路不可避免受到环境机械力影响，如：桥梁因温度变化引起的热胀冷缩机械力；两端桥堍产生的振动、沉降机械力。

3）构筑物内及支架上的运行电缆线路，如电缆在构筑物内、支架的支点等所受的机械力。

4）水底电缆线路运行受到水域水流及河床环境造成的机械力影响。

二、电缆的热机械性能

1. 热机械力概念

随着输电容量的飞速增长，高压电力电缆的截面也越来越大，对于大截面电缆而言，在运行状态下因负荷电流变化和环境温差造成导体温度变化，引起导体热胀冷缩而产生的电缆内部的机械力，称为热机械力。

2. 热机械特性

热机械力使导体形成一种推力，且这种机械力是十分巨大的。该推力一部分在电缆线路上为各种摩擦阻力所阻止，在电缆线路末端，该推力可以使导体和绝缘层之间产生一定位移。

3. 电缆线路热机械力分析

（1）作用在电缆导体上的摩擦力。电缆敷设在地下土壤里，被回填土包围，整条电缆的纵向和横向运动均被回填土阻止，唯一可能产生的热机械力移动是导体相对于金属护套的位移。但当导体被负荷电流加热变化在金属护套内膨胀而位移时，将受到与绝缘之间的摩擦力和其他机械力的约束，有一部分膨胀被这些约束力所阻止。在直埋电缆长线路上，中间部分的电缆导体处于平衡状态，即存在不发生位移的静止区，而膨胀位移发生在约束力不能全部阻止线芯膨胀的电缆线路的两个末端附近。

如图 1–5–2 所示，在某一直埋电缆长线路上的电缆受热机械力影响时，中间部分静止区的电缆导体仍处于平衡状态，其平衡条件为

$$N\mathrm{d}x-\mathrm{d}F=0$$

式中　N——单位长度导体的摩擦力，kg/cm；

$\mathrm{d}x$——单位长度导体，m；

$\mathrm{d}F$——$\mathrm{d}x$ 长的导体在膨胀时受到压缩力的增量，kg。

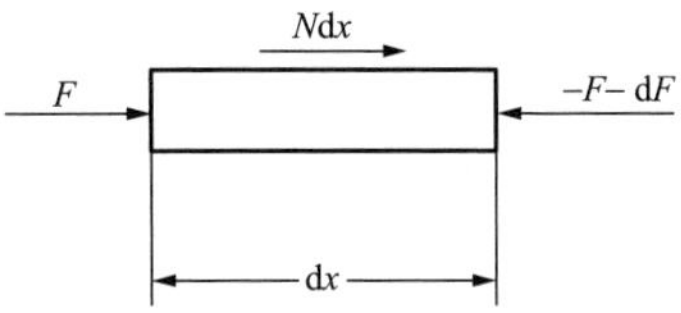

图 1–5–2　作用在单元线芯上的力示意图

F—作用在导体上的压缩力

该热机械力产生的推力作用的大小与导体单位长度膨胀率、导体发热膨胀受到约束力后产生的应变率、单位长度导体的摩擦力有密切关系。

（2）电缆末端导体自由膨胀位移。采用铜芯、电压 275kV、分裂导体、截面为 2000mm^2 单芯自容式充油电缆，弹性模量为 0.45×106kg/cm^2，作下面两个试验：

1）电缆末端沿电缆长度的导体位移。电缆末端沿电缆长度发生导体位移的状态分析，从图 1–5–3 中可以看到，当导体温升至 65℃时，在离自由端不同长度处（即电缆线路中间部分）的距离超过 45m 后，导体受到摩擦力的约束而不发生位移。

由此得出：受热机械力影响具有导体相对位移趋势的电缆长度，一般在距离电缆线路两个端部 45m 以内。

2）电缆末端导体自由膨胀位移与导体温升的关系。测得的电缆末端导体自由膨胀时的位移与温升之间两者关系。而且导体末端自由膨胀位移时，导体是呈一连串很小的不连续的跃变。

如图 1–5–4 所示，从中可以得到推论：温度上升越高，导体末端自由端位移越大。

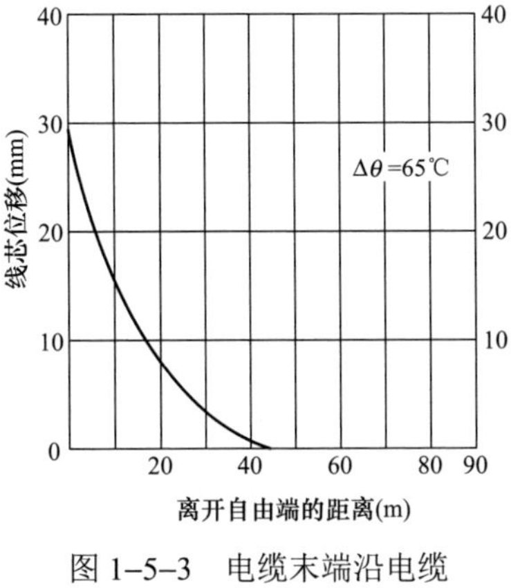

图 1–5–3　电缆末端沿电缆长度的导体位移图

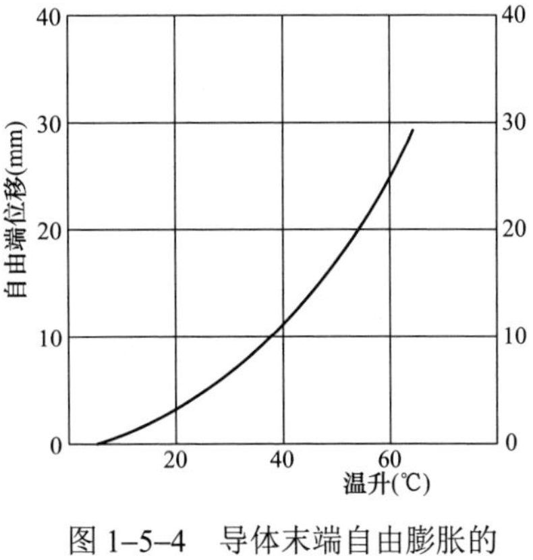

图 1–5–4　导体末端自由膨胀的位移与导体温升关系图

（3）电缆末端导体位移和推力。如上所述，在直埋电缆长线路上，当电缆敷设成直线时，电缆线路中间是不发生位移的静止区，而在电缆的末端产生的推力为最大。

为了减小热机械力在电缆末端的推力影响，电缆在接近终端头处敷设成蛇形状态。实验证明：电缆的末端推力（F_0）与导体末端位移距离（ΔL）之间的关系会发生变化；导体发生膨胀的长度（X_0）与导体末端位移距离（ΔL）之间的关系也会发生变化。

图 1–5–5 所示为铜芯、电压为 275kV、分裂导体、2000mm²、单芯自容式充油电缆实验图。

从图 1–5–5 电缆末端推力（F_0）与导体位移距离（ΔL）之间的变化曲线图中可以看出，当电缆敷设成蛇形状态时，电缆末端推力（F_0）值随导体位移距离（ΔL）的增加而下降的速度比电缆敷设成直线状态要快得多。

从图 1–5–6 导体发生膨胀的长度（X_0）与导体位移（ΔL）之间的变化曲线图中可以看出，当电缆敷设成蛇形状态时，导体发生膨胀的长度（X_0）及导体位移距离（ΔL）均比电缆敷设成直线状态要小得多。

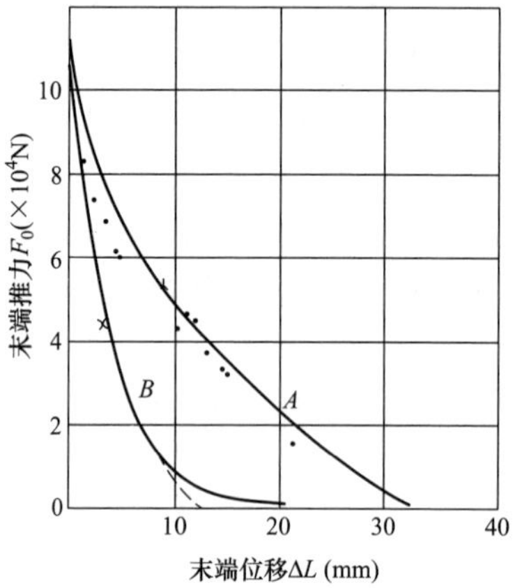

图 1–5–5　电缆末端推力（F_0）与导体位移距离（ΔL）之间的变化曲线图

A—电缆敷设成直线；B—电缆敷设成蛇形；
•—在直线敷设的电缆上的测量值；
×—在蛇形敷设的电缆上的测量值；
—（斜线条）—测量得到的计算值显示线

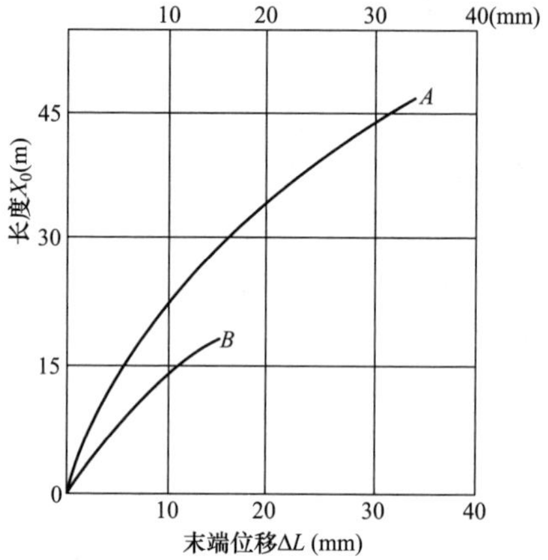

图 1–5–6　导体发生膨胀的长度（X_0）与导体位移（ΔL）之间的变化曲线图

A—电缆敷设成直线；B—电缆敷设成蛇形

由此可见：将高电压、大截面电力电缆线路敷设成水平蛇形或垂直蛇形状态，对降低热机械力影响所产生的推力是有利的。

（4）竖井电缆线路。随着大型水电站、地下变电站的建设和电缆线路穿越江河湖海，高电压、大截面、长距离电力电缆的应用，线路通道采用“隧道+竖井”来敷设电缆是设计首选。竖井内敷设电缆有挠性固定和刚性固定两种方式。前者允许电缆在受热后膨胀，对产生的热机械力加以妥善控制，使电缆发生膨胀位移时不使电缆金属护套产生过度的应变而缩短寿命；后者将电缆用夹具固定得不能产生横向位移，与电缆直埋在土壤里一样，导体的膨胀全部被阻止而转变为内部压缩应力。

1）在竖井内垂直敷设高压电缆时，采用挠性固定方式较多。将电缆在两个相邻夹具之间以垂线为基准作交替方向的偏置，成垂直蛇形，电缆在运行时产生的膨胀将被电缆的初始曲率（能容纳电缆膨胀量）所吸收，因此不会使金属护套产生危险的疲劳应力。

两个相邻夹具的间距（节距）和电缆横向偏置（幅值）设定取决于电缆的重量和刚度。

2）当竖井中的空间有限，不能作较大的挠性敷设时，电缆截面如果不大，也可采用刚性固定。固定时要求在热机械力的作用下，相邻两个夹具之间的电缆不应产生纵弯曲现象，避免在金属护套上产生严重的局部应力。

对于铅护套或皱纹铝护套电缆，在热膨胀时产生的推力的主要部分是导体，而电缆的其余部分（特别是对于大截面电缆）可以忽略不计。但是，如果是平铝护套电缆，除了导体外，还必须考虑铝护套上热膨胀时产生的推力。

在采用刚性固定的垂直敷设的电缆线路上，与直埋电缆一样必须考虑在垂直部分末端的导体上产生的总推力。特别是当导体与金属护套之间较松时，在自重作用下导体与金属护套之间还会产生相对运动，这时，在竖井底部邻近的电缆附件会受到很大的热机械力作用。

【思考与练习】

1. 试述高压电缆的机械特性的概念。
2. 在安装施工中作用电缆上有哪些机械应力？
3. 电缆在长期运行中应承受哪些机械应力？
4. 热机械特性有哪些？在竖井电缆线路如何凸显？

模块 6　交联聚乙烯电力电缆绝缘老化机理（Z06B1006Ⅲ）

【模块描述】本模块包含交联聚乙烯电力电缆绝缘老化机理的基本知识。通过概念解释和要点讲解，了解影响交联聚乙烯电力电缆绝缘性能变化的因素，熟悉交联聚乙烯电力电缆绝缘老化原因及形态，掌握交联聚乙烯电力电缆绝缘老化机理。

【模块内容】

绝缘材料的绝缘性能随时间的增加发生不可逆下降的现象称为绝缘老化。其表现形式主要有击穿强度降低、介质损耗增加、机械性能或其他性能下降等。

一、影响交联聚乙烯电力电缆绝缘性能的因素

1. 制造工艺和绝缘原材料

（1）制造厂家所用绝缘材料或制造过程中侵入水分及其他杂质，都将引起绝缘性能的降低。

（2）制造工艺落后（如湿法交联）导致交联绝缘层中遗留下水分、起泡或致屏蔽层不能均匀紧贴在主绝缘上，产生微小的气隙，都将降低交联电缆的绝缘性能。

2. 运行条件

（1）运行电压不正常，电压越高，击穿电压越低。电压作用时间足够长时，则易引起热击穿或电老化，使电缆绝缘击穿电压急剧下降。

（2）超负荷运行，电缆过热，当温度高至一定值时，绝缘的击穿电压将大幅度下降。

（3）电压性质对电缆绝缘也有影响：冲击击穿电压较工频击穿电压高；直流电压下，介质损耗小，击穿电压较工频击穿电压高；高频下局部放电严重，发热严重，其击穿电压最低。

（4）交联绝缘是固体绝缘，其累计效应也不容忽视。多次施加同样幅值的电压，每次产生一定程度的绝缘损伤，其损伤可逐步积累，最后导致交联绝缘彻底击穿。

（5）任何外力破坏、机械应力损伤，都将使电缆的整体结构受到破坏而导致水分及其他有害杂质侵入，可迅速降低交联绝缘的击穿强度。

二、交联聚乙烯电力电缆绝缘老化机理及形态

在电场的长时间作用下逐渐使绝缘介质的物理、化学性能发生不可逆的劣化，最终导致击穿，即称电老化。电老化的类型有电离性老化、电导性老化和电解性老化。前两种主要在交变电场下产生，后一种主要在直流电场下产生。有机介质表面绝缘性能破坏的表现，还有表面漏电起痕。

1. 电离性老化

在绝缘介质夹层或内部如果存在气隙或气泡，在交变电场下气隙或气泡内的场强较邻近绝缘介质内的场强大得多，而气体的起始电离场强又比固体介质低得多，所以在该气隙或气泡内很容易发生电离。

此种电离对固体介质的绝缘有许多不良后果。例如：气泡体积膨胀使介质开裂、分层，并使该部分绝缘的电导和介质损耗增大；电离的作用还可使有机绝缘物分解，新分解出的气体又会加入新的电离过程中；还会产生对绝缘材料或金属有腐蚀作用的气体；电离还会造成电场的局部畸变，使局部介质承受过高的电压，对电离的进一步

发展起促进作用。

气隙或气泡的电离，通过上述综合效应使邻近绝缘物的分解、破坏（表现为变酥、炭化等形式），并沿电场方向逐渐向绝缘层深处发展，在有机绝缘材料中放电发展通道会呈树枝状，称为“电树枝”。这种电离性老化过程和局部放电密切相关。

2. 电导性老化

如果在两极之间的绝缘层中存在液态导电物质（例如水），则当该处场强超过某定值时，该液体会沿电场方向逐渐深入到绝缘层中，形成近似树枝状的痕迹，称为“水树枝”，水树枝呈绒毛状的一片或多片，有扇状、羽毛状、蝴蝶状等多种形式。

产生和发展水树枝所需的场强比产生和发展电树枝所需的场强低得多。产生水树枝的原因是水或其他电解液中离子在交变电场下反复冲击绝缘物，使其发生疲劳损坏和化学分解，电解液便随之逐渐渗透、扩散到绝缘深处。

3. 电解性老化

在直流电压的长期作用下，即使所加电压远低于局部放电的起始电压，由于绝缘介质内部进行着电化学过程，绝缘介质也会逐渐老化，导致击穿。当有潮气侵入绝缘介质时，水分子本身就会离解出 H^+和 O_2，会加速电解性老化。

4. 表面漏电起痕及电蚀损

这是有机绝缘介质表面的一种电老化问题。在潮湿、污脏的绝缘介质表面会流过泄漏电流，在电流密度较大处会先形成干燥带，电压分布随之不均匀，在干燥带上分担较高电压，从而会形成放电小火花或小电弧。此种放电现象会使绝缘表面过热，局部炭化、烧蚀，形成漏电痕迹，漏电痕迹的持续发展可逐渐形成沿绝缘表面贯通两极的放电通道。

三、交联聚乙烯电缆绝缘老化原因及形态

交联聚乙烯电缆绝缘老化原因及形态见表 1–6–1。

表 1–6–1　　交联聚乙烯电缆绝缘老化原因及形态

引起老化的主要原因	老化形态
电气的原因（工作电压、过电压、负荷冲击、直流分量等）	局部放电老化 电树枝老化 水树枝老化
热的原因（温度异常、热胀冷缩等）	热老化 热—机械引起的变形、损伤
化学的原因（油、化学物品等）	化学腐蚀 化学树枝
机械的原因（外伤、冲击、挤压等）	机械损伤、变形及电—机械复合老化
生物的原因（动物的吞食、成孔等）	蚁害、鼠害

【思考与练习】

1. 制造工艺和所用绝缘原材对电缆绝缘有何影响？

2. 电缆线路投运后，运行条件对电缆绝缘有何影响？

3. 简述交联聚乙烯电缆绝缘老化的机理。

模块7 金属护层感应电压（Z06B1007Ⅲ）

【模块描述】本模块介绍高压 单芯电缆金属护层感应电压的基本知识。通过概念解释、要点讲解和图形示意，了解金属护层感应电压概念及产生原因，熟悉金属护层感应电压对单芯电缆的影响，掌握改善电缆金属护层电压的措施。

【模块内容】

当电缆线芯流过交流电流时，在与导体平行的金属护套中必然产生感应电压。三芯电缆具有良好的磁屏蔽，在正常运行情况下其金属护套各点的电位基本相等，为零电位，而由三根单芯电缆组成的电缆线路中情况则不同。

一、金属护层感应电压概念及产生原因

单芯电缆在三相交流电网中运行时，当电缆导体中有电流通过时，导体电流产生的一部分磁通与金属护套相交链，与导体平行的金属护套中必然产生纵向感应电压。这部分磁通使金属护套产生感应电压数值与电缆排列中心距离和金属护套平均半径之比的对数成正比，并且与导体负荷电流、频率及电缆的长度成正比。在等边三角形排列的线路中，三相感应电压相等；在水平排列线路中，边相的感应电压比中相感应电压高。

二、金属护套感应电压对单芯电缆的影响

单芯电缆金属护套如采用两端接地，金属护套感应电压会在金属护套中产生循环电流，此电流大小与电缆线芯中负荷电流大小密切相关，同时还与间距等因素有关。循环电流致使金属护套因产生损耗而发热，将降低电缆的输送容量。

如果采取金属护套单端接地，另一端对地绝缘，则护套中没有电流流过。但是，感应电压与电缆长度成正比，当电缆线路较长时，过高的感应电压可能危及人身安全，并可能导致设备事故。因此必须妥善处理金属护套感应电压。

三、改善电缆金属护套电压的措施

金属护套感应电压与其接地方式有关，可通过金属护套不同的接地方式，将感应电压合理改善。GB 50217—2007《电力工程电缆设计规程》规定：单芯电缆线路的金属护套只有一点接地时，金属护套任一点的感应电压（未采取能有效防止人员任意接触金属层的安全措施时）不得大于 50V；除上述情况外，不得大于 300V，并应对地绝

缘。如果大于此规定电压，应采取金属护套分段绝缘或绝缘后连接成交叉互联的接线。为了减小单芯电缆线路对邻近辅助电缆及通信电缆的感应电压，应尽量采用交叉互联接线。

对于电缆线路不长的情况下，可采用单点接地的方式，同时为保护电缆外护层绝缘，在不接地的一端应加装护层保护器。

对于较长的电缆线路，应用绝缘接头将金属护套分隔成多段，使每段的感应电压限制在安全范围以内。通常将三段长度相等或基本相等的电缆组成一个换位段，其中有两套绝缘接头，每套绝缘接头的绝缘隔板两侧不同相的金属护套用交叉跨越法相互连接。

金属护套交叉互联的方法是：将一侧 A 相金属护套连接到另侧 B 相；将一侧 B 相金属护套连接到另一侧 C 相；将一侧 C 相金属护套连接到另一侧 A 相。

金属护套经交叉互联后，举例说，第Ⅰ段 C 相连接到第Ⅱ段 B 相，然后又接到第Ⅲ段 A 相，如图 1–7–1 所示。由于 A、B、C 三相的感应电动势的相角差为 120°，如果三段电缆长度相等，则在一个大段中金属护套三相合成电动势理论上应等于零。

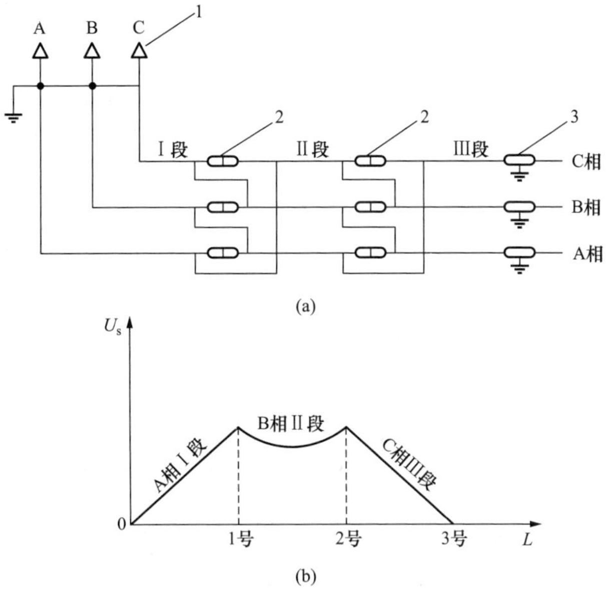

图 1–7–1　单芯电缆金属护套交叉互联原理接线图

（a）交叉互联接法示意图；（b）沿线感应电压分布图

1—电缆终端；2—绝缘接头；3—直通接头

金属护套采用交叉互联后，与不实行交叉互联相比较，电缆线路的输送容量可以有较大提高。为了减少电缆线路的损耗，提高电缆的输送容量，高压单芯电缆的金属护套一般均采取交叉互联或单点互联方式。

单芯电缆附件金属护套的常见连接方式如下：

1. 金属护套两端接地

金属护套两端接地电缆如图 1–7–2 所示。

当电缆线路长度不长、负荷电流不大时，金属护套上的感应电压很小，造成的损耗不大，对载流量的影响也不大。

2. 金属护套一端接地

当电缆线路长度不长、负荷电流不大时，电缆金属护套可以采用一端直接接地、另一端经保护器接地的连接方式，使金属护套不构成回路，消除金属护套上的环行电流，如图 1–7–3 所示。

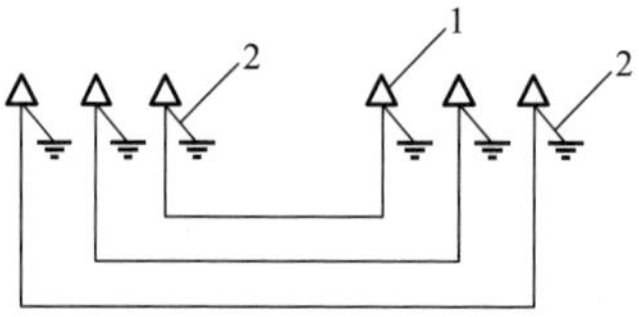

图 1–7–2 金属护套两端接地电缆示意图

1—电缆终端；2—直接接地

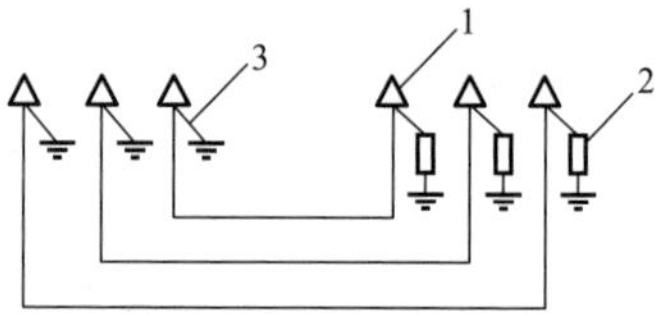

图 1–7–3 护套一端接地电缆线路示意图

1—电缆终端；2—金属屏蔽层电压限制器；3—直接接地

金属护套一端接地的电缆线路，一般须安装一条回流线。

当单芯电缆线路的金属护套只在一处互联接地时，在沿线路间距内敷设一根阻抗较低的绝缘导线，并两端接地，该接地的绝缘导线称为回流线（D）。回流线的布置如图 1–7–4 所示。

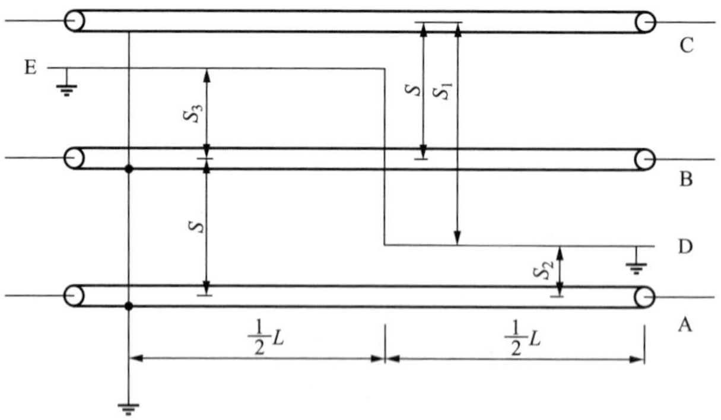

图 1–7–4 回流线布置示意图

S—边相至中相中心的距离；$S_1=1.7S$；$S_2=0.3S$；$S_3=0.7S$

当电缆线路发生接地故障时，短路接地电流可以通过回流线流回系统的中性点，这就是回流线的分流作用。同时，由于电缆导体中通过的故障电流在回流线中产生的感应电压，形成了与导体中电流逆向的接地电流，从而抵消了大部分故障电流所形成的磁场对邻近通信和信号电缆产生的影响，所以，回流线实际又起了磁屏蔽的作用。

在正常运行情况下，为了避免回流线本身因感应电压而产生以大地为回路的循环电流，回流线应敷设在两个边相电缆和中相电缆之间，并在中点处换位。根据理论计算，回流线与边相、中相之间的距离，应符合“三七”开的比例，即回流线到各相的距离应为：$S_1=1.7S$；$S_2=0.3S$；$S_3=0.7S$，S 为边相至中相中心距离。

安装了回流线之后，可使邻近通信、信号电缆导体上的感应电压明显下降，仅为不安装回流线的 27%。

一般选用铜芯大截面的绝缘线作为回流线。

在采取金属护套交叉互联的电缆线路中，由于各小段护套电压的相位差位 120°，而幅值相等，因此两个接地点之间的电位差是零，这样就不可能产生循环电流。电缆线路金属护套的最高感应电压就是每一小段的感应电压。当电缆发生单相接地故障时，接地电流从护套中通过，每相通过 1/3 的接地电流，这就是说，交叉互联后的电缆金属护套起了回流线的作用，因此，在采取交叉互联的一个大段之间不必安装回流线。

3. 金属护套中点接地

金属护套中点接地的方式是在电缆线路的中间将金属护套直接接地，两端经保护器接地。金属护套中点接地的电缆线路长度可以达到金属护套一端接地的电缆线路的 2 倍，如图 1–7–5 所示。

当电缆线路不适合金属护套中点接地时，可以在电缆线路的中部装设一个绝缘接头，使其两侧电缆的金属护套在轴向断开并分别经保护器接地，电缆线路的两端直接接地，如图 1–7–6 所示。

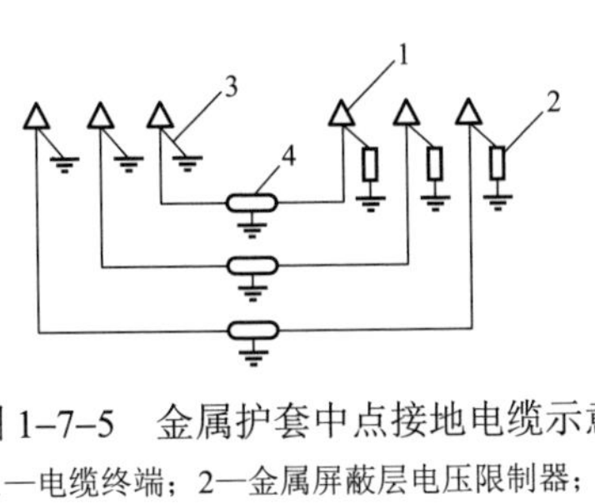

图 1–7–5 金属护套中点接地电缆示意图

1—电缆终端；2—金属屏蔽层电压限制器；
3—直接接地；4—直通接头

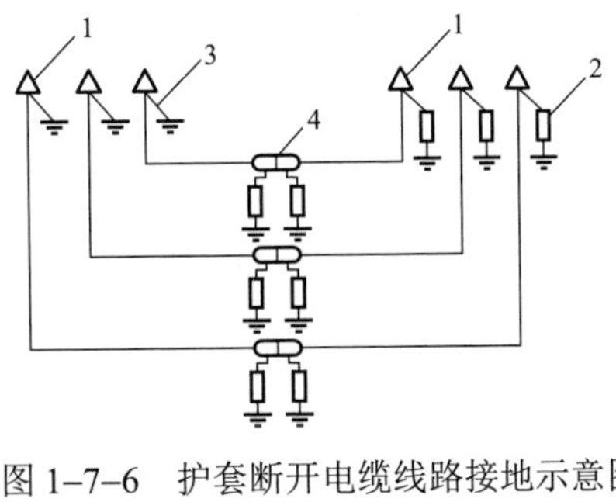

图 1–7–6 护套断开电缆线路接地示意图

1—电缆终端头；2—金属屏蔽层电压限制器；
3—直接接地；4—绝缘接头

4. 金属护套交叉互联

电缆线路长度较长时，金属护套应交叉互联。这种方法是将电缆线路分成若干大段，每一大段原则上分成长度相等的三小段，每小段之间装设绝缘接头，绝缘接头处三相金属护套用同轴电缆进行换位连接，绝缘接头处装设一组保护器，每一大段的两端金属护套直接接地，如图 1–7–7 所示。

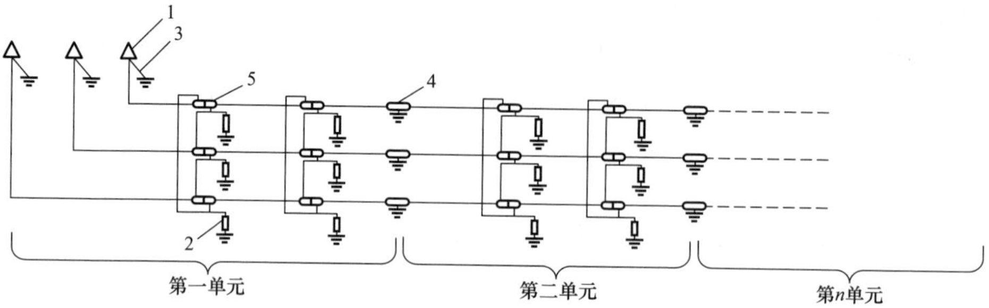

图 1–7–7　金属护套交叉互联电缆线路示意图

1—电缆终端头；2—金属屏蔽层电压限制器；3—直接接地；4—直通接头；5—绝缘接头

【思考与练习】

1. 单芯电缆金属护套感应电压是怎样产生的？
2. 单芯电缆金属护套感应电压对电缆线路有什么影响？
3. 画图说明什么叫单芯电缆线路金属护套的交叉互联。

模块 8　改善电场分布的方法（Z06B1008Ⅲ）

【模块描述】本模块介绍改善电缆接头电场分布的方法和措施。通过概念分析和要点讲解，掌握常用的改善电缆接头电场集中的几何法（采用应力锥和反应力锥）和参数法。该方法也实用于电缆终端。

【模块内容】

电缆终端或电缆接头处金属护套或屏蔽层断开处的电场会发生畸变，为了改善绝缘屏蔽层断开处的电场分布，解决方法有几何法（采用应力锥和反应力锥）和参数法两种。在高压或超高压电缆附件上，还可采用电容锥的方法缓解绝缘屏蔽切断点的电场强度集中问题。

一、几何法

1. 应力锥

应力锥是用来增加高压电缆绝缘屏蔽直径的锥形装置，以将接头或终端内的电场强度控制在规定的设计范围内。应力锥是最常见的改善局部电场分布方法，从电气的角度上看，也是最可靠有效的方法。应力锥通过将绝缘屏蔽层的切断点进行延伸，使零电位形成喇叭状，改善了绝缘屏蔽层的电场分布，降低了电晕产生的可能性，减少了绝缘的破坏，从而保证了电缆线路的安全运行。在电缆终端和接头中，自金属护套边缘起绕包绝缘带（或者套橡塑预制件），使得金属护套边缘到增绕绝缘外表之间形成一个过渡锥面的构成件，即应力锥。在设计中，锥面的轴向场强应是一个常数。

应力锥能够改善金属护套末端电场分布、降低金属护套边缘处电场强度，现简述其原理如下。

电缆终端和接头端部，在剥去金属护套后，其电场分布与电缆本体相比发生了很大变化，金属护套边缘处的电场强度 E 可用与剥切长度 L 有关的双曲余切函数表示为

$$E=U_0\sqrt{\frac{\varepsilon}{R_e\varepsilon_m K}}\coth\left(\sqrt{\frac{\varepsilon}{R_e\varepsilon_m K}}\times L\right) \tag{1-8-1}$$

其中 $$R_e=R\ln\frac{R}{r_c}$$

式中　U_0——导体对地电压，kV；

ε——电缆绝缘层材料的相对介电常数；

ε_m——周围媒质的相对介电常数；

R_e——等效半径，mm；

R——绝缘层外半径，mm；

r_c——导体半径，mm；

K——与周围媒质和绝缘层表面有关的常数；

L——剥去金属护套长度，mm。

当 L 达到一定数值时，双曲余切函数 $\coth\left(\sqrt{\frac{\varepsilon}{R_e\varepsilon_m K}}\times L\right)\approx 1$，则式（1-8-1）可简化为

$$E=U_0\sqrt{\frac{\varepsilon}{R_e\varepsilon_m K}} \tag{1-8-2}$$

从以上两式可知，为了减小金属护套边缘处的电场强度，可采用增绕绝缘的方法增大等效半径 R_e。

有了应力锥后，锥面的绝缘厚度逐渐增加，绝缘表面的电场强度逐渐递减，于是疏散了电力线密度，提高了过渡界面的游离电压。

应力锥锥面形状，是按其表面轴向场强等于或小于允许最大轴向场强设计的。

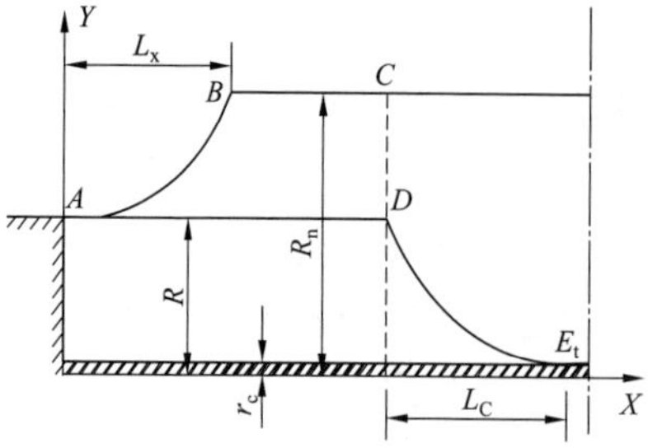

图 1–8–1 应力锥电气计算说明书

R—电缆本体绝缘半径；L_x—电缆轴向长度；
R_n—增绕绝缘半径；r_c—导体半径；
E_t—应力锥表面轴向场强

图 1–8–1 是应力锥电气计算的说明图。图中以电缆导体中心线为 X 轴，以应力锥起始点为 Y 轴。

设沿应力锥表面轴向场强为一常数 E_t，增绕绝缘半径为 R_n，电缆本体绝缘半径为 R，导体半径为 r_c，U_0 为设计电压。假定增绕绝缘的介电常数和电缆绝缘介电常数相等。经数学推导，应力锥面上沿电缆轴向长度 L_k 可用下列简化公式表示

$$L_k=\frac{U_0}{E_t}\ln\left(\frac{\ln\frac{R_n}{r_c}}{\ln\frac{R}{r_c}}\right) \tag{1–8–3}$$

式（1–8–3）表明，应力锥的锥面曲线是复对数曲线。它取决于电缆的运行电压、结构尺寸、电缆和增绕绝缘的厚度和材料性能。决定应力锥锥面的几个要素相互间有以下关系：

（1）轴向场强 E_t 越小，应力锥长度 L_k 越长。因此，设计时为减少接头尺寸，应取 E_t 为绝缘层最大允许轴向场强。

（2）当 L_k 确定时，增绕绝缘半径 R_n 越大，轴向场强越大，所以增绕绝缘的坡度不能太陡。

（3）当 U_0 和 E_t 确定后，增绕绝缘半径 R_n 随应力锥长度 L_k 加长而增大，而且当 L_k 增大时，R_n 的斜率也随之增大。

35kV 油纸绝缘终端应力锥，从电缆制造的绝缘表面过渡到安装时增绕绝缘表面，安装制作终端时用油浸沥青醇酸玻璃丝漆布带绕包，其工艺尺寸如图 1–8–2 所示。

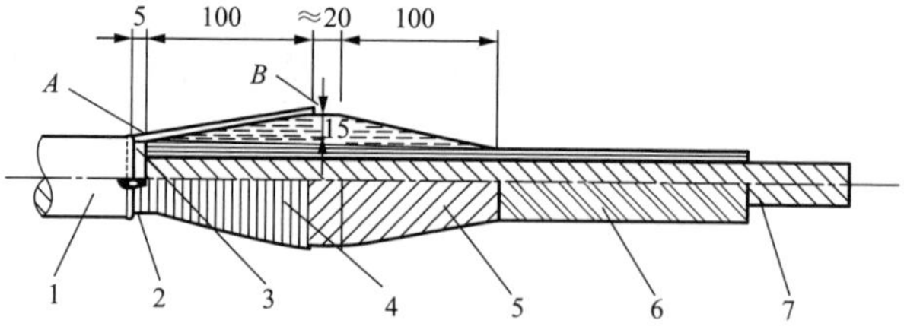

图 1–8–2 35kV 油纸绝缘终端应力锥

1—铅护套；2—锡焊；3—屏蔽层；4—软铅丝；5—油浸沥青醇酸玻璃丝漆布带；
6—电缆本体绝缘；7—导体

为了使应力锥锥面接近理论曲线，即锥面轴向场强等于（或小于）允许最大轴向场强，为了施工方便，锥面不是根据电气计算方程的曲线，而是用直线锥面代替 E_t=

常数曲线锥面的应力锥。如图 1–8–1 中的 AB 曲线在图 1–8–2 中为 AB 直线，应力锥锥面的坡度采用先小后大，而不能先大后小。

在 110kV 及以上的电缆附件中，采用由工厂生产的预制应力锥，这种应力锥面比较接近理论计算曲线。高压充油电缆终端则采用电容锥来强制轴向场强的均匀分布。以上都是降低金属护套边缘处电场强度的措施。

2. 反应力锥

在电缆接头中，为了有效控制电缆本体绝缘末端的轴向场强，将绝缘末端削制成与应力锥曲面恰好反方向的锥形曲面，称为反应力锥。反应力锥是接头中填充绝缘和电缆本体绝缘的交界面，这个交界面是电缆接头的薄弱环节，如果设计或安装时没有处理好，容易发生沿着反应力锥锥面的移滑击穿。

反应力锥的形状是根据沿锥面轴向场强等于或小于电缆绝缘最大轴向场强来设计的。图 1–8–3 是反应力锥电气计算说明图。图中以电缆导体中心线为 X 轴，以反应力锥起始点为 Y 轴。

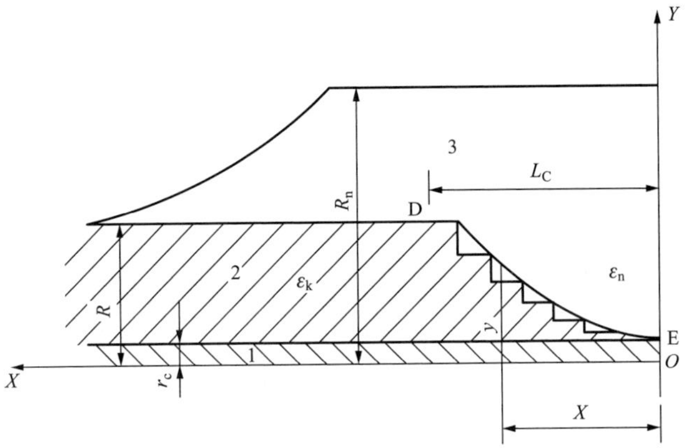

图 1–8–3　反应力锥电气计算说明图

R—电缆本体绝缘半径；L_C—反应力锥锥面沿电缆轴向长度；

R_n—增绕绝缘半径；r_c—导体半径

设沿反应力锥锥面上轴向场强为一常数 E_t，增绕绝缘半径为 R_n，电缆本体绝缘半径为 R，导体半径为 r_c，U_0 为设计电压。并假定增绕绝缘的介电常数和电缆绝缘介电常数相等。经数学推导，反应力锥面上沿电缆轴向长度 L_C，可用下列简化公式表示

$$L_C=\frac{U_0}{E_t}\times\frac{\ln\frac{R_n}{r_c}}{\ln\frac{R}{r_c}} \tag{1–8–4}$$

为了简化施工工艺，一般反应力锥采用直线锥面形状。交联聚乙烯电缆用切削反应力锥的卷刀削成铅笔头形状。油纸绝缘电缆则采用呈梯步锥面形状的近似锥面，在靠近导体处的锥面应比较平坦，靠近本体绝缘处锥面比较陡一些，剥切绝缘梯步不可切伤不应剥除的电缆纸，更不应切伤导体。

二、参数法

1. 高介电常数材料的应用

随着高分子材料的发展，不仅可以用形状来解决电缆绝缘屏蔽层切断点电场集中分布的问题，还可以采用提高周围媒质的介电常数解决绝缘屏蔽层切断点电场集中分布的问题。

10～35kV 交联聚乙烯电缆终端，可用高介电常数材料制成的应力管代替应力锥，从而简化了现场安装工艺，并缩小了终端外形尺寸。

根据（JB 7829）《额定电压 26/35kV 及以下电力电缆户内型、户外型热收缩式终端》以及（JB 7830）《额定电压 26/35kV 及以下电力电缆直通型热收缩式接头》对热缩应力控制管的要求，应力控制管的介电常数应大于 20，体积电阻率在 10^5～10^7Ω·m 范围内。

应力控制管的应用，要兼顾应力控制和体积电阻两项技术要求。虽然在理论上介电常数越高越好，但是介电常数过大引起的电容电流也会产生热量，会促使应力控制管老化。所以推荐介电常数取 25～30，体积电阻率控制在 10^6～10^8 Ω·m。

2. 非线性电阻材料的应用

非线性电阻材料（FSD）是近期发展起来的一种新型材料，用于解决电缆绝缘屏蔽层切断点电场集中分布的问题。非线性电阻材料具有对不同的电压有变化电阻值的特性。当电压很低的时候，呈现出较大的电阻性能；当电压很高的时候，呈现较小的电阻。

采用非线性电阻材料能够生产出较短的应力控制管，从而解决电缆采用高介电常数应力控制管终端无法适用于小型开关柜的问题。

采用非线性电阻材料可以制成应力控制管，亦可制成非线性电阻片（应力控制片），直接绕包在电缆绝缘屏蔽切断点上，缓解该点的应力集中问题。

【思考与练习】

1. 简述什么是应力锥。
2. 简述什么是反应力锥。
3. 改善电场的常用方法有哪些？

模块 9　电缆主要电气参数及计算（Z06B1009Ⅲ）

【模块描述】本模块包含电力电缆的一次主要电气参数及计算。通过对概念解释、要点讲解和示例介绍，掌握电缆线芯电阻、电感、电容等一次主要电气参数的简单计算。

【模块内容】

电缆的电气参数分为一次参数和二次参数，一次参数主要包括线芯的直流电阻、有效电阻（交流电阻）、电感、绝缘电阻和工作电容等参数。二次参数则是指电缆的波阻抗、衰减常数、相移常数。二次参数是由一次参数计算而得的。这些参数决定电缆的传输能力。本节主要介绍一次参数。

一、电缆线芯电阻

1. 直流电阻

单位长度电缆线芯的直流电阻用式（1–9–1）表示

$$R' = \frac{\rho_{20}}{A}\left[1+\alpha(\theta-20)\right]k_1k_2k_3k_4k_5 \tag{1-9-1}$$

式中　R' ——单位长度线芯 θ℃下的直流电阻，Ω/m；

A ——线芯截面积，mm^2；

ρ_{20} ——线芯在 20℃时材料的电阻率，其中，标准软铜 ρ_{20}=0.017 241×10^{-6}Ω • m，标准硬铝 ρ_{20}=0.028 64×10^{-6}Ω • m；

α ——线芯电阻温度系数，其中，标准软铜 α=0.003 93/℃，标准硬铝 α= 0.004 03/℃；

θ ——线芯工作温度，℃；

k_1 ——单根导体加工过程引起金属电阻率增加的系数，按 JB 647—77、JB 648—77 规定：铜导体直径 $d \leqslant$1.0mm，k_1 取 1.01，$d>$1.0mm，k_1 取 1.04；铝导体 k_1 取 1.01；

k_2 ——绞合电缆时，使单线长度增加的系数，其中，固定敷设电缆紧压多根绞合线芯 k_2=1.02（200mm^2 以下）～1.03（250mm^2 以上），不紧压绞合线芯或软电缆线芯 k_2=1.03（4 层以下）～1.04（5 层以上）；

k_3 ——紧压过程引入系数，$k_3 \approx$1.01；

k_4 ——成缆引入系数，$k_4 \approx$1.01；

k_5 ——公差引入系数，对于非紧压型，k_5=［d/（d–e）］^{2}（d 为导体直径，e 为公差），对于紧压型，$k_5 \approx$1.01。

2. 交流有效电阻

在交流电压下，线芯电阻将由于集肤效应、邻近效应而增大，这种情况下的电阻称为有效电阻或交流电阻。

电缆线芯的有效电阻的计算，国内一般均采用 IEC—287 推荐的公式，即

$$R = R'(1 + Y_s + Y_p) \qquad (1\text{–}9\text{–}2)$$

式中 R——最高工作温度下交流有效电阻，Ω/m；

R'——最高工作温度下直流电阻，Ω/m；

Y_s——集肤效应系数；

Y_p——邻近效应系数。

如果 R' 取 20℃时线芯的直流电阻，式（1–9–2）可改写为

$$R = R'_{20} k_1 k_2 \qquad (1\text{–}9\text{–}3)$$

式中 k_1——最高允许温度时直流电阻与 20℃时直流电阻之比；

k_2——最高允许温度下交流电阻与直流电阻之比。

根据 IEC—287 推荐计算 Y_p 和 Y_s 的公式，计算集肤效应和邻近效应，即

$$Y_s = X_s^4 / (192 + 0.8X_s^4) \qquad (1\text{–}9\text{–}4)$$

其中

$$X_s^4 = (8\pi f / R' \times 10^{-7} k_s)^2$$

$$Y_p = X_p^4 / (192 + 0.8X_p^4)(D_c / S)^2 \{0.312(D_c / S)^2 + 1.18 / [X_p^4 / (192 + 0.8X_p^4) + 0.27]\} \qquad (1\text{–}9\text{–}5)$$

其中

$$X_p^4 = (8\pi f / R' \times 10^{-7} k_p)^2$$

式中 X_s^4——集肤效应中频率与导体结构影响作用；

X_p^4——邻近效应中导体相互间产生的交变磁场影响作用；

f——频率，50Hz；

R'——单位长度线芯直流电阻，Ω/m；

D_c——导体外径，mm；

S——导体中心轴间距离，mm；

k_s——导体的结构常数，分割导体 k_s=0.435，其他导体 k_s=1.0；

k_p——导体的结构系数，分割导体 k_p=0.37，其他导体 k_p=0.8～1.0。

对于使用磁性材料制作的铠装或护套电缆，Y_p 和 Y_s 应比计算值大 70%，即

$$R = R'[1 + 1.17(Y_p + Y_s)] \ (\Omega/\text{m}) \qquad (1\text{–}9\text{–}6)$$

二、电缆电感

中低压电缆均为三相屏蔽型，而高压电缆多为单芯电缆。电缆每一相的磁通分为

线芯内部和外部两部分，由此而产生内感和外感。而电缆每相电感应为互感（L_e）和自感（L_i）之和。

1. 自感

设线芯电流均匀分布，距线芯中心 x 处任一点的磁场强度为

$$H_i = \frac{I}{2\pi x} \cdot \frac{x^2}{(D_c/2)^2}$$

式中　I ——线芯电流；

D_c ——线芯直径。

在线芯 x 处，厚度为 dx，长度为 L 的圆柱体内储能为

$$\mathrm{d}W = L\mu_0 I^2 x^3 \mathrm{d}x / [4\pi (D_c/2)^4]$$

总储能量为

$$W = \int_0^{D_c/2} \mathrm{d}W = \int_0^{D_c/2} \frac{L\mu_0 I^2 x^3 \mathrm{d}x}{4\pi (D_c/2)^4} = \frac{\mu_0 I^2 L}{16\pi}$$

则单位长度线芯自感

$$L_i = 2W/(I^2 L) = \mu_0/(8\pi) = 0.5\times 10^{-7}\text{（H/m）} \tag{1-9-7}$$

而一般计算取 L_i=0.5×10^{-7} H / m，误差不大。

2. 中低压三相电缆电感

中低压三相电缆三芯排列为品字形。

根据理论计算

$$M_{12} = M_{21} = M_{13} = M_{31} = M_{23} = M_{32} = M = 2\ln(1/S)\times 10^{-7}\text{（H/m）}$$

$$L_{11}=L_{22}=L_{33}=L_i+2\ln[1/(D_c/2)]\times 10^{-7}\text{（H/m）}$$

式中　M_{12}、M_{21}、M_{13}、M_{31}、M_{23}、M_{32}——互感；

L_{11}、L_{22}、L_{33}——各相自感。

根据电磁场理论，各相工作电感为

$$L_1 = L_2 = L_3 = L = \frac{M(I_2 + I_3) + L_{11}I_1}{I_1} = \frac{M(-I_1) + L_{11}I_1}{I_1} = L_{11} - M$$

$$L = L_i + 2\ln(2S/D_c)\times 10^{-7}\text{（H/m）} \tag{1-9-8}$$

式中　S——线芯间距离，m；

D_c——导线直径，m。

3. 高压及单芯敷设电缆电感

对于高压电缆，一般为单芯电缆，若敷设在同一平面内（A、B、C 三相从左至右

排列，B 相居中，线芯中心距为 S），三相电路所形成的电感根据电磁理论计算如下：

对于中间 B 相

$$M_{12}=M_{32}=2\ln(1/S)\times10^{-7}\ (\mathrm{H/m})$$

$$L_{22}=L_{\mathrm{i}}+2\ln[1/(D_{\mathrm{c}}/2)]\times10^{-7}\ (\mathrm{H/m})$$

$$L_2=[M_{12}(-I_2)+L_{22}I_2]/I_2=L_{22}-M_{12}=L_1+2\ln(2S/D_{\mathrm{c}})\times10^{-7}\ (\mathrm{H/m}) \tag{1-9-9}$$

对于 A 相

$$M_{21}=2\ln(1/S)\times10^{-7}\ (\mathrm{H/m})$$

$$M_{31}=2\ln(1/2S)\times10^{-7}\ (\mathrm{H/m})$$

$$L_{11}=L_{\mathrm{i}}+2\ln[1/(D_{\mathrm{c}}/2)]\times10^{-7}\ (\mathrm{H/m})$$

$$L_1=L_{11}+[M_{21}(I_2+I_3)-M_{21}I_3+M_{31}I_3]/I_{\mathrm{i}}=L_{\mathrm{i}}+2\ln\frac{2S}{D_{\mathrm{c}}}\times10^{-7}-\alpha(2\ln2)\times10^{-7}\ (\mathrm{H/m}) \tag{1-9-10}$$

对于 C 相

$$L_3=L_{\mathrm{i}}+2\ln(2S/D_{\mathrm{c}})\times10^{-7}-\alpha2(2\ln2)\times10^{-7}\ (\mathrm{H/m}) \tag{1-9-11}$$

式中

$$\alpha=(-1+\mathrm{j}\sqrt{3})/2$$

$$\alpha^2=(-1-\mathrm{j}\sqrt{3})/2$$

实际运行中，可近似认为

$$L_1=L_2=L_3=L_{\mathrm{i}}+2\ln(2S/D_{\mathrm{c}})\times10^{-7}\ (\mathrm{H/m}) \tag{1-9-12}$$

同时，经过交叉换位后，可采用三段电缆电感的平均值，即

$$\begin{aligned}L&=(L_1+L_2+L_3)/3\\&=L_{\mathrm{i}}+2\ln[2(S_1S_2S_3)]^{1/3}/D_{\mathrm{c}}\times10^{-7}\\&=L_{\mathrm{i}}+2\ln(2\times2^{1/3}S/D_{\mathrm{c}})\times10^{-7}\ (\mathrm{H/m})\end{aligned} \tag{1-9-13}$$

对于多根电缆并列敷设，如果两电缆间距大于相间距离，可以忽略两电缆相互影响。

三、电缆电容

电缆电容是电缆线路中特有的一个重要参数，它决定着线路的输送容量。在超高压电缆线路中，电容电流可达到电缆的额定电流值，因此高压单芯电缆必须采取交叉互联以抵消电容电流和感应电压。同时，当设计一条电缆线路时，必须确定线路的工作电容。

在距电缆中心 X 处取厚度为 $\mathrm{d}X$ 的绝缘层，单位长度电容为

$$\Delta C = 2\pi\varepsilon_0\varepsilon X / \mathrm{d}X$$

$$\frac{1}{C} = \int_{D_i/2}^{D_c/2} \frac{\mathrm{d}X}{2\pi\varepsilon_0\varepsilon X} = \frac{1}{2}\pi\varepsilon_0\varepsilon \ln(D_i / D_c)$$

即单位长度电缆电容

$$C = 2\pi\varepsilon_0\varepsilon / \ln(D_i / D_c) \quad (1-9-14)$$

$$\varepsilon_0 = 8.86\times10^{-12}\ (\mathrm{F/m})$$

式中 D_c ——线芯直径；

D_i ——绝缘外径；

ε_0 ——绝缘介质相对介电常数。

【例 1–9–1】一条型号 YJLW02–64/110–1X630 电缆，长度为 2300m，导体外径 D_c=30mm，绝缘外径 D_i=65mm，线芯在 20℃时导体电阻率 ρ_{20}=0.017 241×10^{-6}Ω·m，线芯温度为 90℃，线芯电阻温度系数为 0.003 93/℃，$k_1k_2k_3k_4k_5 \approx 1$，电缆间距 100mm，真空介电常数为 8.86×10^{-12}F/m，绝缘介质相对介电常数为 2.5。计算该电缆的直流电阻，交流电阻、电容。

计算如下：

（1）直流电阻。

由公式 $$R' = \frac{\rho_{20}}{A}[1+\alpha(\theta-20)]k_1k_2k_3k_4k_5$$

得到单位长度直流电阻

$$R' = 0.017\,241\times10^{-6}\times[1+0.003\,93\times(90-20)]/(630\times10^{-6})$$
$$= 0.348\,9\times10^{-4}\ (\Omega\cdot\mathrm{m})$$

该电缆总电阻为 $R = 0.348\,9\times10^{-4}\times2300 = 0.080\,25\ (\Omega)$

（2）交流电阻。

由公式 $X_s^4 = (8\pi f / R' \times10^{-7} k_s)^2$，$Y_s = X_s^4 / (192 + 0.8X_s^4)$

得 $X_s^4 = (8\times3.14\times50/0.348\,9\times10^{-4})^2\times10^{-14} = 12.96$

$$Y_s = X_s^4 / (192 + 0.8X_s^4) = 12.96/(192+0.8\times12.96) = 0.064$$

由公式 $$X_p^4 = (8\pi f / R' \times10^{-7} k_p)^2$$

得到 $$X_p^4 = [8\times3.14\times50/(0.348\,9\times10^{-4})]^2\times10^{-14} = 12.96$$

$$Y_p=\left(\frac{X_p^4}{192+0.8X_p^4}\right)\left(\frac{D_c}{S}\right)^2\left[0.312\left(\frac{D_c}{S}\right)^2+\frac{1.18}{\frac{X_p^4}{192+0.8X_p^4}+0.27}\right]$$

$$=\left(\frac{12.96}{192+0.8\times12.96}\right)\left(\frac{30}{100}\right)^2\left[0.312\left(\frac{D_c}{S}\right)^2+\frac{1.18}{\frac{12.96}{192+0.8\times12.96}+0.27}\right]=0.02$$

单位长度交流电阻 $R=R'(1+Y_s+Y_p)$ =0.348 9×10^−4^× （1+0.064+0.02）=0.378×10^−4^（Ω/m）

该电缆交流电阻 R_z = 0.378×10^−4^×2300=0.869 9（Ω）

（3）电容。

由公式 $C=2\pi\varepsilon_0\varepsilon/\ln(D_i/D_c)$

得到单位长度电容 C_1=2×3.14×8.86×10^−12^×2.5/ln（65/30）=0.179×10^−6^（F/m）

该电缆总电容为 C=0.179×10^−6^×2300=0.412×10^−3^（F）

【思考与练习】

1. 电缆的电气参数有哪些？
2. 电缆的有效电阻是怎样定义的？
3. 为什么说电缆电容是电缆线路中特有的一个重要参数？

第二章

电缆构筑物

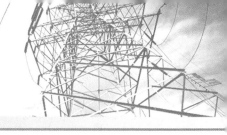

模块 1　电缆保护管（Z06C2001 Ⅱ）

【模块描述】本模块介绍电缆保护管的作用、种类、技术要求和性能。通过概念介绍和要点讲解，了解电缆保护管的种类、型号及产品标记，掌握电缆保护管的技术要求、常用电缆保护管的性能及选用注意事项。

【模块内容】

电缆保护管是指电缆穿入其中后受到保护和发生故障后便于将电缆拉出更换用的管道。在电力电缆线路工程中，经常会遇到需要穿越公路、铁路或其他管线的地段，这就需要用到电缆保护管。在一些城市道路，为了充分利用走廊，往往采用排管敷设方式，这也要大量应用电缆保护管。

一、电缆保护管的种类

电缆保护管种类很多，常用的有玻璃纤维增强塑料管（以下简称玻璃钢管）、氯化聚氯乙烯及硬聚氯乙烯塑料管、氯化聚氯乙烯及硬聚氯乙烯塑料双壁波纹管、纤维水泥管等。从材料上讲，上述保护管分为塑料、纤维水泥和混凝土；从结构上讲，分双壁波纹和实壁；从孔数上讲，分单孔和多孔。对玻璃纤维增强塑料管，按成型工艺可分为机械缠绕和手工缠绕两种。

1. 电缆保护管的型号

电缆保护管的型号用三层拼音符号（汉语拼音的第一个字母）表示，按顺序含义如下：

1）第一层符号为字冠，统一用 D 表示电缆用保护管。

2）第二层符号表示保护管的类型，分别用 B、S、X 等表示。其中 B 表示玻璃钢，S 表示塑料，X 表示纤维水泥。

3）第三层符号表示保护管的结构形式或成型工艺。实壁结构的符号缺省，双壁波纹结构的符号用 S 表示。对玻璃纤维增强塑料保护管，机械缠绕成型的用 J 或 JJ（JJ 特指夹砂）表示，手工缠绕成型的用 S 表示。

2. 电缆保护管的规格

电缆保护管的规格用“公称内径×公称壁厚×公称长度—孔数 产品等级”表示，保护管的公称内径统一分为7个系列，具体规定见相应的产品标准。

3. 产品的标记

产品的标记由型号、规格、原材料类型、标准编号组成，编号规则如下：

D	×	×	规格	原材料类型	标准编号

保护管的原材料类型：氯化聚氯乙烯塑料用CPVC表示；硬聚氯乙烯塑料用UPVC表示；玻璃纤维增强塑料管，用E表示无碱玻璃纤维，C表示中碱玻璃纤维；纤维水泥和混凝土保护管原材料类型符号缺省。标记示例如下：

型号DBJ 200×8×4000 —1 SN25 E，表示采用机械缠绕成型工艺生产的公称内径为200mm，公称壁厚为8mm，公称长度为4000mm，环刚度等级为SN25的无碱玻璃纤维增强塑料管。

二、电缆保护管的技术要求

电缆保护管的作用是保护电缆，其总体技术要求是：电缆保护管的内径满足电缆敷设的要求，一般不小于1.5倍电缆外径且不小于100mm；要有足够的机械强度，满足实际工程敷设条件要求；要有良好的耐热性能，要保证电力电缆正常运行和短路情况下电缆保护管的变形在可接受的范围内；要有光滑的内表面，保证电缆敷设时有较小的摩擦力并不至于损伤电缆外护层；要有良好的抗渗密封性能。

电缆保护管的通用技术要求有以下几个方面：

1. 外观、尺寸

保护管的外观颜色应均匀一致，氯化聚氯乙烯及硬聚氯乙烯塑料电缆保护管在颜色上应有明显区别，其他保护管采用材料本身颜色，用户有特殊要求的除外。保护管外观质量应符合相应产品标准要求。保护管的公称长度以有效长度表示，为插口端部到承口底部的距离。氯化聚氯乙烯及硬聚氯乙烯塑料电缆保护管的公称长度为6m，玻璃钢管公称长度为4、6m，纤维水泥管公称长度为2、3、4m，公称长度也可以由供需双方商定。

保护管的公称内径、承口内径允许偏差与承口最小深度、公称壁厚允许偏差应符合DL/T 802.1～6—2007《电力电缆用导管技术条件》的要求。

2. 保护管的连接方式

纤维水泥管采用套管连接，其他保护管采用承插式连接（见图2–1–1），采用承插式连接或套管连接的保护管，其接头均应采用橡胶弹性密封圈密封连接，橡胶弹性密封圈的性能应符合现行标准要求。

3. 电缆保护管试验要求

电缆保护管试验要求见表2–1–1。

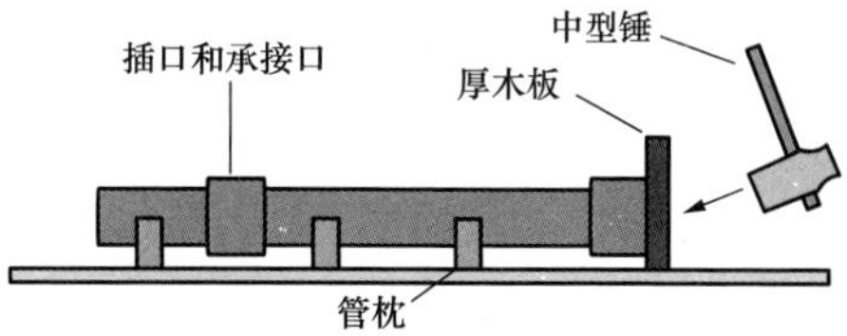

图 2-1-1　承插式连接方式

表 2–1–1　　电缆保护管试验要求

项目		单位	玻璃钢管	塑料管（C–PVC 管、UPVC 管）	纤维水泥管
外观			★	★	★
尺寸		mm	★	★	★
结构与材料性能	混凝土强度	MPa			★混凝土管
	管体破坏弯矩	MPa			★混凝土管
	剪切破坏荷载	kN			★混凝土管
	外压破坏荷载	kN			★
	套管外压强度	MPa			★纤维水泥管
	抗折荷载	kN			★纤维水泥管
	环刚度	kPa	★	★	
	压扁试验		★	★	
	拉伸强度	MPa	★		
	弯曲强度、浸水后弯曲强度	MPa	★		
	巴氏硬度		★		
	碱金属氧化物含量	%	★		
	密度	g/cm^3		★	
	吸水率	%			★纤维水泥管
	抗冻性				★纤维水泥管
抗渗密封性能	抗渗性能				★纤维水泥管
	接头密封性能		★	★	★
冲击性能	落锤冲击		★	★	
负荷变形性能	负荷变形温度	℃	★		
	维卡软化温度	℃		★	
	纵向回缩率	%		★实壁结构保护管	
	烘箱试验			★双壁结构保护管	

注　★表示进行试验。

电缆保护管除满足上述试验要求外，还应满足其他非通用要求，如耐化学介质、导热、阻燃等。

三、常用电缆保护管性能及选用注意事项

（一）玻璃钢管

1. 玻璃钢管的特点

玻璃钢管的全称是玻璃纤维增强塑料电缆保护管。它是以热固性树脂为基体，以玻璃纤维无捻粗纱及其制品为增强材料，采用手工缠绕和机械缠绕等工艺制成的管道。玻璃钢管具有强度高，重量轻，内外光滑，安装使用方便，耐电腐蚀，高绝缘，耐酸、碱、盐各种介质的腐蚀，耐水，耐热，耐高温、低温，耐老化。

2. 玻璃钢管选用注意事项

要注意选择合适的原材料和制造工艺。基体材料为不饱和聚酯树脂，其性能应符合 GB/T 8237—2005《纤维增强塑料用液体不饱和聚酯树脂》的规定。增强材料宜使用无碱成分的玻璃纤维无捻粗纱或玻璃纤维无捻粗纱布，严禁使用陶土钢锅生产的含有高碱成分的玻璃纤维无捻粗纱或玻璃纤维无捻粗纱布作增强材料。因为高碱玻璃丝纤维在高温高湿环境下会吸潮返卤，从而使电缆保护管在短时间内机械性能和其他性能急剧恶化。试验表明，用高碱玻璃丝纤维生产出的玻璃钢管，在埋入地下 1 年后，其机械性能下降 40%以上，无法起到保护电缆的作用。保护管中允许掺加少许石英砂、氢氧化铝、碳酸钙等无机非金属颗粒材料为填料，填料的成分含量应不小于 95%，含湿量应不大于 0.2%。应尽量选用机械缠绕工艺生产的玻璃钢管，以提高质量稳定性。

（二）PVC 管

聚氯乙烯管也是电缆线路工程常用管材之一。根据选用的材料不同，可分为氯化聚氯乙烯管（简称 CPVC 管）和硬聚氯乙烯管（简称 UPVC 管）；根据结构不同，可分为实壁管和双壁波纹管。

下面以实壁保护管为例进行介绍。

1. PVC 管的主要技术要求

（1）原材料方面的要求。

1）电缆用 CPVC 管所用原材料应以氯化聚氯乙烯树脂和聚氯乙烯树脂为主，加入有利于提高保护管力学及加工性能的添加剂，添加剂应分散均匀，混合料中不允许加入增塑剂。其中氯化聚氯乙烯树脂中的氯含量应不低于 67%（质量百分比），允许掺加不大于 5%的清洁回收料。

2）电缆用 UPVC 管所用原材料应以聚氯乙烯树脂为主，加入有利于提高保护管力学及加工性能的添加剂，添加剂应分散均匀，混合料中不允许加入增塑剂。允许掺加不大于 5%的清洁回收料。

（2）PVC 管主要性能指标要求。

1）外观质量。保护管颜色应均匀一致，保护管内、外壁不允许有气泡、裂口和明显痕纹、凹陷、杂质、分解变色线以及颜色不均匀等缺陷；保护管内壁应光滑、平整；保护管端面应切割平整并与轴线垂直；插口端外壁加工时允许有不大于 1° 的脱模斜度，且不得有挠曲现象。

2）保护管的尺寸偏差满足 DL/T 802.1—2007《电力电缆用导管技术条件　第 1 部分：总则》的要求。

3）保护管的技术性能符合表 2–1–2 的规定。

表 2–1–2　保护管技术性能

项目		单位	CPVC 管	UPVC 管
密度		g/cm^3	1.45～1.65	1.40
环刚度	常温	kPa	≥10	≥8
	80℃		—	—
压扁试验			加荷至试样垂直方向变形量为原内径 30%时，试样不应出现裂缝或破裂	
落锤冲击			0℃下能经受 1kg 重锤、2m 高度的冲击力	—
维卡软化温度		℃	≥93	≥80
纵向回缩率		%	≤5	
接头密封性能*			0.10MPa 水压下保持 15min，接头不应渗水、漏水	

* 用户有要求时进行。

2. PVC 管选用注意事项

PVC 管本身环刚度、抗压强度、耐热性能有一定的局限性，因此选用 PVC 管做电缆保护管时，一定要注意根据保护管敷设的位置、承受的压力等实际情况而采用不同的保护形式。如在城市绿化带等没有受压的地段，可选用 PVC 管直接回填沙土的埋设方式；而电缆埋设位置在车行道下时，一般不选用 PVC 管，若不得已选用 PVC 管，则必须用钢筋混凝土保护，把 PVC 管当作衬管用，由钢筋混凝土承受压力。

（三）纤维水泥管

纤维水泥电缆保护管是以维纶纤维、海泡石和高标号水泥为主要原材料，经抄取、喷涂、固化等工艺过程制成的管道，它具有摩擦系数低、抗折强度高、热阻系数小、耐腐蚀等优点，可以埋在不同级别的道路中使用。

1. 纤维水泥管的种类和特点

（1）海泡石纤维水泥管的特点。

1）海泡石纤维水泥管内壁一般要进行喷涂，使产品内壁具有较低的摩擦系数；涂层渗透于产品本体，经过高压水冲洗、长期浸泡内壁涂层不脱落，施工过程中不易粘结水泥、泥浆等杂物；可以用钢丝刷清理表面，不影响产品的内壁质量；摩擦系数低于 0.3，有利于电缆长距离敷设，不会损伤电缆。

2）能承受较高的外压荷载。产品的原料为高强度纤维和高性能水泥，产品的结构密实度高、吸水率低，其外压荷载指标明显高于一般产品。根据管体在地下承受的荷载，将产品分为 A、B、C 三类，用户可依据埋设电缆管的位置选择：

A 类管：适用于混凝土包封或直埋在人行道下；

B 类管：适用于（汽—20 级）车行道；

C 类管：适用于（汽—超 20 级）车行道中直埋，可替代钢管。

3）具有耐热性能，在 300℃下结构不破坏，不存在软化、收缩、变形现象，是一种防火材料，即使因其他原因造成火灾，管线也不会遭到破坏，可继续穿装电缆。具有良好的散热性能，热阻系数小于 1.0m・K/W，接近于电缆直埋于地下的散热效果，有利于降低电缆运行环境温度，提高载流量。产品为非磁性材料，通过单芯电缆时不会产生涡流。还具有耐腐蚀、不老化等特点，不会受到地下杂散电流及酸、碱、盐、有机物等地下介质的侵蚀，更不会老化，在潮湿环境下强度会进一步提高，可以长期埋在地下作为永久性电缆工程通道，使用寿命可达百年以上。

（2）维纶水泥电缆管。维纶水泥电缆管是以维纶纤维和高标号水泥为主要原材料，经抄取法制成的轻质非金属管材。它具有摩擦系数低、抗折强度高、热阻系数小等优点，可以埋在不同级别的道路中使用，为地下电缆在意外情况下免受外力破坏提供保障。

管体的材质是高标号水泥、维纶纤维，水化的水泥和纤维共同凝结成坚硬的管体。埋在地下后，湿润的泥土能使管体的硬化过程继续进行，随着时间的延长，管体的强度与硬度也会逐步增长。管体能承受地下压力的变化，能承受地下污水或杂散电流的侵蚀，所以管体坚固，具有耐久性。

管体的材质具有良好的耐热性，能起到阻燃、防火的作用。管体的材质属于非金属，所以它不具有磁性，单芯电缆放在管内输电时不会产生涡流。

管体的抗折荷载达 9000～30 000N；外压荷载达 5000～20 000N。可以埋在不同级别的道路中敷设电缆，能承受汽车行驶、刹车时产生的冲击力。

管体的内壁复合润滑膜，摩擦系数小于 0.35，能减少电缆外皮与管内壁的摩擦力，增加电缆的牵引长度。

管体的热阻系数小于 1.0m·K/W，有利于管内电缆的散热，提高电缆的载流量。

管体与管体之间的连接采用套管和双齿型胶圈密封。同时，两管之间还有一定的调节角度，可使管线路径在铺设时有较好的适应性。

2. 技术要求

（1）原材料。纤维水泥电缆保护管中所掺的纤维可以是海泡石、维纶纤维或对保护管性能及人体无害的其他纤维。水泥应符合 GB 175—2007《通用硅酸盐水泥》要求，且强度等级应不低于 42.5 级；不得使用掺有煤、炭粉做助磨剂及页岩、煤矸石、粉煤灰做混合材料的普通硅酸盐水泥。当用户要求保护管用于腐蚀性或硫酸盐含量高的土壤中时，也可用符合 GB 748—2005《抗硫酸盐硅酸盐水泥》要求的、强度等级不低于 42.5 级的抗硫酸盐、硅酸盐水泥，或在保护管表面上做防腐处理。

（2）外观、尺寸。外观应符合表 2–1–3 的规定。

表 2–1–3　　水泥管外观要求

未加工表面	伤痕、脱皮深度不大于 2mm，单处面积不大于 10cm^2，总面积不大于 50cm^2
内表面	内壁光滑，不得黏有凸起硬块，黏皮深度、凸起高度不大于 3mm
车削面	不得有伤痕、脱皮、起鳞
端面质量	端面与中心线垂直，不应有毛刺和起层

（3）技术性能。纤维水泥保护管的技术性能应符合表 2–1–4 的规定。

表 2–1–4　　纤维水泥保护管的技术性能

序号	项目		单位	指标
1	力学性能[a]	抗折荷载	kN	10～30
2		保护管外压破坏荷载	kN	5～20
3		套管外压强度	kN	5～20
4	抗渗性和接头密封性能[b]			在 0.10MPa 的水压下保持 15min，保护管外表面不应有渗水、洇湿或水斑；接头处不应渗水、漏水
5	保护管和套管的管壁吸水率		%	≤20
6	抗冻性			反复交替冻融 25 次，保护管与套管的外观不应出现龟裂、起层现象
7	耐酸、碱腐蚀[c]			耐酸腐蚀后其质量损失率应小于 6%，耐碱腐蚀后其质量应无损失

[a] 试验前，试样需在温度（20±5）℃的水中浸泡 48h；抗折荷载试验支距为 1000mm。

[b] 在用户有要求时进行。

[c] 埋设管道的土壤地质条件较特殊，用户对耐酸、碱腐蚀有要求时测定。

3. 纤维水泥管选用注意事项

纤维水泥管种类很多，不同种类适用于不同的敷设环境，因此具体选用时应根据工程实际情况区别对待。A 类管抗压性能较差，适用于混凝土包封敷设；B 类管适用于人行道和绿化带等非机动车道直埋敷设，也适用于有重载车辆通过的机动车道混凝土包封敷设；C 类管适用于有重载车辆通过路段（包括高速公路及一、二级公路）的直埋敷设。

【思考与练习】

1. 玻璃钢管、PVC 管分别适用于什么场合？
2. 电缆保护管的基本技术要求有哪些？
3. 电缆用玻璃钢管主要性能特点有哪些？
4. 电缆用 PVC 管主要性能特点有哪些？

模块 2 电缆构筑物（Z06C2002Ⅱ）

【模块描述】本模块包含电缆沟、电缆排管、电缆工井、电缆隧道等电缆构筑物的功能、适用场合以及主要技术要求。通过概念介绍和要点讲解，掌握各种电缆构筑物的功能特点和主要技术要求。

【模块内容】

专供敷设

电缆或安置附件的电缆沟、电缆排管、电缆隧道、电缆夹层、电缆竖井和工井等构筑物统称为电缆构筑物。电缆构筑物除要在电气上满足规程规定的距离外，还必须满足电缆敷设施工、安装固定、附件组装和投运后运行维护、检修试验的需要。

一、电缆沟

电缆沟由墙体、电缆沟盖板、电缆沟支架、接地装置、集水井等组成。电缆沟按其支架布置方式分为单侧支架电缆沟和双侧支架电缆沟，其结构分别如图 2–2–1 和图 2–2–2 所示。

电缆沟应采用钢筋混凝土型式，不得采用砖砌型式。电缆沟盖板通常采用钢筋混凝土材料，在变电站内、车行道上等特殊区段，也可以采用玻璃钢纤维等复合材料电缆沟盖板，达到坚固耐用、美观的目的。电缆沟的支架通常采用镀锌型钢（如角钢）、不锈钢等金属材料。近年来，在地下水位高、易受腐蚀的南方地区，增强塑料、玻璃钢纤维等复合材料也用于制作电缆沟支架，以减少电缆沟的维护工作量。

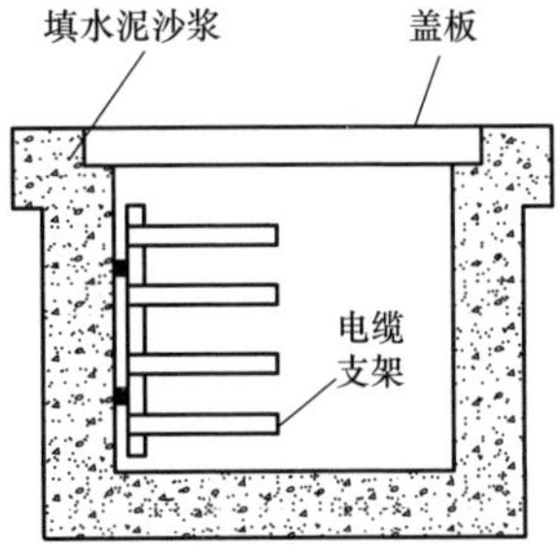

图 2–2–1　单侧支架电缆沟

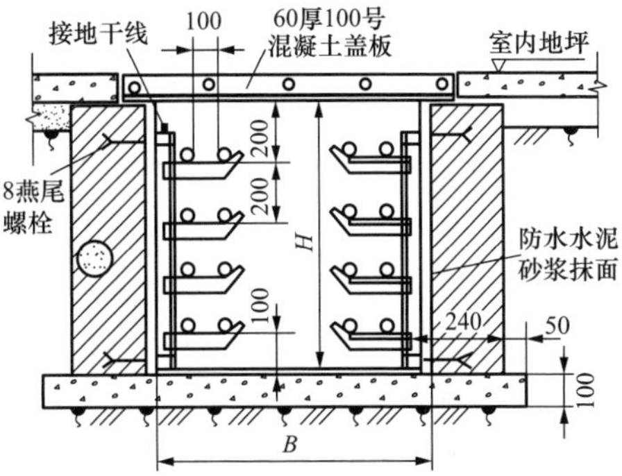

图 2–2–2　双侧支架电缆沟

在厂区、建筑物内地下电缆数量较多但不需采用隧道，或城镇人行道可以不用开挖就可开启电缆沟的地段，宜采用电缆沟。但在有化学腐蚀液体或高温熔化金属溢流的场所，及在载重车辆频繁经过的地段，不得采用电缆沟。经常有工业水溢流、可燃粉尘弥漫的厂房内，也不宜采用电缆沟。电缆沟盖板间缝隙应采取水泥浆勾缝封堵，防止易燃易爆物品及杂物落入。

电缆沟深度应按远景规划敷设电缆电压等级、截面、根数决定，但沟深不宜大于 1.5m，大于 1.8m 应采用隧道。净深小于 0.6m 的电缆沟，可把电缆敷设在沟底板上，不设支架和施工通道。电缆沟应能实现排水畅通，电缆沟的纵向排水坡度不宜小于 0.5%。沿排水方向，在标高最低部位宜设集水坑。电缆沟的支架布置应符合有关规程的要求，电缆支架应表面光滑无毛刺，满足所需的承载能力及防火防腐要求。金属性电缆沟支架应全线连通并接地。接地焊接部位连接应可靠，焊接点经过防腐蚀处理。接地应符合 GB 50169—2006《电气装置安装工程　接地装置施工及验收规范》的要求。

二、电缆排管

电缆排管是把电缆导管用一定的结构方式组合在一起，一般用水泥浇注成一个整体，用于敷设电缆的一种专用电缆构筑物。其典型结构如图 2–2–3 所示。

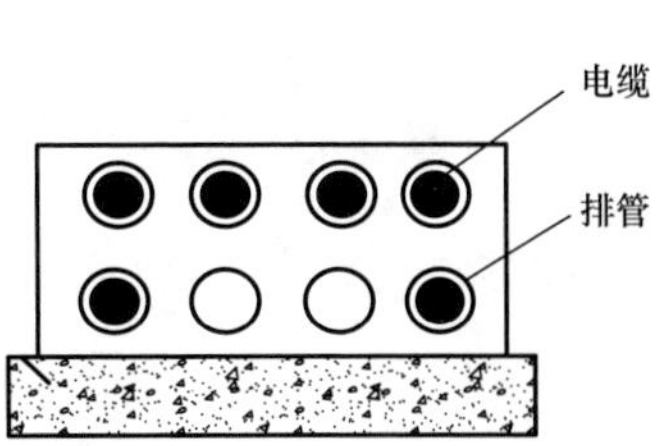

图 2-2-3　电缆排管断面图

电缆排管敷设具有占地小、走廊利用率高、安全可靠、对走廊路径要求较低（可建设在道路主车道、人行道、绿化带上）、一次建设电缆可分期敷设等优点，因此在城市电缆线路建设上常常用到。但是，电缆在排管内敷设、维修和更换比较困难，电缆接头集中在接头工井内，因空间较小，施工困难。由于电缆排管埋设较深，在地下水位较高的地区，工井内积水往往难以排除，造成电缆长期泡水运行，对电缆安全运行和正常维护检修十分不利。因此，选择采用电缆排管敷设时，应根据实际工程需要进行设计。

电缆排管所需孔数，除按电网规划确定敷设电缆根数外，还需有适当备用孔供更新电缆用。排管顶部土壤覆盖深度不宜小于 0.5m，且与电缆、管道（沟）及其他构筑物的交叉距离应满足有关规程的要求。排管材料的选择应满足所在环境的要求和电气要求，特别注意当排管内敷设的是单芯电缆时，应选用非铁磁性管材。排管管径应不小于 1.5 倍电缆外径。排管通过地基稳定地段，如管子能承受土压和地面动负载，可在管子连接处用钢筋混凝土或支座做局部加固。通过地基不稳定地段的排管，必须在两工井之间用钢筋混凝土做全线加固。

电缆排管中的工井间距，应按将来需要敷设的电缆允许牵引力和允许侧压力计算确定，且应根据工程实际需要进行调整。工井长度应根据敷设在同一工井内最长的电缆接头以及能吸收来自排管内电缆的热伸缩量所需的伸缩弧尺寸决定，且伸缩弧的尺寸应满足电缆在寿命周期内电缆金属护套不出现疲劳现象。工井净宽应根据安装在同一工井内直径最大的电缆接头和接头数量以及施工机具安置所需空间设计。工井净高应根据接头数量和接头之间净距离不小于 100mm 设计，且净高不宜小于 1.9m。每座封闭式工井的顶板应设置直径不小于 700mm 人孔两个。工井的底板应设有集水坑，向集水坑泄水坡度不应小于 0.3%。工井内的两侧除需预埋供安装用立柱支架等铁件外，在顶板和底板以及与排管接口部位，还需预埋供吊装电缆用的吊环及供电缆敷设施工所需的拉环。安装在工井内的金属构件皆应用镀锌扁钢与接地装置连接。每座工井应设接地装置，接地电阻不应大于 10Ω。在 10%以上的斜坡排管中，应在标高较高一端的工井内设置防止电缆因热伸缩而滑落的构件。

三、电缆隧道

容纳电缆数量较多，有供安装和巡视的通道，有通风、排水、照明等附属设施的电缆构筑物称为电缆隧道，如图 2–2–4 所示。电缆隧道敷设方式具有安全可靠、运行维护检修方便、电缆线路输送容量大等优点，因此在城市负荷密集区、市中心区及变电站进出线区经常采用电缆隧道敷设。

图 2–2–4　电缆隧道

电缆隧道的路径选择、断面结构、功能要求应根据工程实际进行设计。

1. 电缆隧道的路径与位置

电缆隧道路径应符合城市规划管理部门道路地下管线统一规划原则，与各种管线和其他市政设施统一安排。电缆隧道路径选择应考虑安全、可行、维护便利及节省投资等因素。沿市政道路的电缆隧道进出口及通风亭等的设置应与周围环境相协调。

电缆隧道的路径选择，除应符合 GB 50217—2007《电力工程电缆设计规范》、DL/T 5221—2005《城市电力电缆线路设计技术规定》《电力电缆通道选型与建设指导意见》等相关规定外，尚应根据城市道路网规划，与道路走向相结合，并应保证电缆隧道与城市其他市政公用工程管线间的安全距离。电缆隧道不宜与热力管道、燃气管道近距离平行建设。在靠近加油站建设时，电缆隧道外沿距三级加油站地下直埋式油罐的安全距离不应小于 5m，距离二级加油站地下直埋式油罐的安全距离不应小于 12m。

当电缆隧道位于机动车道或城市主干道下时，检查井不宜设在主路机动车道上。设置在绿化带下面时，在绿化带上所留的人孔出口处高度应高于绿化带地面，且不小于 300mm。

电缆隧道之间及其与建（构）筑物之间的最小水平净距应符合有关国家标准的规定。当受道路宽度、断面以及现状工程管线位置等因素限制难以满足要求时，可根据实际情况采取安全措施后减少其最小水平净距。一般来说，明开现浇电缆隧道覆土深度不应小于 2m，暗挖电缆隧道覆土深度应为 6～15m。

2. 电缆隧道主要技术要求

独立电缆隧道长度在 500m 以内时，应在隧道一端设一个出入口；当隧道长度超过 500m 但在 1000m 以内时，应在隧道两端设两个出入口；电缆隧道长度超过 1000m 时，应在隧道两端以及中间每隔 1000m 适当位置设立出入口。电缆隧道出入口应设在变电站、电缆终端站以及市政规划道路人行步道或绿地内。出入口下方建电缆竖井，竖井内设旋转式楼梯或折梯供上下使用，电缆竖井内径不小于 5.3m，电缆竖井高度超过 3m 时，应每隔 3m 左右设休息平台。电缆隧道出入口位于变电站或终端站内时，出入口上方应建独立的出入及控制房。出入口位于市政规划路步道或绿地内时，电力竖井上端条件允许时应建出入控制房，条件不允许时也可建设隧道应急井。应急井出口不小于 2.0m×2.0m，应急井盖板与地面平齐且与周围环境相适应。应急井盖板应符合地面承载要求，密封良好不渗漏水，有良好的耐候性，且能方便开启。

电缆隧道三通、四通、转弯井以及两出入口中间直线段每 500m 位置处应设置电缆竖井，电缆竖井中，应有供人上下的活动空间，一般情况下电缆竖井内径不应小于 5.3m。电缆竖井高度未超过 3m 时，可设固定式爬梯且活动空间不应小于 800mm×800mm；电缆隧道竖井高度超过 3m 时，应设楼梯，暗挖隧道竖井内设置旋梯，明开电缆隧道竖井内设置折梯。且每隔 3m 左右设工作平台。电缆竖井内应安装电缆引上及固定爬件。

随输变电项目建设的电缆隧道，应根据电气设计，在适当位置设置接头井室；随新建市政规划道路建设的电缆隧道应适当预留接头井室。接头井室宽度应比隧道适当加大（一般应加大 800～1000mm），井室高度应比隧道适当加高（一般加高 300～500mm），井室长度和井室内空间尺寸应根据实际情况确定。接头井室内应设置灭火装置悬吊构件。

电缆隧道出入口以及隧道内应安装电源系统，电缆隧道内电源系统一般应满足以下要求：

（1）在电缆隧道出入口控制房或电缆隧道应急井内，安装防水防潮电源控制箱一台，作为电缆隧道照明和动力的总电源。

（2）控制箱应有可靠的漏电保安器，电源箱母线间设手动切投装置。

（3）由电源控制箱引出 2 路 220/380V 交流电源通过竖井引入隧道，并在隧道内通长敷设。动力电源和照明电源在电缆隧道出入口、接头井室、电缆竖井以及隧道内，每隔 250m 通风井处预留 1 个防水防潮耐腐蚀电源插座。

（4）每个电源控制箱的供电半径不大于 500m。电线选型满足最大负荷电流及末端电压降要求，末端电压降应不大于 10%。

（5）电源线在隧道内应通长敷设于防火槽（或管）内，防火槽（或管）宜固定在电缆隧道顶板上，应采用防水、防潮、阻燃线材。

隧道内应安装照明系统，照明灯具应选用防水防潮节能灯。采用吸顶安装，安装间距不大于 10m。照明应采用分段控制，分段间距一般为 250m。灯具同时开启一般不超过三段。

电缆隧道通风一般采取自然通风和机械通风相结合的原则。对于 10kV 配网电缆隧道，应以自然通风为主。自然通风的要求是：当电缆隧道长度超过 100m 但在 300m 以内时，应在隧道两端设立通风井及进风通风亭和出风通风亭各一座；隧道长度超过 300m 的，应在电缆隧道出入口、电力竖井及中间每隔 250m 适当位置设立通风井，在电缆隧道出入口、电力竖井、通风井上依次设立进风通风亭和出风通风亭，通风亭通风管应不小于 800mm。

对于 110kV 及以上主网电缆隧道，在自然通风的基础上应安装机械通风设备。当电缆隧道长度超过 100m 但在 300m 以内时，应在电缆隧道的一端出入口处通风亭内安装混流风机一台；当隧道长度超过 300m 时，应在电缆隧道出入口、竖井以及每隔 250m 通风井上的通风亭内依次安装功率不小于 4kW 进风混流风机和出风混流风机。电缆隧道内风速不小于 2m/s，隧道内换气不小于每小时 2 次。

电缆隧道内机械通风分区长度应根据计算确定。在每个电缆隧道出入口控制室或电缆隧道应急井内应安装向隧道左右两个方向的风机电源箱，由控制室或应急井内安装的电源控制箱内各引出两路 380V 交流电源至风机电源箱。风机电源箱应能控制一个通风分区内的风机的启动。

电缆隧道应设置有效排水系统。通常隧道纵向排水坡度不小于 0.5%，隧道底部设置泄水边沟，分段设置积水井和自动抽水装置。当积水井内水位达到设计高度时，自动抽水系统启动，将水排入市政管网，水位降低到设计水位之下后，水泵停止工作。

3. 电缆隧道的防火要求

电缆隧道的防火应根据工程实际需要具体设计。通常来说，电缆隧道每隔 200m 需要设置防火隔离，电缆隧道内的通信、照明、动力电缆均要求采用阻燃电缆或耐火电缆，并敷设在防火槽内。隧道内支架采用钢制支架。

电缆隧道可根据实际需要设置消防报警系统和自动灭火系统。消防报警系统通过分布式测温光纤、感温电缆测量隧道温度，通过烟感传感器探测隧道内烟雾浓度。当出现异常情况时，系统会发出声光、短信等报警信号，并启动或关闭通风系统，启动自动喷淋系统等。

电力隧道防火首先是杜绝火源。可以采用隧道井盖监控、视频监控等手段防止外来火源，通过加强对隧道内的电缆线路监测和检测，消除电缆自身故障引起的火源。其次是掌握现场的温度情况，及时消除隐患。通过安装光纤测温系统及时掌握设备及隧道内环境温度。最后是采取隔离方法自熄，可以采用阻燃电缆、绕包防火包带、设置防火隔离等措施。对于喷淋灭火系统、泡沫灭火系统、雾化灭火系统、气体灭火系统，由于安装、运行维护成本过大，设备有效期短等原因，应视实际工程需要选用。

【思考与练习】

1. 电缆沟支架有何要求？
2. 电缆排管工井设置有何要求？
3. 电缆隧道通风、防火有何要求？

第二部分

电力电缆基本技能

第三章

电　气　识、绘　图

模块1　电缆结构图（Z06D1001Ⅰ）

【模块描述】本模块介绍各种电缆结构图的识、绘图基本知识。通过要点讲解、图形示例，熟悉各类不同电压等级、不同型号的常用电力电缆结构，掌握常用各类电力电缆结构图的绘制方法。

【模块内容】

一、概述

1. 电力电缆的结构

常用的电力电缆主要由导电线芯（多芯）、绝缘层和保护层三部分组成。其结构如图3–1–1所示。

2. 电力电缆结构图的特点

一般用纵向剖视图来表示电缆的基本结构，其概要地表示了电缆导电芯、绝缘层与保护层之间的位置、形状、尺寸及相互关系。

3. 电力电缆结构图的基本绘制

电力电缆结构图依据GB/T 4728—2006《电气简图用图形符号》的一般规定，按一定的比例、以一组分层同心圆来表示电缆的截面剖视。用粗实线绘制，并用指引线标识和文字具体说明图示结构。如图3–1–2和图3–1–3所示。

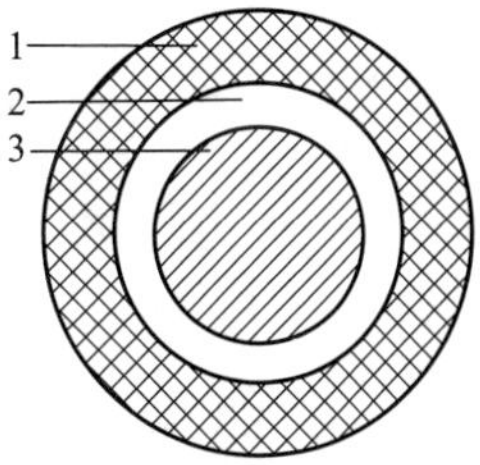

图3–1–1　单芯交联聚乙烯电力电缆的基本结构绘制图

1—聚氯乙烯护套；2—交联聚乙烯绝缘层；3—导电线芯

二、常用各类电力电缆结构图的绘制方法

（1）依据电力电缆实际结构进行测绘，设定一定比例，绘制出电缆纵向剖面的草图，按电气工程制图的基本规范标注尺寸，如图3–1–4所示。结构复杂、多层覆盖、纵向剖面图难以说明的结构，运用电缆的横向剥切图、纵向截面结构图来对应表示，并补充说明。

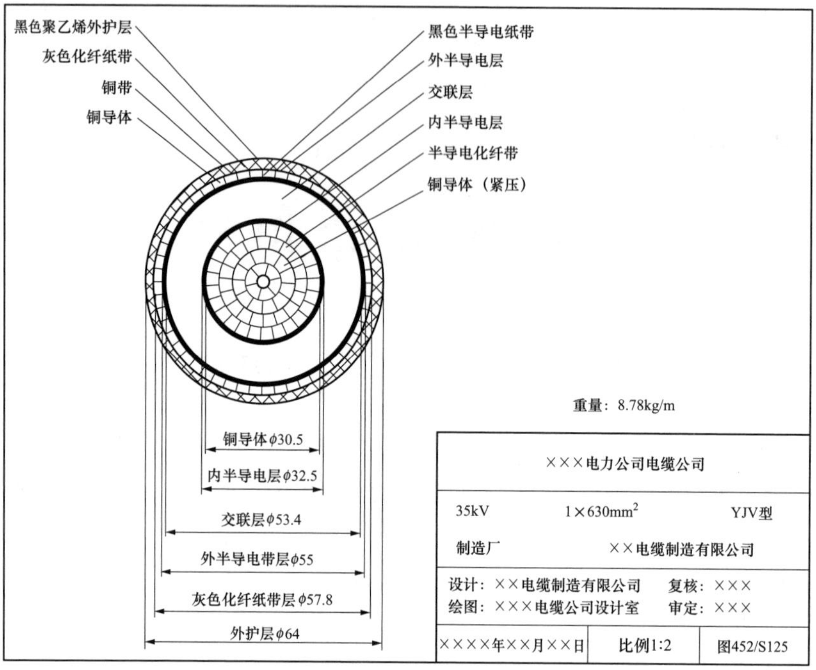

图 3-1-2　35kV 单芯交联聚乙烯电缆的结构绘制图

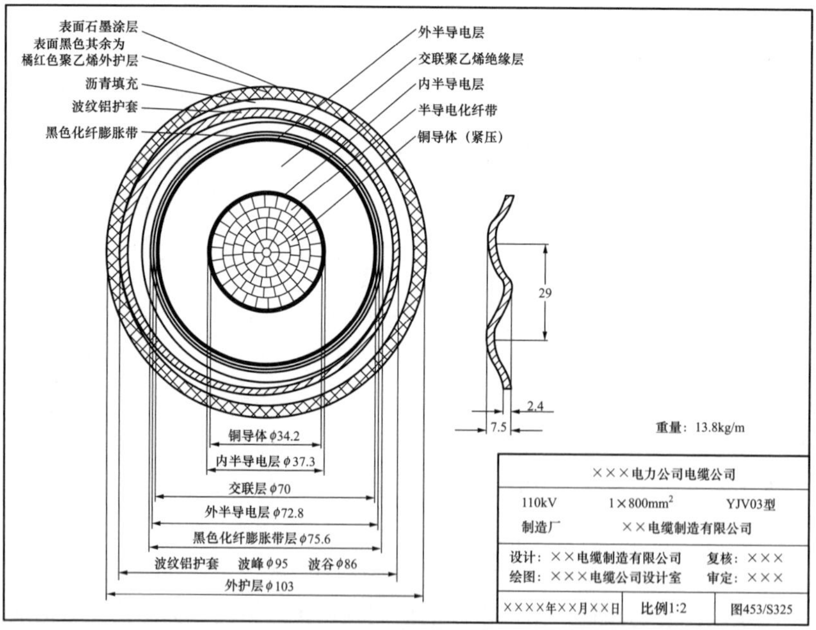

图 3-1-3　110kV 单芯交联聚乙烯电缆的结构绘制图

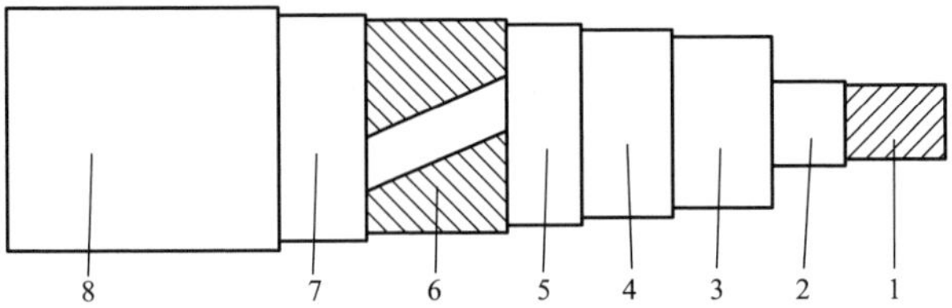

图 3-1-4　YJLW02-110kV 交联聚乙烯绝缘电力电缆的构造特征示意图

1—铜导体；2—绝缘内屏蔽层；3—交联聚乙烯绝缘；4—绝缘外屏蔽层；
5—保护层；6—铜线屏蔽；7—金属保护层；8—聚氯乙烯外护套

（2）设定电力电缆结构图的绘制内容：

1）确定绘制比例；

2）确定纵向截面结构图、横向剥切图的布局；

3）同型同结构电缆的数据汇总表。

（3）参照电气工程制图标准 GB/T 4728—2006，以纵向截面为主体结构图来绘制：

1）以多层同心圆来绘制电缆的结构分布、绝缘构造，进行分层图析和示意；

2）以横向剥切图和表对应补充，使电缆结构诠释完整（也可省略）；

3）以特定图标、图色、剖面线、指引线、标线来表明电缆具体各层、各部分的结构特点并标注尺寸，使每一层次的内容用文字说明、要求简洁完整，图示正确。

（4）同型导体公称截面和绝缘层、屏蔽层、内外护套的厚度，中空油道、最大外径等，列写成数据表（栏）进行附注与说明，如图 3-1-5 所示。

（5）按图栏要求填写完整图号、电缆型号、名称、日期；设计、审校、批准者的签署、图样标记、比例等。

（6）电力电缆结构图绘制的其他细则与电气工程制图方法基本一致，不再详述。

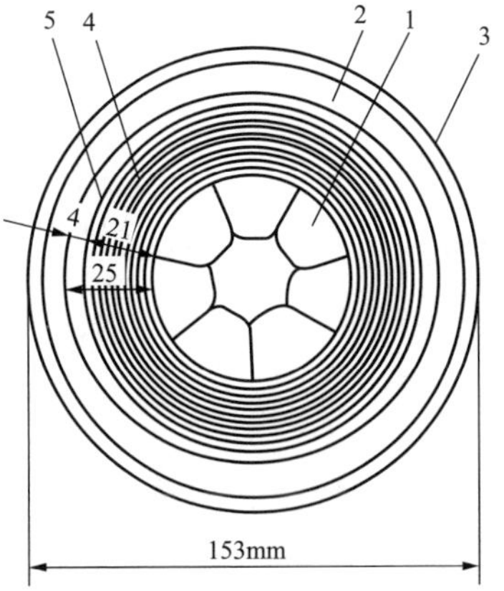

图 3-1-5　CYZLW03-500kV 单芯皱纹铝护套充油电缆结构示意图（附数据汇总表）（一）

1—导体；2—皱纹铝护套；3—外护套；4—纸塑复合绝缘层；5—牛皮纸绝缘层

导体					绝缘层厚度（mm）	屏蔽层厚度（mm）	皱纹铝护套厚度（mm）	外护套厚度（mm）	最大外径（mm）	概算质量（kg/km）	概算油量（L/km）
公称截面（mm^2）	中空油道		结构	外径（mm）							
	内径（mm）	螺旋管厚度（mm）									
1000	18.0	0.8	6分割紧压	44.0	34.0	0.25	2.9	6.0	145	28 300	6310
1200	18.0	0.8		47.4	33.0	0.25	3.0	6.0	147	30 500	6420
1400	18.0	0.8		50.5	33.0	0.25	3.0	6.0	150	33 000	6670
1600	18.0	0.8		53.5	33.0	0.25	3.1	6.0	154	35 600	6970
1800	18.0	0.8		56.3	33.0	0.25	3.1	6.0	157	38 200	7210
2000	18.0	0.8		59.1	33.0	0.25	3.2	6.0	160	40 800	7490
2500	18.0	0.8	7分割紧压	68.0	纸塑复合绝缘25.0	0.3	3.0	6.0	153	47 000	5030

图3-1-5 CYZLW03-500kV单芯皱纹铝护套充油电缆结构示意图（附数据汇总表）（二）

三、常用电力电缆结构图

（1）YJV22-1kV 4芯电力电缆结构断面示意图见图3-1-6。

（2）ZLQ22-10kV三芯油纸绝缘电力电缆结构断面示意图见图3-1-7。

（3）CYZQ102-220kV单芯充油电缆结构示意图见图3-1-8。

（4）XLPE-500kV 1×2500mm^2交联电缆结构示意图见图3-1-9。

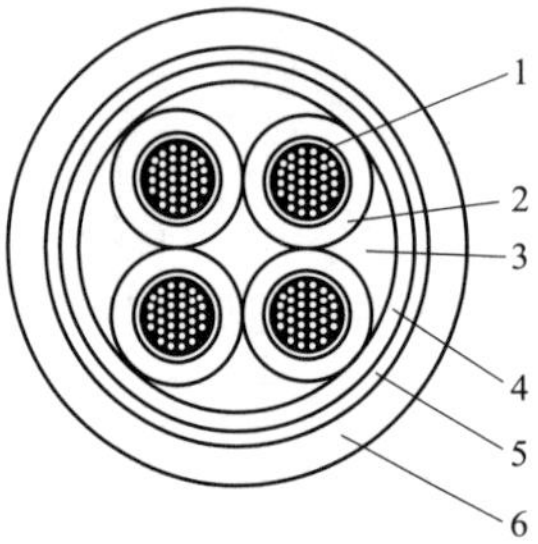

图3-1-6 YJV22-1kV 4芯电力电缆结构断面示意图

1—铜导体；2—聚乙烯绝缘；3—填充物；4—聚氯乙烯内护套；5—钢带铠装；6—聚氯乙烯外护套

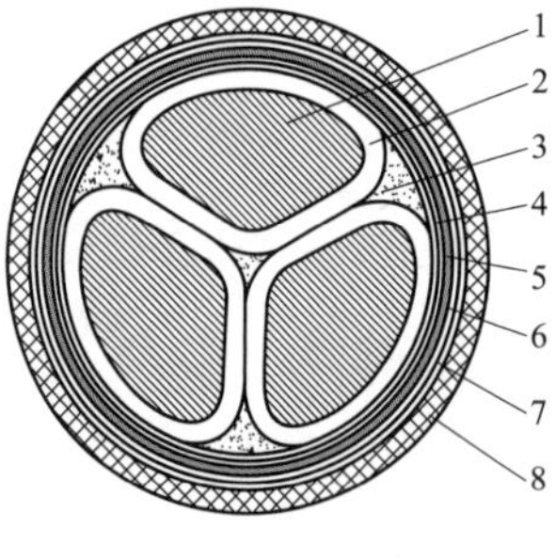

图3-1-7 ZLQ22-10kV三芯油纸绝缘电力电缆结构断面示意图

1—铝导体；2—芯绝缘；3—填料；4—带绝缘；5—铅套；6—内衬垫；7—钢带铠装；8—外护套

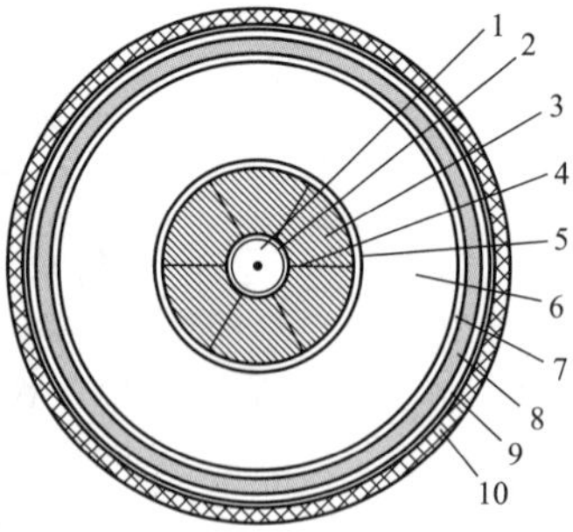

图3-1-8 CYZQ102-220kV单芯充油电缆结构示意图

1—油道；2—螺旋管；3—导体；4—分隔纸带；5—内屏蔽层；6—绝缘层；7—外屏蔽层；8—铅护套；9—加强带；10—外护套

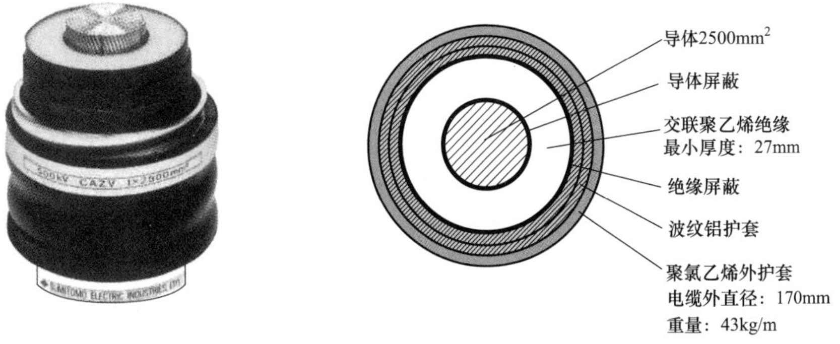

(a)　　　　　　　　(b)

图 3-1-9　XLPE-500kV 1×2500mm² 交联电缆结构示意图

（a）XLPE-500kV 交联电缆结构立体示意图；（b）XLPE-500kV 交联电缆结构断面示意图

【思考与练习】

1. 常用的适应直埋敷设的 10kV 三芯交联电缆和适应排管敷设的 110kV 单芯交联聚乙烯绝缘电缆的基本结构由哪几部分组成？

2. 图 3-1-10 所示为 YJV22-10kV 三芯交联聚乙烯绝缘电缆的结构断面示意图，请指出其结构由哪些部分组成。

3. 图 3-1-11 所示为 CYZLW03-220kV 单芯皱纹铝护套充油电缆结构示意图，请指出其结构由哪些部分组成。

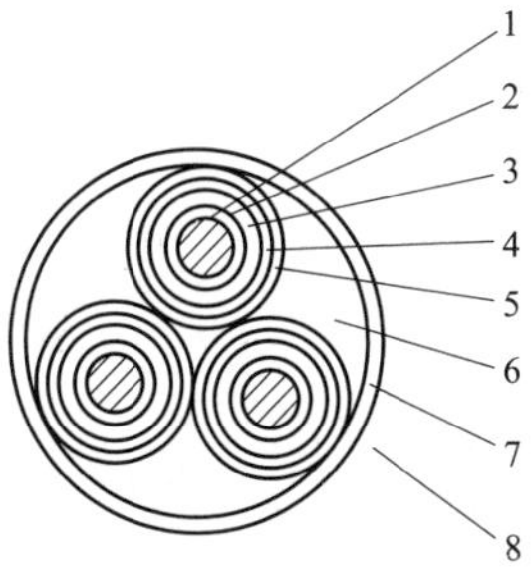

图 3-1-10　YJV22-10kV 三芯交联聚乙烯绝缘电缆的结构断面示意图

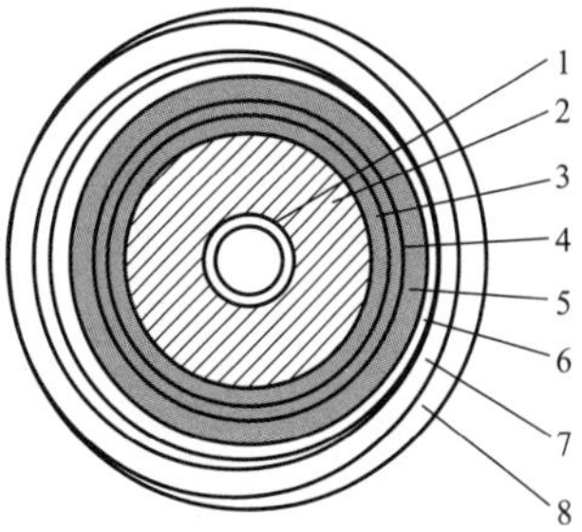

图 3-1-11　CYZLW03-220kV 单芯皱纹铝护套充油电缆结构示意图

模块 2　电气系统图（Z06D1002Ⅱ）

【模块描述】本模块介绍电气系统图的识、绘图基本知识。通过要点讲解、图形示例，熟悉电气系统图的分类及特点，掌握电气系统图的识读方法、电气系统图一般绘制规则和基本步骤。

【模块内容】

一、电气系统图的识读基础

（一）电气系统图的分类

电气系统图可分为一次系统电气图和二次系统电气图，电力一次系统电气图又分为电力系统的地理接线图和电力系统的电气接线图。

（二）电气系统图的特点

通常电气系统接线图主要反映整个电力系统中系统特点，发电厂、变电站的设置，相互之间的连接形式，正常运行方式等，常用地理接线图和电气接线图两种形式来表示。

电气系统地理接线图主要显示整个电力系统中发电厂、变电站的地理位置，电网的地理上连接、线路走向与路径的分布特点等；电力系统电气主接线图主要表示该系统中各电压等级的系统特点，发电机、变压器、母线和断路器等主要元器件之间的电气连接关系。

（三）电气系统图的识读

1. 电力系统的地理接线图

（1）电力系统的地理平面接线图。在地理接线图的平面绘制中，选用特定图例来表示，详细绘制出电力系统内部各发电厂、变电站的相对地理位置，电缆、线路按地理的路径走向相连接，并按一定的比例来表示，但不反映各元件之间的电气联系，通常和电气接线图配合使用。

某电力系统地理接线图如图 3–2–1 所示。

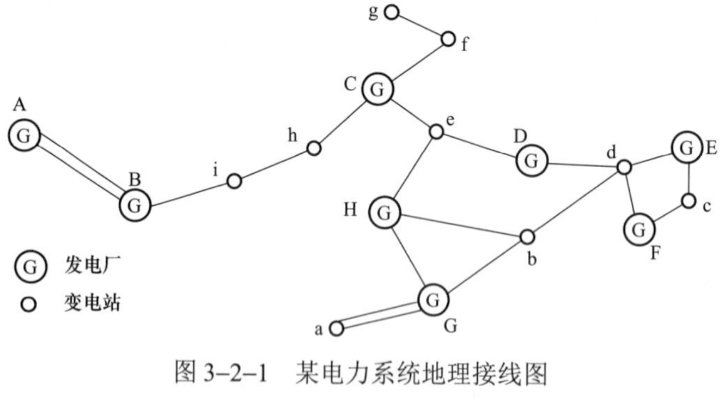

图 3–2–1　某电力系统地理接线图

（2）电力系统地理接线图的特点。电力系统地理接线图分为无备用接线和有备用接线两种。

1）无备用接线以单回路放射式为主干线图形。如图 3–2–1 中，发电厂 C—变电站 f—变电站 g 为无备用单回路放射线路。

2）有备用接线图以双回路、环网接线和双电源供电网络的图形。如图 3–2–1 中：发电厂 A、B 之间的线路、发电厂 G—变电站 a 之间的线路为有备用双回路接线；发电厂 D—变电站 d—变电站 b—发电厂 H—变电站 e—发电厂 D 构成的环网接线；发电厂 D—变电站 d—变电站 b—发电厂 G—发电厂 H—变电站 e—发电厂 D 构成的大环网接线；发电厂 H—变电站 b—发电厂 G—发电厂 H 构成的子环网接线；发电厂 E—变电站 c—发电厂 F—变电站 d—发电厂 E 构成的子环网接线；发电厂 B—变电站 i—变电站 h—发电厂 C 之间的线路为双电源供电网络。

3）以单实线表示架空线，或单虚线表示电缆与发电厂与变电站节点连接。

4）用文字说明连接特点和互相关系。

（3）电力系统地理接线图的绘制与识读。

1）地理接线图中图标的选定。可按 GB/T—4728《电气简图用图形符号》中的发电厂、枢纽变电站、地区变电站等图例正确选用，也可特定设置新未投运、在建规划的发电厂、变电站的图标、图例来绘制。

2）根据区域地理图示，绘制出电力系统内部各发电厂、变电站的相对地理位置，以发电厂、变电站的在建地点设定图例进行标志。

3）以实线表示架空线或虚线表示电缆，与发电厂与变电站进行节点连接，按电缆、线路的回路数、按出线的路径和走向正确绘制。

4）在地理接线图中要设定比例、地理方向坐标、省市界线、江河岸线、铁路、桥梁等标志物及特定地理标高，完整表示出电厂与变电站的地理分布，系统接线和输变电网的架构。

5）在大城市中心区域电网、全电缆地理接线图中，还要按电缆施工的要求，以规定图例清晰绘制出电缆敷设的隧道、排管、桥架、直埋、工井、区间泵房等相关设施和具体地理位置和分布走向，并用不同标色分色图示。

2. 电力系统的电气接线图

（1）电力系统的电气接线主要表示各电压等级的输变电网的基本特点，一次系统的电气设备（如发电机、变压器、母线和断路器等）主要元器件之间的电气连接关系。

（2）电力系统电气接线图的识绘特点。

1）电气接线图以平面形式，按一定的比例，运用发电机、主变压器、母线等元件符号，详细地表示各主要电气元件之间的电气联系，一般用单线图来绘制。

2）选用特定图标来表示系统内各类发电厂、枢纽变电站、地区变电站，输配电网的基本架构和分布，并将各级电网也用单线连接来反映系统的正常运行状态。

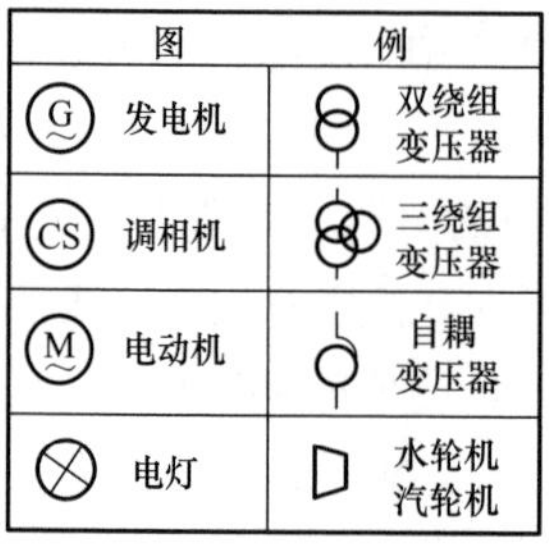

图 例
发电机
双绕组变压器
调相机
三绕组变压器
电动机
自耦变压器
电灯
水轮机汽轮机

图 3–2–2 部分电气设备符号图

3）一次电气设备图标即 GB/T—4728 规定的电气设备用图形符号（见图 3–2–2）。通常是以表示发电机、变压器、断路器、隔离开关、母线等一次电气设备的概念图形、标记或字符。它由符号要素、一般符号、限定符号和方框符号组成，识绘时要正确选用和识读。

4）电力系统电气主接线图是电力系统的一次系统的功能概略。

5）采用 GB/T—4728 规定的电气符号或带注释的方框符号、单线表示等图示形式。

6）概略表示系统、子系统、局部电网成套装置设备等各项目之间相互关系及其主要特征。

7）采用单线法表示多线系统或多相系统之间信息流程、逻辑的主要关系。可作为编制详细的功能、电路、接线等图的依据。

二、电气系统图一般绘制规则

（1）根据 GB/T 6988.1—2008《电气制图国家标准》、GB/T 4728 等电气工程制图的基本方法，电力电缆工程测绘、安装、敷设、运行、检修等工程实践的特点，符合国家标准、行业、企业一般规则、规程和技术要求，并结合本地区、本单位的专业特点进行绘制。

（2）电气一次系统接线图的绘制通常为单线图，即用单实线描绘等值一相电路图来表示三相电路的系统连接。

（3）以正常运行状态绘制电气系统的主接线，运用标准的一次设备的图例，断路器和隔离开关的图形符号，一般以断开位置画出，也可以按系统的典型常用运行方式表示。如图 3–2–3 所示。

三、电气系统图绘制的基本步骤

（1）根据需要绘制电气系统图的大小，按比例确定图纸幅面。

（2）按所绘的图形与实际元件几何尺寸的比值确定比例，地理平面图采用“方向标志”表示指北向，并确定地理标高。注意相对标高与敷设标高之间的关系，用地理标高线和数据表示。

（3）图幅的分区方法是以图纸相互垂直的两边各自等分，分区的数目以视图的复杂程度而定。一般按位置布局图面，按功能相关性合理分布，按电路原理接线顺序布局。为了阅读方便，电气系统图一般的规定是按上北下南布置，以细实线绘出的方格坐标对应。

（4）电气系统图确定绘制中常用的图线类别和粗细，并注重图线的虚、实线的运用；以实线表示架空线，以虚线表示电缆，并按规定标出电缆终端接头的图标。

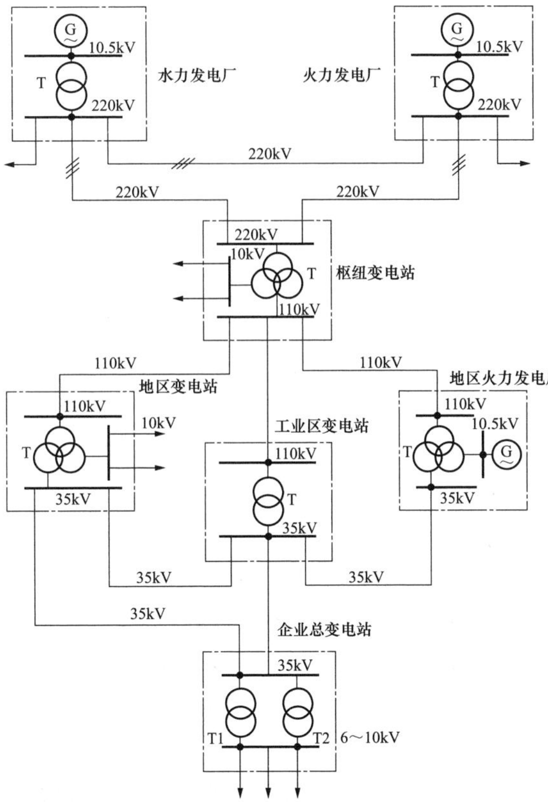

图 3–2–3 典型的电力系统一次电气系统图

（5）先按比例确定发电厂、变电站地理位置和母线，再与系统、发电厂、变电站主接线的母线进行连接，按电缆、线路的回路数、出线的路径和走向正确绘制；或者在图线上加限定符号表示用途，形成新的图线符号。

（6）发电厂、变电站主接线以电力电缆引出并与架空线相连接时，电缆以变电站为起点，与架空线连接点为终点，应表示出电缆与架空线连接点的地理位置和距离，并特定标注，以便电缆线路需停役、检修时，可以从电气接线图上直接得知必须拉开的杆上隔离开关的名称、检修区域和具体位置。

（7）在全电缆系统的电气接线图中，通常还附录电缆图册表，补充表示了一次电气设备或装置的结构单元之间所敷设电缆的全部信息，包括电缆路径的隧道、排管、桥架等敷设信息，并加注电缆的项目代号。

（8）图面上的文字、字母及数字，书写必须端正、清楚，排列整齐，间隔均匀，外文标注应有译注。

【思考与练习】

1. 电气系统图的分类、基本特点是什么？

2. 请说明电力系统的地理平面接线图识读要点。

3. 电气系统图一般绘制规则有哪些？

模块3 电气接线图（Z06D1003Ⅱ）

【模块描述】本模块介绍电气接线图的识、绘图基本知识。通过要点讲解、图形示例，熟悉电气主接线图的特点、分类和基本形式、图形和符号，掌握电气主接线图识、绘图的一般规则、基本方法和步骤。

【模块内容】

一、电气主接线图概述

电气主接线图主要反映电力系统一次设备的基本组成和电路连接关系。它包括电力系统电气主接线图、发电厂及变电站电气主接线图等。它表示了等值的电力系统、输电网、配电网、各类变（配电站）等一次主接线的结构。可以图示多电压等级电网的主接线连接，也可以表示单一电压等级的电网主接线、单个变电站电气主接线的分布。本节主要介绍电力系统及典型变电站的电气主接线。

1. 电气主接线图的特点、分类和基本形式

（1）变电站主接线图的特点。常用典型变电站电气主接线图是指由电力主变压器、母线、各类断路器、隔离开关、负荷开关、进出架空线、电力电缆、并联电容器组等一次电气设备，按一定的次序连接，汇集和分配电能的电路组合。它是选择电气设备、确定配电装置、安装调试、运行操作、事故分析的重要依据。

（2）变电站的电气主接线图分为有母线和无母线两种结构。

（3）常用典型的变电站电气主接线基本形式有单母线型、双母线型、桥形接线和线路变压器组四种。其中双母线主接线如图3-3-1所示。

2. 电气主接线图的图形和符号

电气主接线图的设备图形包括图标和图例。

（1）一次电气设备图标。通常是用GB/T 4728规定的图标来表示一次电力设备（如发电机、变压器、母线、断路器、闸刀、负荷开关等），或者以表示电力系统运行方式（如中性点经消弧线圈、小电阻接地等）的图形符号来图示说明。它由符号要素、一般符号、限定符号和方框符号组成。

（2）图形符号的组成。

1）符号要素：具有确定意义的简单图形，通常表示电器元件的轮廓或外壳。

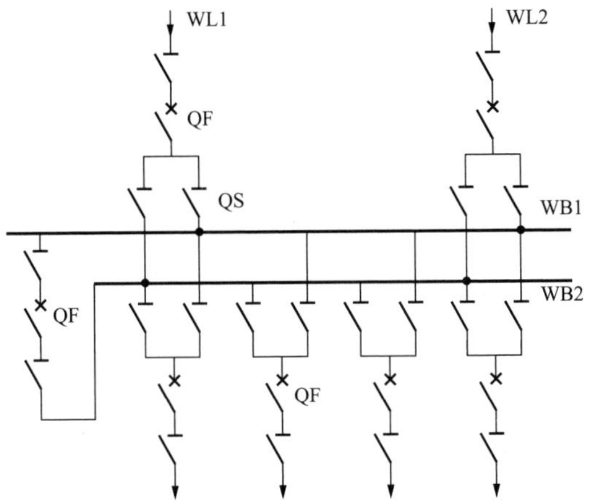

图 3–3–1　双母线主接线图

2）一般符号：表示此类设备或此类产品特征的一种简单的图形符号。

3）限定符号：提供附加信息的一种加在其他符号图形上的补充符号（如变压器一次、二次绕组的接线组别等）。

4）方框符号：表示设备、元件等的组合及其功能。其既不给出元件、设备的细节，也不考虑所有连接。

二、电气主接线图绘制与识读基础

1. 电气主接线图绘制的一般规则、基本方法和步骤

（1）图标的选定。电气主接线图绘制一般要求选用 GB/T 4728 规定的图标，也可以参看表 3–3–1 给出的常用一次电气设备的图形、一般符号和文字符号。

表 3–3–1　　　　**电气主接线图中常用设备图形符号**

序号	设备名称	GB/T 4728		序号	设备名称	GB/T 4728	
		形式 1	IEC			形式 1	IEC
1	有铁芯的单相双绕组变压器		=	3	YNyd 连接的有铁芯三相三绕组变压器	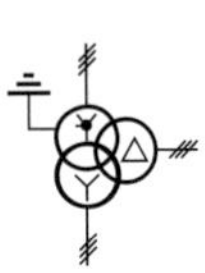	=
2	YNd 连接的有铁芯三相三绕组变压器	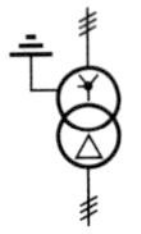	=	4	星形连接的有铁芯的三相自耦变压器		=

续表

序号	设备名称	GB/T 4728		序号	设备名称	GB/T 4728	
		形式 1	IEC			形式 1	IEC
5	星形一三角形连接的具有有载分接开关的三相变压器	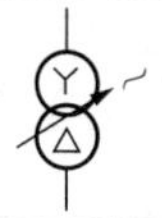	=	10	带接地开关的隔离开关	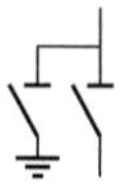	
6	接地消弧线圈		=	11	负荷开关		=
7	阀型避雷器		=	12	电抗器		
8	高压断路器		=	13	熔断器式隔离开关	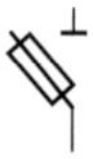	=
9	高压隔离开关		=	14	跌落式熔断器		

注 表中“=”符号表示图形符号与 IEC 图形符号相同。

（2）选用国家标准规定图例正确绘制。

（3）变电站电气接线图的绘制以平面图示形式，按一定的比例，根据各电压等级的输、配电网的基本特点，以变电站电气主接线的基本架构来表示，并按电路原理的次序连接一次系统的电气主设备。

（4）在绘制时，正确表示电力主变压器运行方式，高、低压侧母线分段运行的形式。

（5）反映与电力系统的联络、电源侧的进线回路数，用等值单相电路来表示三相电路的形式，并用单一实线来绘制的电力系统连接图。

（6）以实线表示架空线，以虚线及终端接头符号表示电缆，并与发电厂或变电站进行节点连接，以正常运行方式来绘制电气一次设备的连接、断路器和隔离开关的分、合闸状态，及进出线回路的路径与走向，必要时用文字、数字或专用代号标注说明。

（7）断路器和隔离开关的图形符号，一般以断开位置画出，也可以按系统的典型常用运行方式表示，并用文字特别指明。

2. 电气主接线图识读的一般规则、基本方法和步骤

（1）电气主接线图识读一般规则。首先按电路基本原理进行分析、阅读，按电能汇集和分配的流动方向展开释读。

（2）电气主接线图识读基本方法。

1）以先易后难，先释读一次接线结构、后分析二次接线原理为原则；

2）按图面布局释读，一般宜从上到下、从左到右；

3）先搞清回路的构成、各元器件的联系和控制关系，后理解一次设备运行状态、投入和退出等停复役装置动作情况。

（3）电气主接线图识读的基本步骤。

1）根据总图的设计说明，正确理解电气主接线的基本架构和特点；

2）确认电力变压器的类型、电压变换等级、接线组别、分列或并列运行方式；

3）系统电源的注入，进线、联络线的距离、走向及回路数；

4）各级电压母线的分段和并列运行方式；

5）变电站一次设备的基本组成和连接。

三、电气主接线的基本形式

1. 单母线接线

（1）单母线接线图如图 3–3–2 所示。

（2）一组汇流母线 W，也称主母线，每条回路通过一台断路器 QF 和两台隔离开关 QSW、QSL 与汇流母线相连。

（3）每一回路应配置一台断路器 QF；断路器两侧应配置隔离开关 QSW 和 QSL。

（4）图中靠近母线侧的隔离开关 QSW 称为母线隔离开关；靠近出线侧的隔离开关 QSL 称为出线隔离开关。

（5）QS0 为接地开关。

2. 单母线分段接线图

如图 3–3–3 所示，采用单母线分段接线时，从不同分段引接电源供电，实现双路供电。

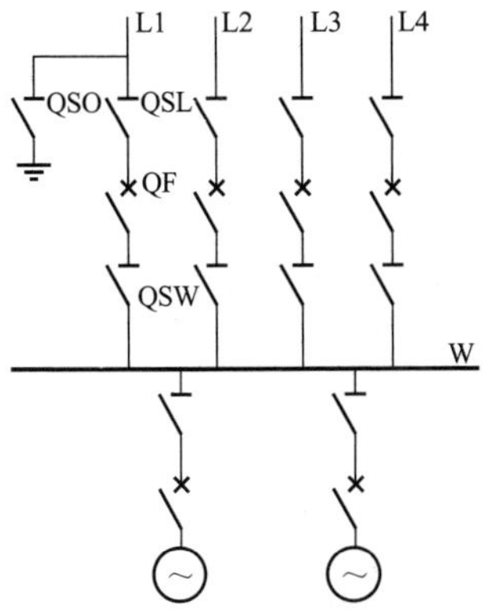

图 3–3–2 单母线接线图

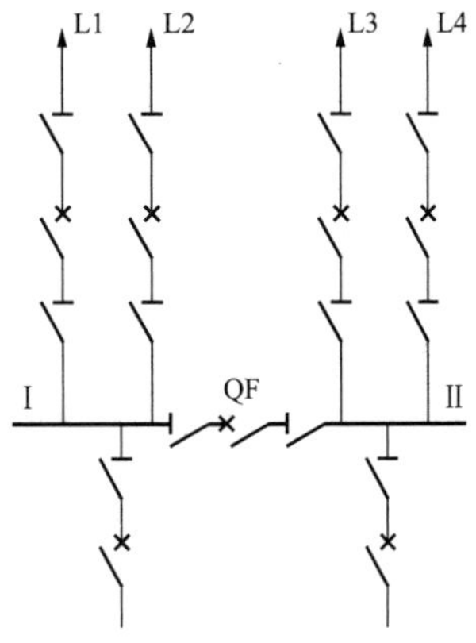

图 3–3–3 单母线分段接线图

当母联断路器 QF 闭合时，两段汇流母线并联运行，提高了运行可靠性；当母联断路器 QF 断开时，两段汇流母线分裂运行，可减小故障时的短路电流。

3. 双母线主接线图

双母线接线如图 3-3-4 所示。

（1）双母线接线具有 W1、W2 两组汇流母线。

（2）每回路通过一台断路器和两组隔离开关分别与两组汇流母线相连。

（3）两组汇流母线之间通过母线联络断路器（简称母联）QF 相连。

4. 双母线分段主接线图

双母线分段主接线如图 3-3-5 所示。

（1）汇流母线Ⅰ、Ⅱ之间和Ⅰ、Ⅲ之间，通过母线联络断路器 QF1、QF2（简称母联）相连。

（2）母线Ⅱ、Ⅲ之间分段，并通过母线联络断路器 QF 与限流电抗器 L 相连。

（3）分组进出线，构成单元制分组供电形式。

（4）适应多种运行方式，有较高的可靠性和灵活性，故障后可迅速恢复供电。

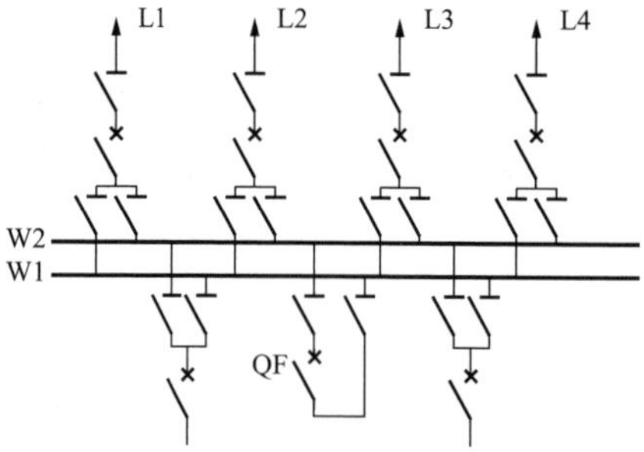

图 3-3-4 双母线接线图

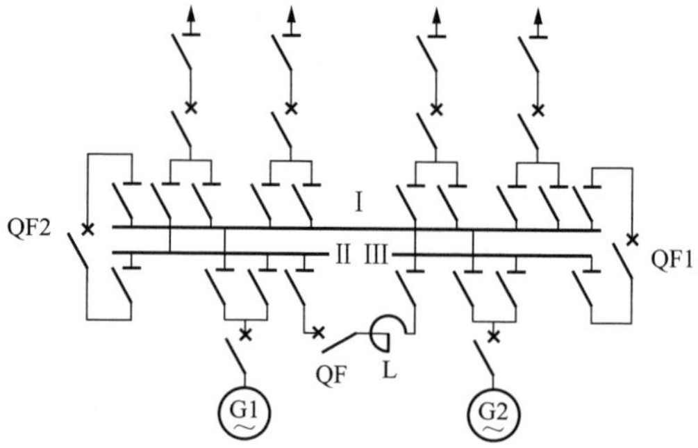

图 3-3-5 双母线分段主接线图

QF1、QF2—母联断路器；QF—分段断路器；L—电抗器；G1、G2—电源

5. 桥形接线图

为了保证对一、二级负荷进行可靠供电，在 110kV 以下电压等级的变电站中广泛采用由两回电源线路受电，并装设两台主变压器，即桥形电气主接线。

桥形接线分为外桥、内桥和全桥三种，如图 3-3-6 所示。

桥形主接线图的特点释读如下：

（1）桥形接线为无汇集母线类接线。

（2）在图 3-3-6（a）、（b）中，WL1、WL2 为两回电源线路，经过断路器 QF1

和 QF2 分别接至变压器 T1 和 T2 的高压侧，向变电站送电。

（3）桥电路上的断路器 QF3（如桥一样）将两回线路连接在一起，形成两个供电单元。

（4）由于断路器 QF3 可能位于线路（或变压器）断路器 QF1、QF2 的内侧或外侧，故又分为内桥和外桥接线两种形式。

（5）两种桥形接线形式所用的断路器数目相同，在正常情况下，两种接线的运行状态也基本相同。

（6）当检修或故障时，两种桥形接线的运行状况有很大的区别。

（7）适用全封闭 SF_6 组合开关、有两进两出回路的配电变电站，城市电网广泛采用内桥接线。

（8）在图 3–3–6（c）中，线路和变压器均没有断路器，又称为全桥接线。

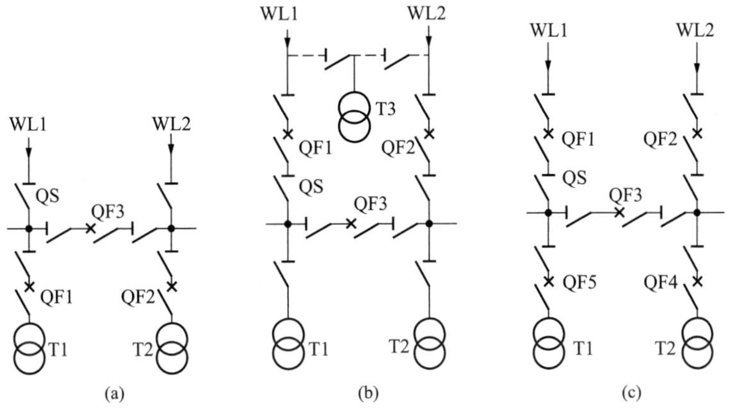

图 3–3–6 桥形电气主接线图

（a）外桥接线；（a）内桥接线；（c）全桥接线

6. 线路—变压器组接线图

如图 3–3–7 所示，电源只有一回线路供电，变电所仅装设单台变压器运行，当电网没有特殊要求时，一般宜采用线路—变压器组接线方式。

（1）适用于终端变电站的主接线形式。

（2）根据电网的运行要求，主变压器的高压侧可以装设隔离开关 QS、高压跌落式熔断器 FU 或高压断路器 QF 三种形式来接受上级电源进线。

（3）多用于仅有二、三级负荷的线路终端的变电站，或小型 35kV 或 10kV 的用户变电站等。

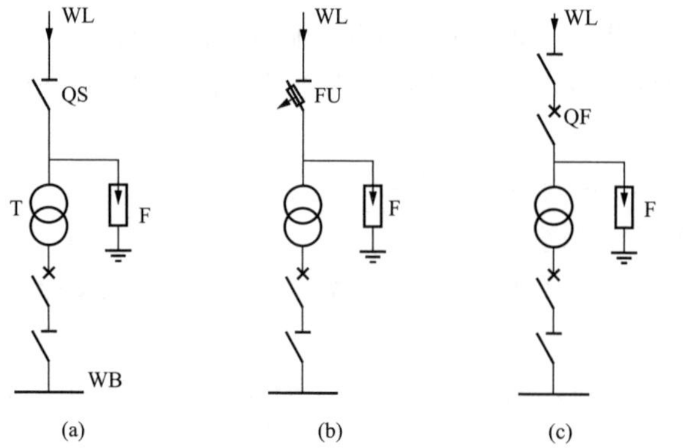

图 3–3–7 线路—变压器组电气主接线图

（a）进线为隔离开关；（b）进线为跌落式熔断器；（c）进线为断路器

（4）在采用电缆连接的城市中心输、配电网中，经常运用电缆作为变电站进出接线，其中线路—变压器组是最典型的终端变电站电气主接线方式。

四、典型变电站的电气主接线例图分析

（一）35/6（10）kV 典型终端变电站供电系统电气主接线图

35/6（10）kV 供电系统接线如图 3–3–8 所示，现释读如下：

（1）高压侧采用外桥式主接线，有双电源输入，为 2 回 110kV 电缆（或架空线）进线。

（2）低压侧采用单母线单分段为主接线运行方式：

1）正常运行时，高压侧分段断路器 QF 断开，以限制短路电流；

2）两台变压器并列运行时，高压侧分段断路器 QF 合上，改善系统节点电压的偏移；

3）经济运行时，要求一台变压器退出运行，分段断路器 QF 闭合，由一台主变压器供两段母线上的负荷；

4）6～10kV 低压侧串联电抗器由电缆出线，故障时用以限制短路电流；

5）正常运行时，低压侧母联断路器 QF8 断开，以提高出线供电可靠性，必要时母联断路器 QF8 可以闭合运行，改善电压质量和负荷平衡。

（二）大容量枢纽变电站电气主接线图

图 3–3–9 所示为 220/110/35kV 大容量枢纽（地下）变电站的电气主接线图，释读如下：

（1）变电站由 220/110/35kV 三部分组成。

（2）主变压器为 3 组 240MVA 容量的三绕组变压器，总容量 720MVA。

（3）高压侧 220kV 3 回进线为全线全电缆变压器组接线方式。

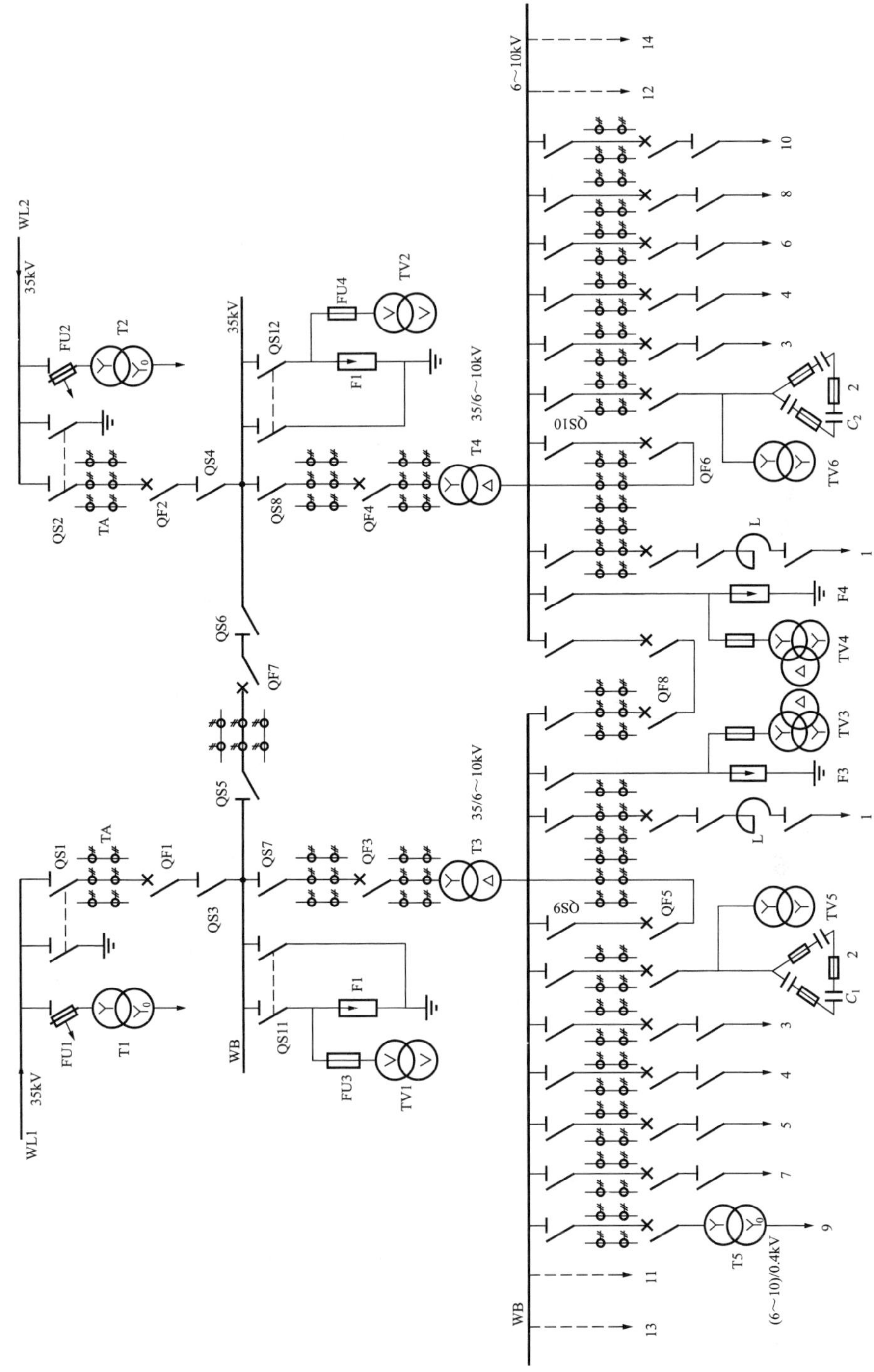

图 3-3-8 35/6（10）kV 供电系统接线图

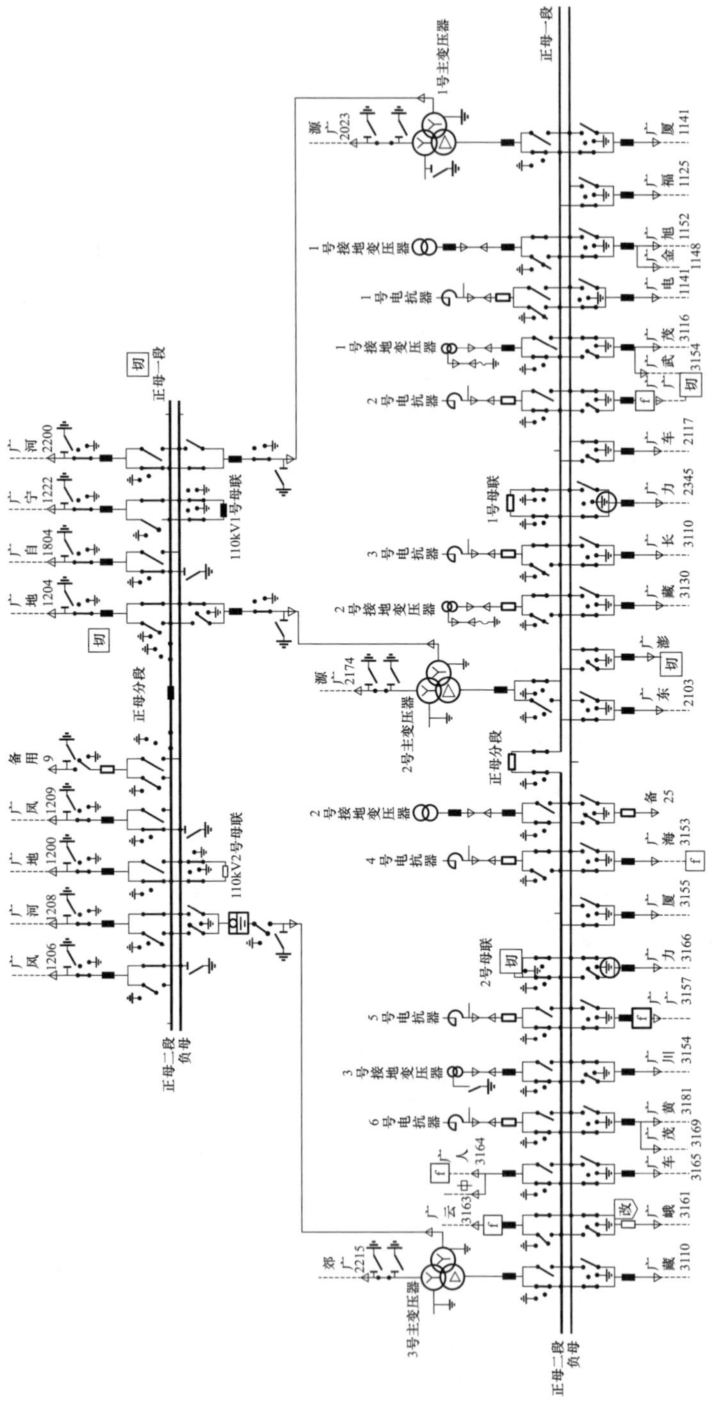

图 3-3-9 220/110/35kV 大容量枢纽组（地下）变电站的电气主接线图

（4）中压侧 110kV 为双母线单分段接线方式，9 回全电缆出线，1 回出线备用，配电装置为 SF_6 全封闭组合电器。

（5）低压侧 35kV 为双母线单分段接线，26 回全电缆出线，配电装置为 SF_6 全封闭组合电器，35kV 侧还有 3 台接地变压器、2 台站用变压器、6 台并联电抗器，进行电压调整和补偿。

（三）（6～10）/0.4kV 典型供电系统电气主接线图

图 3–3–10 所示为（6～10）/0.4kV 典型供电系统主接线图，释读如下：

（1）10kV 为线路变压器组接线方式的电气主接线，进线二回。

（2）二台主变压器，（6～10）/0.4kV 三相双绕组、Yy 接线。

（3）0.4kV 为低压供电系统为单母线分段运行方式，11 回电缆出线。

（4）母联断路器 QF5 断开分段运行。

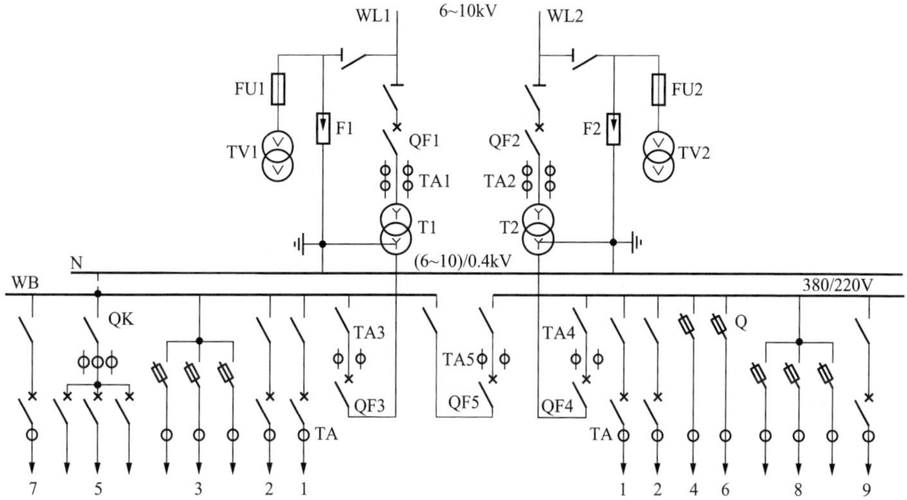

图 3–3–10　（6～10）/0.4kV 典型供电系统主接线图

（5）3、4、6、8 号出线以熔断器式隔离开关控制，其余为断路器出线控制；并设置电流互感器计量、监控和过电流继电保护。

（6）F1、F2 避雷器为限制过电压保护，FU1、FU2 熔丝保护电压互感器 TV1、TV2 作单相接地短路时的绝缘监视。

（7）N 为总接地带网，以降低中性点接地零电位，改善三相不平衡状态。

【思考与练习】

1. 电气主接线图的接线形式分类和特点有哪些，请说明。
2. 请说明电气主接线图识读要点和一般规则。
3. 请根据图 3–3–11，通过释读分析 110/35kV 变电站主接线的特点和进出线连接方式。

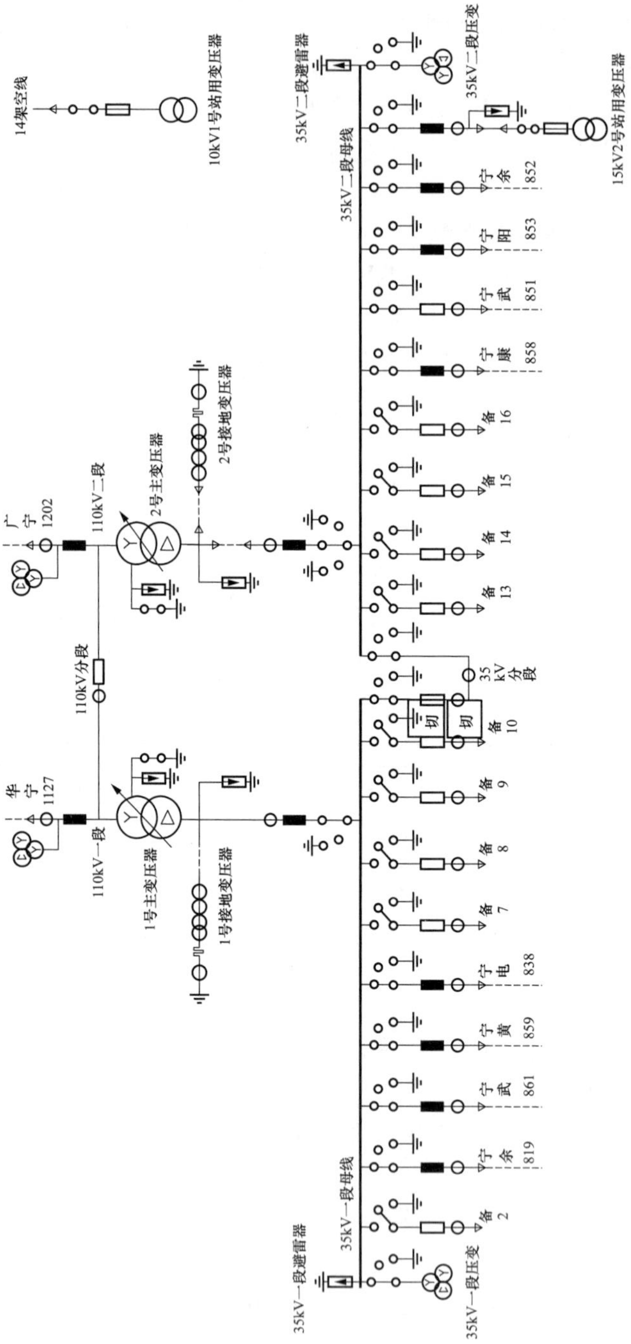

图 3-3-11 110/35kV 供电系统电气主接线图

模块 4　电缆附件安装图（Z06D1004Ⅱ）

【模块描述】本模块介绍电力电缆终端头、接头附件安装图的识、绘图基本知识。通过要点讲解、图形示例，熟悉电力电缆终端头、接头附件安装图的特点和形式、图形和符号，掌握电力电缆终端头、接头附件安装图识、绘图的一般规则、基本方法和步骤。

【模块内容】

一、电力电缆的终端头、接头附件安装图的绘制要求

1. 电力电缆的终端头、接头附件安装图特点

（1）电力电缆的终端头、接头附件安装图可表示电缆终端和接头的结构形状，各组成部分与电缆本体连接与安装关系。它是表达设计、安装维护和电气试验的重要技术文件。

（2）为了清楚地表达终端或接头的内部结构与安装工艺，电力电缆的终端头、接头附件安装图一般采用半剖视图或全剖视图来表示。

2. 电力电缆的终端头、中间接头等附件安装剖视图的一般规定

（1）在剖视图上，相邻两个零部件的剖面线方向要相反或间隔不同，易于分辨。

（2）在同一张装配图上，每一个被剖切的零部件，在所有视图上的剖面线方向、间隔大小必须一致。

（3）对于互相接触和互相配合的两个零部件的表面，只画一条实线表示。

（4）标准紧固件（如螺母、螺钉、垫圈、销、键等）和轴、杆、滚珠等实心件，当剖切平面通过其轴线时，按不剖视图面画出。

3. 电力电缆的终端头、接头附件安装图的基本画法

（1）安装图的比例通常为1:2。

（2）按终端或接头的实际安装位置，作为主视图。

（3）一般终端接头取竖直位置，连接头取水平位置。

（4）安装图以电缆中心为主轴线；终端头按主轴线左右对称。

（5）一般右视图为剖视，接头按主轴线上下对称，取下半剖视或全剖视。

（6）终端头以底座平面为基准线，连接头以接管中心为基准。

（7）绘制安装图按先主后次原则，即先画出电缆和主要部件轮廓线，再画零件轮廓线。

（8）最后画剖面线、尺寸线、顺序号线及标题栏、明细栏。

4. 电力电缆的终端头、接头附件安装图的序号和明细栏说明

（1）电力电缆的终端头、接头附件安装图序号。

1）装配图上所有零、部件必须编写序号，并与明细栏中的序号一致；

2）序号应注写在视图外较明显的位置上：从所注零、部件轮廓线内用细实线画出指引线，并在其起始处画圆点，另一端用水平细实线或细实线画圆；

3）序号注写在横线上或圆内：对一组紧固件或装配关系清楚的部件，可采用公共指引线；

4）序号线应按顺时针或逆时针方向，整齐地顺序排列。

（2）电力电缆的终端头、接头附件安装图的明细栏。明细栏一般在标题栏上方，它是所有零部件的目录，明细栏应按自下而上顺序填写。

二、电力电缆的终端头、接头附件安装工艺图的识读基础

1. 电力电缆的终端头、接头附件安装工艺图的作用

电缆终端和接头的工艺图上反映安装工艺标准和施工步骤，它是电力电缆安装标准化作业指导书的一部分，对现场安装具有重要的指导意义。通常分为电力电缆的接头附件工艺结构图和工艺程序图两类。本节主要阐述电缆的接头附件工艺结构图的识读方法，帮助认识与理解工艺程序图的技术要求和安装程序。

2. 电力电缆的接头附件工艺结构图和工艺程序图的识读

（1）电缆终端和中间接头的工艺结构图可按照工艺程序画成系列图样，如图 3–4–1 所示。

1）图 3–4–1（a）所示为电缆剥切尺寸；

2）图 3–4–1（b）所示为包绕半导电带和应力控制带的工艺尺寸要求；

3）图 3–4–1（c）所示为包绕绝缘带、外半导电屏蔽带和金属屏蔽网的工艺尺寸要求。

（2）电缆终端和中间接头的工艺结构图应用文字扼要说明安装技术要求，并以指引线指向各特定部件。

（3）工艺程序图的比例一般不作规定，为了清楚说明某部件安装工艺特殊要求，可以局部剖视、放大，也可以单独画出该部件图，并加以详细标注。

（4）图 3–4–1 中所标注的相关尺寸，一般应有允许误差范围，防水密封等具体的工艺要求可参照电缆附件制造厂家的技术规定，作业过程可参看其他教材有关模块的介绍。

3. 35kV 三芯冷缩中间接头（适用于工井）工艺程序图的释读

（1）如图 3–4–2 所示，确定接头中心位置，向两边各约 L（mm）预切割电缆。

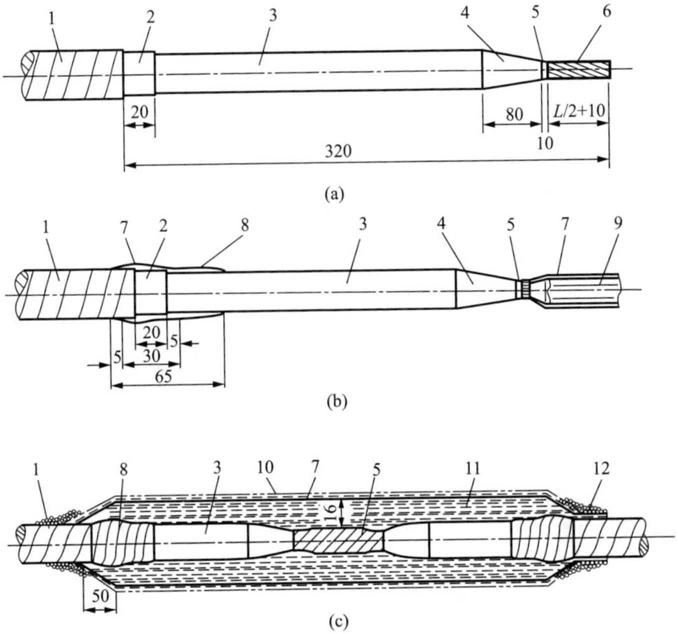

图 3–4–1　35kV 单芯交联聚乙烯电缆接头工艺结构图

（a）电缆剥切尺寸；（b）包绕半导电带和应力控制带；（c）包绕绝缘带、外半导电带、金属屏蔽网

1—铜屏蔽层；2—外半导电层；3—交联绝缘；4—反应力锥；5—内半导电层；6—导体；7—半导电带；8—应力控制带；9—连接管；10—金属屏蔽网；11—绝缘带；12—扎线并焊接；*L*—连接管长度

（2）如图 3–4–3 所示，两侧分别套入适当的分支手套和热缩管，并进行单相热缩管的热缩。

（3）按图 3–4–4 所示尺寸分相剥除铜屏蔽层、外半导电层及主绝缘。

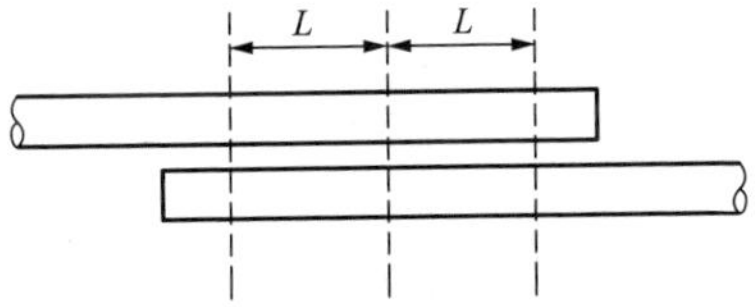

图 3-4-2　确定接头中心位置和预切割电缆

（4）按图 3–4–5 所示尺寸从铜屏蔽层上 L_1（mm）起至外半导电层上 L_2（mm）半搭盖平整绕包特定的半导电带。

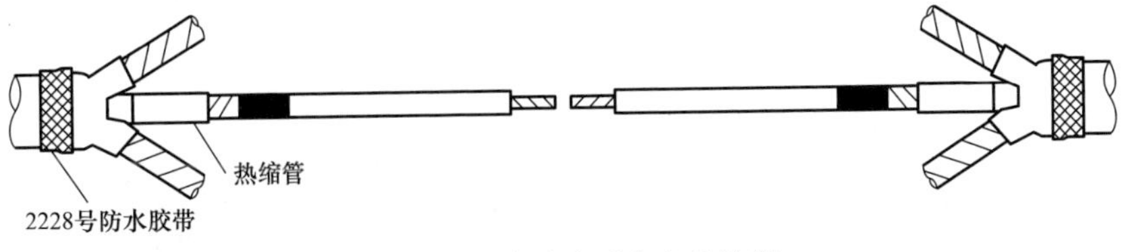

图 3–4–3　套分支手套和热缩管

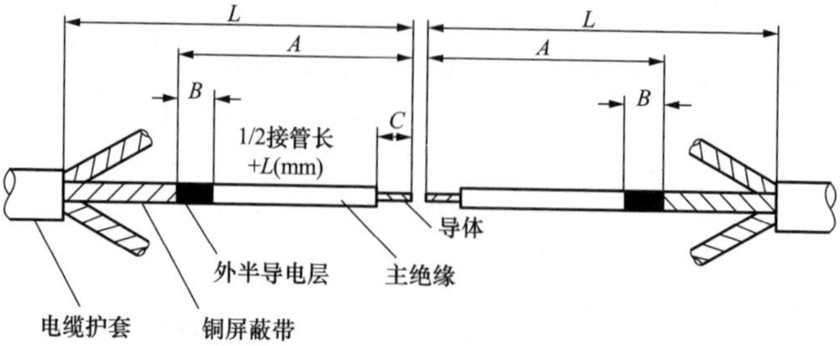

图 3–4–4 剥除铜屏蔽层、外半导电层及主绝缘

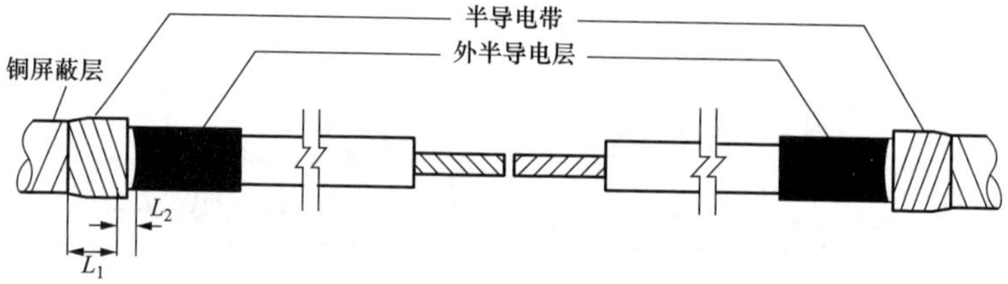

图 3–4–5 绕包半导电带

（5）按图 3–4–6 所示，从拉线端方向套入冷缩接头主体，另一侧套入 $M×L$ 热缩管、铜网套、连接管适配器。装上接管，进行对称压接，并控制定位标记 E 到接管中心 D 的距离为 L，并确定冷缩头收缩的基准点。

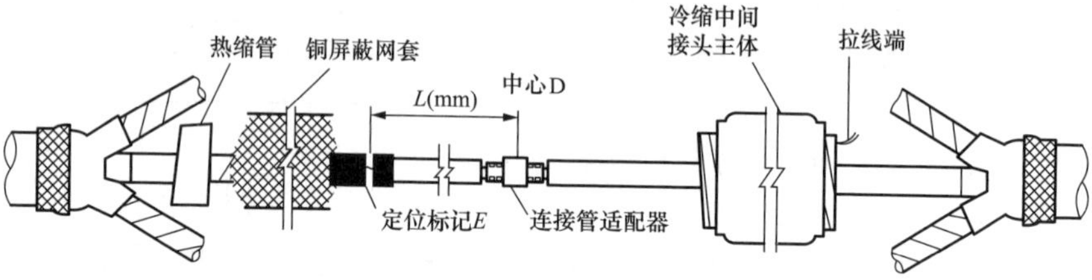

图 3–4–6 套入外护层热缩管铜网套，进行对称压接

（6）按图 3–4–7 所示用清洁剂进行电缆主绝缘的清洗。

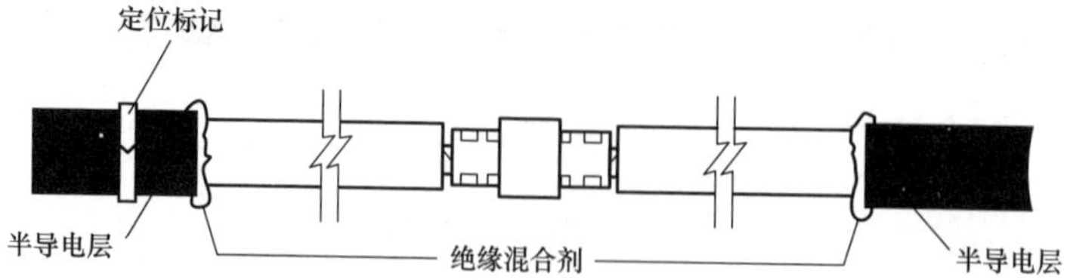

图 3–4–7 清洗电缆主绝缘

（7）按照图 3–4–8 所示要求，将冷缩头对准 PVC 标识带的边缘，逆时针抽掉芯绳，并使其收缩。三相都必须按此逐一完成。

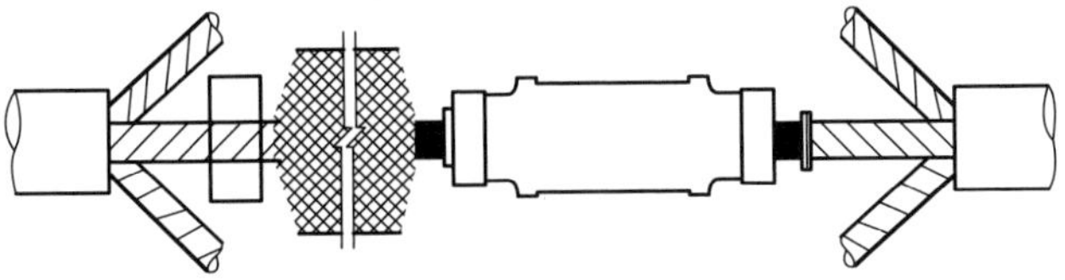

图 3–4–8　抽掉芯绳并收缩

（8）按照图 3–4–9 所示尺寸要求，套上铜网套，对称展开，用两只恒力弹簧将网套固定在电缆铜屏蔽层上，保证接触良好，修齐。用 PVC 胶带半搭盖绕包恒力弹簧和铜网套边缘。三相都按此完成。

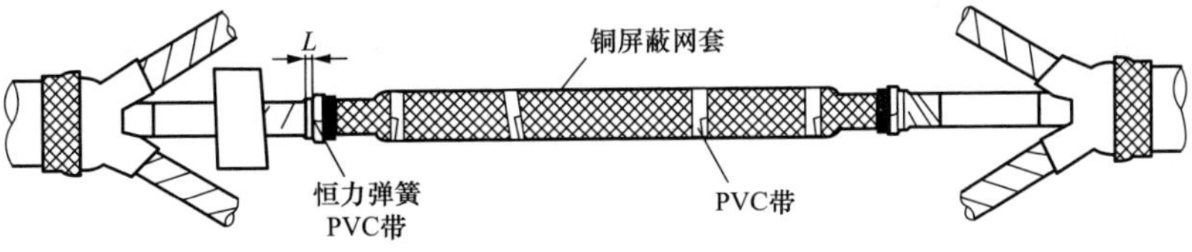

图 3–4–9　套铜网套并用恒力弹簧固定

（9）将热缩管移到接头中央进行热缩，使其与两侧热缩管都搭接。进行防水处理。三相都按此完成。

4. YJZWI4–64/110kV 交联电缆预制式（冷缩）终端安装工艺图的释读

（1）按图 3–4–10 所示，自电缆末端向下量取 *A*（mm）长作为电缆外护套的末端，向上剥去电缆外护套。

（2）按照图 3–4–11 所示要求，自金属屏蔽外护套末端处上量 *C*（mm）金属屏蔽段作搪锡处理，自电缆外护套的末端向上保留 *B*（mm）长金属屏蔽，其余金属屏蔽去掉。自电缆外护套的末端以下量取 *C*（mm），刮去电缆护套表面的外电极（石墨）层。

（3）按照图 3–4–12 所示要求，自电缆外护套的末端向上绕包加热带，对电缆作 75～80℃、连续 3h 加热，以消除绝缘内热应力，并校直电缆，温度不宜超过 80℃。

（4）按图 3–4–13 所示，自金属屏蔽末端向上量 40mm 长，包绕一层 ACP 带，将以上半导电缓冲层去掉。

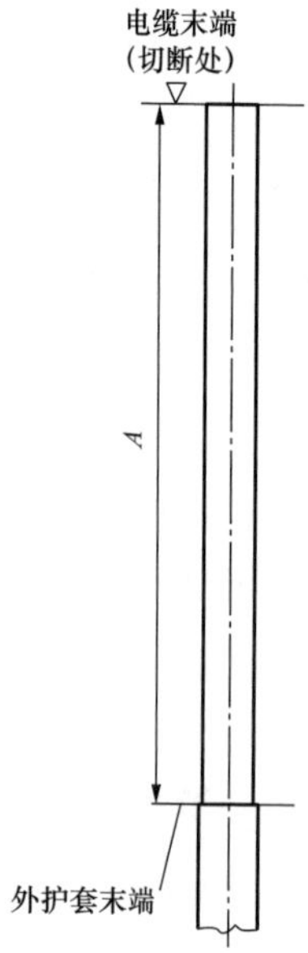

图 3–4–10 步骤一

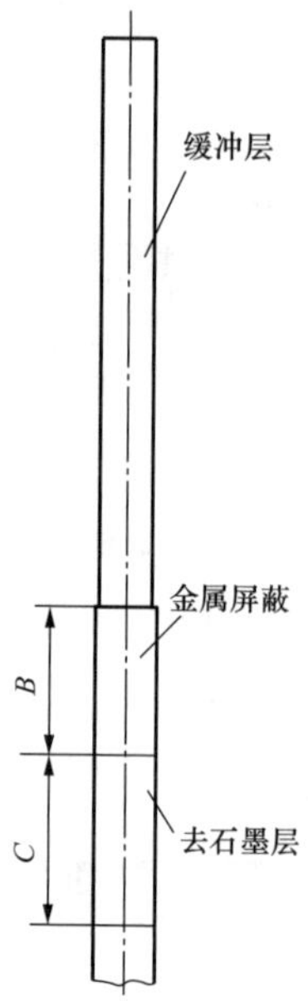

图 3–4–11 步骤二

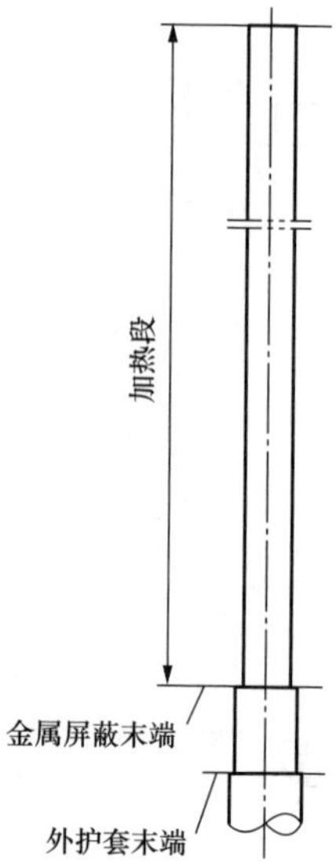

图 3–4–12 步骤三

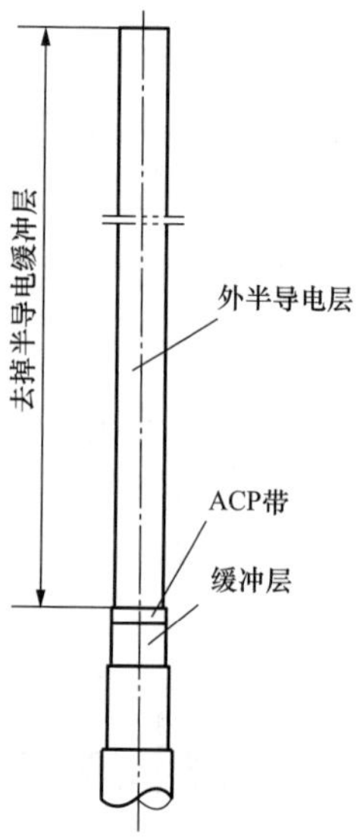

图 3–4–13 步骤四

（5）按照图 3–4–14 所示尺寸，自电缆末端向下量取 $L_1 \pm 1$（mm）长作为外半导电层末端，并去掉以上的外半导电层。将外半导电层末端 d（mm）长打磨成斜坡，使其与主绝缘平滑过渡。

（6）按照图 3–4–15 所示要求，用 PVC 胶粘带在外半导电斜坡上绕包一层作临时保护，然后将电缆主绝缘表面作精细打磨光亮平滑，用无水酒精清洁，并用吹风吹干电缆绝缘，用保鲜膜对电缆主绝缘作临时保护。

（7）按照图 3–4–15 所示尺寸，将铜芯接地胶线，无端子一端去除胶皮，用镀锡铜扎线扎紧在金属屏蔽末端以下 M（mm）处并用锡焊牢。

（8）按照图 3–4–16 所示尺寸用浸有无水酒精清洁外半导电层表面，并用吹风吹干，然后自距外半导电层末端 E（mm）处开始半重叠包一层 ACP 带至金属屏蔽末端，距外半导电层末端 H（mm）处开始半重叠包一层铅带，然后在其上自上而下半重叠包一层镀锡铜网带。要求铅带、铜网带与金属屏蔽搭接用镀锡铜扎线，把铜网带交叉扎紧在金属屏蔽上并用锡焊牢。

（9）如图 3–4–17 所示，从外半导电层末端往下 N（mm）处到电缆外护套末端往上 Q（mm）的范围内，绕包 n 层防水带，要求防水带完全盖住铜扎线及金属尖角。注意防水带不能包到接地线芯而将热缩管套入电缆。

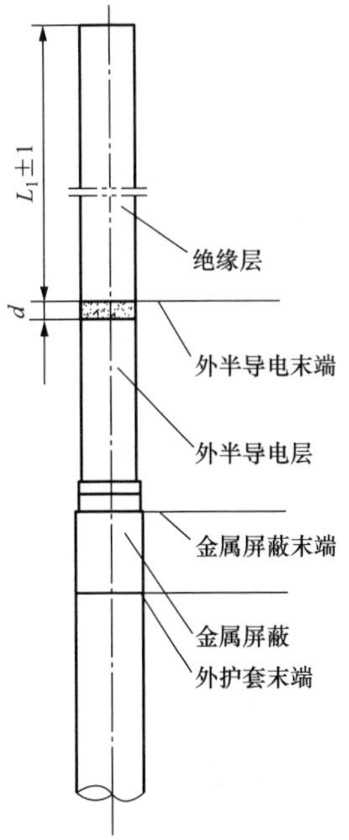

图 3–4–14　步骤五

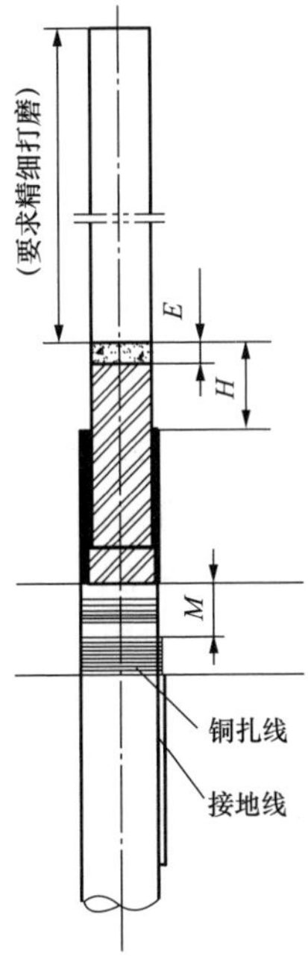

图 3–4–15　步骤六、七

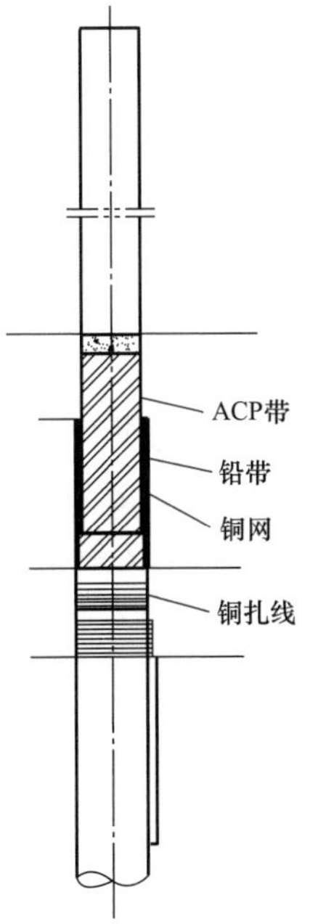

图 3–4–16　步骤八

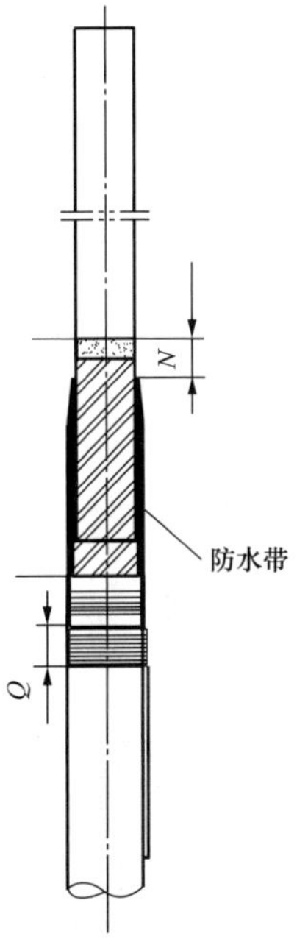

图 3–4–17　步骤九

（10）按图 3–4–18 所示要求装配应力锥及雨裙。测量并记录正交两个方向的主绝缘外、外半导电层和主绝缘的外径，应比应力锥和雨裙扩前内径大 N（mm）。去掉临时保护，将电缆绝缘表面、外半导电层及热缩管上端面往下 N（mm）范围内清洁干净并吹干。

（11）根据图 3–4–18 所示尺寸要求，自外半导电层的末端向下量取 P（mm），在应力锥的表面抹一层硅油，然后将应力锥套入电缆。按逆时针方向抽出衬管，清洁应力锥接口处，吹干后涂上 E43 胶，将一个标有 1 号雨裙标志的雨裙套入电缆。

（12）按图 3–4–18 所示，逆时针方向抽出衬管，将雨裙套到位。将所剩雨裙中的两个雨裙依次套入电缆，抹去接口处溢出的 E43 胶。注意千万不能将与其他雨裙的套入顺序套错。

（13）按图 3–4–19 所示要求，将装好的雨裙及应力锥作临时保护，在雨裙上端面向上量取 T（mm）做一标记，并去除标记以上电缆端头绝缘及内半导电层露出电缆导体，将绝缘端部倒角，对电缆绝缘作打磨处理并清洁，吹干后去除临时保护，涂上硅油，在套好的雨裙接口处涂上 E43 胶。

（14）按图 3–4–20 所示尺寸要求，将最后一个雨裙套入电缆，按逆时针方向抽出衬管，将雨裙套到位，并清洁接口处溢出的 E43 胶。

（15）按图 3–4–21 所示要求安装罩帽和接线金具。清洁电缆的导体表面和雨裙顶部接口处，并吹干和涂上 E43 胶，将罩帽套入电缆与雨裙接好擦净。自罩帽上端面向上量取端子孔深 *L*（不含雨罩深度），去除多余的电缆导体，将接线端子套入电缆导体并用压钳压紧。

（16）按图 3–4–22 所示做尾部密封处理。用防水带将应力锥下端面处填充满，使应力锥下端面与电缆的过渡处没有明显的凹槽，在电缆外护套末端下量 *c*（mm）到电缆外护套末端向上量 *b*（mm）之间抹上环氧泥，将接地线完全包在环氧泥中。将热缩管加热收缩，要求热缩管与应力锥搭接 *a*（mm）左右。

（17）终端固定到终端固定架上，终端头安装完毕。

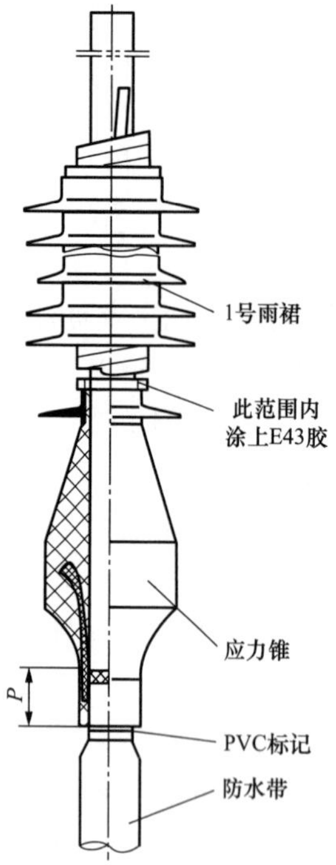

图 3–4–18 步骤十～十二

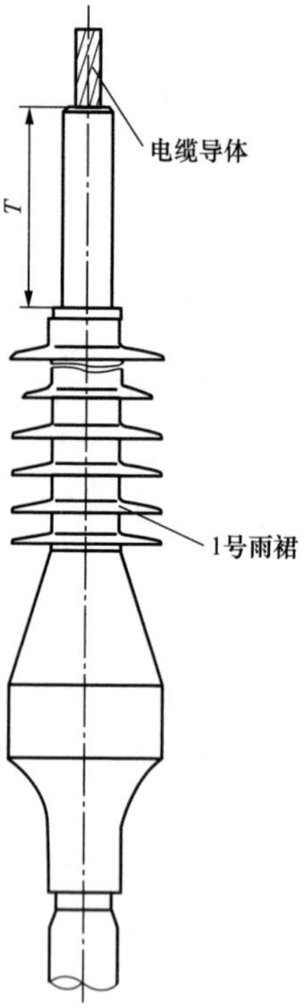

图 3–4–19 步骤十三

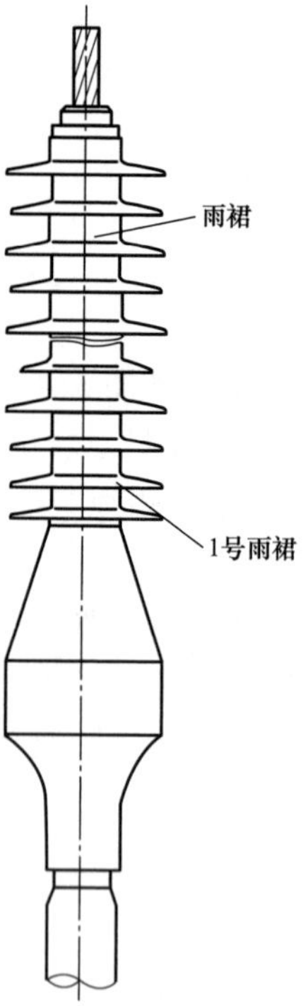

图 3–4–20 步骤十四

三、典型电缆接头安装工艺结构图

（1）10kV 交联聚乙烯电缆冷缩式接头结构图见图 3–4–23。

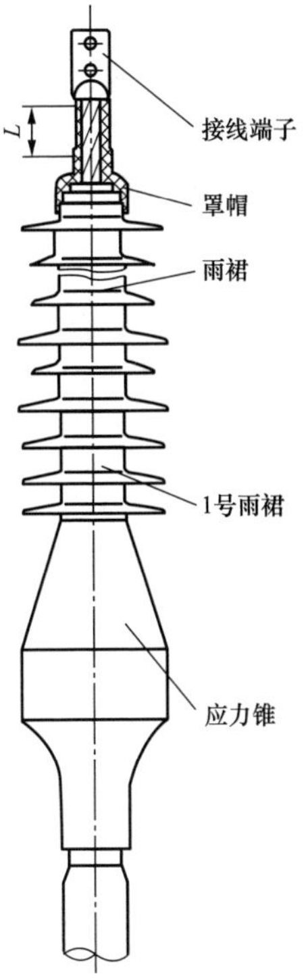

图 3–4–21　步骤十五

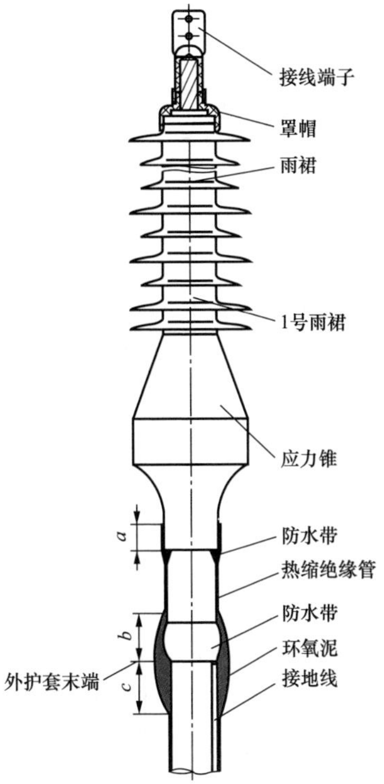

图 3–4–22　步骤十六

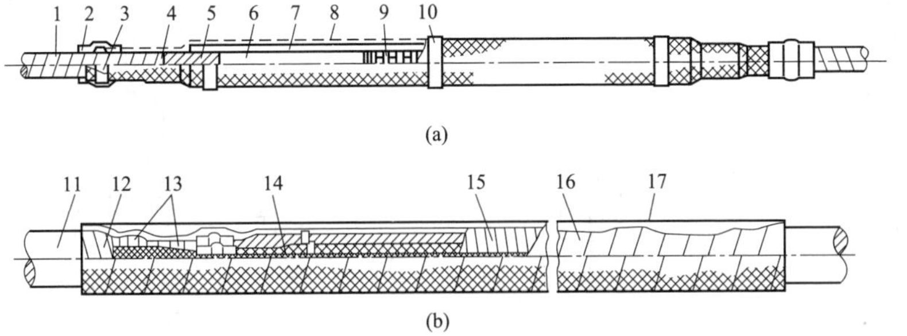

图 3–4–23　10kV 交联聚乙烯电缆冷缩式接头结构图

1—屏蔽铜带；2—橡胶自粘带；3—恒力弹簧；4—半导电带；5—外半导电层；6—电缆绝缘；7—冷缩绝缘管；8—屏蔽铜带；9—连接管；10—PVC 胶粘带；11—电缆外护层；12—橡胶自粘带；13—防水带；14—钢带跨接线；15—PVC 胶粘带；16—填充带；17—铠装带

（2）110kV 交联聚乙烯电缆绕包式绝缘接头结构图见图 3–4–24。

（3）35kV 交联聚乙烯电缆热缩终端结构图见图 3–4–25。

（4）220kV 交联聚乙烯电缆敞开式终端结构图见图 3–4–26。

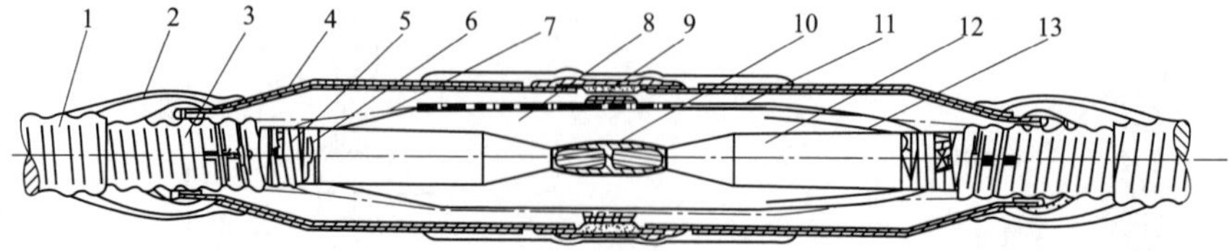

图 3-4-24 110kV 交联聚乙烯电缆绕包式绝缘接头结构图

1—塑料护套；2—接头密封；3—波纹铝护套；4—铜保护盒；5—铜屏蔽；6—半导电层；7—接地屏蔽带；8—增绕绝缘；9—绝缘筒体；10—连接管；11—半导电带；12—电缆绝缘；13—半导电层

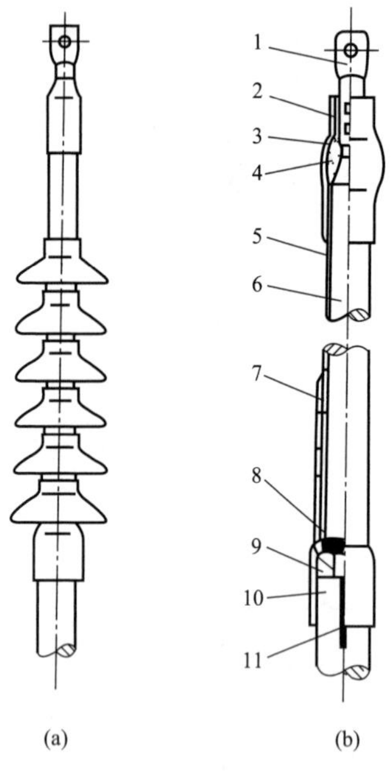

图 3-4-25 35kV 交联聚乙烯电缆热缩终端结构图

（a）外观图；（b）结构分解图

1—端子；2—衬管；3—密封管；4—填充胶；5—绝缘管；6—电缆绝缘；7—应力管；8—半导电层；9—铜带；10—外护层；11—连接线

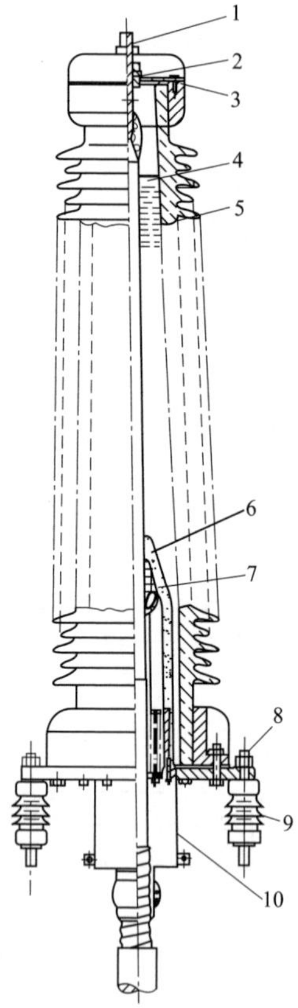

图 3-4-26 220kV 交联聚乙烯电缆敞开式终端结构图

1—出线杆；2—定位环；3—上法兰；4—绝缘油；5—瓷套；6—环氧套管；7—应力锥；8—底板；9—支撑绝缘子；10—尾管

【思考与练习】

1. 电力电缆的终端头、接头附件安装图特点有哪些？
2. 电力电缆接头附件安装图的绘制要求有哪些？
3. 电力电缆的接头等附件安装图的一般规定是什么？

模块 5　电缆路径图（Z06D1005Ⅲ）

【模块描述】本模块介绍电力电缆路径地理位置平面图的识读和绘制。通过图形示例和要点讲解，熟悉电力电缆线路常用管线图形符号，掌握识读方法和技巧，掌握电力电缆线路路径图的现场测绘方法、要求和基本步骤。

【模块内容】

一、电力电缆路径走向图的概述

电力电缆路径图是描述电缆敷设、安装、连接、走向的具体布置及工艺要求的简图，由电缆敷设平面图、电缆排列剖面图组成，表示方法与电气工程的土建结构图相同。电缆路径图标出了电缆的走向、起点至终点的具体位置，一般用电缆路径走向的平面图表示，必要时附上路径断面图进行补充说明。

二、电力电缆路径图的识读与绘制基础

（1）根据 GB/T 4728 选用电力电缆线路常用管线图形符号，见表 3–5–1。

表 3–5–1　　电力电缆线路常用管线图形符号

序号	图形符号	说明	序号	图形符号	说明
1		电缆一般符号	9		暗敷
2		电缆铺砖保护	10	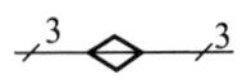	电缆中间接线盒
3	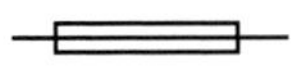	电缆穿管保护（可加注文字符号说明规格和数量）	11	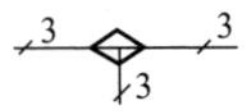	电缆分支接线盒
4		同轴对、同轴电缆	12	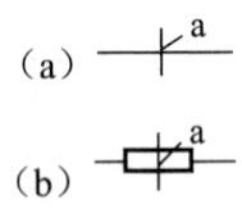	电力电缆与其他设施交叉点（a 为交叉点编号）（a）电缆无保护；（b）电缆有保护
5		电缆预留（按标注预留）			
6		柔软电缆	13	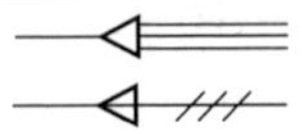	电缆密封终端头（示例为三芯多线和单线表示）
7	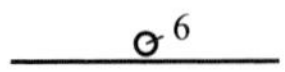	管道线路（示例为 6 孔管道线路）	14	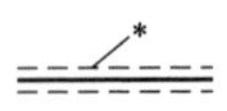	电缆桥架（*为注明回路号及电缆截面芯数）
8		明敷			

（2）电力电缆路径图的识读。图 3–5–1 所示为 10kV 电缆直埋地敷设平面图，它比较概略地标出了设计比例、坐标指向，分清道路名称及走向、建筑标志物、重要地理水平标高等电缆敷设的环境状况，标明了电缆线路的长度、上杆位置与架空线连接点及电缆走向、敷设方法、埋设深度、电缆排列及一般敷设要求的说明等。

由图可以看出：

1）电缆的走向。从路北侧 10kV 架空线路电杆引下（图示右上方），穿过道路沿路南侧敷设，到街道路口转向南侧，沿街道东侧敷设，穿过大街后进入终点（按规范要求，在穿过道路的位置时，应加混凝土管保护）。

2）电缆的长度。电缆全长包括在电缆两端实际距离和电缆中间接头处必须预留的松弛长度，终端接头处的松弛长度分别为 2.05m 和 1.0m，总共约 136.9m。

3）电缆敷设方法。此电缆共有两个终端接头和一个中间接头（图 3–5–1 中标有 1 号的位置），电缆沿道路一侧敷设时距路边为 0.6m，有三个较大的转弯，两次穿越街道。电缆穿越街道时采用 120mm 混凝土管保护，保护管外填满砂土，其余地段直埋地下。在电缆上方加盖用砖铺设的盖板，尺寸大时选用混凝土盖板，如图右下角电缆敷设断面图 A—A 和 B—B 所示。

4）有关电缆头制作、电缆安装工艺等要求，另外选用电缆接头的安装工艺样图表示说明。

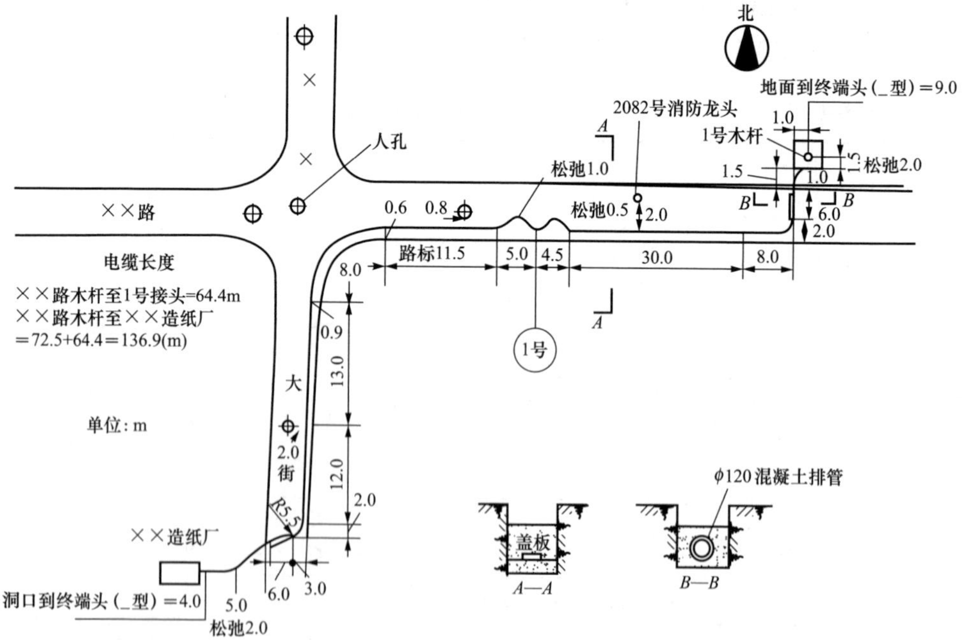

图 3–5–1　10kV 电缆直埋地敷设平面图

三、电力电缆路径图的现场测绘方法和要求

电力电缆线路路径图是在电缆敷设后，在施工现场对电缆线路位置、走向、路径等进行实地测量、现场测绘而成的。

1. 现场定位与测量

（1）现场定位与测量，一般可依据城市规划测绘院提供的地理标志为基准定位依据，如河流、道路（名称）、走向、建筑标志物、重要地理水平标高等，进行二维坐标确定和测量推算。

（2）测量电缆中心线到固定标志物的直线距离，作为电缆线路定位的依据。

（3）在城市道路、建筑群等复杂的地理环境中，如进行电力电缆非开挖敷设，可利用GPS定位仪给定的三维坐标信息和非开挖轨迹数据来确定电缆敷设路径与走向的定位和测距。

2. 现场测绘要求

（1）直埋电缆敷设的现场测绘图，必须在覆土前测绘。应沿电缆线路路径走向逐段测绘，并精确计算电缆线路累计总长度。

（2）要认定并记录电缆敷设地段的方位、地形和路名。标明绘制出电缆线路走向，路段的道路边线和各种可参照的固定性标志物，如道路两侧建筑物边线、房角、路界石、测标等。

（3）要正确了解电缆敷设的地理状况、周边环境、埋设深度和其他管线的敷设，平行、交叉、重叠等相互影响因素。

（4）电缆路径走向弯曲部分，分别测量出直轴和横轴的距离，并沿电缆测量出弯曲部分的长度，一并标注在图上。

（5）电缆线路尺寸应采用国际标准计量单位米、厘米、毫米。并取小数点后一位，第二位按四舍五入进行保留，保证测绘与定位的精确。

（6）记录电缆的电压等级、型号、截面、制造厂等资料。

3. 正确选定测绘图的比例

绘图比例一般为 1:500。根据电缆敷设现场的实际需要，地下管线密集处可取1:100，管线稀少地段可取 1:1000。

4. 选用城市道路规划和建筑设计规范的图形符号

常用道路建筑图形符号见表 3–5–2，可供参考。

表 3–5–2 常用道路建筑图形符号

图形符号	说明	图形符号	说明
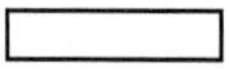	里程碑		涵洞
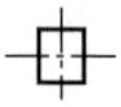	方形人井、雨水管、沉井		大基础铁塔
	外方内圆井		工字形水泥杆
	圆形人井		圆形污水沉井
	市政测量标高桩		圆形电杆、电话杆
	消防龙头（地面上）		三角形水泥杆
	消防龙头（地面下）		杆上变压器
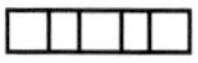	阳沟		大门
	铁塔		

四、现场测量与绘制电缆路径图的基本步骤

电力电缆路径图绘制是在现场测绘草图的基础上，精确地标出了绘制比例、坐标指向，道路名称及走向、建筑标志物、水平标高等电缆敷设竣工的环境状况，明确了电缆线路的走向、长度，上下杆位置和高度，穿越街道时采用的铁管敷设保护，敷设方法、道路管线长度、与架空线连接点位置等，并以电力电缆线路竣工图来表示。

绘制电缆路径图的基本步骤如下：

（1）手工绘制电缆线路走向、地理位置图，是用徒手绘成的无比例的原始草图。根据电缆敷设施工现场、电缆路径、走向绘制而成，具有现场实际测绘的真实性和准确性。

（2）将现场测绘草图誊清。也可用绘图工具按一定比例绘制，在现场及时进行校核，确保绘制准确完整和数据精确。

（3）电缆原始测绘草图的样稿应按电压等级和地区分类装订成册，长期妥善保管，以便查考、复核与校对。

（4）根据现场测绘的要求，设定绘制比例：市区为 1:500；郊区为 1:1000。

（5）必须按电气工程制图的图线、图标规定、正确的画法、尺寸标注和文字符号等规范要求来绘制。并应符合 GB/T 4728 的要求。

（6）参照电缆设计的规范，依据城市规划测绘院给出的道路地形、道路标高，正确标注电缆线路方位、走向、敷设深度、弯曲弧度与地理指（北）向，保证现场测绘与电缆路径走向绘制的正确性。

（7）应准确标注电缆各段长度和累计总长。标注各弯曲部分长度，进入变电站和上下电杆长度及电缆线路路径的地段、位置的标记。

（8）绘制电缆路径图的走向时，纵向截面图例应采用统一专用符号，以表示电缆终端、分支箱、电缆沟、电缆排管和工井、电缆隧道和桥架箱梁等。

（9）电力电缆穿过道路的抗压护导管时，应注明管材、孔径和埋设深度。

（10）排管敷设应附上纵向断面图，并注明排管孔编号。

（11）电缆与地下同一层面的其他管线平行、交叉或重叠，必须在图上标绘清楚，应加注文字补充说明，如图 3–5–2 所示。

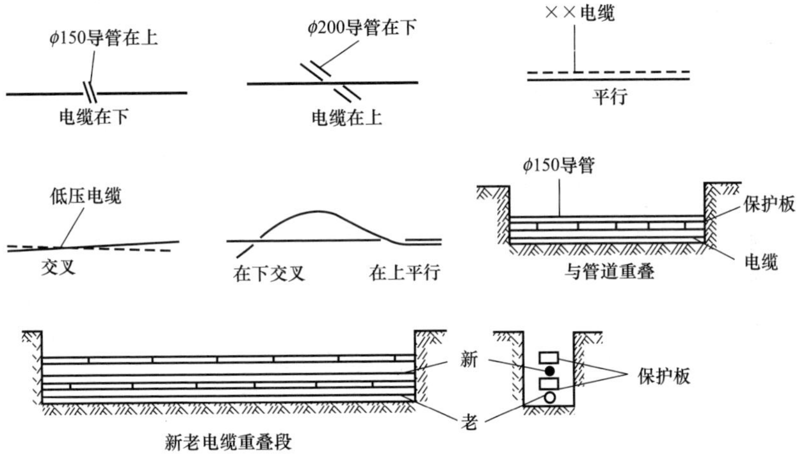

图 3–5–2　电缆与其他管线平行交叉和重叠的标绘图

（12）电缆路径图的规范绘制，也可以采用计算机 CAD 软件绘制标准的电缆路径走向图，并以硬盘形式存档，长期保存。

五、列出部分规范绘制电缆的路径、走向及竣工图示，给予识读学习和绘制的参照

（1）某地区电缆路径（竣工）图（排管敷设方式）如图 3–5–3 所示。

（2）地区电缆路径（竣工）图（直埋敷设方式）如图 3–5–4 所示。

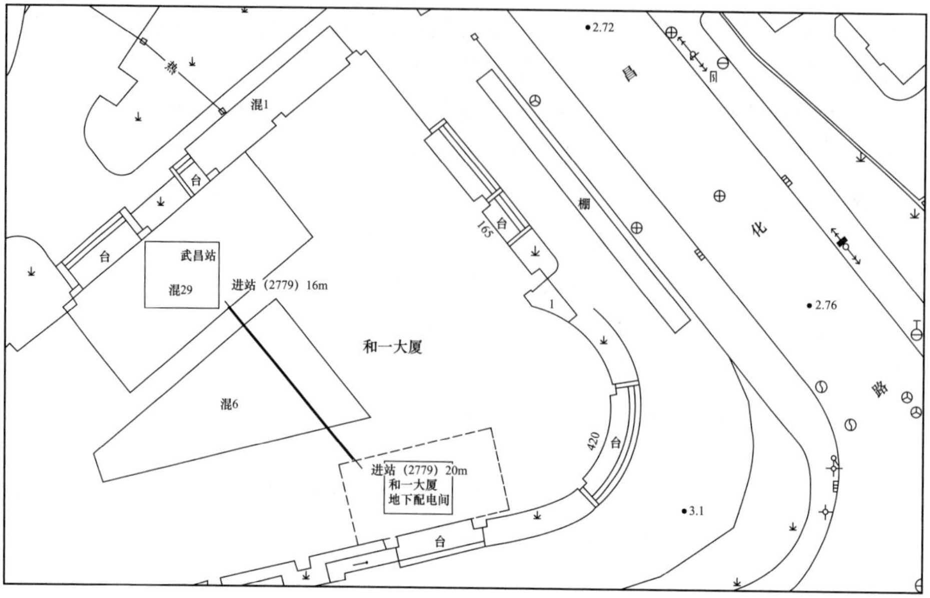

图 3–5–3　某地区电缆路径（竣工）图（排管敷设方式）

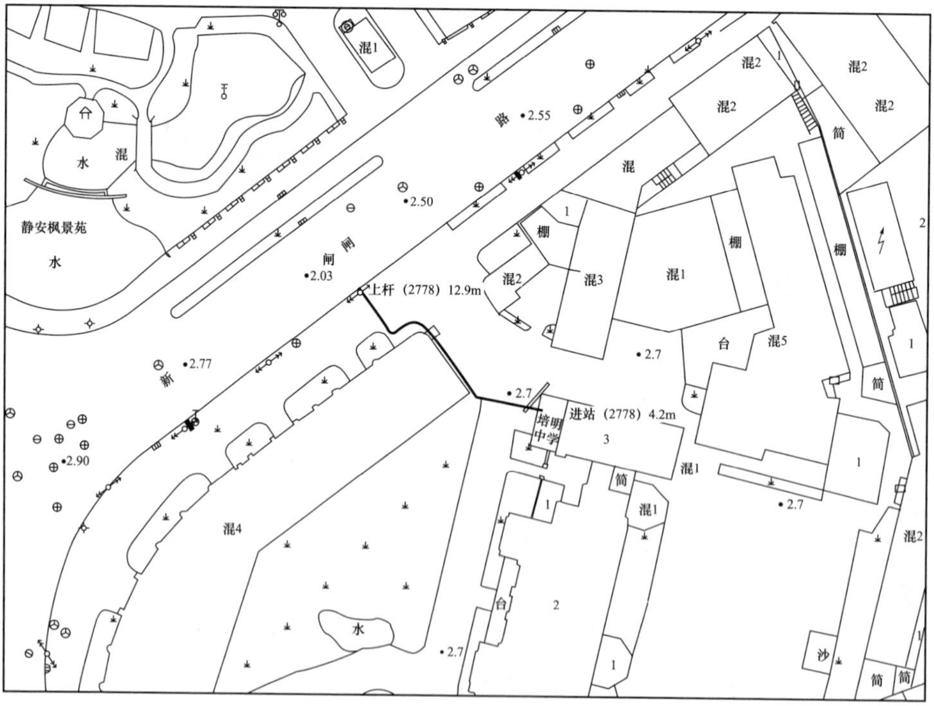

图 3–5–4　某地区电缆路径（竣工）图（直埋敷设方式）

【思考与练习】

1. 请详细说明电缆线路的路径图分类组成、内容和特点。
2. 请举例说明电力电缆路径（竣工）图的识读要求。
3. 请举例分析并说明电力电缆路径（竣工）图绘制基本步骤的要点。

第四章

电缆附件安装的基本操作

模块1　油纸绝缘电缆剖铅、胀铅和封铅操作（Z06D3001Ⅰ）

【模块描述】本模块介绍油纸绝缘电缆剖铅、胀铅和封铅的操作。通过介绍操作所需工器具、材料、操作方法及注意事项，掌握油纸绝缘电缆剖铅、胀铅和封铅操作方法及工艺要求。

【模块内容】

一、作业内容

在油纸电缆附件制作过程中，不可避免地要将电缆的部分铅护套剥除。同时，为了改善铅护套断口处的电场分布，恢复电缆附件的整体密封性能，保证电缆线路长期安全运行，对油纸绝缘电缆金属护套需采用剖铅、胀铅和封铅等操作。

二、工器具材料

1. 剖铅时所用工器具材料

（1）剖铅刀（电工刀）；

（2）手锯；

（3）新型工具。

近年来随着施工机具种类的增多，市场上出现了一些可用于剖切电缆铅护套的新型工具，如割管材的转刀等。

2. 胀铅时所用工器具材料

（1）胀铅楔；

（2）锤子。

3. 封铅时所用工器具材料

（1）硬脂酸。这是一种化工产品，在接头密封时用于消除密封部位的污物和氧化膜，并使该部位迅速冷却。

（2）封铅焊条。

1）封铅焊条成分。电缆封铅用的封铅焊条是铅锡合金。以 65%的铅和 35%的锡配制成的铅锡合金，在 180～250℃温度范围内呈半固体状态，也就是类似糊状。这种配比的铅锡合金有较宽的可操作温度范围，较适合进行搪铅操作。如果含锡量太少，搪铅时不容易揩搪成型；如果含锡量太多，焊料可操作温度范围小，不利于搪铅操作。

2）封铅焊条的配制方法。将纯铅和纯锡按 65:35 的质量比秤好，先将铅块放在铁制的铅缸中加热熔化，然后加入锡，待锡全部熔化后，将温度维持在 260℃左右。将铅锡料舀到特制模具中浇成封铅焊条。

在封铅焊条配制过程中，要注意搅拌充分，使铅锡均匀混合，要避免两者分层。向液态铅中投入的锡块和进入铅锡溶液中的搅拌棒、铁勺等物，表面要烘干，不能沾有水分。否则，当水分遇到液态铅锡时突然汽化，会引起铅锡液飞溅，有烫伤周围人的危险。

（3）抹布。抹布也叫揩布，是一种自制的电缆施工专用工具，在搪铅操作时，作隔热、抹平和抹光封焊部分用，市场上无专售店。自行制作的方法是用棉的卡其布，根据封焊部位的大小，将布按左右和上下各 4～8 次折叠，折成略大于封焊部位的方块。布料毛边应折在内部，用线缝几处定型防止散开，然后放入 100℃左右的牛脂等混合油（或电缆油）中浸渍透，即可使用。浸渍时需注意切不可使棉布损伤，否则将无法使用。

（4）喷灯（或喷枪）。封铅操作中使用的喷灯采用容量为 1L 的汽油喷灯，喷灯的火焰温度可大于 900℃，适合封铅密封时用。近年来发展了液化气喷枪，其特点是重量轻、不需预热、火焰温度高，大有取代喷灯的趋势。

三、操作方法及要求

1. 剖铅

剖铅一般采用双线式破铅法或切线式破铅法。双线式破铅法首先将铅表面加热，擦去沥青绝缘物，用电工刀在要保留的铅护套断口处划一道环痕，其深度为铅包厚度的 2/3，然后从环痕处向电缆端部划两道间距为 10mm 的平行线，从电缆端部开始用钳子夹住铅包，将这 10mm 宽的铅条撕下，再撕掉其余铅包。切线式破铅法先清洁铅包表面，用电工刀在要保留的铅包断口划一环痕，将电工刀与电缆呈 30°～45°从电缆端部向环形痕破切，然后将铅包整体剥下。

2. 胀铅

对于统包型油纸绝缘电缆的终端和接头，在制作时采用胀铅法改善其铅护套口的电场分布。所谓胀铅，是用胀铅楔把铅护套胀成喇叭口形状，使剖铅口直径胀到原来的 1.2 倍。经过胀铅之后，铅护套口纸绝缘沿面场强比胀铅前减小。胀喇叭口时，要用胀铅楔顺电缆绝缘纸缠绕方向将铅包口胀成喇叭形，胀铅角度为 30°～45°；然后将尖角毛刺打光，不得损伤统包绝缘纸；喇叭口内不得有金属屑，要求光滑、对称。

3. 封铅

封铅常称为搪铅。封铅是用喷灯（或喷枪）火焰将电缆终端或接头的金属外壳和电缆金属护套局部加热，在封铅焊料呈半固体状态下，通过手工加工成形，从而形成金属密封结构。封铅工艺应用于电缆终端或接头的金属外壳和电缆金属护套之间的密封。

（1）封铅部位处理。铜套管或铜尾管的封铅部位应先用钢丝刷或砂布清除表面污垢和氧化层，然后用喷灯（或喷枪）加热，以焊锡膏为助焊剂，均匀地涂上一层焊锡。铅套管和电缆铅护套，在封铅前应用硬脂酸清除封铅部位的表面氧化层和污垢，并用抹布揩净。必要时可用刀背将表面氧化层刮净。

（2）封铅操作方法。封铅操作方法有触铅法和浇铅法两种。

1）触铅的操作方法：将封铅焊条靠近封铅部位，用喷灯（或喷枪）同时加热封铅部位和封铅焊条，先将封铅部位和电缆尾管均匀地涂上一层，将封铅烤成糊状，用揩布来回揉，形成后用硬脂酸冷却，要求表面光滑，均匀，无砂眼。

2）浇铅的操作方法：将封铅焊条在铅缸中加热熔化，掌握适当温度（一般可用白纸插入铅缸，取出后纸呈焦黄色为宜），将浇好的封铅均匀泼到铅管的圆锥上，泼到一定量后，将封铅烤成糊状，用揩布来回揉，形成后用硬脂酸冷却，要求表面光滑、均匀，无砂眼。

用铁勺舀取熔化了的封铅焊料倒在揩布上，用揩布包住封铅块料来回揉搓，然后将其涂敷在封铅部位。待封铅部位全部涂满后，用喷灯加热封铅，用揩布涂抹使其成形。与触铅法相比，浇铅法有成形速度快和搪铅时间短的优点。

（3）封铅操作注意事项如下：

1）为了使电缆绝缘层不因过热损伤，要求封铅时间不得超过 15min；

2）铝护套封铅时，应先涂擦铝焊料；

3）充油电缆的铅封应分两层进行，以增加铅封的密封性，铅封和铅套均应加固；

4）在铅封未完全冷却前，不得撬动电缆，以防止封铅裂开而造成密封失效；

5）充油电缆封铅不应用焊锡膏。

（4）封铅操作的质量标准：① 铅包电缆铅封时应擦去表面氧化物；② 封铅时间不宜过长，铅封必须密实无气孔；③ 充油电缆的铅封应分两次进行，第一次封堵油，第二次成形和加强；④ 高位差铅封应用环氧树脂加固。

【思考与练习】

1. 封铅所需的材料和工具有哪些？

2. 封铅焊条的配制方法是什么？
3. 剖铅的步骤有哪些？
4. 封铅的部位需要先做哪些处理？
5. 封铅的方法有哪些？每种方法的操作步骤是什么？

模块 2　电缆线芯的连接（Z06D3002 Ⅰ）

【模块描述】本模块介绍电缆线芯连接的方法和工艺要求。通过流程介绍、操作工艺讲解，熟悉电缆线芯的一般连接方法，掌握电缆线芯压缩连接（压接）的原理、方法、工器具、材料、工艺要求及相关注意事项。

【模块内容】

电缆附件安装工艺的基本要求之一是导体连接良好，主要包括中间接头安装中的接管与电缆线芯的连接和终端安装中的接线端子与电缆线芯的连接。

一、电缆线芯连接方法

电缆线芯的连接一般采用压缩连接、机械连接、锡焊连接和熔焊连接等方法。

1. 压缩连接

压缩连接简称压接，它是以专用工具对连接金具和导体施加径向压力，靠压应力产生塑性变形，使导体和连接金具的压缩部位紧密接触，形成导电通路。压缩连接是一种不可拆卸的连接方法。

按压接模具形状不同，压缩连接分局部压接和整体压接两类。局部压接又叫点压或坑压；整体压接又叫围压或环压。这两种压接方法的特点比较见表 4–2–1。

表 4–2–1　两种压接方式的特点比较

压接方式	局部压接	整体压接
所需压力	较小	较大
压接部位延伸率	较小	较大
压接部位变形情况	不均匀	较均匀

2. 机械连接

机械连接是靠旋紧螺栓、扭力弹簧或金具本身的楔形产生的压力，使导体和连接金具相连接的方法。这种连接方法是可拆卸的。机械连接的优点是工艺比较简单，适用于低压电缆的导体连接。

机械连接的一种常用形式是应用连接线夹。这种连接金具通过拧紧螺栓对线夹和导体的接触面施加一定压力，以增加接触面积，减小接触电阻。

线夹和导体的接触面有时采用螺纹状结构，在拧紧螺栓时，能够使其紧紧“咬住”导体表面，以达到良好的导电和机械性能。拧紧线夹螺栓，应使用力矩扳手，使连接线夹与导体之间达到合适的紧固力。螺栓紧固力矩应符合 GBJ 50149—2010《电气装置安装工程母线装置施工及验收规范》的规定。

3. 锡焊连接

使用开口或有浇注孔的镀锡金具（连接管或出线梗），将熔化的焊锡（成分是锡、铅各 50%）填注在导体和金具之间，从而完成导体和金具连接的方法，称为锡焊连接。锡焊是“钎焊”的一种，是古老的铜导体连接方法。

用于锡焊连接的连接管，通常称为弱背式连接管。连接管有轴向开口槽，在管壁内有与开口槽对应的槽沟，焊接时可将接管拉开，以利焊料流布填充。锡焊连接要求焊料填充饱满，避免在连接管内形成空隙。

锡焊连接的缺点是其短路允许温度只有 160℃，如温度过高，有引起焊锡熔化流失以至接点脱焊的危险。所以，短路允许温度比较高的交联聚乙烯电缆不宜采用锡焊连接。

4. 熔焊连接

应用焊接设备或焊料燃烧反应产生高温将导体熔化，使导体相互熔融连接，这种连接方法称为熔焊连接。熔焊连接包括利用电焊机的电弧焊、利用棒状焊料对接的摩擦焊（可用于铜铝过渡连接）以及铝热剂焊。应用于大截面铝导体的氩弧焊，也是一种熔焊连接技术。

铝热剂熔焊是一种比较简便的熔焊连接方法。这种熔焊方法又称“药包焊”，不需要专用焊接设备，而是利用置于特制模具中的粒状氧化铜和铝，经点燃后产生激烈化学反应，生成铜和氧化铝，同时放出大量的热，使特制模具中的温度迅速上升到 2500℃左右，从而产生液态铜，使电缆铜导体完成焊接，氧化铝渣则浮在表面。铝热剂熔焊操作时，会产生一股呛人的烟雾，必须采用强制排风将其驱散。

5. 触头插拔连接方法

随着城市电网电缆化进程的快速发展，电力电缆线路安全运行是保障供电可靠性的关键。由于电缆线路运行中的突发故障，需要在电缆线路完全停电的状况下，用较长的时间测寻和修复故障，恢复供电的时间难以有效控制，最终造成停电时间长、电网供电可靠性下降。因此，有必要探讨带电作业旁路系统，能够在很短的时间内构建一套临时供电系统，在不间断供电状态下，确保故障段电缆线路安全快捷完成抢修工作。该旁路系统必须安全、可靠，且安装简单、方便。在很短时间内，通过现场带电作业，安装积木式组件，快速调整旁路线路长度和供电分支数量，有效跨接故障线路段，保证对用户临时用电的安全可靠性。

带电作业旁路系统最早应用于 10kV 架空绝缘线路故障抢修。它是一种由旁路电缆、旁路接头、旁路开关以及相关辅助器材和设备组成的临时输电系统。该系统在韩国、日本和我国上海、浙江等地得到应用。这种旁路作业系统应用于电缆线路不停电故障抢修、缺陷处理、例行维护的条件已基本具备。

电缆线路旁路作业系统暴露在大气环境中运行，且因为其敷设方式的临时性，经常会影响邻近人口密集和交通密集区域，其安全、可靠性能显得尤为重要。基于插拔式快速终端和接头位置的电场严重畸变，是绝缘性能最为薄弱的环节。因此，其绝缘结构设计、界面压强和电场控制以及制造质量，直接关系到线路旁路作业系统安全、可靠运行。

线路旁路作业系统中插拔式终端和接头，要求具有插拔 1000 次的使用寿命。在 1000 次插拔过程中，接头材料会产生大量磨损。这种磨损会使界面配合尺寸发生变化，使界面压强减小，所以沿面放电的电压值也随之降低，产品轴向沿面击穿的几率升高。

电缆插拔式快速终端和接头绝缘结构是典型的固体复合介质绝缘结构，界面沿面放电与界面压强和界面状态密切相关。设计插拔式快速终端和接头绝缘组件，以消除或减少材料界面损耗，应首选锥形（俗称推拔形）主绝缘结构，以减小插拔阻力，利用斜面力学原理提高界面正压强，同时在插拔过程中快捷地排除界面气隙。提高模具的配合精度和表面光洁度，保证产品表面平整光滑，界面配合准确完好。每次插拔时均应涂抹润滑剂，以降低界面摩擦系数，避免表面磨损，使得产品经历 1000 次插拔后仍具有足够的过盈量，保证界面始终保持足够的界面压强。

插拔式快速终端和接头的触头可采用表带触头设计。表带触头的特点是：① 体积小，结构简单，不需要压紧弹簧；② 接触点多，导电能力强，额定电流可达到 500A；③ 动稳定性及热稳定性都非常高；④ 在插拔多次后仍能保证接触良好，不会出现发热现象。

二、电缆线芯的压缩连接（压接）

压缩连接（压接）是目前应用最广泛的电缆线芯连接方法。

（一）压接方法和原理

压接方法和原理是：将要连接的电缆线芯穿进压接金具（接管或接线端子），在压接金具外套上压接模具，使用与压接模具配套的压接钳，应用杠杆或液压原理，施加一定的机械压力于压接模具，使电缆线芯和压接金具在连接部位产生塑性变形，在界面上构成导电通路，并具有足够机械强度。

（二）压接工具及材料

1. 压接钳

压接钳主要有机械压接钳、油压钳和电动油压钳等种类。对压接钳的要求是：① 应有足够的压力，以使压接金具和电缆线芯有足够的变形；② 应轻便，容易携带，操作维修方便；③ 要求模具齐全，一钳多用。

（1）机械压接钳。机械压接钳是利用杠杆原理的导体压接机具。机械压接钳操作方便，压力传递稳定可靠，适用于小截面的导体压接。图 4–2–1 所示为机械压接钳的外形，其特点是通过操作手柄直接在钳头形成机械压力。

图 4–2–1　机械压接钳外形

（2）油压钳。油压钳是利用液压原理的导体压接机具。常用油压钳有手动油压钳和脚踏式油压钳两种，如图 4–2–2 所示。

(a)　　(b)

图 4–2–2　油压钳

（a）手动油压钳；（b）脚踏式油压钳

油压钳中装有活塞自动返回装置，即在活塞内有压力弹簧。在压接过程中，压力弹簧受压，当压接完毕，打开回油阀门，压力弹簧迫使活塞返回，而油缸中的油经回油阀回到储油器中。

手动油压钳比较轻巧，使用方便，适用于中、小截面的导体压接。脚踏式油压钳钳头和泵体分离，以高压耐油橡胶管或紫铜管连接来传递油压。这种压接钳的钳头可灵活转动，出力较大，适用于较大截面的导体连接。

（3）电动油压钳。电动油压钳包括充电式手提油压钳和分离式电动油压钳两种。

充电式手提电动油压钳具有重量轻、使用方便的优点，但是价格较贵，压力不会太大。图 4–2–3 所示为充电式手提电动油压钳。

分离式电动油压钳由高压泵站与钳头组成，通过高压耐油橡胶管将压力传递到与泵体相分离的钳头。适用于高压大截面电缆的导体压接。这种压接钳出力较大，有 60、100、125、200t 等系列产品，其模具一般用围压膜，形状有六角行、圆形和椭圆形。图 4–2–4 所示即为分离式电动油压钳。

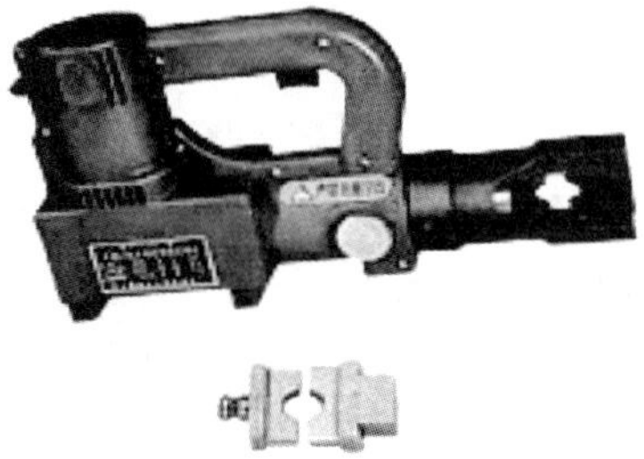

图 4–2–3 充电式手提电动油压钳

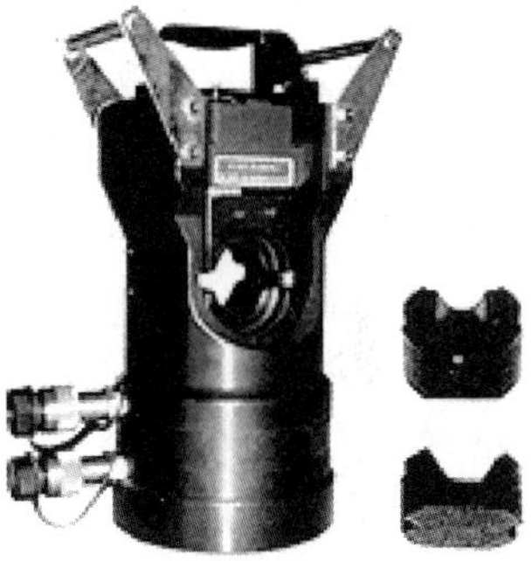

图 4–2–4 分离式电动油压钳

2. 压接模具

压接模具的作用是：在压接钳的工作压力下促使导电金具和电缆导体的连接部位产生塑性变形，在界面上构成导电通路并具有足够机械强度。当压模宽度及压接钳压力一次不能满足压接需要时，可分多次压接。

压接模具有围压模和点压模两个系列，并且按电缆导体材料不同，可选用不同的模具。压接模具的型号以其适用的导体材料和导体标称截面表示；模具材料应采用模具钢，经热处理后其表面硬度不小于 HRC40，其工作面需经防锈处理。

3. 压接金具

压接金具主要分三类：35kV 及以下电缆可参考 GB 14315《电力电缆导体用压接型铜、铝接线端子和连接管》选用；66kV 及以上交联聚乙烯绝缘电缆要根据电缆终端、接头规格型号单独设计；充油电缆要根据油道设计特殊结构，满足绝缘油的流动或塞止的要求。

（1）压接型接线端子。压接型接线端子是使电缆末端导体和电气装置连接的导电金具。它与电缆末端导体连接部位是管状；与电气装置连接部位是特定的平板，平板中央有与螺栓直径配合的端孔。压接型接线端子按连接的导体不同，有铜、铝和铜铝过渡端子之分；按结构特征不同，有密封式和非密封式之分。

接线端子规格尺寸依其适用的电缆截面积确定，应符合接触电阻和抗拉强度的要求。管状部位的内径要与电缆导体的外径相配合。相同截面导体适用的端子，紧压型的内径要比非紧压型略小一些。

（2）压接型连接管。压接型连接管是将两根及以上电缆导体在线路中间互相连接的管状导电金具。连接管按连接的导体不同，有铜、铝和铜铝过渡连接管之分；按结构特征不同，有直通式和堵油式之分。连接管的规格尺寸依其适用的电缆截面积确定，应符合接触电阻和抗拉强度的要求。连接管的内径要与电缆导体的外径相配合。相同截面导体的连接管，紧压型的内径要比非紧压型稍小些。

（三）线芯压接工艺要求

（1）压接前要检查核对连接金具和压模，必须与电缆导体标称截面、导体材料、导体结构种类（紧压或非紧压）相符。

（2）压接前按连接长度需要剥除绝缘，清除导体表面油污和导丝间半导电残物，铝导体要用钢丝刷除去表面氧化膜，使导体表面出现金属光泽。

（3）导体经整圆后插入连接管或接线端子，对端子要插到孔底，对连接管两侧导体要对接上。

（4）围压法压接的顺序应符合图 4–2–5 的规定。每道压痕间的距离及其与端部的距离应符合表 4–2–2 的规定。在压接部位，围压形成棱线或点压的压坑中心线应成一条直线。

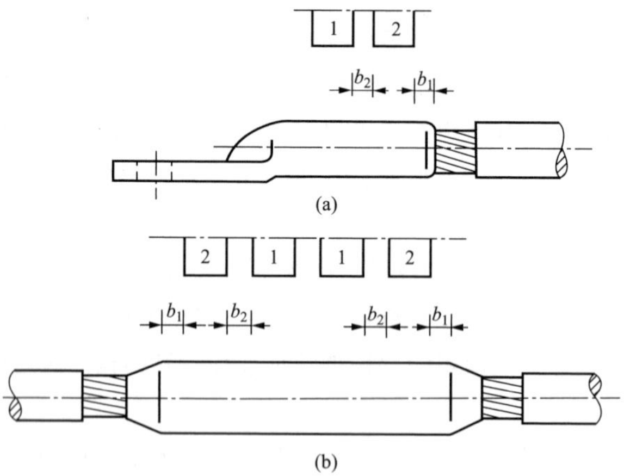

图 4–2–5 压接顺序

（a）电缆终端头接线端子压接；（b）电缆中间连接头压接

表 4-2-2　　压痕间距和其离管端的距离　　mm

导体标称截面积（mm^2）	铜压接		铝压接	
	离管端距离 b_1	压痕间距离 b_2	离管端距离 b_1	压痕间距离 b_2
10	3	3	3	3
16	3	4	3	3
25	3	4	3	3
35	3	4	3	3
50	3	4	5	3
70	3	5	5	3
95	3	5	5	3
120	3	5	5	4
150	4	6	5	4
185	4	6	5	5
240	4	6	6	5
300	5	7	7	6
400	5	7	7	6

（5）当压模合拢到位，应停留 10～15s 后再松模，以使压接部位金属塑性变形达到基本稳定。

（6）压接后，不应有裂纹，压接部位表面应打磨光滑，无毛刺和尖端。点压的压坑深度应与阳模的压入部位高度一致，坑底应平坦，无裂纹。

（7）6kV 及以上电缆接头，当采用点压法时，应将压坑填实，并覆盖金属屏蔽，以消除因压坑引起的电场畸变。

（四）电缆线芯压接注意事项

（1）压接钳的选用。在电缆施工中，应根据导体截面大小、工艺要求，并考虑应用环境，选用适当的压接钳。

（2）由于油压钳的吨位不同，其所能压接的导体截面和导体材料也不相同。另外，有的油压钳没有保险阀门，因此在使用中不应超出油压钳本身所能承受的压力范围，以免损坏油压钳。

（3）手动液压钳一般均按一人操作进行压接设计，使用时应由一人进行压接，不应多人合力强压，以免超出油压钳允许的吨位。

（4）压接过程中，当上下模接触时，应停止施加压力，以免损坏压钳、压模。

（5）油压钳应按要求注入规定型号的液压油，以保证油压钳在不同季节能正常使用。

（6）注油时应注意机油清洁，带有杂质的油会引起油阀开闭不严，使油压钳失灵或达不到应有压力。

【思考与练习】

1. 使用油压钳应注意什么？
2. 电缆导体连接方法有哪些？
3. 局部压接和整体压接方法的特点是什么？
4. 电缆导体压接工艺要点有哪些？
5. 电缆接线端子和连接管的压接顺序是什么？

模块 3 电缆的剥切（Z06D3003 Ⅰ）

【模块描述】本模块介绍塑料电缆剥切操作工艺及要求。通过工艺流程及操作方法介绍，掌握塑料电缆剥切常用工具使用和电缆剥切方法及工艺要求。

【模块内容】

一、电缆剥切的内容

电缆的剥切是电力电缆附件安装的重要步骤，电缆附件安装之前，需要按照规定的尺寸剥切电缆的护套、铠装（铝护套）、绝缘屏蔽、绝缘等部分。

二、电缆剥切专用工器具

电缆剥切专用工器具一般适用于 66kV 及以上的电力电缆，制作塑料电缆接头或终端。当剥除塑料外护套时，不得伤及金属护套；当剥除电缆绝缘屏蔽时，不能损伤主绝缘；当切削绝缘层或削制反应力锥时，不能损伤电缆导体。以上切削操作，需使用一些专用工具。

1. 剖塑刀

剥切电缆塑料外护套，除用一般刀具剥切外，还可用专用工具，即剖塑刀，也称钩刀或护套剥切刀。剖塑刀如图 4–3–1 所示。剖塑刀的下端有一底托，使用时将底托压在护套内，用力拉手柄，以刀刃切割塑料外护套。

2. 切削刀

切削刀也称绝缘屏蔽剥切刀，它是用来切削交联聚乙烯绝缘和绝缘屏蔽层的专用工具，有可调切削刀和不可调切削刀两种，如图 4–3–2 和图 4–3–3 所示。可调切削刀可切除电缆的绝缘屏蔽、绝缘，制作反应力锥，绝缘开槽；不可调切削刀只能切除电缆的绝缘。使用切削刀时，要先根据电缆绝缘厚度和导体外径对刀片进行调节，切削绝缘层应使刀片旋转直径略大于电缆导体外径；切削绝缘屏蔽层，应略大于电缆绝缘外径。在切削绝缘层时，将绝缘层和内半导电层同时切削，再调节刀具，以保留此段内半导电层。为了防止损伤电缆导体，应嵌入内衬管，对导体加以保护。

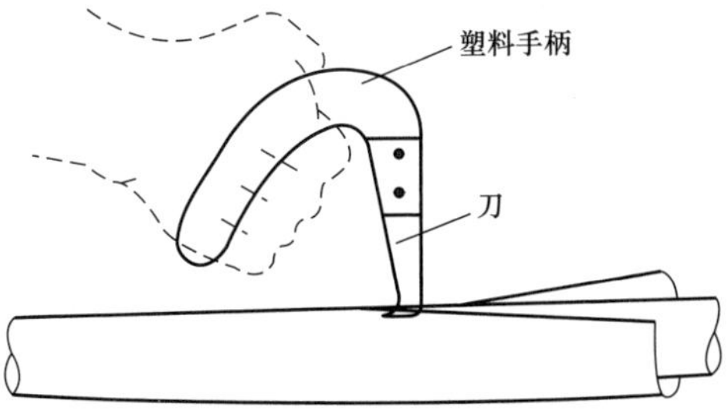

图 4–3–1　剖塑刀

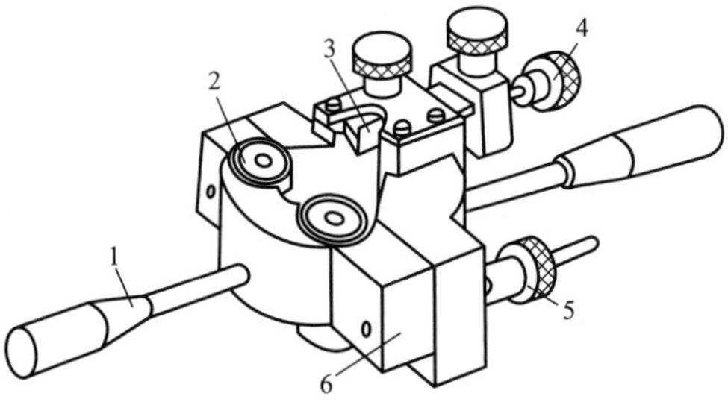

图 4–3–2　可调切削刀

1—手柄；2—轴承；3—刀片；4—刀片调节钮；5—绝缘直径调节钮；6—本体

3. 切削反应力锥卷刀

切削反应力锥的专用卷刀如图 4–3–4 所示。这种工具实际上是仿照削铅笔的卷刀制成的。使用时，为了避免在切削过程中损伤导体和内半导电层，应在导体外套装一根钢套管，并根据电缆截面积和绝缘厚度，调节好刀片的位置，然后以螺钉固定之。反应力锥切削好后，再用玻璃片修整，并用细砂纸对其表面进行打磨处理。

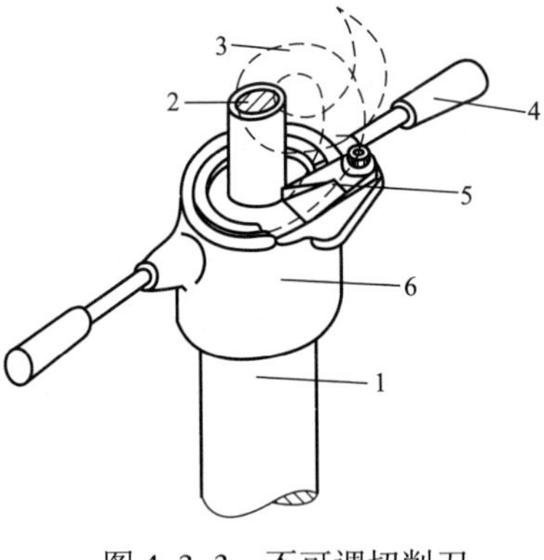

图 4–3–3　不可调切削刀

1—电缆；2—导体；3—绝缘；4—手柄；5—刀片；6—本体

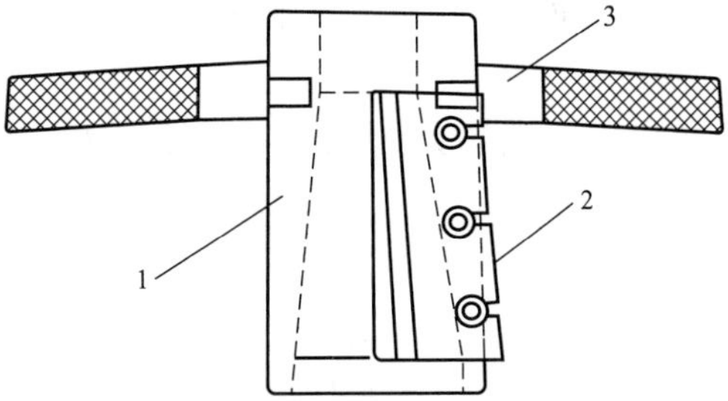

图 4–3–4　切削反应力锥卷刀

1—本体；2—刀片；3—手柄

三、电缆剥切方法及工艺要求

1. 剥切工艺一般要求

（1）严格按照工艺尺寸剥切，每一步剥切，均需用直尺量好尺寸，并做好标记，尺寸误差控制在允许的公差范围内。

（2）剥切过程层次要分明，在剥切外层时，切莫划伤内层结构，特别是不能损伤绝缘屏蔽、绝缘层和导体。

（3）剥铠装层或金属屏蔽层时，先在剥切起点用铜绑线扎 2 圈，以防铠装层或金属屏蔽层松散。

2. 剥切顺序

剥切电缆是终端和接头安装中非常重要的步骤。剥切顺序应由表及里、逐层剥切。从剥去电缆外护层开始，依次剥去铠装层（或金属护套）、内衬层、填料、金属屏蔽层、外半导电层、绝缘层及内半导电层。对于绝缘屏蔽层为不可剥的交联聚乙烯电缆，应用玻璃片或可调切削刀小心地刮去外半导电层。在电缆端部，为完成导体连接，应在剥切绝缘层后，再按工艺尺寸制作反应力锥。

3. 电缆剥切方法

（1）剥切外护套。剥除塑料外护套，先将电缆末端钢甲用铜线绑扎，或将电缆末端外护套保留 100mm，防止钢甲松散。然后按规定尺寸剥除外护套，要求断口平整。

（2）剥切钢带铠装（铝护套）。按规定尺寸在钢甲上绑扎铜线，绑线的缠绕方向应与钢甲的缠绕方向一致，使钢甲越绑越紧，不致松散。绑线用 2.0mm 的铜线，每道 3～4 匝。锯钢铠时，其圆周锯痕深度应均匀，不得锯透而损伤内护套。剥钢带时，应先沿锯痕将钢带卷断，钢带断开后再向电缆端头剥除。禁止从末端往扎绑线处剥除钢甲，以防钢甲松散。

对于高压单芯电缆的铝护套，应从剥切点开始沿铝护套的圆周小心环切铝护套，并去掉切除的铝护套，要求不得损伤内衬层。然后打磨铝护套口，去除毛刺，以防损伤绝缘。

（3）剥除内护套及填料。在应剥除内护套处用刀子横向切一环形痕，深度不超过内护套厚度的一半，纵向剥除内护套。刀子切口应在两芯之间，防止切伤金属屏蔽层。剥除内护套后，应将金属屏蔽带末端用聚氯乙烯粘带扎牢，防止松散。切除填料时刀口应向外，防止损伤金属屏蔽层及外半导电层。

（4）剥切金属屏蔽层应按接头工艺图纸的要求进行如下操作：

1）在应保留的铜屏蔽带断口处用焊锡点焊；

2）用 1.0mm 铜线在应剥除金属屏蔽层处临时绑两匝；

3）轻轻撕下铜屏蔽带，断口要整齐，无尖刺或裂口；

4）暂时保留铜绑线，在热缩应力控制管或包缠半导电屏蔽带前再拆除，以防止铜屏蔽带松散；

5）当保留的铜屏蔽带裸露部分较长时，应隔一定的距离用焊锡点焊，以防止铜屏蔽带松散。

（5）剥切半导电层。半导电屏蔽层分为可剥离和不可剥离两种。35kV 及以下电缆为可剥离型（35kV 根据用户要求也可为不可剥离型），110kV 及以上电缆必须为不可剥离型。

1）剥除可剥离的挤包半导电层。用聚氯乙烯粘带在应保留的半导电层上临时包缠一圈做标记，用刀横向划一环痕，再纵向从环痕处向末端用刀划两道或多道竖痕，间距约 10mm（注意不应伤及绝缘层）。用钳子从末端撕下一条或多条半导电层，然后全部剥除，并拆除临时包带。半导电层切断口应平整，且不应损伤绝缘层。

2）剥除不可剥离的挤包半导电层。用聚氯乙烯粘带在应保留的半导电层上临时包缠一圈做标记，用玻璃片或可调切削刀将应剥除的半导电层刮除，注意不应损伤绝缘层，并按工艺要求在屏蔽断口处形成一带坡度的过渡段。

（6）剥切绝缘层。对于小截面电缆，可使用电工刀按要求的尺寸进行剥切；对于大截面电缆，需使用专用的电缆绝缘切割工具，如切削刀。不可调切削刀剥切绝缘的步骤如下：

1）在要保留的绝缘端部做一标记；

2）按电缆绝缘外径选用适当的切削刀；

3）将刀刃移开，套入内衬管；

4）将刀刃放下，用深度调节螺钉调节深度；

5）将切削刀安装在电缆末端，将刀刃平滑地放置在电缆断面上，刀刃应距离电缆导体 0.8mm，转动切削刀，应不伤及电缆导体及屏蔽，将内衬管向前移动，仔细调节深度螺钉，以达到合适的位置；

6）沿着电缆向前转动切削刀，开始切削电缆绝缘，直至要保留的绝缘端部为止。

（7）清洁绝缘表面。对可剥离型半导电层的电缆绝缘层表面，用浸有清洁剂的不掉纤维的细布或清洁纸清除绝缘层表面上的污垢和炭痕。清洁时，应从绝缘端口向半导电方向擦抹，不能反复擦，严禁用带有炭痕的布或纸擦抹。擦净后，用一块干净的布或纸再次擦抹绝缘表面，检查布或纸上无炭痕时方可继续下一步操作。而对不可剥离型半导电层的电缆绝缘表面，应先用 200～400 号砂纸打磨光滑平整，不应留有半导电痕迹，然后再用上述方法清洁绝缘层。

【思考与练习】

1. 电缆剥切的工艺要求有哪些？
2. 电缆剥切专用的剥切工具有哪些？
3. 电缆剥切的顺序是什么？

模块4 火器的使用（Z06D3004Ⅰ）

【模块描述】本模块介绍火器使用操作及相关安全注意事项。通过常用火器结构介绍、要点讲解，掌握汽油喷灯、丙烷液化气喷枪等火器的结构、使用方法及安全注意事项。

【模块内容】

一、火器的种类和用途

在电缆附件制作过程的封铅和热缩管材时，都要用到火器（燃烧器）。常用的火器有汽油喷灯和丙烷液化气喷枪两种。

二、汽油喷灯

1. 汽油喷灯结构

汽油喷灯的结构如图4–4–1所示。

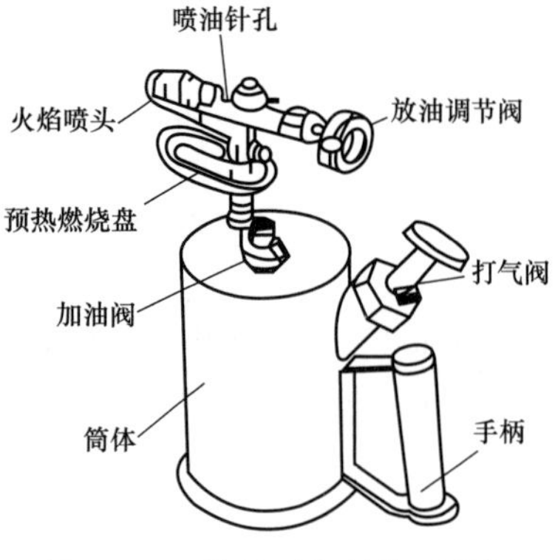

图4–4–1 汽油喷灯结构示意图

2. 汽油喷灯使用方法

（1）加油。旋下加油阀上的螺栓，倒入适量的汽油，一般以不超过筒体的3/4为宜，保留一部分空间储存压缩空气，以维持必要的空气压力。加完油后应旋紧加油口的螺栓，关闭放油阀杆，擦净洒在外部的汽油，并检查喷灯各处是否有渗漏现象。

（2）预热。在预热燃烧盘中倒入汽油，用火柴点燃，预热火焰喷头。

（3）喷火。待火焰喷头烧热后，燃烧盘中汽油烧完之前，打气3～5次，将放油阀杆开启，喷出油雾，喷灯即点燃喷火。而后继续打气，直到火焰正常时为止。

（4）熄火。如需熄灭喷灯，应先关闭放油调节阀，直到火焰熄灭，待冷却后再慢慢旋松加油口螺栓，放出筒体内的压缩空气。

3. 喷灯使用中常见故障及排除

喷灯使用中常见故障是喷油不畅或漏气，喷油不畅又包括不喷油或断续喷油。其原因是打气筒故障或管道堵塞。如系打气筒故障，可先检查皮碗是否与筒壁密合，如果过松，应调换皮碗。然后检查止回阀出气小孔是否堵塞，止回阀中的软垫经压力弹簧应能压紧气孔。管道阻塞可对阻塞部位进行疏通。如喷嘴孔阻塞，可通针疏通；汽化管路堵塞可用钢丝疏通；吸油管铜丝网圈含有杂质导致油路不通时，可用汽油清洗。

喷灯漏气故障一般发生在阀杆或打气筒丝口处。如果阀杆处漏气，可拧紧阀杆丝帽；如果拧紧后仍然漏气，应更换石棉绳；如果打气筒丝口处漏气，可更换石棉垫；如丝口本身损坏，应设法修理或更换；当油筒本体漏气时，可用电焊修补。筒体修补后，应进行 0.7MPa 水压试验，合格才能使用。

4. 喷灯使用注意事项

（1）喷灯必须符合下列条件后方可点火：

1）油筒不漏油，喷火嘴不堵塞，丝扣不漏气；

2）油筒内油的容量不超过油筒容量的 3/4；

3）加油的螺钉塞已拧紧，并将油筒外表的油污擦干净。

（2）喷灯附近不得有易燃物。

（3）尽可能在空气流通的地方使用喷灯。

（4）喷灯不宜使用时间过长，筒体过热应停止使用。

（5）喷灯口不准对人。

（6）汽油喷灯在加汽油时，应先熄火，再将加油阀上螺栓旋松。听见放气声后不要再旋出，以免汽油喷出，待气放尽后，方可开盖加油。

（7）在加汽油时，周围不得有明火。

（8）打气压力不可过高，打完气后，应将打气柄卡牢在泵盖上。

（9）使用过程中应经常检查油筒内的油量是否少于 1/4，以防筒体过热发生危险。

（10）经常检查油路密封圈零件配合处是否有渗漏跑气现象。

（11）使用完毕应将剩气放掉。

（12）使用喷灯应办理动火工作票，现场应配备灭火器。

三、丙烷液化气喷枪

1. 丙烷液化气喷枪组成及特点

丙烷液化气喷枪由液化气储气罐、减压阀、橡胶管与喷枪头组成。与喷灯相比，燃料储备罐和燃烧器喷枪分离，具有轻巧、火力充足、火焰中不含炭粒等优点，有利于保证搪铅和热缩管材的施工质量。

2. 丙烷液化气喷枪使用方法

（1）检查。连接好喷枪各部件，旋紧燃气管夹头（或使用专用的管子卡箍拧紧液化气瓶接头），关闭喷枪开关，松开液化气罐阀门，检查各部件是否漏气。

（2）点火。先开气罐角阀，然后在喷嘴出口点火等待，稍微打开喷枪开关，喷出火焰后调整火焰大小。稍微松开喷枪开关，在喷嘴处直接点火即可，调节喷枪开关使其达到所需火力。

（3）关闭。先调小火焰，关闭喷枪开关至火焰熄灭，再关闭气罐角阀。首先关好液化气瓶阀门，待熄火后，再关闭喷枪开关，管内不得留有残余气体。

3. 丙烷液化气喷枪使用注意事项

（1）使用喷枪时注意不要将喷枪对人。

（2）发现燃气管有烫伤、老化、磨损，应及时更换。

（3）使用时离开液化气罐 2m 以上。

（4）经常检查各部件密封是否完好。

（5）不要使用劣质气体。若发现气孔堵塞，可松开开关前螺母或喷嘴与导气管间螺母。

（6）为了安全起见，在使用液化喷枪时，施工现场应具备灭火器并办理动火工作票。液化气罐应存放在危险品仓库。

【思考与练习】

1. 使用喷灯的注意事项有哪些？
2. 使用丙烷液化气喷枪的注意事项有哪些？
3. 喷灯必须符合哪些条件后方可点火？
4. 汽油喷灯的使用方法是什么？
5. 丙烷液化气喷枪的使用方法是什么？

模块 5　常用带材的绕包（Z06D3005 Ⅰ）

【模块描述】本模块内容包括常用带材的种类、绕包基本要求和绕包方法。通过知识要点讲解、工艺介绍，熟悉常用带材的种类及性能，掌握带材绕包操作方法及工艺要求、带材绕包注意事项。

【模块内容】

一、常用带材的种类及性能

电力电缆附件安装中经常用到的带材有绝缘带、半导电带、防水带和防火带等。

1. 绝缘带

绝缘带材是制作电缆终端和接头的辅助材料，用作增绕和填充绝缘。

（1）自粘性绝缘带是以硫化或局部硫化的合成橡胶（丁基橡胶或乙丙橡胶）为主体材料，加入其他配合剂制成的带材，主要用于挤包绝缘电缆接头和终端的绝缘包带。使用时，一般应拉伸 100%后包绕，使其紧密地贴附在电缆上，产生足够的黏附力，并成为一个整体。由于层间不存在间隙，因而也具有良好的密封性能。自粘性橡胶绝缘带一般厚度为 0.7mm，宽 20mm，每卷长约 5m，产品储存期为 2 年。

（2）沥青醇酸玻璃丝漆布带。沥青醇酸玻璃丝漆布带是用无碱玻璃纤维布浸沥青醇酸漆，经烘干后沿径向 45° 角斜切而成的带材，可作为 35kV 及以下油纸绝缘电缆接头和终端的绝缘包带。沥青醇酸玻璃丝漆布带一般厚 0.15～0.24mm，宽为 20mm 或 25mm，每段长不少于 2m，每卷长度不少于 40m，每卷中各段带材采用缝合或粘合方法连接。

沥青醇酸玻璃丝漆布带用作油纸电缆的绝缘包带时，需经油浸处理。其油浸处理方法是：把绝缘带散开，浸入 120～130℃的电缆油中，为防止漆膜因过热而脱落，一般浸泡 1～2min 取出，隔几分钟后再浸入热油中浸泡，直到无泡沫泛起为止。经过油浸处理的绝缘带应浸没在油中（常温）保存。使用前需用热电缆油浇透，以除去潮气。

（3）聚乙烯辐照带。以模塑法工艺制作 35kV 及以下交联聚乙烯绝缘电缆接头和终端应力锥时，可用聚乙烯辐照带作为绕包材料。该带材一般厚度为 0.1mm，宽度为 25mm。聚乙烯辐照带在绕包后经加热成形，具有较高的绝缘强度和耐热性能。这种带材有较强的吸附性，必须存放于清洁干燥的场所，使用时操作者要戴尼龙手套。

（4）聚四氟乙烯带。聚四氟乙烯带具有优良的电气性能，它是将定向聚四氟乙烯薄膜加工成厚 0.02～0.1mm、宽 20～25mm 的带材，可用作 35kV 及以下油纸电缆接头的增绕绝缘包带。与沥青醇酸玻璃丝漆布带相比，聚四氟乙烯可使电缆接头尺寸明显缩小。当包绕聚四氟乙烯带时，其层间需涂抹硅油，以消除气隙。

特别值得注意的是，当温度超过 180℃时，聚四氟乙烯将会分解产生有毒氟化物。因此，这种带材切忌碰及火焰，施工中余料必须回收集中处理。

（5）PVC 绝缘胶带。PVC 绝缘胶带是以软质聚氯乙烯（PVC）薄膜为基材，涂橡胶型压敏胶制造而成，具有良好的绝缘、耐燃、耐电压、耐寒等特性，适用于绝缘保护等。

在电缆中间接头制作时，为减少气隙的存在，在复合管两端包绕密封胶后回填填充物，将凹陷处填平，使整个接头呈现一个整齐的外观，使用 PVC 胶带缠绕扎紧。

PVC 绝缘胶带使用前，应清洁被保护部位表面并磨砂处理。再去掉隔离纸，充分拉伸复合带，涂胶层面朝被包覆表面，以半搭盖式绕包。一般 PVC 绝缘胶带正常情况下，储存期为 5 年。

2. 半导电带

（1）半导电自粘带。半导电自粘带的主要特点是电阻系数很低，要求不超过 103Ω • m，在 6～35kV 电缆接头和终端中可调整电场分布而不使场强局部集中。一般是在橡胶类弹性体中掺入大量的导电炭黑，并辅以其他相应组分而形成。

（2）电应力控制带。电应力控制带是一种可以显著简化 6～35kV 电缆附件结构，简化制作程序，节约成本和工时的材料。电应力控制带使用在电缆终端和接头上时，由于其自身独特的电性能参数，即特别大的介电常数和适中的体积电阻率，只要在电缆终端或接头的外半导电层断口形成一定长度的管状，就可以明显改善电缆终端或接头的局部电场集中现象，不再需要借助应力锥的作用。

电应力控制带是在适当的高分子主体材料中（满足自粘带性能基本要求），掺入大量能调整材料介电常数和体积电阻率的特种组分而构成的。

3. 防水带

防水带用于交联电缆附件制作中，起绝缘、填充、防水和密封作用。防水带具有高度黏着性和优异的防水密封性能，同时还具有耐碱、酸、盐等化学腐蚀性。防水带材质较软，不能单独使用，外面还需用其他带材进行加强保护。

4. 防火包带

防火包带分两类：① 耐火包带，其除具有阻燃性外，还具有耐火性，即在火焰直接燃烧下能保持电绝缘性，用于制作耐火电线电缆的耐火绝缘层，如耐火云母带；② 阻燃包带，具有阻止火焰蔓延的性能，但在火焰中可能被烧坏或绝缘性能受损，用作电线电缆的绕包层，以提高其阻燃性能，如玻璃丝带、石棉带或添加阻燃剂的高聚物带、阻燃玻璃丝带、阻燃布带等。

5. 铠装带

铠装带又称铠甲带、装甲带，是一种高科技产品，其系用高分子材料和无机材料复合而成的高强度结构材料，适用于电力电缆、通信电缆接头铠装保护、电力电缆护套的修补、通信充气电缆或非充气电缆护套损坏的修复，也适合各类管道的修复。

铠装带的技术特点如下：

（1） 电气绝缘性能好；

（2） 机械强度高，固化后可形成极佳的、像钢铁一般坚硬韧的铠装层；

（3） 单组分包装，可操作性好，适应各种形状的成形；

（4） 室温固化，无需明火。

二、带材绕包方法及工艺要求

1. 绕包沥青醇酸玻璃丝漆布带

（1）绝缘带加工处理。沥青醇酸玻璃丝漆布带用做油纸电缆的绝缘包带时，需要用油浸泡处理。在使用油浸沥青醇酸玻璃丝漆布带之前要进行除潮，即将包带放置于桶中，再将加热到 120～130℃的电缆油倒入桶内，并将包带全部浸没，数分钟后将油倒出，需重复一次。

（2）带材绕包方法。在油纸电缆上绕包绝缘带前，应对电缆剥切部分用加热到 120～130℃的电缆油冲洗之，以去除表面的潮气和脏污。

（3）油浸沥青醇酸玻璃丝漆布带应采用半重叠法绕包，层间适当涂抹电缆油，要求各层绕包紧密。

2. 绕包自粘性橡胶带

（1）绕包前将电缆绕包部位清洁干净，避免有杂质存在而影响胶带的操作与效果。

（2）要求均匀拉伸 100%，使其层间产生足够的粘合力，并消除层间气隙。

（3）采用半重叠法绕包。

（4）绕包厚度按照附件安装工艺要求执行。

（5）绕包结束后，用双手挤压绕包部位，直至完全自粘。

三、带材绕包注意事项

（1）绕包绝缘带时，应保持环境清洁。

（2）室外施工现场应有工作棚，防止灰尘或水分落入绝缘内。

（3）绕包绝缘带的操作者应戴乳胶或尼龙手套，以避免汗水沾到绝缘上。

（4）自粘性绝缘带使用前，应检查外观是否完好。

（5）有质量保证期限规定的自粘性绝缘带，应注意是否超过保质期。

（6）注意湿度、温度等要求。

【思考与练习】

1. 绝缘带绕包的环境要求有哪些？
2. 常用带材的种类有哪些？它们各有什么特点？
3. 绝缘带加工处理的方法是什么？
4. 绕包自粘性橡胶带绕包的方法是什么？
5. 自粘性橡胶带绕包时为什么要求均匀拉伸 100%？

模块 6 登高作业（Z06D3006Ⅰ）

【模块描述】本模块介绍登杆塔作业。通过要点讲解，掌握正确的登杆塔的作业方法、安全措施及注意事项。

【模块内容】

一、作业内容

在电力生产中，很多工作要在高处进行。凡在 2m（含 2m）以上有坠落可能的高处进行的作业，均称为高处作业。高处作业按高度不同分为四个等级：高度在 2～5m，称为一级高度作业；高度在 5～15m，称为二级高处作业；高度在 15～30m，称为三级高处作业；高度在 30m 以上，称为特级高处作业。

二、危险点分析与控制措施

1. 一般安全注意事项

（1）凡能在地面上预先做好的工作，都必须在地面上做，尽量减少高处作业。

（2）高处作业的工作现场要有足够的照明。

（3）高处作业场所的栏杆、护板、井、坑、孔、洞、沟道的盖板必须完好，损坏的应立即修复。高处作业场所的孔洞要使用牢固的专用盖板，不得用石棉瓦等不结实的板材加盖。高处作业中如果需要取掉孔洞盖板，或者临时割开孔洞时，必须装设临时围栏和悬挂标志牌。工作结束后，必须立即恢复原状，以防造成事故。

（4）在气温低于10℃进行露天高处作业时，施工场所附近应设取暖休息室。在气温高于 35℃进行露天高处作业时，施工场所应设凉棚并配备适当的防暑降温设施和饮料。

（5）遇有6级以上大风或恶劣气候时，应停止露天高处作业。在霜冻或雨雪天气进行露天作业时，应采取防滑措施。

（6）在杆、塔上工作，必须戴安全帽，使用安全带。安全带应系在牢固的构件上，应防止安全带从杆顶脱出或被锋利物品割断，系好安全带后应检查扣环是否扣牢。杆塔上作业转位时，不得失去安全带保护。杆塔上有人工作时，不准调整或拆除拉线。

（7）杆上人员应防止物品脱落，使用的工具、材料应用绳索传递，严禁抛掷。禁止非工作人员逗留杆下或进入施工现场。高处作业区附近有带电体时，传递绳索应使用干燥的麻绳或尼龙绳，严禁使用金属线。

（8）高处作业人员应衣着灵便，衣袖、裤脚应扎紧，穿软底防滑鞋。

（9）高处作业时，不得坐在平台、孔洞边缘，不得骑在栏杆上，不得站在栏杆外工作。

（10）不得躺在高处作业场所走道地板上或在安全网内休息。

（11）当发现工作人员精神不振时，应禁止其登高作业。严禁酒后从事高处作业。

（12）经医师诊断，患有精神病、癫痫病、高血压、心脏病等病症的人员，不准参加高处作业。

2. 电缆工作人员登杆作业其他注意事项

（1）上、下杆过程中不得攀拉电缆，在杆上工作不得站靠在电缆终端套管上。

（2）在城市道路上使用梯子，应用红白带遮栏围好，并派人看守。

（3）在光杆上吊装电缆终端，必须做好临时拉绳等安全措施。

三、登高作业前准备

1. 登高作业前检查项目

（1）上杆前应先检查杆根是否牢固。新立电杆在杆基未完全牢固以前严禁攀登。遇有冲刷、起土、上拔的电杆，应先培土加固或打临时拉线后，再行上杆。凡松动导线、地线、拉线的电杆，应先检查杆脚，并打好临时拉线后，再行上杆。

（2）上杆前应先检查登杆工具，如脚扣、安全带、梯子等是否完整牢固。

（3）攀登杆塔脚钉时，应检查脚钉是否牢固。

2. 登高作业工具

常用的登高作业工具有安全带、安全腰绳、升降（三脚）板、脚扣和竹（木）梯，这些工具应按表 4–6–1 的规定进行定期检查和试验。

表 4–6–1　　登高工具及检查试验标准表

名称		试验周期（月）	外表检查周期（月）	试荷时间（min）	试验静拉力（荷重，N）
安全带	围杆带	6	1	5	2205
	围腰带	6	1	5	1470
安全腰绳		6	1	5	2205
升降（三脚）板		6	1	5	2205
脚扣		6	1	5	980
竹（木）梯		6	1	5	1765

四、登高作业的方法和安全要求

1. 登杆塔作业方法和安全要求

（1）攀登电杆一般使用脚扣或升降板。如果杆塔带有脚钉，应通过脚钉攀登。

（2）使用脚扣前，先应检查脚扣有无断裂或腐蚀，脚扣皮带是否完好。然后将脚扣扣在电杆上距地面 0.5m 左右处，分别对两只脚扣进行冲击试验。一只脚站在脚扣上，双手抱杆，借人体质量用力向下踩蹬，检查脚扣有无变形或损坏，不合格者严禁使用。

（3）在登杆时，脚扣皮带的松紧要适当，以防脚扣在脚上转动或脱落。

（4）在刮风天气，应从上风侧攀登。在倒换脚扣时，不得相互碰撞。

（5）站在脚扣上进行高处作业时，脚扣必须与电杆扣稳。两个脚扣不能互相交叉，以防滑脱。

（6）使用升降板时，先应检查脚踏板有无断裂、腐朽，绳索有无断股。然后进行人体冲击试验，不合格者严禁使用。

（7）用升降板登杆时，升降板的挂钩应朝上，并用拇指顶住挂钩，以防松脱。在倒换升降板时，应保持身体平衡，两板间距不宜过大。

（8）新立电杆必须将杆基回填土填满夯实后，方可登杆工作。当发现电杆杆基被雨水冲刷或者有取土时，应先培土加固，或支好叉杆后，方可登杆。

（9）登木杆前，必须先检查杆根是否牢固。发现腐朽时，应支好叉杆或采取其他加固措施后，方可登杆。

2. 登梯作业方法和安全要求

（1）高处作业使用的各种梯子，在使用前应进行认真检查，确保梯子完整牢靠。

（2）为了防止梯子倒落，登梯作业时应有人监护并扶梯。

（3）在水泥或光滑的地面上，应使用梯脚装有防滑胶套或胶垫的梯子；在泥土地面上，应使用梯脚带有铁尖的梯子。

（4）禁止把梯子放在木箱等不稳固的支持物上使用。

（5）靠墙使用梯子时，梯脚与墙面之间的距离不能过长或过短，以防滑落或翻倒。

（6）在梯上工作时，一脚踩在梯阶上，另一脚跨过梯阶踩在或用脚面钩住比站立梯阶高出一阶的梯阶上，距梯顶不应小于 1m，以保持人体稳定。

（7）使用中的梯子禁止移动，以防造成高处坠落。

（8）靠在管道上使用梯子时，梯顶需有挂钩，或用绳索将梯子与管道捆绑牢靠。

（9）在门前使用梯子，应派人看守或者采取防止门突然开启的措施。

（10）使用人字梯前，应检查梯子的铰链和限制开度的拉链是否完好。

（11）在人字梯上工作，不能采取骑马或站立，以防梯脚自动展开造成事故。

【思考与练习】

1. 登高作业前检查工作有哪些？
2. 登高工作常使用哪些工具？
3. 常用的登高工具定期检查和试验标准是什么？
4. 杆塔上工作有哪些安全注意事项？

第三部分

电缆施工前期准备

第五章

电缆及附件制造厂家出厂前验收

模块　电缆及附件出厂前的抽检和验收（Z06E1001Ⅲ）

【模块描述】本模块介绍电缆及附件出厂前的抽检和验收。通过要点讲解，掌握不同类型电缆及附件出厂时的抽检和试验要求。

本模块适用于生产运检人员对电缆及附件出厂前的抽检和验收。

【模块内容】

一、电缆出厂前的抽检和验收

1. 电力电缆的抽检

（1）抽检的数量：

1）10（6）～35kV 电缆产品，不同电压等级、不同型号规格至少抽检 1 个样品；每个电压等级和规格抽检量按中标长度确定，10km 及以下 1 个样品，10～30km 2 个样品，30km 及以上 3 个样品。

2）110（66）～500kV 电缆产品，每个批次、每个型号抽取 1 个样品，最多不超过总盘数的 10%。

3）抽检项目每次不小于规定项目的 30%。

（2）抽检的方法和要求：

1）抽查原材料、组部件实物、出入厂检验报告单、技术参数与订货技术协议的符合性。检查原材料和组部件实物的存放环境，车间清洁度、温湿度、外包装情况等。

2）使用仪器设备对原材料和组部件参数进行抽测。抽检人员在工厂现场可使用自带检测设备，也可利用供应商的检测设备，还可委托第三方检测机构进行检测，检测设备应在规定的计量检定周期内并处于正常工作状态。

3）对供应商的计量检测装置、计量检测仪表、计量传递与校准资质、有效期、试验设备、仪器规格参数、适用范围、精度等级等分别进行抽查。

4）成品抽查试验主要以对产品性能和可靠性有重大影响的关键性项目为主，且该项目在订货技术协议中规定为出厂试验项目。

5）电缆应圈绕在符合 JB/T 8137 的电缆盘上交货，每个电缆盘上宜圈绕一根电缆。电缆在出厂前，电缆盘无变形、成品电缆的护套表面上应有制造厂名、产品型号、额定电压、每米打字和制造年、月的连续标志，标志应字迹清楚，清晰耐磨。

6）对电缆端头密封套或牵引头处的密封性进行检查。如果出厂时制造单位所做的密封完好无损，则认为密封性检查合格；如果出厂时制造单位所做的密封有开裂或破损现象，怀疑电缆盘上电缆端头的密封有问题而可能受潮或进水，应要求与制造单位进行以下的检查和试验，并做好以下工作：

a）对开裂或破损现象进行拍照保存。

b）在电缆端头，剥去 150mm 长的外护套后，逐项检查外护套内表面、金属套、缓冲层及绝缘屏蔽表面是否存在潮气。如发现有液态水分或金属套锈蚀变色，应采取有效措施确保将水分除去，或将含有水分的那部分电缆切除。

c）如果电缆导体没有防止纵向渗水的阻隔，则应在电缆的两端各取一段 150mm 长的导体，将所有股线分开并逐根检查每根股线上是否存在潮气。如果发现液态水分则应对该盘电缆进行确认导体中是否存在潮气的试验。

d）充油电缆盘上保压压力箱阀门必须处于开启状态，应注意气温升降引起的油压变化，保压压力箱的油压不能低于 0.05MPa。

e）对充油电缆，由于其充油的特殊性，在抽检时，应记录油压，环境温度和封端情况，有条件时可加装油压报警装置，以便及时发现漏油。

f）电缆两端应用防水密封套密封，密封套和电缆的重叠长度应不小于 200mm。如有要求安装牵引头，牵引头应与线芯采用围压的连接方式并与电缆可靠密封。

7）导体屏蔽、绝缘屏蔽与绝缘界面定性检查：

a）检查时取绝缘线芯约 80mm 长，用合适的方法退出线芯导体，注意不要让绝缘变形，清洁绝缘内外表面和端面。将绝缘放入硅油或烘箱内，加热绝缘至绝缘透明后，用肉眼或放大镜观察导体屏蔽、绝缘屏蔽与绝缘界面的情况。

b）检查结果应无可见突起和明显的导线绞合痕迹。

8）电缆盘的结构应牢固。电缆圈绕在电缆盘上后，用护板保护，护板可以用木板或金属板。如采用木护板，在其外表面还应用金属带扎紧，并在护板之下的电缆盘最外层电缆表面上覆盖一层硬纸或其他具有类似功能的材料，以防碎石或煤渣等坚硬物体掉落在每匝电缆之间，在运输或搬运过程中损伤电缆外护套；如用钢板，则宜采用轧边或螺栓与电缆盘固定，而不应采用焊接固定。

在电缆盘上应有下列文字和符合标志：

a）合同号、电缆盘号。

b）收货单位。

c）目的口岸或到站。

d）产品名称和型号规格。

e）电缆的额定电压。

f）电缆长度。

g）表示搬运电缆盘正确滚动方向的箭头和起吊点的符号。

h）必要的警告文字和符号。

i）供方名称和制造日期。

j）外形尺寸、毛重和净重。

（3）抽检资料管理。抽检工作完成后，及时汇总整理抽检资料、记录等文件，并向上级部门提交抽检报告。

（4）抽检结果异议处理方法。供应商如对抽检报告有异议可提出复试。复试原则：应从同一批中再取两个试样，就不合格项目重新试验，两个试样都合格，则该批电缆才符合标准要求。如果有一个试样不合格，则认为该批产品不符合标准要求。

2. 电力电缆的抽验项目和内容

见表 5-1-1。

表 5-1-1　　10（6）～35kV 电力电缆抽检项目

序号	抽检项目	抽检内容	判断依据及要求	检测设备
1	电缆结构检查和尺寸测量	导体结构，根数，外径，绝缘，内、外屏蔽，外护套（最薄点）平均厚度，铜（钢）带厚度×宽度×层数，搭盖率、电缆外径测量、电缆标志检查	依据：订货技术协议、GB/T 2951.11、Q/GDW 371。要求：结构和尺寸技术协议有特殊要求的应符合技术协议要求	台式投影仪、游标卡尺、千分尺
2	绝缘偏心度*	绝缘偏心度测量	依据：订货技术协议、GB/T 2951.11、Q/GDW 371。 要求：不大于 10%，偏心度为在同一断面上测得的最大厚度和最小厚度的差值与最大厚度比值的百分数	切片机、台式投影仪
3	导体直流电阻测量*	直流电阻	依据：订货技术协议、GB/T 3048.4、GB/T 3956、Q/GDW 371。 要求：换算到每千米 20℃时的电阻值	双臂电桥

续表

序号	抽检项目	抽检内容	判断依据及要求	检测设备
4	绝缘热延伸试验*	负荷下伸长率和冷却后的永久伸长率（2000C/15min，20N/cm²）	依据：订货技术协议、GB/T 2951.21、Q/GDW 371。 要求：在试样中取内、中、外三个试片，负荷下伸长率不大于125%，永久伸长率不大于10%	烘箱、天平、直尺
5	局部放电测试	检测灵敏度为5pC或更优，试验电压应逐渐升至$2U_0$并保持10s然后慢慢降到1.73 U_0	依据：订货技术协议、GB/T 12706、GB/T 3048.12、Q/GDW 371。 要求：在1.73 U_0下无任何由被试电缆产生的超过声明灵敏度的可检测到的放电	局部放电测试装置、工频谐振耐压装置
6	工频电压试验	工频电压试验（例行试验）(3.5 U_0，5min)	依据：订货技术协议、GB/T 12706、GB/T 3048.8、Q/GDW 371。 要求：三芯电缆所有绝缘线芯都要进行试验，电压施加于每一根导体和金属屏蔽之间，电缆应无击穿	工频电压测试装置
7	电缆端头密封性检查	电缆成品两端密封检查	依据：订货技术协议、GB/T 12706、抽检作业规范4.4.2条。 要求：端头密封无开裂、破损等现象	目测
8	产品外包装检查	外包装检查	依据：订货技术协议、GB/T 12706、抽检作业规范4.4.2条。 要求：外包装无凹陷、破损等缺陷	目测
9	质量管理体文件	质量手册、程序文件、作业指导书	要求：查验及核对相关文件，体系覆盖产品的完整性	
10	主要检测设备	使用范围、精度要求、检定有效期	要求：主要检测设备能对产品性能进行测试，精度能达到技术协议或国家标准的要求并在有效期内	
11	检测规范	企业标准	要求：检验规范制定合理，可执行性	
12	主要原材料组部件	合同技术协议、企业标准	要求：主要原材料提供质保书，厂家对进厂原材料提供复检记录，主要原材料材质、供应商与技术协议相符	
13	主要生产设备	规格完好程度、使用状况	要求：主要生产设备状态良好，生产时主要控制的工艺参数符合工艺要求	
14	产品制造工艺文件	企业标准	要求：技术标准、工艺文件、作业指导书的正确性、完整性及可执行性	

* 必检项目。

表 5-1-2　　110（66）～500kV 电力电缆抽检项目

序号	抽检项目	抽检内容	判断依据及要求	检测设备
1	半导电屏蔽料电阻率*	测量半导电屏蔽料电阻率	依据：订货技术协议、GB/T 3048.3、GB/T 11017.2。 要求：导体半导电屏蔽不大于 1000Ω·M，绝缘半导电屏蔽不大于 500Ω·M	电阻测试仪
2	电缆结构检查和尺寸测量*	导体结构，根数，外径，绝缘，内、外屏蔽，外护套（最薄点）平均厚度，铜（钢）带厚度×宽度×层数，搭盖率、电缆外径测量、电缆标志检查	依据：订货技术协议、GB/T 2951.11、Q/GDW 371。 要求：结构和尺寸技术协议有特殊要求的应符合技术协议要求	台式投影仪、游标卡尺、千分尺
3	绝缘偏心度*	绝缘偏心度测量	依据：订货技术协议、GB/T 2951.11、Q/GDW 371。 要求：不大于 6%，偏心度为在同一断面上测得的最大厚度和最小厚度的差值与最大厚度比值的百分数	切片机、台式投影仪
4	导体直流电阻测量*	直流电阻	依据：订货技术协议、GB/T 3048.4、GB/T 3956、Q/GDW 371。 要求：换算到每千米 20℃时的电阻值	双臂电桥
5	绝缘热延伸试验*	负荷下伸长率和冷却后的永久伸长率（2000C/15min，20N/cm²）	依据：订货技术协议、GB/T 2951.21、Q/GDW 371。 要求：在试样中取内、中、外三个试片，负荷下伸长率不大于 125%，永久伸长率不大于 10%	烘箱、天平、直尺
6	局部放电测试	检测灵敏度为 5pC 或更优，试验电压应逐渐升至 1.75 U_0 并保持 10s 然后慢慢降到 1.5 U_0	依据：订货技术协议、GB/T 12706、GB/T 3048.12、Q/GDW 371。 要求：在 1.5 U_0 下无任何由被试电缆产生的超过声明灵敏度的可检测到的放电	局部放电测试装置、工频谐振耐压装置
7	工频电压试验	工频电压试验（例行试验）（2.5 U_0，30min）	依据：订货技术协议、Q/GDW 371、GB/T 3048.8。 要求：110（66）～220kV，2.5U_0，30min 电缆应不击穿；330～500kV，2.0U_0，60min，电缆应不击穿	工频电压测试装置
8	电缆外护套直流耐压试验	外护套电压（−25kV，1min）	依据：订货技术协议、Q/GDW 371。 要求：护套不击穿	直流耐压装置
9	电缆端头密封性检查	电缆成品两端密封检查	依据：订货技术协议、GB/T 12706、抽检作业规范 4.4.2 条。 要求：端头密封无开裂、破损等现象	目测
10	产品外包装检查	外包装检查	依据：订货技术协议、GB/T 12706、抽检作业规范 4.4.2 条。 要求：外包装无凹陷、破损等缺陷	目测

续表

序号	抽检项目	抽检内容	判断依据及要求	检测设备
11	质量管理体文件	质量手册、程序文件、作业指导书	要求：查验及核对相关文件，体系覆盖产品的完整性	
12	主要检测设备	使用范围、精度要求、检定有效期	要求：主要检测设备能对产品性能进行测试，精度能达到技术协议或国家标准的要求并在有效期内	
13	检测规范	企业标准	要求：检验规范制定合理，可执行性	
14	主要原材料组部件	合同技术协议、企业标准	要求：主要原材料提供质保书，厂家对进厂原材料提供复检记录，主要原材料材质、供应商与技术协议相符	
15	主要生产设备	规格完好程度、使用状况	要求：主要生产设备状态良好，生产时主要控制的工艺参数符合工艺要求	
16	产品制造工艺文件	企业标准	要求：技术标准、工艺文件、作业指导书的正确性、完整性及可执行性	

* 必检项目。

二、电缆附件出厂前的抽检和验收

1. 电缆附件的抽检

（1）抽检数量：

1）10（6）～35kV 电缆附件产品，不同电压等级、不同型号规格至少抽检 1 套成品，每个电压等级和规格抽检量按中标套数确定，30 套以下抽取 1 套成品，30～100 套抽取 2 套成品，100 套以上抽取 3 套成品。

2）110（66）～500kV 电缆附件产品，每个批次、每个型号抽取 1 套成品，最多不超过总套数的 20%。

3）抽检项目每次不小于规定项目的 30%。

（2）抽检的要求和方法。

1）抽查原材料、组部件实物、出入厂检验报告单、技术参数与订货技术协议的符合性。检查原材料和组部件实物的存放环境，车间清洁度、温湿度、外包装情况等。

2）使用仪器设备对原材料和组部件参数进行抽测。抽检人员在工厂现场可使用自带检测设备，也可利用供应商的检测设备，还可委托第三方检测机构进行检测，检测设备应在规定的计量检定周期内并处于正常工作状态。

3）对供应商的计量检测装置、计量检测仪表、计量传递与校准资质、有效期、试验设备、仪器规格参数、适用范围、精度等级等分别进行抽查。

4）成品抽查试验主要以对产品性能和可靠性有重大影响的关键性项目为主，且该项目在订货技术协议中规定为出厂试验项目。

5）外包装应注明合同号、收货单位、目的口岸或到站、产品名称、型号、规格、数量、质量、制造商、生成日期和有效期，并有轻放、防雨、不得倒置等警示性标志。

6）电缆附件应齐全、完好，电缆附件箱内应附有装箱单

7）110（66）～500kV 电缆附件导体连接杆和导体连接管：

a）导体连接杆和导体连接管应采用符合 GB/T 468 规定的铜材制造，并经退火处理。

b）导体连接杆和导体连接管表面应光滑、清洁、不允许有损伤和毛刺。

8）终端用的套管等易受外部机械损伤绝缘件，应有防止机械损伤的措施。

9）预先组装的带有壳体结构的附件应内壁清洁，密封良好。

10）橡胶预制件、热缩材料的内、外表面光滑，没有因材质或工艺不良引起的、肉眼可见的斑痕、凹坑、裂纹等缺陷。

11）附件的密封金具应采用非磁性金属材料。附件的密封金具应具有良好的组装密封性和配合性，不应有组装后造成泄漏的缺陷，如划伤、凹痕等。

12）橡胶绝缘与半导电屏蔽的界面应结合良好，应无裂纹和剥离现象，半导电屏蔽应无明显杂质。

13）环氧预制件和环氧套管内外表面应光滑，无明显杂质、气孔；绝缘与预埋金属嵌件结合良好，无裂纹、变形等异常情况。

14）各类带材、填充胶、密封胶、绝缘剂应在包装外注明保质期，并在有效期内。

15）充油电缆的绝缘纸桶，密封应良好。

（3）抽检资料管理。抽检工作完成后，及时汇总整理抽检资料、记录等文件，并向主管领导提交抽检报告。

（4）抽检结果异议处理方法。供应商如对抽检报告有异议可提出复试。复试原则：应从同一批中再取两个试样，就不合格项目重新试验，两个试样都合格，则该批电缆才符合标准要求。如果有一个试样不合格，则认为该批产品不符合标准要求。

2. 电缆附件抽验项目和内容

见表 5–1–3。

表 5-1-3 10（6）～35kV 电缆附件抽检项目

序号	抽检项目	抽检地点	单位	抽检要求	依据标准
一、原材料/组部件					
1	绝缘橡胶料抗张强度	制造厂内	MPa	① 三元乙丙橡胶：≥4.2； ② 硅橡胶：≥4.0	JB/T 8503
2	绝缘橡胶料硬度	制造厂内	邵氏 A	① 三元乙丙橡胶：≤65； ② 硅橡胶：≤50	JB/T 8503
3	绝缘橡胶料断裂伸长率	制造厂内	%	① 三元乙丙橡胶：≥300； ② 硅橡胶：≥300	JB/T 8503
4	绝缘橡胶料抗撕裂强度	制造厂内	N/mm	① 三元乙丙橡胶：≥10； ② 硅橡胶：≥10	JB/T 8503
5	绝缘橡胶料体积电阻率	制造厂内	Ω·m	① 三元乙丙橡胶：≥1013； ② 硅橡胶：≥1013	JB/T 8503
6	半导体橡胶料抗长强度	制造厂内	MPa	① 三元乙丙橡胶：≥10.0； ② 硅橡胶：≥4.0	JB/T 8503
7	半导体橡胶料硬强度	制造厂内	邵氏 A	① 三元乙丙橡胶：≤70； ② 硅橡胶：≤55	JB/T 8503
8	半导体橡胶料断裂伸长率	制造厂内	%	① 三元乙丙橡胶：≥350； ② 硅橡胶：≥350	JB/T 8503
9	半导体橡胶料抗撕裂强度	制造厂内	N/mm	① 三元乙丙橡胶：≥30； ② 硅橡胶：≥13	JB/T 8503
10	半导体橡胶料体积电阻率	制造厂内	Ω·m	① 三元乙丙橡胶：≤1.5； ② 硅橡胶：≤1.5	JB/T 8503
11	导体连接金具	制造厂内		按技术协议	按技术协议
12	接头用铜保护壳	制造厂内		按技术协议	按技术协议
13	热缩附件用应控材料介电常数	制造厂内		① 绝缘管：≤4； ② 应力管：＞20； ③ 耐油绝缘管：≤4； ④ 耐漏痕耐电蚀管及雨罩：≤5	JB 7829
14	热缩附件用应控材料介电常数	制造厂内	Ω·m	① 绝缘管：≥1012； ② 半导电管半导电分支套：＞1～102； ③ 应力管：106～1010； ④ 耐油绝缘管：≥1012； ⑤ 耐漏痕耐电蚀管及雨罩：≥1012； ⑥ 护套管分支套：≥1011	JB 7829

续表

序号	抽检项目	抽检地点	单位	抽检要求	依据标准
二、成品					
15	附件结构检查	制造厂内或委托检验机构		技术协议	技术协议
16	局部放电试验*	制造厂内或委托检验机构	pC	在 $1.73U_0$ 下，≤10	GB/T 12706.4
17	工频电压试验*	制造厂内或委托检验机构	kV	$4.5U_0$，5min	GB/T 12706.4
18	4h 工频电压试验	制造厂内或委托检验机构	kV	$4U_0$，4h	JB/T 8503 技术协议
19	产品装箱，(含辅助材料）外包装检查	制造厂内或委托检验机构		技术协议	技术协议
三、质量管理					
20	质量管理体系文件检查	制造厂内	份	质量手册、程序文件、作业指导书	在有效期内
21	主要检测设备	制造厂内	台		企业标准
22	产品检验规范	制造厂内	份	橡胶应力锥及预制橡胶绝缘件应有唯一永久性标识和编号	企业标准
23	主要原材料、组部件进货检查	制造厂内	份	合同、技术协议	合同、技术协议、企业标准
四、制造工艺					
24	主要生产设备	制造厂内	台	是否符合所投产品技术文件的制造要求	企业标准
25	产品制造工艺文件	制造厂内	份	工艺流程、作业指导书等	企业标准

* 必检项目。

表 5-1-4　　110（66）～500kV 电缆附件抽检项目编号

序号	抽检项目	抽检地点	单位	抽检要求	依据标准
一、原材料/组部件					
1	绝缘橡胶料抗张强度	制造厂内	MPa	① 三元乙丙橡胶：≥5.0（110kV）；≥6.0（220kV）；≥7.0（330kV 及以上）； ② 硅橡胶：≥5.0（110kV 和 220kV）；≥6.0（330kV 及以上）	GB/T 11017.3 GB/Z 18890.3 GB/T 22078.3

续表

序号	抽检项目	抽检地点	单位	抽检要求	依据标准
2	绝缘橡胶料断裂伸长率	制造厂内	%	① 三元乙丙橡胶：≥350（110kV）；≥400（220kV）；≥300（330kV 及以上）； ② 硅橡胶：≥450（110kV 及以上）	GB/T 11017.3 GB/Z 18890.3 GB/T 22078.3
3	绝缘橡胶料体积电阻率（23oC）	制造厂内	Ω·m	① 三元乙丙橡胶：≥1.0×10^{15}； ② 硅橡胶：≥1.0×10^{15}	GB/T 11017.3 GB/Z 18890.3 GB/T 22078.3
4	绝缘橡胶料击穿强度	制造厂内		① 三元乙丙橡胶：≥25（110kV）；≥22（220kV）；≥25（330kV 及以上）； ② 硅橡胶：≥23（110kV）；≥22（220kV）；≥25（330kV 及以上）	GB/T 11017.3 GB/Z 18890.3 GB/T 22078.3
5	绝缘橡胶料介质损耗	制造厂内	kV/ mm	① 三元乙丙橡胶：≥5.0×10^{-3}； ② 硅橡胶：≥4.0×10^{-3}	GB/T 11017.3 GB/Z 18890.3 GB/T 22078.3
6	半导电橡胶料抗张强度	制造厂内	MPa	① 三元乙丙橡胶：≥10.0（110kV 和 220kV）；8.0（330kV 及以上）； ② 硅橡胶：≥5.5（110kV 和 220kV）；≥6.0（330kV 及以上）	GB/T 11017.3 GB/Z 18890.3 GB/T 22078.3
7	半导电橡胶料断裂伸长率	制造厂内	%	① 三元乙丙橡胶：≥250（110kV 和 220kV）；≥260（330kV 及以上）； ② 硅橡胶：≥300（110kV 和 220kV）；≥350（330kV 及以上）	GB/T 11017.3 GB/Z 18890.3 GB/T 22078.3
8	半导电橡胶料体积电阻率（23oC）	制造厂内	Ω·m	① 三元乙丙橡胶：≥1.0×10^{3}； ② 硅橡胶：≥1.0×10^{3}（110kV 和 220kV）；≥1.0×10^{4}（330kV 及以上）	GB/T 11017.3 GB/Z 18890.3 GB/T 22078.3
9	瓷套和复合套	制造厂内		GB 772	GB 772
10	环氧树脂固化体击穿强度	制造厂内	kV/ mm	≥20（110kV 和 220kV）；≥25（330kV 及以上）	GB/T 11017.3 GB/Z 18890.3 GB/T 22078.3
			二、成品		
11	附件结构检查	制造厂内或委托检验机构		GB/T 11017.3 GB/Z 18890.3 GB/T 22078.3	GB/T 11017.3 GB/Z 18890.3 GB/T 22078.3
12	橡胶应力锥及预制橡胶绝缘件检查*	制造厂内或委托检验机构		GB/T 11017.3 中 6.4 GB/Z 18890.3 中 6.9 GB/T 22078.3 中 6.4	GB/T 11017.3 GB/Z 18890.3 GB/T 22078.3
13	瓷套、复合套和环氧套的密封试验*	制造厂内或委托检验机构	MPa	0.2±0.01，1h	GB/T 11017.3 GB/Z 18890.3 GB/T 22078.3
14	局部放电试验*	制造厂内或委托检验机构	pC	无可检测到的放电	GB/T 11017.3 GB/Z 18890.3 GB/T 22078.3

续表

序号	抽检项目	抽检地点	单位	抽检要求	依据标准
15	工频电压试验*	制造厂内或委托检验机构	kV/ mm	2.5U_0, 30min（110kV 和 220kV）2.0U_0, 60min（330kV 和 5000kV）	GB/T 11017.3 GB/Z 18890.3 GB/T 22078.3
16	冲击电压试验及随后的工频耐压试验	制造厂内或委托检验机构	kV	10 次正极性和 10 次负极性电压冲击试验	Q/GDW371 GB/T 11017.3 GB/Z 18890.3 GB/T 22078.3
			kV	2.5U_0, 30min（110kV 和 220kV）2.0U_0, 60min（330kV 和 5000kV）	
17	户外终端短时（1min）工频电压试验（湿试）	制造厂内或委托检验机构	kV	符合 Q/GDW 371 表 10 的规定	Q/GDW371
18	产品装箱，（含辅助材料）外包装检查	制造厂内或委托检验机构		按技术协议	按技术协议
三、质量管理					
19	质量管理体系文件检查	制造厂内	份	质量手册、程序文件、作业指导书	在有效期内
20	主要检测设备	制造厂内	台		企业标准
21	产品检验规范*	制造厂内	份	橡胶应力锥及预制橡胶绝缘件应有唯一永久性标识和编号	企业标准
22	主要原材料、组部件进货检验	制造厂内	份	合同、技术和协议	合同、技术协议、企业标准
四、制造工艺					
23	主要生产设备	制造厂内	台	是否符合所投产品技术文件的制造要求	企业标准
24	产品制造工艺文件*	制造厂内	份	工艺流程、作业指导书等	企业标准

* 必检项目。

【思考与练习】

1. 电缆出厂前应在电缆盘上的文字和标志有哪些？
2. 电缆出厂前的抽验内容有哪些？
3. 电缆附件出厂前的抽验内容有哪些？

第六章

电缆及附件的运输和储存

模块1　电缆及附件的运输、储存（Z06E2001Ⅰ）

【模块描述】本模块介绍电缆及附件运输储存的要求和方法。通过要点讲解，熟悉电缆及附件运输、储存的相关规定，掌握电缆及附件运输储存的方法、要求和注意事项。

【模块内容】

一、电缆及附件的储存

1. 电缆的存放与保管

（1）存放电缆的仓库地面应平整，干燥、通风。仓库中应划分成若干标有编号的间隔，并备有必要的消防设备。

（2）电缆应尽量避免露天存放。如果是临时露天存放，为避免电缆老化，在电缆盘上应设遮棚。

（3）电缆应集中分类存放。电缆盘之间应有通道，应避免电缆盘锈蚀，损坏电缆，存放处地基应坚实，存放处不得积水。

（4）电缆盘不得平卧放置。

（5）电缆盘上应有盘号、制造厂名称、电缆型号、额定电压、芯数及标称截面，装盘长度，毛重，可以识别电缆盘正确旋转方向的箭头，标注标记和生产日期。

（6）电缆在保管期间应每3个月进行一次检查。

（7）保管人员应定期巡视，发现有渗漏等异常情况应及时处理。

（8）电缆在保管期间，有可能出现电缆盘变形、盘上标志模糊、电缆封端渗漏、钢铠锈蚀等。如发生此类现象，应视其发生缺陷的部位和程度及时处理并作好记录，以保证电缆质量完好。

（9）充油电缆盘上保压压力箱阀门必须处于开启状态，应注意气温升降引起的油压变化，保压压力箱的油压不能低于0.05MPa。油压下降时，应及时采取措施。

（10）对充油电缆，由于其充油的特殊性，在检查时，应记录油压、环境温度和封端情况，有条件时可加装油压报警装置，以便及时发现漏油。由于在处理前对其滚动会使空气和水分在电缆内部窜动，给处理带来麻烦，所以在未处理前严禁滚动。

2. 电缆附件的存放与保管

（1）电缆终端套管储存时，应有防止机械损伤的措施。

（2）电缆附件绝缘材料的防潮包装应密封良好，并按材料性能和保管要求储存和保管（存放有机材料的绝缘部件、绝缘材料的室内温度应不超过供货商的规定）。

（3）电缆及其附件在安装前的保管，其保管期限应符合厂家要求。当需长期保管时，应符合设备保管的专门规定。

（4）电缆终端和中间接头的附件应当分类存放。为了防止绝缘附件和材料受潮、变质，除瓷套等在室外存放不会产生受潮、变质的材料外，其余必须存放在干燥、通风、有防火措施的室内。终端用的套管等易受外部机械损伤的绝缘件，无论存放于室内还是室外，尤其是大型瓷套，均应放于原包装箱内，用泡沫塑料、草袋、木料等围遮包牢。

（5）电缆终端头和接头浸于油中部件、材料都应采用防潮包装，并应存放在干燥的室内保存，以防止储运过程中密封破坏而受潮。

3. 其他附属设备和材料的存放与保管

其他附属设备和材料主要包括接地箱和交叉互联箱、防火材料、电缆支架、桥架、金具等。

（1）接地箱、交叉互联箱要存放于室内。对没有进出线口封堵的，要增加临时封堵，并在箱内放置防潮剂。

（2）防火涂料、包带、堵料等防火材料，应严格按照制造厂商的保管要求进行保管存放，以免材料失效、报废。

（3）电缆支架、桥架应分类存放保管，装卸时应轻拿轻放，以防变形和损伤防腐层。

（4）存放电缆金具时，应注意不要损坏金具的包装箱。

二、电缆及附件运输的要求和注意事项

1. 电缆的运输要求及注意事项

（1）除大长度海底电缆外，电缆应绕在盘上运输。长距离运输时，电缆盘应有牢固的封板。电缆盘在运输车上必须可靠的固定，防止电缆盘强烈振动、移位、滚动、相互碰撞或翻倒。不允许将电缆盘平放运输。对较短电缆，在确保电缆不会损坏的情况下，可以按照电缆允许弯曲半径盘成圈或 8 字形，并至少在 4 处捆紧后搬运。

（2）应使用吊车装运电缆盘，不得将几盘电缆同时起吊。除有起吊环之外，装卸时要用盘轴，将起吊钢丝绳套在轴的两端。严禁将钢丝绳直接穿在电缆盘中心孔起吊

（防止挤压电缆盘、电缆，钢丝绳损伤）。不允许将电缆盘从装卸车上推下。在施工工地，允许将电缆盘在短距离内滚动。滚动电缆盘应顺着电缆绕紧的方向，如果反方向滚动，可能使盘上绕的电缆松散开。

（3）充油电缆在运输途中，必须有托架、枕木、钢丝绳加以固定，并应有人随车监护。电缆端头必须固定好，随车人员要经常察看油管路和压力表，确认保压压力箱阀门处于开启状态，充油电缆不得发生失压进气，如果发生电缆铅包开裂、油管路渗油等异常情况，必须及时进行处理。

（4）铁路运输时需采用凹型车皮，使其高度降低。公路运输时如果有高度限制，可采用平板拖车运输。一般盘顺放，横放直径超宽，如小盘固定牢固也可横放。

（5）搬移和运输电缆盘前，应检查电缆盘是否完好，若不能满足运输要求应先过盘。电缆盘装卸时，应使用吊车和跳板。

（6）钢丝绳使用注意事项：

1）钢丝绳的使用应按照制造厂家技术规范的规定进行。

2）钢丝绳在使用前必须仔细检查，所承受的荷重不准超过规定。

3）钢丝绳有下列情况之一者，应报废、换新或截除：

a）钢丝绳中有断股者应报废；

b）钢丝绳的钢丝磨损或腐蚀达到既超过原来钢丝绳直径的40%时，或钢丝绳受过严重火灾或局部电火烧过时，应予报废；

c）钢丝绳压扁变形及表面起毛刺严重者应换新；

d）钢丝绳受冲击负荷后，该段钢丝绳比原来的长度延长达到或超过 0.5%者，应将该段钢丝绳截除；

e）钢丝绳在使用中断丝增加很快时应予换新。

4）环绳或双头绳结合段长度不应小于钢丝绳直径的 20 倍，但最短不应小于300mm。

5）当用钢丝绳起吊有棱角的重物时，必须垫以麻袋或木板等物，以避免物体尖锐边缘割伤绳索。

（7）起重工作安全注意事项：

1）起重工作应由有经验的人统一指挥，指挥信号应简明、统一、畅通，分工应明确。参加起重工作的人员应熟悉起重搬运方案和安全措施。

2）起重机械，如绞磨、汽车吊、卷扬机、手摇绞车等，应安置平稳牢固，并应设有制动和逆止装置。制动装置失灵或不灵敏的起重机械禁止使用。

3）起重机械和起重工具的工作荷重应有铭牌规定，使用时不得超出。流动式起重机工作前，应按说明书的要求平整停机场地，牢固可靠地打好支腿。电动卷扬机应可靠接地。

4）起吊物体应绑牢，物体若有棱角或特别光滑的部分时，在棱角和滑面与绳子接触处应加以包垫。

5）吊钩应有防止脱钩的保险装置。使用开门滑车时，应将开门勾环扣紧，防止绳索自动跑出。

6）当重物吊离地面后，工作负责人应再检查各受力部分和被吊物品，无异常情况后方可正式起吊。

7）在起吊、牵引过程中，受力钢丝绳的周围、上下方、内角侧和起吊物的下面，严禁有人逗留和通过。吊运重物不得从人头顶通过，吊臂下严禁站人。

8）起重钢丝绳的安全系数应符合下列规定：用于固定起重设备为 3.5；用于人力起重为 4.5；用于机动起重为 5～6；用于绑扎起重物为 10；用于供人升降用为 14。

9）起重工作时，臂架、吊具、辅具、钢丝绳及重物等与带电体的最小安全距离不得小于表 6–1–1 的规定。

表 6–1–1　　起重机械与带电体的最小安全距离

线路电压（kV）	<1	1～20	35～110	220	330	500
与线路最大风偏时的安全距离（m）	1.5	2	4	6	7	8.5

10）复杂道路、大件运输前应组织对道路进行勘查，并向司乘人员交底。

2. 电缆附件的运输要求和注意事项

电缆附件的运输应符合产品标准的要求，装运时必须了解有关产品的规定，避免强烈振动、倾倒、受潮、腐蚀，确保不损坏箱体外表面及箱内部件。要考虑天气、运输过程各种因素的影响，箱体固定牢靠，对终端套管要采取可靠措施，确保安全。

【思考和练习】

1. 电缆的存放与保管有哪些要求？
2. 电缆附件的存放与保管有哪些要求？
3. 电缆附件的运输有哪些要求？

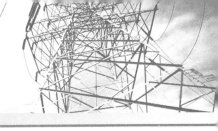

第七章

电缆及附件的验收

模块1　电缆及附件的验收（Z06E3001Ⅱ）

【模块描述】本模块包含电缆及附件的验收要求和方法。通过要点讲解，熟悉电缆及附件的现场检查验收内容、方法和要求，掌握电缆及附件的验收试验项目及要求。

【模块内容】

电缆及电缆附件的验收是电缆线路施工前的重要工作，是保证电缆及电缆附件安装质量运行的第一步，所以，电缆及附件的验收试验标准均应服从国家标准和订货合同中的特殊约定。

一、电缆及附件的现场检查验收

1. 电缆的现场检查验收

（1）按照施工设计和订货合同，电缆的规格、型号和数量应相符。电缆的产品说明书、检验合格证应齐全。

（2）电缆盘及电缆应完好无损，充油电缆盘上的附件应完好，压力箱的油压应正常，电缆应无漏油迹象。电缆端部应密封严密牢固。

（3）摇测电缆外护套绝缘。凡有聚氯乙烯或聚乙烯护套且护套外有石墨层的电缆，一般应用2500V绝缘电阻表测量绝缘电阻，绝缘电阻应符合要求。

（4）电缆盘上盘号，制造厂名称，电缆型号、额定电压、芯数及标称截面，装盘长度，毛重，电缆盘正确旋转方向的箭头，标注标记和生产日期应齐全清晰。

2. 电缆附件的现场检查验收

（1）按照施工设计和订货合同，电缆附件的产品说明书、检验合格证、安装图纸应齐全。

（2）电缆附件应齐全、完好，型号、规格应与电缆类型（如电压、芯数、截面、护层结构）和环境要求一致，终端外绝缘应符合污秽等级要求。

（3）绝缘材料的防潮包装及密封应良好，绝缘材料不得受潮。

（4）橡胶预制件、热缩材料的内、外表面光滑，没有因材质或工艺不良引起的肉眼可见的斑痕、凹坑、裂纹等缺陷。

（5）导体连接杆和导体连接管表面应光滑、清洁，无损伤和毛刺。

（6）附件的密封金具应具有良好的组装密封性和配合性，不应有组装后造成泄漏的缺陷，如划伤、凹痕等。

（7）橡胶绝缘与半导电屏蔽的界面应结合良好，应无裂纹和剥离现象。半导电屏蔽应无明显杂质。

（8）环氧预制件和环氧套管内外表面应光滑，无明显杂质、气孔；绝缘与预埋金属嵌件结合良好，无裂纹、变形等异常情况。

二、电缆及附件的出厂试验

1. 电缆例行试验

电缆例行试验又称为出厂试验，是制造厂为了证明电缆质量符合技术条件，发现制造过程中的偶然性缺陷，对所有制造电缆长度均进行的试验。电缆例行试验主要包括以下三项试验：

（1）交流电压试验。试验应在成盘电缆上进行。在室温下在导体和金属屏蔽之间施加交流电压，电压值与持续时间应符合相关标准规定，以不发生绝缘击穿为合格。

（2）局部放电试验。交联聚乙烯电缆应当 100%进行局部放电试验，局部放电试验电压施加于电缆导体与绝缘屏蔽之间。通过局部放电试验可以检验出的制造缺陷有绝缘中存在杂质和气泡、导体屏蔽层不完善（如凸凹、断裂）、导体表面毛刺及外屏蔽损伤等。进行局部放电测量时，电压应平稳地升高到 1.2 倍试验电压，但时间应不超过 1min。此后，缓慢地下降到规定的试验电压，此时即可测量局部放电量值，测得的指标应符合国家技术标准及订货技术标准。

（3）非金属外护套直流电压试验。如在订货时有要求，对非金属外护套应进行直流电压试验。在非金属外护套内金属层和外导电层之间（以内金属层为负极性）施加 25kV 直流电压，保持 1min，外护套应不击穿。

2. 电缆抽样试验

抽样试验是制造厂按照一定频度对成品电缆或取自成品电缆的试样进行的试验。抽样试验多数为破坏性试验，通过它验证电缆产品的关键性能是否符合标准要求。抽样试验包括电缆结构尺寸检查、导体直流电阻试验、电容试验和交联聚乙烯绝缘热延伸试验。

（1）结构尺寸检查。对电缆结构尺寸进行检查，检查的内容包括：测量绝缘厚度，检查导体结构，检测外护层和金属护套厚度。

（2）导体直流电阻试验。导体直流电阻可在整盘电缆上或短段试样上进行测量。在成盘电缆上进行测量时，被试品应置于室内至少 12h 后再进行测试，如对导体温度是否与室温相符有疑问，可将试样置测试室内存放时间延至 24h。如采用短段试样进行测量时，试样应置于温度控制箱内 1h 后方可进行测量。导体直流电阻符合相关规定为合格。

（3）电容试验。在导体和金属屏蔽层之间测量电容，测量结果应不大于设计值的 8%。

（4）交联聚乙烯热延伸试验。热延伸试验用于检查交联聚乙烯绝缘的交联度。试验结果应符合相关标准。

电缆抽样试验应在每批统一型号及规格电缆中的一根制造长度电缆上进行，但数量应不超过合同中交货批制造盘数的 10%。如试验结果不符合标准规定的任一项试验要求，应在同一批电缆中取 2 个试样就不合格项目再进行试验。如果 2 个试样均合格，则该批电缆符合标准要求；如果 2 个试样中仍有一个不符合规定要求，进一步抽样和试验应由供需双方商定。

3. 电缆附件例行试验

（1）密封金具、瓷套或环氧套管的密封试验。试验装置应将密封金具、瓷套或环氧套管试品两端密封。制造厂可根据适用情况任选压力泄漏试验和真空漏增试验中的一种方法进行试验。

（2）预制橡胶绝缘件的局部放电试验。按照规定的试验电压之进行局部放电试验，测得的结果应符合技术标准要求。

（3）预制橡胶绝缘件的电压试验。试验电压应在环境温度下使用工频交流电压进行，试验电压应逐渐地升到 $2.5U_0$，然后保持 30min，试品应不击穿。

4. 电缆附件抽样试验

电缆附件验收，可按抽样试验对产品进行验收。抽样试验项目和程序如下：

（1）对于户内终端和接头进行 1min 干态交流耐压试验，户外终端进行 1min 淋雨交流耐压试验；

（2）常温局部放电试验；

（3）3 次不加电压只加电流的负荷循环试验；

（4）常温下局部放电试验；

（5）常温下冲击试验；

（6）15min 直流耐压试验；

（7）4h 交流耐压试验；

（8）带有浇灌绝缘剂盒体的终端头和接头进行密封试验和机械强度试验。

【思考与练习】

1. 电缆的现场验收包括哪些内容？
2. 电缆附件的出厂试验包括哪些项目？
3. 附件的例行试验包括哪些项目？

第八章

电缆敷设方式及要求

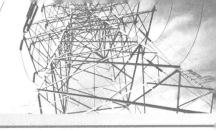

模块 1　电缆的直埋敷设（Z06E4001Ⅰ）

【模块描述】本模块介绍电缆直埋敷设的要求和方法。通过概念解释、要点讲解和流程介绍，熟悉直埋敷设的特点、基本要求，掌握直埋敷设的施工方法。

【模块内容】

将电缆敷设于地下壕沟中，沿沟底和电缆上覆盖有软土层或砂、且设有保护板再埋齐地坪的敷设方式称为电缆直埋敷设。典型的直埋敷设沟槽电缆布置断面图，如图 8-1-1 所示。

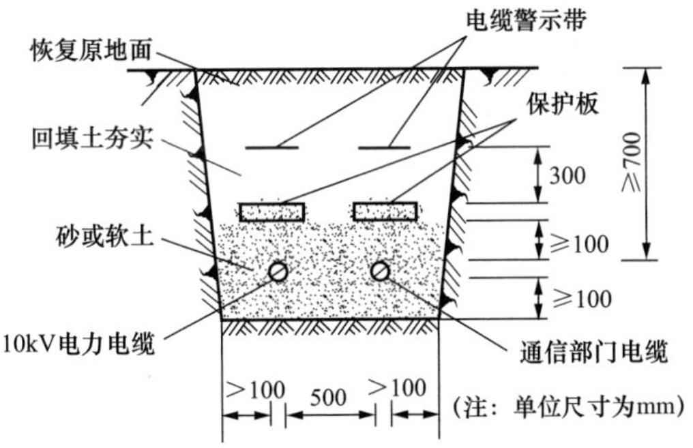

图 8-1-1　直埋敷设沟槽电缆布置断面图

一、直埋敷设的特点

直埋敷设适用于电缆线路不太密集和交通不太繁忙的城市地下走廊，如市区人行道、公共绿化、建筑物边缘地带等。直埋敷设不需要大量的前期土建工程，施工周期较短，是一种比较经济的敷设方式。电缆埋设在土壤中，一般散热条件比较好，线路输送容量比较大。

直埋敷设较易遭受机械外力损坏和周围土壤的化学或电化学腐蚀，以及白蚁和老鼠危害。地下管网较多的地段，可能有熔化金属、高温液体和对电缆有腐蚀液体溢出的场所，待开发、有较频繁开挖的地方，不宜采用直埋。

直埋敷设法不宜敷设电压等级较高的电缆，通常 10kV 及以下电压等级铠装电缆可直埋敷设于土壤中。

二、直埋敷设的施工方法

1. 直埋敷设作业前准备

根据敷设施工设计图所选择的电缆路径，必须经城市规划管路部门确认。敷设前应申办电缆线路管线制执照、掘路执照和道路施工许可证。沿电缆路径开挖样洞，查明电缆线路路径上邻近地下管线和土质情况，按电缆电压等级、品种结构和分盘长度等，制订详细的分段施工敷设方案。如有邻近地下管线、建筑物或树木迁让，应明确各公用管线和绿化管理单位的配合、赔偿事宜，并签订书面协议。

明确施工组织机构，制定安全生产保证措施、施工质量保证措施及文明施工保证措施。熟悉施工图纸，根据开挖样洞的情况，对施工图作必要修改。确定电缆分段长度和接头位置。编制敷设施工作业指导书。

确定各段敷设方案和必要的技术措施，施工前对各盘电缆进行验收，检查电缆有无机械损伤，封端是否良好，有无电缆“保质书”，进行绝缘校潮试验、油样试验和护层绝缘试验。

除电缆外，主要材料包括各种电缆附件、电缆保护盖板、过路导管。机具设备包括各种挖掘机械、敷设专用机械、工地临时设施（工棚）、施工围栏、临时路基板。运输方面的准备，应根据每盘电缆的重量制订运输计划，同时应备有相应的大件运输装卸设备。

2. 直埋作业敷设操作步骤

直埋电缆敷设作业操作步骤应按照图 8–1–2 直埋电缆施工步骤图操作。

直埋沟槽的挖掘应按图纸标示电缆线路坐标位置，在地面划出电缆线路位置及走向。凡电缆线路经过的道路和建筑物墙壁，均按标高敷设过路导管和过墙管。根据划出电缆线路位置及走向开挖电缆沟，直埋沟的形状挖成上大下小的倒梯形，电缆埋设深度应符合标准，其宽度由电缆数量来确定，但不得小于 0.4m；电缆沟转角处要挖成圆弧形，并保证电缆的允许弯曲半径。保证电缆之间、电缆与其他管道之间平行和交叉的最小净距离。

在电缆直埋的路径上凡遇到以下情况，应分别采取保护措施：

（1）机械损伤：加保护管。

（2）化学作用：换土并隔离（如陶瓷管），或与相关部门联系，征得同意后绕开。

（3）地下电流：屏蔽或加套陶瓷管。

（4）腐蚀物质：换土并隔离。

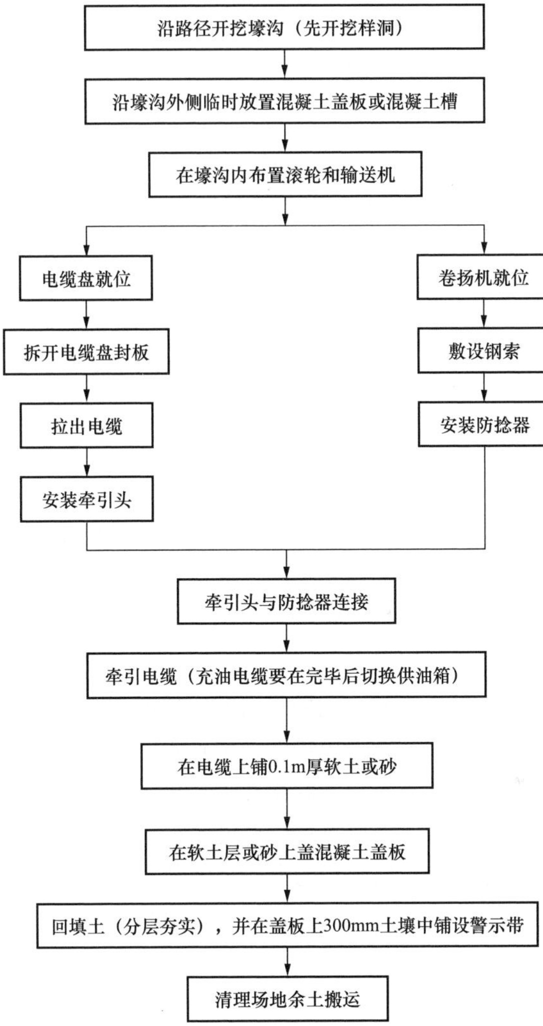

图 8–1–2　直埋电缆施工步骤图

（5）虫鼠危害：加保护管或其他隔离保护等。

挖沟时应注意地下的原有设施，遇到电缆、管道等应与有关部门联系，不得随意损坏。

在安装电缆接头处，电缆土沟应加宽和加深，这一段沟称为接头坑。接头坑应避免设置在道路交叉口、有车辆进出的建筑物门口、电缆线路转弯处及地下管线密集处。电缆接头坑的位置应选择在电缆线路直线部分，与导管口的距离应在 3m 以上。接头坑的大小要能满足接头的操作需要。一般电缆接头坑宽度为电缆土沟宽度的 2～3 倍；

接头坑深度要使接头保护盒与电缆有相同埋设深度；接头坑的长度需满足全部接头安装和接头外壳临时套在电缆上的一段直线距离需要。

对挖好的沟进行平整和清除杂物，全线检查，应符合前述要求。合格后可将细砂、细土铺在沟内，厚度100mm，沙子中不得有石块、锋利物及其他杂物。所有堆土应置于沟的一侧，且距离沟边1m以外，以免放电缆时滑落沟内。

在开挖好的电缆沟槽内敷设电缆时必须用放线架，电缆的牵引可用人工牵引和机械牵引。将电缆放在放线支架上，注意电缆盘上箭头方向，不要相反。

电缆的埋设与热力管道交叉或平行敷设，如不能满足允许距离要求时，应在接近或交叉点前后做隔热处理。隔热材料可用泡沫混凝土、石棉水泥板、软木或玻璃丝板。埋设隔热材料时除热力的沟（管）宽度外，两边各伸出2m。电缆宜从隔热后的沟下面穿过，任何时候不能将电缆平行敷设在热力沟的上、下方。穿过热力沟部分的电缆除隔热层外，还应穿管保护。

人工牵引展放电缆就是每隔几米有人肩扛着放开的电缆并在沟内向前移动，或在沟内每隔几米有人持展开的电缆向前传递而人不移动。在电缆轴架处有人分别站在两侧用力转动电缆盘。牵引速度宜慢，转动轴架的速度应与牵引速度同步。遇到保护管时，应将电缆穿入保护管，并有人在管孔守候，以免卡阻或意外。

机械牵引和人力牵引基本相同。机械牵引前应根据电缆规格先沿沟底放置滚轮，并将电缆放在滚轮上。滚轮的间距以电缆通过滑轮不下垂碰地为原则，避免与地面、沙面的摩擦。电缆转弯处需放置转角滑轮来保护。电缆盘的两侧应有人协助转动。电缆的牵引端用牵引头或牵引网罩牵引。牵引速度应小于15m/min。

敷设时电缆不要碰地，也不要摩擦沟沿或沟底硬物。

电缆在沟内应留有一定的波形余量，以防冬季电缆收缩受力。多根电缆同沟敷设时，应排列整齐。

先向沟内充填0.1m的细土或砂，然后盖上保护盖板，保护板之间要靠近。也可把电缆放入预制钢筋混凝土槽盒内填满细土或砂，然后盖上槽盒盖。

为防止电缆遭受外力损坏，应在电缆接头做完后再砌井或铺砂盖保护板。在电缆保护盖板上铺设印有“电力电缆”和管理单位名称的标志。

回填土应分层填好夯实，保护盖板上应全新铺设警示带，覆盖土要高于地面0.15～0.2m，以防沉陷。将覆土略压平，把现场清理和打扫干净。

在电缆直埋路径上按要求规定的适当间距位置埋标志桩牌。

冬季环境温度过低，电缆绝缘和塑料护层在低温时物理性能发生明显变化，因此不宜进行电缆的敷设施工。如果必须在低温条件下进行电缆敷设，应对电缆进行预加热措施。

当施工现场的温度不能满足要求时，应采用适当的措施，避免损坏电缆，如采取加热法或躲开寒冷期等。一般加温预热方法有如下两种：

（1）用提高周围空气温度的方法加热。当空气温度为 5～10℃时，需 72h；如温度为 25℃，则需用 24～36h。

（2）用电流通过电缆导体的方法加热。加热电缆不得大于电缆的额定电流，加热后电缆的表面温度应根据各地的气候条件决定，但不得低于 5℃。

经烘热的电缆应尽快敷设，敷设前放置的时间一般不超过 1h。但电缆冷至低于规定温度时，不宜弯曲。

电缆直埋敷设沟槽施工断面如图 8–1–3 所示，纵向断面如图 8–1–4 所示。

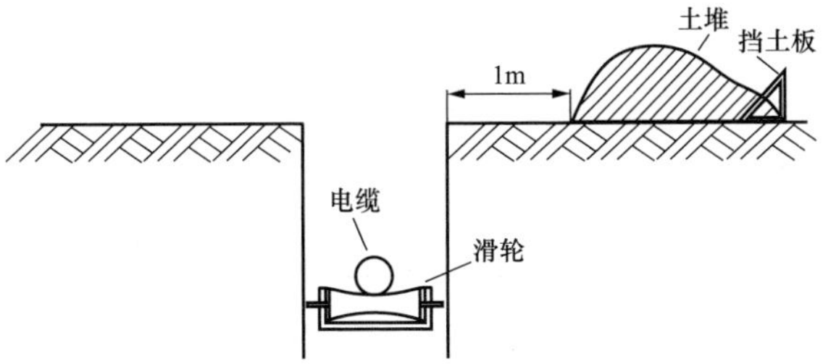

图 8–1–3　电缆直埋敷设沟槽施工断面示意图

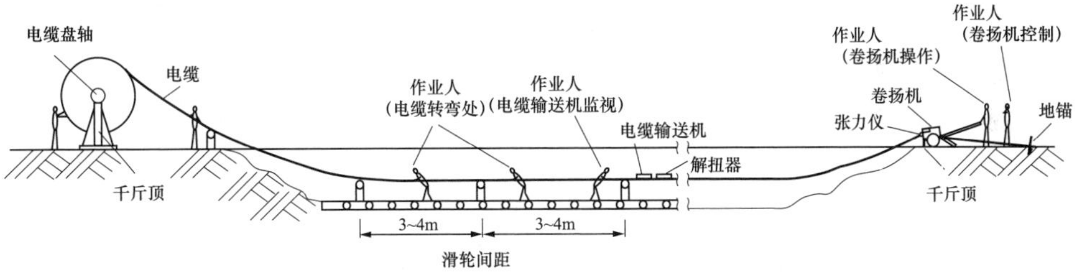

图 8–1–4　电缆直埋敷设施工纵向断面示意图

3. 直埋敷设作业质量标准及注意事项

（1）直埋电缆一般选用铠装电缆。只有在修理电缆时，才允许用短段无铠装电缆，但必须外加机械保护。选择直埋电缆路径时，应注意直埋电缆周围的土壤中不得含有腐蚀电缆的物质。

（2）电缆表面距地面的距离应不小于 0.7m。冬季土壤冻结深度大于 0.7m 的地区，应适当加大埋设深度，使电缆埋于冻土层以下。引入建筑物或地下障碍物交叉时可浅一些，但应采取保护措施，并不得小于 0.3m。

（3）电缆壕沟底必须具有良好的土层，不应有石块或其他硬质杂物，应铺 0.1m 的软土或砂层。电缆敷设好后，上面再铺 0.1m 的软土或砂层。沿电缆全长应盖混凝土保护板，覆盖宽度应超出电缆两侧 0.05m。在特殊情况下，可以用砖代替混凝土保护板。

（4）电缆中间接头盒外面应有防止机械损伤的保护盒（有较好机械强度的塑料电缆中间接头例外）。

（5）电缆线路全线，应设立电缆位置的标志，间距合适。

（6）电缆与电缆、管道、道路、构筑物等之间的容许最小距离，应符合表 8–1–1 中规定。

表 8–1–1　电缆与电缆、管道、道路、构筑物等之间的容许最小距离

电缆直埋敷设时的配置情况		平行	交叉
控制电缆之间		—	0.5*
电力电缆之间或与控制电缆之间	10kV 及以下电力电缆	0.1	0.5*
	10kV 以上电力电缆	0.25**	0.5*
不同部门使用的电缆		0.5**	0.5*
电缆与地下管沟	热力管道	2***	0.5*
	油管或易（可）燃气管道	1	0.5*
	其他管道	0.5	0.5*
电缆与铁路	非直流电气化铁路路轨	3	1.0
	直流电气化铁路路轨	10	1.0
电缆与建筑物基础		0.6***	—
电缆与公路边		1.0***	—
电缆与排水沟		1.0***	—
电缆与树木的主干		0.7	—
电缆与 1kV 以下架空线电杆		1.0***	—
电缆与 1kV 以上架空线杆塔基础		4.0***	—

* 用隔板分隔或电缆穿管时不得小于 0.25m。

** 用隔板分隔或电缆穿管时不得小于 0.1m。

*** 特殊情况时，减小值不得大于 50%（电缆穿管敷设时，与公路、街道路面、杆塔基础、建筑物基础、排水沟等的平行最小间距可按表中数据减半）。

特殊情况应按下列规定执行：

1）电缆与公路平行的净距，当情况特殊时可酌减。

2）当电缆穿管或者其他管道有保温层等防护措施时，表中净距应从管壁或防护设施的外壁算起。

（7）电力电缆间、控制电缆间以及它们相互之间，不同使用部门的电缆间在交叉点前后 1m 范围内，当电缆穿入管中或用隔板隔开时，其交叉净距可降低为 0.25m。

（8）电缆与热管道（沟）、油管道（沟）、可燃气体及易燃液体管道（沟）、热力设备或其他管道（沟）之间，虽净距能满足要求，但检修路可能伤及电缆时，在交叉点前后 1m 范围内应采取保护措施；电缆与热管道（沟）及热力设备平行、交叉时，应采取隔热措施，使电缆周围土壤的温升不超过 10℃。

（9）当直流电缆与电气化铁路路轨平行、交叉，其净距不能满足要求时，应采取防电化腐蚀措施；防止的措施主要有增加绝缘和增设保护电极。

（10）直埋电缆穿越城市街道、公路、铁路，或穿过有载重车辆通过的大门，进入建筑物的墙角处，进入隧道、人井，或从地下引出到地面时，应将电缆敷设在满足强度要求的管道内，并将管口封堵好。

（11）直埋敷设的电缆与铁路、公路或街道交叉时，应穿保护管，保护范围应超出路基、街道路两边以及排水沟边 0.5m 以上。引入构筑物，在贯穿墙孔处应设置保护管，管口应施阻水堵塞。

（12）直埋敷设电缆采取特殊换土回填时，回填土的土质应对电缆外护层无腐蚀性。在电缆线路路径上有可能使电缆受到机械性损伤、化学作用、地下电流、振动、热影响、腐蚀物质、虫害等危害的地段，应采取保护措施（如穿管、铺砂、筑槽、毒土处理等）。

（13）直埋电缆回填土前，应经隐蔽工程验收合格，并分层夯实。

三、直埋敷设的危险点分析与控制

1. 高处坠落

（1）直埋敷设作业中，起吊电缆上终端塔时如遇登高工作，应检查杆根或铁塔基础是否牢固，必要时加设拉线。在高度超过 1.5m 的工作地点工作时，应系安全带，或采取其他可靠的措施。

（2）作业过程中起吊电缆工作时必须系好安全带，安全带必须绑在牢固物件上，转移作业位置时不得失去安全带保护，并应有专人监护。

（3）施工现场的所有孔洞应设可靠的围栏或盖板。

2. 高空落物

（1）直埋敷设作业中起吊电缆遇到高处作业必须使用工具包防止掉东西。

（2）所用的工器具、材料等必须用绳索传递，不得乱扔，终端塔下应防止行人逗留。

（3）现场人员应按安规标准戴安全帽。

（4）起吊电缆时应避免上下交叉作业，上下交叉作业或多人一处作业时应相互照应、密切配合。

3. 烫伤、烧伤

（1）封电缆牵引头和电缆帽头等动用明火作业时，火焰应远离易燃易爆品，工作人员应穿长袖工作服。

（2）不熟悉喷灯或喷枪使用方法的人员不得擅自使用喷灯或喷枪。

（3）使用喷枪应先检查本体是否漏气或堵塞，禁止在明火附近进行放气或点火。

（4）喷枪使用完毕应放置在安全地点，冷却后装运。

4. 机械损伤

（1）在使用电锯锯电缆时，应使用合格的带有保护罩的电锯。

（2）不准使用无合格防护罩和有裂纹及其他不良情况的砂轮机和无齿锯。

5. 触电

（1）现场施工电源应采用绝缘导线，并在开关箱的首端处装设合格的漏电保护器。

（2）现场使用的电动工具应按规定周期进行试验合格。

（3）移动式电动设备或电动工具应使用软橡胶电缆，电缆不得破损、漏电。

6. 挤伤、砸伤

（1）电缆盘运输、敷设过程中应设专人监护，防止电缆盘倾倒。

（2）用滑轮敷设电缆时，不要在滑轮滚动时用手搬动滑轮，工作人员应站在滑轮前进方向。

7. 钢丝绳断裂

（1）用机械牵引电缆时，绳索应有足够的机械强度；工作人员应站在安全位置，不得站在钢丝绳内角侧等危险地段；电缆盘转动时，应用工具控制转速。

（2）牵引机需要装设保护罩。

8. 现场勘查不清

（1）必须核对图纸，勘查现场，查明可能向作业点反送电的电源，并断开其断路器、隔离开关。

（2）对大型作业及较为复杂的施工项目，勘查现场后，制定“三措”，并报有关领导批准，方可实施。

9. 任务不清

现场负责人要在作业前将工作人员的任务分工，危险点及控制措施予以明确地并交代清楚。

10. 人员安排不当

（1）选派的工作负责人应有一定的工作经验、较强的责任心和安全意识，并熟练掌握所承担工作的检修项目和质量标准。

（2）选派的工作班成员能安全、保质保量地完成所承担的工作任务。

（3）工作人员精神状态和身体条件能够任本职工作。

11. 特种工作作业票不全

进行电焊、起重、动用明火等作业，特殊工作现场作业票、动火票应齐全。

12. 单人留在作业现场

起吊电缆盘及起吊电缆上终端构架时，工作人员不得单独留在作业现场。

13. 违反监护制度

（1）被监护人在作业过程中，工作监护人的视线不得离开被监护人。

（2）专责监护人不得做其他工作。

14. 违反现场作业纪律

（1）工作负责人应及时提醒和制止影响工作的安全行为。

（2）工作负责人应注意观察工作班成员的精神和身体状态，必要时可对作业人员进行适当的调整。

（3）工作中严禁喝酒、谈笑、打闹等。

15. 擅自变更现场安全措施

（1）不得随意变更现场安全措施。

（2）特殊情况下需要变更安全措施时，必须征得工作负责人同意，完成后及时恢复原安全措施。

16. 穿越临时遮栏

（1）临时遮栏的装设需在保证作业人员不能误登带电设备的前提下，方便作业人员进出现场和实施作业。

（2）严禁穿越和擅自移动临时遮栏。

17. 工作不协调

（1）多人同时进行工作时，应互相呼应，协同作业。

（2）多人同时进行工作，应设专人指挥，并明确指挥方式。使用通信工具应事先检查工具是否完好。

18. 交通安全

（1）工作负责人应提醒司机安全行车。

（2）乘车人员严禁在车上打闹或将头、手伸出车外。

（3）注意防止随车装运的工器具挤、砸、碰伤乘车人员。

19. 交通伤害

在交通路口、人口密集地段工作时应设安全围栏、挂标示牌。

【思考与练习】

1. 电缆直埋敷设的特点是什么？

2. 电缆直埋敷设的前期准备有哪些？

3. 在电缆直埋的路径上遇到哪些情况时，应采取保护措施？

模块 2 电缆的排管、拉管敷设（Z06E4002 Ⅰ）

【模块描述】本模块包含电缆排管、拉管敷设的要求和方法，通过概念解释、要点讲解和流程介绍，熟悉排管、拉管敷设的特点、基本要求，掌握排管、拉管敷设的施工方法。

【模块内容】

一、电缆的排管敷设

将电缆敷设于预先建设好的地下排管中的安装方法，称为电缆排管（或拉管）敷设。排管敷设断面示意图如图 8–2–1 所示。

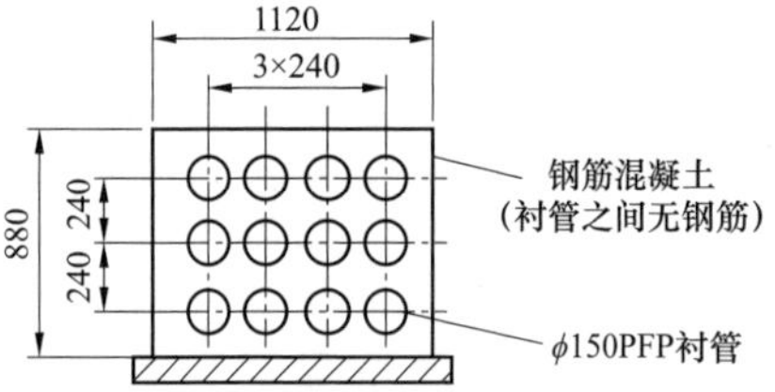

图 8–2–1 排管断面示意图

1. 排管敷设的特点

电缆排管敷设保护电缆效果比直埋敷设好，电缆不容易受到外部机械损伤，占用空间小，且运行可靠。当电缆敷设回路数较多、平行敷设于道路的下面、穿越公路、铁路和建筑物时为一种较好的选择。排管敷设适用于交通比较繁忙、地下走廊比较拥挤、敷设电缆数较多的地段。敷设在排管中的电缆应有塑料外护套，不得有金属铠装层。工井和排管的位置一般在城市道路的非机动车道，也有设在人行道或机动车道。工井和排管的土建工程完成后，除敷设近期的电缆线路外，以后相同路径的电缆线路安装维修或更新电缆，则不必重复挖掘路面。电缆排管敷设施工较为复杂，敷设和更换电缆不方便，散热差影响电缆载流量。土建工程投资较大，工期较长。当管道中电缆或工井内接头发生故障，往往需要更换两座工井之间的整段电缆，修理费用较大。

2. 排管敷设的施工方法

如图 8–2–2、图 8–2–3 所示。

3. 排管敷设作业前的准备

排管建好后，敷设电缆前，应检查电缆管安装时的封堵是否良好。电缆排管内不得有因漏浆形成的水泥结块及其他残留物。衬管接头处应光滑，不得有尖突。如发现问题，应进行疏通清扫，以保证管内无积水、无杂物堵塞。在疏通检查过程中发现排管内有可能损伤电缆护套的异物必须及时清除。清除的方法可用钢丝刷、铁链和疏通器来回牵拉。必要时，用管道内窥镜探测检查。只有当管道内异物清除、整条管道双向畅通后，才能敷设电缆。

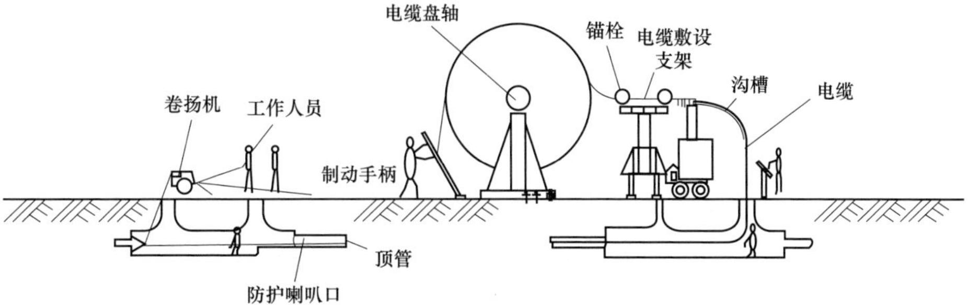

图 8-2-2　电缆排管敷设示意图

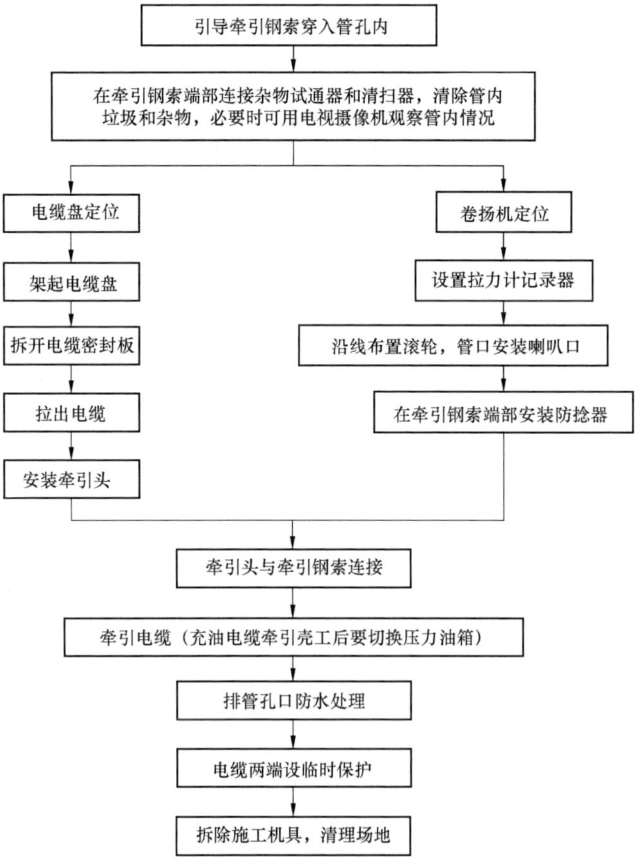

图 8-2-3　排管电缆敷设作业顺序

4. 排管敷设的操作步骤

（1）在疏通排管时可用直径不小于 0.85 倍管孔内径、长度约 600mm 的钢管来回疏通，再用与管孔等直径的钢丝刷清除管内杂物。试验棒疏通管路示意图见图 8–2–4。

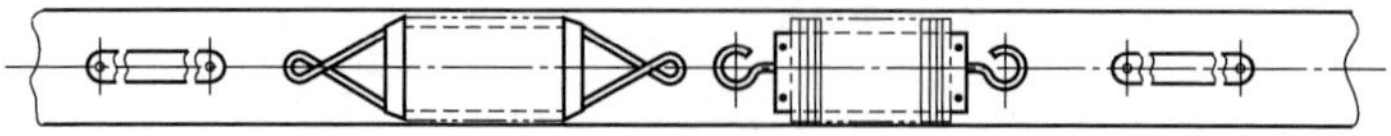

图 8–2–4 试验棒疏通电缆导管示意图

（2）敷设在管道内的电缆，一般为塑料护套电缆。为了减少电缆和管壁间的摩擦阻力，便于牵引，电缆入管前可在护套表面涂以润滑剂（如滑石粉等），润滑剂不得采用对电缆外护套产生腐蚀的材料。敷设电缆时应特别注意，避免机械损伤外护层。

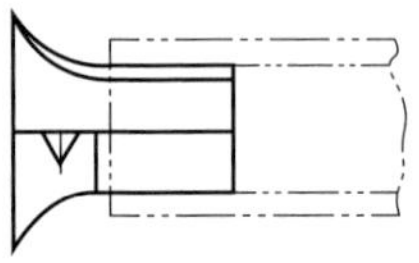

图 8–2–5 防护喇叭管

（3）在排管口应套以波纹聚乙烯或铝合金制成的光滑喇叭管（见图 8–2–5）用以保护电缆。如果电缆盘搁置位置离开工井口有一段距离，则需在工井外和工井内安装滚轮支架组，或采用保护套管，以确保电缆敷设牵引时的弯曲半径，减小牵引时的摩擦阻力，防止损伤电缆外护套。

（4）润滑钢丝绳。一般钢丝绳涂有防锈油脂，但用作排管牵引，进入管孔前仍要涂抹润滑剂，这不但可减小牵引力，又防止了钢丝绳对管孔内壁的擦损。

（5）牵引力监视。装有监视张力表是保证牵引质量的较好措施，除了客服起动时的静摩擦力大于允许的牵引力外，一般如发现张力过大应找出其原因，如电缆盘的转动是否和牵引设备同步，制动有可能未释放，等解决后才能继续牵引。比较牵引力记录和计算牵引力的结果，可判断所选用的摩擦系数是否适当。

（6）排管敷设采用人工敷设时，短段电缆可直接将电缆穿入管内，稍长一些的管道或有直角弯时，可采用先穿入导引铁丝的方法牵引电缆。

（7）管路较长时，需用牵引一般采用人工和机械牵引相结合方式敷设电缆。将电缆盘放在工井口，然后借预先穿过管子的钢丝绳将电缆拖拉过管道到另一个工井。对大长度重量大的电缆应制作电缆牵引头，牵引电缆导体，可在线路中间的工井内安装输送机，并与卷扬机采用同步联动控制。在牵引力不超过外护套抗拉强度时，还可用网套牵引。

（8）电缆敷设前后应用摇表测试电缆外护套绝缘电阻，并作好记录，以监视电缆外护套在敷设过程中有无受损。如有损伤采取修补措施。

（9）从排管（或拉管）口到接头支架之间的一段电缆，应借助夹具弯成两个相切的圆弧形状，即形成“伸缩弧”，以吸收排管（拉管）电缆因温度变化所引起的热胀冷缩，从而保护电缆和接头免受热机械力的影响。“伸缩弧”的弯曲半径应不小于电缆允许弯曲半径。

（10）在工井的接头和单芯电缆，必须用非磁性材料或经隔磁处理的夹具固定。每只夹具应加熟料或橡胶衬垫。

（11）电缆敷设完成后，所有管口应严密封堵。所有备用孔也应封堵。

（12）工井内电缆应有防火措施，可以涂防火漆、绕包防火带、填沙等。

5. 排管敷设的质量标准及注意事项

（1）电缆排管(或拉管)内径应不小于电缆外径的1.5倍，且最小不宜小于100mm。管子内部必须光滑，管子连接时，管孔应对准，接缝应严密，不得有地下水和泥浆深入。管子接头相互之间必须错开。

（2）电缆管的埋设深度，自管子顶部至地面的距离，一般地区应不小于0.7m，在人行道下不应小于0.5m，室内不宜小于0.2m。

（3）为了便于检查和敷设电缆，埋设的电缆管其直线段每隔30m距离的地方以及在转弯和分支的地方设置电缆人孔井，人孔井的深度应不小于1.8m，大小应满足施工和运行要求。电缆管应有倾向于人孔井0.1%的排水坡度，电缆接头可放在井坑里。

（4）穿入管中的电缆应符合设计要求，交流单芯电缆穿管不得使用铁磁性材料或形成磁性闭合回路材质的管材，以免因电磁感应在钢管内产生损耗。

（5）排管（或拉管）内部应无积水，且无杂物堵塞。穿电缆时，不得损伤护层，可采用无腐蚀性的润滑剂。

（6）电缆排管（或拉管）在敷设电缆前，应进行疏通，清除杂物。

（7）管孔数应按发展预留适当备用。

（8）电缆芯工作温度相差较大的电缆，宜分别置于适当间距的不同排管组。

（9）排管地基应坚实、平整，不得有沉陷。不符合要求时，应对地基进行处理并夯实并在排管和地基之间增加垫块，以免地基下沉损坏电缆。管路顶部土壤覆盖厚度不宜小于0.5m。纵向排水坡度不宜小于0.2%。

（10）管路纵向连接处的弯曲度，应符合牵引电缆时不致损伤的要求。

（11）管孔端口应有防止损伤电缆的处理。

二、排管（或拉管）敷设的危险点分析与控制

1. 烫伤、烧伤

（1）排管（或拉管）敷设作业中封电缆牵引头、封电缆帽头或对管接头进行热连接处理等动用明火作业时，火焰应远离易燃易爆品，工作人员应穿长袖工作服。

（2）不熟悉喷灯或喷枪使用方法的人员不得擅自使用喷灯或喷枪。

（3）使用喷枪应先检查本体是否漏气或堵塞，禁止在明火附近进行放气或点火。

喷枪使用完毕应放置在安全地点，冷却后装运。

（4）排管（或拉管）敷设作业中动火作业票应齐全完善。

2. 机械损伤

（1）在使用电锯锯电缆时，应使用合格的带有保护罩的电锯。

（2）不准使用无合格防护罩和有裂纹及其他不良情况的砂轮机和无齿锯，

3. 触电

（1）现场施工电源应采用绝缘导线，并在开关箱的首端处装设合格的漏电保安器。

（2）现场使用的电动工具应按规定周期进行试验合格。

（3）移动式电动设备或电动工具应使用软橡胶电缆，电缆不得破损、漏电。

4. 挤伤、砸伤

（1）电缆盘运输、敷设过程中应设专人监护，防止电缆盘倾倒。

（2）用滑轮敷设电缆时，不要在滑轮滚动时用手搬动滑轮，工作人员应站在滑轮前进方向。

5. 钢丝绳断裂

（1）用机械牵引电缆时，绳索应有足够的机械强度，工作人员应站在安全位置，不得站在钢丝绳内角侧等危险地段，电缆盘转动时应用工具控制转速。

（2）牵引机需要装设保护罩。

6. 现场勘查不清

（1）必须核对图纸，勘查现场，查明可能作业点反送电的电源，并断开其短路器、隔离开关。

（2）对大型作业及较为复杂的施工项目，勘查现场后，制定“三措”，并报有关领导批准，方可实施。

7. 任务不清

现场负责人要在作业前将工作人员的任务分工，危险点及控制措施予以明确地并交代清楚。

8. 人员安排不当

（1）选派的工作负责人应有一定的工作经验、较强的责任心和安全意识，并熟练掌握所承担工作的检修项目和质量标准。

（2）选派的工作班成员能安全、保质量地完成所承担的工作任务。

（3）工作人员精神状态和身体条件能够任本职工作。

9. 单人留在作业现场

起吊电缆盘及起吊电缆上终端构架时，工作人员不得单独留在作业现场。

10. 违反监护制度

（1）被监护人在作业过程中，工作监护人的视线不得离开被监护人。

（2）专责监护人不得做其他工作。

11. 违反现场作业纪律

（1）工作负责人应及时提醒和制止影响工作的安全行为。

（2）工作负责人应注意观察工作班成员的精神和身体状态，必要时可对作业人员进行适当的调整。

（3）工作中严禁喝酒、谈笑、打闹等。

12. 擅自变更现场安全措施

（1）不得随意变更现场安全措施

（2）特殊情况下需要变更安全措施时，必须征得工作负责人同意，完成后及时恢复原安全措施。

13. 穿越临时遮拦

（1）临时遮拦的装设需在保证作业人员不能误登带电设备的前提下进行，方便作业人员进出现场和实施作业。

（2）严禁穿越和擅自移动临时遮拦。

14. 工作不协调

（1）多人同时进行工作时，应互相呼应协同作业。

（2）多人同时进行工作，应设专人指挥，并明确指挥方式。使用通信工具应事先检查工具是否完好。

15. 交通安全

（1）工作负责人应提醒司机安全行车。

（2）乘车人员严禁在车上打闹或将头、手伸出窗外。

（3）注意防止随车装运的工器具挤、砸、碰伤乘车人员。

16. 交通伤害

在交通路口、人口密集地段工作时应设安全围栏、挂标识牌。

三、电缆拉管敷设

1. 拉管的敷设特点

电缆拉管敷设具备了电缆排管敷设的特点。除此以外，其更大的优越性在于：在限定拉管通道总长度以内，除管口两侧需路面开挖外，其余部位均无需进行路面开挖，且占用空间更小，施工工期短。

拉管敷设更适用于超宽大型公路、城市道路繁忙无法施工区域、穿越重要铁路线、水塘及小型河流、地下通道狭窄等、受环境约束极为突出的地段。

根据水平定向拉管的特性，由于拉管口两侧（即拉管出土点和入土点）与地面有一定夹角，易造成管口位置过高，牵引电缆的钢丝绳极易将拉管管壁磨损，造成损坏。拉管方式下电缆敷设时，由于拉管通道中间无适当位置放置机械敷设工器具，敷设牵引力依赖于拉管两端的情况，因此拉管长度不宜过长。拉管中的电缆敷设和更换不方便，当管道中电缆或相衔接的工井内电缆发生故障时，往往需要更换两座工井之间的整段电缆，维修费用较高。拉管在地面下也无任何保护层，容易发生外力破损（见图 8–2–6）。

敷设在拉管中的电缆应有塑料外护套，宜有金属铠装层。

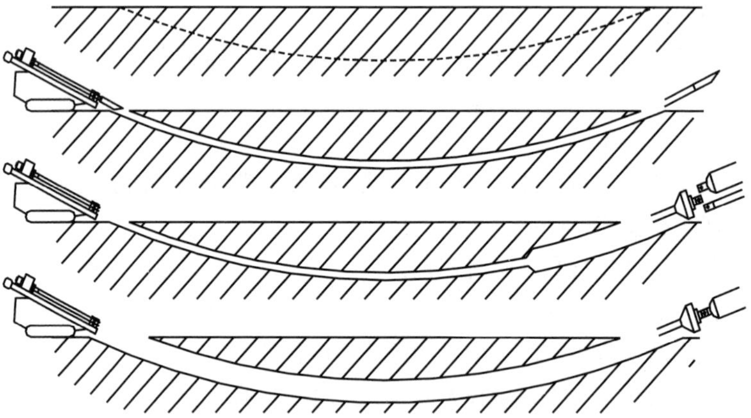

图 8–2–6 水平定向拉管施工示意图

2. 拉管敷设的施工方法

电缆拉管敷设示意图如图 8–2–7 所示。其作业顺序如图 8–2–8 所示。

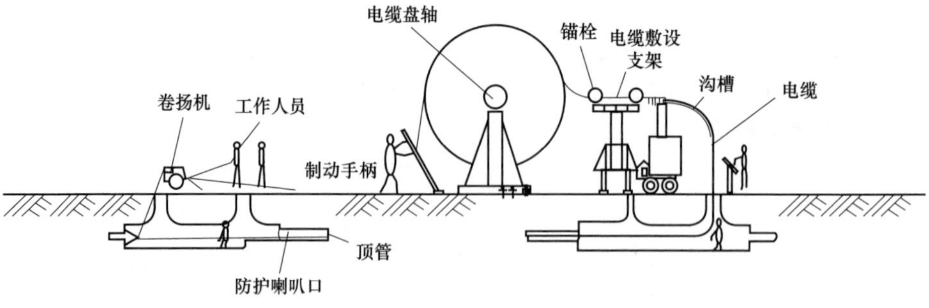

图 8–2–7 电缆拉管敷设示意图

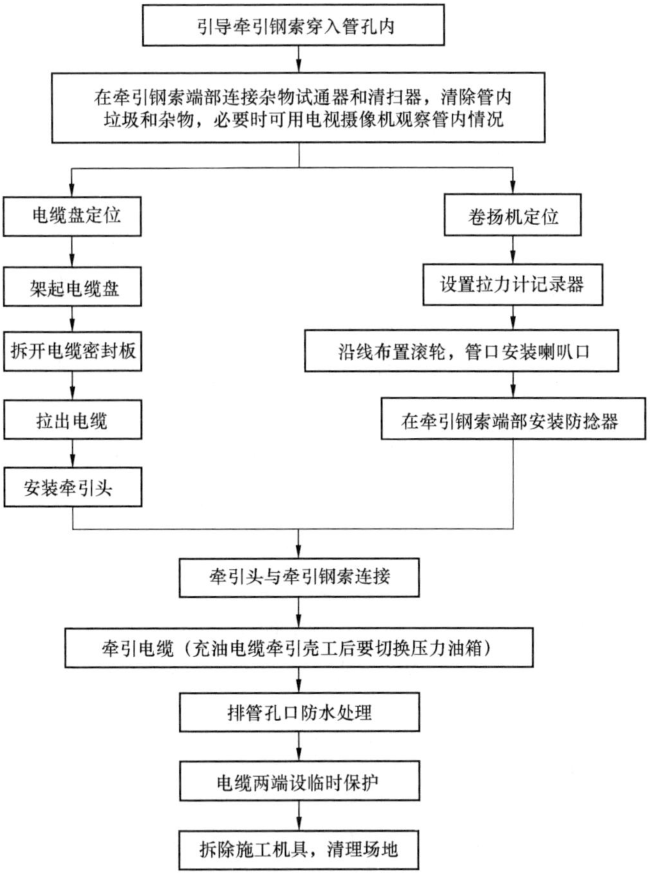

图 8–2–8 拉管电缆敷设作业顺序

3. 拉管敷设前的作业准备

由于拉管在地下埋设较深，电缆呈圆弧状敷设。因此，弧度越大（地面深度），拉管越长，敷设时的牵引力也骤然俱增。电缆敷设前应取得拉管在地下空间位置的相应三维轨迹图，并采用测量绳等工具，对拉管通道准确长度进行核查，通过电缆在拉管内牵引力的正确计算，核对是否符合电缆敷设要求。在电缆敷设前，应检查电缆管封堵是否良好，管口处应光滑，不应有尖突。拉管通道内应保证无积水，无杂物堵塞，如发现问题，应进行疏通清扫。在疏通检查过程中发现拉管内有可能损伤电缆护套的异物必须及时清除，可用钢丝刷、铁链和疏通器来回牵引。必要时，用管道内窥镜探测检查。当管道内所有异物清除，整条管道双向畅通后，才能敷设电缆。

（1）拉管敷设的操作步骤：

1）在疏通拉管时，可用直径不小于 0.85 倍管孔内径、长度约 600mm 的钢管来回疏通，再用与管孔等直径的钢丝刷清除管内杂物。试验棒疏通电缆导管示意图如图 8-2-9 所示。

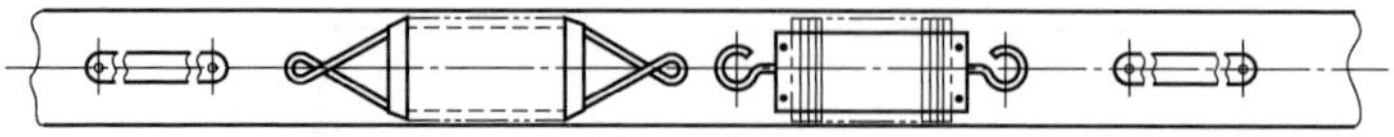

图 8-2-9 试验棒疏通电缆导管示意图

2）敷设在管道内的电缆一般为塑料护套电缆。为了减少电缆盒管壁间的摩擦阻力，便于牵引，电缆入管前可在护套表面涂以润滑剂（如滑石粉等）。润滑剂不得采用对电缆外护套产生腐蚀的材料。敷设电缆时，应特别注意避免机械损伤外护层。必要时或有特殊要求，可采用双层塑料护套电缆。

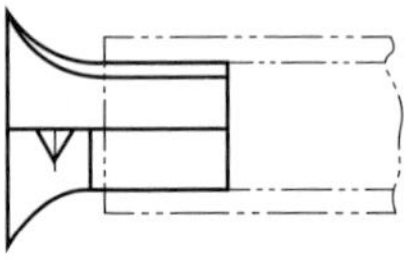

图 8-2-10 防护喇叭管

3）在拉管口应套以波纹聚乙烯或铝合金制成的光滑喇叭管（见图 8-2-10），用以保护电缆。如果电缆盘搁置位置离开工井口有一段距离，则需在工井外和工井内安装滚轮支架组，或采用保护套管，以确保电缆敷设牵引时的弯曲半径，减小牵引时的摩擦阻力，防止损伤电缆外护套。

4）润滑钢丝绳。虽然钢丝绳防锈油脂，也应涂抹润滑剂。这不但可减小牵引力，还可防止钢丝绳对管孔内壁的擦损。

5）拉管敷设电缆时，宜采用输送机敷设，牵引机配合导向相结合的方式敷设电缆。对长度、重量大的电缆，应制作电缆牵引头，以便与钢丝绳相连接。牵引用钢丝绳在拉管进出口不能直接接触管壁，严格防止牵引钢丝绳磨损拉管口。安装输送机时应与卷扬机采用同步联动控制。

6）电缆敷设前后应用绝缘电阻表测试电缆外护套绝缘电阻，并做好记录，以监视电缆外护套在敷设工程中有无受损。如有损伤，应立即采取修补措施。

7）除统包电缆外，单芯电缆出拉管口工井支架至下一组支架之间，应借助夹具或电缆伸缩补偿装置，弯成两个相切的圆弧形状，即形成“伸缩弧”，以吸收拉管电缆因温度变化所引起的热胀冷缩，从而保护电缆和接头免受热机械力的影响。伸缩弧的弯曲半径应不小于电缆弯曲半径。

8）在工井的接头和单芯电缆，必须用非磁性材料或经隔磁处理的夹具固定。每只夹具应加热料或橡胶衬垫。

9）电缆敷设完成后，所有管口应严密封堵，且封堵材料能保证电缆因能够热胀冷缩而产生径向运动时，而不脱落，所有备用孔也应封堵。

10）工井内电缆（阻燃、耐燃等特殊电缆除外）应有防火保护措施，可采用涂刷防火涂料、绕包防火带、填沙等方式。

11）由于水平定向拉管施工技术特点，拉管通常由多根同时进行牵拉成形。而牵拉过程中，管子在地层中成螺旋状行进，则会造成同一根管子出土点与入土点管口地理位置不一致。因此，在拉管建设时，多回路形成的拉管组，应按每回路分批次进行牵拉施工，拉管组中每根拉管两侧的地理位置应对应一致，电缆敷设完毕后，同一根拉管两侧靠近管口位置的电缆上要粘贴对应标志。

12）敷设完毕后，应在拉管通道地面上以及相连接的工井孔上埋设地标，以确立位置，便于维护巡线。

（2）拉管敷设的质量标准及注意事项：

1）电缆拉管内径应不小于电缆外径的 1.5 倍，且宜选用较大直径的管材。管子内部必须光滑，管子连接时，应对准且熔接牢靠，接缝严密、光滑。

2）电缆拉管在地下呈圆弧状。因此管子顶部至地面的距离，一般都大于排管要求的 0.7m 的高度。但管口两侧与地面夹角应严格控制，夹角过大，电缆在敷设后，其管口两侧的电缆段可能会与工井最上部平齐或高出，影响电缆及工井的安全和质量，容易造成电缆损伤。因此，需在拉管建设时，将两侧管口下方的泥土清除，管口适当下压，减小入土角，使工井和拉管衔接位置的电缆顺畅过渡。入土角应控制在 15° 以下。

3）为了便于检查和敷设电缆，在埋设的电缆管其直线段电缆牵引张力限制的间距处（包含转弯、分头、接头、管路坡度较大的地方）设置电缆工作井，电缆工作井的高度应不小于 1.9m，宽度应不小于 2.0m，应满足施工和运行要求。

4）穿入管中的电缆应符合设计要求，交流单芯电缆穿管不得使用铁磁性材料形成磁性闭合回路材质的管材，以免因电磁感应在钢管内产生损耗。

5）拉管内部应无积水，且无杂物堵塞。穿电缆时，不得损伤护层，可采用无腐蚀性的润滑剂。

6）电缆拉管在敷设电缆前，应进行疏通，清除杂物，

7）管孔数应按规划预留适当备用。

8）管孔端口应进行防止损伤电缆的处理。

4. 拉管敷设的危险点分析与控制

（1）烫伤、烧伤：

1）拉管敷设作业中封电缆牵引头、封电缆帽头或对管接头进行热连接处理等动用明火作业时，火焰应远离易燃易爆品，工作人员应穿长袖工作服。

2）不熟悉喷灯或喷枪使用方法的人员不得擅自使用喷灯或喷枪。

3）使用喷枪应先检查本体是否漏气或堵塞，禁止在明火附近进行放气或点火。喷枪使用完毕应放置在安全地点，冷却后装运。

4）拉管敷设作业中动火作业票应齐全完善。

（2）机械损伤：

1）在使用电锯锯电缆时，应使用合格的带有保护罩的电锯。

2）不准使用无合格防护罩和有裂纹及其他不良情况的砂轮机和无齿锯，

（3）触电：

1）现场施工电源应采用绝缘导线，并在开关箱的首端处装设合格的漏电保安器。

2）现场使用的电动工具应按规定周期进行试验合格。

3）移动式电动设备或电动工具应使用软橡胶电缆，电缆不得破损、漏电。

（4）挤伤、砸伤：

1）电缆盘运输、敷设过程中应设专人监护，防止电缆盘倾倒。

2）用滑轮敷设电缆时，不要在滑轮滚动时用手搬动滑轮，工作人员应站在滑轮前进方向。

（5）钢丝绳断裂：

1）用机械牵引电缆时，绳索应有足够的机械强度，工作人员应站在安全位置，不得站在钢丝绳内角侧等危险地段，电缆盘转动时应用工具控制转速。

2）牵引机需要装设保护罩。

（6）现场勘查不清：

1）必须核对图纸，勘查现场，查明可能作业点反送电的电源，并断开其短路器、隔离开关。

2）对大型作业及较为复杂的施工项目，勘查现场后，制定“三措”，并报有关领导批准，方可实施。

（7）任务不清：现场负责人要在作业前将工作人员的任务分工，危险点及控制措施予以明确地并交代清楚。

（8）人员安排不当：

1）选派的工作负责人应有一定的工作经验、较强的责任心和安全意识，并熟练掌握所承担工作的检修项目和质量标准。

2）选派的工作班成员能安全、保质量地完成所承担的工作任务。

3）工作人员精神状态和身体条件能够任本职工作。

（9）单人留在作业现场：起吊电缆盘及起吊电缆上终端构架时，工作人员不得单独留在作业现场。

（10）违反监护制度：

1）被监护人在作业过程中，工作监护人的视线不得离开被监护人。

2）专责监护人不得做其他工作。

（11）违反现场作业纪律：

1）工作负责人应及时提醒和制止影响工作的安全行为。

2）工作负责人应注意观察工作班成员的精神和身体状态，必要时可对作业人员进行适当的调整。

3）工作中严禁喝酒、谈笑、打闹等。

（12）擅自变更现场安全措施：

1）不得随意变更现场安全措施；

2）特殊情况下需要变更安全措施时，必须征得工作负责人同意，完成后及时恢复原安全措施。

（13）穿越临时遮栏：

1）临时遮栏的装设需在保证作业人员不能误登带电设备的前提下进行，方便作业人员进出现场和实施作业。

2）严禁穿越和擅自移动临时遮栏。

（14）工作不协调：

1）多人同时进行工作时，应互相呼应协同作业。

2）多人同时进行工作，应设专人指挥，并明确指挥方式。使用通信工具应事先检查工具是否完好。

（15）交通安全：

1）工作负责人应提醒司机安全行车。

2）乘车人员严禁在车上打闹或将头、手伸出窗外。

3）注意防止随车装运的工器具挤、砸、碰伤乘车人员。

（16）交通伤害：在交通路口、人口密集地段工作时应设安全围栏、挂标识牌。

【思考与练习】

1. 电缆排管、拉管敷设的特点是什么？
2. 电缆排管的埋设深度是多少？
3. 电缆拉管敷设的基本要求有哪些？

模块 3　电缆的沟道敷设（Z06E4003 Ⅰ）

【模块描述】本模块包含电缆沟道敷设的要求和方法。通过概念解释、要点讲解和流程介绍，熟悉电缆沟和电缆隧道敷设的特点、基本技术要求，掌握电缆沟和电缆隧道敷设施工方法。

【模块内容】

电缆的沟道敷设主要是指电缆沟敷设和电缆隧道敷设。

一、电缆沟敷设

封闭式不通行、盖板与地面相齐或稍有上下、盖板可开启的电缆构筑物为电缆沟，其断面如图 8–3–1 所示。将电缆敷设于预先建设好的电缆沟中的安装方法，称为电缆沟敷设。

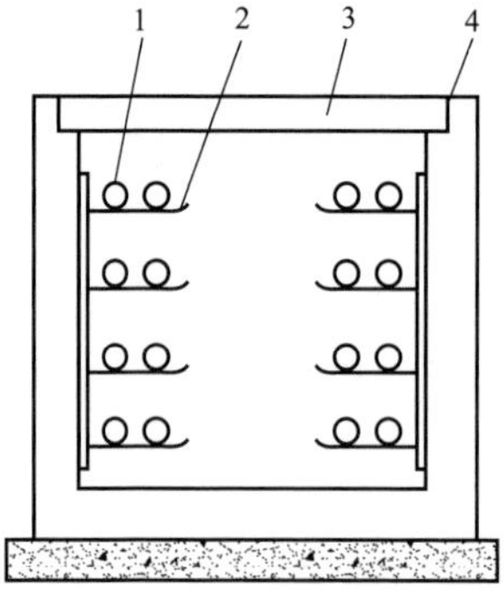

图 8–3–1 电缆沟断面图

1—电缆；2—支架；3—盖板；4—沟边齿口

1. 电缆沟敷设的特点

电缆沟敷设适用于并列安装多根电缆的场所，如发电厂及变电站内、工厂厂区或城市人行道等。电缆不容易受到外部机械损伤，占用空间相对较小。根据并列安装的电缆数量，需在沟的单侧或双侧装置电缆支架，敷设的电缆应固定在支架上。敷设在电缆沟中的电缆应满足防火要求，如具有不延燃的外护套或钢带铠装，重要的电缆线路应具有阻燃外护套。

地下水位太高的地区不宜采用普通电缆沟敷设，因为电缆沟内容易积水、积污，而且清除不方便。电缆沟施工复杂，周期长，电缆沟中电缆的散热条件较差，影响其允许载流量，但电缆维修和抢修相对简单，费用较低。

2. 电缆沟敷设的施工方法

电缆沟敷设作业顺序如图 8–3–2 所示。

（1）电缆沟敷设前的准备。电缆施工前需揭开部分电缆沟盖板。在不妨碍施工人员下电缆沟工作的情况下，可以采用间隔方式揭开电缆沟盖板；然后在电缆沟底安放滑轮，清除沟内外杂物，检查支架预埋情况并修补，并把沟盖板全部置于沟上面不利展放电缆的一侧，另一侧应清理干净；采用钢丝绳牵引电缆，电缆牵引完毕后，用人力将电缆定位在支架上；最后将所有电缆沟盖板恢复原状。

（2）电缆沟敷设的操作步骤。施放电缆的方法，一般情况下是先放支架最下层、最里侧的电缆，然后从里到外，从下层到上层依次展放。

电缆沟中敷设牵引电缆，与直埋敷设基本相同，需要特别注意的是，要防止电缆在牵引过程中被电缆沟边或电缆支架刮伤。因此，在电缆引入电缆沟处和电缆沟转角处，必须搭建转角滑轮支架，用滚轮组成适当圆弧，减小牵引力和侧压力，以控制电缆弯曲半径，防止电缆在牵引时受到沟边或沟内金属支架擦伤，从而对电缆起到很好的保护作用。

电缆搁在金属支架上应加一层塑料衬垫。在电缆沟转弯处使用加长支架，让电缆在支架上允许适当位移。单芯电缆要有固定措施，如用尼龙绳将电缆绑扎在支架上，每2档支架扎一道，也可将三相单芯电缆呈品字形绑扎在一起。

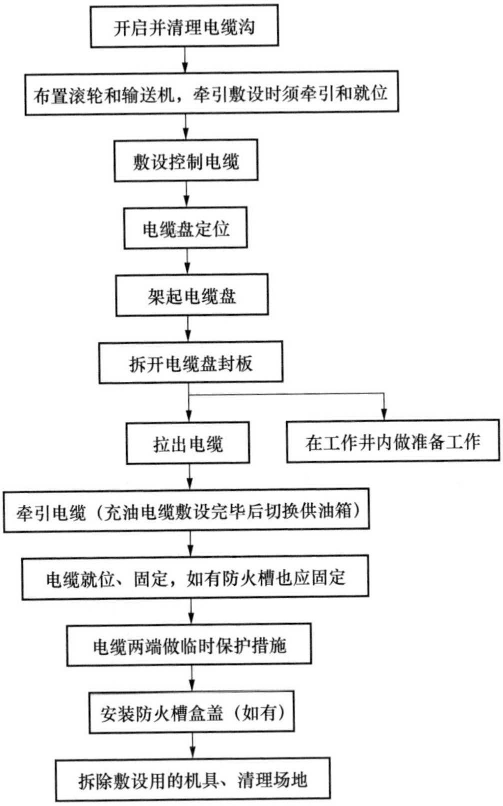

图 8–3–2 电缆沟敷设作业顺序

在电缆沟中应有必要的防火措施，这些措施包括适当的阻火分割封堵。如将电缆接头用防火槽盒封闭，电缆及电缆接头上包绕防火带等阻燃处理；或将电缆置于沟底再用黄砂将其覆盖；也可选用阻燃电缆等。

电缆敷设完后，应及时将沟内杂物清理干净，盖好盖板。必要时，应将盖板缝隙密封，以免水、汽、油、灰等侵入。

（3）电缆沟敷设的质量标准及注意事项。

1）电缆沟采用钢筋混凝土，用预制钢筋混凝土或钢制盖板覆盖，盖板顶面与地面相平。电缆可直接放在沟底或电缆支架上。

2）电缆固定于支架上，在设计无明确要求时，各支撑点间距应符合相关规定。

3）电缆沟的内净距尺寸应根据电缆的外径和总计电缆条数决定。电缆沟内最小允许距离应符合表 8–3–1 的规定。

表 8–3–1 电缆沟内最小允许距离

项目		最小允许距离（mm）
通道高度	两侧有电缆支架时	500
	单侧有电缆支架时	450
电力电缆之间的水平净距		不小于电缆外径
电缆支架的层间净距	电缆为 10kV 及以下	200
	电缆为 20kV 及以下	250
	电缆在防火槽盒内	1.6×槽盒高度

4）电缆沟内金属支架、裸铠装电缆的金属护套和铠装层应全部和接地装置连接。为了避免电缆外皮与金属支架间产生电位差，从而发生交流腐蚀或电位差过高危及人身安全，电缆沟内全长应装设连续的接地线装置，接地线的规格应符合规范要求。电缆沟中应用扁钢组成接地网，接地电阻应小于 4Ω。电缆沟中预埋铁件与接地网应以电焊连接。

电缆沟中的支架，按结构不同有装配式和工厂分段制造的电缆托架等种类。以材质分，有金属支架和塑料支架。金属支架应采用热浸镀锌，并与接地网连接。以硬质塑料制成的塑料支架又称绝缘支架，其具有一定的机械强度并耐腐蚀。

5）电缆沟盖板必须满足道路承载要求。钢筋混凝土盖板应有角钢或槽钢包边。电缆沟的齿口也应有角钢保护。盖板的尺寸应与齿口相吻合，不宜有过大间隙。盖板和齿口的角钢或槽钢要除锈后刷红丹漆两遍，黑色或灰色漆一遍。

6）室外电缆沟内的金属构件均应采取镀锌防腐措施；室内外电缆沟，也可采用涂防锈漆的防腐措施。

7）为保持电缆沟干燥，应适当采取防止地下水流入沟内的措施。在电缆沟底设不小于 0.5%的排水坡度，在沟内设置适当数量的积水坑。

8）充砂电缆沟内，电缆平行敷设在沟中，电缆间净距不小于 35mm，层间净距不小于 100mm，中间填满砂子。

9）敷设在普通电缆沟内的电缆，为防火需要，应采用裸铠装或阻燃性外护套的电缆。

10）电缆线路上如有接头，为防止接头故障时殃及邻近电缆，可将接头用防火保护盒保护或采取其他防火措施。

11）电力电缆和控制电缆应分别安装在沟的两边支架上。若不能时，则应将电力电缆安置在控制电缆之下的支架上，高电压等级的电缆宜敷设在低电压等级电缆的下方。

二、电缆隧道敷设

容纳电缆数量较多、有供安装和巡视的通道、全封闭的电缆构筑物为电缆隧道，其断面如图 8–3–3 所示。将电缆敷设于预先建设好的隧道中的安装方法，称为电缆隧道敷设。

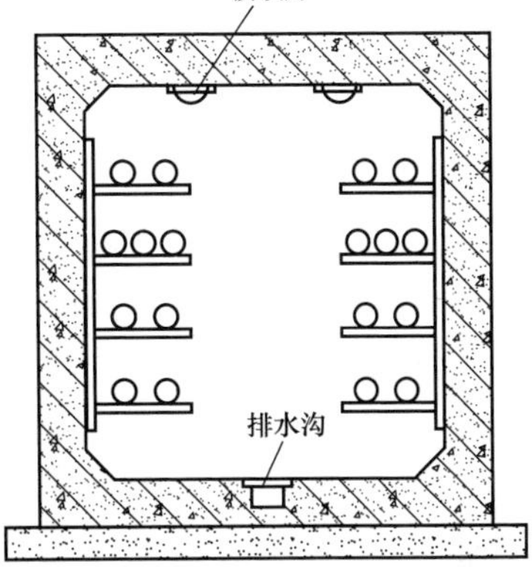

图 8–3–3　电缆隧道断面示意图

1. 电缆隧道敷设的特点

电缆隧道应具有照明、排水装置，并采用自然通风和机械通风相结合的通风方式。隧道内还应具有烟雾报警、自动灭火、灭火箱、消防栓等消防设备。

电缆敷设于隧道中，消除了外力损坏的可能性，对电缆的安全运行十分有利。但是隧道的建设投资较大，建设周期较长。

电缆隧道适用的场合有：

（1）大型电厂或变电站，进出线电缆在 20 根以上的区段；

（2）电缆并列敷设在 20 根以上的城市道路；

（3）有多回高压电缆从同一地段跨越的内河河堤。

2. 电缆隧道敷设的施工方法

电缆隧道敷设示意图如图 8–3–4 所示，其作业顺序如图 8–3–5 所示。

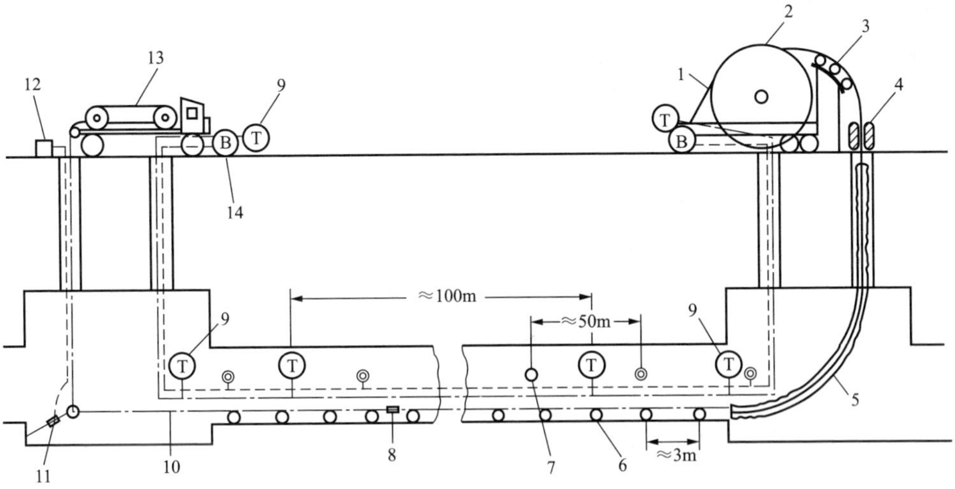

图 8–3–4　电缆隧道敷设示意图

1—电缆盘制动装置；2—电缆盘；3—上弯曲滑轮组；4—履带牵引机；5—波纹保护管；6—滑轮；7—紧急停机按钮；8—防捻器；9—电话；10—牵引钢丝绳；11—张力感受器；12—张力自动记录仪；13—卷扬机；14—紧急停机报警器

（1）电缆隧道敷设前的准备。

1）电缆隧道敷设一般采用卷扬机钢丝绳牵引和电缆输送机牵引相结合的办法。在敷设电缆前，电缆端部应制作牵引端。将电缆盘和卷扬机分别安放在隧道入口处，并搭建适当的滑轮、滚轮支架。在电缆盘处和隧道中转弯处设置电缆输送机，以减小电缆的牵引力和侧压力。

2）当隧道相邻入口相距较远时，电缆盘和卷扬机安置在隧道的同一入口处，牵引钢丝绳经隧道底部的开口葫芦反向。

3）电缆隧道敷设必须有可靠的通信联络设施。

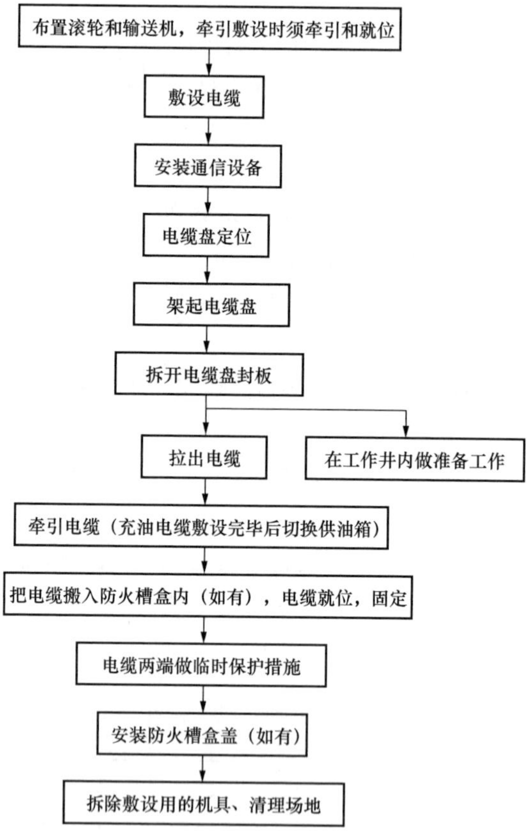

图 8-3-5 电缆隧道敷设作业顺序

（2）电缆隧道敷设的操作步骤。

1）电缆隧道敷设牵引一般采用卷扬机钢丝绳牵引和输送机（或电动滚轮）相结合的方法，其间使用联动控制装置。电缆从工作井引入，端部使用牵引端和防捻器。牵引钢丝绳如需应用葫芦及滑车转向，可选择隧道内位置合适的拉环。在隧道底部每隔2～3m安放一只滑轮，用输送机敷设时，一般根据电缆重量每隔30m设置一台，敷设时关键部位应有人监视。高度差较大的隧道两端部位，应防止电缆引入时因自重产生过大的牵引力、侧压力和扭转应力。隧道中宜选用交联聚乙烯电缆，当敷设充油电缆时，应注意监视高、低端油压变化。位于地面电缆盘上油压应不低于最低允许油压，在隧道底部最低处电缆油压应不高于最高允许油压。

2）电缆敷设时卷扬机的启动和停车，一定要执行现场指挥人员的统一指令。常用的通信联络手段是架设临时有线电话或专用无线通信。

3）电缆敷设完后，应根据设计施工图规定将电缆安装在支架上，单芯电缆必须采用适当夹具将电缆固定。高压大截面单芯电缆应使用可移动式夹具，以蛇形方式固定。

（3）电缆隧道敷设的质量标准及注意事项。

1）电缆隧道一般为钢筋混凝土结构，也可采用砖砌或钢管结构，可视当地的土质条件和地下水位高低而定。一般隧道高度为1.9～2m，宽度为1.8～2.2m。

2）电缆隧道两侧应架设用于放置固定电缆的支架。电缆支架与顶板或底板之间的距离，应符合规定要求。支架上蛇形敷设的高压、超高压电缆应按设计节距用专用金具固定或用尼龙绳绑扎。电力电缆与控制电缆最好分别安装在隧道的两侧支架上，如果条件不允许，则控制电缆应该放在电力电缆的上方。

3）深度较浅的电缆隧道应至少有两个以上的人孔，长距离一般每隔100～200m应设一人孔。设置人孔时，应综合考虑电缆施工敷设。在敷设电缆的地点设置两个人孔，一个用于电缆进入，另一个用于人员进出。近人孔处装设进出风口，在出风口处装设强迫排风装置。深度较深的电缆隧道，两端进出口一般与竖井相连接，并通常使用强迫排风管道装置进行通风。电缆隧道内的通风要求在夏季不超过室外空气温度10℃为原则。

4）在电缆隧道内设置适当数量的积水坑，一般每隔50m左右设积水坑一个，以使水及时排出。

5）隧道内应有良好的电气照明设施、排水装置，并采用自然通风和机械通风相结合的通风方式。隧道内还应具有烟雾报警、自动灭火、灭火箱、消防栓等消防设备。

6）电缆隧道内应装设贯通全长的连续的接地线，所有电缆金属支架应与接地线连通。电缆的金属护套、铠装除有绝缘要求（如单芯电缆）以外，应全部相互连接并接地。这是为了避免电缆金属护套或铠装与金属支架间产生电位差，从而发生交流腐蚀。

电缆隧道敷设方式选择应遵循以下几点：

1）同一通道的地下电缆数量众多，电缆沟不足以容纳时，应采用隧道。

2）同一通道的地下电缆数量较多，且位于有腐蚀性液体或经常有地面水流溢的场所，或含有 35kV 以上高压电缆，或穿越公路、铁路等地段，宜用隧道。

3）受城镇地下通道条件限制或交通流量较大的道路下，与较多电缆沿同一路径有非高温的水、气和通信电缆管线共同配置时，可在公用性隧道中敷设电缆。

三、电缆沟道敷设的危险点分析与控制

1. 高处坠落

（1）沟道敷设作业中起吊电缆在高度超过 1.5m 的工作地点工作时，应系安全带，或采取其他可靠的措施。

（2）作业过程中起吊电缆时必须系好安全带，安全带必须绑在牢固物件上，转移作业位置时不得失去安全带保护，并应有专人监护。

（3）施工现场的所有孔洞应设可靠的围栏或盖板。

2. 高空落物

（1）沟道敷设作业中起吊电缆遇到高处作业必须使用工具包防止掉东西。

（2）所用的工器具、材料等必须用绳索传递，不得乱扔，终端塔下应防止行人逗留。

（3）现场人员应按安规标准戴安全帽。

（4）起吊电缆时应避免上下交叉作业，上下交叉作业或多人一处作业时应相互照应、密切配合。

3. 烫伤、烧伤

（1）封电缆牵引头和电缆帽头等动用明火作业时，火焰应远离易燃易爆品，工作人员应穿长袖工作服。

（2）不熟悉喷灯或喷枪使用方法的人员不得擅自使用喷灯或喷枪。

（3）使用喷枪应先检查本体是否漏气或堵塞，禁止在明火附近进行放气或点火。喷枪使用完毕应放置在安全地点，冷却后装运。

4. 机械损伤

（1）在使用电锯锯电缆时，应使用合格的带有保护罩的电锯。

（2）不准使用无合格防护罩和有裂纹及其他不良情况的砂轮机和无齿锯。

5. 触电

（1）现场施工电源应采用绝缘导线，并在开关箱的首端处装设合格的漏电保安器。

（2）现场使用的电动工具应按规定周期进行试验合格。

（3）移动式电动设备或电动工具应使用软橡胶电缆，电缆不得破损、漏电。

6. 挤伤、砸伤

（1）电缆盘运输、敷设过程中应设专人监护，防止电缆盘倾倒。

（2）用滑轮敷设电缆时，不要在滑轮滚动时用手搬动滑轮，工作人员应站在滑轮前进方向。

7. 钢丝绳断裂

（1）用机械牵引电缆时，绳索应有足够的机械强度，工作人员应站在安全位置，不得站在钢丝绳内角侧等危险地段，电缆盘转动时应用工具控制转速。

（2）牵引机需要装设保护罩。

8. 现场勘察不清

（1）必须核对图纸，勘查现场，查明可能向作业点反送电的电源，并断开其断路器、隔离开关。

（2）对大型作业及较为复杂的施工项目，勘查现场后，制定“三措”，并报有关领导批准，方可实施。

9. 任务不清

现场负责人要在作业前将工作人员的任务分工，危险点及控制措施予以明确并交代清楚。

10. 人员安排不当

（1）选派的工作负责人应有一定的工作经验、较强的责任心和安全意识，并熟练地掌握所承担工作的检修项目和质量标准。

（2）选派的工作班成员能安全、保质保量地完成所承担的工作任务。

（3）工作人员精神状态和身体条件能够任本职工作。

11. 特种工作作业票不全

进行电焊、起重、动用明火等作业时，特殊工作现场作业票、动火票应齐全。

12. 单人留在作业现场

起吊电缆盘及起吊电缆上终端构架时，工作人员不得单独留在作业现场。

13. 违反监护制度

（1）被监护人在作业过程中，工作监护人的视线不得离开被监护人。

（2）专责监护人不得做其他工作。

14. 违反现场作业纪律

（1）工作负责人应及时提醒和制止影响工作的安全行为。

（2）工作负责人应注意观察工作班成员的精神和身体状态，必要时可对作业人员进行适当的调整。

（3）工作中严禁喝酒、谈笑、打闹等。

15. 擅自变更现场安全措施

（1）不得随意变更现场安全措施。

（2）特殊情况下需要变更安全措施时，必须征得工作负责人同意，完成后及时恢复原安全措施。

16. 穿越临时遮栏

（1）临时遮栏的装设需在保证作业人员不能误登带电设备的前提下进行，应方便作业人员进出现场和实施作业。

（2）严禁穿越和擅自移动临时遮栏。

17. 工作不协调

（1）多人同时进行工作时，应互相呼应，协同作业。

（2）多人同时进行工作，应设专人指挥，并明确指挥方式。使用通信工具应事先检查工具是否完好。

18. 交通安全

（1）工作负责人应提醒司机安全行车。

（2）乘车人员严禁在车上打闹或将头、手伸出车外。

（3）注意防止随车装运的工器具挤、砸、碰伤乘车人员。

19. 交通伤害

在交通路口、人口密集地段工作时，应设安全围栏、挂标示牌。

【思考与练习】

1. 电缆沟敷设的特点是什么？
2. 电缆隧道敷设的特点是什么？
3. 电缆隧道敷设时，对接地有哪些要求？

模块 4 电缆敷设的一般要求（Z06E4004Ⅱ）

【模块描述】本模块介绍电缆敷设的基本要求。通过概念解释和要点讲解，熟悉电缆敷设牵引、弯曲半径、电缆排列固定和标志牌装设等基本要求，掌握电缆牵引力和侧压力的计算方法，掌握电缆敷设施工基本方法和各种技术要求。

【模块内容】

一、电缆敷设基本要求

1. 电缆敷设一般要求

敷设施工前应按照工程实际情况对电缆敷设机械力进行计算。敷设施工中应采取必要措施，确保各段电缆的敷设机械力在允许范围内。根据敷设机械力计算，确定敷设设备的规格，并按最大允许机械力确定被牵引电缆的最大长度和最小弯曲半径。

2. 电缆的牵引方法

电缆的牵引方法主要有制作牵引头和网套牵引两种。为消除电缆的扭力和不退扭钢丝绳的扭转力传递作用，牵引前端必须加装防捻器。

（1）牵引头。连接卷扬机的钢丝绳和电缆首端的金具，称作牵引头。它的作用不仅是电缆首端的一个密封套头，而且又是牵引电缆时将卷扬机的牵引力传递到电缆导体的连接件。对有压力的电缆，它还带有可拆接的供油或供气的油嘴，以便需要时连接供气或供油的压力箱。

常用的牵引头有单芯充油电缆牵引头、三芯交联电缆牵引头和高压塑料电缆牵引头，如图 8–4–1～图 8–4–3 所示。

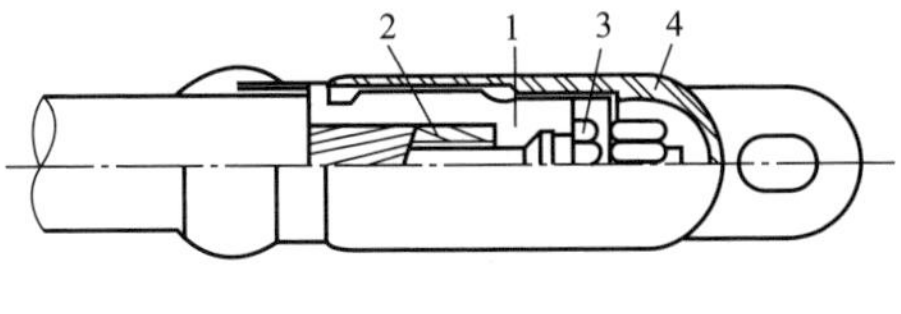

图 8–4–1　单芯充油电缆牵引头

1—牵引头主体；2—加强钢管；3—插塞；4—牵引头盖

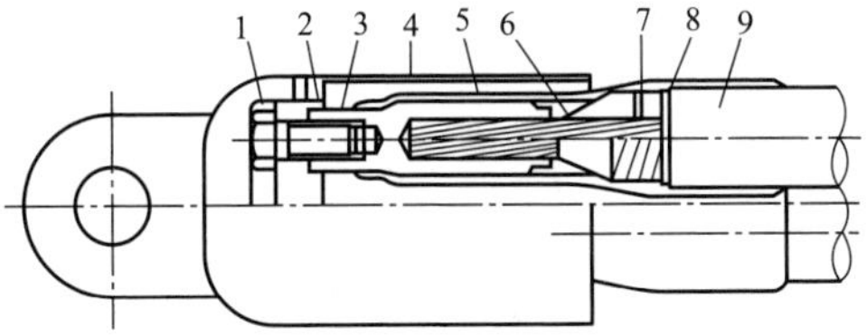

图 8–4–2　三芯交联电缆牵引头

1—紧固螺栓；2—分线金具；3—牵引头主体；4—牵引头盖；5—防水层；6—防水填料；7—护套绝缘检测用导线；8—防水填料；9—电缆

（2）牵引网套。牵引网套用钢丝绳（也有用尼龙绳或白麻绳）由人工编织而成。由于牵引网套只是将牵引力过渡到电缆护层上，而护层允许牵引强度较小，因此不能代替牵引头。只有在线路不长，经过计算，牵引力小于护层的允许牵引力时才可单独使用。图 8–4–4 所示为安装在电缆端头的牵引网套。

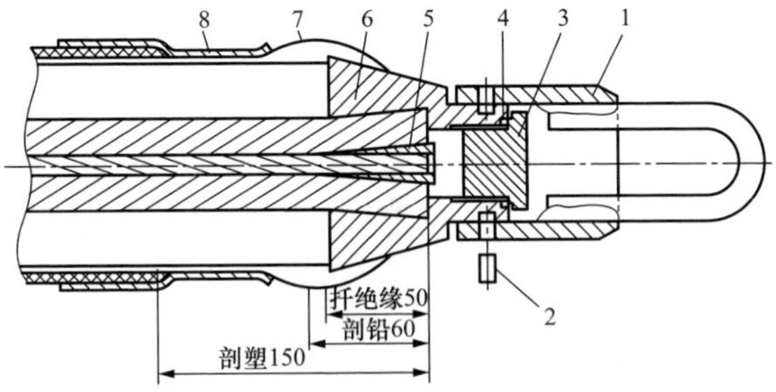

图 8–4–3　高压单芯交联电缆牵引头

1—拉环套；2—螺钉；3—帽盖；4—密封圈；5—锥形钢衬管；6—锥形帽罩；7—封铅；8—热缩管

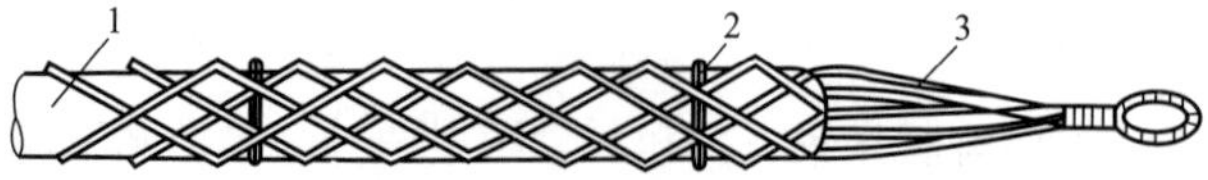

图 8–4–4 电缆牵引网套

1—电缆；2—铅（铜）扎线；3—钢丝网套

（3）防捻器。用不退扭钢丝绳牵引电缆时，在达到一定张力后，钢丝绳会出现退扭，更由于卷扬机将钢丝绳收到收线盘上时增大了旋转电缆的力矩，如不及时消除这种退扭力，电缆会受到扭转应力，不但能损坏电缆结构，而且在牵引完毕后，积聚在钢丝绳上的扭转应力能使钢丝绳弹跳，容易击伤施工人员。为此，在电缆牵引前应串联一只防捻器，如图 8–4–5 所示。

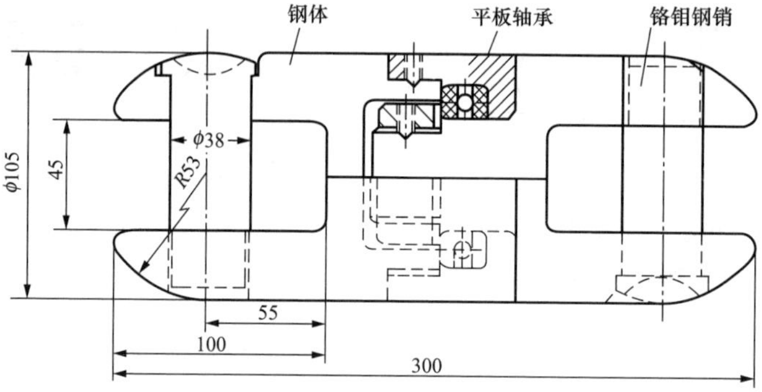

图 8–4–5 防捻器

3. 牵引力技术要求

电缆导体的允许牵引应力，用钢丝网套牵引塑料电缆：如无金属护套，则牵引力作用在塑料护套和绝缘层上；有金属套式铠装电缆时，牵引力作用在塑料护套和金属套式铠装上。用机械敷设电缆时的最大牵引强度宜符合表 8–4–1 的规定，充油电缆总拉力不应超过 27kN。

表 8–4–1 电缆最大允许牵引强度 N/mm^2

牵引方式	牵引头		钢丝网套			
受力部位	铜芯	铝芯	铅套	铝套	皱纹铝护套	塑料护套
允许牵引强度	70	40	10	40	20	7

二、电缆弯曲半径

电缆在制造、运输和敷设安装施工中总要受到弯曲，弯曲时电缆外侧被拉伸，内侧被挤压。由于电缆材料和结构特性的原因，电缆能够承受弯曲，但有一定的限度。过度的弯曲容易对电缆的绝缘层和护套造成损伤，甚至破坏电缆，因此规定电缆的最小弯曲半径应满足电缆供货商的技术规定数据。制造商无规定时，按表 8–4–2 规定执行。

表 8–4–2　　　　电缆最小弯曲半径

<table>
<tr><th colspan="3">电缆型式</th><th>多芯</th><th>单芯</th></tr>
<tr><td rowspan="3">控制电缆</td><td colspan="2">非铠装、屏蔽型软电缆</td><td>6D*</td><td rowspan="3">—</td></tr>
<tr><td colspan="2">铠装、铜屏蔽型</td><td>12D</td></tr>
<tr><td colspan="2">其他</td><td>10D</td></tr>
<tr><td rowspan="3">橡皮绝缘电缆</td><td colspan="2">无铅包、钢铠护套</td><td colspan="2">10D</td></tr>
<tr><td colspan="2">裸铅包护套</td><td colspan="2">15D</td></tr>
<tr><td colspan="2">钢铠护套</td><td colspan="2">20D</td></tr>
<tr><td rowspan="2">塑料绝缘电缆</td><td colspan="2">无铠装</td><td>15D</td><td>20D</td></tr>
<tr><td colspan="2">有铠装</td><td>12D</td><td>15D</td></tr>
<tr><td rowspan="3">油浸纸绝缘电缆</td><td colspan="2">铝套</td><td colspan="2">30D</td></tr>
<tr><td rowspan="2">铅套</td><td>有铠装</td><td>15D</td><td>20D</td></tr>
<tr><td>无铠装</td><td>20D</td><td>—</td></tr>
<tr><td colspan="3">自容式充油电缆</td><td>—</td><td>20D</td></tr>
</table>

*　*D* 为电缆外径。

三、电缆敷设机械力计算

1. 牵引力

电缆敷设施工时牵引力的计算，要根据电缆敷设路径分段进行。比较常见的敷设路径有水平直线敷设、水平转弯敷设和斜坡直线敷设三种。总牵引力等于各段牵引力之和。

（1）敷设电缆的三种典型路径，其牵引力计算公式如下：

水平直线敷设　$T=\mu WL$　（8–4–1）

水平转弯敷设　$T_2=T_1 e^{\mu\theta}$　（8–4–2）

斜坡直线敷设　上行时　$T=WL(\mu\cos\theta+\sin\theta)$　（8–4–3）

下行时　$T=WL(\mu\cos\theta-\sin\theta)$　（8–4–4）

竖井中直线牵引上引法的牵引力为 $T=WL$　（8–4–5）

以上式中　T——牵引力，N；

T_1——弯曲前牵引力，N；

T_2——弯曲后牵引力，N；

μ——摩擦系数；

W——电缆每米重量，N/m；

L——电缆长度，m；

θ——转弯或倾斜角度，rad。

（2）在靠近电缆盘的第一段，计算牵引力时，需将克服电缆盘转动时盘轴孔与钢轴间的摩擦力计算在内，这个摩擦力可近似相当于15m长电缆的重量。

（3）电缆在牵引中与不同物材相接触称为摩擦，产生摩擦力。其摩擦系数的大小对牵引力的增大影响不可忽视。电缆与各种不同接触物之间的摩擦系数见表8–4–3。

表8–4–3　　摩擦因数表

牵引时电缆接触物	摩擦系数μ	牵引时电缆接触物	摩擦系数μ
钢管	0.17～0.19	砂土	1.5～3.5
塑料管	0.4	混凝土管，有润滑剂	0.3～0.4
滚轮	0.1～0.2		

2. 侧压力

作用在电缆上与其本体呈垂直方向的压力，称为侧压力。

侧压力主要发生在牵引电缆时的弯曲部分。控制侧压力的重要性在于：① 避免电缆外护层遭受损伤；② 避免电缆在转弯处被压扁变形。自容式充油电缆当受到过大的侧压力时，会导致油道永久变形。

（1）侧压力的规定要求。电缆侧压力的允许值与电缆结构和转角处设置状态有关。电缆允许侧压力包括滑动允许值和滚动允许值，可根据电缆制造厂提供的技术条件计算；无规定时，电缆侧压力允许值应满足表8–4–4的规定。

表8–4–4　　电缆护层最大允许侧压力

电缆护层分类	滑动状态（涂抹润滑剂圆弧滑板或排管，kN/m）	滚动状态（每只滚轮，kN）
铅护层	3.0	0.5
皱纹铝护层	3.0	2.0
无金属护层	3.0	1.0

（2）侧压力的计算。

1）在转弯处经圆弧形滑板电缆滑动时的侧压力，与牵引力成正比，与弯曲半径成反比，计算公式为

$$p=T/R \tag{8-4-6}$$

式中　p——侧压力，N/m；

T——牵引力，N；

R——弯曲半径，m。

2）转弯处设置滚轮，电缆在滚轮上受到的侧压力，与各滚轮之间的平均夹角或滚轮间距有关。每只滚轮对电缆的侧压力计算公式为

$$p\approx 2T\sin(\theta/2) \tag{8-4-7}$$

其中 $\sin(\theta/2)\approx 0.5s/R$，则　$p\approx Ts/R$

式中　p——侧压力，N/m；

T——牵引力，N；

R——转弯滚轮所设置的圆弧半径，m；

θ——滚轮间平均夹角，rad；

s——滚轮间距，m。

3）当电缆呈 90° 转弯时，每只滚轮上的侧压力计算公式可简化为

$$p=\pi T/2(n-1)$$

计算出每只滚轮上的侧压力后，可得出转弯处需设置滚轮的只数。

4）显而易见，降低侧压力的措施是减少牵引力和增加弯曲半径。为控制侧压力，通常在转弯处使用特制的呈 L 状的滚轮，均匀地设置在以 R 为半径的圆弧上，间距要小。每只滚轮都要能灵活地转动，滚轮要固定好，防止牵引时倾翻或移动。

3. 扭力

扭力是作用在电缆上的旋转机械力。

作用在电缆上的扭力，如果超过一定限度，会造成电缆绝缘与护层的损伤，有时积聚的电缆上的扭力，还会使电缆打成“小圈”。

作用在电缆上的扭力有扭转力和退扭力两种，敷设施工牵引电缆时，采用钢丝绳和电缆之间装置防捻器，来消除钢丝绳在牵引中产生的扭转力向电缆传递。在敷设水底电缆施工中，采用控制扭转角度和规定退扭架高度的办法，消除电缆装船时潜存的退扭力。

在水下电缆敷设中，允许扭力以圈形周长单位长度的扭转角不大于 25° /m 为限度。退扭架的高度一般不小于 0.7 倍电缆圈形外圈直径。

四、电缆的排列要求

1. 同一通道同侧多层支架敷设

同一通道内电缆数量较多时，若在同一侧的多层支架上敷设，应符合下列规定：

（1）应按电缆等级由高至低的电力电缆、强电至弱电的控制和信号电缆、通信电缆由上而下的顺序排列。

1）当水平通道中含有 35kV 以上高压电缆，或为满足引入柜盘的电缆符合允许弯曲半径要求时，宜按由下而上的顺序排列；

2）在同一工程中或电缆通道延伸于不同工程的情况，均应按相同的上下排列顺序配置。

（2）支架层数受到通道空间限制时，35kV 及以下的相邻电压等级电力电缆，可排列于同一层支架上；1kV 及以下电力电缆，可与强电控制和信号电缆配置在同一层支架上。

（3）同一重要回路的工作与备用电缆实行耐火分隔时，应配置在不同层的支架上。

2. 同层支架电缆配置

同一层支架上电缆排列的配置，宜符合下列规定：

（1）控制和信号电缆可紧靠或多层叠置。

（2）除交流系统用单芯电力电缆的同一回路可采取正三角形配置外，对重要的同一回路多根电力电缆，不宜叠置。

（3）除交流系统用单芯电缆情况外，电力电缆的相互间宜有不小于 0.1m 的空隙。

五、电缆及附件的固定

垂直敷设或超过 30° 倾斜敷设的电缆，水平敷设转弯处或易于滑脱的电缆，以及靠近终端或接头附近的电缆，都必须采用特制的夹具将电缆固定在支架上。其作用是把电缆的重力和因热胀冷缩产生的热机械力分散到各个夹具上或得到释放，使电缆绝缘、护层、终端或接头的密封部位免受机械损伤。

电缆固定要求如下：

（1）刚性固定。采用间距密集布置的夹具将电缆固定，两个相邻夹具之间的电缆在受到重力和热胀冷缩的作用下被约束不能发生位移的夹紧固定方式称为刚性固定，如图 8–4–6 所示。

刚性固定通常适用于截面不大的电缆。当电缆导体受热膨胀时，热机械力转变为内部压缩应力，可防止电缆由于严重局部应力而产生纵向弯曲。在电缆线路转弯处，相邻夹具的间距应较小，约为直线部分的 1/2。

（2）挠性固定。允许电缆在受到热胀冷缩影响时可沿固定处轴向产生一定的角度变化或稍有横向位移的固定方式称为挠性固定，如图 8–4–7 所示。

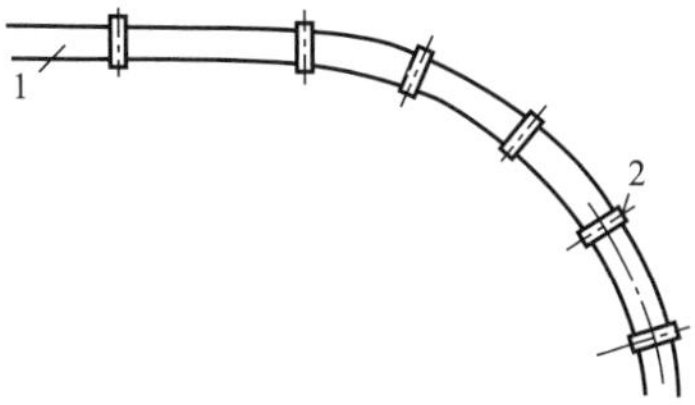

图 8–4–6　电缆刚性固定示意图

1—电缆；2—电缆夹具

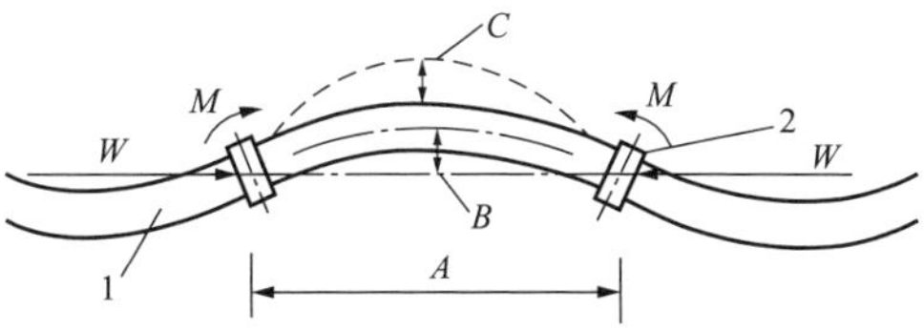

图 8–4–7　电缆挠性固定示意图

1—电缆；2—移动夹具；A—电缆挠性固定夹具节距；B—电缆至中轴线固定幅值；C—挠性固定电缆移动幅值；M—移动夹具转动方向；W—两只夹具之间中轴线

采取挠性固定时，电缆呈蛇形状敷设。即将电缆沿平面或垂直部位敷设成近似正弦波的连续波浪形，在波浪形两头电缆用夹具固定，而在波峰（谷）处电缆不装夹具或装设可移动式夹具，以使电缆可以自由平移。

蛇形敷设中，电缆位移量的控制要求要以电缆金属护套不产生过分应变为原则，并据此确定波形的节距和幅值。一般蛇形敷设的波形节距为 4～6m，波形幅值为电缆外径的 1～1.5 倍。由于波浪形的连续分布，电缆的热膨胀均匀地被每个波形宽度所吸收，而不会集中在线路的某一局部。在长距离桥梁的伸缩间隙处设置电缆伸缩弧，或者采用能垂直和水平方向转动的万向铰链架，在这种场合的电缆固定均为挠性固定。

高压单芯电缆水平蛇形敷设施工竣工图如图 8–4–8 所示，垂直蛇形敷设施工竣工图如图 8–4–9 所示。

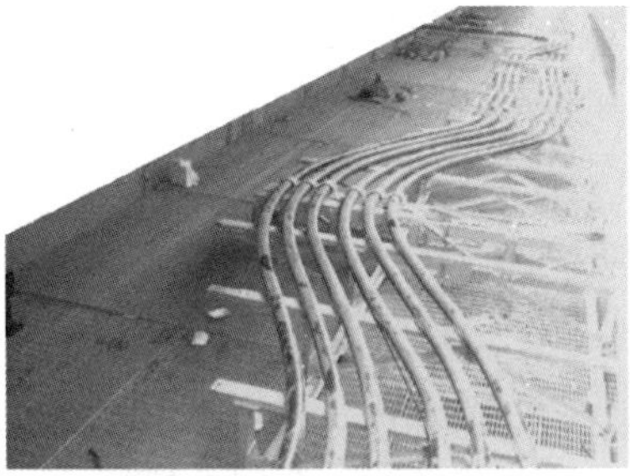

图 8–4–8　高压单芯电缆水平蛇形敷设施工竣工图

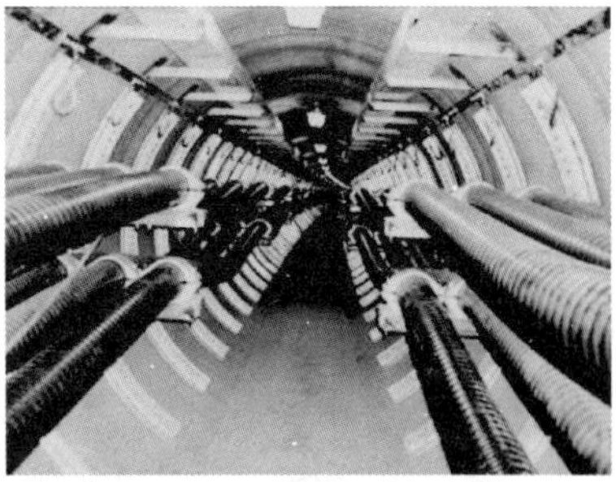

图 8–4–9　高压单芯电缆垂直蛇形敷设施工竣工图

（3）固定夹具安装。

1）选用。电缆的固定夹具一般采用两半组合结构，如图 8–4–10 所示。固定电缆用的夹具、扎带、捆绳或支托件等部件，应具有表面光滑、便于安装、足够的机械强度和适合使用环境的耐久性等性能。单芯电缆夹具不得以铁磁材料构成闭合磁路。

2）衬垫。在电缆和夹具之间，要加上衬垫。衬垫材料有橡皮、塑料、铅板和木质垫圈，也可用电缆上剥下的塑料护套作为衬垫。衬垫在电缆和夹具之间形成一个缓冲层，使得夹具既夹紧电缆，又不夹伤电缆。裸金属护套或裸铠装电缆以绝缘材料作衬垫，可使电缆护层对地绝缘，免受杂散电流或通过护层入地的短路电流的伤害。过桥电缆在夹具间加弹性衬垫，有防振作用。

3）安装。在电缆隧道、电缆沟的转弯处及电缆桥架的两端采用挠性固定方式时，应选用移动式电缆夹具。固定夹具应当由有经验的人员安装。所有夹具的松紧程度应基本一致，夹具两边的螺母应交替紧固，不能过紧或过松，以应用力矩扳手紧固为宜。

4）单芯电缆的固定夹具应满足电缆外护套半导电层接地的要求，垫层可以选用半导电材料，或固定后用半导电材料使半导电层接地。

（4）电缆附件固定要求。35kV 及以下电缆明敷时，应适当设置固定的部位，并应符合下列规定：

1）水平敷设，应设置在电缆线路首、末端和转弯处以及接头的两侧，且宜在直线段每隔不少于 100m 处；

2）垂直敷设，应设置在上、下端和中间适当数量位置处；

3）斜坡敷设，应遵照 1）、2）款，并因地制宜设置；

4）当电缆间需保持一定间隙时，宜设置在每隔 10m 处；

5）交流单芯电力电缆，还应满足按短路电动力确定所需予以固定的间距。

在 35kV 以上高压电缆的终端、接头与电缆连接部位，宜设置伸缩节。伸缩节应大于电缆容许弯曲半径，并应满足金属护层的应变不超出容许值的要求。未设置伸缩节的接头两侧，应采取刚性固定或在适当长度内将电缆实施蛇形敷设。

电缆支持及固定如图 8–4–11 所示。

图 8–4–10 电缆夹具图

图 8–4–11 电缆支持及固定图

（5）电缆支架的选用。电缆支架除支持工作电流大于 1500A 的交流系统单芯电缆外，宜选用钢制。

六、电缆线路标志牌

1. 标志牌装设要求

（1）电缆敷设排列固定后，及时装设标志牌。

（2）电缆线路标志牌装设应符合位置规定。

（3）标志牌上应注明线路编号。无编号时，应写明电缆型号、规格及起讫地点、施工单位、施工人员、监理单位、监理人员等信息。

（4）并联使用的电缆线路应有顺序号。

（5）标志牌字迹应清晰不易脱落。

（6）标志牌规格宜统一。标志牌应能防腐，挂装应牢固。

高压单芯电缆排管敷设标志牌装设如图 8–4–12 所示。

2. 标志牌装设位置

（1）生产厂房或变电站内，应在电缆终端头和电缆接头处装设电缆标志牌。

（2）电力电网电缆线路，应在下列部位装设标志牌：

1）电缆终端头和电缆接头处；

2）电缆管两端电缆沟、电缆井等敞开处；

3）电缆隧道内转弯处、电缆分支处、直线段间隔 50～100m 处。

图 8–4–12　高压单芯电缆排管敷设标志牌装设图

【思考与练习】

1. 不同牵引方式时，电缆最大允许牵引强度各是多少？
2. 橡皮和塑料绝缘电缆的最小弯曲半径各是多少？
3. 电缆的固定有哪几种方式，各有什么特点？
4. 电缆标志牌装设有哪些要求？

模块 5　交联聚乙烯绝缘电缆的热机械力（Z06E4005Ⅱ）

【模块描述】本模块包含交联聚乙烯绝缘电缆热机械力产生的原因和解决对策。通过要点讲解和图形解释，熟悉交联聚乙烯绝缘电缆热机械力产生的原因及对电缆和附件的影响，掌握消除电缆热机械力的方法。

【模块内容】

一、电缆热机械力

1. 热机械力概念

交联聚乙烯绝缘电缆在制造过程中滞留在绝缘内部的热应力会引起绝缘回缩，导致绝缘回缩释放热应力而产生的机械力，以及电缆线路在运行状态下因负载变动引起或环境温差变化引起导体热胀冷缩而产生的电缆内部机械力，统称为热机械力。

2. 产生的原因

热机械力产生的原因主要有以下两方面：

（1）电缆制造中。

1）电缆在制造过程中，交联电缆温度超过结晶融化温度，使得其压缩弹性模数大幅度下降。然而电缆生产线冷却过程较为迅速，使得电缆热应力没有释放，最终在电缆本体中形成热应力。

2）交联电缆绝缘和导体的热膨胀系数不同，相差 10～30 倍，相对金属导体而言，交联聚乙烯绝缘较容易回缩，因而产生热机械力。

（2）电缆运行中。电缆在运行中，对于较大的大截面电缆，负荷电流变化时，由于线芯温度的变化和环境温度变化引起的导体热胀冷缩所产生的机械力可能达到相当大的数值。据实验测试，导体截面为 $2000mm^2$ 的电缆，最大热机械力可达到 100kN 左右。

二、热机械力对电缆及电缆附件的影响

1. 热机械力对电缆的影响

（1）损坏固定金具，并可能导致电缆跌落。图 8–5–1 所示即为电缆受热机械力影响横向移动偏离电缆支架。

图 8–5–1　电缆受热机械力作用横向偏移电缆支架

（2）电缆与金具、支架接触，机械压力过大可能损坏电缆外护套、金属护套，甚至造成电缆损坏。

（3）导体与绝缘、绝缘与电缆金属护套发生相对位移，在相互之间产生气隙，形成放电通道。

2. 热机械力对电缆附件的影响

（1）导体的热胀冷缩可使电缆附件受到挤压或脱离，导致附件机械性损坏故障。

（2）导体的热胀冷缩造成与绝缘之间产生气隙，放电；或接头受到机械力发生位移；

或接头受到机械拉力损坏。

（3）绝缘回缩可能在接头内造成绝缘与附件间产生气隙或脱离，产生局部放电或击穿。

三、防止热机械力损伤电缆及电缆附件的方法

1. 电缆设计防止热机械力

在电缆工程设计中，对大截面电缆必须预先对热机械力采取技术防范。通常采取以下措施：

（1）大截面电缆采用分裂导体结构（见图 8–5–2），以利于减少导体的热机械力。

（2）电缆终端和中间接头的导体连接应有足够的抗张强度和刚度要求。

（3）电缆中间接头应避免靠近电缆线路的转弯处。

（4）电缆蛇形敷设布置，按照环境条件选择正确的方法。

（5）电缆蛇形敷设节距、幅值（计算值）符合规定。

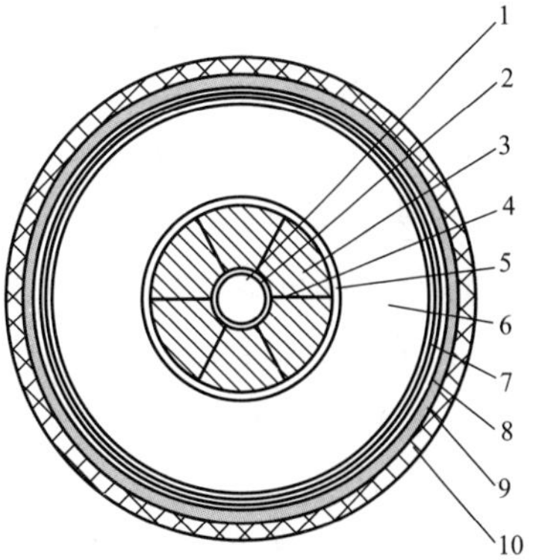

图 8–5–2　自容式充油电缆单芯分裂导体结构图

1—油道；2—油道螺旋管；3—分裂导体；4—分隔纸带；5—内屏蔽层；6—纸绝缘层；7—外屏蔽层；8—铅护套；9—径向铜带加强层；10—聚氯乙烯外护套

2. 防止热机械力损伤电缆的方法

在电缆安装敷设大截面电缆，必须预先对热机械力有适当防范措施。为了平衡热机械力，通常采取以下措施：

（1）排管敷设时，应在工井内的中间接头两端设置电缆垂直或水平“回弯”，靠接头近端的夹具采用刚性固定，靠接头远端的夹具采用挠性固定，以吸收由于温度变化所引起电缆的热胀冷缩，从而保护电缆和接头免受热机械力的影响。

（2）接头两端设置的电缆垂直或水平“回弯”，一般是将从排管口到接头之间的一段电缆弯曲成两个相切的半圆弧形状，其圆弧弯曲半径应不小于电缆的允许弯曲半径。

（3）在电缆沟、隧道、竖井内的电缆挠性固定，或水平蛇形，或垂直蛇形敷设，以此吸收电缆在运行时由于温度变化而产生的电缆热胀冷缩，从而减少固定夹具所需的紧固力。

（4）电缆蛇形敷设布置方法以及蛇形节距、幅值，应根据设计按图施工。

3. 防止热机械力损伤电缆附件的方法

在电缆安装接头中，为了平衡大截面电缆的热机械力，通常采取以下措施：

（1）导体与出线梗之间连接方式采用插入式的电缆终端，应允许导体有 3mm 的位移间隙。

（2）终端瓷套管应具有承受热机械力的抗张强度。

（3）交联聚乙烯绝缘电缆释放滞留在绝缘内部的热应力，方法有以下两种：

1）自然回缩：利用时间，让其自行回缩，消除绝缘热应力。

2）加热校直：电缆加热校直。对电缆绝缘加热，温度控制在（75±3）℃；加热持续时间，终端部位 3h，中间接头部位 6h。加热校直可减少安装后在绝缘末端产生气隙的可能性，确保绝缘热应力的消除与电缆的笔直度。

【思考与练习】

1. 何谓热机械力？
2. 交联聚乙烯绝缘电缆热机械力的产生与哪些因素有关？
3. 简述在安装电缆附件时应采取哪些措施消除热机械力影响。

模块 6 水底和桥梁上的电缆敷设（Z06E4006Ⅲ）

【模块描述】本模块包含水底和桥梁上电缆敷设的要求和方法。通过要点讲解和图形解释，掌握水底和桥梁上电缆敷设的特点、施工方法、技术要求和注意事项。

【模块内容】

一、水底电缆敷设

水底电缆是指通过江、河、湖、海，敷设在水底的电力电缆。主要使用在海岛与大陆或海岛与海岛之间的电网连接，横跨大河、长江或港湾以连接陆上架空输电线路，陆地与海上石油平台以及海上石油平台之间的相互连接。

（一）水底电缆敷设的特点

水底电缆敷设因跨越水域不同，敷设方法也有较大差别，应根据电压等级、水域地质、跨度、水深、流速、潮汐、气象资料及埋设深度等综合情况，确定水底电缆敷设施工方案，选择敷设工程船吨位、主要装备以及相应的机动船只数量等。

（二）水底电缆敷设的施工方法

1. 水底电缆敷设前的准备

（1）水下电缆路径的选择，应满足电缆不易受机械性损伤、能实施可靠防护、敷设作业方便、经济合理等要求，且应符合下列规定：

1）电缆宜敷设在河床稳定、流速较缓、岸边不易被冲刷、海底无石山或沉船等障碍、少有沉锚和拖网渔船活动的水域。

2）电缆不宜敷设在码头、渡口、水工构筑物附近，且不宜敷设在疏浚挖泥区和规划筑港地带。在码头、锚地、港湾及有船停泊处敷设电缆时，必须采取可靠的保护措施。当条件允许时，应深埋敷设。

3）水下电缆不得悬空于水中，应埋置于水底。在通航水道等需防范外部机械力损伤的水域，电缆应埋置于水底适当深度的沟槽中，并应加以稳固覆盖保护。浅水区的埋深不宜小于 0.5m；深水航道的埋深不宜小于 2m。

4）水下电缆严禁交叉、重叠。相邻的电缆应保持足够的安全间距，且应符合下列规定：

a）主航道内，电缆间距不宜小于平均最大水深的 2 倍，引至岸边间距可合适缩小；

b）在非通航的流速未超过 1m/s 的小河中，同回路单芯电缆间距不得小于 0.5m，不同回路电缆间距不得小于 5m；

c）除上述情况外，应按水的流速和电缆埋深等因素确定安全间距。

（2）水底电缆路径的调查。

1）两端登陆点的调查。应包括以下主要内容：

a）确定敷设路径长度，测量拟建终端的位置，并标注在路径平面图上，测量终端距高潮位和低潮位岸线的水平距离；

b）详细测量登陆点附近永久建筑设施、道路、桥梁、河沟等障碍物的位置、尺寸，并标注在路径平面图上；

c）了解和调查登陆点及浅水区有无对电缆安全运行构成威胁的各种因素。

2）水底地形的调查。测量船沿拟订的路径航行，同步测量船位和水深，了解水下地形和路径最大水深。用适当的比例，根据同步测得的船位和水深数据，分别绘出各测线的水下地形剖面图，剖面图应标出最低和最高水位或潮位线、登陆点位置的高程。

3）水底地质的调查。进行水底地质调查是为了进一步掌握和了解水底不同土质情况及其分布，以便采用较经济、可靠的方法保护电缆。

4）水底障碍物的调查。用旁视声纳的方法可扫测到路径水底两侧的障碍物，能较清晰地显示出诸如沉船、礁石等障碍物的性质、形状、大小和位置，为排除或绕开水下障碍物提供可靠的依据。

5）水文气象调查。主要项目包括潮汐特征、潮流或水流、风况、波浪、其他等。

6）其他项目的调查。内容包括：① 水域船舶航行情况，如船舶大小、吃水深度、船舶锚型等；② 渔业伸长方式，如插网或抛锚的深度等；③ 滩涂的海水养殖及青苗、绿化的赔偿等。

（3）在电缆敷设工程船上，应配备的主要机具设备有发电机、卷扬机、水泵、空气压缩机、潜水作业设备、电缆盘支架及轴、输送机、电缆盘制动装置、GPS 全球定位系统、电缆张力监视装置、尺码计、滚轮和入水槽等。

2. 水底电缆敷设的操作步骤

水底电缆敷设分始端登陆、中间水域敷设和末端登陆三个阶段。

（1）电缆的始端登陆。始端登陆宜选择登陆作业相对比较困难和复杂的一侧作为电缆的始端登陆点。

1）敷设船根据船只吃水深度，利用高潮位尽量向岸滩登陆点靠近，平底船型的敷设船甚至可以坐滩，然后用工作艇将事先抛在浅水处的锚或地锚上的钢缆系在船上绞车滚筒上。

2）测量和引导敷设船通过绞缆的方法将船定位在设计路径轴线上，锚泊固定；再次测量船位距电缆终端架的距离，根据设计余量计算出登陆所需缆长。

3）做好电缆牵引头。将电缆端头牵引至入水槽后，用置于岸上的牵引卷扬机的拖曳钢绳和防捻器与电缆牵引头连接在一起。

4）启动岸上卷扬机带动拖曳钢绳及电缆，将电缆不断地从船上输入水中。

5）登陆作业时，应从计米器测量登陆电缆的长度，观察和测量牵引卷扬机、地锚的受力和船位的变化。电缆穿越预留孔洞的地方应由专人看管，并防止沿途电缆滚轮发生移动。

6）浅滩或登陆点附近的电缆沟槽可用机械或人工开挖。可以先挖沟槽，后进行电缆登陆作业；也可以在电缆登陆作业完成后再挖沟槽。

（2）电缆在中间水域敷设。电缆在中间水域敷设作业必须连续进行，中途不允许停顿，更不允许发生施工船后退。

电缆在中间水域敷设施工时，根据敷设船的类型、尺度和动力配置情况及施工水域的自然条件，一般可采取以下五种敷设方法。

1）自航敷设船的敷设。在较开阔的施工水域、水较深及电缆较长的工况下进行电缆敷设，可使用操纵性能良好的机动船舶施工，如图 8–6–1 所示。这种方法船舶选型较方便，有时候将货轮或者车辆渡船稍加改造便可用于作业。

2）钢丝绳牵引平底船敷缆。该法如图 8–6–2 所示，适用于弯曲半径和盘绕半径较大、直径较粗的电缆敷设施工。其特点是敷设船不受水深限制，甚至坐滩也可进行作业。敷设速度平稳，容易控制，能原地保持船位处理突发事情，敷设质量易保证。

中间水域敷设作业前，用锚艇沿设计路径敷设一根钢丝绳，一端连接在终端水域的锚上或地锚上，另一端则绕在敷设船牵引卷扬机上。

3）敷设船移锚敷缆。该法适用于敷设路径很短，水深较浅、电缆自重大或先敷设后深埋的电缆工程。这种方法的特点是敷、埋设速度很平稳，船位控制精度很高，可长时间锚泊在水上进行电缆的接头安装作业等，也为潜水员下水作业提供极好的场所，但不适宜长距离电缆敷设施工。

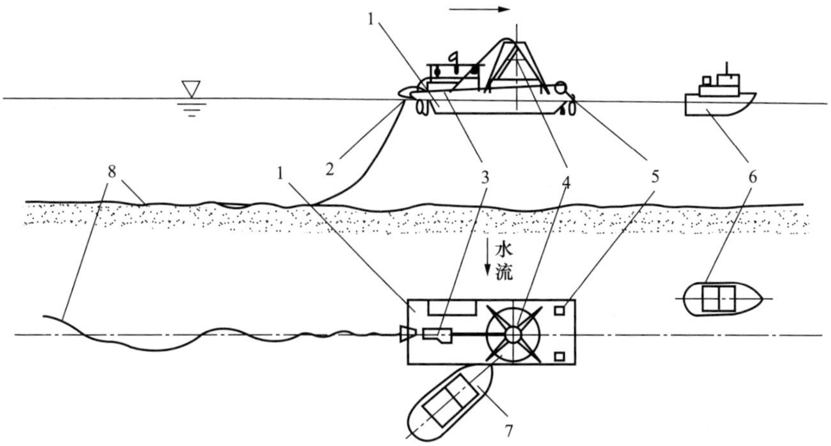

图 8-6-1 敷设船自航敷缆法

1—自航敷设船；2—驾驶舱；3—履带布缆机；4—退扭架；5—锚机；6—巡逻船；7—辅助拖轮；8—电缆

敷设船一般为箱型非自航甲板驳，甲板上除设置敷缆机具外，还配置多台移船绞车。船舶前进依靠绞车分别绞入和放松前后八字锚缆进行，锚用锚艇进行起锚和抛锚作业，并不断重复上述移锚、绞缆过程，使敷设船沿设计路径前进。

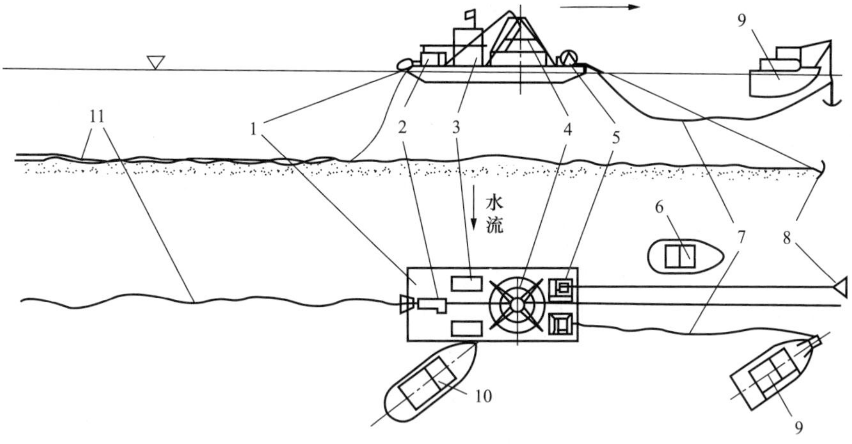

图 8-6-2 钢丝绳牵引平底船敷缆法

1—平底敷缆船；2—履带布缆机；3—发电机；4—退扭架；5—牵引卷扬机；6—巡逻船；7—接力锚、锚缆；8—牵引锚、锚缆；9—锚艇；10—辅助拖轮；11—电缆

4）拖航敷缆。敷设船既无动力，亦无牵引机械，敷缆时的船舶移动靠拖轮吊拖或绑拖进行，因此，敷设船选择更为方便，一般的货驳、甲板驳稍加改造即可使用。拖轮或推轮可以是普通船只，施工造价低廉，敷缆速度较快。该法仅适用于对敷设路径

允许偏差较大、规模较小的电缆敷设工程。

5）装盘电缆敷设。该法与陆上电缆的敷设方法相似，电缆直接从电缆盘退绕出来放入水中。有以下两种作业方法：

第一种：将绕有电缆的电缆盘固定在路径一端的登陆点上，电缆盘用放线支架托起，能转动自如。路径另一端设置一台卷扬机，卷扬机上的钢丝绳先由小船拖放至电缆一侧，并与电缆端头用网套连接。开动卷扬机，就可将电缆盘上的电缆牵引入水中至另一端岸上。由于受牵引力限制、河道通航影响和电缆盘可容电缆长度所限，该法一般仅局限于水域宽度 500m 以下的工程施工。

第二种：绕有电缆的电缆盘连同放线支架被固定在施工船上，施工船可通过自航、牵引或拖航前进，将电缆盘上的电缆敷设于水底。

（3）电缆末端登陆。电缆经过始端登陆作业、中间水域敷设作业后，敷设船抵达路径另一端浅水区，准备进行电缆的末端登陆作业。

1）敷设船敷缆至终端附近水域时，辅助船舶将事先抛设在水域中的锚缆或地锚上的钢缆递至敷设船，敷设船利用这些锚缆将船位锚泊在水面上。然后通过绞车调整这些锚缆的长度，将船体转向，将原来与路径平行方向的船体转至与路径垂直，入水槽朝向下游或与水流流向相同。

2）敷设船转向期间，电缆随船位移动，不断敷出，同时又保持适当张力，避免因电缆突然失去张力而打扭。

3）敷设船转向就位后，测量其位置距终端的距离，就能方便地求出末端登陆所用电缆的长度。然后在船上量取这段电缆长度，并作切割、封头工作。

4）敷设船用布缆机将电缆不断从缆舱内慢慢拉出，送至水面。由人工在入水槽下部把充过气的浮胎逐一绑扎在电缆下部。

5）布缆机送出预计长度电缆，其尾端被牵引至入水槽附近，套上牵引网套。由人工将电缆末端搁置在停泊于敷设船旁的小船上，并与之可靠绑扎。然后将牵引钢丝绳通过防捻器和电缆尾端连接，牵引钢丝绳的一段被绕在岸上卷扬机卷筒上。

6）启动安置在终端架旁的卷扬机，牵引电缆尾端连同小船一起向岸边靠拢。当牵引至岸边时，将搁置在小船上电缆尾端转放在预先设置在浅滩上的拖轮或其他设施上。继续启动卷扬机，并同时逐一拆除绑扎在电缆上的浮胎，直至将电缆全部牵引至末端。

7）电缆登陆至末端后，浮在水面上的电缆由人工在小船上将浮胎逐一拆除，使电缆全部沉入水底。

3. 水底电缆敷设的质量标准及注意事项

（1）水底电缆不应有接头，当整根电缆超过制造厂的制造能力时，可采用软接头连接。

（2）通过河流的电缆，应敷设于河床稳定及河岸很少受到冲损的地方。在码头、锚地、港湾、渡口及有船停泊处敷设电缆时，必须采取可靠的保护措施。当条件允许时，应深埋敷设。

（3）水底电缆的敷设必须平放水底，不得悬空。当条件允许时，宜埋入河床（海底）0.5m 以下。

（4）水底电缆平行敷设时的间距不宜小于最高水位水深的 2 倍；当埋入河床（海底）以下时，其间距按埋设方式或埋设机的工作活动能力确定。

（5）水底电缆引到岸上的部分应穿管或加保护盖板等保护措施，其保护范围，下端应为最低水位时船只搁浅及撑篙达不到之处；上端高于最高洪水位。在保护范围的下端，电缆应固定。

（6）电缆线路与小河或小溪交叉时，应穿管或埋在河床下足够深处。

（7）在岸边水底电缆与路上电缆连接的接头，应装有锚定装置。

（8）水底电缆的敷设方法、敷设船只的选择和施工组织的设计，应按电缆的敷设长度、外径、重量、水深、流速和河床地形等因素确定。

（9）水底电缆的敷设，当全线采用盘装电缆时，根据水域条件，电缆盘可放在岸上或船上，敷设时可用浮筒浮托，严禁使电缆在水底拖拉。

（10）水底电缆不能装盘时，应采用散装敷设法。其敷设程序是：先将电缆圈绕在敷设船舱内，再经仓顶高架、滑轮、制动装置至入水槽下水，用拖轮绑拖，自航敷设或用钢缆牵引敷设。

（11）敷设船的选择，应符合下列条件：

1）船舱的容积、甲板面积、稳定性等应满足电缆长度、重量、弯曲半径和作业场所等的要求。

2）敷设船应配有制动装置、张力计量、长度测量、入水角、水深和导航、定位等仪器，并配有通信设备。

（12）水底电缆敷设应在小潮汛、憩流或枯水期进行，并应视线清晰，风力小于 5 级。

（13）敷设船上的放线架应保持适当的退扭高度。敷设时，应根据水的深浅控制敷设张力，使其入水角为 30°～60°。采用牵引顶推敷设时，其速度宜为 20～30m/min；采用拖轮或自航牵引敷设时，其速度宜为 90～150m/min。

（14）水底电缆敷设时，两岸应按设计设立导标。敷设时应定位测量，及时纠正航线和校核敷设长度。

（15）水底电缆引到岸上时，应将全线全部浮托在水面上，再牵引至陆上。浮托在水面上的电缆应按设计路径沉入水底。

（16）水底电缆敷设后，应做潜水检查。电缆应放平，河床起伏处电缆不得悬空，并测量电缆的确切位置。在两岸必须设置标志牌。

二、桥梁上的电缆敷设

将电缆定位在支架上；为跨越河道，将电缆敷设在交通桥梁或专用电缆桥上的电缆安装方式称为电缆桥梁敷设。

（一）桥梁上电缆敷设的特点

在短跨距的交通桥梁上敷设电缆，一般应将电缆穿入内壁光滑、耐燃的管子内，并在桥堍部位设过渡工井，以吸收过桥部分电缆的热伸缩量。电缆专用桥梁一般为箱型，其断面结构与电缆沟相似。

（二）桥梁上电缆敷设的施工方法

1. 桥梁上电缆敷设前的准备

桥梁上电缆敷设一般采用卷扬机钢丝绳牵引和电缆输送机牵引相结合的办法。在敷设电缆前，电缆端部应制作牵引头。将电缆盘和卷扬机分别安放在桥箱入口处，并搭建适当的滑轮、滚轮支架。在电缆盘处和隧道中转弯处设置电缆输送机，以减小电缆的牵引力和侧压力。在电缆桥箱内安放滑轮，清除桥箱内外杂物；检查支架预埋情况并修补；采用钢丝绳牵引电缆。电缆牵引完毕后，用人力将电缆定位在支架上。

电缆桥梁敷设，必须有可靠的通信联络设施。

2. 桥梁上电缆敷设的操作步骤

电缆桥梁敷设施工方法与电缆沟道或排管敷设方法相似。电缆桥梁敷设的最难点在于两个桥堍处。此位置电缆的弯曲和受力情况必须经过计算确认在电缆允许值范围内，并有严密的技术保证措施，以确保电缆施工质量。

短跨距交通桥梁，电缆应穿入内壁光滑、耐燃的管子内，在桥堍部位设电缆伸缩弧（见图 8–6–3），以吸收过桥电缆的热伸缩量。

图 8–6–3　电缆伸缩弧

长跨距交通桥梁人行道下敷设电缆，为降低桥梁振动对电缆金属护套的影响，应在电缆下每隔 1～2m 加垫橡胶垫块。在两边桥堍建过渡井，设置电缆伸缩弧。高压大截面电缆应作蛇形敷设。

长跨距交通桥梁采用箱形电缆通道。当通过交通桥梁电缆根数较多，应按市政规划把电缆通道作为桥梁结构的一部分进行统一设计。这种过桥电缆通道一般为箱形结构，类似电缆隧道，桥面应有临时供敷设电缆的人孔。在桥梁伸缩间隙部位，应按桥桁最大伸缩长度设置电缆伸缩弧。高压大截面电缆应作蛇形敷设。

在没有交通桥梁可通过电缆时，应建专用电缆桥。专用电缆桥一般为弓形，采用钢结构或钢筋混凝土结构，断面形状与电缆沟相似。

公路、铁道桥梁上的电缆，应采取防止振动、热伸缩以及风力影响下金属套因长期应力疲劳导致断裂的措施。

电缆桥梁敷设，除填砂和穿管外，应采取与电缆沟敷设相同的防火措施。

3. 桥梁上电缆敷设的质量标准及注意事项

（1）木桥上的电缆应穿管敷设。在其他结构的桥上敷设的电缆，应在人行道下设电缆沟或穿入由耐火材料制成的管道中。在人不易接触处，电缆可在桥上裸露敷设，但应采取避免太阳直接照射的措施。

（2）悬吊架设的电缆与桥梁架构之间的净距不应小于 0.5m。

（3）在经常受到振动的桥梁上敷设的电缆，应有防振措施。桥墩两端和伸缩缝处的电缆，应留有松弛部分。

（4）电缆在桥梁上敷设时，要求：

1）电缆及附件的质量在桥梁设计的允许承载范围之内；

2）在桥梁上敷设的电缆及附件，不得低于桥底距水面的高度；

3）在桥梁上敷设的电缆及附件，不得有损桥梁及外观。

（5）在长跨距桥桁内或桥梁人行道下敷设电缆时，应注意：

1）为降低桥梁振动对电缆金属护套的影响，在电缆下每隔 1～2m 加垫用弹性材料制成的衬垫；

2）在桥梁伸缩间隙部位的一端，应设置电缆伸缩弧，即把电缆敷设成圆弧形，以吸收由于桥梁主体热胀冷缩引起的电缆伸缩量；

3）电缆宜采用耐火槽盒保护，全长作蛇形敷设，在两边桥堍，电缆必须采用活动支架固定。

三、水底和桥梁上敷设的危险点分析与控制

1. 高处坠落

（1）水底和桥梁上敷设作业中，起吊电缆在高度超过 1.5m 的工作地点工作时，应

系安全带，或采取其他可靠的措施。

（2）作业过程中起吊电缆时必须系好安全带，安全带必须绑在牢固物件上，转移作业位置时不得失去安全带保护，并应有专人监护。

（3）施工现场的所有孔洞应设可靠的围栏或盖板。

2. 高空落物

（1）沟道敷设作业中，起吊电缆遇到高处作业时必须使用工具包，以防掉东西。

（2）所用的工器具、材料等必须用绳索传递，不得乱扔。终端塔下应防止行人逗留。

（3）现场人员应按安规标准戴安全帽。

（4）起吊电缆时应避免上下交叉作业，上下交叉作业或多人一处作业时应相互照应、密切配合。

3. 烫伤、烧伤

（1）封电缆牵引头和电缆帽头等动用明火作业时，火焰应远离易燃易爆品。工作人员应穿长袖工作服。

（2）不熟悉喷灯或喷枪使用方法的人员不得擅自使用喷灯或喷枪。

（3）使用喷枪应先检查本体是否漏气或堵塞，禁止在明火附近进行放气或点火。喷枪使用完毕应放置在安全地点，冷却后装运。

4. 机械损伤

（1）在使用电锯锯电缆时，应使用合格的带有保护罩的电锯。

（2）不准使用无合格防护罩和有裂纹及其他不良情况的砂轮机和无齿锯。

5. 触电

（1）现场施工和敷设船上使用电源应采用绝缘导线，并在开关箱的首端处装设合格的漏电保安器。

（2）使用的电动工具应按规定周期进行试验合格。

（3）移动式电动设备或电动工具应使用软橡胶电缆，电缆不得破损、漏电。

6. 挤伤、砸伤

（1）电缆盘运输、电缆敷设船、敷设过程中应设专人监护，防止电缆盘倾倒。

（2）用滑轮敷设电缆时，不要在滑轮滚动时用手搬动滑轮，工作人员应站在滑轮前进方向。

7. 落水

（1）在电缆敷设船上进行敷设作业时，应加强监护，做好安全措施，防止人员落水。作业人员应穿戴救生衣，并安排专门的救生人员和船只。

（2）需进行水下工作的潜水人员，应经专门训练并持有相关资质证书，潜水和供氧设备应经过定期检测并合格，且使用良好。

8. 钢丝绳断裂

（1）用机械牵引电缆时，绳索应有足够的机械强度；工作人员应站在安全位置，不得站在钢丝绳内角侧等危险地段；电缆盘转动时，应用工具控制转速。

（2）牵引机需要装设保护罩。

9. 现场勘察不清

（1）必须核对图纸，勘查现场，查明可能向作业点反送电的电源，并断开其断路器、隔离开关。

（2）对大型作业及较为复杂的施工项目，勘查现场后，制定“三措”，并报有关领导批准，方可实施。

10. 任务不清

现场负责人要在作业前将工作人员的任务分工，危险点及控制措施予以明确并交代清楚。

11. 人员安排不当

（1）选派的工作负责人应有一定的工作经验、较强的责任心和安全意识，并熟练掌握所承担工作的检修项目和质量标准。

（2）选派的工作班成员能安全、保质保量地完成所承担的工作任务。

（3）工作人员精神状态和身体条件能够任本职工作。

12. 特种工作作业票不全

进行电焊、起重、动用明火等作业时，特殊工作现场作业票、动火票应齐全。

13. 单人留在作业现场

起吊电缆盘及起吊电缆上终端构架时，工作人员不得单独留在作业现场。

14. 违反监护制度

（1）被监护人在作业过程中，工作监护人的视线不得离开被监护人。

（2）专责监护人不得做其他工作。

15. 违反现场作业纪律

（1）工作负责人应及时提醒和制止影响工作的安全行为。

（2）工作负责人应注意观察工作班成员的精神和身体状态，必要时可对作业人员进行适当的调整。

（3）工作中严禁喝酒、谈笑、打闹等。

16. 擅自变更现场安全措施

（1）不得随意变更现场安全措施。

（2）特殊情况下需要变更安全措施时，必须征得工作负责人同意，完成后及时恢复原安全措施。

17. 穿越临时遮栏

（1）临时遮栏的装设需在保证作业人员不能误登带电设备的前提下进行，方便作业人员进出现场和实施作业。

（2）严禁穿越和擅自移动临时遮栏。

18. 工作不协调

（1）多人同时进行工作时，应互相呼应，协同作业。

（2）多人同时进行工作，应设专人指挥，并明确指挥方式。使用通信工具应事先检查工具是否完好。

19. 交通安全

（1）工作负责人应提醒司机驾车、驾船安全。

（2）乘车及乘船人员应注意安全，严禁在车船上打闹嬉戏或将头、手伸出交通工具外，以免造成人身伤亡。

（3）注意防止随车、船装运的工器具挤、砸、碰伤乘坐人员。

20. 交通伤害

（1）在交通路口、人口密集地段工作时应设安全围栏、挂标示牌。

（2）在专门的水域管辖区域及航道内和水域、航道的两岸边应设警示标志。

【思考与练习】

1. 水底电缆路径选择时，应遵循哪些规定？
2. 水底电缆在中间水域敷设施工有哪几种方法？
3. 电缆在桥梁上敷设的注意事项有哪些？

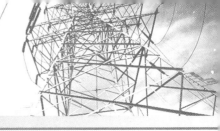

第九章

敷设工器具和设备的使用

模块　电缆敷设常用机具的使用及维护（Z06E5001Ⅰ）

【模块描述】本模块介绍电缆敷设常用机具的类型、使用和维护方法。通过要点讲解和图形解释，熟悉电缆敷设常用挖掘、装卸运输、牵引机具和敷设专用工器具的用途和特点，掌握电缆敷设常用机具的配置使用和维护方法。

【模块内容】

电缆敷设施工需使用各种机械设备和工器具，包括挖掘与起重运输机械、牵引机械和其他专用敷设机械与器具。

一、挖掘与起重运输机械

1. 气镐和空气压缩机

气镐是以压缩空气为动力，用镐杆敲凿路面结构层的气动工具。除气镐外，挖掘路面的设备还有内燃凿岩机、象鼻式掘路机等机械。空气压缩机有螺杆式和活塞式两种，通常采用柴油发动机。螺杆式空气压缩机具有噪声较小的优点，较适宜城市道路的挖掘施工。

（1）气镐的工作原理。气镐由空气压缩机提供压缩空气，压缩空气经管状分配阀轮流进入缸体两端，在工作压力下，压缩空气做功，使锤体进行往复运动，冲击镐杆尾部，把镐杆打入路面的结构层中，实施路面开挖。

（2）气镐使用注意事项如下：

1）保持气镐内部清洁和气管接头接牢；

2）在软矿层工作时，勿使镐钎全部插入矿层，以防空击；

3）镐钎卡在岩缝中，不可猛力摇动气镐，以免缸体和连接套螺纹部分受损；

4）工作时应检查镐钎尾部和衬套配合情况，间隙不得过大、过小，以防镐钎偏歪和卡死。

（3）气镐维护要求如下：

1）气镐正常工作时，每隔2～3h应加注一次润滑油。注油时卸掉气管接头，斜置气镐，按压镐柄，由连接处注入。如滤网被污物堵塞，应及时排除，不得取掉滤网。

2）气镐在使用期间，每星期至少拆卸两次，用清洁的柴油洗清，吹干，并涂以润滑油，再行装配和试验。如发现有易损件严重磨损或失灵，应及时调换。

2. 水平导向钻机

水平导向钻机是一种能满足在不开挖地表的条件下完成管道埋设的施工机械，即通过它实现“非开挖施工技术”。水平导向钻机具有液压控制和电子跟踪装置，能够有效控制钻头的前进方向。

（1）水平导向钻机的使用方法。按经可视化探测设计的非开挖钻进轨迹路径，先钻定向导向孔，同时注入适量以膨润土加水调匀的钻进液，以保持管壁稳定，并根据当地土壤特性调整泥浆黏度、密度、固相含量等参数。在全线贯通后再回头扩孔，当孔径符合设计要求时拉入电缆管道。

（2）水平导向钻机的注意事项如下：在水平导向钻机开机后，要对定向钻头进行导向监控。一般每钻进 2m 用电子跟踪装置测一次钻头位置，以保证钻头不偏离设计轨迹。

3. 起重运输机械

起重运输机械包括汽车、起重机和自卸汽车等，用于电缆盘、各种管材、保护盖板和电缆附件的装卸和运输，以及电缆沟余土的外运。

二、牵引机械

1. 电动卷扬机

图 9–1–1 电动卷扬机

电动卷扬机（见图 9–1–1）是由电动机作为动力，通过驱动装置使卷筒回转的机械装置。在电缆敷设时，可以用来牵引电缆。

（1）工作原理。当卷扬机接通电源后，电动机逆时针方向转动，通过连接轴带动齿轮箱的输入轴转动，齿轮箱的输出轴上装的小齿轮带动大齿轮转动，大齿轮固定在卷筒上，卷筒和大齿轮一起转动卷进钢丝绳，使电缆前行。

（2）电动卷扬机的使用及注意事项如下：

1）卷扬机应选择合适的安装地点，并固定牢固；

2）开动卷扬机前应对卷扬机的各部分进行检查，应无松脱或损坏；

3）钢丝绳在卷扬机滚筒上的排列要整齐，工作时不能放尽，至少要留 5 圈；

4）卷扬机操作人员应与相关工作人员保持密切联系。

（3）日常维护工作内容如下：

1）工作中检查运转情况，有无噪声、振动等；

2）检查电动机、减速箱及其他连接部的紧固，制动器是否灵活可靠，弹性联轴器是否正常，传动防护是否良好；

3）检查电控箱各操作开关是否正常，阴雨天应特别注意检查电器的防潮情况；

4）定期清洁设备表面油污，对卷扬机开式齿轮、卷筒轴两端加油润滑，并对卷扬机钢丝绳进行润滑。

2. 电缆输送机

电缆输送机（见图 9–1–2）包括主机架、电机、变速装置、传动装置和输送轮，是一种电缆输送机械。

（1）工作原理。电缆输送机以电动机驱动，用凹型橡胶带夹紧电缆，并用预压弹簧调节对电缆的压力，使之对电缆产生一定的推力。

1）使用前应检查输送机各部分有无损坏，履带表面有无异物；

2）在电缆敷设施工时，如果同时使用多台输送机和牵引车，则必须要有联动控制装置，使各台输送机和牵引车的操作能集中控制，关停同步，速度一致。

图 9–1–2　电缆输送机

（2）日常维护工作内容如下：

1）输送机运行一段时间以后，链条可能会松弛，应自行调整，并在链条部位加机油润滑；

2）检查各个连接部位紧固件的连接是否松动，对出现异常的进行恢复，避免因零部件松动损坏设备；

3）检查履带的磨损状况，及时更换，以免在正常夹紧力情况下敷设电缆时输送力不够；夹紧力太大又损伤电缆的外护套。

三、其他专用敷设机械和器具

1. 电缆盘支承架、液压千斤顶和电缆盘制动装置

电缆盘支承架一般用钢管或型钢制作，要求坚固，有足够的稳定性和适用于多种电缆盘的通用性。电缆盘支承架上配有液压千斤顶，用以顶升电缆盘和调整电缆盘离地高度及盘轴的水平度。

为了防止由于电缆盘转动速度过快导致盘上外圈电缆松弛下垂，以及满足敷设过

程中临时停车的需要，电缆盘应安装有效的制动装置。

千斤顶和电缆盘制动装置如图 9–1–3 所示。

2. 防捻器

防捻器（见图 9–1–4）是安装在电缆牵引头和牵引钢丝绳之间的连接器，是用钢丝绳牵引电缆时必备的重要器具之一。因为具有两侧可相对旋转，并有耐牵引的抗张强度的特性，所以用防捻器来消除牵引钢丝绳在受张力后的退扭力和电缆自身的扭转应力。

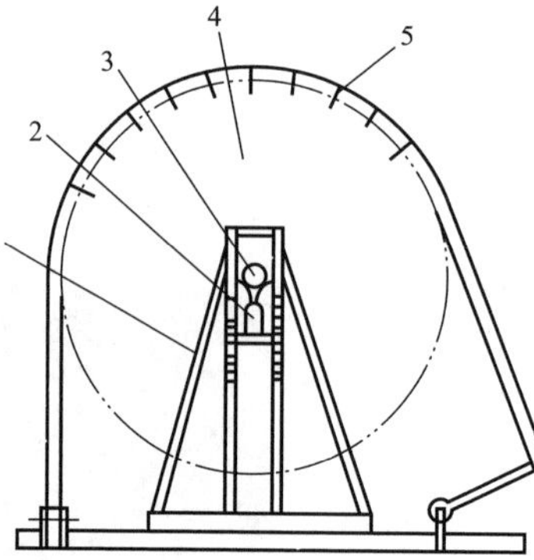

图 9–1–3 千斤顶和电缆盘制动装置

1—电缆盘支架；2—千斤顶；3—电缆盘轴；4—电缆盘；5—制动带；6—制动手柄

3. 电缆牵引头和牵引网套

（1）电缆牵引头。它是装在电缆端部用作牵引电缆的一种金具，能将牵引钢丝绳上的拉力传递到电缆的导体和金属套。电缆牵引头能承受电缆敷设时的拉力，又是电缆端部的密封套头，安装后，应具有与电缆金属套相同的密封性能。有的牵引头的拉环可以转动，牵引时有退扭作用；如果拉环不能转动，则需连接一个防捻器。

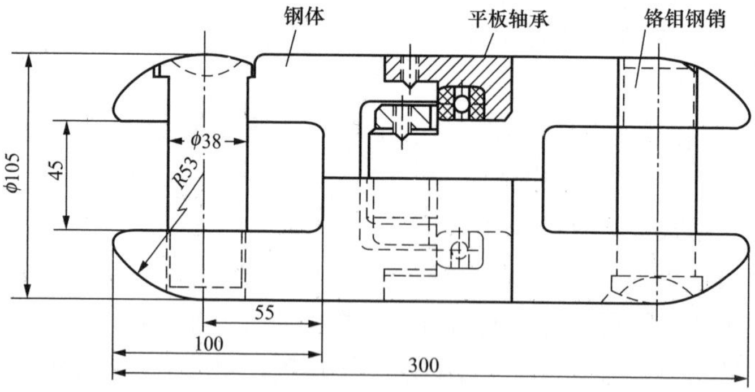

图 9–1–4 防捻器结构图

用于不同结构电缆的牵引头，有不同的设计和式样。在自容式充油电缆的牵引头上装有油嘴，便于在电缆敷设完毕之后装上临时压力箱。高压电缆的牵引头通常由制造厂在电缆出厂之前安装好，有的则需要在现场安装。

单芯充油电缆牵引头如图 9–1–5 所示，三芯交联电缆牵引头如图 9–1–6 所示。

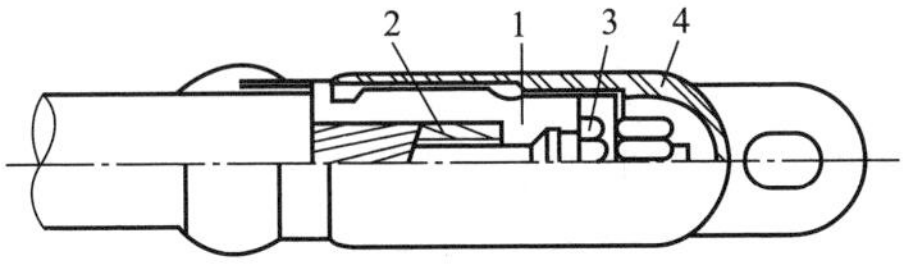

图 9–1–5　单芯充油电缆牵引头

1—牵引头主体；2—加强钢管；3—插塞；4—牵引头盖

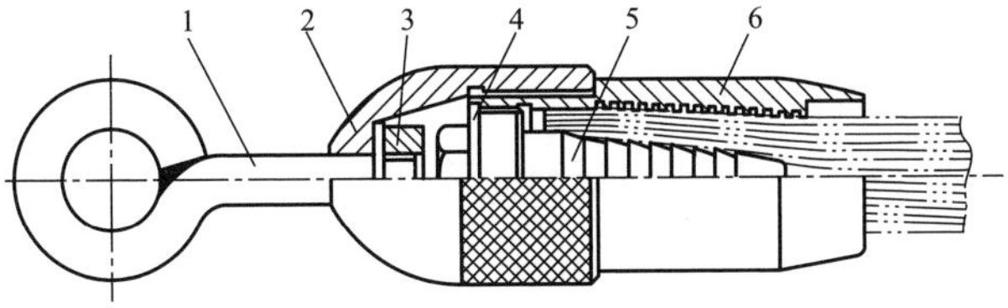

图 9–1–6　三芯交联电缆牵引头

1—拉梗；2—拉梗套；3—圆螺母；4—内螺塞；5—塞芯；6—牵引套

（2）牵引网套。牵引网套如图 9–1–7 所示，其用细钢丝绳、尼龙绳或麻绳经编结而成，用于牵引力较小或作辅助牵引。这时牵引力小于电缆护层的允许牵引力。

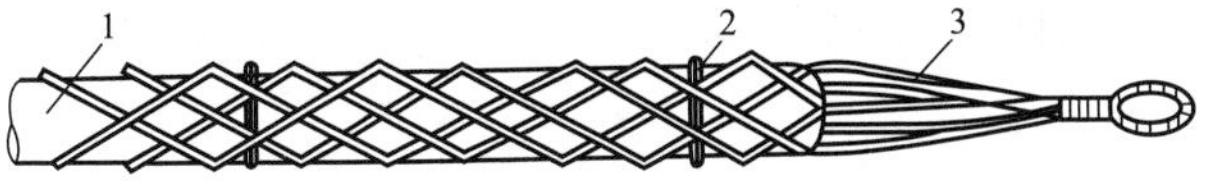

图 9–1–7　电缆牵引网套

1—电缆；2—铅（铜）扎线；3—钢丝网套

4. 电缆滚轮

正确使用电缆滚轮，可有效减小电缆的牵引力、侧压力，并避免电缆外护层遭到损伤。滚轮的轴与其支架之间，可采用耐磨轴套，也可采用滚动轴承。后者的摩擦力比前者小，但必须经常维护。为适应各种不同敷设现场的具体情况，电缆滚轮有普通型、加长型和 L 型等。一般在电缆敷设路径上每 2～3m 放置一个，以电缆不拖地为原则。

5. 电缆外护套防护用具

为防止电缆外护套在管孔口、工井口等处由于牵引时受力被刮破擦伤，应采用适当防护用具。通常在管孔口安装一副由两个半件组合的防护喇叭，在工井口、隧道、竖井口等处采用波纹聚乙烯管防护，将其套在电缆上。

6. 钢丝绳

在电缆敷设牵引或起吊重物时，通常使用钢丝绳作为连接。

（1）钢丝绳的使用及注意事项如下：

1）钢丝绳使用时不得超过允许最大使用拉力；

2）钢丝绳中有断股、磨损或腐蚀达到及超过原钢丝绳直径40%时，或钢丝绳受过严重火灾或局部电火烧过时，应予报废；

3）钢丝绳在使用中断丝增加很快时，应予换新；

4）环绳或双头绳结合段长度不应小于钢丝绳直径的 20 倍，但最短不应小于300mm；

5）当钢丝绳起吊有棱角的重物时，必须垫以麻袋或木板等物，以避免物件尖锐边缘割伤绳索。

（2）日常维护工作内容如下：

1）钢丝绳上的污垢应用抹布和煤油清除，不得使用钢丝刷及其他锐利的工具清除；

2）钢丝绳必须定期上油，并放置在通风良好的室内架上保管；

3）钢丝绳必须定期进行拉力试验。

【思考与练习】

1. 按牵引动力分，常用的卷扬机有几种？
2. 输送机应如何进行维护？
3. 在电缆敷设牵引或起吊重物时，钢丝绳的使用及注意事项有哪些？

第十章

生　产　准　备

模块1　施工方案的编制（Z06E6002Ⅲ）

【模块描述】本模块包含施工方案的编制内容和方法。通过要点讲解、示例介绍，掌握以工程概况、施工组织措施、安全生产保证措施、文明施工要求、工程质量计划、主要施工设备、器械和材料清单等为主要内容的施工方案编制方法。

【模块内容】

电缆工程施工方案是电缆工程的指导性文件，对确保工程的组织管理、工程质量和施工安全有重要意义。

一、编制依据

施工方案根据工程设计施工图、工程验收所依据的行业或企业标准、施工合同或协议、电缆和附件制造厂提供的技术文件以及设计交底会议纪要等编制。

二、施工方案主要内容

施工方案主要包括工程概况、施工组织措施、安全生产保证措施、文明施工要求和具体措施、工程质量计划、主要施工设备、器械和材料清单等项目。

三、施工方案具体内容

1. 工程概况

（1）工程名称、性质和账号；

（2）工程建设和设计单位；

（3）电缆线路名称、敷设长度和走向；

（4）电缆和附件规格型号、制造厂家；

（5）电缆敷设方式和附属土建设施结构（如隧道或排管断面、长度）；

（6）电缆金属护套和屏蔽层接地方式；

（7）竣工试验项目和试验标准；

（8）计划工期和形象进度。

2. 施工组织措施

施工组织机构包括项目经理、技术负责人、敷设和接头负责人、现场安全员、质量员、资料员以及分包单位名称等。

3. 安全生产保证措施

安全生产保证措施包括一般安全措施和特殊安全措施、防火措施等。

4. 文明施工要求和具体措施

在城市道路安装电缆，要求做到全封闭施工，应有确保施工路段车辆和行人通行方便的措施。施工现场应设置施工标牌，以便接受社会监督。工程完工应及时清理施工临时设施和余土，做到工完料净场地清。

5. 工程质量计划

工程质量计划包括质量目标、影响工程质量的关键部位和必须采取的保证措施，以及质量监控要求等。

6. 主要施工设备、器械和材料清单

主要施工设备、器械和材料清单包括电缆敷设分盘长度和各段配盘方案，终端、接头型号及数量，敷设、接头、试验主要设备和器具。

【案例 10–1–1】××220kV 电缆工程施工方案

一、工程概况

1. 工程名称、性质和账号

（1）工程名称：××220kV 线路工程。

（2）工程性质：网改工程。

（3）工程账号：×××××。

2. 工程建设和设计单位

（1）建设单位：××公司。

（2）设计单位：××设计院。

3. 电缆线路名称、敷设长度和走向

（1）电缆线路名称：××线。

（2）敷设长度：新设电缆路径总长为××m。

（3）电缆线路走向：新设电缆路径总体走向是沿××道的便道向东敷设。

（4）电缆、附件规格型号及制造厂家：本工程采用××电缆有限公司生产的型号为 YJLW02–127/220–1×2500mm^2 的电力电缆，电缆附件均为电缆厂家配套提供。

（5）电缆敷设方式和附属土建设施结构：电缆敷设选择人力和机械混合敷设电缆的方法。

（6）电缆金属护套和屏蔽层接地方式：××线电缆分为 5 段，其中××侧 3 段电缆形成一个完整交叉互联系统，××侧的 2 段电缆分别做一端直接接地，另一端保护接地。

（7）竣工试验项目和标准：竣工试验项目和试验标准按照国家现行施工验收规范和交接试验标准执行。

（8）计划工期和形象进度：本工程全线工期××天，且均为连续工作日。详见工期进度附表。

二、施工组织措施

项目经理：×××

技术负责人：×××

电缆敷设项目负责人：×××

附件安装项目负责人：×××

现场安全负责人：×××

环境管理负责人：×××

施工质量负责人：×××

材料供应负责人：×××

机具供应负责人：×××

资料员：×××

分包单位名称：×××

三、安全生产保证措施

1. 一般安全措施

（1）全体施工人员必须严格遵守电力建设安全工作规程和电力建设安全施工管理规定。

（2）开工前对施工人员及民工进行技术和安全交底。

（3）使用搅拌机工作时，进料斗下不得站人；料斗检修时，应挂上保险链条。

（4）材料运输应由指定专人负责，配合司机勘察道路，做到安全行车。

（5）施工现场木模板应随时清理，防止朝天钉扎脚。

（6）严格按照钢筋混凝土工程施工及验收规范进行施工。

（7）严格按照本工程施工设计图纸进行施工。

（8）全体施工人员进入施工现场必须正确佩戴个人防护用具。

（9）现场使用的水泵、照明等临时电源必须加装漏电保安器，电源的拆接必须由电工担任。

2. 特殊安全措施

（1）电缆沟开挖。电缆沟的开挖应严格按设计给定路径进行，遇有难以解决的障碍物时，应及时与有关部门接触，商讨处理方案。

沟槽开挖施工中要做好围挡措施，并在电缆沟沿线安装照明、警示灯具。

电缆沟槽开挖时，沟内施工人员之间应保持一定距离，防止碰伤；沟边余物应及时清理，防止回落伤人。

电缆沟开挖后，在缆沟两侧应设置护栏及布标等警示标志，在路口及通道口搭设便桥供行人通过。夜间应在缆沟两侧装红灯泡及警示灯，夜间破路施工应符合交通部门的规定，在被挖掘的道路口设警示灯，并设专人维持交通秩序。道路开挖后应及时清运余土、回填或加盖铁板，保证道路畅通。

（2）电缆排管及过道管的敷设。电力管的装卸采用吊车或大绳溜放，注意溜放的前方不得有人。管子应放在凹凸少的较平坦的地方保管，管子堆放采用井字形叠法或单根依次摆放法，而且要用楔子、桩和缆绳等加固，防止管子散捆。沟内有水时应有可靠的防触电措施。

（3）现浇电缆沟槽的制作及盖板的敷设。沟槽、盖板的吊装采用吊车，施工时注意吊臂的回转半径与建筑物、电力线路间满足安全距离规定。吊装作业有专人指挥，吊件下不得站人，夜间施工有足够的照明。运输过程不得超载，沟槽不得超过汽车护栏。

（4）电缆敷设。电缆运输前应查看缆轴情况，应派专人查看道路。严格按照布缆方案放置缆轴。电缆轴的支架应牢固可靠，并且缆轴两端调平，防止展放时缆轴向一侧倾斜。电缆轴支架距缆沟应不小于 2m，防止缆沟塌方。电缆进过道管口应通过喇叭口或垫软木，以防止电缆损伤。在进管口处不得用手触摸电缆，以防挤手。

（5）电缆接头制作及交接试验。电缆接头制作必须严格按照电缆接头施工工艺进行施工，作好安装记录。冬雨季施工应做好防冻、防雨、防潮及防尘措施。电缆接头制作前必须认真核对相色。电缆接头完成后，按照电力电缆交接试验规程规定的项目和标准进行试验，及时、准确填写试验报告。

3. 防火措施

施工及生活中使用电气焊、喷灯、煤气等明火作业时，施工现场要配备消防器材。工作完工后工作人员要确认无留有火种后方可离去。进入严禁动用明火作业场所时，要按规定办理明火作业票，并设安全监护人。

四、文明施工要求和具体措施

（1）工程开工前办理各种施工赔偿协议，与施工现场所在地人员意见有分歧时，应根据有关文件、标准，协商解决。

（2）施工中合理组织，精心施工减少绿地赔偿，尽量减少对周围环境的破坏，减少施工占地。

（3）现场工具及材料码放整齐，完工后做到工完、料净、场地清。

（4）现场施工人员统一着装，佩戴胸卡。

（5）加强对民工、合同工的文明施工管理，在签订劳务合同时增加遵守现场文明施工管理条款。

（6）各工地现场均设立文明施工监督巡视岗，负责督促落实文明施工标准的执行。

（7）现场施工期间严禁饮酒，一经发现按有关规定处理。

（8）在施工现场及驻地，制作标志牌、橱窗等设施，加大文明施工和创建文明工地的宣传力度。

五、工程质量计划

（一）质量目标

（1）质量事故0次；

（2）工程本体质量一次交验合格率100%；

（3）工程一次试发成功；

（4）竣工资料按时移交，准确率100%，归档率100%；

（5）不合格品处置率100%；

（6）因施工质量问题需停电处缺引起的顾客投诉0次；

（7）顾客投诉处理及时率100%；

（8）顾客要求的创优工程响应率100%。

（二）关键部位的保证措施

1. 电缆敷设施工质量控制

（1）准备工作：

1）检查施工机具是否齐备，包括放缆机、滑车、牵引绳及其他必需设备等；

2）确定好临时电源：本工程临时电源为外接电源和自备发电机；

3）施工前现场施工负责人及有关施工人员进行现场调查工作；

4）检查现场情况是否与施工图纸一致，施工前对于已完工可以敷设电缆的隧道段核实实长和井位，并逐一编号，在拐弯处要注意弯曲半径是否符合设计要求，有无设计要求的电缆放置位置；

5）检查已完工可以敷设电缆的土建工程是否满足设计要求和规程要求且具备敷设条件；

6）检查隧道内有无积水和其他妨碍施工的物品并及时处理，检查隧道有无杂物、积水等，注意清除石子等能将电缆硌坏的杂物；

7）依照设计要求，在隧道内和引上部分标明每条电缆的位置、相位；

8）根据敷设电缆分段长度选定放线点，电缆搭接必须在直线部位，尽量避开积水潮湿地段；

9）电缆盘护板严禁在运到施工现场前拆除。电缆盘拖车要停在接近入线井口的地势平坦处，高空无障碍，如现场条件有限，可适当调整电缆盘距入井口的距离，找准水平，并对正井口，钢轴的强度和长度与电缆盘重量和宽度相配合，并防止倒盘；

10）电缆敷设前核实电缆型号、盘号、盘长及分段长度，必须检查线盘外观有无破损及电缆有无破损，及时粘贴检验状态标识，发现破损应保护现场，并立即将破损情况报告有关部门；

11）在无照明的隧道，每台放缆机要保证有一盏手把灯；

12）隧道内所有拐点和电缆的入井处必须安装特制的电缆滑车，要求滑轮齐全，所有滑车的入口和出口处不得有尖锐棱角，不得刮伤电缆外护套；

13）摆放好放缆机，大拐弯及转角滑车用涨管螺栓与步道固定；

14）隧道内在每个大拐弯滑车电缆牵引侧 10m 内放置一台放缆机；

15）敷设电缆的动力线截面不小于 $25mm^2$。

（2）电缆敷设：

1）对参与放线的有关人员进行一次技术交底，尤其是看守放缆机的工作人员，保证专人看守。

2）电缆盘要安装有效刹车装置，并将电缆内头固定，在电话畅通后方可空载试车，敷设电缆过程中，必须要保持电话畅通，如果失去联系立即停车，电话畅通后方可继续敷设，放线指挥要由工作经验丰富的人员担任，听从统一指挥。线盘设专人看守，有问题及时停止转动，进行处理，并向有关负责人进行汇报，当电缆盘上剩约 2 圈电缆时，立即停车，在电缆尾端捆好绳，用人牵引缓慢放入井口，严禁线尾自由落下，防止摔坏电缆和弯曲半径过小。

3）本工程要求敷设时电缆的弯曲半径不小于 2.6m。

4）切断电缆后，立即采取措施密封端部，防止受潮，敷设电缆后检查电缆封头是否密封完好，有问题及时处理。

5）电缆敷设时，电缆从盘的上端引出，沿线码放滑车，不要使电缆在支架上及地面摩擦拖拉，避免损坏外护套，如严重损伤，必须按规定方法及时修补，电缆不得有压扁、绞拧、护层开裂等未消除的机械损伤。

6）敷设过程中，如果电缆出现余度，立即停车将余度拉直后方可继续敷设，防止电缆弯曲半径过小或撞坏电缆。

7）在所有复杂地段、拐弯处要配备一名有经验的工作人员进行巡查，检查电缆有无刮伤和余度情况，发现问题要及时停车解决。

8）电缆穿管或穿孔时设专人监护，防止划伤电缆。

9）电缆就位要轻放，严禁磕碰支架端部和其他尖锐硬物。

10）电缆拿蛇形弯时，严禁用有尖锐棱角铁器撬电缆，可用手扳弯，再用木块（或拿弯器）支或用圆抱箍固定，电缆蛇形敷设按照设计要求执行。

11）电缆就位后，按设计要求固定、绑绳，支点间的距离符合设计规定，卡具牢固、美观。

12）电缆进入隧道、建筑物以及穿入管子时，出入口封闭，管口密封，本工程两侧站内夹层与隧道接口处均需使用橡胶阻水法兰封堵。

13）在电缆终端处依据设计要求留裕度。

14）敷设工作结束后，对隧道进行彻底清扫，清除所有杂物和步道上的胀管螺栓。

15）移动和运输放缆机要用专用运输车，移动放缆机、滑车时注意不得挂碰周围电缆。

16）现场质量负责人定期组织有关人员对每一段敷设完的电缆质量进行检查验收，发现问题及时处理。

17）及时填写施工记录和有关监理资料。

2. 电缆附件安装的施工质量控制

（1）附件安装准备工作：

1）接头图纸及工艺说明经审核后方可使用。

2）湿度大于70%的条件下，无措施禁止进行电缆附件安装。

3）清除接头区域内的污水及杂物，保持接头环境的清洁。

4）每个中间接头处要求有不少于两个150W防爆照明灯。

5）终端接头区域在不满足接头条件或现场环境复杂的情况下，进行围挡隔离，以保证接头质量。

6）对电缆外护套按要求进行耐压试验，发现击穿点要及时修补，并详细记录所在位置及相位，外护套试验合格后方可进行接头工作。

7）电缆接头前按设计要求加工并安装好接头固定支架，支架接地良好。

8）组织接头人员进行接头技术交底，技术人员了解设计原理、所用材料的参数及零配件的检验方法，熟练掌握附件的制作安装工艺及技术要求；施工人员熟悉接头工艺要求，掌握所用材料及零配件的使用和安装方法，掌握接头操作方法。

9）在接头工作开始前，清点接头料，开箱检查时报请监理工程师共同检验，及时填写检查记录并上报，发现与接头工艺不相符时及时上报。

10）在安装终端和接头前，必须对端部一段电缆进行加热校直和消除电缆内应力，避免电缆投运后因绝缘热收缩而导致的尺寸变化。

（2）制作安装：

1）接头工作要严格执行厂家工艺要求及有关工艺规程，不得擅自更改。

2）安装交叉互联箱、接地箱时要严格执行设计要求及有关工艺要求。

3）施工现场的施工人员对施工安装的成品质量负责，施工后对安装的成品进行自检、互检后填写施工记录，并由施工人员在记录上签字，自检、互检中发现的问题立即处理，不合格不能进行下道工序。

4）施工中要及时填写施工记录，记录内容做到准确真实。

5）质检员随时审核施工记录。

6）每相中间接头要求在负荷侧缠相色带，相色牌拴在接头的电源侧，线路名牌拴在 B 相电缆接头上。

7）所有接头工作结束后，及时按电缆规程要求挂线路铭牌、相色牌。

六、材料清单和主要施工设备、器械

1. 电缆敷设分盘长度和各段配盘方案见表 10–1–1

表 10–1–1 电缆分盘长度和各段配盘表

路径长度	相序	订货长度（m）	路径长度	相序	订货长度（m）
第一段 终端塔～1 号井 ××m	A 相	××××	第五段 4 号井～5 号井 ××m	A 相	××××
	B 相	××××		B 相	××××
	C 相	××××		C 相	××××
第二段 1 号井～2 号井 ××m	A 相	××××	第六段 5 号井～6 号井 ××m	A 相	××××
	B 相	××××		B 相	××××
	C 相	××××		C 相	××××
第三段 2 号井～3 号井 ××m	A 相	××××	第七段 6 号井～7 号原 ××m	A 相	××××
	B 相	××××		B 相	××××
	C 相	××××		C 相	××××
第四段 3 号井～4 号井 ××m	A 相	××××			
	B 相	××××			
	C 相	××××			

2. 机具设备使用计划表见表 10–1–2

表 10–1–2　　　　机具设备使用计划表

序号	类别	名称	规格	单位	数量	进场时间	出场时间	解决办法
1	施工车辆							
2								
3								
4								
5								
6	电缆敷设							
7								
8								
9								
10								
11								
12	电缆接头							
13								
14								
15								
16								
17								
18								
19								
20								
21	接地系统							
22								

【思考与练习】

1. 施工方案主要包括哪些项目？
2. 工程概况应包括哪些内容？
3. 施工组织措施包括哪些内容？
4. 工程质量计划包括哪些内容？

模块 2 电缆作业指导书的编制（Z06E6001Ⅱ）

【模块描述】本模块介绍电缆作业指导书的编制。通过要点讲解和示例介绍，掌握电缆作业指导书编制依据、结构、具体的内容和方法。

【模块内容】

一、电缆作业指导书编制依据

（1）法律、法规、规程、标准、设备说明书。

（2）缺陷管理、反措要求、技术监督等企业管理规定和文件。

二、电缆作业指导书的结构

电缆作业指导书由封面、范围、引用文件、工作前准备、作业程序、消缺记录、验收总结、指导书执行情况评估八项内容组成。

三、电缆作业指导书的内容

（一）封面

封面包括作业名称、编号、编写人及时间、审核人及时间、批准人及时间、编写单位六项内容。

（1）作业名称：包括电压等级、线路名称、具体作业的杆塔号、作业内容。

（2）编号：应具有唯一性和可追溯性，由各单位自行规定，编号位于封面右上角。

（3）编写、审核、批准：单一作业及综合、大型的常规作业由班组技术人员负责编制，二级单位生产专业技术人员及安监人员审核，二级单位主管生产领导批准；大型复杂、危险性较大、不常进行的作业，其“作业指导书”的编制应涵盖“三措”的所有内容，由生产管理人员负责编制，本单位主管部门审核，由主管领导批准签发。

（4）作业负责人：为本次作业的工作负责人，负责组织执行作业指导书，对作业的安全、质量负责，在指导书负责人一栏内签名。

（5）作业时间：现场作业计划工作时间，应与作业票中计划工作时间一致。

（6）编写单位：填写本指导书的编写单位全称。

（二）范围

范围指作业指导书的使用效力，如“本指导书适用于××kV××线电缆检修工作”。

（三）引用文件

明确编写作业指导书所引用的法规、规程、标准、设备说明书及企业管理规定和文件（按标准格式列出）。例如：

GB 50168—2006《电气装置安装工程电缆线路施工及验收规范》

DL/T 1253—2013《电力电缆线路运行规程》

《国家电网公司电力安全工作规程（变电站和发电厂电气部分）》

《国家电网公司电力安全工作规程（电力线路部分）》

DL/T 5221—2005《城市电力电缆线路设计技术规定》

GB 50217—2007《电力工程电缆设计规范》

（四）工作前准备

工作前准备包括准备工作安排、现场作业示意图、危险点分析及安全措施、工器具和材料准备。

1. 准备工作安排

（1） 现场勘查；

（2） 召开班前会；

（3） 明确工作任务，确定作业人员及其分工；

（4） 确定工作方法；

（5） 审核并签发工作票。

具体格式见表 10–2–1。

表 10–2–1　　工 作 前 准 备

√	序号	内　容	标　准	责任人	备注
	1	开工前，由车间生产组报工作计划	根据工作任务和设备情况制定组织措施和技术措施		
	2	工作前填写工作票，提交相关停电申请	工作票的填写应按照《国家电网公司电力安全工作规程（电力线路部分）》进行		

注　工作负责人在班前会中打“√”确认，下同。

2. 现场作业示意图

现场作业示意图应包括作业地段、邻近带电部位、挂接地线的位置、围栏的设置等。现场作业示意图的绘制可采用微机绘制，亦可用手工绘制。图中邻近带电线路、有电部位应用红笔标示。

3. 危险点分析及安全控制措施

（1） 危险点分析。

1）线路区域的特点：如交叉跨越、邻近平行、带电、高空等可能给作业人员带来的危险因素；

2）作中使用的起重设备（起重机、人工或电动绞磨）、工具等可能给工作人员带来的危害或设备异常；

3）操作方法失误等可能给工作人员带来的危害或设备异常；

4）作业人员身体状况不适、思想波动、不安全行为、技术水平能力不足等可能带来的危害或设备异常；

5）其他可能给作业人员带来危害或造成设备异常的不安全因素。

（2）控制措施。应针对危险点采取可靠的安全措施。

作业危险点分析及安全控制措施格式见表 10–2–2。

表 10–2–2　　作业危险点分析及安全控制措施

√	序号	危险点	安全控制措施	备注
	1	挂接地线前，没有使用合格 35kV 验电器验电及绝缘手套，强行盲目挂地线伤人	使用合格验电笔验电，确认无电后再挂接地线	
	2	切断电缆时，没按停电切改安全规定而盲目切断电缆	在切断电缆之前要核对图纸，并用选线仪鉴别出已停电的待检修电缆。持钎人应使用带地线的木柄钎子，并站在绝缘垫上和戴绝缘手套，砸锤人禁止戴手套	

4. 工器具和材料准备

工器具、材料包括作业所需的专用工具、一般工器具、仪器仪表、电源设施，以及装置性材料、消耗性材料等。具体格式见表 10–2–3。

表 10–2–3　　工 器 具、材 料

√	序号	名称	规格	单位	数量	备注
	1	单臂葫芦	0.5t	把	6	
	2	砂布	180 号/240 号	张	2/2	

（五）作业阶段

作业阶段包括作业开工，作业内容、步骤及工艺标准，作业结束三项内容。

（1）作业开工：

1）办理工作许可手续；

2）宣读工作票；

3）布置辅助安全措施。

作业开工具体格式见表 10–2–4。

表 10–2–4　　作 业 开 工

√	序号	内容	标准	备注
	1	布置工作任务，进行安全交底	工作负责人向所有工作人员详细交代作业任务、安全措施和注意事项，作业人员签字确认	

（2）作业内容、步骤及工艺标准。明确作业内容、作业步骤、工艺标准、依据、数据、责任人签名等，作业完工后每项工作的责任人在“责任人签名”一栏中签名。具体格式见表 10–2–5。

表 10–2–5　　作业内容、步骤及工艺标准

√	序号	检修内容	工艺标准	检修结果	责任人签名
	1	电缆终端头检查	接头接触应良好，螺栓压接紧固，无过热、烧伤痕迹。更换锈蚀严重的螺栓；检查电缆头有无渗油现象，清扫电缆头套管表面积灰、油垢及涂 RTV 涂料		
	2	电缆接地线检查	接地线应完整、无烧痕、无锈蚀，接地线与接地极直接相连，且接触良好		

注 “检修结果”“责任人签名”栏由责任人在检修工作中或检修结束后填写。

（3）作业结束。规定工作结束后的注意事项，如清理工作现场工具、材料，清点人数，接地线确已拆除，办理工作终结手续，恢复送电，设备检查，人员撤离工作现场等。具体格式见表 10–2–6。

表 10–2–6　　作 业 竣 工

√	序号	内容	负责人签名
	1	清理工作现场，将工器具全部收拢并清点，废弃物按相关规定处理，材料及备品备件回收清点	
	2	会同运行人员对现场安全措施及检修设备进行检查，要求恢复至工作许可状态	

（六）消缺记录

记录检修过程中所消除的缺陷，具体格式见表 10–2–7。

表 10–2–7　　消 缺 记 录

√	序号	缺陷内容	消除人员签字

（七）验收总结

1）记录检修结果，对检修质量做出整体评价；

2）记录存在问题及处理意见。

具体格式见表 10–2–8。

表 10–2–8　　验 收 总 结

负责人		施工人员				施工性质	故障检修/新设/切改
原有电缆型号		原有电缆厂家		新添电缆型号		新添电缆厂家	
接头型号		附件厂家		气象资料	天气：	温度：	湿度：
检修记事、存在的问题、处理意见							
缺陷消除情况							
运行员验收意见、签字							

（八）指导书执行情况评估

1）对指导书的符合性、可操作性进行评价；

2）对不可操作项、修改项、遗漏项、存在问题做出统计；

3）提出改进意见。

具体格式见表 10–2–9。

表 10–2–9　　执 行 情 况 评 估

评估内容	符合性	优		可操作项	
		良		不可操作项	
	可操作性	优		修改项	
		良		遗漏项	
存在问题					
改进意见					

四、电缆作业指导书编制的方法及要求

（1）体现对现场作业的全过程控制，体现对设备及人员行为的全过程管理，包括设备验收、运行检修、缺陷管理、技术监督、反措和人员行为要求等内容。

（2）现场作业指导书的编制应依据生产计划。生产计划的制订应根据现场运行设备的状态，如缺陷异常、反措要求、技术监督等内容，应实行刚性管理，变更应严格

履行审批手续。

（3）应在作业前编制，注重策划和设计，量化、细化、标准化每项作业内容。做到作业有程序、安全有措施、质量有标准、考核有依据。

（4）针对现场实际，进行危险点分析，制定相应的防范措施。

（5）应分工明确，责任到人，编写、审核、批准和执行应签字齐全。

（6）围绕安全、质量两条主线，实现安全与质量的综合控制。优化作业方案，提高效率、降低成本。

（7）一项作业任务编制一份作业指导书。

（8）应规定保证本项作业安全和质量的技术措施、组织措施、工序及验收内容。

（9）以人为本，贯彻安全生产健康环境质量管理体系的要求。

（10）概念清楚、表达准确、文字简练、格式统一。

（11）应结合现场实际，由专业技术人员编写，由相应的主管部门审批。

【思考与练习】

1. 电缆检修作业指导书一般由哪几部分组成？
2. 工作准备阶段包括哪些部分？
3. 现场作业示意图应包括哪些部分？
4. 作业阶段包括哪些部分？

模块 3　有限空间作业技术及安全要求（Z06D3007Ⅱ）

【模块描述】本模块主要介绍电缆有限空间作业技术及安全要求，通过知识讲解，掌握有限空间作业技术及相关安全要求。

【模块内容】

有限空间是指封闭或部分封闭，进出口较为狭窄有限，未被设计为固定工作场所，自然通风不良，易造成有毒有害、易燃易爆物质积聚或氧含量不足的空间。

有限空间作业是指作业人员进入有限空间实施的作业活动。

本模块内容只涉及与电力系统相关的有限空间的作业。

一、有限空间的分类

有限空间共分为三类：

（1）密闭设备：如船舱、贮罐、车载槽罐、反应塔（釜）、冷藏箱、压力容器、管道、烟道、锅炉等。

（2）地下有限空间：如地下管道、地下室、地下仓库、地下工程、暗沟、隧道、涵洞、地坑、废井、地窖、污水池（井）、沼气池、化粪池、下水道、沟、井、池、建筑孔桩、地下电缆沟等。

（3）地上有限空间：如储藏室、酒糟池、发酵池、垃圾站、温室、冷库、粮仓、料仓等。

电力电缆施工的有限空间场所大多处于地下或地上有限空间的范围。例如电缆沟、电缆隧道、顶管或盾构隧道、变电站内地下室、变电站 GIS 开关室、变电站电缆夹层、工井等需要进行电缆敷设安装的区域。

二、有限空间内电缆作业危险性的分类

（1）中毒危害。是指有限空间容易积聚高浓度有害物质，有害物质可以是原来就存在于有限空间的，也可以是作业过程中逐渐积聚的。比较常见的电缆工作容易产生有毒有害的物质有：

1）电缆镀锌支架焊接产生的有毒烟雾；

2）电缆支架防腐涂层处理产生的苯、甲苯等有害物质；

3）电缆附件安装工作产生的有害物质；

4）运行电缆巡线维护时，有限空间内日积月累形成的沼气、硫化氢气体、其他管道等泄漏到空间的有毒气体。

（2）缺氧危害。空气中氧浓度过低会引起缺氧，比较常见易造成缺氧的电缆工作有：

1）由于二氧化碳比空气重，在长期通风不良的各种桥箱涵、密闭的工作井、无通风设施的电缆沟道等场所内部，二氧化碳挤占空间，造成氧气浓度低，引发缺氧；

2）电缆通道内被其他各种气体挤占，发生空气中氧气不足，导致缺氧或窒息。

（3）爆燃危害。由于空气中存在易燃、易爆物质，浓度过高遇火而引起爆炸或燃烧。如电缆工作中经常接触到的汽柴油、酒精、石油天然气等物品。

（4）其他危害。即其他任何威胁生命或健康的环境条件。如环境因素诱发工作人员身体不适、坠落、溺水、坍塌（突发性河水倒灌）、物体打击、触电等，有些危害还具有隐蔽性并难以探测。

三、防范措施

有限空间内存在的危害，大多数情况下是完全可以预防的。在电缆施工前，要严格执行安全管理条例，落实作业许可制度。认真遵守操作规程，杜绝违章作业。进入作业现场前，要详细了解现场情况和有限空间内作业存在的危害种类，对作业现场进行危害识别和评估，增强防范意识，并有针对性地准备检测与防护器材，从而采取相对应的安全防护措施：

（1）对于可能产生的中毒危害，在进入作业现场前，首先应使用有害气体检测设备，对有限空间人员进出口位置，进行氧气、可燃气、硫化氢、一氧化碳等有毒有害气体检测，确认气体浓度符合安全标准后，方可进入。进入有限空间施工时，应佩戴隔离式空气呼吸器或过滤式空气呼吸器，并携带氧气报警器等个人防护用品和应急设备。

（2）对于缺氧危害，应在有限空间内采取强制或自然通风、空气净化等措施，使空气产生循环。必要时工作人员应配备可吸氧设备，使有限空间工作条件符合安全要求。

（3）针对爆燃危害，应在有限空间内，设置安全警示标志，严禁除电缆施工外，工作人员擅自取火、吸烟等可能发生爆燃的行为。根据消防安全管理规定，在现场配备足够数量的灭火设备，并设置警报装置。

（4）针对其他危害，可采取相应的保护措施：当发生工作人员身体不适，应立即停止其工作，确保人身安全；高空作业以及预防物体打击的危害时，应按规定正确使用安全防护工具，如安全带，安全帽等，并设专人监护；人员发生溺水或触电时，应将伤员迅速脱离危害现场，并立即展开急救。

进入有限空间施工时，还应佩带有效的通信工具，与外界保持联系，必要时应系挂安全绳，并配备监护员和应急救援人员，确保安全防护措施万无一失。所有工作人员应定期接受有限空间施工的专业培训。

【思考与练习】

1. 有限空间的分类有哪些？
2. 有限空间内电缆作业的危害有哪些?
3. 如何防范有限空间内电缆作业时可能产生的中毒危害？

第四部分

电力电缆终端制作与安装

第十一章

110kV（66kV）电缆各种类型终端制作与安装

模块 1　110kV 电缆各种类型终端头制作程序及工艺要求（Z06F1001Ⅱ）

一、敞开式终端制作工艺流程及工艺质量控制要点

敞开式终端，一般采用瓷套管或复合套管，应用于外露空气中，受阳光直射和风吹雨打的室外或不受阳光照射和淋雨的室内环境。敞开式终端分户外和户内两种类型。

（1）110kV 电力电缆户外终端制作工艺流程见图 11–1–1。

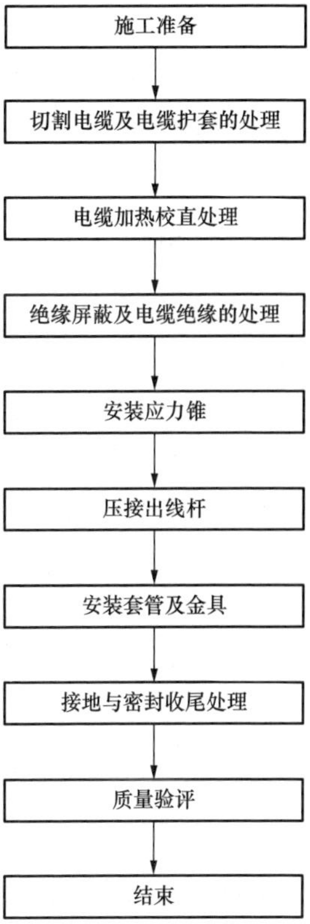

图 11–1–1　110kV 电力电缆户外终端制作工艺流程图

（2）110kV 电力电缆户外终端制作质量控制要点。

1）施工准备。

a. 安装环境要求。安装电缆终端头时，必须严格控制施工现场的温度、湿度与清洁程度。温度宜控制在 0～35℃，当温度超出允许范围时，应采取适当措施。相对湿度应控制在 70%及以下。在户外施工应搭建施工棚，施工现场应有足够的空间，满足电缆弯曲半径和安装操作需要，施工现场安全措施应齐备。

b. 检查施工用工器具，确保所需工器具清洁、齐全、完好。

2）切割电缆及电缆护套的处理。

a. 根据图纸与工艺要求，剥除电缆外护套。如果电缆外护套表面有外电极，应按照图纸与工艺要求用玻璃片刮掉一定长度的外电极。将外护套下的化合物清除干净。不得过度加热外护套和金属护套，以免损伤电缆

绝缘。

b. 根据图纸与工艺要求剥除金属护套，操作时应严格控制切口深度，严禁切口过深而损坏电缆内部结构。打磨金属护套断口，去除毛刺，以防损伤绝缘。

3）电缆加热校直处理。在 110kV 及以上电压等级的高压交联电缆生产过程中，电缆绝缘内部会留有应力。这种应力会使电缆导体附近的绝缘有向绝缘体中间收缩的趋势。当切断电缆时，就会出现电缆端部绝缘逐渐回缩并露出线芯。一旦电缆绝缘回缩后，电缆终端内就会产生气隙。在高电场作用下，气隙很快会产生局部放电，导致终端被击穿。因此，在 110kV 电缆终端制作过程中，必须做好电缆加热校直工艺，确保上述应力的消除与电缆的笔直度。

根据附件供货商提供的工艺对电缆进行加热校直。要求电缆笔直度应满足工艺要求，110kV 交联电缆终端要求弯曲度：电缆每 600mm 长，最大弯曲度偏移控制在 2～5mm，如图 11–1–2 所示。

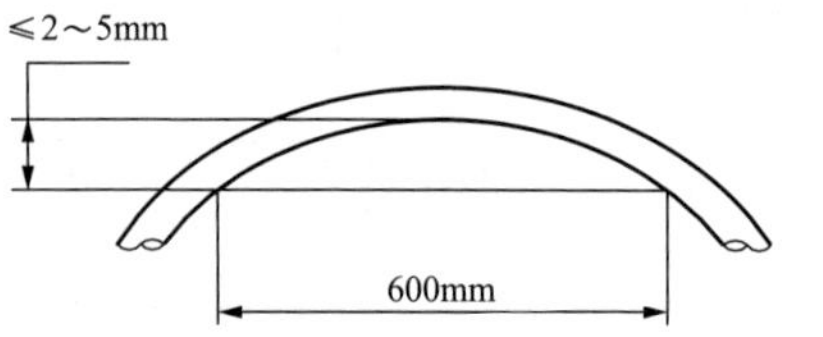

图 11–1–2 交联聚乙烯电缆加热校直处理

4）绝缘屏蔽层及电缆绝缘表面的处理。110kV 及以上电压等级的高压交联电缆附件中，电缆绝缘表面的处理是制约整个电缆附件绝缘性能的决定因素。因此，电缆绝缘表面，尤其是与预件应力锥相接触部分绝缘及绝缘屏蔽处，其超光滑处理是一道十分重要的工艺。电缆绝缘表面的光滑程度与处理用的砂纸或砂带目数有关，在 110kV 电缆终端安装过程中，至少应使用 400 号及以上的砂纸或砂带进行光滑打磨处理。外半导电绝缘屏蔽层与绝缘之间的过渡应进行精细处理，要求过渡平缓，不得形成凹陷或凸起。同时，为了确保界面压力，必须进行电缆绝缘外径的测量，如图 11–1–3 所示。要求外径尺寸符合工艺及图纸尺寸要求，且测量点数及 X–Y 方向测量偏差满足工艺要求。

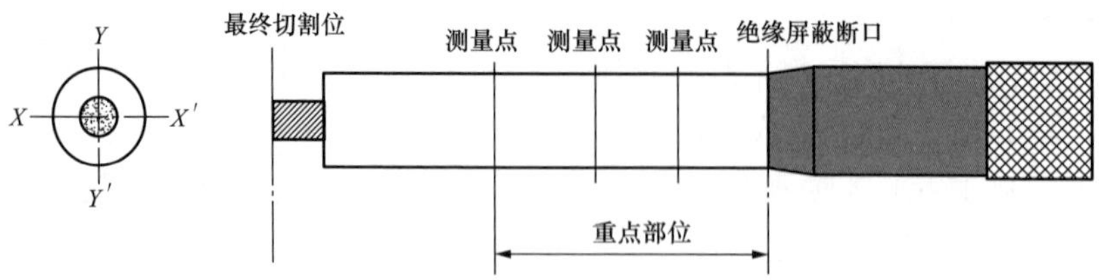

图 11–1–3 电缆绝缘表面直径测量

清洁电缆绝缘表面应使用无水溶剂，从绝缘部分向半导电屏蔽层方向擦清。要求清洁纸不能来回擦，擦过半导电屏蔽层的清洁纸绝对不能再擦绝缘层，擦过的清洁纸不能重复使用。

5）安装应力锥及导体连接。套入应力锥前，应确认经过处理的电缆绝缘外径符合工艺要求，而且应用无水溶剂清洁电缆绝缘表面。待清洗剂挥发后，在电缆绝缘表面、应力锥内外表面上均匀涂上少许硅脂。将应力锥小心套入电缆，采取保护措施防止应力锥在套入过程中受损，清除剩余硅脂。

6）导体连接。导体连接方式宜采用机械压力连接方法。导体压接前，应检查一遍各零部件的数量、安装顺序和方向。检查导体尺寸，清除导体表面污迹与毛刺。按工艺图纸要求，准备压接模具和压接钳。按工艺要求的顺序压接导体。压接完毕后对压接部分进行处理，测量压接延伸量。要求接管压接部分不得存在尖锐和毛刺。要求压接完毕后电缆之间仍保持足够的笔直度。

7）安装套管及金具。

a. 安装前应检查套管内壁及外观，要求套管内壁无伤痕、杂质和污垢。检查应力锥的固定位置是否正确。各部位的固定螺栓应按工艺图纸要求，用力矩扳手紧固。放置 O 形密封圈前，必须先用清洗剂清洗干净与 O 形密封圈接触的表面，并确认这些接触面无任何损伤。

b. 对于采用弹簧压缩装置的应力锥（或其他环氧树脂预制件或橡胶预制件），其压力调整应根据工艺图纸要求，用力矩扳手紧固。要求弹簧变形长度满足工艺及图纸要求，弹簧伸缩无障碍。

8）接地与密封收尾处理。电缆终端尾管密封可采用封铅方式或绕包环氧混合物和玻璃丝带等方式。采用封铅方式进行接地或密封时，封铅要与电缆金属护套和电缆终端的金属尾管紧密连接，封铅致密性要好，不应有杂质和气泡。密封搪铅时，应掌握加热温度，控制缩短搪铅操作时间。可以在搪铅过程中采取局部冷却措施，以免金属护套温度过高而损伤电缆绝缘。采用环氧混合物和玻璃丝带方式密封时，应均匀充实。如需加注绝缘填充剂，应根据工艺图纸要求灌入绝缘填充剂至规定液面位置。

9）质量验评。根据工艺和图纸要求，及时做好现场质量检查、接头报表填写工作。要求通过过程监控与最终附件验收，确保接头安装质量并作好记录。

二、封闭式终端制作工艺流程及工艺质量控制要点

封闭式终端是指被连接的电气设备带有与电缆相连接的结构或部件，使电缆导体与设备的连接处于全绝缘状态。封闭式终端分 GIS 终端、油浸终端、可分离连接终端等类型。

1. 110kV 电力电缆 GIS 终端制作工艺流程

见图 11-1-4。

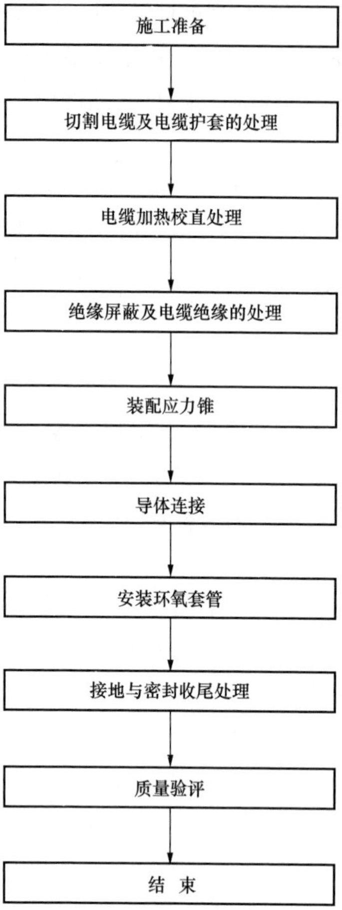

图 11-1-4 110kV 电力电缆 GIS 终端制作工艺流程图

2. 110kV 电力电缆 GIS 终端制作质量控制要点

（1）110kV 电力电缆 GIS 终端制作质量控制要点与 110kV 电力电缆敞开式终端制作质量控制要点大致相同，唯一区别在于安装环氧套管和与 GIS 开关之间的连接。

（2）安装环氧套管。

1）根据工艺图纸要求，检查环氧套管内壁及外观。要求套管内壁无伤痕、杂质、凹凸和污垢。各部位的固定螺栓应按工艺图纸要求，用力矩扳手紧固。放置 O 形密封圈前，必须先用清洗剂清洗干净与 O 形密封圈接触的表面，并确认这些接触面无任何损伤。

对于采用弹簧压缩装置的应力锥（或其他环氧树脂预制件或橡胶预制件），其压力调整应根据工艺图纸要求，用力矩扳手紧固。要求弹簧变形长度满足工艺及图纸要求，弹簧伸缩无障碍。

2）安装密封金具或屏蔽罩，调整密封金具或屏蔽罩使其上表面到开关设备与 GIS 终端部位界面的长度满足要求。检查开关设备导电杆与密封金具或屏蔽罩的螺栓孔位是否匹配，最终固定密封金具或屏蔽罩，确认固定力矩，确保电缆 GIS 终端与开关设备之间的密封质量。

（3）接地与密封处理。

1）所有的接地线和金属屏蔽带均应用铜丝扎紧后再以锡焊焊牢。

2）将电缆尾管与金属护套处进行密封处理，并将接地连通。搪铅前，搪铅处表面应清洁并镀锡。当与电缆金属护套进行搪铅密封时，应掌握加热温度，控制缩短搪铅操作时间。可以在搪铅过程中采取局部冷却措施，以免金属护套温度过高而损伤电缆绝缘。

3）如需灌入绝缘填充剂，应根据工艺控制液面位置。

（4）质量验评。根据工艺和图纸要求，及时做好现场质量检查、终端报表填写工作。要求通过过程监控与最终附件验收，确保终端安装质量并作好记录。

【思考与练习】

1. 110kV 电力电缆户外终端制作工艺流程有哪些步骤？

2. 安装交联电缆终端时为什么要对电缆进行加热校直？

3. 110kV 电缆终端接地与密封处理有哪些要求？

模块 2　110kV 电缆终端头安装（Z06F1002Ⅱ）

【模块描述】本模块包含 110kV 常用电力电缆终端头安装步骤及要求。通过流程介绍、图形示意，掌握 110kV 常用电力电缆终端头安装操作及工艺要求。

【模块内容】

一、安装前的准备工作

（1）附件材料验收。电缆附件规格应与电缆一致。零部件应齐全无损伤。绝缘材料不得受潮。密封材料不得失效，壳体结构附件应预先组装，内壁清洁。

（2）工器具检查。

1）电缆终端施工前，应作好施工用工器具检查，确保所需工器具齐全清洁完好，便于操作，掌握各类专用工具的使用方法。

2）安装电缆终端前，应做好施工用电源及照明检查，确保施工用电及照明设备能够正常工作。

（3）终端支架定位安装完毕，确保作业面水平。

（4）必要时应进行附件试装配。

二、110kV 电力电缆敞开式终端头安装步骤及要求

1. 电缆临时固定和试验工作

电缆敷设至临时支架位置，测量电缆外护套绝缘，确保电缆敷设过程中没有损伤电缆外护套。

2. 切割电缆及电缆外护套的处理

（1）将电缆固定于终端支架或者临时支架处，安装支撑绝缘子和终端底板。

（2）检查电缆长度，确保电缆在制作敞开式终端时有足够的长度和适当的余量。根据工艺图纸要求确定电缆最终切割位置，预留 200～500mm 余量，切剥电缆。

（3）根据工艺图纸要求确定电缆外护套剥除位置，剥除电缆外护套。如果电缆外护套附有外电极，则宜用玻璃片将外电极去除干净无残余，剥除长度应符合工艺要求。

（4）根据工艺图纸要求确定金属护套剥除位置。剥除金属护套应符合下列要求：

1）剥除铅护套。用刀具在铅护套剥除位置环切一周，在需剥除的铅护套的全长上划两道相距 10mm 的轴向切口。用尖嘴钳剥除铅护套。切口深度必须严格控制，严禁切口过深而损坏电缆绝缘。也可以用其他方法剥除铅护套，如用劈刀剖铅等，但注意不能损伤电缆绝缘。

2）剥除铝护套。用刀具仔细地沿着剥除位置的圆周锉断铝护套，不应损伤电缆绝缘。铝护套断口应进行处理，去除尖口及残余金属碎屑。

3）铝护套表面处理完毕后，应在工艺要求的部位进行搪底铅。首先在铝护套表面涂一层焊接底料，然后在焊接底料上加一定厚度的底铅，以便后续接地工艺施工。

（5）最终切割。在最终切割标记处将电缆垂直切断，要求导体切割断面平直。如果电缆截面较大，可先去除一定厚度电缆绝缘，直至适当位置后再用锯子等工具沿电缆轴线垂直切断。

3. 电缆加热校直处理

（1）交联聚乙烯电缆终端安装前应进行加热校直，通过加热达到下列工艺要求：电缆每 600mm 长，最大弯曲度偏移控制在 2～5mm，如图 11-2-1 所示。

（2）交联电缆安装工艺无明确要求时，加热校直所需工具和材料主要有：

1）温度控制箱，含热电偶和接线；

2）加热带；

3）校直管，宜采用半圆钢管或角铁；

4）辅助带材及保温材料。

（3）加热校直的温度要求：

1）加热校直时，电缆绝缘屏蔽层处温度宜控制在（75±3）℃，加热时间宜不小于 3h；

2）保温时间宜不小于 1h；

3）冷却 8h 或冷却至常温后采用校直管校直。

4. 绝缘屏蔽层及电缆绝缘表面的处理

（1）绝缘屏蔽层与绝缘层间的过渡处理。

1）采用专用的切削刀具切削电缆绝缘屏蔽，并用玻璃片刮清粘结屏蔽的残留部分。绝缘屏蔽层与绝缘层间应形成光滑过渡，如图 11-2-2 所示，过渡部分锥形长度宜控制在 20～40mm；绝缘屏蔽断口峰谷差宜按照工艺要求执行，如工艺书未注明，建议控制在小于 5mm。

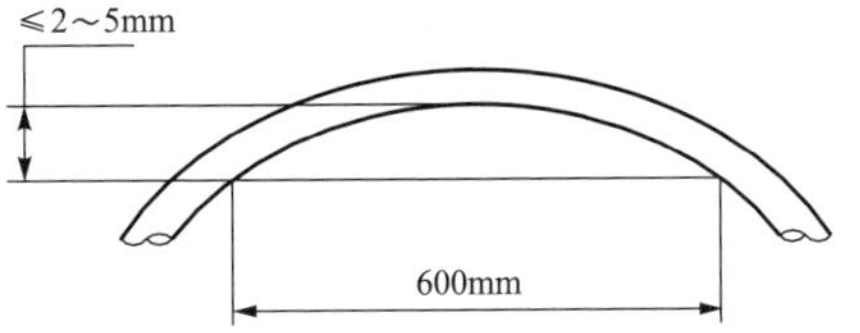

图 11–2–1　交联聚乙烯

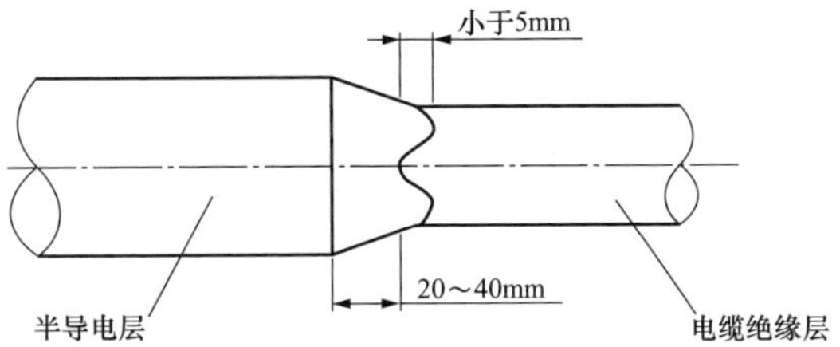

图 11–2–2　绝缘屏蔽与绝缘层过渡部分电缆加热校直处理

2）打磨过绝缘屏蔽的砂纸或砂带绝对不能再用来打磨电缆绝缘。

3）如附件供货商工艺规定需要涂覆半导电漆，应严格按照工艺指导书操作。

4）打磨处理完毕后，用塑料薄膜覆盖处理过的绝缘屏蔽及电缆绝缘表面。

（2）电缆绝缘表面的处理。

1）电缆绝缘处理前应测量电缆绝缘以及应力锥尺寸，确认上述尺寸是否符合工艺图纸要求。

2）电缆绝缘表面应进行打磨抛光处理，一般应采用 240～600 号及以上砂纸或砂带。110kV 及以上电缆应尽可能使用 600 号及以上砂纸或砂带，最低不应低于 400 号砂纸或砂带。初始打磨时，可使用打磨机或 240 号砂纸或砂带进行粗抛，并按照由小至大的顺序选择砂纸或砂带进行打磨。打磨时每一号砂纸或砂带应从两个方向打磨 10 遍以上，直到上一号砂纸或砂带的痕迹消失，如图 11–2–3 所示。

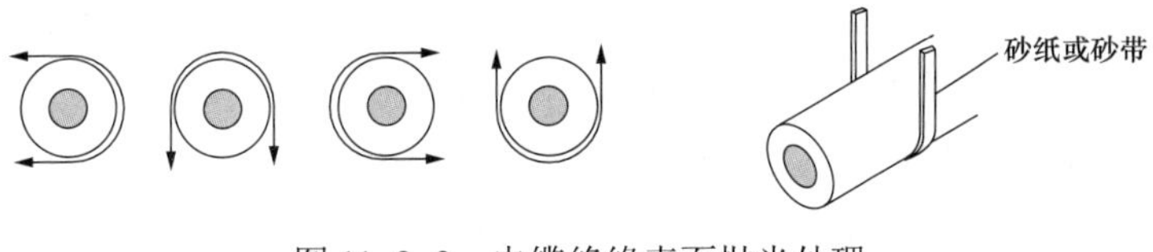

图 11–2–3　电缆绝缘表面抛光处理

3）打磨抛光处理的重点部位是安装应力锥的部位，打磨处理完毕后应测量绝缘表面直径。如图 11–2–4 所示，测量时应多选择几个测量点，每个测量点宜测 2 次，且测量点数及 X–Y 方向测量偏差满足工艺要求，确保绝缘表面的直径达到设计图纸所规定的尺寸范围。测量完毕应再次打磨抛光测量点，以去除痕迹。

4）打磨抛光处理完毕后，绝缘表面的粗糙度（目视检测）宜按照工艺要求执行，如工艺书未注明，建议控制在不大于 300m，现场可用平行光源进行检查。

5）打磨处理完毕后，用塑料薄膜覆盖抛光过的绝缘表面，以免其受潮或被污损。

5. 装配应力锥

（1）应力锥装配一般技术要求包括以下内容：

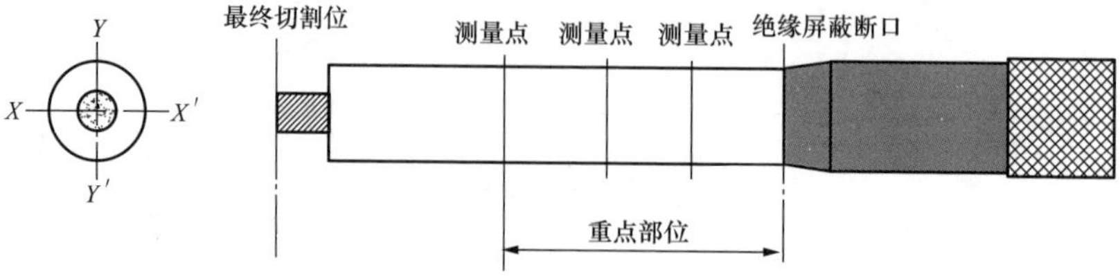

图 11-2-4 电缆绝缘表面直径测量

1）保持电缆绝缘表面的干燥和清洁；

2）施工过程中应避免损伤电缆绝缘；

3）在暴露电缆绝缘表面上，清除所有半导电材料的痕迹；

4）涂抹硅脂或硅油时，应使用清洁的手套；

5）只有在准备套装时，才可打开应力锥的外包装；

6）安装前应以正确的顺序把以后要装配的终端尾管、密封圈等部件套入电缆；

7）在套入应力锥之前，应清洁粘在电缆绝缘表面上的灰尘或其他残留物，清洁方向应由绝缘层朝向绝缘屏蔽层。

（2）以干式终端结构为例，其技术要求包括以下内容：

1）检查弹簧紧固件与应力锥是否匹配；

2）先套入弹簧紧固件，再安装应力锥；

3）在电缆绝缘、绝缘屏蔽层和应力锥的内表面上应涂上硅油；

4）安装完弹簧紧固件后，应测量弹簧压缩长度是否在工艺要求的范围内；

5）检查弹簧所在螺栓是否有阻碍弹簧自由伸缩的部件。

（3）以湿式终端结构为例，其技术要求包括以下内容：

1）电缆导体处宜采用带材密封或模塑密封方式，防止终端内的绝缘填充剂流入导体；

2）先套入密封底座，再安装应力锥；

3）在电缆绝缘、绝缘屏蔽层和应力锥的内表面上应涂上硅脂；

4）用手工或专用工具套入应力锥，并在套到规定位置后清除应力锥末端多余硅脂。

6. 压接出线杆

（1）导体连接方式宜采用机械压力连接方法，建议采用围压压接法。

（2）采用围压压接法进行导体连接时应满足下列要求：

1）压接前应检查核对连接金具和压接模具，选用合适的接线端子、压接模具和压接机；

2）压接前应清除导体表面污迹与毛刺；

3）压接时导体插入长度应充足；

4）压接顺序可参照 GB 14315 附录 C 的要求；

5）围压压接每压一次，在压模合拢到位后应停留 10～15s，使压接部位金属塑性变形达到基本稳定后，才能消除压力；

6）在压接部位，围压形成的边应各自在同一个平面上；

7）压缩比宜控制在 15%～25%；

8）分割导体分块间的分隔纸（压接部分）宜在压接前去除；

9）围压压接后，应对压接部位进行处理。

压接后连接金具表面应光滑，并清除所有的金属屑末、压接痕迹。压接后连接金具表面不应有裂纹和毛刺，所有边缘处不应有尖端。电缆导体与接线端子应笔直无翘曲。

7. 安装套管及金具

（1）用合适的溶剂将套管的内外表面清洁干净，检查套管内外表面，确认无杂质和污染物。如为干式终端结构，将套管内表面与应力锥接触的区域清洁并涂硅油。

（2）彻底清洁电缆检查电缆绝缘表面及应力锥表面，确认无杂质和污染物后用起吊工具把瓷套管缓缓套入电缆，在套入过程中，套管不能碰撞应力锥，不得损伤套管。

（3）清洁密封圈并均匀涂抹硅脂，将密封圈完全放入密封槽内。

（4）将尾管固定在终端底板上，确保电缆敞开式终端的密封质量。

（5）对干式终端结构，根据工艺及图纸要求，将弹簧调整成规定压缩比，且均匀拧紧。

8. 接地与密封收尾处理

（1）终端尾管与金属护套进行接地连接时，可采用搪铅方式或采用接地线焊接等方式。

（2）终端密封可采用搪铅方式或采用环氧混合物/玻璃丝带等方式。

（3）采用搪铅方式进行接地或密封时，应满足以下技术要求：

1）封铅要与电缆金属护套和电缆附件的金属套管紧密连接，封铅致密性要好，不应有杂质和气泡；

2）搪铅时不应损伤电缆绝缘，应掌握好加热温度，控制缩短搪铅操作时间；

3）圆周方向的搪铅厚度应均匀，外形应力求美观。

（4）终端尾管与金属护套采用焊接方式进行接地连接时，跨接接地线截面应满足系统短路电流通流要求。

（5）采用环氧混合物/玻璃丝带方式密封时，应满足以下技术要求：

1）金属护套和终端尾管需要绕包环氧玻璃丝带的地方，应用砂纸或砂带进行打磨；

2）环氧树脂和固化剂应混合搅拌均匀；

3）先涂上一层环氧混合物，再绕包一层半搭盖的玻璃丝带，按此顺序重新进行该工序，直到环氧混合物/玻璃丝带的厚度超过3mm；

4）每层玻璃丝带下方为环氧涂层，应使每层玻璃丝带全部浸在环氧混合物中，避免水分与环氧混合物接触；

5）确保环氧混合物固化，时间宜控制在2h以上。

（6）敞开式终端内如需灌入绝缘剂，在安装前宜检验其密封性，如采用抽真空法。一般在瓷套顶部留有100～200mm的空气腔，作为终端的膨胀腔。

（7）敞开式终端收尾工作，应满足以下技术要求：

1）安装终端接地箱/接地线时，接地线与接地线鼻子的连接应采用机械压接方式，接地线鼻子与终端尾管接地铜排的连接宜采用螺栓连接方式；

2）同一地点同类敞开式终端，其接地线布置应统一，接地线排列及固定、终端尾管接地铜排的方向应统一，为之后运行维护工作提供便利；

3）采用带有绝缘层的接地线将敞开式终端尾管通过终端接地箱与电缆终端接地网相连，接地线的固定与走向应符合设计要求，整齐划一，美观有序；

4）敞开式终端接地连接线应尽量短，连接线截面积应满足系统单相接地电流通过时的热稳定要求，连接线的绝缘水平不得低于电缆外护套的绝缘水平。

三、110kV 电力电缆封闭式终端头安装步骤及要求

1. 施工准备工作

（1）除了满足110kV常用电力电缆终端头安装的基本要求外，110kV电力电缆封闭式GIS终端头安装前，还应注意检查终端零件的形状、外壳是否损伤，件数是否齐全，对各零部件尺寸按图纸进行校核，最好进行预装配。检查所带工具及安装用的图纸与工艺是否齐备。

（2）110kV电力电缆封闭式GIS终端头安装前的准备工作，安装过程中的电缆切割、绝缘和屏蔽层的处理以及导体压接等，与户外终端安装的要求相同。

2. 安装环氧套管及金具

（1）用合适的溶剂将套管的内外表面清洁干净，检查套管内外表面，确认无杂质和污染物。如为干式终端结构，应将套管内表面与应力锥接触的区域清洁并涂硅油。

（2）彻底清洁电缆，检查电缆绝缘表面及应力锥表面，确认无杂质和污染物后，用手工或起吊工具把套管缓缓套入电缆，在套入过程中，套管不能碰撞应力锥。

（3）清洁密封圈并均匀涂抹硅脂，将密封圈完全放入密封槽内。

（4）安装密封金具或屏蔽罩，调整密封金具或屏蔽罩使其上表面到开关设备与GIS 终端部位界面的长度满足 IEC 60859 的要求。

（5）检查开关设备导电杆与密封金具或屏蔽罩的螺栓孔位是否匹配，最终固定密封金具或屏蔽罩，确认固定力矩。

（6）将尾管固定在套管上，确认固定力矩，确保电缆 GIS 终端与开关设备之间的密封质量。

3. 接地与密封收尾处理

（1）GIS 终端尾管与金属护套进行接地连接时，可采用搪铅方式或采用接地线焊接等方式。

（2）GIS 终端密封可采用搪铅方式或采用环氧混合物/玻璃丝带等方式。

（3）采用搪铅方式进行接地或密封时，应满足以下技术要求：

1）封铅要与电缆金属护套和电缆附件的金属套管紧密连接，封铅致密性要好，不应有杂质和气泡；

2）搪铅时不应损伤电缆绝缘，应掌握好加热温度，控制缩短搪铅操作时间；

3）圆周方向的搪铅厚度应均匀，外形应力求美观。

（4）GIS 终端尾管与金属套采用焊接方式进行接地连接时，跨接接地线截面应满足系统短路电流通流要求。

（5）采用环氧混合物/玻璃丝带方式密封时，应满足以下技术要求：

1）金属护套和终端尾管需要绕包环氧玻璃丝带的地方，应用砂纸或砂带进行打磨；

2）环氧树脂和固化剂应混合搅拌均匀；

3）先涂上一层环氧混合物，再绕包一层半搭盖的玻璃丝带，按此顺序重新进行该工序，直到环氧混合物/玻璃丝带的厚度超过 3mm；

4）每层玻璃丝带下方为环氧涂层，应使每层玻璃丝带全部浸在环氧混合物中，避免水分与环氧混合物接触；

5）确保环氧混合物固化，时间宜控制在 2h 以上。

（6）GIS 终端内如需灌入绝缘剂，在安装前宜检验其密封性，如采用抽真空法。

（7）GIS 终端收尾工作，应满足以下技术要求：

1）安装终端接地箱/接地线时，接地线与接地线鼻子的连接应采用机械压接方式，接地线鼻子与终端尾管接地铜排的连接宜采用螺栓连接方式；

2）同一变电站内同类 GIS 终端，其接地线布置应统一，接地线排列及固定、终端尾管接地铜排的方向应统一，且为之后运行维护工作提供便利；

3）采用带有绝缘层的接地线将 GIS 终端尾管通过终端接地箱与电缆终端接地网

相连，接地线的固定与走向应符合设计要求，整齐划一，美观有序；

4）GIS 终端如需穿越楼板，应做好电缆孔洞的防火封堵措施，一般在安装完防火隔板后，可采用填充防火包、浇注无机防火堵料或包裹有机防火堵料等方式，终端金属尾管宜有绝缘措施，且接地线鼻子不应被包覆在上述防火封堵材料中；

5）GIS 终端接地连接线应尽量短，连接线截面积应满足系统单相接地电流通过时的热稳定要求，连接线的绝缘水平不得低于电缆外护套的绝缘水平。

【思考与练习】

1. 安装交联电缆时电缆加热校直需要哪些工器具？
2. 110kV 电缆敞开式终端装配应力锥有哪些技术要点？
3. 电缆终端安装时导体连接有哪些技术要求？

第十二章

220kV及以上电缆各种类型终端制作与安装

模块1　220kV电缆各种类型终端头制作程序及工艺要求（Z06F2001Ⅲ）

【模块描述】本模块包含220kV常用电力电缆终端头制作程序及工艺要求。通过图解示意、图形提示、流程介绍，掌握220kV常用电力电缆终端头制作程序及工艺要求。

【模块内容】

一、敞开式终端制作工艺流程及工艺质量控制要点

敞开式终端一般采用瓷套管或复合套管，应用于外露空气中，受阳光直射和风吹雨打的室外或不受阳光照射和淋雨的室内环境。敞开式终端分户外和户内两种。

（一）220kV电力电缆户外终端制作工艺流程

见图12-1-1。

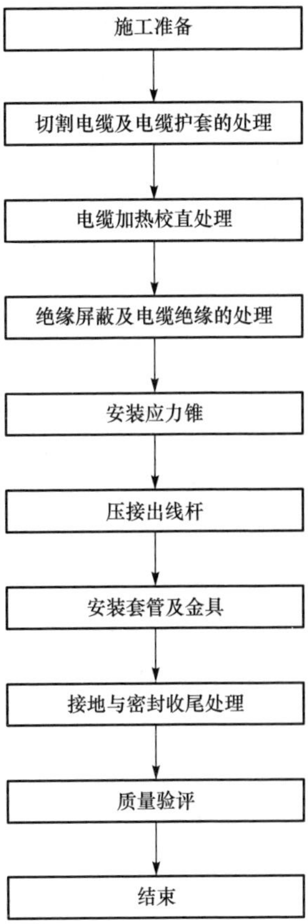

图12-1-1　220kV电力电缆户外终端制作工艺流程图

（二）220kV电力电缆户外终端制作质量控制要点

1. 施工准备

（1）安装环境要求。安装电缆终端时，必须严格控制施工现场的温度、湿度与清洁程度。温度宜控制在0～35℃，当温度超出允许范围时，应采取适当措施。相对湿度应控制在70%及以下。在户外施工应搭建施工棚，施工现场应有足够的空间满足电缆弯曲半径和安装操作需要，施工现场安全措施齐备。

（2）检查施工用工器具，确保所需工器具清洁、齐全、完好。

2. 切割电缆及电缆护套的处理

（1）根据图纸与工艺要求，剥除电缆外护套。如果电缆外护套表面有外电极，应按照图纸与工艺要求用玻璃片刮掉一定长度外电极。将外护套下的化合物清除干净。不得过度加热外护套和金属护套，以免损伤电缆绝缘。

（2）根据图纸与工艺要求剥除金属护套，操作时应严格控制切口深度，严禁切口过深而损坏电缆内部结构。打磨金属护套断口，去除毛刺，以防损伤绝缘。

3. 电缆加热校直处理

在220kV及以上电压等级的高压交联电缆生产过程中，电缆绝缘内部会留有应力。这种应力会使电缆导体附近的绝缘有向绝缘体中间收缩的趋势。当切断电缆时，就会出现电缆端部绝缘逐渐回缩并露出线芯，一旦电缆绝缘回缩后，电缆终端内就会产生气隙。在高电场作用下，气隙很快会产生局部放电，导致终端被击穿。因此，在220kV电缆终端制作过程中，必须做好电缆加热校直工艺，确保上述应力的消除与电缆的笔直度。

根据附件供货商提供的工艺对电缆进行加热校直。要求电缆笔直度应满足工艺要求，220kV交联电缆终端要求弯曲度：电缆每600mm长，最大弯曲度偏移控制在2～5mm，如图12–1–2所示。

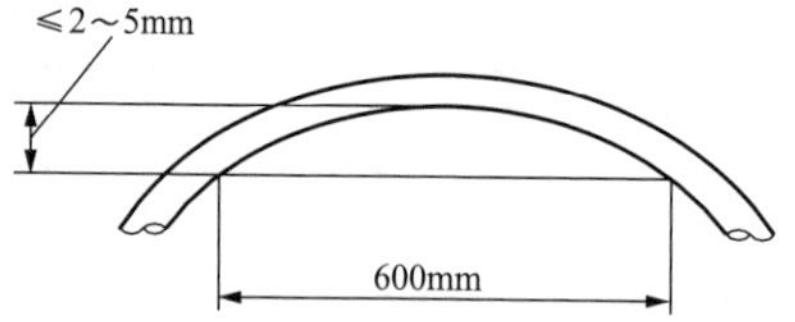

图12–1–2 交联聚乙烯电缆加热校直处理

4. 绝缘屏蔽层及电缆绝缘表面的处理

220kV及以上电压等级的高压交联电缆附件中，电缆绝缘表面的处理是制约整个电缆附件绝缘性能的决定因素。因此，电缆绝缘表面尤其是与预件应力锥相接触部分绝缘及绝缘屏蔽处的超光滑处理是一道十分重要的工艺。电缆绝缘表面的光滑程度与处理用的砂纸或砂带目数有关，在220kV电缆终端安装过程中，至少应使用400号及以上的砂纸或砂带进行光滑打磨处理。外半导电绝缘屏蔽层与绝缘之间的过渡应进行精细处理，要求过渡平缓，不得形成凹陷或凸起。同时为了确保界面压力，必须进行电缆绝缘外径的测量，如图12–1–3所示。要求外径尺寸符合工艺及图纸尺寸要求，且测量点数及X–Y方向测量偏差满足工艺要求。

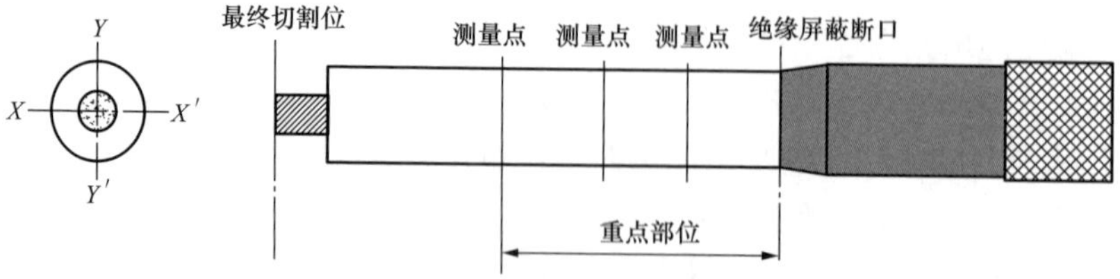

图12–1–3 电缆绝缘表面直径测量

清洁电缆绝缘表面应使用无水溶剂，从绝缘部分向半导电屏蔽层方向擦清。要求清洁纸不能来回擦，擦过半导电屏蔽层的清洁纸绝对不能再擦绝缘层，擦过的清洁纸不能重复使用。

5. 导体连接

导体连接方式宜采用机械压力连接方法。导体压接前应检查一遍各零部件的数量、安装顺序和方向。检查导体尺寸，清除导体表面污迹与毛刺。按工艺图纸要求，准备压接模具和压接钳。按工艺要求的顺序压接导体。压接完毕后对压接部分进行处理，测量压接延伸量。要求接管压接部分不得存在尖锐和毛刺。要求压接完毕后电缆之间仍保持足够的笔直度。

6. 安装应力锥

套入应力锥前，应确认经过处理的电缆绝缘外径符合工艺要求，而且应用无水溶剂清洁电缆绝缘表面。待清洗剂挥发后，在电缆绝缘表面、应力锥内、外表面上应均匀涂上少许硅脂。将应力锥小心套入电缆，采取保护措施防止应力锥在套入过程中受损，清除剩余硅脂。

7. 安装套管及金具

安装前应检查套管内壁及外观，要求套管内壁无伤痕、杂质和污垢。检查应力锥的固定位置是否正确。各部位的固定螺栓应按工艺图纸要求，用力矩扳手紧固。放置 O 形密封圈前，必须先用清洗剂清洗干净与 O 形密封圈接触的表面，并确认这些接触面无任何损伤。

对于采用弹簧压缩装置的应力锥（或其他环氧树脂预制件或橡胶预制件），其压力调整应根据工艺图纸要求，用力矩扳手紧固。要求弹簧变形长度满足工艺及图纸要求，弹簧伸缩无障碍。

8. 接地与密封收尾处理

电缆终端尾管密封可采用封铅方式或绕包环氧混合物和玻璃丝带等方式。采用封铅方式进行接地或密封时，封铅要与电缆金属护套和电缆终端的金属尾管紧密连接，封铅致密性要好，不应有杂质和气泡。密封搪铅时，应掌握加热温度，控制缩短搪铅操作时间。可以在搪铅过程中采取局部冷却措施，以免金属护套温度过高而损伤电缆绝缘。采用环氧混合物和玻璃丝带方式密封时，应均匀充实。如需加注绝缘填充剂，应根据工艺图纸要求灌入绝缘填充剂至规定液面位置。

9. 质量验评

根据工艺和图纸要求，及时做好现场质量检查、接头报表填写工作。要求通过过程监控与最终附件验收，确保接头安装质量并做好记录。

（三）敞开式终端增强绝缘处理要点

1. 主要影响因素

其增强绝缘部分（应力锥）一般采用预制橡胶应力锥型式。增强绝缘的关键部位是预制附件与交联聚乙烯电缆绝缘的界面，主要影响因素如下：

（1）界面的电气绝缘强度。

（2）交联聚乙烯绝缘表面清洁光滑程度。

（3）界面压力。

（4）界面间使用的润滑剂。

2. 应力锥结构

其应力锥结构一般采用干式和湿式两种型式。

（1）干式终端。干式终端在终端内部采用应力锥和环氧套管，利用弹簧对预制应力锥提供稳定的压力，增加应力锥对电缆和环氧套管表面的机械压强，从而提高沿电缆表面击穿场强。环氧套管外的瓷套内部仍需添加绝缘填充剂。

干式终端由弹簧紧固件、应力锥、环氧套管组成，如图 12–1–4 和图 12–1–5 所示。

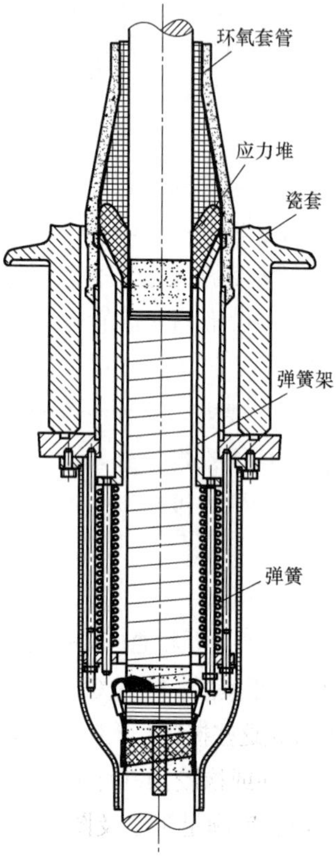

图 12–1–4 弹簧紧固件、应力锥、环氧套管结构

干式终端结构的技术要求包括以下内容：

1）检查弹簧紧固件与应力锥是否匹配；

2）先套入弹簧紧固件，再安装应力锥；

3）在电缆绝缘、绝缘屏蔽层和应力锥的内表面上应涂上硅油；

4）安装完弹簧紧固件后，应测量弹簧压缩长度是否在工艺要求的范围内；

5）检查弹簧所在螺栓是否有阻碍弹簧自由伸缩的部件。

（2）湿式终端。湿式终端在终端内部采用应力锥和密封底座，利用绕包带材保证绝缘屏蔽与应力锥半导电层的电气连接和内外密封，终端内部灌入绝缘填充剂，如硅油或聚乙丁烯。电缆在运行中绝缘填充剂热胀冷缩，为避免终端套管内压力过大或形成负压，通常采用空气腔、油瓶或油压力箱等调节措施。

湿式终端由绕包带材、密封底座、应力锥组成，如图 12–1–6 所示。

湿式终端结构的技术要求包括以下内容：

1）电缆导体处宜采用带材密封或模塑密封方式，防止终端内的绝缘填充剂流入导体；

2）先套入密封底座，再安装应力锥；

3）在电缆绝缘、绝缘屏蔽层和应力锥的内表面上应涂上硅脂；

4）用手工或专用工具套入应力锥，并在套到规定位置后清除应力锥末端多余硅脂。

二、封闭式终端制作工艺流程及工艺质量控制要点

封闭式终端是指被连接的电气设备带有与电缆相连接的结构或部件，使电缆导体与设备的连接处于全绝缘状态。封闭式终端分 GIS 终端、油浸终端、可分离连接终端等类型。

1. 220kV 电力电缆 GIS 终端制作工艺流程见图 12-1-7。

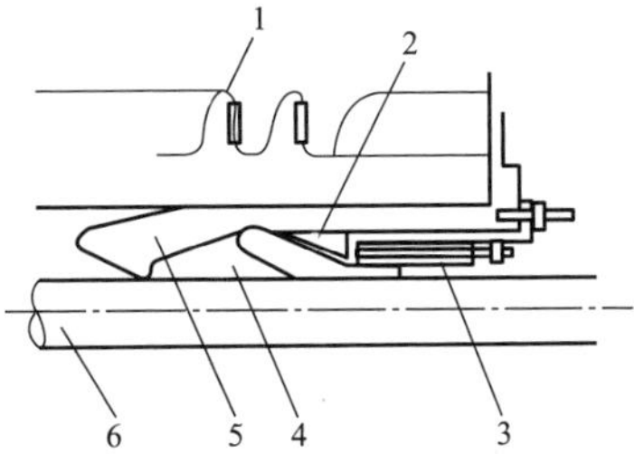

图 12-1-5　干式敞开式终端结构

1—瓷套管；2—压环；3—弹簧；4—橡胶预制应力锥；5—环氧树脂件；6—电缆绝缘

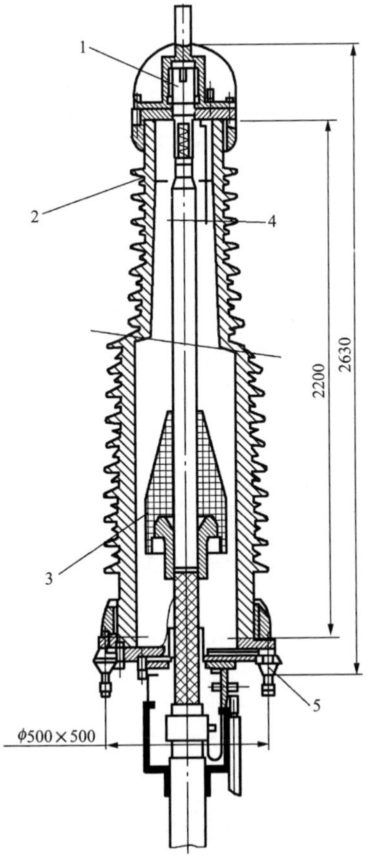

图 12-1-6　湿式敞开式终端结构

1—导体引出杆；2—瓷套管；3—橡胶预制应力锥；4—绝缘油；5—支持绝缘子

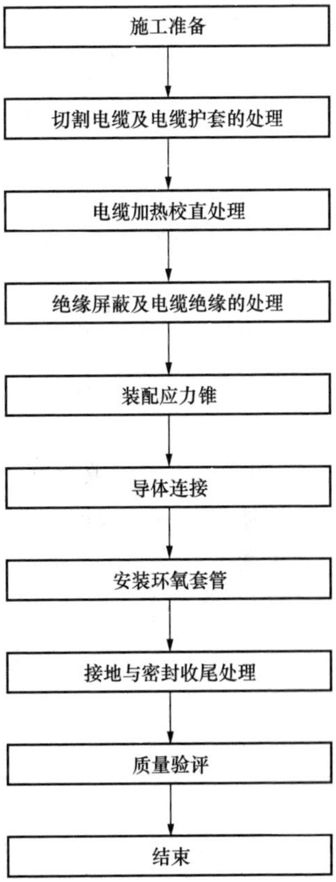

图 12-1-7　220kV 电力电缆 GIS 终端制作工艺流程图

2. 220kV 电力电缆 GIS 终端制作质量控制要点

（1）220kV 电力电缆 GIS 终端制作质量控制要点与 220kV 电力电缆敞开式终端制作质量控制要点大致相同，主要区别在于安装环氧套管和与 GIS 开关之间的连接。

（2）安装环氧套管。

1）根据工艺图纸要求，检查环氧套管内壁及外观。要求套管内壁无伤痕、杂质、凹凸和污垢。各部位的固定螺栓应按工艺图纸要求，用力矩扳手紧固。放置 O 形密封圈前，必须先用清洗剂清洗干净与 O 形密封圈接触的表面，并确认这些接触面无任何损伤。

对于采用弹簧压缩装置的应力锥（或其他环氧树脂预制件或橡胶预制件），其压力调整应根据工艺图纸要求，用力矩扳手紧固。要求弹簧变形长度满足工艺及图纸要求，弹簧伸缩无障碍。

2）安装密封金具或屏蔽罩，调整密封金具或屏蔽罩使其上表面到开关设备与 GIS 终端界面的长度满足要求。检查开关设备导电杆与密封金具或屏蔽罩的螺栓孔位是否匹配，最终固定密封金具或屏蔽罩，确认固定力矩，确保电缆 GIS 终端与开关设备之间的密封质量。

（3）接地与密封处理。

1）所有的接地线和金属屏蔽带均应用铜丝扎紧后再以锡焊焊牢。

2）将电缆尾管与金属护套处进行密封处理，并将接地连通。搪铅前，搪铅处表面应清洁并镀锡。当与电缆金属护套进行搪铅密封时，应掌握加热温度，控制缩短搪铅操作时间。可以在搪铅过程中采取局部冷却措施，以免金属护套温度过高而损伤电缆绝缘。

3）如需灌入绝缘填充剂，应根据工艺控制液面位置。

（4）质量验评。根据工艺和图纸要求，及时做好现场质量检查、终端报表填写工作。要求通过过程监控与最终附件验收，确保终端安装质量并作好记录。

【思考与练习】

1. 220kV 敞开式终端增强绝缘处理技术要求有哪些？
2. 220kV 电力电缆 GIS 终端制作工艺流程有哪些步骤？
3. 220kV 电力电缆 GIS 终端制作质量控制要点有哪些？

模块 2　220kV 电缆终端头安装（Z06F2002Ⅲ）

【模块描述】本模块包含 220kV 常用电力电缆终端头安装步骤和工艺要求。通过操作流程介绍、图标示意、步骤讲解，掌握 220kV 常用电力电缆终端头安装操作及工艺要求。

【模块内容】

一、安装前的准备工作

（1）附件材料验收。电缆附件规格应与电缆一致。零部件应齐全无损伤。绝缘材料不得受潮。密封材料不得失效，壳体结构附件应预先组装，内壁清洁。

（2）工器具检查。

1）电缆终端施工前，应做好施工用工器具检查，确保所需工器具齐全清洁完好，便于操作，掌握各类专用工具的使用方法。

2）安装电缆终端前，应做好施工用电源及照明检查，确保施工用电及照明设备能够正常工作。

（3）终端支架定位安装完毕，确保作业面水平。

（4）必要时应进行附件试装配。

二、220kV电力电缆敞开式终端头安装步骤及要求

以220kV交联聚乙烯绝缘电缆户外终端为例，介绍其安装工艺。

1. 电缆临时固定

电缆敷设至临时支架位置，测量电缆护层绝缘，确保电缆敷设过程中没有损伤电缆护层。

2. 切割电缆及电缆护套的处理

（1）将电缆固定于终端支架或者临时支架处，安装支撑绝缘子和终端底板。

（2）检查电缆长度，确保电缆在制作敞开式终端时有足够的长度和适当的余量。根据工艺图纸要求确定电缆最终切割位置，预留200～500mm余量，切剥电缆。

（3）根据工艺图纸要求确定电缆外护套剥除位置，剥除电缆外护套。如果电缆外护套附有外电极，则宜用玻璃片将外电极刮去，清除干净无残余，剥除长度符合工艺要求。

（4）根据工艺图纸要求确定金属套剥除位置。剥除金属护套应符合下列要求：

1）剥除铅护套。用刀具在铅护套剥除位置环切一周，在需剥除的铅护套的全长上划两道相距10mm的轴向切口。用尖嘴钳剥除铅护套。切口深度必须严格控制，严禁切口过深而损坏电缆绝缘。也可以用其他方法剥除铅护套，例如用劈刀剖铅等，但不能损伤电缆绝缘。

2）剥除铝护套。用刀具仔细地沿着剥除位置的圆周锉断铝护套，不应损伤电缆绝缘。铝护套断口应进行处理，去除尖口及残余金属碎屑。

3）铝护套表面处理完毕后，应在工艺要求的部位进行搪底铅。首先在铝护套表面涂一层焊接底料，然后在焊接底料上加一定厚度的底铅，以便后续接地工艺施工。

（5）最终切割。在最终切割标记处将电缆垂直切断，要求导体切割断面平直。如果电缆截面较大，可先去除一定厚度电缆绝缘，直至适当位置后再用锯子等工具沿电缆轴线垂直切断。

3. 电缆加热校直处理

（1）交联聚乙烯电缆终端安装前应进行加热校直，通过加热达到下列工艺要求：电缆每 600mm 长，最大弯曲度偏移控制在 2～5mm，如图 12–2–1 所示。

（2）交联电缆安装工艺无明确要求时，加热校直所需工具和材料主要有：

1）温度控制箱，含热电偶和接线；

2）加热带；

3）校直管，宜采用半圆钢管或角铁；

4）辅助带材及保温材料。

（3）加热校直的温度要求：

1）加热校直时，电缆绝缘屏蔽层处温度宜控制在（75±3）℃，加热时间宜不小于 3h；

2）保温时间宜不小于 1h；

3）冷却 8h 或冷却至常温后，采用校直管校直。

4. 绝缘屏蔽层及电缆绝缘表面的处理

（1）绝缘屏蔽层与绝缘层间的过渡处理。

1）采用专用的切削刀具切削电缆绝缘屏蔽，并用玻璃片刮清粘结屏蔽的残留部分，绝缘层屏蔽与绝缘层间应形成光滑过渡，过渡部分锥形长度宜控制在 20～40mm，绝缘屏蔽断口峰谷差宜按照工艺要求执行，如工艺书未注明，建议控制在小于 5mm，如图 12–2–2 所示。

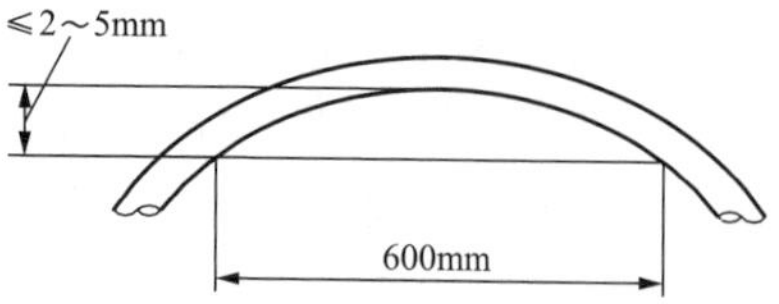

图 12–2–1 交联聚乙烯电缆加热校直处理

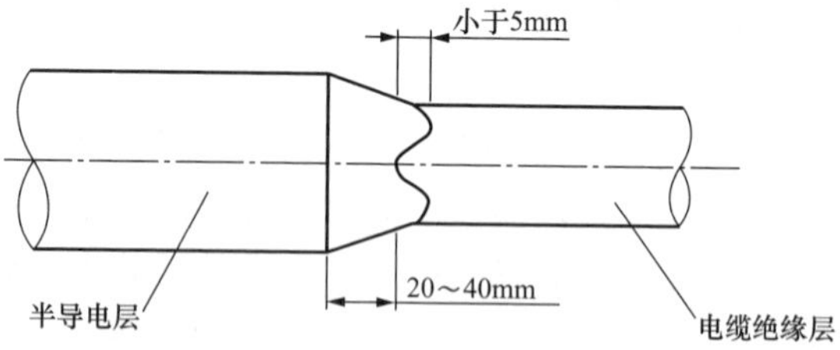

图 12–2–2 绝缘屏蔽与绝缘层过渡部分

2）打磨过绝缘屏蔽的砂纸或砂带绝对不能再用来打磨电缆绝缘；

3）如附件供货商工艺规定需要涂覆半导电漆，应严格按照工艺指导书操作；

4）打磨处理完毕后，用塑料薄膜覆盖处理过的绝缘屏蔽及电缆绝缘表面。

（2）电缆绝缘表面的处理。

1）电缆绝缘处理前应测量电缆绝缘以及应力锥尺寸，确认上述尺寸是否符合工艺图纸要求。

2）电缆绝缘表面应进行打磨抛光处理，一般应采用240～600号及以上砂纸或砂带。220kV及以上电缆应尽可能使用600号及以上砂纸或砂带，最低不应低于400号砂纸或砂带。初始打磨时可使用打磨机或240号砂纸或砂带进行粗抛，并按照由小至大的顺序选择砂纸或砂带进行打磨。打磨时，每一号砂纸或砂带应从两个方向打磨10遍以上，直到上一号砂纸或砂带的痕迹消失，如图12–2–3所示。

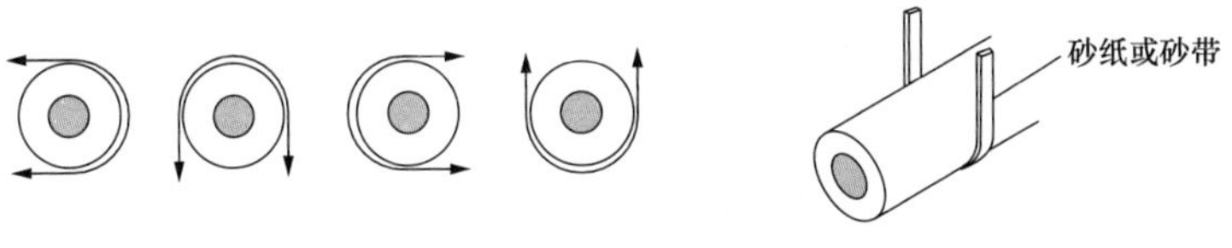

图12–2–3　电缆绝缘表面抛光处理

3）打磨抛光处理的重点部位是安装应力锥的部位，打磨处理完毕后应测量绝缘表面直径。测量时应多选择几个测量点，如图12–2–4所示。每个测量点宜测两次，且测量点数及X–Y方向测量偏差满足工艺要求，确保绝缘表面的直径达到设计图纸所规定的尺寸范围。测量完毕应再次打磨抛光测量点，以去除痕迹。

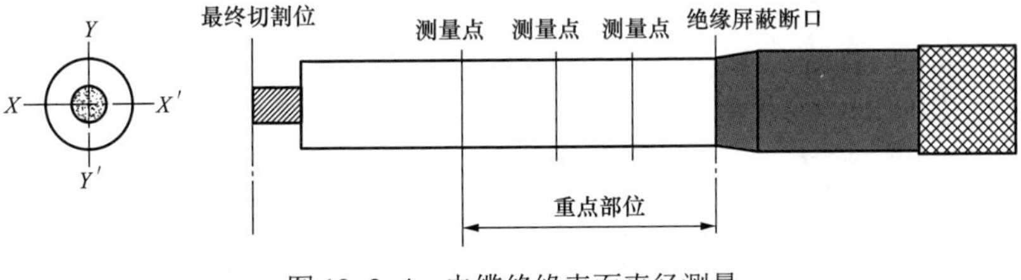

图12–2–4　电缆绝缘表面直径测量

4）打磨抛光处理完毕后，绝缘表面的粗糙度（目视检测）宜按照工艺要求执行。如工艺书未注明，建议控制在不大于300m，现场可用平行光源进行检查。

5）如图12–2–5所示，测量并记录导体长度（*A*）、绝缘屏蔽剥去长度（*B*）、铝护套剥去长度（*C*）、外护套剥去长度（*D*），并确认是否与工艺相符。

6）打磨处理完毕后，用塑料薄膜覆盖抛光过的绝缘表面，以免其受潮或被污损。

5. 出线杆油密封

出线杆密封处理如图12–2–6所示，用绝缘带填平压接管与绝缘的间隙；半搭盖绕包四层乙丙自粘性绝缘带；半搭盖绕包六层硫化带。用电吹风或液化汽枪加热硫化带，使其变得透明粘合在一起。

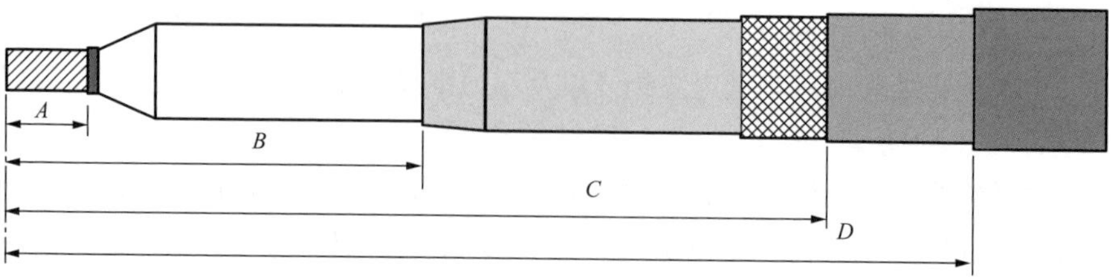

图 12–2–5 电缆剥削尺寸检查

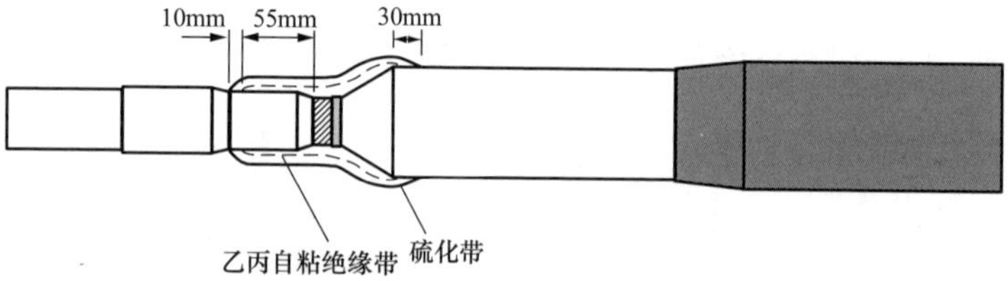

图 12–2–6 出线杆密封处理

6. 绕包屏蔽层

（1）包带前将模塑层和绝缘屏蔽层表面擦干净，如图 12–2–7 所示，按要求绕包在模塑好的聚乙烯带及半导电阻水带之间的半导电层上。

（2）2 根镀锡铜编织带（$14mm^2$）轴向放置在半导电阻水带表面，在电缆上用 $5.5mm^2$ 镀锡铜编织带绑扎并锡焊，在铝护套表面用镀锡铜丝绑扎并锡焊。

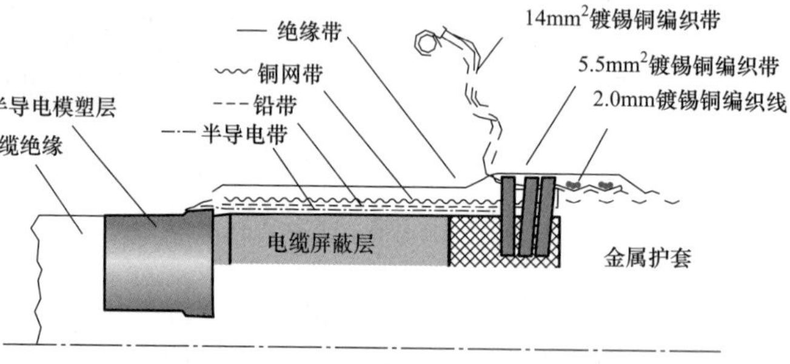

图 12–2–7 金属屏蔽的处理

7. 用两层特氟龙带保护绝缘和聚乙烯模塑层

检查尾管、顶推弹簧的内表面无污染和杂物。按正确的方向和次序套入尾管、O 形圈、顶推弹簧。套完后，用聚乙烯等保护材料保护，防止受潮和污染。

8. 装配应力锥

（1）套入应力锥前，应确认经过处理的电缆绝缘外径符合工艺要求。

（2）套入应力锥前，应用无水溶剂清洁电缆绝缘表面。待清洗剂挥发后，在电缆绝缘表面、应力锥内、外表面上应均匀涂上少许硅脂。涂抹硅脂或硅油时，应使用清洁的手套。

（3）将应力锥小心套入电缆，采取保护措施防止应力锥在套入过程中受损，清除剩余硅脂。只有在准备套装时，才可打开应力锥的外包装。

9. 压接出线杆

（1）导体连接方式宜采用机械压力连接方法，建议采用围压压接法。

（2）采用围压压接法进行导体连接时，应满足下列要求：

1）压接前应检查核对连接金具和压接模具，选用合适的接线端子、压接模具和压接机；

2）压接前应清除导体表面污迹与毛刺；

3）压接时导体插入长度应充足；

4）压接顺序可参照GB 14315附录C的要求；

5）围压压接每压一次，在压模合拢到位后应停留10～15s，使压接部位金属塑性变形达到基本稳定后，才能消除压力；

6）在压接部位，围压形成的边应各自在同一个平面上；

7）压缩比宜控制在15%～25%；

8）分割导体分块间的分隔纸（压接部分）宜在压接前去除；

9）围压压接后，应对压接部位进行处理。

压接后连接金具表面应光滑，并清除所有的金属屑末、压接痕迹。压接后连接金具表面不应有裂纹和毛刺，所有边缘处不应有尖端。电缆导体与接线端子应笔直无翘曲。

10. 安装套管及金具

（1）用合适的溶剂将套管的内外表面清洁干净，检查套管内外表面，确认无杂质和污染物。如为干式终端结构，应将套管内表面与应力锥接触的区域清洁并涂硅油。

（2）彻底清洁电缆，检查电缆绝缘表面及应力锥表面，确认无杂质和污染物后用起吊工具把瓷套管缓缓套入电缆。在套入过程中，套管不能碰撞应力锥，不得损伤套管。

（3）清洁密封圈并均匀涂抹硅脂，将密封圈完全放入密封槽内。

（4）将尾管固定在终端底板上，确保电缆敞开式终端的密封质量。

（5）对干式终端结构，根据工艺及图纸要求，将弹簧调整成规定压缩比，且均匀拧紧。

11. 接地与密封收尾处理

（1）终端尾管与金属护套进行接地连接时，可采用搪铅方式或采用接地线焊接等方式。

（2）终端密封可采用搪铅方式或采用环氧混合物/玻璃丝带等方式。

（3）采用搪铅方式进行接地或密封时，应满足以下技术要求：

1）封铅要与电缆金属护套和电缆附件的金属套管紧密连接，封铅致密性要好，不应有杂质和气泡；

2）搪铅时不应损伤电缆绝缘，应掌握好加热温度，搪铅操作时间应尽量缩短；

3）圆周方向的搪铅厚度应均匀，外形应力求美观。

（4）终端尾管与金属护套处采用焊接方式进行接地连接时，跨接接地线截面应满足系统短路电流通流要求。

（5）采用环氧混合物/玻璃丝带方式密封时，应满足以下技术要求：

1）金属护套和终端尾管需要绕包环氧玻璃丝带的地方，应用砂纸或砂带进行打磨；

2）环氧树脂和固化剂应混合搅拌均匀；

3）先涂上一层环氧混合物，再绕包一层半搭盖的玻璃丝带，按此顺序重新进行该工序，直到环氧混合物/玻璃丝带的厚度超过 3mm；

4）每层玻璃丝带下方为环氧涂层，应使每层玻璃丝带全部浸在环氧混合物中，避免水分与环氧混合物接触；

5）确保环氧混合物固化，时间宜控制在 2h 以上。

（6）灌入绝缘剂，在安装前宜检验接头密封性，如采用抽真空法。一般在瓷套顶部留有 100～200mm 的空气腔，作为终端的膨胀腔。

（7）敞开式终端收尾工作，应满足以下技术要求：

1）安装终端接地箱/接地线时，接地线与接地线鼻子的连接应采用机械压接方式，接地线鼻子与终端尾管接地铜排的连接宜采用螺栓连接方式；

2）同一地点同类敞开式终端，其接地线布置应统一，接地线排列及固定、终端尾管接地铜排的方向应统一，且为之后运行维护工作提供便利；

3）采用带有绝缘层的接地线将敞开式终端尾管通过终端接地箱与电缆终端接地网相连，接地线的固定与走向应符合设计要求，整齐划一，美观有序；

4）敞开式终端接地连接线应尽量短，连接线截面积应满足系统单相接地电流通过时的热稳定要求，连接线的绝缘水平不得低于电缆外护套的绝缘水平。

三、220kV 电力电缆封闭式终端头安装步骤及要求

1. 220kV 电力电缆封闭式终端头安装前的准备工作

安装过程中的电缆切割、绝缘和屏蔽层的处理以及导体压接与户外终端安装的要求相同。

2. 安装环氧套管及金具

（1）用合适的溶剂将套管的内外表面清洁干净，检查套管内外表面，确认无杂质和污染物。如为干式终端结构，应将套管内表面与应力锥接触的区域清洁并涂硅油。

（2）彻底清洁电缆检查电缆绝缘表面及应力锥表面，确认无杂质和污染物后用手工或起吊工具把套管缓缓套入电缆。在套入过程中，套管不能碰撞应力锥。

（3）清洁密封圈并均匀涂抹硅脂，将密封圈完全放入密封槽内。

（4）安装密封金具或屏蔽罩，调整密封金具或屏蔽罩使其上表面到开关设备与GIS终端部位界面的长度满足IEC 60859《额定电压72.5kV及以上气体绝缘金属封闭开关的电缆连接装置》的要求。

（5）检查开关设备导电杆与密封金具或屏蔽罩的螺栓孔位是否匹配，最终固定密封金具或屏蔽罩，确认固定力矩。

（6）将尾管固定在套管上，确认固定力矩，确保电缆GIS终端与开关设备之间的密封质量。

3. 接地与密封收尾处理

（1）GIS终端尾管与金属护套进行接地连接时，可采用搪铅方式或采用接地线焊接等方式。

（2）GIS终端密封可采用搪铅方式或采用环氧混合物/玻璃丝带等方式。

（3）采用搪铅方式进行接地或密封时，应满足以下技术要求：

1）封铅要与电缆金属护套和电缆附件的金属套管紧密连接，封铅致密性要好，不应有杂质和气泡；

2）搪铅时不应损伤电缆绝缘，应掌握加热温度，控制缩短搪铅操作时间；

3）圆周方向的搪铅厚度应均匀，外形应力求美观。

（4）GIS终端尾管与金属套采用焊接方式进行接地连接时，跨接接地线截面应满足系统短路电流通流要求。

（5）采用环氧混合物/玻璃丝带方式密封时，应满足以下技术要求：

1）金属护套和终端尾管需要绕包环氧玻璃丝带的地方，应用砂纸或砂带进行打磨；

2）环氧树脂和固化剂应混合搅拌均匀；

3）先涂上一层环氧混合物，再绕包一层半搭盖的玻璃丝带，按此顺序重新进行该工序，直到环氧混合物/玻璃丝带的厚度超过3mm；

4）每层玻璃丝带下方为环氧涂层，应使每层玻璃丝带全部浸在环氧混合物中，避免水分与环氧混合物接触；

5）确保环氧混合物固化，时间宜控制在2h以上。

（6）GIS 终端内如需灌入绝缘剂，在安装前宜检验其密封性，如采用抽真空法。

（7）GIS 终端收尾工作，应满足以下技术要求：

1）安装终端接地箱/接地线时，接地线与接地线鼻子的连接应采用机械压接方式，接地线鼻子与终端尾管接地铜排的连接宜采用螺栓连接方式；

2）同一变电站内同类 GIS 终端，其接地线布置应统一，接地线排列及固定、终端尾管接地铜排的方向应统一，且为之后运行维护工作提供便利；

3）采用带有绝缘层的接地线将 GIS 终端尾管通过终端接地箱与电缆终端接地网相连，接地线的固定与走向应符合设计要求，整齐划一，美观有序；

4）GIS 终端如需穿越楼板，应做好电缆孔洞的防火封堵措施，一般在安装完防火隔板后，可采用填充防火包、浇注无机防火堵料或包裹有机防火堵料等方式，终端金属尾管宜有绝缘措施，且接地线鼻子不应被包覆在上述防火封堵材料中；

5）GIS 终端接地连接线应尽量短，连接线截面积应满足系统单相接地电流通过时的热稳定要求，连接线的绝缘水平不得低于电缆外护套的绝缘水平。

【思考与练习】

1. 220kV 电缆敞开式终端安装前的准备工作有哪些步骤？
2. 220kV 电缆敞开式终端安装出线杆油密封和绕包屏蔽层步骤有何要求？
3. 220kV 电缆 GIS 终端收尾工作有哪些技术要求？

第五部分

电力电缆中间接头制作与安装

第十三章

110kV（66kV）电缆各种类型接头制作与安装

模块 1　110kV 电缆各种类型接头制作程序及工艺要求（Z06G1001Ⅱ）

【模块描述】本模块包含 110kV 常用电力电缆中间接头制作程序及工艺要求。通过图解示意、图形提示，掌握 110kV 常用电力电缆中间接头制作程序及工艺要求。

【模块内容】

一、预制式中间接头制作工艺流程及工艺质量控制要点

1. 110kV 电力电缆预制式中间接头制作工艺流程

见图 13-1-1。

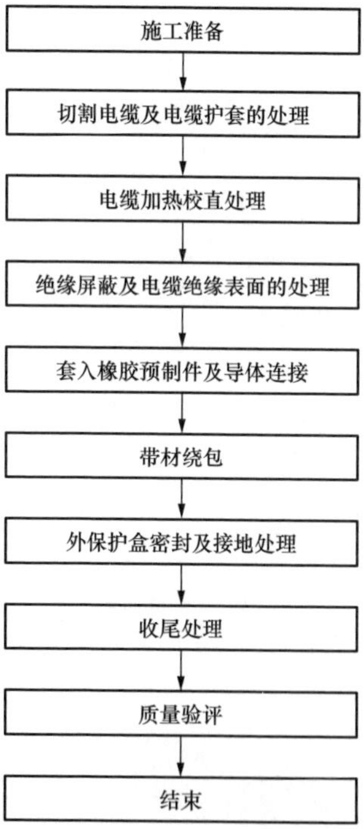

图 13-1-1　110kV 电力电缆预制式中间接头制作工艺流程图

2. 110kV 电力电缆预制式中间接头制作质量控制要点

（1）施工准备。

1）安装环境要求。电缆中间接头安装时必须严格控制施工现场的温度、湿度与清洁程度。温度宜控制在 0～35℃，当温度超出允许范围时，应采取适当措施。相对湿度应控制在 70%及以下。施工现场应有足够的空间满足电缆弯曲半径和安装操作需要。施工现场安全措施齐备。

2）检查施工用工器具，确保所需工器具清洁齐全完好。

（2）切割电缆及电缆护套的处理。

1）根据图纸与工艺要求，剥除电缆外护套。

如果电缆外护套表面有外电极，应按照图纸与工艺要求用玻璃片刮掉一定长度外电极。将外护套下的化合物清除干净。不得过度加热外护套和金属护套，以免损伤电缆绝缘。

2）剥除金属护套时，应严格控制切口深度，严禁切口过深而损坏电缆内部结构，打磨金属护套断口，去除毛刺，以防损伤绝缘。

（3）电缆加热校直处理。

1）在 110kV 及以上电压等级的高压交联电缆生产过程中，电缆绝缘内部会留有应力。这种应力会使电缆导体附近的绝缘有向绝缘体中间收缩的趋势。当切断电缆时，就会出现电缆端部绝缘逐渐回缩并露出线芯，一旦电缆绝缘回缩后，中间接头就会产生气隙。在高电场作用下，气隙很快会产生局部放电，导致中间接头被击穿。因此，在 110kV 电力电缆预制式中间接头制作过程中，必须做好电缆加热校直工艺，确保上述应力的消除与电缆的笔直度。

2）根据附件供货商提供的工艺对电缆进行加热校直。要求电缆笔直度满足工艺要求，110kV 交联电缆中间接头要求弯曲度：电缆每 400mm 长，最大弯曲度偏移控制在 2～5mm，如图 13-1-2 所示。

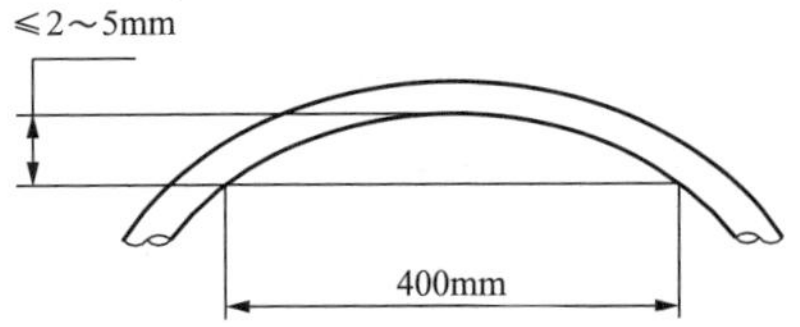

图 13-1-2 交联聚乙烯电缆加热校直处理

（4）绝缘屏蔽层及电缆绝缘表面的处理。

1）110kV 及以上电压等级的高压交联电缆附件中，电缆绝缘表面的处理是制约整个电缆附件绝缘性能的决定因素。因此，电缆绝缘表面尤其是与绝缘预制件相接触部分绝缘及绝缘屏蔽处的超光滑处理是一道十分重要的工艺。电缆绝缘表面的光滑程度与处理用的砂皮或砂带目数有关，在 110kV 电力电缆预制式中间接头制作过程中，至少应使用 400 号及以上的砂皮或砂带进行光滑打磨处理。外半导电绝缘屏蔽层与绝缘之间的过渡应进行精细处理，要求过渡平缓，不得形成凹陷或凸起。同时为了确保界面压力，必须进行电缆绝缘外径的测量，如图 13-1-3 所示。要求外径尺寸符合工艺及图纸尺寸要求，且测量点数及 *X*–*Y* 方向测量偏差满足工艺要求。

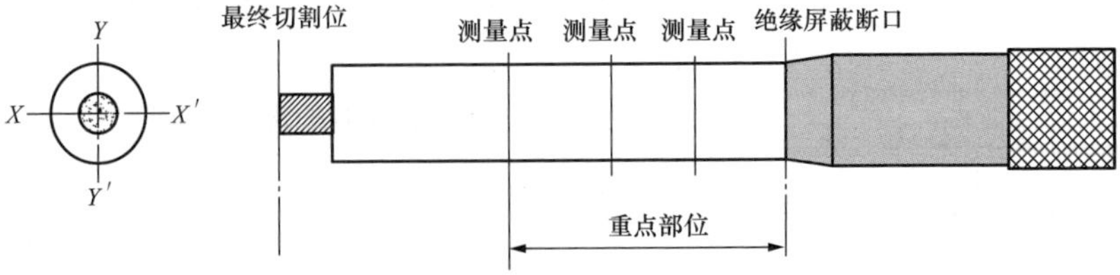

图 13-1-3 电缆绝缘表面直径测量

2）清洁电缆绝缘表面应使用无水溶剂，从绝缘部分向半导电屏蔽层方向擦清。要求清洁纸不能来回擦，擦过半导电屏蔽层的清洁纸绝对不能再擦绝缘层，擦过的清洁纸不能重复使用。

（5）套入橡胶绝缘预制件及导体连接。根据附件厂商的工艺要求，利用专用工具将绝缘预制件套入电缆本体上。安装绝缘预制件前应保持电缆绝缘的干燥和清洁，并检查确保预制件无杂质、裂纹存在。如果绝缘预制件需要在施工现场进行预扩张，一般应控制预制件扩张时间不超过 4h。

（6）导体连接。导体连接方式宜采用机械压力连接方法。导体压接前应检查一遍各零部件的数量、安装顺序和方向。检查导体尺寸，清除导体表面污迹与毛刺。按工艺图纸要求，准备压接模具和压接钳。按工艺要求的顺序压接导体。压接完毕后对压接部分进行处理，测量压接延伸量。要求接管压接部分不得存在尖锐和毛刺。要求压接完毕后电缆之间仍保持足够的笔直度。

（7）外部保护盒密封及接地处理。

1）中间接头密封可采用封铅方式或绕包环氧混合物和玻璃丝带等方式。采用封铅方式进行接地或密封时，封铅要与电缆金属护套和电缆附件的金属套管紧密连接，封铅致密性要好，不应有杂质和气泡。密封搪铅时，应掌握加热温度，控制缩短搪铅操作时间。可以在搪铅过程中采取局部冷却措施，以免金属护套温度过高而损伤电缆绝缘。采用环氧混合物和玻璃丝带方式密封时，应浇注均匀充实。

2）中间接头金属套管与电缆金属护套采用焊接方式进行接地连接时，跨接接地线截面应满足系统短路电流通流要求，接地连接牢靠。

（8）质量验评。根据工艺和图纸要求，及时做好现场质量检查、接头报表填写工作。要求通过过程监控与最终附件验收，确保接头安装质量并作好记录。

二、组合预制式中间接头制作工艺流程及工艺质量控制要点

1. 110kV 电力电缆组合预制式中间接头制作工艺流程

见图 13–1–4。

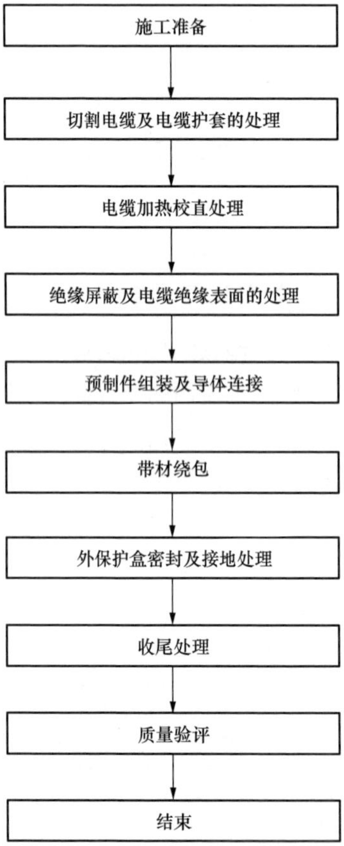

图 13–1–4　110kV 电力电缆组合预制式中间接头制作工艺流程图

2. 110kV 电力电缆组合预制式中间接头制作质量控制要点说明

（1）110kV 电力电缆组合预制式中间接头的安装程序大部分与预制式中间接头相同，唯一的差别在于它的预制件组装步骤。

（2）组合预制式中间接头存在三种界面，即环氧树脂预制件与电缆绝缘之间界面、环氧树脂预制件与橡胶预制件间的界面、橡胶预制件与电缆绝缘表面间的界面。其中后两者界面的绝缘强度与界面上所受的压紧力呈指数关系，界面压力除了取决于绝缘材料特性外，还与电缆绝缘的直径的公差和偏心度有关。因此，在 110kV 电力电缆组合预制式中间接头制作过程中，必须严格按照工艺规程处理界面压力。

（3）套入橡胶预制件及环氧树脂预制件。根据工艺和图纸要求，正确套入橡胶预制件、环氧树脂预制件等零部件，并确认无遗漏。

（4）固紧所有预制件。根据工艺和图纸要求，将环氧树脂预制件移动到规定位置，把两边的橡胶预制件移到与环氧树脂预制件相接触，并紧固弹簧。要求确保橡胶预制件移到与环氧树脂预制件及电缆绝缘表面的压力在规定范围内。

【思考与练习】

1. 110kV 高压接头安装时的交联电缆绝缘表面处理要求是什么？
2. 高压交联电缆组合预制式中间接头的质量控制要点有哪些？
3. 110kV 高压交联电缆附件安装环境有哪些要求？

模块 2　110kV 电缆接头安装（Z06G1002Ⅱ）

【模块描述】本模块包含 110kV 常用电力电缆中间接头的安装步骤及要求。通过流程介绍、图表示意，掌握 110kV 常用电力电缆中间接头安装操作及要求。

【模块内容】

一、安装前的准备工作

（1）仔细阅读附件供货商提供的工艺与图纸。应做好施工用工器具检查，确保所需工器具齐全清洁完好，掌握各类专用工具的使用方法。电缆附件规格应与电缆一致。零部件应齐全无损伤。绝缘材料不得受潮。做好接头场地准备工作，施工现场应配备必要的除尘、通风、照明、除湿、消防设备，提供充足的施工用电。根据供货商工艺要求对接头区域温度、相对湿度、清洁度进行控制。

（2）安装电缆中间接头前，应做好施工用电源及照明检查，确保施工用电及照明设备能够正常工作。

（3）安装电缆中间接头前，应检查电缆符合下列要求：

1）电缆绝缘状况良好，无受潮，电缆绝缘偏心度满足设计要求；

2）电缆相位正确，护层绝缘合格。

二、电缆切割

（1）将电缆临时固定于支架上。

（2）检查电缆长度，确保电缆在制作中间接头时有足够的长度和适当的余量。根据工艺图纸要求确定电缆最终切割位置，预留 200～500mm 余量，沿电缆轴线垂直切断。

（3）根据工艺图纸要求确定电缆外护套剥除位置，剥除电缆外护套。如果电缆外护套上附有外电极，则宜用玻璃片将外电极刮去除干净无残余，剥除长度符合工艺要求。

（4）根据工艺图纸要求确定金属护套剥除位置，剥除金属护套应符合下列要求：

1）剥除铅护套。用刀具在铅护套剥除位置环切一周，在需剥除的铅护套的全长上划两道相距 10mm 的轴向切口。用尖嘴钳剥除铅护套。切口深度必须严格控制，严禁切口过深而损坏电缆绝缘。也可以用其他方法剥除铅护套，如用劈刀剖铅等，但不能损伤电缆绝缘。

2）剥除铝护套。用刀具仔细地沿着剥除位置的圆周锉断铝护套，不应损伤电缆绝缘。护套断口应进行处理，去除尖口及残余金属碎屑。

3）铝护套表面处理完毕后，应在工艺要求的部位进行搪底铅。首先在铝护套表面涂一层焊接底料，然后在焊接底料上加一定厚度的底铅，以便后续接地工艺施工。

（5）最终切割。在最终切割标记处用锯子等工具沿电缆轴线垂直切断，要求导体切割断面平直。如果电缆截面较大，可先去除一定厚度电缆绝缘，直至适当位置后再用锯子等工具沿电缆轴线垂直切断。

三、电缆加热校直处理

（1）交联聚乙烯电缆中间接头安装前应进行加热校直，通过加热中间接头要求弯曲度达到下列工艺要求：电缆每 400mm 长，最大弯曲度偏移控制在 2～5mm，如图 13–2–1 所示。

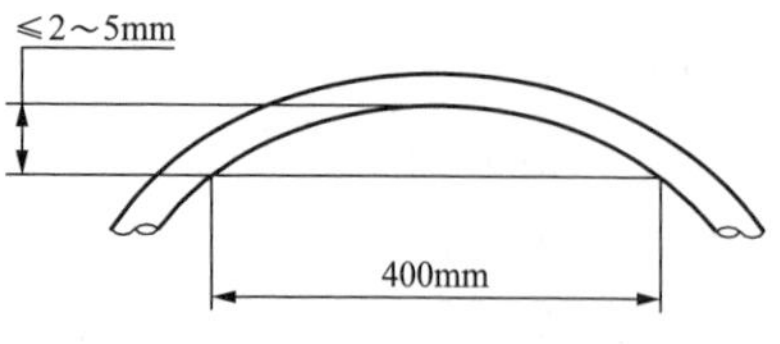

图 13–2–1　交联聚乙烯电缆加热校直处理

（2）交联电缆安装工艺无明确要求时，加热校直所需工具和材料主要有：

1）温度控制箱，含热电偶和接线；

2）加热带；

3）校直管，宜采用半圆钢管或角铁；

4）辅助带材及保温材料。

（3）加热校直的温度要求如下：

1）加热校直时，电缆绝缘屏蔽层处温度宜控制在（75±3）℃，加热时间宜不小于3h；

2）保温时间宜不小于1h；

3）冷却8h或冷却至常温后，采用校直管校直。

四、电缆绝缘屏蔽及电缆绝缘表面处理

1. 绝缘屏蔽层与绝缘层间的过渡处理

（1）采用专用的切削刀具切削电缆绝缘屏蔽，并用玻璃片刮清屏蔽的残留部分。绝缘层屏蔽与绝缘层间应形成光滑过渡，过渡部分锥形长度宜控制在20～40mm，绝缘屏蔽断口峰谷差宜按照工艺要求执行。如工艺书未注明，建议控制在小于10mm，如图13-2-2所示。

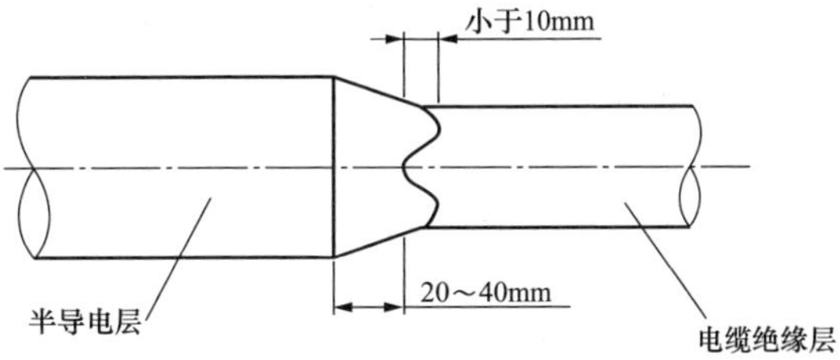

图13-2-2　绝缘屏蔽与绝缘层过渡部分

（2）打磨过绝缘屏蔽的砂纸或砂带绝对不能再用来打磨电缆绝缘。

（3）为了提高绝缘屏蔽断口处电性能，可采用涂刷半导电漆方式或加热硫化方式。

（4）打磨处理完毕后，用塑料薄膜覆盖处理过的电缆绝缘及绝缘屏蔽表面。

2. 电缆绝缘表面的处理

（1）电缆绝缘处理前应测量电缆绝缘以及预制件尺寸，确认上述尺寸是否符合工艺图纸要求。

（2）电缆绝缘表面应进行打磨抛光处理，110kV电缆应使用400号及以上砂纸或砂带。如图13-2-3所示，初始打磨时可使用240号砂纸或砂带进行粗抛，并按照由小至大的顺序选择砂纸或砂带进行打磨。打磨时每一号砂纸或砂带应从两个方向打磨10遍以上，直到上一号砂纸或砂带的痕迹消失。

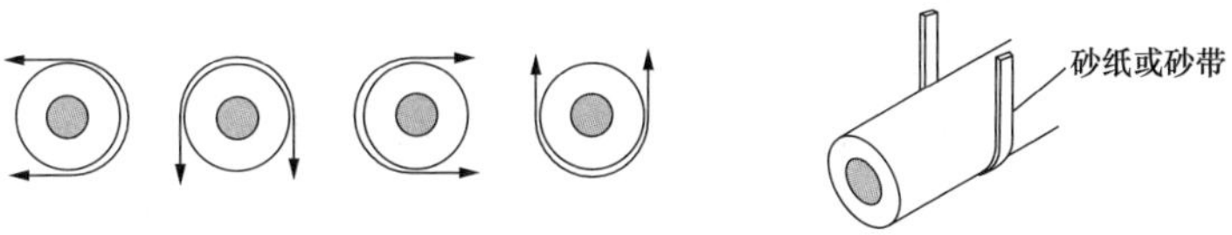

图13-2-3　电缆绝缘表面抛光处理

（3）打磨抛光处理重点部位是绝缘屏蔽断口附近的绝缘表面，如图13-2-4所示。打磨处理完毕后应测量绝缘表面直径。测量时应多选择几个测量点，每个测量点宜测两次，确保绝缘表面的直径达到设计图纸所规定的尺寸范围。测量完毕应再次打磨抛光测量点，以去除痕迹。

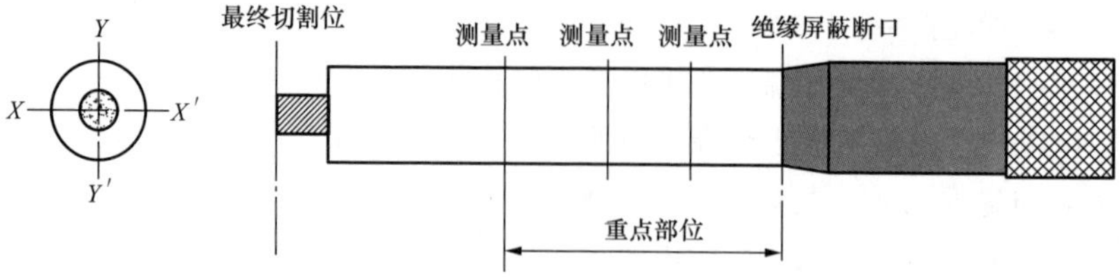

图 13–2–4 电缆绝缘表面直径测量

（4）打磨抛光处理完毕后，绝缘表面的粗糙度（目视检测）宜按照工艺要求执行，如未注明，建议控制在不大于 300mm，现场可用平行光源进行检查。

（5）打磨处理完毕后，用塑料薄膜覆盖抛光过的绝缘表面。

五、套入橡胶预制件及导体连接

（一）以交联聚乙烯绝缘电缆中间接头整体预制式为例

1. 套入绝缘预制件

整体预制式中间接头如图 13–2–5 所示。

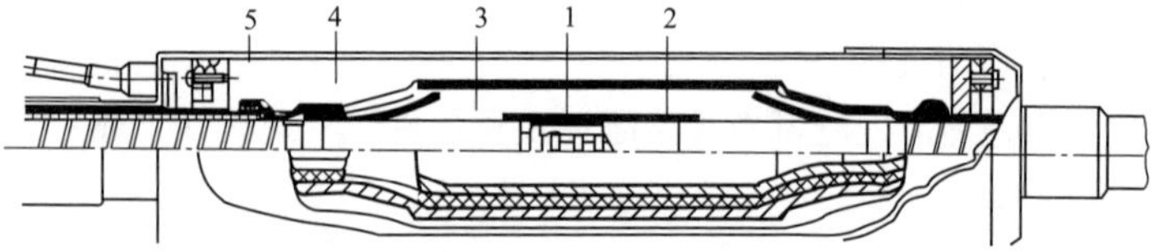

图 13–2–5 整体预制式中间接头示意图

1—导体连接；2—高压屏蔽；3—绝缘预制件；4—空气或浇注防腐材料；5—保护外壳

套入绝缘预制件时应注意：

（1）保持电缆绝缘层的干燥和清洁。

（2）施工过程中应避免损伤电缆绝缘。

（3）在暴露电缆绝缘表面上，清除所有半导电材料的痕迹。

（4）涂抹硅脂或硅油时，应使用清洁的手套。

（5）只有在准备扩张时，才可打开预制橡胶绝缘件的外包装。

（6）在套入预制橡胶绝缘件前，应清洁粘在电缆绝缘表面上的灰尘或其他残留物，清洁方向应由绝缘层朝向绝缘屏蔽层。

2. 预制件定位

（1）清洁电缆绝缘表面并确保电缆绝缘表面干燥无杂质。采用专用收缩工具或扩张工具将预制橡胶绝缘件抽出套在电缆绝缘上，并检查橡胶预制件的位置满足工艺图纸要求。

（2）预制式中间接头一般要求交联聚乙烯电缆绝缘的外径和预制橡胶绝缘件的内径之间有较大的过盈配合，以保持预制橡胶绝缘件和交联聚乙烯电缆绝缘界面有足够的压力。因此，安装预制式中间接头宜使用专用收缩工具和扩张工具。

（二）以交联聚乙烯绝缘电缆中间接头组合预制式为例

1. 接头增强绝缘处理

如图 13–2–6 所示，组合预制式中间接头时，其接头增强绝缘由预制橡胶绝缘件和环氧绝缘件在现场组装，并采用弹簧紧压，使得预制橡胶绝缘件与交联聚乙烯电缆绝缘界面达到一定压力，以保持界面电气绝缘强度。

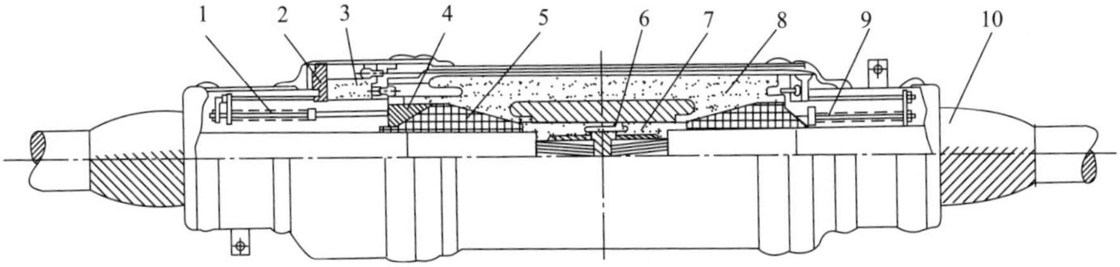

图 13–2–6　组合预制式中间接头示意图

1—压紧弹簧；2—中间法兰；3—环氧法兰；4—压紧环；5—橡胶预制件；6—固定环氧装置；7—压接管；8—环氧元件；9—压紧弹簧；10—防腐带

增强绝缘处理一般技术要求包括以下内容：

（1）保持电缆绝缘层的干燥和清洁。

（2）施工过程中应避免损伤电缆绝缘。

（3）在暴露电缆绝缘表面上，清除所有半导电材料的痕迹。

（4）涂抹硅脂或硅油时，应使用清洁的手套。

（5）只有在准备扩张时，才可打开预制橡胶绝缘件的外包装。

（6）在套入预制橡胶绝缘件前，应清洁粘在电缆绝缘表面上的灰尘或其他残留物，清洁方向应由绝缘层朝向绝缘屏蔽层。

（7）用色带做好橡胶预制件在电缆绝缘上最终安装位置的标记。

（8）清洁电缆绝缘表面、环氧树脂预制件及橡胶制件的内、外表面。将橡胶预制件、环氧树脂件、压紧弹簧装置、接头铜盒、热缩管材等部件预先套入电缆。

2. 预制件定位与固紧

预制件固紧如图 13–2–7 所示。

（1）安装前，再用清洗剂清洁电缆绝缘表面、橡胶预制件外表面。待清洗剂挥发后，在电缆绝缘表面、橡胶预制件外表面及环氧树脂预制内表面上均匀涂上少许硅脂，硅脂应符合要求。

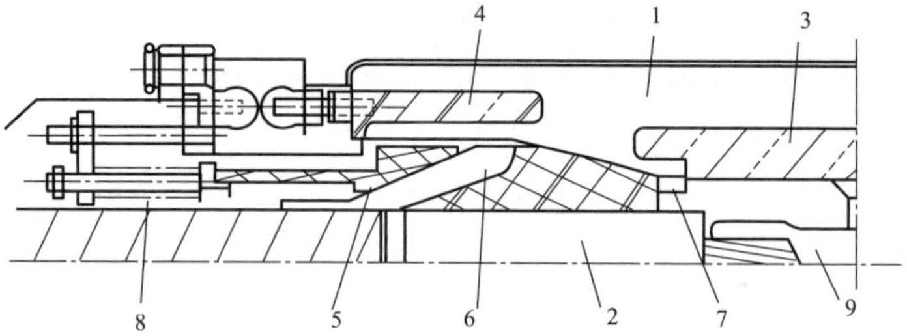

图 13-2-7 预制件固紧示意图

1—环氧树脂件；2—电缆绝缘；3—高压屏蔽电极；4—接地电极；5—压环；6—橡胶预制应力锥；7—防止电缆绝缘收缩的夹具；8—弹簧；9—导体接头

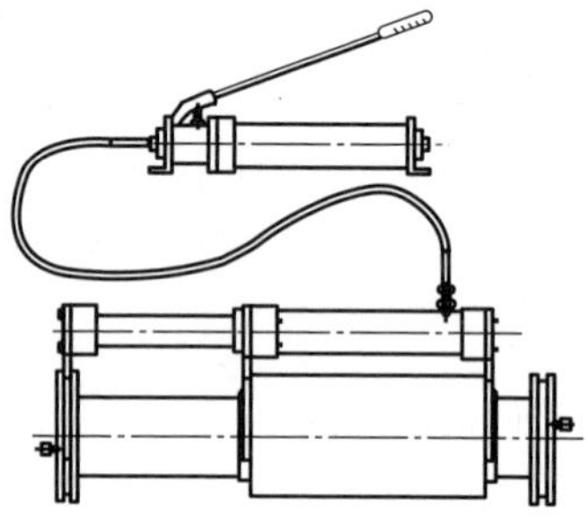

(a)

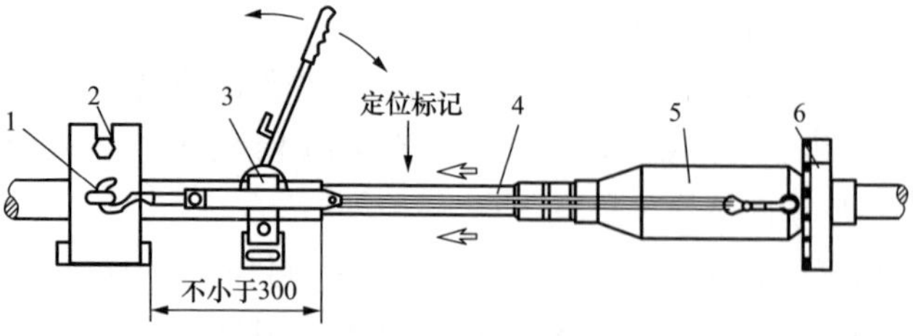

(b)

图 13-2-8 专用收扩工具

（a）预制件收缩机；（b）预制件扩张机

1—固定钩；2—电缆卡座；3—紧线器；4—钢丝绳；5—预制件；6—预制件卡座

（2）用供货商提供（或认可）的专用工具（见图 13–2–8）把橡胶预制件套入相应的标志位置。

（3）根据工艺及图纸要求，用力矩扳手调整弹簧压紧装置并紧固。用清洁剂清洗掉残存的硅脂。

3. 导体连接

（1）导体连接前，应将经过扩张的预制橡胶绝缘件、接头铜盒、热缩管材等部件预先套入电缆。

（2）采用围压压接法进行导体连接时应满足下列要求：

1）压接前应检查核对连接金具和压接模具，选用合适的接线端子、压接模具和压接机；

2）压接前应清除导体表面污迹与毛刺；

3）压接时导体插入长度应充足；

4）压接顺序可参照 GB 14315 附录 C 的要求；

5）围压压接每压一次，在压模合拢到位后应停留 10～15s，使压接部位金属塑性变形达到基本稳定后，才能消除压力；

6）在压接部位，围压形成的边应各自在同一个平面上；

7）压缩比宜控制在 15%～25%；

8）分割导体分块间的分隔纸（压接部分）宜在压接前去除；

9）围压压接后，对压接部位进行处理。

压接后连接金具表面应光滑，并清除所有的金属屑末、压接痕迹。压接后连接金具表面不应有裂纹和毛刺，所有边缘处不应有尖端。电缆导体与接线端子应笔直无翘曲。

六、带材绕包

根据工艺要求绕包半导电带、金属屏蔽带、防水带。注意绝缘接头和直通接头的区别，按照工艺要求恢复外半导电屏蔽层。

七、外保护盒密封与接地处理

（1）中间接头尾管与金属护套进行接地连接时，可采用搪铅方式或采用接地线焊接等方式。

（2）中间接头密封可采用搪铅方式或采用环氧混合物/玻璃丝带等方式。

（3）采用搪铅方式进行接地或密封时，应满足以下技术要求：

1）封铅要与电缆金属护套和电缆附件的金属套管紧密连接，封铅致密性要好，不应有杂质和气泡；

2）搪铅时不应损伤电缆绝缘，应掌握好加热温度，搪铅操作时间应尽量缩短；

3）圆周方向的搪铅厚度应均匀，外形应力求美观。

（4）中间接头尾管与金属套采用焊接方式进行接地连接时，跨接接地线截面应满足系统短路电流通流要求。

（5）采用环氧混合物/玻璃丝带方式密封时，应满足以下技术要求：

1）金属套和接头尾管需要绕包环氧玻璃丝带的地方应采用砂纸进行打磨；

2）环氧树脂和固化剂应混合搅拌均匀；

3）先涂上一层环氧混合物，再绕包一层半搭盖的玻璃丝带，按此顺序重新进行该工序，直到环氧混合物/玻璃丝带的厚度超过 3mm；

4）每层玻璃丝带下方为环氧涂层，应使每层玻璃丝带全部浸在环氧混合物中，避免水分与环氧混合物接触；

5）确保环氧混合物固化，时间宜控制在 2h 以上。

（6）收尾处理。中间接头收尾工作，应满足以下技术要求：

1）安装交叉互联换位箱及接地箱/接地线时，接地线与接地线鼻子的连接应采用机械压接方式，接地线鼻子与接头铜盒接地铜排的连接宜采用螺栓连接方式；

2）同一线路同类中间接头，其接地线或同轴电缆布置应统一，接地线排列及固定、同轴电缆的走向应统一，且为以后运行维护工作提供便利；

3）中间接头接地连接线应尽量短，3m 以上宜采用同轴电缆，连接线截面应满足系统单相接地电流通过时的热稳定要求，连接线的绝缘水平不得低于电缆外护套的绝缘水平。

【思考与练习】

1. 110kV 常用电力电缆中间接头安装时电缆割切有哪些技术要求？
2. 交联电缆整体预制式中间接头安装套入绝缘预制件时应注意哪些问题？
3. 交联电缆组合预制式中间接头增强绝缘处理有哪些技术要求？

第十四章

220kV及以上电缆各种类型接头制作与安装

模块1　220kV电缆各种类型接头制作程序及工艺要求（Z06G2001Ⅲ）

【模块描述】本模块包含220kV常用电力电缆中间接头制作程序及工艺要求。通过图解示意、流程介绍、图形提示，掌握220kV常用电力电缆中间接头制作程序及工艺要求。

【模块内容】

一、预制式中间接头制作工艺流程及工艺质量控制要点

1. 220kV电力电缆预制式中间接头制作工艺流程见图14-1-1。

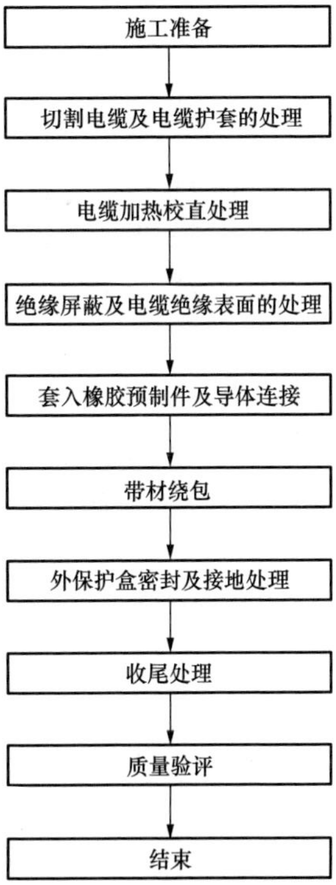

图14-1-1　220kV电力电缆预制式中间接头制作工艺流程图

2. 220kV电力电缆预制式中间接头制作质量控制要点

（1）施工准备。

1）安装环境要求。电缆中间接头安装时必须严格控制施工现场的温度、湿度与清洁程度。温度宜控制在0～35℃，当温度超出允许范围时，应采取适当措施。相对湿度应控制在70%及以下。施工现场应有足够的空间，满足电缆弯曲半径和安装操作需要。施工现场安全措施齐备。

2）检查施工用工器具，确保所需工器具清洁齐全完好。

（2）切割电缆及电缆护套的处理。

1）根据图纸与工艺要求，剥除电缆外护套。如果电缆外护套表面有外电极，应按照图纸与工艺要求用

玻璃片刮掉一定长度外电极。将外护套下的化合物清除干净。不得过度加热外护套和金属护套，以免损伤电缆绝缘。

2）根据图纸与工艺要求剥除金属护套。操作时应严格控制切口深度，严禁切口过深而损坏电缆内部结构，打磨金属护套断口，去除毛刺，以防损伤绝缘。

（3）电缆加热校直处理。在 220kV 及以上电压等级的高压交联电缆生产过程中，电缆绝缘内部会留有应力。这种应力会使电缆导体附近的绝缘有向绝缘体中间收缩的趋势。当切断电缆时，就会出现电缆端部绝缘逐渐回缩并露出线芯，一旦电缆绝缘回缩后，中间接头就会产生气隙。在高电场作用下，气隙很快会产生局部放电，导致中间接头被击穿。因此，在 220kV 电力电缆预制式中间接头制作过程中，必须做好电缆加热校直工艺，确保上述应力的消除与电缆的笔直度。

根据附件供货商提供的工艺对电缆进行加热校直。要求电缆笔直度应满足工艺要求，220kV 交联电缆中间接头要求弯曲度：电缆每 400mm 长，最大弯曲度偏移控制在 2～5mm，如图 14–1–2 所示。

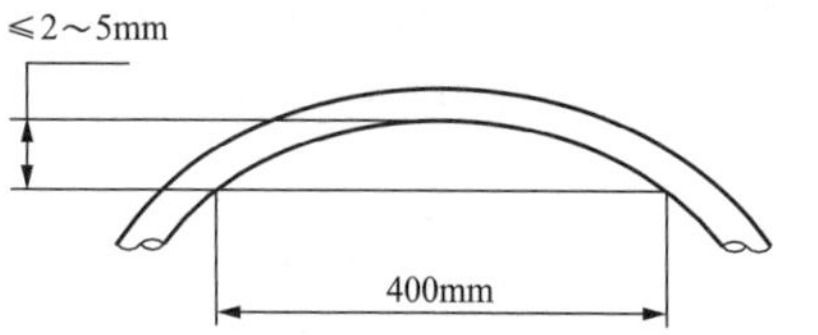

图 14–1–2 交联聚乙烯电缆加热校直处理

（4）绝缘屏蔽层及电缆绝缘表面的处理。220kV 及以上电压等级的高压交联电缆附件中，电缆绝缘表面的处理是制约整个电缆附件绝缘性能的决定因素。因此，电缆绝缘表面尤其是与绝缘预制件相接触部分绝缘及绝缘屏蔽处的超光滑处理是一道十分重要的工艺。电缆绝缘表面的光滑程度与处理用的砂皮或砂带目数相关，在 220kV 电力电缆预制式中间接头制作过程中，至少应使用 400 号及以上的砂皮或砂带进行光滑打磨处理。外半导电绝缘屏蔽层与绝缘之间的过渡进行精细处理，要求过渡平缓，不得形成凹陷或凸起，同时为了确保界面压力，必须进行电缆绝缘外径的测量，如图 14–1–3 所示。要求外径尺寸符合工艺及图纸尺寸要求，且测量点数及 *X*–*Y* 方向测量偏差满足工艺要求。

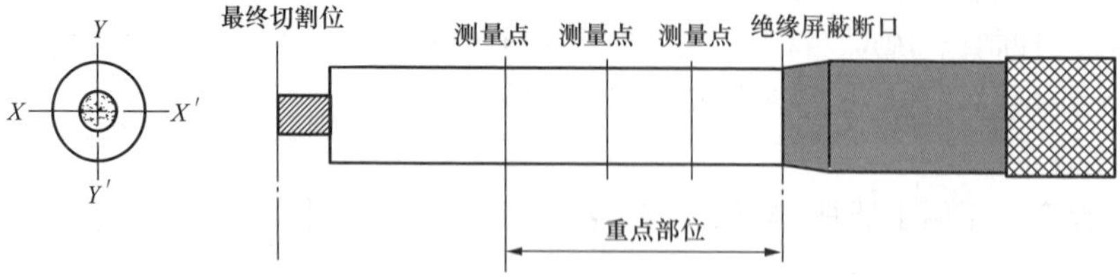

图 14–1–3 电缆绝缘表面直径测量

清洁电缆绝缘表面应使用无水溶剂，从绝缘部分向半导电屏蔽层方向擦清。要求清洁纸不能来回擦，擦过半导电屏蔽层的清洁纸绝对不能再擦绝缘层，擦过的清洁纸不能重复使用。

（5）套入橡胶绝缘预制件及导体连接。根据附件供货商的工艺要求，利用专用工具将绝缘预制件套入电缆本体上。安装绝缘预制件前应保持电缆绝缘的干燥和清洁，并检查确保预制件无杂质、裂纹存在。如果绝缘预制件需要在施工现场进行预扩张，一般应控制预制件扩张时间不超过 4h。

（6）导体连接。导体连接方式宜采用机械压力连接方法。导体压接前应检查一遍各零部件的数量、安装顺序和方向。检查导体尺寸，清除导体表面污迹与毛刺。按工艺图纸要求，准备压接模具和压接钳。按工艺要求的顺序压接导体。压接完毕后对压接部分进行处理，测量压接延伸量。要求接管压接部分不得存在尖锐和毛刺。要求压接完毕后电缆之间仍保持足够的笔直度。

（7）外部保护盒密封及接地处理。中间接头密封可采用封铅方式或绕包环氧混合物和玻璃丝带等方式。采用封铅方式进行接地或密封时，封铅要与电缆金属护套和电缆附件的金属套管紧密连接，封铅致密性要好，不应有杂质和气泡。密封搪铅时，应掌握加热温度，控制缩短搪铅操作时间，并可以在搪铅过程中采取局部冷却措施，以免金属护套温度过高而损伤电缆绝缘。采用环氧混合物和玻璃丝带方式密封时，应浇注均匀充实。

中间接头金属套管与电缆金属护套采用焊接方式进行接地连接时，跨接接地线截面应满足系统短路电流通流要求，接地连接牢靠。

（8）质量验评。根据工艺和图纸要求，及时做好现场质量检查、接头报表填写工作。要求通过过程监控与最终附件验收，确保接头安装质量并作好记录。

二、组合预制式中间接头制作工艺流程及工艺质量控制要点

1. 220kV 电力电缆组合预制式中间接头制作工艺流程

见图 14–1–4。

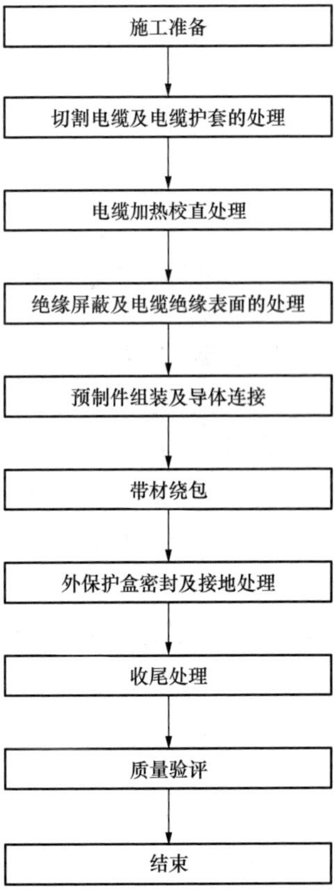

图 14–1–4　220kV 电力电缆组合预制式中间接头制作工艺流程图

2. 组合预制中间接头制作质量控制要点说明

（1）220kV 电力电缆组合预制式中间接头的安

装程序大部分与预制式中间接头相同，唯一的差别在于它的预制件组装步骤。

（2）组合预制式中间接头存在三种界面，即环氧树脂预制件与电缆绝缘之间界面、环氧树脂预制件与橡胶预制件间的界面、绝缘预制件与电缆绝缘表面间的界面。其中后两者界面的绝缘强度与界面上所受的压紧力呈指数关系。界面压力除了取决于绝缘材料特性外，还与电缆绝缘的直径的公差和偏心度有关。因此，在 220kV 电力电缆装配式中间接头制作过程中，必须严格按照工艺规程处理界面压力。

（3）套入橡胶预制件及环氧树脂预制件。根据工艺和图纸要求，正确套入橡胶预制件、环氧树脂预制件等零部件，并确认无遗漏。

（4）固紧所有预制件。根据工艺和图纸要求，将环氧树脂预制件移动到规定位置，把两边的橡胶预制件移到与环氧树脂预制件相接触，并紧固弹簧。要求确保橡胶预制件移到与环氧树脂预制件及电缆绝缘表面的压力在规定范围内。

【思考与练习】

1. 组合预制式中间接头存在哪三种界面？它们之间的关系怎样？影响界面压紧力的因素有哪些？

2. 高压交联电缆中间接头组合预制式与预制式有哪些不相同处？

3. 高压交联电缆组合预制式中间接头质量验评有哪些内容？

◢ 模块 2　220kV 电缆接头安装（Z06G2002Ⅲ）

【模块描述】本模块包含 220kV 常用电力电缆中间接头的安装步骤及工艺要求。通过流程介绍、图形示意，掌握 220kV 常用电力电缆中间接头安装操作及工艺要求。

【模块内容】

一、安装前的准备工作

（1）仔细阅读附件供货商提供的工艺与图纸。做好工器具准备工作、接头材料验收检查核对工作，做好接头场地准备工作，施工现场应配备必要的除尘、通风、照明、除湿、消防设备，提供充足的施工用电。根据供货商工艺要求对接头区域温度、相对湿度、清洁度进行控制。

（2）安装电缆中间接头前，应做好施工用电源及照明检查，确保施工用电及照明设备能够正常工作。

（3）安装电缆中间接头前，应检查电缆符合下列要求：

1）电缆绝缘状况良好，无受潮，电缆绝缘偏心度满足设计要求；

2）电缆相位正确，护层绝缘合格。

二、电缆切割

（1）将电缆临时固定于支架上。

（2）检查电缆长度，确保电缆在制作中间接头时有足够的长度和适当的余量。根据工艺图纸要求确定电缆最终切割位置，预留 200～500mm 余量，用锯子等工具沿电缆轴线垂直切断。

（3）根据工艺图纸要求确定电缆外护套剥除位置，剥除电缆外护套。如果电缆外护套上附有外电极，则宜用玻璃片将外电极刮去除干净无残余，剥除长度符合工艺要求。

（4）根据工艺图纸要求确定金属护套剥除位置，剥除金属护套应符合下列要求：

1）剥除铅护套应符合下列要求：

a）用刀具在铅护套剥除位置环切一周，在需剥除的铅护套的全长上划两道相距 10mm 的轴向切口，用尖嘴钳剥除铅护套；

b）上述轴向切口深度必须严格控制，严禁切口过深而损坏电缆绝缘；

c）也可以用其他方法剥除铅护套，例如用劈刀剖铅等，但不应损伤电缆绝缘。

2）剥除铝护套应符合下列要求：

a）如为环形铝护套，可用刀具仔细地沿着铝护套剥除位置（宜选择在波峰处）的圆周锉断铝护套，不应损伤电缆绝缘，护套断口应进行处理去除尖口及残余金属碎屑；

b）如为螺旋形铝护套，可用刀具仔细地从剥除位置（宜选择在波峰处）起沿着波纹退后一节成环并锉断铝护套，不应损伤电缆绝缘，铝护套断口应进行处理去除尖口及残余金属碎屑；

c）如铝护套与绝缘之间存在间隙，也可采用特殊工具，控制好切割深度后连同外护套一起切除；

d）铝护套表面处理完毕后，应在工艺要求的部位进行搪底铅。首先在铝护套表面涂一层焊接底料，然后在焊接底料上加一定厚度的底铅以便后续接地工艺施工。

（5）最终切割。在最终切割标记处用锯子等工具沿电缆轴线垂直切断，要求导体切割断面平直。如果电缆截面较大，可先去除一定厚度电缆绝缘，直至适当位置后再用锯子等工具沿电缆轴线垂直切断。

三、电缆加热校直处理

（1）交联聚乙烯电缆中间接头安装前应进行加热校直，通过加热中间接头要求弯曲度达到下列工艺要求：电缆每 400mm 长，最大弯曲度偏移控制在 2～5mm，如图 14–2–1 所示。

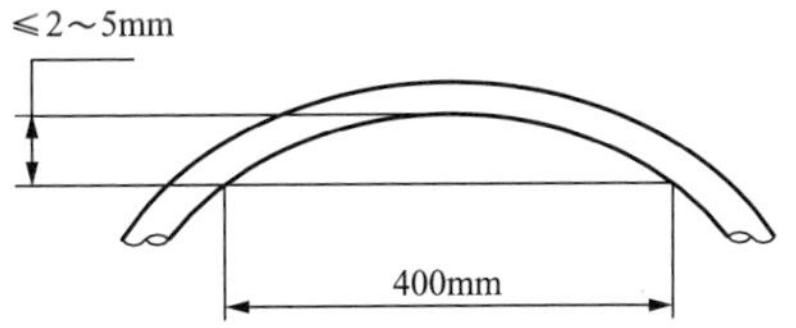

图 14–2–1 交联聚乙烯电缆加热校直处理

（2）交联电缆安装工艺无明确要求时，加热校直所需工具和材料主要有：

1）温度控制箱，含热电偶和接线；

2）加热带；

3）校直管，宜采用半圆钢管或角铁；

4）辅助带材及保温材料。

（3）加热校直的温度要求：

1）加热校直时，电缆绝缘屏蔽层处温度宜控制在（75±3）℃，加热时间宜不小于3h。

2）保温时间宜不小于1h。

3）冷却8h或冷却至常温后采用校直管校直。

四、电缆绝缘屏蔽及电缆绝缘表面处理

1. 绝缘屏蔽层与绝缘层间的过渡处理

（1）采用专用的切削刀具切削电缆绝缘屏蔽，并用玻璃片刮清屏蔽的残留部分。绝缘层屏蔽与绝缘层间应形成光滑过渡，过渡部分锥形长度宜控制在20～40mm，绝缘屏蔽断口峰谷差宜按照工艺要求执行。如工艺书未注明，建议控制在小于10mm，如图14–2–2所示。

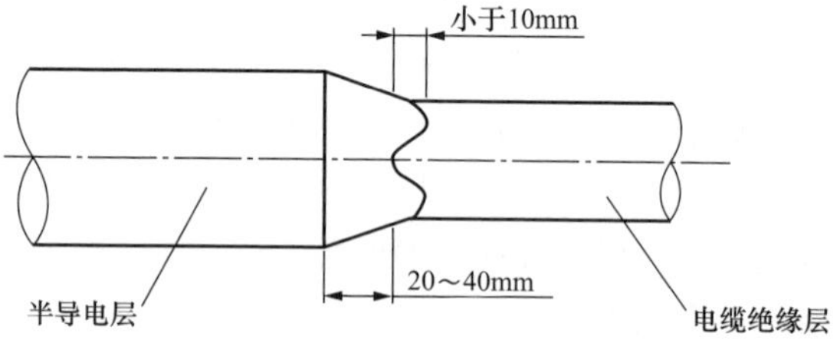

图14–2–2 绝缘屏蔽与绝缘层过渡部分

（2）打磨过绝缘屏蔽的砂纸或砂带绝对不能再用来打磨电缆绝缘。

（3）为了提高绝缘屏蔽断口处电性能，可采用涂刷半导电漆方式或加热硫化方式。

（4）打磨处理完毕后，用塑料薄膜覆盖处理过的电缆绝缘及绝缘屏蔽表面。

2. 电缆绝缘表面的处理

（1）电缆绝缘处理前应测量电缆绝缘以及预制件尺寸，确认上述尺寸是否符合工艺图纸要求。

（2）电缆绝缘表面应进行打磨抛光处理，220kV电缆应使用400号及以上砂纸或砂带。如图14–2–3所示，初始打磨时可使用240号砂纸或砂带进行粗抛，并按照由小

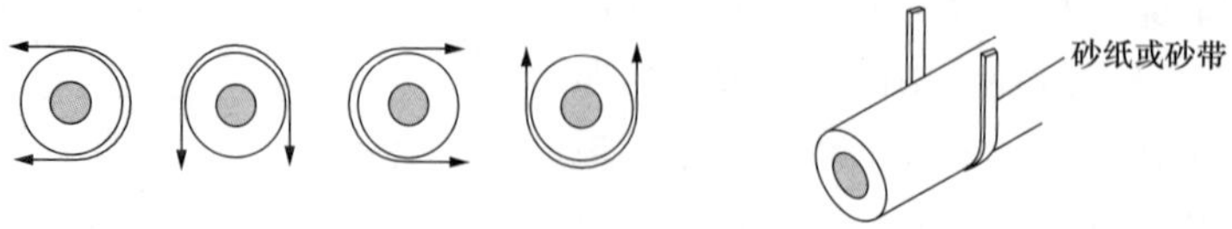

图14–2–3 电缆绝缘表面抛光处理

至大的顺序选择砂纸或砂带进行打磨。打磨时每一号砂纸或砂带应从两个方向打磨 10 遍以上，直到上一号砂纸或砂带的痕迹消失。

（3）打磨抛光处理重点部位是绝缘屏蔽断口附近的绝缘表面，如图 14–2–4 所示，打磨处理完毕后应测量绝缘表面直径。测量时应多选择几个测量点，每个测量点宜测两次，确保绝缘表面的直径达到设计图纸所规定的尺寸范围，测量完毕应再次打磨抛光测量点去除痕迹。

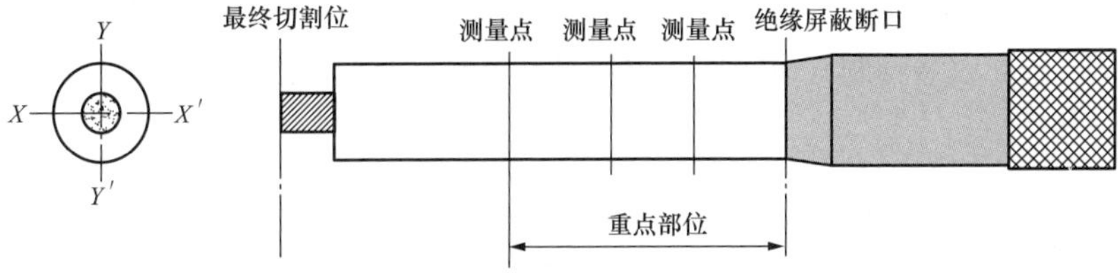

图 14–2–4　电缆绝缘表面直径测量

（4）打磨抛光处理完毕后，绝缘表面的粗糙度（目视检测）宜按照工艺要求执行。如未注明，建议控制在不大于 300μm，现场可用平行光源进行检查。

（5）打磨处理完毕后，用塑料薄膜覆盖抛光过的绝缘表面。

五、套入橡胶预制件及导体连接

1. 以整体预制式中间接头为例

整体预制式中间接头如图 14–2–5 所示。套入绝缘预制件时应注意：

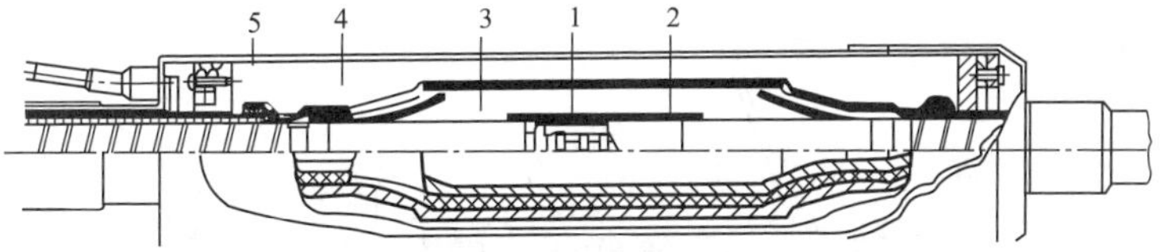

图 14–2–5　整体预制式中间接头示意图

1—导体连接；2—高压屏蔽；3—绝缘预制件；4—空气或浇注防腐材料；5—保护外壳

（1）保持电缆绝缘层的干燥和清洁。

（2）施工过程中应避免损伤电缆绝缘。

（3）在暴露电缆绝缘表面上，清除所有半导电材料的痕迹。

（4）涂抹硅脂或硅油时，应使用清洁的手套。

（5）只有在准备扩张时，才可打开预制橡胶绝缘件的外包装。

（6）在套入预制橡胶绝缘件之前应清洁粘在电缆绝缘表面上的灰尘或其他残留物，清洁方向应由绝缘层朝向绝缘屏蔽层。

2. 预制件定位

清洁电缆绝缘表面并确保电缆绝缘表面干燥无杂质。采用专用收缩工具或扩张工具将预制橡胶绝缘件抽出套在电缆绝缘上，并检查橡胶预制件的位置满足工艺图纸要求。

六、专用收缩工具或扩张工具

预制式中间接头一般要求交联聚乙烯电缆绝缘的外径和预制橡胶绝缘件的内径之间有较大的过盈配合，以保持预制橡胶绝缘件和交联聚乙烯电缆绝缘界面有足够的压力。因此安装预制式中间接头宜使用专用的收缩工具或扩张工具，如图 14–2–6 所示。

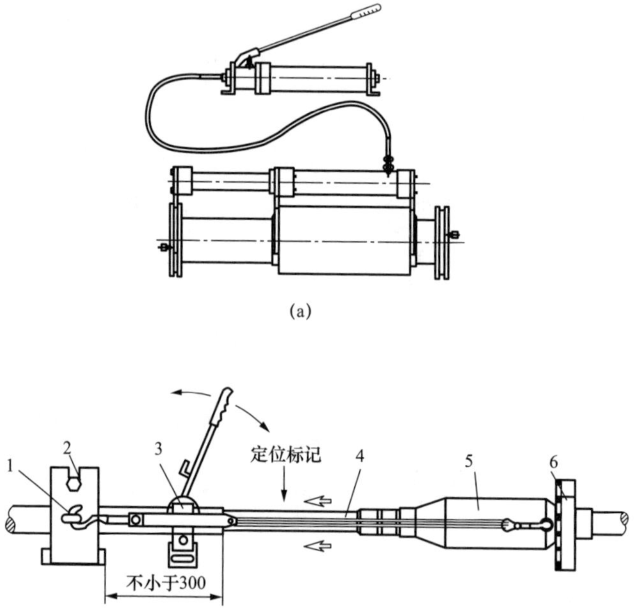

(a)　(b)

图 14–2–6　专用收扩工具

（a）预制件收缩机；（b）预制件扩张机

1—固定钩；2—电缆卡座；3—紧线器；4—钢丝绳；5—预制件；6—预制件卡座

七、以交联聚乙烯绝缘电缆中间接头组合预制式为例

装配式中间接头如图 14–2–7 所示，其接头增强绝缘由预制橡胶绝缘件和环氧绝缘件在现场组装，并采用弹簧紧压，使得预制橡胶绝缘件与交联聚乙烯电缆绝缘界面达到一定压力，以保持界面电气绝缘强度。

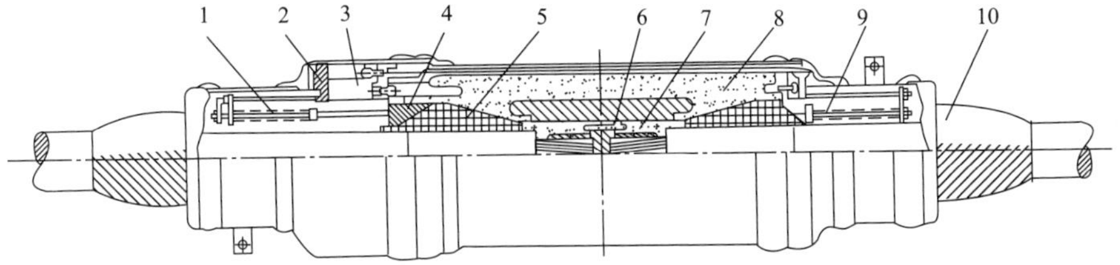

图 14–2–7　装配式中间接头示意图

1—压紧弹簧；2—中间法兰；3—环氧法兰；4—压紧环；5—橡胶预制件；6—固定环氧装置；7—压接管；8—环氧元件；9—压紧弹簧；10—防腐带

八、接头增强绝缘处理

接头增强绝缘处理一般技术要求如下：

（1）保持电缆绝缘层的干燥和清洁。

（2）施工过程中应避免损伤电缆绝缘。

（3）在暴露电缆绝缘表面上，清除所有半导电材料的痕迹。

（4）涂抹硅脂或硅油时，应使用清洁的手套。

（5）只有在准备扩张时，才可打开预制橡胶绝缘件的外包装。

（6）在套入预制橡胶绝缘件之前应清洁粘在电缆绝缘表面上的灰尘或其他残留物，清洁方向应由绝缘层朝向绝缘屏蔽层。

（7）用色带做好橡胶预制件在电缆绝缘上的最终安装位置的标记。

（8）清洁电缆绝缘表面、环氧树脂预制件及橡胶制件的内、外表面。将橡胶预制件、环氧树脂件、压紧弹簧装置、接头铜盒、热缩管材等部件预先套入电缆。

九、预制件定位与固紧

预制件固紧如图 14–2–8 所示。

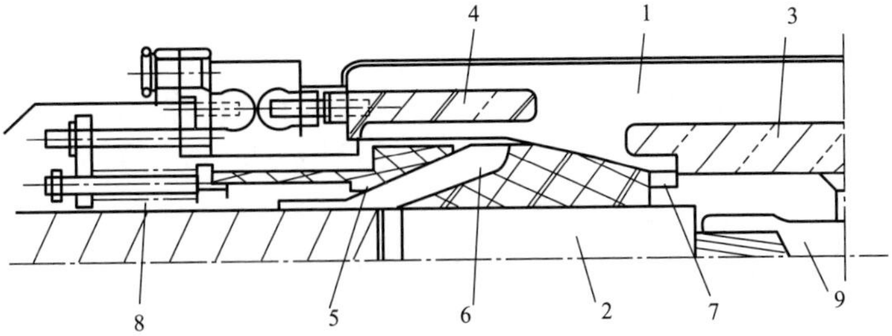

图 14–2–8　预制件固紧示意图

1—环氧树脂件；2—电缆绝缘；3—高压屏蔽电极；4—接地电极；5—压环；6—橡胶预制应力锥；7—防止电缆绝缘收缩的夹具；8—弹簧；9—导体接头

（1）安装前，再用清洗剂清洁电缆绝缘表面、橡胶预制件外表面。待清洗剂挥发后，在电缆绝缘表面、橡胶预制件外表面及环氧树脂预制内表面上均匀涂上少许硅脂，硅脂应符要求。

（2）用供货商提供（或认可）的专用工具把橡胶预制件套入相应的标志位置。

（3）根据工艺及图纸要求，用力矩扳手调整弹簧压紧装置并固紧，用清洁剂清洗掉残存的硅脂。

十、导体连接

（1）导体连接前应将经过扩张的预制橡胶绝缘件、接头铜盒、热缩管材等部件预先套入电缆。

（2）采用围压压接法进行导体连接时应满足下列要求：

1）压接前应检查核对连接金具和压接模具，选用合适的接线端子、压接模具和压接机；

2）压接前应清除导体表面污迹与毛刺；

3）压接时导体插入长度应充足；

4）压接顺序可参照 GB 14315 附录 C 的要求；

5）围压压接每压一次，在压模合拢到位后应停留 10～15s，使压接部位金属塑性变形达到基本稳定后，才能消除压力；

6）在压接部位，围压形成的边应各自在同一个平面上；

7）压缩比宜控制在 15%～25%；

8）分割导体分块间的分隔纸（压接部分）宜在压接前去除；

9）围压压接后，对压接部位进行处理。

压接后连接金具表面应光滑，并清除所有的金属屑末、压接痕迹。压接后连接金具表面不应有裂纹和毛刺，所有边缘处不应有尖端。电缆导体与接线端子应笔直无翘曲。

十一、带材绕包

在预制件外绕包一定尺寸的半导电带、金属屏蔽带、防水带。根据接头型式的不同，按照工艺要求恢复外半导电屏蔽层，注意绝缘接头和直通接头的区别。

十二、外保护盒密封与接地处理

（1）中间接头尾管与金属护套进行接地连接时，可采用搪铅方式或采用接地线焊接等方式。

（2）中间接头密封可采用搪铅方式或采用环氧混合物/玻璃丝带等方式。

（3）采用搪铅方式进行接地或密封时，应满足以下技术要求：

1）封铅要与电缆金属护套和电缆附件的金属套管紧密连接，封铅致密性要好，不应有杂质和气泡；

2）搪铅时不应损伤电缆绝缘，应掌握好加热温度，搪铅操作时间应尽量缩短；

3）圆周方向的搪铅厚度应均匀，外形应力求美观。

（4）中间接头尾管与金属护套采用焊接方式进行接地连接时，跨接接地线截面应满足系统短路电流通流要求。

（5）采用环氧混合物/玻璃丝带方式密封时，应满足以下技术要求：

1）金属护套和接头尾管需要绕包环氧玻璃丝带的地方应用砂纸或砂带进行打磨；

2）环氧树脂和固化剂应混合搅拌均匀；

3）先涂上一层环氧混合物，再绕包一层半搭盖的玻璃丝带，按此顺序重新进行该工序，直到环氧混合物/玻璃丝带的厚度超过3mm；

4）每层玻璃丝带下方为环氧涂层，应使每层玻璃丝带全部浸在环氧混合物中，避免水分与环氧混合物接触；

5）确保环氧混合物固化，时间宜控制在2h以上。

（6）收尾处理。中间接头收尾工作，应满足以下技术要求：

1）安装交叉互联换位箱及接地箱/接地线时，接地线与接地线鼻子的连接应采用机械压接方式，接地线鼻子与接头铜盒接地铜排的连接宜采用螺栓连接方式；

2）同一线路同类中间接头其接地线或同轴电缆布置应统一，接地线排列及固定，同轴电缆的走向应统一，且为之后运行维护工作提供便利；

3）中间接头接地连接线应尽量短，3m以上宜采用同轴电缆。连接线截面应满足系统单相接地电流通过时的热稳定要求，连接线的绝缘水平不得小于电缆外护套的绝缘水平。

【思考与练习】

1. 高压电缆接地连接采用搪铅方式应注意哪些问题？
2. 高压电缆接头安装时导体压接的要求有哪些？
3. 高压电缆接头安装时预制件定位与固紧有哪些要求？

第六部分

电缆辅助系统安装与检测

第十五章

接地系统安装

模块1　接地箱和换位箱的安装（Z06H1001Ⅰ）

【模块描述】本模块包含接地箱和交叉互联箱的结构、作用及安装要求和方法。通过结构分析、图形示意，要点归纳介绍，掌握接地箱和交叉互联箱的安装技能。

【模块内容】

一、接地箱、接地保护箱、交叉互联箱的结构及作用

（1）接地箱主要由箱体、绝缘支撑板、芯线夹座、连接金属铜排等零部件组成，适用于高压单芯交联电缆接头、终端的直接接地。

（2）接地保护箱主要由箱体、绝缘支撑板、芯线夹座、连接金属铜排、护层保护器等零部件组成，适用于高压单芯交联电缆接头、终端的保护接地，用来控制金属护套的感应电压，减少或消除护层上的环形电流，提高电缆的输送容量，防止电缆外护层击穿，确保电缆的安全运行。

（3）交叉互联箱主要由箱体、绝缘支撑板、芯线夹座、连接金属铜排、电缆护层保护器等零部件组成，适用于高压单芯交联电缆接头、终端的交叉互联换位保护接地，用来限制护套和绝缘接头绝缘两侧冲击过电压升高，控制金属护套的感应电压，减少或消除护层上的环形电流，提高电缆的输送容量，防止电缆外护层击穿，确保电缆的安全运行。

箱体机械强度高，密封性能好，具有良好的阻燃性、耐腐蚀性；其内接线板导电性能优良；护层保护器采用ZnO压敏电阻作为保护元件；护层保护器外绝缘采用绝缘材料制成，电气性能优越，密封性能好，具有优良的伏安曲线特性。

接地箱、接地保护箱如图15–1–1所示，交叉互联箱结构如图15–1–2所示。

二、接地箱、接地保护箱、交叉互联箱的安装要求和方法

电缆接地系统包括电缆接地箱、电缆接地保护箱（带护层保护器）、电缆交叉互联箱等部分。一般容易发生的问题主要是箱体密封不好进水导致多点接地，引起金属护层感应电流过大。所以箱体应可靠固定，密封良好，严防在运行中发生进水。

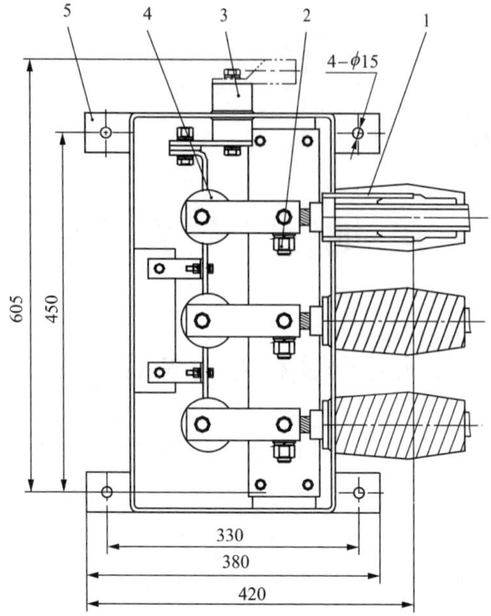

进线孔径ϕ50mm，箱体高度为305mm

图 15–1–1 接地箱、接地保护箱结构示意图

1—进线端口；2—线芯夹座螺栓；3—接地端头；4—保护器（ZJD型无）；5—固定脚板

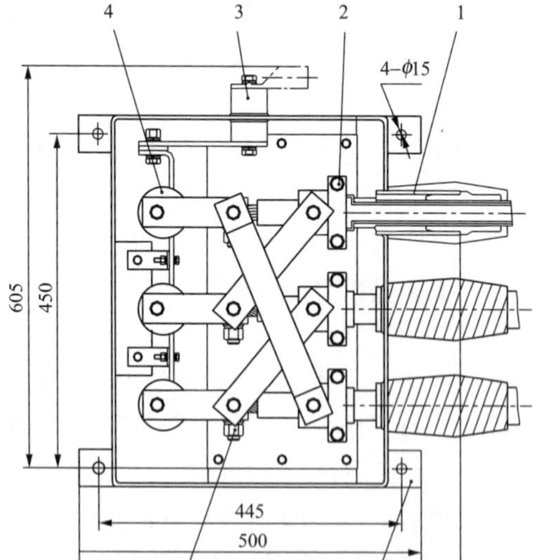

进线孔径ϕ50mm，箱体高度为345mm

图 15–1–2 交叉互联箱结构示意图

1—进线端口；2—外线芯夹座螺栓；3—接地端头；4—保护器；5—内线芯夹座螺母；6—固定脚板

1. 安装要求

（1）安装应由经过培训的熟悉操作工艺的工作人员进行。

（2）仔细审核图纸，熟悉电缆金属护套交叉换位及接地方式。

（3）检查现场应与图纸相符。终端及中间接头制作完毕后，根据图纸及现场情况测量交叉互联电缆和接地电缆的长度。

（4）检查接地箱、接地保护箱、交叉互联箱内部零件应齐全。

（5）确认交叉换位电缆和接地电缆符合设计要求。

2. 安装方法

交叉互联箱、接地箱按照图纸位置安装；螺钉要紧固，箱体牢固、整洁、横平竖直。根据接地箱及终端接地端子的位置和结构截取电缆，电缆长度在满足需要的情况下，应尽可能短。

（1）接地箱、接地保护箱安装操作：

1）剥除两端绝缘，压好一端的接线端子；接地电缆应一致美观，严禁电缆交叉；再将电缆另一端穿入接地箱的芯线夹座中，拧紧螺栓。注意：剥除绝缘、压好接线端子、导体压接后，边面要光滑、无毛刺；电缆与接地箱和终端接地端子连接牢固。

2）安装密封垫圈和箱盖，箱体螺栓应对角均匀、逐渐紧固。

3）按照安装工艺的要求密封出线孔。

4）在接地箱出线孔外缠相色，应一致美观。

5）接地电缆的接地点选择永久接地点，接触面抹导电膏，连接牢固。

6）接地采用圆钢，焊接长度应为直径的 6 倍，采用扁钢应为宽度的 2.5 倍。扁钢、圆钢表面按要求涂漆。

（2）交叉互联箱安装操作：

1）确认护层保护器的型号和规格符合设计要求且试验合格、完好无损。

2）剥除绝缘，压好芯线接线端子；根据绝缘中间接头的结构，剥除绝缘，压好屏蔽线接线端子。注意：导体压接后，表面要光滑、无毛刺；与绝缘中间接头的接线端子连接。

3）将交叉互联电缆穿入交叉互联箱；剥除绝缘，按要求剥切线芯，表面要光滑、无毛刺，与接线端子连接；根据交叉互联箱内部尺寸，剥除绝缘，去除多余的屏蔽导体，固定屏蔽导体。

4）重复上述步骤，将 A、B、C 三相交叉换位电缆连接好，应一致美观。整个线路交叉互联箱相位必须一致。

5）安装密封垫圈和箱盖，箱体螺栓应对角均匀、逐渐紧固。

6）按照安装工艺的要求密封出线孔。

7）在交叉互联箱出线孔外缠相色，应一致美观。

8）接地电缆的接地点选择永久接地点，接地面抹导电膏，连接牢固。

9）接地采用圆钢，焊接长度应为直径的6倍，采用扁钢应为宽度的2.5倍。扁钢、圆钢表面按要求涂漆。

交叉互联箱安装如图15–1–3所示。

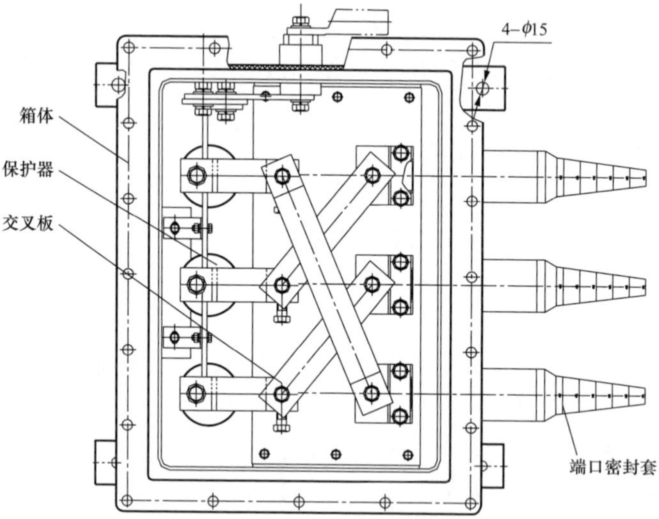

图15–1–3　交叉互联箱安装图

【思考与练习】

1. 简述接地箱的结构和作用。
2. 简述交叉互联箱的结构和作用。
3. 简述交叉互联箱安装的步骤。

模块2　同轴电缆及回流线的处理方法和要求（Z06H1002 Ⅰ）

【模块描述】本模块包含同轴电缆及回流线的概念、结构和安装要求。通过结构介绍、要点分析，掌握同轴电缆及回流线的安装技能。

【模块内容】

一、同轴电缆

1. 同轴电缆的概念

同轴电缆是一种电线及信号的传输线。

电力电缆线路中使用同轴电缆，主要用于电缆交叉互联接地箱、接地箱和电缆金属护层的连接。由于同轴电缆的波阻抗远远小于普通绝缘接地线的波阻抗，与电缆的波阻抗相近，为减少冲击过电压在交叉换位连接线上的降压，避免冲击波的反射过电压，应采用同轴电缆作为接地线。

2. 同轴电缆的结构

同轴电缆是指有两个同心导体，而导体又共用同一轴心的电缆。最常见的同轴电缆最内里是一条由内层绝缘材料隔离的内导电铜线，在内层绝缘材料的外面是另一层环形网状导电体，然后整个电缆最外层由聚氯乙烯或特氟纶材料包住，作为外绝缘护套，如图（图 15–2–1）所示。

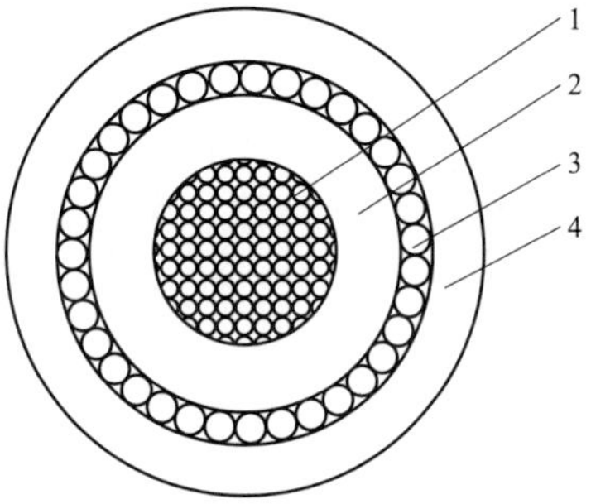

图 15–2–1　同轴电缆结构示意图

1—内导电铜线；2—内层绝缘：3—环形网状导电体；4—外绝缘护套

3. 同轴电缆的安装

技术要求

同轴电缆的绝缘水平不得低于电缆外护套的绝缘水平，截面应满足系统 单相接地电流通过时的热稳定要求。

电缆线芯连接金具，采用符合标准的连接管和接线端子，其内径与电缆线芯紧密配合，间隙不应过大。

压接管截面宜为线芯截面的 1.2～1.5 倍。采用压接时，压接钳和模具规格应符合要求。

操作过程

电缆线芯连接时，应除去线芯和连接管内壁油污及氧化层。

压接模具与金具应配合恰当，压缩比应符合要求。

压接后应将端子或连接管上的凸痕修理光滑，不得残留毛刺。

采用锡焊连接铜芯，应使用中性焊锡膏，不得烧伤绝缘。

由于同轴电缆的内外导体之间有不低于电缆外护套的绝缘水平绝缘要求，再与接地箱和换位箱连接时，内外绝缘的剥切长度必须保证绝缘的要求和性能良好。

电缆与箱体要采用自粘带、粘胶带、胶粘剂（热熔胶）等方式密封。

塑料护套表面应打毛，粘接表面应用溶剂除去油污，粘接应良好。

二、回流线

1. 回流线的概念

在金属护套一端接地的电缆线路中，为确保护套中的感应电压不超过允许标准，根据需要，会安装一条沿电缆线路平行敷设的导线，导线的两端接地，这种导线称之为回流线。

当发生单相接地故障时，接地短路电流可以通过回流线流回系统中性点。由于通过回流线的接地电流产生的磁通抵消了一部分电缆导线接地电流所产生的磁通。因而可降低短路故障的护套的感应电压。

2. 回流线的结构

回流线是一个有绝缘材料隔离的导电铜线，绝缘材料一般为聚氯乙烯或聚乙烯材料做成的外绝缘护套。

3. 回流线的安装

（1）技术要求：

1）回流线的阻抗及其两端接地电阻，应达到抑制电缆金属层工频感应过电压，并应使其截面满足最大暂态电流作用下的热稳定要求。

2）回流线的排列配置方式，应保证电缆运行时在回流线上产生的损耗最小。

3）电缆线路任一端设置在发电厂、变电所时，回流线应与电源中性线接地的接地网连通。

4）敷设回流线可降低电缆故障时金属层的感应电压，也可减少对弱电线路干扰，因此回流线两端应可靠接地。

（2）敷设要求。为了减少正常运行时回流线内出现环形电流，敷设导体时应使其与中间一相电缆的距离为 $0.7s$（s 为相邻电缆轴间距离）。并在电缆线路的一半处换位。

操作过程：

1）回流线线芯连接时，应除去线芯和连接管内壁油污及氧化层。

2）压接模具与金具应配合恰当，压缩比应符合要求。

3）压接后应将端子或连接管上的凸痕修理光滑，不得残留毛刺。

4）回流线两侧接地端子以及相连接的压接管部位都应有防腐、防水措施的处理。

5）为保证回流线两侧接地端子以及相连接的压接管部位，达到防水、防腐要求。应在其搭接面绕包绝缘带，绕包厚度直径为1.3倍的回流线外径，再选用PVC带缠绕保护，也宜采用绝缘热缩管。

敷设在电缆支架上的回流线，全线应可靠固定。

【思考与练习】

1. 为什么要选用同轴电缆？

2. 回流线的定义是什么？

3. 回流线的敷设要求是什么？

第十六章

充油电缆供油系统安装及检测

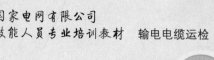

模块1 供油系统的安装（Z06H2001Ⅰ）

【模块描述】本模块包含充油电缆供油系统的组成、作用和装置要求。通过结构分析、图表对比、示例介绍，掌握充油电缆供油系统安装基本技能。

【模块内容】

一、自容式充油电缆供油系统

1. 供油系统的作用和装置要求

（1）供油系统的构成。供油系统是充油电缆线路必不可少的组成部分，它由供油箱、压力阀、电触点压力表、真空压力表、绝缘续接、油管路和油压示警系统等组成。

（2）供油系统的作用。当电缆线路的负荷和环境温度发生变化时，将引起电缆内部油的膨胀或收缩，并导致电缆油压变化。供油系统能够自动调节这部分油量和油压的变化，使充油电缆线路在规定油压值范围内持续安全运行，且符合下列规定：

1）电缆线路标高最高处，在冬季最低温度、空载或停役状态时的电缆油压，应不小于电缆所允许的最低工作油压。电缆线路标高最高处或距供油箱最远处，在冬季最低温度时突然切断满载负荷，受暂态油压降的影响，电缆油压也不应低于它所允许的最低工作油压。

2）电缆线路标高最低处，在夏季最高温度、电缆满载时的油压，应不大于电缆所允许的最高工作油压。电缆线路标高最低处或距供油箱最远处，在夏季最高温度时突然从空载至满载，受暂态油压降的影响，电缆油压应不大于它所允许的最高暂态油压。

自容式充油电缆的允许工作油压和暂态油压应符合表16-1-1的规定。

表 16–1–1　　自容式充油电缆的允许工作油压和暂态油压　　MPa

金属护套及加强层类型		允许工作油压		允许最高暂态油压
		最低	最高	
铅护套	有铜带径向加强	0.02	0.4	0.6
	有铜带径向和纵向加强	0.02	0.6	0.9
	无铜带加强	0.02	0.3	0.45
波纹铝护套	110kV 及以下	0.02	0.6	1.1
	220kV	0.05	0.8	1.4

（3）供油系统的配置应符合以下要求：

1）单芯充油电缆为了确保电缆线路暂态压力在允许值范围内而分成的油段，应有各自独立的供油系统。

2）当采用一端供油方式时，供油箱宜设于标高较高的一端。当采用二端供油方式时，如果两端选用油容积不同的供油箱，则应将油容积较大的供油箱设置于标高较高的一端。

3）供油装置应设有油压过高和过低的信号和报警系统。

（4）自容式充油电缆需油量计算。

供油箱容量=被供电缆段总需油量（由于负荷变化所需油量+由于环境温度变化所需油量）＋储备油量

2. 供油管路要求

（1）油管应采用外被有塑料护套的铜管、波纹管或不锈钢波纹管，管子内径不得小于电缆油道直径。

（2）油管应通过绝缘管与电缆终端和塞止接头相连接。绝缘管应能长期承受 1.7MPa 的油压力，并能耐受 50kV 冲击电压。

（3）由多台压力箱组成的供油装置，应采用 T 形三通支接油管路，各终端、塞止接头和支接管路，都应设置压力阀接口，应力管排列应整齐有序，不应迂回。

（4）注意在拆接油管路时（包括拆接施工用临时油管路），必须防止空气进入电缆，即“低处进油、高处排气、喷油连接”。排气时要使油管尽量平直或保持单一倾斜状，避免出现波浪形状。

二、充油电缆油压整定和油压示警装置

1. 供油箱油压整定

整定原则是确保电缆线路在任何情况下、在任何地点的工作油压和最高暂态油压符合表 16–1–1 中的规定值。

2. 油压示警装置的组成及工作原理

油压示警装置由电触点压力表、继电器、信号屏和导引电缆组成。在电触点压力表上设置油压的上、下限，即油压高、低压报警值，当电缆线路油压达到报警值时，电触点压力表中触点导通，经导引电缆将信号传导至组合继电器，输入信号屏，显示出油压高、低及地点信号并发出报警信号，以便及时处理调整，确保充油电缆线路油压在允许范围内。

3. 油压报警值的整定

（1）低油压报警值 p_l 的整定。设电缆允许的最小油压为 p_{min}，电缆终端最高点的油压应不低于 p_{min}。由于电缆漏油等原因造成油压降低，为了不使电缆的油压降低到最小允许值，有必要将充油电缆的最低油压整定值适当提高作为储备油压，在公式中以 p_s 表示，一般 p_s=0.03MPa。

电触点压力表装在高端终端时，低油压报警值计算式为

$$p_l = p_{min} + h_1\rho\times9.8\times10^{-3} + p_s \text{（MPa）} \tag{16-1-1}$$

电触点压力表装在低端终端时，低油压报警值计算式为

$$p_l = p_{min} + h_3\rho\times9.8\times10^{-3} + p_s \text{（MPa）} \tag{16-1-2}$$

式中 p_{min} ——允许最小油压，MPa；

ρ ——电缆油的密度，g/cm^3；

h_1、h_3 ——电缆终端最高点与电触点压力表的高度差，m。

（2）高油压报警值 p_h 的整定。

电触点压力表装在高端终端时，高油压报警值计算式为

$$p_h = p_{max} - h_2\rho\times9.8\times10^{-3} \text{（MPa）} \tag{16-1-3}$$

电触点压力表装在低端终端时，高油压报警值计算式为

$$p_h = p_{max} - (h_1 + h_2 - h_3)\rho\times9.8\times10^{-3} \text{（MPa）} \tag{16-1-4}$$

式中 p_{max} ——允许最大油压，MPa；

h_2 ——电缆最低点与高端终端电触点压力表的高度差。

其余字母含义与式（16–1–1）和式（16–1–2）相同。

4. 电缆信号报警装置

电缆信号报警装置由稳压电源、继电器、中间继电器、冲击继电器、电笛、光字牌、开关、按钮和二极管等元件组成信号发信和报警回路。该信号盘的稳压电源由采用隔离变压器和 4 个二极管组成的桥式整流电路组成，提供直流电压为 110V，电流为 8A。充油电缆信号报警装置原理图如图 16–1–1 所示，图中符号所表示的元件名称及型号规格见表 16–1–2。

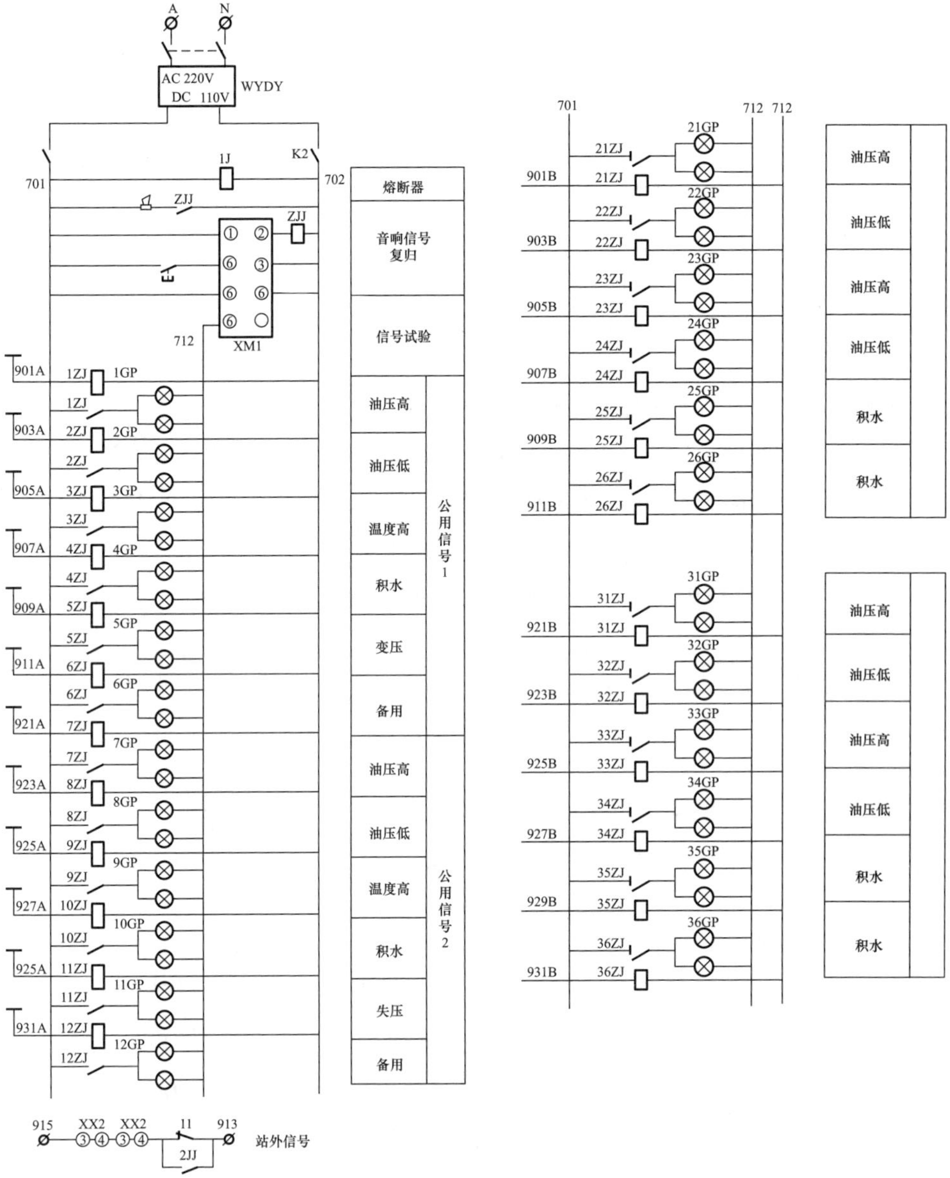

图 16–1–1　充油电缆信号报警装置原理图

表 16–1–2 充油电缆信号报警装置元件名称及规格型号

符　号	元件名称	型号及规格	符　号	元件名称	型号及规格
VD1～VD24	二极管	N4004，耐压≥800V	ZJ	继电器	DZY203 110V
KK1、KK2	开关	LW27–20C9.9002.1	DD	电笛	DDZ1 110V
YJA	按钮	LA38–11/203 110V	JJ、2JJ	中间继电器	JTX–2Z DC110V
K1、K2	开关	C45N 2P 10A	XMJ	冲击继电器	CC20A 110V
GP	光字牌	AD11 110V	WYDY	稳压电源	DC110V 8A

【案例 16–1–1】

充油电缆高、低压报警值整定计算：设电缆线路允许最小油压 $p_{\min}$ 为 0.02MPa，允许的最大油压 $p_{\max}$ 为 0.35MPa，ρ=0.868，储备油压 ps=0.03MPa，电缆线路如图 16–1–2 所示。

电触点压力表高、低压报警值整定计算如下：

（1）低油压报警值整定。电触点压力表装在高端终端时，按以下公式计算

$$p_1 = p_{\min} + h_1\rho\times9.8\times10^{-3} + p_s=0.02+3.5\times0.868\times9.8\times10^{-3}+0.03=0.08\text{（MPa）}$$

电触点压力表装在低端终端时，按以下公式计算

$$p_1 = p_{\min} + h_3\rho\times9.8\times10^{-3} + p_s=0.02+9\times0.868\times9.8\times10^{-3}+0.03=0.13\text{（MPa）}$$

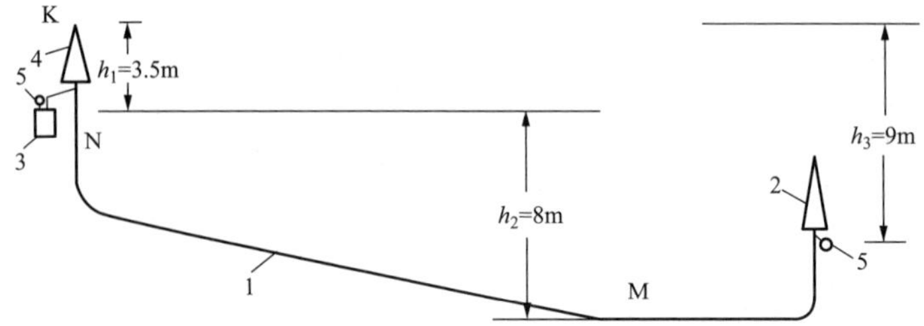

图 16–1–2 充油电缆线路示意图

1—电缆；2—下终端头；3—压力箱；4—上终端头；5—压力表或电触点压力表；
K—电缆线路高落差最高端；N—电缆线路压力箱阀门端；M—电缆线路高落差最低端

（2）高油压报警值整定。电触点压力表装在高端终端时，按以下公式计算

$$p_h = p_{\max} - h_2\rho\times9.8\times10^{-3}=0.35-8\times0.868\times9.8\times10^{-3}=0.28\text{（MPa）}$$

电触点压力表装在低端终端时，按以下公式计算

$$\begin{aligned}p_h &= p_{\max} - (h_1 + h_2 - h_3)\rho\times9.8\times10^{-3}\\ &= 0.35-(3.5+8-9)\times0.868\times9.8\times10^{-3}=0.33\text{（MPa）}\end{aligned}$$

（3）通过计算得出结论：电触点压力表装在高端终端时，低油压报警整定值为

0.08MPa，高油压报警整定值为0.28MPa；电触点压力表装在低端终端时，低油压报警整定值为0.13MPa，高油压报警整定值为0.33MPa。

【思考与练习】

1. 自容式充油电缆线路供油系统作用有哪些？

2. 自容式充油电缆线路供油系统装置有哪些技术要求？

3. 自容式充油电缆线路供油系统油压示警装置由哪些元件组成？

模块2　真空注油工艺（Z06H2002Ⅱ）

【模块描述】本模块包含充油电缆真空注油管路系统元件的作用、使用和连接、真空注油方法。通过结构分析、图形示意、要点归纳，掌握充油电缆真空注油操作技能。

【模块内容】

一、真空注油用途、原理及装置

安装充油电缆终端和接头，为了除去增绕绝缘内和套管中的空气和潮气，必须采用真空装置作抽真空处理。

1. 真空注油用途

在充油电缆接头和终端的制作过程中，部分电缆油会从绝缘间隙流失，同时会吸附一些潮气和空气，因此在安装结束后必须进行真空处理。充油电缆施工及检修用的电缆油必须经过真空脱气处理，并经取样试验合格后方可使用。

2. 真空注油连接原理

如图16-2-1所示，被抽真空的终端或中间接头通过真空管道与阀门6或9相连接，电动机2驱动真空泵1通过溢油缸5抽真空。真空度可以通过接在溢油缸上的麦氏真空表4进行检测。终端或中间接头溢出的油也通过阀门6或9流入溢油缸，通过阀门10可将溢油缸的油排出。电磁阀3的作用是保护真空泵。运转中的真空泵如遇突然停电，防止泵内的油被处在高真空状态的溢油缸内吸出。

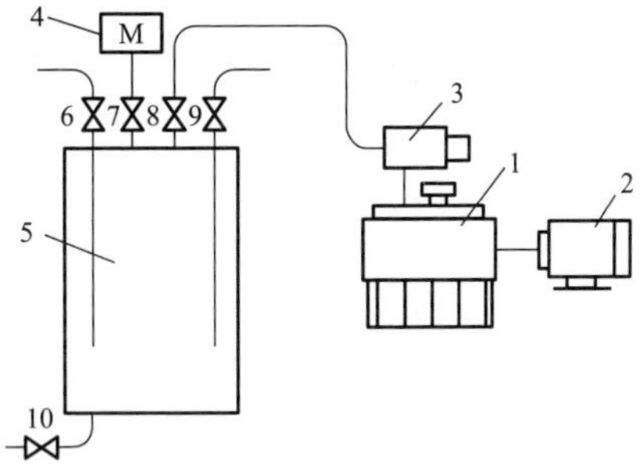

图16-2-1　真空装置注油油管路连接示意图

1—2X15型真空泵；2—电动机；3—DQC40型带放气电磁真空阀；4—麦氏真空表；5—去气溢油缸；6～10—GM10型隔膜式真空阀

3. 真空注油装置

（1）真空装置。真空装置由真空泵、电动机、除气溢油缸、麦氏真空计、电磁阀和隔膜式真空阀组成，如图 16–2–2 所示。

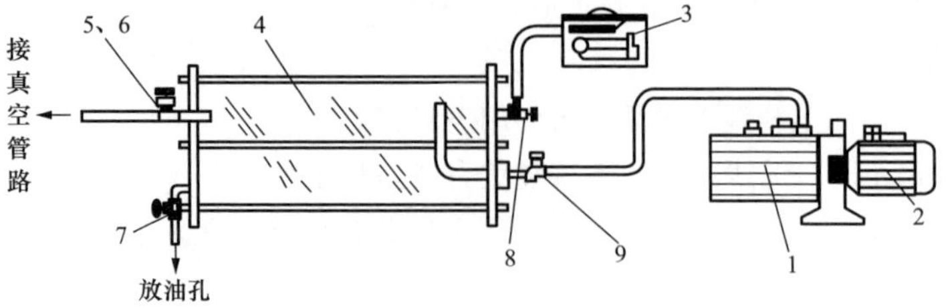

图 16–2–2 真空装置图

1—真空泵；2—电动机；3—麦氏真空计；4—除气溢油缸；5～9—隔膜式真空阀

（2）真空注油装置。真空注油装置由真空泵、电动机、去气溢油缸、真空表、阀门和油管路组成。

二、电缆油真空脱气机

1. 电缆油真空脱气机的结构

电缆油真空脱气机俗称油车，是用于高压电缆油脱气处理的重要设备。常用电缆油真空脱气机的主要技术指标如下：容量 300L；真空度 6.5Pa；工作压力 0.6MPa；油流量 400dm^3/h；消耗功率 5kW。图 16–2–3 所示就是电缆油真空脱气机的管路图。

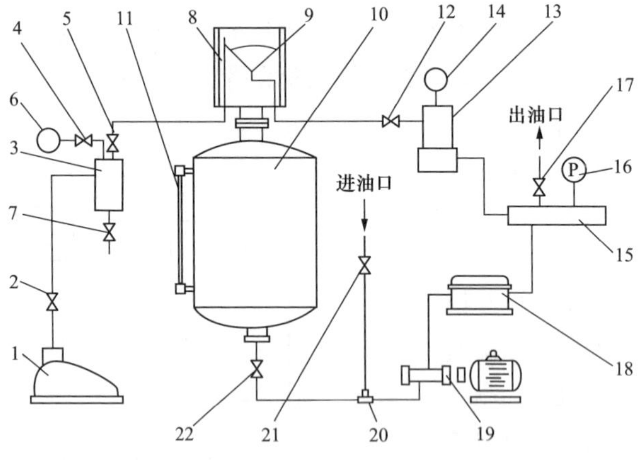

图 16–2–3 电缆油真空脱气机管路示意图

1—真空泵；2—电磁阀；3—油水分离器；4、5—真空阀；6—麦氏真空表；7—放水阀；8—脱气罐；9—喷油嘴；10—储油罐；11—油位管；12—喷油阀；13—加热器；14—温控表；15—油路分流器；16—压力表；17—出油阀；18—过滤器；19—螺杆油泵；20—三通接头；21—进油阀；22—循环阀

2. 高压电缆油脱气处理操作步骤

（1）启动。先接通电源，当相序指示灯亮后，方可启动真空泵和油泵电动机。

（2）进油。先对油桶油取样试验，如油样的介质损耗合格，方可将油桶中油吸入储油罐内。进油时应打开进油阀 21、喷油嘴阀 12 和真空阀 4、5（其余阀门均关闭），开启真空泵。将油吸入储油罐内达到一定的油位，一般吸入油占储油罐约 2/3 容积。

（3）脱气。将进油阀关闭（喷油阀、真空阀不关），打开循环阀，油泵、真空泵继续运转，油即进行循环脱气。经过一段时间脱气后，观察脱气缸内如没有气泡时，检测真空度（应小于 2Pa）。如温度低于 30℃，可接通加热器电源，将油温加热到 30～50℃。经连续脱气循环 3h 后，脱气罐内应无气泡出现，检测真空度达到 6.5Pa，则脱气循环结束。

（4）出油。打开出油二通控制阀门，调节喷油阀门，使油在减少喷油量的前提下通过过滤装置，经出油口流出。

3. 使用注意事项

（1）在油车操作过程中，应尽量避免中途停车。重新启用时，应从脱气步骤开始，不能马上出油。

（2）停车时应关闭全部阀门，切断油泵和真空油泵的电源，最后旋上进油口和出油口的旋塞。

（3）油车进油前，先从脱气中取油样作工频击穿强度试验。如试验合格，可开启螺杆油泵，经过滤器将油注入供油压力箱或直接向电缆终端进油。

三、终端和中间接头真空注油管路连接及操作方法

（1）电缆终端和接头的真空注油管路分别如图 16–2–4 和图 16–2–5 所示。

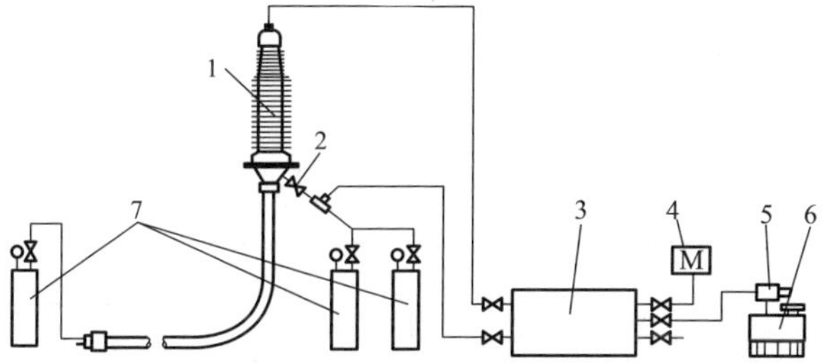

图 16–2–4　电缆终端真空注油管路连接及操作图

1—终端；2—尾管压力阀；3—溢油缸；4—麦氏真空计；5—电磁阀；6—真空泵；7—供油箱

（2）抽真空。按图接好管路后抽真空，从真空度达到 13Pa 起，计算维持真空时间。终端和接头真空维持时间可参照表 16–2–1，维持真空时间达到要求后即可注油。

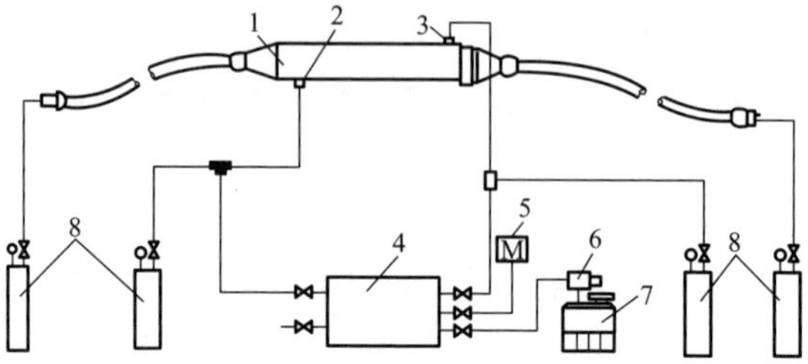

图 16–2–5 电缆接头真空注油管路连接及操作图

1—接头；2—下油嘴；3—上油嘴；4—溢油缸；5—麦氏真空计；6—电磁阀；7—真空泵；8—供油箱

表 16–2–1 充油电缆终端、接头真空维持时间 h

类 型	电 压 等 级	
	110kV	220kV
直线接头、绝缘接头	4	8
塞止接头	8	8
户外终端	6	8
气中、油中终端	4	8

（3）为了检测终端或接头及管路是否有渗漏，在真空处理过程中应测试“漏增”。所谓测“漏增”，是在到达维持真空时间时，关闭真空泵阀门，在 15min 后读测真空度下降情况。如果真空度仍在规定数值范围（真空度在 40Pa 及以下）内，则认为真空处理合格；否则应查找原因，并延长真空处理时间。

（4）终端或接头注油方法。终端注油时，采用施工用供油箱向终端注油，注满后在真空下冲洗，冲洗油量一般为终端油量的 1/3。接头注油时，用电缆两端供油箱向接头注油，注满后在真空下冲洗，冲洗油量约 6～8L。各类终端或接头注油量参见表 16–2–2。

表 16–2–2 充油电缆附件注油量 L

类 型	电 压 等 级	
	110kV	220kV
直通或绝缘接头	5	8
塞止接头	5×2	16+35
户外终端	46	120
GIS 终端	5	8
象鼻式终端	5	8

（5）注入 110～220kV 自容式充油电缆终端和接头中的电缆油必须经过脱气处理，并经油样试验合格。电缆终端和接头经注油后隔 24h 再取油样试验，其试验结果应符合油样试验标准。

四、充油电缆各种附件（中间接头和终端）真空注油的操作方法

电缆接头的真空注油如图 16–2–6 所示。

1. 冲洗

接头封铅结束后，需对接头进行冲洗。将接头下油嘴闷头螺母旋紧，打开两端压力箱阀门。待接头盒内充满油后将其自下油嘴 2 处放出，然后再旋紧下油嘴，并在上油嘴上接压力箱冲洗接头盒。照此方法冲洗两盒油后，再将两端压力箱阀门关小，以保持接头仍有油渗出为原则。

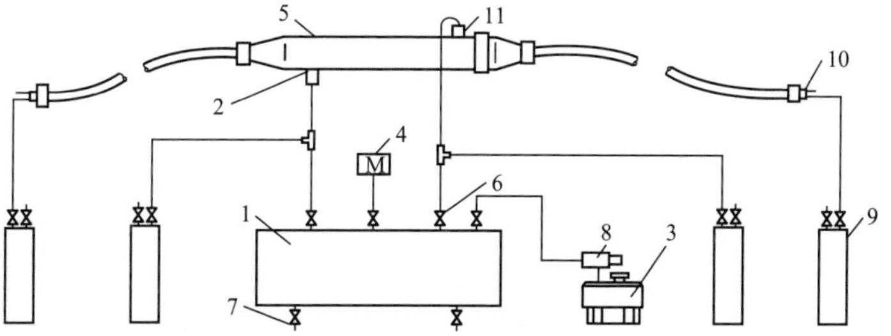

图 16–2–6　电缆接头真空注油图

1—溢油缸；2—下油嘴；3—真空泵；4—麦氏真空计；5—接头；6、7—隔膜阀；8—电磁带放气真空阀；9—供油压力箱；10—双孔封端；11—上油嘴

2. 抽真空

接油管路抽真空，从真空度达 13Pa 起，计算维持真空时间。终端和接头真空维持时间可参照表 16–2–1，维持真空时间达到要求后，抽真空结束。

为了检测终端或接头及管路是否有渗漏，在真空处理过程中应测试“漏增”，且应合格。

3. 注油

关闭图 16–2–6 中阀门 7，开足压力箱 9 的阀门，从电缆两端进油，待盒内充满油后经阀门 6 出油，保持在真空下冲洗。待流出 6～8L 油后，即可结束注油。此时阀门 6 口不应有大量气泡出现，否则需排空溢油缸内的油，继续做真空冲洗。

4. 拆油管路

为防止下部油嘴进气，应按下述程序拆管路：先拆下阀门后的管路，并与压力箱接通，接头由压力箱保压；再拆除下油嘴口的管路，旋紧闷头螺母，然后拆除上油嘴的管路，旋紧闷头螺母。

【思考与练习】

1. 试述充油电缆真空脱气机在进行高压电缆油脱气处理操作步骤。

2. 试述充油电缆终端和接头真空注油管路连接及操作方法。

3. 充油电缆各种附件（终端和接头）真空注油时真空维持时间和注油量的规定有哪些？

模块3 漏油点寻测（Z06H2003Ⅲ）

【模块描述】本模块包含充油电缆线路漏油点的测试方法和注意事项。通过要点分析、图形示意，掌握充油电缆线路漏油点测寻技能。

【模块内容】

充油电缆漏油点的测试方法主要有冷冻分段法、油压法和油流法三种。

一、冷冻分段法

（1）冷冻分段法原理是用液氮作为冷冻剂，将充油电缆内部的油局部冷冻，使电缆暂时分为两个供油段，通过对两段油压和油流的变化进行比较，从而确认漏油段。

（2）冷冻分段法是按二分之一分段法依次逐段冷冻，逐部缩小漏油段范围，最后找到漏油点。图16–3–1所示为冷冻分段法测试电缆漏油点的原理图。

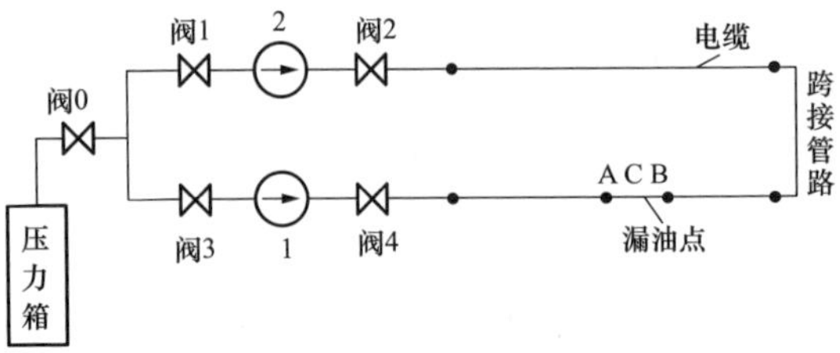

图16–3–1 冷冻分段法测试电缆漏油点

1、2—流量计；C—电缆漏油点

按上述方法进行测试时，冷冻时间不能太长，一般为2～4h。如果压力箱上的压力表变化不明显，可以在供油设备上装置合适的流量计。图16–3–1中假定电缆在C点发生漏油，测试可先在A点冷冻，冷冻开始时因冷却收缩，自压力箱向电缆漏油点补油，增加的油流流过流量计，使流量计的流量Q_1、Q_2相应增加。当A点冷冻约1h后，流经流量计1的油流量Q_1即下降到零，流过流量计2的油流量Q_2比冷冻前稍大。待A点冷冻后再在B点冷冻，则流量计1与2出现与上述相反的现象。如此重复数次，就可以将范围缩小直到找到漏油点。

（3）用冷冻法测试电缆漏油点过程中要注意以下几点：

1）测试漏油点前电缆补进油压后应静止24h，使其内部油压达到动态平衡后再开始测量，这样可以提高测试的正确性。如果能在负荷低时（如夜间）进行，效果会较好。

2）冷冻时供油箱的压力一般应控制在 0.1MPa，这样可以减少漏油量，且易于冷冻。

3）在 A 点冷冻后不能立即在 B 点冷冻，一定要待 A 点解冻后再冷冻 B 点，以防止在 A、B 段之间的电缆油压出现负压而造成电缆进水或进气。

二、油压法

（1）油压法原理是自容式充油电缆发生漏油时，油从压力箱流向漏油点，油流在油道内产生一个油压降，当油温不变（即黏度不变）和漏油量恒定情况下，油压降与供油箱到漏油点的距离成正比。

（2）油压法的测量方法如图 16–3–2 所示。

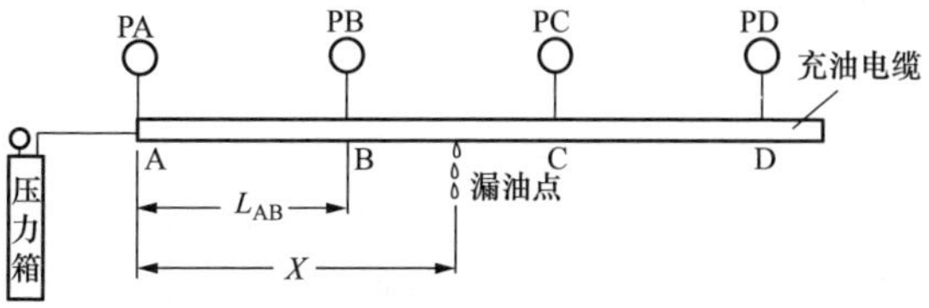

图 16–3–2 油压法测试电缆漏油点原理图一

A、B、C、D—测试点；PA、PB、PC、PD—油压表

（3）压力表距压力箱的距离关系。很明显，如果电缆上没有漏油点，而且线路各点都处于同等静压力下，则沿线路 A、B、C、D 各点所测的压力将与压力表距压力箱的距离成正比。B、C 间漏油点的距离 X 可近似求得

$$X = \frac{p_A - p_C}{p_A - p_B} \times L_{AB} \tag{16–3–1}$$

式中 p_A、p_B、p_C ——分别为 A、B、C 点上测得的油压，MPa；

L_{AB} ——A、B 两点间的距离，m。

以上方法只适用于在线路中间具有几个可供测量压力的点，而且各点的压力可以同时读取测量数值。此外，为了补偿由于沿线路各点标高不同引起的静油压差，测量时可以在线路一侧接上一个供油压力箱，并维持一定时间，使全线达到一个适当水平的静压力。测试时，在漏油点以后的压力如 p_C、p_D 等应该相同。

（4）当单芯充油电缆只有一相漏油时，可以利用好的一相电缆，通过测量两条电缆在各相应点的油压差也可以找到漏油点。测试原理如图 16–3–3 所示。

其漏油点的距离 X 的计算式为

$$X = \frac{\Delta p_C}{\Delta p_B} \times L_{AB} \tag{16–3–2}$$

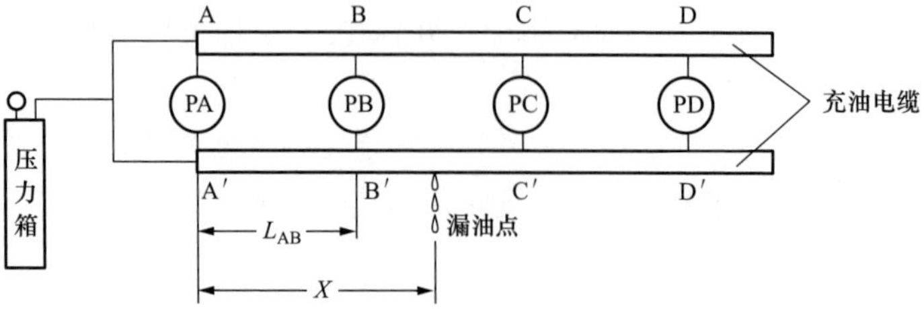

图 16–3–3 油压法测试电缆漏油点原理图二

A、B、C、D—测试点；PA、PB、PC、PD—油压表

式中 Δp_C ——C 点与 C′ 点间的油压差，MPa；

Δp_B ——B 点与 B′ 点间的油压差，MPa；

L_{AB} ——A、B 两点间的距离，m。

用油压法测试漏油点只限于线路漏油量较大的情况，如果漏油量太小，则误差较大。而且此法不能消除油温变化产的影响。另外，由于漏油产生的油压降主要发生在漏油点，沿线路的油压降一般都很小，在线路各点测得的油压差别不显著，因此不易得到精确的测量结果。

三、油流法

（1）油流法的原理是在同样的油压作用下，经过不同途径到达漏油点的油量与该途径的长度成正比。测试原理如图 16–3–4 所示，在漏油段的一端接压力箱和流量计，另一端用油管路与不漏油的一相跨接，经过一段时间，当油流量稳定后，则有如下关系式

$$X=\frac{Q_1}{Q_1+Q_2}\times 2L \qquad (16\text{–}3\text{–}3)$$

式中 X ——漏油点到测试端距离，m；

L ——电缆长度，m；

Q_1 ——连通完好相电缆的油流，m^3/s；

Q_2 ——连通漏油相电缆的油流，m^3/s。

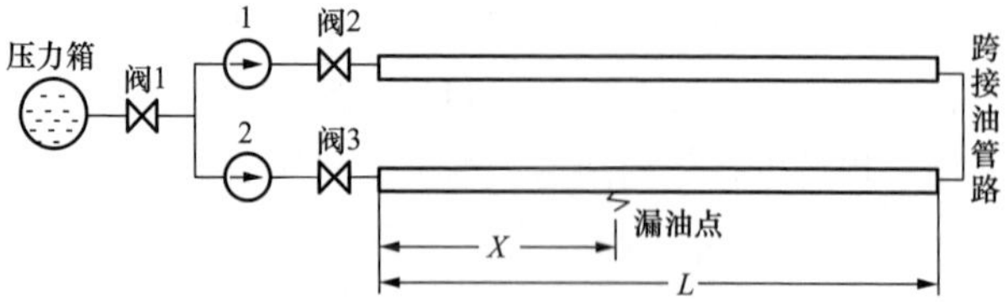

图 16–3–4 油流法测试充油电缆漏油点图

1、2—流量计

（2）油流法测量采用的微量玻璃转子流量计由一圆锥形的玻璃管与浮子组成，玻璃管锥尖向下，当油自玻璃管下部进入时，作用于浮子的浮力大于油中的浮子本身重力，因此浮子上升，浮子与锥形玻璃管的环形间隙面积随浮子升高而增大，在浮子周围的油流速度随之下降，作用于浮子的浮力也逐渐减少。直到浮力和浮子浸在油中的重力相等时，浮子就稳定在某一高度上，这时可以从玻璃锥形管的刻度上直接读取流量值。

（3）实际测试结果与理论值相比会有误差，这主要受以下几方面因素的影响：

1）流量计精度（约±2.5%）；

2）流量计的流阻；

3）电缆对油流的阻力；

4）温度变化的影响。

上述各因素中，流量计的流阻和油在电缆中的流动阻力对测量结果的影响较大。理论计算时可用误差率来校正，以减少误差

$$平均误差率=\frac{0.5(X_A+X_B-L)}{L}\times 100\% \qquad (16\text{–}3\text{–}4)$$

式中　L ——电缆线路长度，m；

X_A、X_B ——在电缆两端测得漏油点离测试端的距离，m。

（4）在测试中，为了减少不同流量计的流阻差异带来的误差，可以采用不同量程串联的方法，按图16–3–5管路测量，从而使流量基本接近。

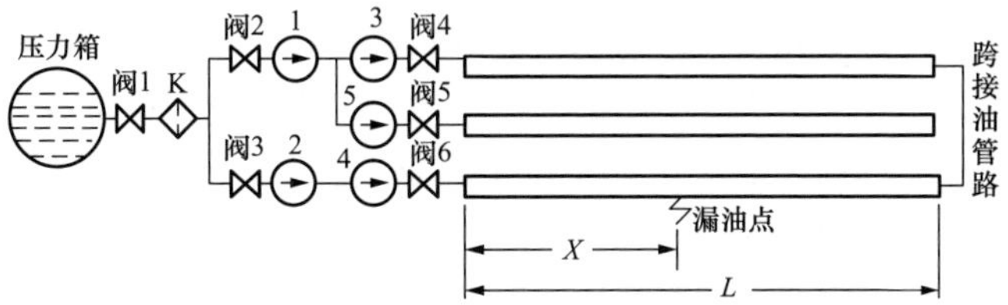

图16–3–5　串联流量计测量充油电缆漏油点管路图

K—过滤器；1～4—量程为100～1000mL/min的流量计；
5—量程为60～600mL/min用以测量油流的流量计

（5）另外，当电缆线路刚停用时，电缆内的温度变化也会影响测试的精度，所以要到电缆线路油温基本稳定后才能进行测试，负荷低时（夜间）测试有较高的准确性。

【思考与练习】

1. 充油电缆漏油点冷冻分段测试方法原理和测试注意事项有哪些？

2. 用油流法测试充油电缆漏油点，影响测量误差的因素有哪些，减少测试误差有几种方法？

3. 充油电缆漏油点油压法有几种测试方法，各适应何种状况的充油电缆线路？

第十七章

避雷器安装与检测

模块　避雷器安装方法（Z06H3001Ⅰ）

【模块描述】本模块介绍电缆终端用避雷器安装方法及注意事项。通过要点讲解、工艺流程介绍和图形示例，了解电缆线路常用避雷器的型号、参数特性，熟悉电缆线路避雷器特性参数选择原则，掌握避雷器安装操作方法、步骤及质量标准要求。

【模块内容】

为防止电缆和附件的主绝缘遭受过电压损坏，往往需要在电缆线路上安装避雷器。

一、避雷器基础知识

1. 避雷器种类

避雷器按其结构，可分为保护间隙、管式避雷器、阀式避雷器、磁吹避雷器和金属氧化物避雷器。用于保护电缆线路的并联连接在电缆终端的避雷器一般选用金属氧化物避雷器。金属氧化物避雷器分瓷套型和复合外套型两种。

2. 避雷器的特性参数选择

保护电缆线路用避雷器的主要特性参数应符合下列规定：

（1）冲击放电电压应低于被保护电缆线路的绝缘水平，并留有一定裕度。

（2）冲击电流通过避雷器时，两端子间的残压值应小于电缆线路的绝缘水平。

（3）当雷电过电压侵袭避雷器时，电缆上承受的电压为冲击放电电压和残压两者之间较大者，称为保护水平 U_p。电缆线路的 BIL=（120%～130%）U_p。

（4）避雷器的额定电压：对于 110kV 及以上中性点直接接地系统，额定电压取系统最大工作电压的 80%；对于 66kV 及以下中性点不接地和经消弧线圈接地的系统，应分别取最大工作线电压的 110%和 100%。

3. 电缆线路常用避雷器型号及参数

（1）瓷套型避雷器。其技术参数见表 17–1–1。

表 17-1-1 瓷套型避雷器技术参数

系统电压（kV，有效值）	避雷器型号	避雷器持续运行电压（kV，有效值）	雷电标称放电电流残压不大于（kV，峰值）	直流1mA参考电压不小于（kV）	交流参考电流（mA，峰值）	交流参考电压不小于（kV/$\sqrt{2}$，峰值）	2ms方波通流容量（A）	4/10μs冲击电流耐受能力（kA，峰值）	压力释放能量（kA）	爬电比距（mm/kV）	质量（kg）
35	Y5W1-54/134	43.2	134	77	1	54	800	100	40	31	80
66	Y10W1-90/235	72.5	235	130	1	90	800	100	40	31	110
110	Y10W1-100/260	78	260	145	1	100	800	100	40	31	115
	Y10W1-102/266	79.6	266	148	1	102	800	100	40	31	115
	Y10W1-108/281	84	281	157	1	108	800	100	40	31	115
220	Y10W2-200/520	156	520	290	1	200	800	100	50	31	270
	Y10W2-204/532	159	532	296	1	204	800	100	50	31	270
	Y10W2-216/562	168.5	562	314	1	216	800	100	50	31	270

（2）复合外套型避雷器。其技术参数见表 17-1-2。

表 17-1-2 复合外套型避雷器技术参数

系统电压（kV，有效值）	避雷器型号	避雷器持续运行电压（kV，有效值）	雷电标称放电电流残压不大于（kV，峰值）	直流1mA参考电压不小于（kV）	交流参考电流（mA，峰值）	交流参考电压不小于（kV/$\sqrt{2}$，峰值）	2ms方波通流容量（A）	4/10μs冲击电流耐受能力（kA，峰值）	爬电比距（mm/kV）	质量（kg）
10	YH5WS1-17/50	13.6	50	25	1	17	200	65	31	1
35	YH5WZ2-51/134	40.8	134	73	1	51	600	65	31	7
	YH5WZ2-54/134	43.2	134	77	1	54	600	65	31	7
66	YH10WZ1-90/235	72.5	235	130	1	90	800	100	31	26
110	YH10WZ1-96/250	75	250	140	1	96	800	100	31	27
	YH10WZ1-100/260	78	260	145	1	100	800	100	31	37
	YH10WZ1-102/266	79.6	266	148	1	102	800	100	31	37
	YH10WZ1-108/281	84	281	157	1	108	800	100	31	37.5
220	YH10WZ1-200/520	156	520	290	1	200	800	100	31	71
	YH10WZ1-204/532	159	532	296	1	204	800	100	31	71.5
	YH10WZ1-216/562	168.5	562	314	1	216	800	100	31	72

4. 电缆线路常用避雷器结构

（1）瓷套型避雷器。其结构如图 17–1–1 所示。

（2）复合外套型避雷器。其结构如图 17–1–2 所示。

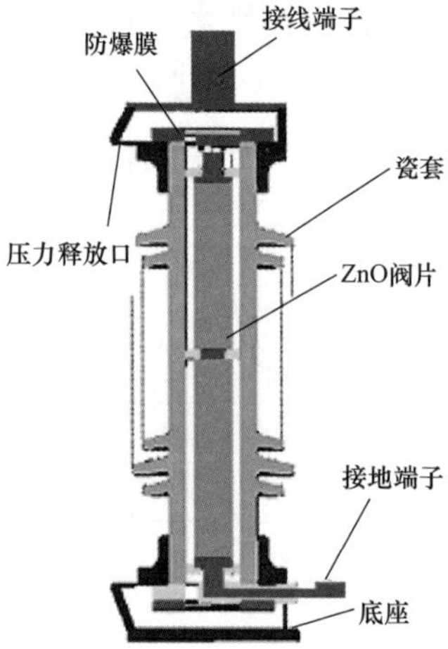

图 17–1–1 瓷套型避雷器结构图

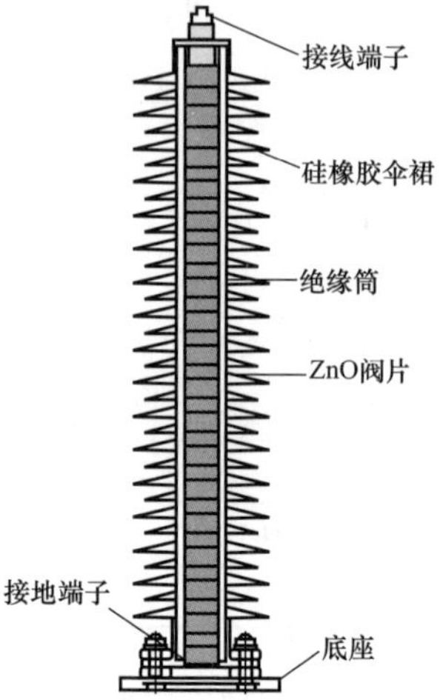

图 17–1–2 复合外套型避雷器结构图

二、作业内容

为防止电缆和附件的主绝缘遭受过电压损坏，电缆线路与架空线相连的一端应装设避雷器。电缆线路用避雷器并联连接在电缆终端头上。本模块主要讲述电缆线路用避雷器的安装方法。

三、危险点分析与控制措施

（1）为防止设备拆箱时造成人身伤害，拆箱人员要相互呼应好，防止冲击性动作引发的工具失控、箱板脱落或回弹伤及施工人员。及时清理包装箱板，禁止在拆下的包装板上行走，防止朝天钉扎脚。

（2）起吊作业时，操作人员应持证上岗，吊车的工作位置应选择适当，支撑应稳固可靠，并有防倾覆措施。设专人指挥吊车，信号要清晰、明确。

（3）为防止起重伤害，作业前，应核实设备的重量，备好荷重可靠、外观完好的吊索，瘦高型的设备要系晃绳，防止避雷器瓷套管磕碰受损。对施工人员进行详细的技术交底，做好分工。设备吊起约 10cm 时要作停吊检查，确认无误才可再吊。设备吊装就位时，严禁将手伸到设备底座下方，防止设备意外下落轧伤手部。

（4）为防止作业人员高空坠落，杆塔上的作业人员必须正确使用自锁式安全带。离开地面 2m 以上即为高空作业，攀登杆塔时应检查脚钉或爬梯是否牢固可靠。在塔上作业时，安全带应系在牢固的构件上，高空作业全过程不得失去安全带保护。

（5）设备安装中为防止机械伤害，两人或两人以上协同工作时，必须及时作好呼应，防止作业中操作失误引起对人体的机械伤害。为防止踏空摔伤，在设备高处作业点移动要缓慢，先用手攀扶住固定可靠部位，看准落脚位置再迈步移动。

（6）为防止高空坠落物体打击，作业现场人员必须戴好安全帽，严禁在作业点正下方逗留。

（7）以上各项在运行站邻近带电设备工作时，必须执行保证安全的组织措施和技术措施，如工作票制度、停电、验电、封挂地线和工作监护制度等措施。

四、作业前准备

1. 工器具准备

避雷器安装所需工器具见表 17–1–3。

表 17–1–3　　避雷器安装所需工器具

序号	名　称	规格	单位	数量	备　注
1	吊车		台	1	
2	台钻	0.5kW	台	1	
3	台虎钳	5in（英寸）	台	2	
4	砂轮机	0.5kW	台	1	
5	无齿锯	0.5kW	台	1	
6	小绳	ϕ12	条	2	
7	钢丝扣	小	根	1	
8	专用吊带		套	若干	
9	圆锉		把	1	
10	扭力扳手		套	1	
11	钢卷尺	2m	个	4	
12	钳子	8in（英寸）	把	5	
13	扳子	10in（英寸）	把	5	
14	改锥	中号	把	5	
15	个人安全护具		套	若干	安全带、登高护具

2. 材料准备

避雷器安装所需材料见表 17–1–4。

表 17–1–4 避雷器安装所需材料

序号	名 称	规格	单位	数量	备 注
1	扁钢	符合设计	kg	适量	
2	自喷漆	银	罐	1	
3	相位漆	黄绿红	kg	各 0.2	
4	凡士林	中性	kg	0.5	
5	毛刷		把	适量	
6	常用螺母	M8～M16	套	适量	
7	砂布		张	8	
8	锯条		根	6	
9	焊条		根	20	
10	避雷器	符合设计	组	1	
11	放电计数器	符合设计	组	1	
12	均压环	符合设计	支	3	
13	设备线夹	符合设计	支	3	
14	接地铜线	符合设计	m	3	

3. 作业条件

电缆线路避雷器安装属于室外作业项目，要求天气良好，无雨雪，风力不超过 6 级，作业场地应平整坚实，满足吊车施工荷载。邻近带电体作业应满足安全距离。

五、操作步骤及质量标准

（一）电缆线路避雷器典型安装图

（1）瓷套型避雷器正置安装如图 17–1–3 所示。

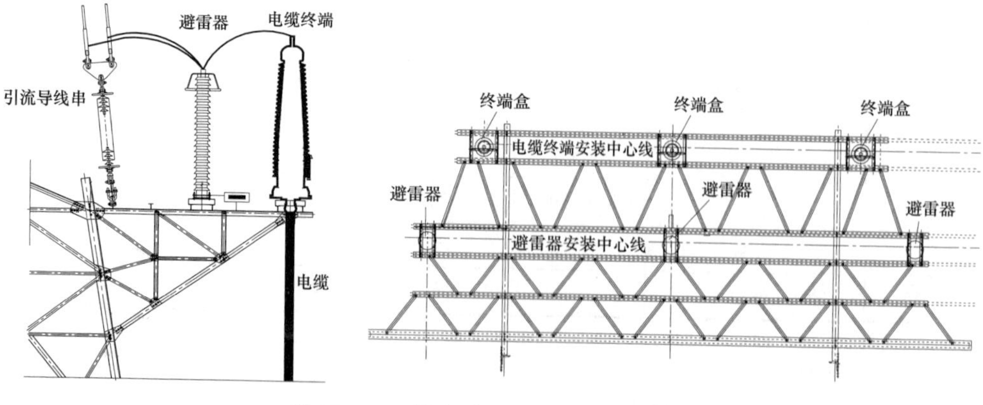

图 17–1–3 瓷套型避雷器正置安装图

（2）复合外套型避雷器倒挂安装如图 17–1–4 所示。

（二）避雷器安装工艺流程

电缆线路避雷器安装工艺流程如图 17–1–5 所示。

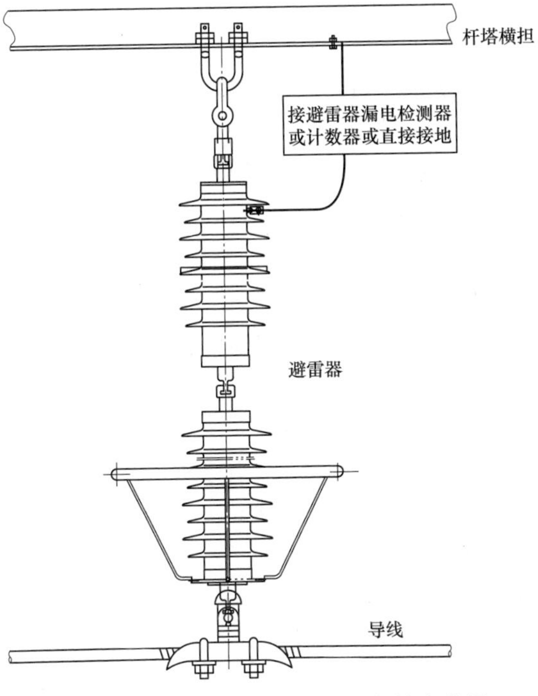

图 17–1–4　复合外套型避雷器倒挂安装图

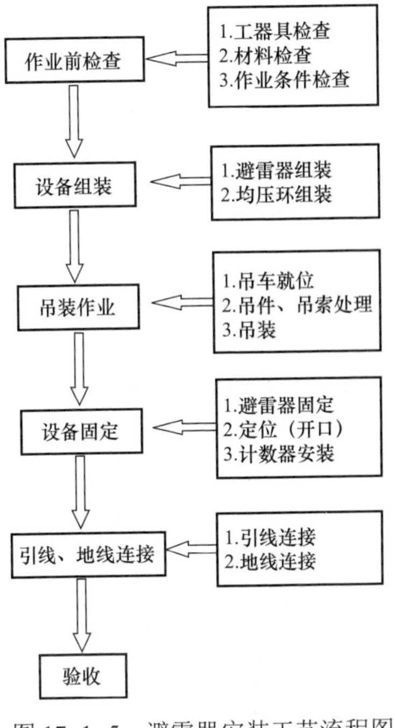

图 17–1–5　避雷器安装工艺流程图

（三）电缆线路避雷器安装操作步骤和质量标准

1. 作业前检查

（1）检查安装所用设备材料型号和数量符合设计要求。

（2）检查避雷器瓷件与金属法兰胶装部位是否密实，瓷套外观是否完好；金属法兰结合面是否平整、无外伤或铸造砂眼，法兰泄水孔是否通畅；各节组合单元是否试验合格，底座绝缘是否良好；避雷器的安全装置是否完整无损。

（3）检查安装人员条件是否满足施工需要。

（4）检查施工工器具是否满足施工需要。

（5）检查现场作业条件是否满足施工需要。

2. 设备组装

设备组装包括避雷器组装和均压环安装。

（1）避雷器组装时，其各节位置应符合产品出厂标志编号。

（2）均压环安装中应确保与避雷器主体连接牢固。

（3）均压环应无划痕、毛刺，安装牢固、平整、无变形，宜打排水孔。

3. 吊装作业

（1）避雷器吊装应符合产品技术文件要求。

（2）吊点应选择在组装后的避雷器主体重心上部1/3处。

（3）吊索吨位应与避雷器重量匹配，绑扎固定可靠。避雷器吊装中应设置拉线。

（4）吊车坐车及回转区域内，无影响施工的障碍。吊车的工作位置应选择适当，支撑应稳固可靠，并有防倾覆措施，设专人指挥吊车，信号要清晰、明确。

（5）吊车吨位及臂长应满足现场作业条件。

4. 设备固定

设备固定包括避雷器固定和计数器安装。

（1）并列安装的避雷器，三相中心应在同一直线上，相间中心距离误差不大于10mm；铭牌应位于易于观察的同一侧。

（2）避雷器应安装垂直，其垂直度应符合制造厂的规定。

（3）所有安装部位螺栓应紧固，力矩值应符合产品技术文件要求。

（4）绝缘底座应安装水平，绝缘小瓷套的伞裙应朝下。

（5）计数器安装位置应一致，且便于观察。

（6）避雷器的排气通道应畅通；排气通道不得向着巡检通道，排出的气体不致引起相间或对地闪络，并不得喷及其他电气设备。

（7）相色喷漆正确。

5. 引线、地线连接

（1）避雷器各连接处的金属接触表面洁净，没有氧化膜和油漆，导通良好。

（2）监测仪应密封良好、动作可靠，并应按产品技术文件要求连接，接地应可靠；监测仪计数器应调至同一值。

（3）避雷器的接地应符合设计要求，接地引下线固定牢固，引下线的连接面应涂一层电力复合脂（或中性凡士林）。

（4）设备接线端子的接触表面应平整、清洁、无氧化膜、无凹陷及毛刺，并涂以薄层电力复合脂；连接螺栓应齐全、紧固，紧固力矩符合GBJ 149—1990《电气装置安装工程母线装置施工及验收规范》的规定。避雷器引线的连接不应使设备端子受到超过允许的承受力。

6. 竣工验收

竣工验收包括现场验收和资料验收。

（1）在验收时，应进行下列检查：

1）现场制作件应符合设计要求；

2）避雷器密封良好，外表应完整无缺损；

3）避雷器应安装牢固，其垂直度应符合要求，绝缘子宜在投运前进行超声波探伤试验，垂直安装的避雷器均压环应水平；

4）放电计数器和在线监测仪密封应良好，绝缘垫及接地应良好、牢固；

5）油漆应完整，相色正确；

6）交接试验合格；

7）产品有压力检测要求时，压力检测应合格。

（2）在验收时，应提交下列资料和文件：

1）设计变更的证明文件；

2）制造厂提供的产品说明书、装箱清单、试验记录、合格证及安装图纸等文件；

3）检验及评定资料；

4）试验报告；

5）备品、备件、专用工具及测试仪器清单。

【思考与练习】

1. 避雷器安装工艺流程包括哪些步骤？

2. 固定避雷器时有哪些注意事项？

3. 避雷器安装完毕验收时，应检查哪些项目？

第七部分

电缆试验及故障测寻

第十八章

电缆交接、预防性试验

模块1　电缆交接试验的要求和内容（Z06I1001Ⅱ）

【模块描述】本模块介绍电缆线路交接试验内容和要求。通过要点讲解，掌握电缆交接试验的项目、标准和要求。

【模块内容】

电缆线路交接试验应按照GB 50150—2016《电气装置安装工程电气设备交接试验标准》进行。

一、电缆交接试验项目

1. 橡塑绝缘电力电缆试验项目

1）测量绝缘电阻；

2）交流耐压试验；

3）测量金属屏蔽层电阻和导体电阻比；

4）检查电缆线路两端的相位；

5）交叉互联系统试验。

2. 纸绝缘电缆试验项目

1）测量绝缘电阻；

2）直流耐压试验及泄漏电流测量；

3）检查电缆线路两端的相位。

3. 自容式充油电缆试验项目

1）测量绝缘电阻；

2）直流耐压试验及泄漏电流测量；

3）检查电缆线路两端的相位；

4）充油电缆的绝缘油试验；

5）交叉互联系统试验。

二、电缆线路交接试验的一般规定

（1）对电缆的主绝缘作耐压试验或测量绝缘电阻时，应分别在每一相上进行。对一相进行试验或测量时，其他两相导体、金属屏蔽或金属套和铠装层一起接地。

（2）对金属屏蔽或金属套一端接地，另一端装有护层过电压保护器的单芯电缆主绝缘作耐压试验时，必须将护层过电压保护器短接，使这一端的电缆金属屏蔽或金属套临时接地。

（3）对额定电压为0.6/1kV的电缆线路应用2500V绝缘电阻表测量导体对地绝缘电阻代替耐压试验，试验时间1min。

三、绝缘电阻测量

测量各电缆导体对地或对金属屏蔽层间和各导体间的绝缘电阻，应符合下列规定：

（1）耐压试验前后，绝缘电阻测量应无明显变化。

（2）橡塑电缆外护套、内衬套的绝缘电阻不低于0.5MΩ/km。

（3）测量电缆主绝缘用绝缘电阻表的额定电压，宜采用如下等级：

1）0.6/1kV电缆用1000V绝缘电阻表。

2）0.6/1kV以上电缆用2500V绝缘电阻表；6/6kV及以上电缆也可用5000V绝缘电阻表。

（4）橡塑电缆外护套、内衬套的测量一般用500V绝缘电阻表。

四、直流耐压试验及泄漏电流测量

（1）直流耐压试验电压标准。

1）纸绝缘电缆直流耐压试验电压U_t可采用式（18–1–1）和式（18–1–2）来计算，试验电压见表18–1–1的规定。

对于统包绝缘

$$U_t = \frac{5\times(U_0+U)}{2} \tag{18–1–1}$$

对于分相屏蔽绝缘

$$U_t = 5\times U_0 \tag{18–1–2}$$

上两式中 U_0——相电压；

U——线电压。

表18–1–1 纸绝缘电缆直流耐压试验电压标准 kV

电缆额定电压U_0/U	1.8/3	3/3.6	3.6/6	6/6	6/10	8.7/10	21/35	26/35
直流试验电压	12	17	24	30	40	47	105	130

2）充油绝缘电缆直流耐压试验电压，应符合表 18–1–2 的规定。

表 18–1–2　　充油绝缘电缆直流耐压试验电压标准　　kV

电缆额定电压 U_0/U	雷电冲击耐受电压	直流试验电压
48/66	325	165
	350	175
64/110	450	225
	550	275
127/220	850	425
	950	475
	1050	510
200/330	1175	585
	1300	650
290/500	1425	710
	1550	775
	1675	835

（2）试验时，试验电压可分 4～6 阶段均匀升压，每阶段停留 1min，并读取泄漏电流值。试验电压升至规定值后维持 15min，其间读取 1min 和 15min 时泄漏电流。测量时应消除杂散电流的影响。

（3）纸绝缘电缆泄漏电流的三相不平衡系数（最大值与最小值之比）不应大于 2；当 6/10kV 及以上电缆的泄漏电流小于 20μA 和 6kV 及以下电压等级电缆泄漏电流小于 10μA 时，其不平衡系数不作规定。泄漏电流值和不平衡系数只作为判断绝缘状况的参考，不作为是否能投入运行的判据。其他电缆泄漏电流值不作规定。

（4）电缆的泄漏电流具有下列情况之一者，电缆绝缘可能有缺陷，应找出缺陷部位，并予以处理：

1）泄漏电流很不稳定；

2）泄漏电流随试验电压升高急剧上升；

3）泄漏电流随试验时间延长有上升现象。

五、交流耐压试验

（1）橡塑电缆采用 20～300Hz 交流耐压试验。20～300Hz 交流耐压试验电压及时间见表 18–1–3。

表 18–1–3　　橡塑电缆 20～300Hz 交流耐压试验电压、时间

额定电压 U_0/U（kV）	试验电压	时间（min）	额定电压 U_0/U（kV）	试验电压	时间（min）
18/30 及以下	$2.5U_0$（或 $2U_0$）	5（或 60）	190/330	$1.7U_0$（或 $1.3U_0$）	60
21/35～64/110	$2U_0$	60	290/500	$1.7U_0$（或 $1.1U_0$）	60
127/220	$1.7U_0$（或 $1.4U_0$）	60			

（2）不具备上述试验条件或有特殊规定时，可采用施加正常系统相对地电压 24h 方法代替交流耐压。

六、测量金属屏蔽层电阻和导体电阻比

测量在相同温度下的金属屏蔽层和导体的直流电阻。

七、检查电缆线路的两端相位

两端相位应一致，并与电网相位相符合。

八、充油电缆的绝缘油试验

应符合表 18–1–4 的规定。

表 18–1–4　　充油电缆使用的绝缘油试验项目和标准

项　目	要　求		试验方法
击穿电压	电缆及附件内	对于 64/110～190/330kV，不低于 50kV；对于 290/500kV，不低于 60kV	按《绝缘油击穿电压测定法》（GB/T 507—2002）中的有关要求进行试验
	压力箱中	不低于 50kV	
介质损耗因数	电缆及附件内	对于 64/110～127/220kV，不大于 0.005；对于 190/330kV，不大于 0.003	按《电力设备预防性试验规程》（DL/T 596—1996）中的有关要求进行试验
	压力箱中	不大于 0.003	

九、交叉互联系统试验

1. 交叉互联系统对地绝缘的直流耐压试验

试验时必须将护层过电压保护器断开。在互联箱中将两侧的三相电缆金属套都接地，使绝缘接头的绝缘环也能结合在一起进行试验，然后分别在每段电缆金属屏蔽或金属套与地之间施加 10kV 直流电压，加压时间 1min，不应击穿。

2. 非线性电阻型护层过电压保护器

（1）氧化锌电阻片。对电阻片施加直流参考电流后测量其压降，即直流参考电压，其值应在产品标准规定的范围之内。

（2）非线性电阻片及其引线的对地绝缘电阻。将非线性电阻片的全部引线并联在一起与接地的外壳绝缘后，用 1000V 绝缘电阻表测量引线与外壳之间的绝缘电阻，其

值不应小于 10MΩ。

3. 交叉互联正确性检查试验

本方法为推荐采用的方式，如采用本方法时，应作为特殊试验项目。

使所有互联箱连接片处于正常工作位置，在每相电缆导体中通以大约 100A 的三相平衡试验电流。在保持试验电流不变的情况下，测量最靠近交叉互联箱处的金属套电流和对地电压。测量完后将试验电流降至零，切断电源。然后将最靠近的交叉互联箱内的连接片重新连接成模拟错误连接的情况，再次将试验电流升至 100A，并再测量该交叉互联箱处的金属套电流和对地电压。测量完后将试验电流降至零，切断电源，将该交叉互联箱中的连接片复原至正确的连接位置。最后将试验电流升至 100A，测量电缆线路上所有其他交叉互联箱处的金属套电流和对地电压。

试验结果符合下述要求，则认为交叉互联系统的性能是令人满意的：

1）在连接片做错误连接时，试验能明显出现异乎寻常的大金属套电流；

2）在连接片正确连接时，将测得的任何一个金属套电流乘以一个系数（其值等于电缆的额定电流除以上述的试验电流）后所得的电流值不会使电缆额定电流的降低量超过 3%；

3）将测得的金属套对地电压乘以上述 2）项中的系数，不超过电缆在负载额定电流时规定的感应电压的最大值。

4. 互联箱

（1）接触电阻。本试验在做完护层过电压保护器的上述试验后进行。将闸刀（或连接片）恢复到正常工作位置后，用双臂电桥测量闸刀（或连接片）的接触电阻，其值不应大于 20μΩ。

（2）闸刀（或连接片）连接位置。本试验在以上交叉互联系统的试验合格后密封互联箱之前进行。连接位置应正确。如发现连接错误而重新连接后，则必须重测闸刀（连接片）的接触电阻。

【思考与练习】

1. 橡塑绝缘电力电缆交接试验项目有哪些？
2. 电缆线路交接试验的一般规定有哪些？
3. 高压单芯电缆交叉互联系统试验应做哪些项目？

模块 2　电缆预防性试验的要求和内容（Z06I1002Ⅱ）

【模块描述】本模块介绍电缆线路预防性试验内容和要求。通过要点讲解，掌握纸绝缘电缆、橡塑绝缘电缆和自容式充油电缆线路预防性试验项目、周期、标准和要求。

【模块内容】

电缆线路预防性试验应按照 DL/T 596—2015《电力设备预防性试验规程》进行。

一、电缆预防性试验的项目

1. 纸绝缘电缆试验项目

1）绝缘电阻测量；

2）直流耐压试验。

2. 橡塑绝缘电缆试验项目

1）主绝缘绝缘电阻；

2）外护套绝缘电阻；

3）内衬层绝缘电阻；

4）铜屏蔽层电阻和导体电阻比；

5）主绝缘直流耐压试验；

6）交叉互联系统试验。

二、油纸电缆预防性试验的一般规定

（1）对电缆的主绝缘作直流耐压试验或测量绝缘电阻时，应分别在每一相上进行。对一相进行试验或测量时，其他两相导体、金属屏蔽或金属套和铠装层一起接地。

（2）新敷设的电缆线路投入运行 3～12 个月，一般应作 1 次直流耐压试验，以后再按正常周期试验。

（3）试验结果异常，但根据综合判断允许在监视条件下继续运行的电缆线路，其试验周期应缩短，如在不少于 6 个月时间内经连续 3 次以上试验，试验结果不变坏，则以后可以按正常周期试验。

（4）对金属屏蔽或金属套一端接地，另一端装有护层过电压保护器的单芯电缆主绝缘作直流耐压试验时，必须将护层过电压保护器短接，使这一端的电缆金属屏蔽或金属套均临时接地。

（5）耐压试验后，使导体放电时，必须通过每千伏约 80kΩ的限流电阻反复几次放电直至无火花后，才允许直接接地放电。

（6）除自容式充油电缆线路外，其他电缆线路在停电后投运之前，必须确认电缆的绝缘状况良好。凡停电超过 1 星期但不满 1 个月的电缆线路，应用绝缘电阻表测量该电缆导体对地绝缘电阻，如有疑问时，必须用低于预防性试验规程直流耐压试验电压的直流电压进行试验，加压时间 1min；停电超过 1 个月但不满 1 年的电缆线路，必须作 50%预防性试验规程试验电压值的直流耐压试验，加压时间 1min；停电超过 1 年的电缆线路，必须做预防性试验（具体执行标准以最新指导文件为准）。

（7）对额定电压 0.6/1kV 的电缆线路，可用 1000V 绝缘电阻表测量导体对地绝缘电阻代替直流耐压试验。

（8）直流耐压试验时，应在试验电压升至规定值后 1min 以及加压时间达到规定时测量泄漏电流。泄漏电流值和不平衡系数（最大值与最小值之比）只作为判断绝缘状况的参考，不作为是否能继续运行的判据。但如发现泄漏电流与上次试验值相比有很大变化，或泄漏电流不稳定，随试验电压的升高或加压时间的增加而急剧上升时，应查明原因。如系终端头表面泄漏电流或对地杂散电流等因素的影响，则应加以消除；如怀疑电缆线路绝缘不良，则可提高试验电压（以不超过产品标准规定的出厂试验直流电压为宜）或延长试验时间，确定能否继续运行。

（9）运行部门根据电缆线路的运行情况和历年的试验报告，可以适当延长试验周期。

三、纸绝缘电力电缆线路

本条规定适用于黏性油纸绝缘电力电缆和不滴流油纸绝缘电力电缆线路。纸绝缘电力电缆线路的试验项目、周期和要求见表 18–2–1。纸绝缘电力电缆的直流耐压试验电压见表 18–2–2。

表 18–2–1　纸绝缘电力电缆线路的试验项目、周期和要求

序号	项目	周期	要　求	说　明
1	绝缘电阻	在直流耐压试验之前进行	自行规定	额定电压 0.6/1kV 电缆用 1000V 绝缘电阻表；0.6/1kV 以上电缆用 2500V 绝缘电阻表（6/6kV 及以上电缆也可用 5000V 绝缘电阻表）
2	直流耐压试验	1）1～3 年。 2）新作终端或接头后进行	1）试验电压值按表 18–2–2 规定，加压时间 5min，不击穿。 2）耐压 5min 时的泄漏电流值不应大于耐压 1min 时的泄漏电流值。 3）三相之间的泄漏电流不平衡系数不应大于 2	6/6kV 及以下电缆的泄漏电流小于 10μA、8.7/10kV 电缆的泄漏电流小于 20μA 时；对不平衡系数不作规定

表 18–2–2　纸绝缘电力电缆的直流耐压试验电压　kV

电缆额定电压 U_0/U	直流试验电压	电缆额定电压 U_0/U	直流试验电压
1.0/3	12	6/10	40
3.6/6	17	8.7/10	47
3.6/6	24	21/35	105
6/6	30	26/35	130

四、橡塑绝缘电力电缆线路

橡塑绝缘电力电缆是指聚氯乙烯绝缘、交联聚乙烯绝缘和乙丙橡皮绝缘电力电缆。

橡塑绝缘电力电缆线路的试验项目、周期和要求见表 18–2–3（具体执行标准以最新指导文件为准）。

表 18–2–3　　橡塑绝缘电力电缆线路的试验项目、周期和要求

序号	项目	周　期	要　求	说　明
1	主绝缘绝缘电阻	1）重要电缆：1 年。 2）一般电缆： a）3.6/6kV 及以上 3 年； b）3.6/6kV 以下 5 年	自行规定	0.6/1kV 电缆用 1000V 绝缘电阻表；0.6/1kV 以上电缆用 2500V 绝缘电阻表（6/6kV 及以上电缆也可用 5000V 绝缘电阻表）
2	外护套绝缘电阻	1）重要电缆：1 年。 2）一般电缆： a）3.6/6kV 及以上 3 年； b）3.6/6kV 以下 5 年	每千米绝缘电阻值不应低于 0.5MΩ	用 500V 绝缘电阻表
3	内衬层绝缘电阻	1）重要电缆：1 年。 2）一般电缆： a）3.6/6kV 及以上 3 年； b）3.6/6kV 以下 5 年	每千米绝缘电阻值不应低于 0.5MΩ	用 500V 绝缘电阻表
4	铜屏蔽层电阻和导体电阻比	1）投运前； 2）重作终端或接头后； 3）内衬层破损进水后	对照投运前测量数据自行规定。当前者与后者之比与投运前相比增加时，表明铜屏蔽层的直流电阻增大，铜屏蔽层有可能被腐蚀；当该比值与投运前相比减少时，表明附件中的导体连接点的接触电阻有增大的可能	用双臂电桥测量在相同温度下的铜屏蔽层和导体的直流电阻
5	主绝缘交流耐压试验	新作终端或接头后	试验方法见表 18–2–4	
6	交叉互联系统	2～3 年	试验方法见表 18–2–5。交叉互联系统除进行定期试验外，如在交叉互联大段内发生故障，则也应对该大段进行试验。如交叉互联系统内直接接地的接头发生故障，则与该接头连接的相邻两个大段都应进行试验	

表 18–2–4　　橡塑绝缘电力电缆的交流耐压试验电压　　kV

电缆额定电压 U_0/U	交流试验电压	电缆额定电压 U_0/U	交流试验电压
8.7/10	$2.0U_0$	64/110	$1.6U_0$
26/35	$1.6U_0$	127/220	$1.36U_0$

表 18–2–5　　交叉互联系统试验方法和要求

试验项目	试验方法和要求
电缆外护套、绝缘接头外护套与绝缘夹板的直流耐压试验	试验时必须将护层过电压保护器断开。在互联箱中将另一侧的三段电缆金属套都接地，使绝缘接头的绝缘夹板也能结合在一起试验，然后在每段电缆金属屏蔽或金属套与地之间施加直流电压 5kV，加压时间 1min，不应击穿

续表

试验项目	试验方法和要求
非线性电阻型护层过电压保护器	（1）碳化硅电阻片：将连接线拆开后，分别对三组电阻片施加产品标准规定的直流电压，测量流过电阻片的电流值。这三组电阻片的直流电流值应在产品标准规定的最小和最大值之间。如试验时的温度不是 20℃，则被测电流值应乘以修正系数（120–t）/100（t 为电阻片的温度，℃）。 （2）氧化锌电阻片：对电阻片施加直流参考电流后测量其压降，即直流参考电压，其值应在产品标准规定的范围之内。 （3）非线性电阻片及其引线的对地绝缘电阻：将非线性电阻片的全部引线并联在一起与接地的外壳绝缘后，用 1000V 绝缘电阻表测量引线与外壳之间的绝缘电阻，其值不应小于 10MΩ
互联箱	（1）接触电阻：本试验在作完护层过电压保护器的上述试验后进行。将闸刀（或连接片）恢复到正常工作位置后，用双臂电桥测量闸刀（或连接片）的接触电阻，其值不应大于 20μΩ。 （2）闸刀（或连接片）连接位置：本试验在以上交叉互联系统的试验合格后密封互联箱之前进行。连接位置应正确。如发现连接错误而重新连接后，则必须重测闸刀（或连接片）的接触电阻

五、自容式充油电缆线路

自容式充油电缆线路的试验项目、周期和要求见表 18–2–6。自容式充油电缆主绝缘直流耐压试验电压见表 18–2–7。

表 18–2–6　　自容式充油电缆线路的试验项目、周期和要求

序号	项　目		周期	要　求	说　明
1	电缆主绝缘直流耐压试验		1）电缆失去油压并导致受潮或进气经修复后； 2）新作终端或接头后	试验电压值按表 18–2–8 规定，加压时间 5min，不击穿	
2	电缆外护套和接头外护套的直流耐压试验		2～3 年	试验电压 6kV，试验时间 1min，不击穿	1）根据以往的试验成绩，积累经验后，可以用测量绝缘电阻代替，有疑问时再作直流耐压试验。 2）本试验可与交叉互联系统中绝缘接头外护套的直流耐压试验结合在一起进行
3	压力箱	a）供油特性	与其直接连接的终端或塞止接头发生故障后	压力箱的供油量不应小于压力箱供油特性曲线所代表的标称供油量的 90%	试验按 GB 9326.5 进行
		b）电缆油击穿电压		不低于 50kV	试验按 GB/T 507 规定进行。在室温下测量油击穿电压
		c）电缆油的 $\tan\delta$		不大于 0.005（100℃时）	试验方法同电缆及附件内电缆油 $\tan\delta$

续表

序号	项目		周期	要求	说明
4	油压示警系统	a）信号指示	6个月	能正确发出相应的示警信号	合上示警信号装置的试验开关，应能正确发出相应的声、光示警信号
		b）控制电缆线芯对地绝缘	1～2年	每千米绝缘电阻不小于1MΩ	采用1000V或2500V绝缘电阻表测量
5	交叉互联系统		2～3年	试验方法见表18–2–6。交叉互联系统除进行定期试验外，如在交叉互联大段内发生故障，则也应对该大段进行试验。如交叉互联系统内直接接地的接头发生故障，则与该接头连接的相邻两个大段都应进行试验	
6	电缆及附件内的电缆油	a）击穿电压	2～3年	不低于45kV	试验按GB/T 507规定进行。在室温下测量油的击穿电压
		b）$\tan\delta$	2～3年	电缆油在温度（100±1）℃和场强1MV/m下的$\tan\delta$不应大于下列数值： 53/66～127/220kV 0.03 190/330kV 0.01	采用电桥以及带有加热套能自动控温的专用油杯进行测量。电桥的灵敏度不得低于1×10^{-5}，准确度不得低于1.5%，油杯的固有$\tan\delta$不得大于5×10^{-5}，在100℃及以下的电容变化率不得大于2%。加热套控温的控温灵敏度为0.5℃或更小，升温至试验温度100℃的时间不得超过1h
		c）油中溶解气体	怀疑电缆绝缘过热老化或终端或塞止接头存在严重局部放电时	电缆油中溶解的各气体组分含量的注意值见表18–2–8	油中溶解气体分析的试验方法和要求按GB 7252规定。注意值不是判断充油电缆有无故障的唯一指标，当气体含量达到注意值时，应进行追踪分析查明原因，试验和判断方法参照GB 7252进行

表18–2–7　　自容式充油电缆主绝缘直流耐压试验电压　　kV

电缆额定电压 U_0/U	GB 311.1规定的雷电冲击耐受电压	直流试验电压	电缆额定电压 U_0/U	GB 311.1规定的雷电冲击耐受电压	直流试验电压
48/66	325 350	163 175	190/330	1050 1175 1300	525 590 650
64/110	450 550	225 275	290/500	1425 1550 1675	715 775 840
127/220	850 950 1050	425 475 510			

表 18-2-8　　电缆油中溶解气体组分含量的注意值

电缆油中溶解气体的组分	注意值×10^{-6}（体积分数）	电缆油中溶解气体的组分	注意值×10^{-6}（体积分数）
可燃气体总量	1500	CO_2	1000
H_2	500	CH_4	200
C_2H_2	痕量	C_2H_6	200
CO	100	C_2H_4	200

【思考与练习】

1. 电缆预防性试验的一般规定有哪些？
2. 橡塑绝缘电缆预防性试验包括哪些项目？
3. 橡塑绝缘电力电缆线路新作终端或接头后，交流或直流耐压试验要求有哪些？

模块 3　电力电缆试验操作（Z06I1003 Ⅱ）

【模块描述】本模块介绍电缆线路主要试验项目及试验操作方法。通过操作步骤及注意事项介绍，熟悉电缆绝缘电阻、直流耐压、交流耐压试验和相位检查等试验项目的接线、操作步骤及注意事项，掌握测试结果分析方法和试验报告编写内容。

【模块内容】

一、电缆试验的项目

电缆的交接和预防性试验项目有很多，但最主要的是主绝缘及外护套绝缘电阻试验、直流耐压试验、交流耐压试验和相位检查等项目，本模块主要介绍这些项目的试验方法。

二、电缆试验操作危险点分析及控制措施

（1）挂接地线时，应使用合格的验电器验电，确认无电后再挂接地线。严禁使用不合格验电器验电，禁止不戴绝缘手套强行盲目挂接地线。

（2）接地线截面、接地棒绝缘电阻应符合被测电缆电压等级要求；装设接地线时，应先接接地端，后接导线端；接地线连接可靠，不准缠绕；拆接地线时的程序与此相反。

（3）连接试验引线时，应做好防风措施，保证足够的安全距离，防止其漂浮到带电侧。

（4）电缆及避雷器试验前非试验相要可靠接地，避免感应触电。

（5）所有移动电气设备外壳必须可靠接地，认真检查施工电源，防止漏电伤人，

按设备额定电压正确装设漏电保护器。

（6）电气试验设备应轻搬轻放，往杆、塔上传递物件时，禁止抛递抛接。

（7）杆、塔上试验使用斗臂车拆搭火时，现场应设监护人，斗臂车起重臂下严禁站人，服从统一指挥，保证与带电设备保持安全距离。

（8）杆、塔上工作必须穿绝缘鞋、戴安全帽（安全帽系带）、系腰绳。

（9）认真核对现场停电设备与工作范围。

（10）被试电缆与架空线连接断开后，应将架空引下线固定绑牢，防止随风飘动，并保证试验安全距离。

三、测试前的准备工作

1. 了解被试设备现场情况及试验条件

查勘现场，查阅相关技术资料，包括该电缆历年试验数据及相关规程，掌握该电缆运行及缺陷情况等。

2. 试验仪器、设备准备

选择合适的绝缘电阻表、高压直流发生器、串联谐振装置、测试用屏蔽线、直流电压表、电池、温（湿）度计、放电棒、接地线、梯子、安全带、安全帽、电工常用工具、试验临时安全遮栏、标示牌等，并查阅测试仪器、设备及绝缘工器具的检定证书有效期。

3. 办理工作票并做好试验现场安全和技术措施

向试验人员交代工作内容、带电部位、现场安全措施、现场作业危险点，明确人员分工及试验程序。

四、现场试验步骤及要求

（一）电缆绝缘电阻试验

1. 三相电缆芯线对地及相间绝缘电阻试验

（1）试验接线。试验应分别在每一相上进行，对一相进行试验时，其他两相芯线、金属屏蔽或金属护套（铠装层）接地。试验接线如图 18–3–1 所示。

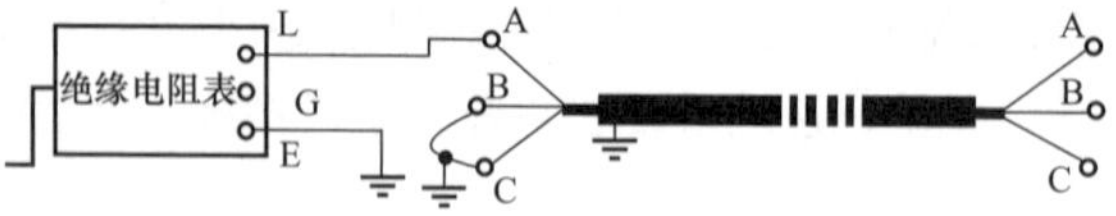

图 18–3–1　三相电缆芯线绝缘电阻试验接线

（2）操作步骤：

1）拉开电缆两端的线路和接地刀闸，将电缆与其他设备连接完全断开，对电缆进行充分放电，对端三相电缆悬空。检验绝缘电阻表完好后，将测量线一端接绝缘电阻表“L”端，另一端接绝缘杆，绝缘电阻表“E”端接地。

2）通知对端试验人员准备开始试验，试验人员驱动绝缘电阻表，用绝缘杆将测量线与电缆被试相搭接，待绝缘电阻表指针稳定后读取1min绝缘电阻值并记录。试验完毕后，用绝缘杆将连接线与电缆被试相脱离，再关停绝缘电阻表，对被试相电缆进行充分放电。

按上述步骤进行其他两相绝缘电阻试验。

2. 电缆外护套绝缘电阻试验

（1）试验接线。电缆外护套（绝缘护套）的绝缘电阻试验接线如图18–3–2所示。

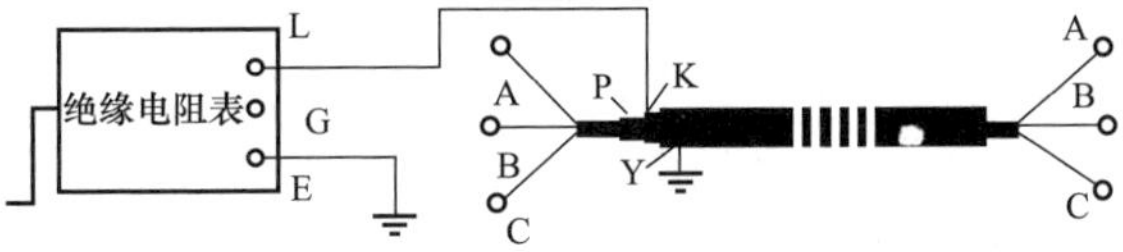

图18–3–2　电缆外护套绝缘电阻试验

P—金属屏蔽层；K—金属护层（铠装层）；Y—绝缘外护套

（2）操作步骤：测量外护套的对地绝缘电阻时，将“金属护层”、“金属屏蔽层”接地解开。将测试线一端接绝缘电阻表“L”端，另一端接绝缘杆，绝缘电阻表“E”端接地。检验绝缘电阻表完好后，驱动绝缘电阻表，将绝缘杆搭接“金属护层”，读取1min 绝缘电阻值并记录。测试完毕后，将绝缘杆脱离“金属护层”，再停止绝缘电阻表，并对“金属护层”进行放电。

试验完毕后，恢复金属护层、金属屏蔽层接地。

3. 试验注意事项

（1）在测量电缆线路绝缘电阻时，必须进行感应电压测量。

（2）当电缆线路感应电压超过绝缘电阻表输出电压时，应选用输出电压等级更高的绝缘电阻表。

（3）在测量过程必须保证通信畅通，对侧配合的试验人员必须听从试验负责人指挥。

（4）绝缘电阻测试过程应有明显充电现象。

（5）电缆电容量大，充电时间较长，试验时必须给予足够的充电时间，待绝缘电阻表指针完全稳定后方可读数。

（6）电缆两端都与GIS相连，在试验时若连接有电磁式电压互感器，则应将电压互感器的一次绕组末端接地解开，恢复时必须检查。

（二）油纸绝缘电力电缆直流耐压和泄漏电流测试

电力电缆直流耐压和泄漏电流测试主要用来反映油纸绝缘电缆的耐压特性和泄漏

特性。直流耐压主要考验电缆的绝缘强度，是检查油纸电缆绝缘干枯、气泡、纸绝缘中的机械损伤和工艺包缠缺陷的有效办法；直流泄漏电流测试可灵敏地反映电缆绝缘受潮与劣化的状况。

1. 试验接线

（1）微安表接在高压侧的试验接线。微安表接在高压侧，微安表外壳屏蔽，高压引线采用屏蔽线，将会屏蔽掉高压对地杂散电流。同时对电缆终端头采取屏蔽措施，将屏蔽掉电缆表面泄漏电流的影响，此时的测试电流等于电缆的泄漏电流，测量结果较准确。试验接线如图 18–3–3 所示。

（2）微安表接在低压侧的试验接线。微安表接在低压侧时，存在高压对地杂散电流及高压电源本身对地杂散电流的影响，测试电流（微安表电流）是杂散电流及电缆泄漏电流以及高压电源本身对地杂散电流之和。高压对地杂散电流及高压电源本身对地杂散电流的影响较大，使测量结果偏大，电缆较长时可使用此接线，同时这种接线便于短接电流表。实际应用中可分别测量未接入电缆及接入电缆时的电流，然后将两者相减计算出电缆的泄漏电流。微安表接在低压侧的试验接线如图 18–3–4 所示。

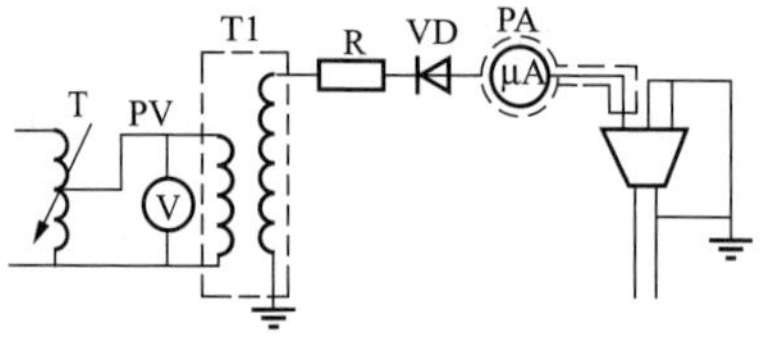

图 18–3–3 微安表接在高压侧的试验接线图

T—调压器；PV—电压表；T1—升压变压器；

R—保护电阻；VD—整流二极管；PA—微安表

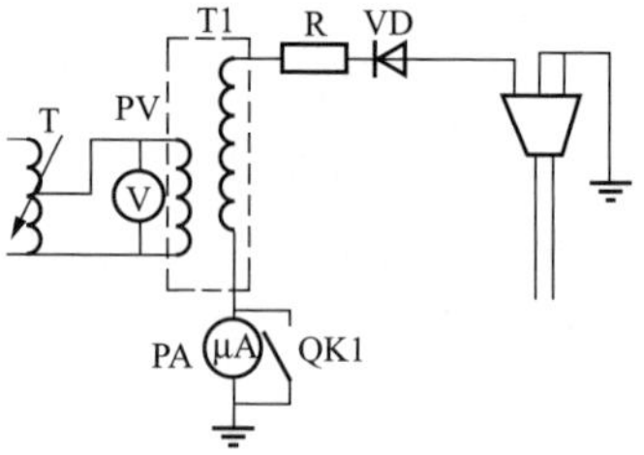

图 18–3–4 微安表在低压侧的试验接线

T—调压器；PV—电压表；T1—升压变压器；

R—保护电阻；VD—整流二极管；

PA—微安表；QK1—短路开关

2. 操作步骤

对被试电缆进行充分放电，拆除电缆两侧终端头与其他设备的连接。

直流高压发生器高压端引出线与电缆被试相连接，被试相对地保持足够距离。三相依次施加电压，电缆金属铠甲、铅护套和非被试相导体均可靠接地。

直流耐压试验和泄漏电流测试一般结合起来进行，即在直流耐压试验的过程中随着电压的升高，分段读取泄漏电流值，最后进行直流耐压试验。试验时，试验电压可分 4～6 阶段均匀升压，每阶段停留 1min，打开微安表短路开关，读取各点泄漏电流值。如电缆较长电容较大时，可取 3～10min。试验电压升至规定值后持续相应耐压时间。

试验结束后，应迅速均匀地降低电压，不可突然切断电源。调压器退到零后方可切断电源，试验完毕必须使用放电棒经放电电阻放电，多次放电至无火花时，再直接通过地线放电并接地。

3. 测试注意事项

（1）试验宜在干燥的天气条件下进行，电缆终端头脏污时应擦拭干净，以减少泄漏电流。温度对泄漏电流测试结果的影响较为显著，环境温度应不低于 5℃，空气相对湿度一般不高于 80%。

（2）试验场地应保持清洁，电缆终端头和周围的物体必须有足够的放电距离，防止被试品的杂散电流对试验结果产生影响。

（3）电缆直流耐压和泄漏电流测试应在绝缘电阻和其他测试项目测试合格后进行。

（4）高压微安表应固定牢靠，注意倍率选择和固定支撑物的影响。

（5）试验设备布置应紧凑，直流高压端及引线与周围接地体之间应保持足够的安全距离，与直流高压端邻近的易感应电荷的设备均应可靠接地。

（三）橡塑绝缘电力电缆变频谐振耐压试验

1. 试验接线

工频谐振耐压试验装置体积大和重量大，结构复杂，调节困难，难于满足现场试验要求。而变频串联谐振装置具有重量轻、体积小、结构相对简单、调节灵便、自动化水平高等特点，在现场试验中得到广泛应用。

试验时，将试验设备外壳接地。变频电源输出与励磁变压器输入端相连，励磁变压器高压侧尾端接地，高压输出与电抗器尾端连接。如电抗器两节串联使用，注意上下节首尾连接。电抗器高压端采用大截面软引线与分压器和电缆被试芯线相连，非试验相、电缆屏蔽层及铠装层或外护套接地。

电缆变频串联谐振试验接线如图 18-3-5 所示。

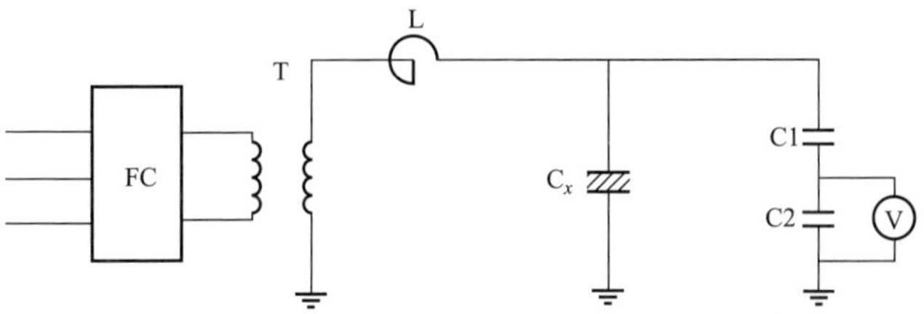

图 18-3-5　电缆变频串联谐振试验接线

FC—变频电源；T—励磁变压器；L—串联电抗器；C_x—被试电缆等效电容；

C1、C2—分压器高、低压臂电容

2. 试验步骤

试验前充分对被试电缆放电，拆除被试电缆两侧引线，测试电缆绝缘电阻。检查并核实电缆两侧满足试验条件。按图 18–3–5 接线。检查接线无误后开始试验。

首先合上电源开关，再合上变频电源控制开关和工作电源开关，整定过电压保护动作值为试验电压值的 1.1～1.2 倍，检查变频电源各仪表挡位和指示是否正常。合上变频电源主回路开关，旋转电压旋钮，调节电压至试验电压的 3%～5%，然后调节频率旋钮，观察励磁电压和试验电压。当励磁电压最小，输出的试验电压最高时，则回路发生谐振，此时应根据励磁电压和输出的试验电压的比值计算出系统谐振时的 Q 值，根据 Q 值估算出励磁电压能否满足耐压试验值。若励磁电压不能满足试验要求，应停电后改变励磁变压器高压绕组接线，提高励磁电压。若励磁电压满足试验要求，按升压速度要求升压至耐压值，记录电压和时间。升压过程中注意观察电压表和电流表及其他异常现象，到达试验时间后，降压，依次切断变频电源主回路开关、工作电源开关、控制电源开关和电源开关，对电缆进行充分放电并接地后，拆改接线，重复上述操作步骤进行其他相试验。

3. 试验注意事项

（1）试验应在干燥良好的天气情况下进行。

（2）为减小电晕损失，提高试验回路 Q 值，高压引线宜采用大直径金属软管。

（3）合理布置试验设备，尽量缩小试验装置与试品之间的接线距离。

（4）试验时必须在较低电压下调整谐振频率，然后才可以升压进行试验。

（四）相位检查

电缆敷设完毕在制作电缆终端头前，应核对相位；终端头制作后应进行相位检查。这项工作对于单个设备关系不大，但对于输电网络、双电源系统和有备用电源的重要用户以及有并联电缆运行的系统有重要意义。

1. 试验接线

核对相位的方法较多，比较简单的方法有电池法及绝缘电阻表法等。核对三相电缆相位电池法和绝缘电阻表法接线如图 18–3–6（a）和图 18–3–6（b）所示。

双缆并联运行时，核对电缆相位试验接线如图 18–3–7 所示。

2. 操作步骤

采用电池法核对相位时，将电缆两端的线路接地刀闸拉开，对电缆进行充分放电。对侧三相全部悬空。在电缆的一端，A 相接电池组正极，B 相接电池组负极；在电缆的另一端，用直流电压表测量任意二相芯线，当直流电压表正起时，直流电压表正极为 A 相，负极为 B 相，剩下一相则为 C 相。电池组为 2～4 节干电池串联使用。

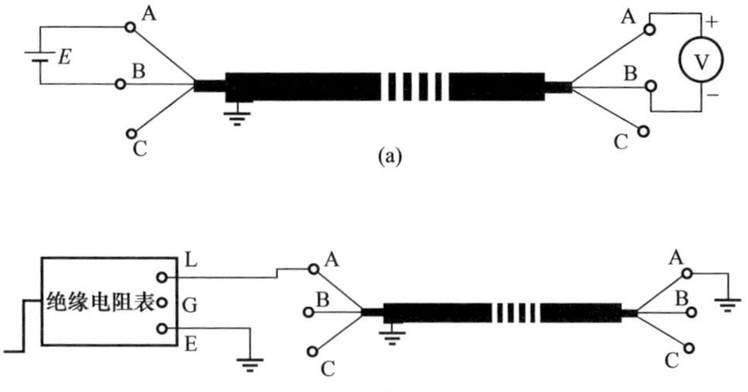

图 18–3–6　核对三相电缆相位试验接线

（a）电池法；（b）绝缘电阻表法

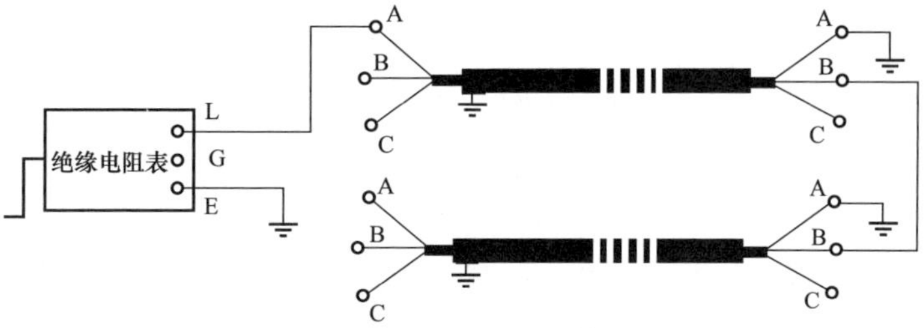

图 18–3–7　双缆并联核对电缆相位的试验接线

采用绝缘电阻表法核对相位时，将电缆两端的线路接地刀闸拉开，对电缆进行充分放电，对侧三相全部悬空，将测量线一端接绝缘电阻表“L”端，另一端接绝缘杆，绝缘电阻表“E”端接地。通知对侧人员将电缆其中一相接地（以A相为例），另两相空开。试验人员驱动绝缘电阻表，将绝缘杆分别搭接电缆三相芯线，绝缘电阻为零时的芯线为A相。试验完毕后，将绝缘杆脱离电缆A相，再停止绝缘电阻表。对被试电缆放电并记录。完成上述操作后，通知对侧试验人员将接地线接在线路另一相，重复上述操作，直至对侧三相均有一次接地。

核对双缆并联运行电缆相位时，试验人员在电缆一端将两根电缆A相接地，B相短接，C相“悬空”，如图 18–3–7 所示。试验人员再在电缆的另一端用绝缘电阻表分别测量六相导体对地及相间的绝缘情况，将出现下列情况：① 绝缘电阻为零，判定是A相；② 绝缘电阻不为零，且两根电缆相通相，判定是B相；③ 绝缘电阻不为零，且两根电缆也不通的相，判定是C相。

3. 测试中注意事项

（1）试验前后必须对被试电缆充分放电。

（2）在核对电缆线路相序之前，必须进行感应电压测量。

五、测试结果分析及报告编写

（一）测试结果分析

1. 电缆的绝缘电阻

（1）测试标准及要求。根据 GB 50150—2016《电气装置安装工程电气设备交接试验标准》规定：

1）电缆线路绝缘电阻应在进行交流或直流耐压前后分别进行测量，耐压试验前后绝缘电阻测量值应无明显变化。

2）橡塑电缆外护套、内衬套的绝缘电阻不低于 0.5MΩ/km。

（2）测试结果分析。

1）直埋橡塑电缆的外护套，特别是聚氯乙烯外护套，受地下水的长期浸泡吸水后，或者受到外力破坏而又未完全破损时，其绝缘电阻均有可能下降至规定值以下。

2）35kV 及以下电压等级的三相电缆（双护层）外护套破损不一定要立即修理，但内衬层破损进水后，水分直接与电缆芯接触，并可能腐蚀铜屏蔽层，一般应尽快检修。35kV 及以上电压等级的单相或三相电缆（单护层）外护套破损一定要立即修复，以免造成金属护层多点接地，形成环流。

3）由于电缆电容量大，在绝缘电阻测试过程如测量时间过短，“充电”还未完成就读数，易引起对试验结果的误判断。

4）测得的芯线及护层绝缘电阻都应达到上述规定值，在测量过程中还应注意是否有明显的充电过程，以及试验完毕后的放电是否明显。若无明显充电及放电现象，而绝缘电阻值却正常，则应怀疑被试品未接入试验回路。

2. 油纸绝缘电力电缆直流耐压和泄漏电流测试

（1）测试标准及要求。新敷设的电缆线路投入运行 3～12 个月，一般应作 1 次直流耐压试验，以后再按正常周期试验。

试验结果异常，但根据综合判断允许在监视条件下继续运行的电缆线路，其试验周期应缩短。如在不少于 6 个月时间内，经连续 3 次以上试验，试验结果无明显变化，则可以按正常周期试验。

油纸绝缘电缆直流试验电压可用式（18–3–1）和式（18–3–2）计算。

对于统包绝缘电缆

$$U_t = 5\times\frac{U_0+U}{2} \tag{18–3–1}$$

对于分相屏蔽绝缘电缆

$$U_t = 5\times U_0 \tag{18–3–2}$$

上两式中　U_t ——直流耐压试验电压，kV；

U_0 ——电缆导体对地额定电压，kV；

U ——电缆额定线电压，kV。

现场试验时，试验电压值按表 18–3–1 的规定选择。

表 18–3–1　　　　试 验 电 压 值

电缆额定电压 U_0/U	1.8/3	3/3.6	3.6/6	6/6	6/10	8.7/10	21/35	26/35
直流试验电压（kV）	12	17	24	30	40	47	105	130

充油绝缘电缆直流试验电压按表 18–3–2 的规定选择。

表 18–3–2　　　　充油绝缘电缆直流试验电压

电缆额定电压 U_0/U	直流试验电压（kV）
48/66	165
	175
64/110	225
	275
127/220	425
	475
	510
190/330	585
	650
290/500	710
	775
	835

直流耐压试验标准与 U_0 有关，测试中不但要考虑相间绝缘，还要考虑相对地绝缘是否合乎要求，以免损伤电缆绝缘。特别应注意 U_0/U 的值，如 35kV 电缆额定电压分为 21/35kV 和 26/35kV 等。

交接试验耐压时间为 15min；预防性试验耐压时间为 5min。耐压 15min 或 5min 时的泄漏电流值不应大于耐压 1min 时的泄漏电流值。

油纸绝缘电缆泄漏电流的三相不平衡系数（最大值与最小值之比）不应大于 2。

当 6/10kV 及以上电压等级电缆的泄漏电流小于 20μA 和 6kV 及以下电压等级电缆泄漏电流小于 10μA 时，其不平衡系数不作规定。电缆泄漏电流值见表 18–3–3。

表 18-3-3　　油纸绝缘电缆泄漏电流值

系统额定电压（kV）	泄漏电流值（μA/km）
6 及以下	20
10 及以上	10～60

（2）测试结果分析。

1）如果在试验期间出现电流急剧增加，甚至直流高压发生器的保护装置跳闸，或被试电缆不能再次耐受所规定的试验电压，则可认为被试电缆已击穿。

2）泄漏电流三相不平衡系数，系指电缆三相中泄漏电流最大一相的泄漏值与最小一相泄漏值的比值。电缆线路三相的泄漏电流应基本平衡，如果在试验中发现某一相的泄漏电流特别大，应首先分析泄漏电流大的原因，消除外界因素的影响。当确实证明是电缆内部绝缘的泄漏电流过大时，可将耐压时间延长至 10min，若泄漏电流无上升现象，则应根据泄漏值过大的情况，决定 3 月或半年再作一次监视性试验。如果泄漏电流的绝对值很小，即最大一相的泄漏电流：对于 10kV 及以上电压等级的电缆小于 20μA，对于 6kV 及以下电压等级的电缆小于 10μA 时，可按试验合格对待，不必再作监视性试验。

3）泄漏电流值和不平衡系数只作为判断绝缘状况的参考，不作为是否能投入运行的判据，应结合其他测试参数综合判断。

4）如电缆的泄漏电流属于下列情况中的一种，电缆绝缘则可能有缺陷，应找出缺陷部位，并予以处理：

a）泄漏电流很不稳定；

b）泄漏电流随试验电压升高急剧上升；

c）泄漏电流随试验时间延长有上升现象。

5）测试结果不仅要看试验数据合格与否，还要注意数值变化速率和变化趋势。应与相同类型电缆的试验数据和被试电缆原始试验数据进行比较，掌握试验数据的变化规律。

6）在一定测试电压下，泄漏电流作周期性摆动，说明电缆可能存在局部孔隙性缺陷或电缆终端头脏污滑闪。应处理后复试，以确定电缆绝缘的状况。

7）如果电流在升压的每一阶段不随时间下降反而上升，说明电缆整体受潮。泄漏电流随时间的延长有上升现象，是绝缘缺陷发展的迹象。绝缘良好的电缆，在试验电压下的稳态泄漏电流值随时间的延长保持不变，电压稳定后应略有下降。如果所测泄漏电流值随试验电压值的升高或加压时间的增加而上升较快，或与相同类型电缆比较数值增大较多，或者和被试电缆历史数据比较呈明显的上升趋势，应检查接线和试验方法，综合分析后，判断被试电缆是否能够继续运行。

3. 橡塑绝缘电力电缆变频谐振耐压试验

（1）试验标准及要求。电力电缆的交流耐压试验应符合下列规定：

1）对电缆的主绝缘进行耐压试验时，应分别在每一相上进行，对一相电缆进行试验时，其他两相导体、屏蔽层及铠装层或金属护层一起接地；

2）电缆主绝缘进行耐压试验时，如金属护层接有过电压保护器，必须将护层过电压保护器短接；

3）耐压试验前后，绝缘电阻测量应无明显变化；

4）橡塑电缆优先采用20～300Hz交流耐压试验。根据GB 50150—2016《电气装置安装工程电气设备交接试验标准》的规定，20～300Hz 交流耐压试验电压和时间见表18–3–4。

表18–3–4　　20～300Hz交流耐压试验电压和时间

额定电压 U_0/U（kV）	试验电压（kV）	试验时间（min）	额定电压 U_0/U（kV）	试验电压（kV）	试验时间（min）
18/30及以下	$2.5U_0$（或 $2U_0$）	5（或60）	190/330	$1.7U_0$（或 $1.3U_0$）	60
21/35～64/110	$2U_0$	60	290/500	$1.7U_0$（或 $1.1U_0$）	60
127/220	$1.7U_0$（或 $1.4U_0$）	60			

（2）试验结果分析。试验中如无破坏性放电发生，则认为通过耐压试验。

4. 相位检查

（1）试验标准及要求。相位核对应与电缆两端所接系统相序准确无误。

（2）试验结果分析。试验结果应与电缆相位标志相符。

（二）试验报告编写

试验报告编写应包括以下项目：被试电缆运行编号、试验时间、试验人员、天气情况、环境温度、湿度、被试电缆参数、运行编号、使用地点、试验结果、试验结论、试验性质（交接、预防性试验、检查、实行状态检修的应填明例行试验或诊断试验）、试验装置名称、型号、出厂编号，备注栏写明其他需要注意的内容，如是否拆除引线等。

【思考与练习】

1. 微安表接在高压侧和微安表接在低压侧对泄漏电流测量有什么影响？

2. 直流耐压试验中不平衡系数的意义是什么？

3. 核对相位的意义是什么？

第十九章

电缆故障测寻

模块1　电缆线路常见故障诊断与分类（Z06I2001Ⅰ）

【模块描述】本模块介绍电缆线路故障分类及故障诊断方法。通过概念解释和要点介绍，掌握电缆线路试验击穿故障和运行中发生故障的诊断方法和步骤。

【模块内容】

在查找电缆故障点时，首先要进行电缆故障性质的诊断，即确定故障的类型及故障电阻阻值，以便于测试人员选择适当的故障测距与定点方法。

一、电缆故障性质的分类

电缆故障种类很多，可分为以下五种类型：

（1）接地故障：电缆一芯主绝缘对地击穿故障。

（2）短路故障：电缆两芯或三芯短路。

（3）断线故障：电缆一芯或数芯被故障电流烧断或受机械外力拉断，造成导体完全断开。

（4）闪络性故障：这类故障一般发生于电缆耐压试验击穿中，并多出现在电缆中间接头或终端头内。试验时绝缘被击穿，形成间隙性放电通道。当试验电压达到某一定值时，发生击穿放电；而当击穿后放电电压降至某一值时，绝缘又恢复而不发生击穿，这种故障称为开放性闪络故障。有时在特殊条件下，绝缘击穿后又恢复正常，即使提高试验电压，也不再击穿，这种故障称为封闭性闪络故障。以上两种现象均属于闪络性故障。

（5）混合性故障：同时具有上述接地、短路、断线中两种以上性质的故障称为混合性故障。

二、电缆故障诊断方法

电缆发生故障后，除特殊情况（如电缆终端头的爆炸故障，当时发生的外力破坏故障）可直接观察到故障点外，一般均无法通过巡视发现，必须使用电缆故障测试设备进行测量，从而确定电缆故障点的位置。由于电缆故障类型很多，测寻方法也随故

障性质的不同而异。因此在故障测寻工作开始之前，须准确地确定电缆故障的性质。

电缆故障按故障发生的直接原因可以分为两大类，一类为试验击穿故障，另一类为在运行中发生的故障。若按故障性质来分，又可分为接地故障、短路故障、断线故障、闪络故障及混合故障。现将电缆故障性质确定的方法和分类分述如下。

1. 试验击穿故障性质的确定

在试验过程中发生击穿的故障，其性质比较简单，一般为一相接地或两相短路，很少有三相同时在试验中接地或短路的情况，更不可能发生断线故障。其另一个特点是故障电阻均比较高，一般不能直接用绝缘电阻表测出，而需要借助耐压试验设备进行测试。其方法如下：

（1）在试验中发生击穿时，对于分相屏蔽型电缆均为一相接地。对于统包型电缆，则应将未试相地线拆除，再进行加压。如仍发生击穿，则为一相接地故障，如果将未试相地线拆除后不再发生击穿，则说明是相间故障，此时应将未试相分别接地后再分别加压，以查验是哪两相之间发生短路故障。

（2）在试验中，当电压升至某一定值时，电缆绝缘水平下降，发生击穿放电现象；当电压降低后，电缆绝缘恢复，击穿放电终止。这种故障即为闪络性故障。

2. 运行故障性质的确定

运行电缆故障的性质和试验击穿故障的性质相比，就比较复杂，除发生接地或短路故障外，还可能发生断线故障。因此，在测寻前，还应作电缆导体连续性的检查，以确定是否为断线故障。

确定电缆故障的性质，一般应用绝缘电阻表和万用表进行测量并作好记录。

（1）先在任意一端用绝缘电阻表测量 A—地、B—地及 C—地的绝缘电阻值，测量时另外两相不接地，以判断是否为接地故障。

（2）测量各相间 A—B、B—C 及 C—A 的绝缘电阻，以判断有无相间短路故障。

（3）分相屏蔽型电缆（如交联聚乙烯电缆和分相铅包电缆）一般均为单相接地故障，应分别测量每相对地的绝缘电阻。当发现两相短路时，可按照两个接地故障考虑。在小电流接地系统中，常发生不同位置两相同时发生接地的“相间”短路故障。

（4）如用绝缘电阻表测得电阻为零时，则应用万用表测出各相对地的绝缘电阻和各相间的绝缘电阻值。

（5）如用绝缘电阻表测得电阻很高，无法确定故障相时，应对电缆进行直流电压试验，判断电缆是否存在故障。

（6）因为运行电缆故障有发生断线的可能，所以还应作电缆导体连续性是否完好的检查。其方法是在一端将 A、B、C 三相短接（不接地），到另一端用万能表的低阻挡测量各相间电阻值是否为零，检查是否完全通路。

3. 电缆低阻、高阻故障的确定

所谓的电缆低阻、高阻故障的区分，不能简单用某个具体的电阻数值来界定，而是由所使用的电缆故障查找设备的灵敏度确定的。例如：低压脉冲设备理论上只能查找 100Ω 以下的电缆短路或接地故障，而电缆故障探伤仪理论上可查找 10kΩ 以下的一相接地或两相短路故障。

【思考与练习】

1. 电缆故障分哪五类？
2. 怎样确定电缆运行故障性质？
3. 电缆低阻、高阻故障如何确定？

模块 2 电缆线路的识别（Z06I2002Ⅰ）

【模块描述】本模块介绍电缆线路路径探测及电缆线路常用识别方法。通过概念解释和方法介绍，熟悉音频感应法探测电缆路径的方法、原理及其接线方式，掌握工频感应鉴别法和脉冲信号法进行电缆线路识别的原理和方法。

【模块内容】

电缆线路的识别是指电缆路径的探测和在多条电缆中鉴别出所需要的电缆。

一、电缆路径探测

1. 电缆路径探测方法

电缆路径探测一般采用音频感应法，即向被测电缆中加入特定频率的电流信号，在电缆的周围接收该电流信号产生的磁场信号，然后通过磁电转换，转换为人们容易识别的音频信号，从而探测出电缆路径。加入的电流信号的常见频率为 512Hz、1kHz、10kHz、15kHz 几种。接收这个音频磁场信号的工具是一个感应线圈，滤波后通过耳机或显示器有选择地把加入电缆上的特定频率的电流信号用声音或波形的方式表现出来，以使人耳朵或眼睛能识别这个信号，从而确定被测电缆的路径。

（1）音谷法。给被测电缆加入音频信号，当感应线圈轴线垂直于地面时，在电缆的正上方线圈中穿过的磁力线最少，线圈中感应电动势也最小，通过耳机听到的音频声音也就最小；线圈往电缆左右方向移动时，音频声音增强，当移动到某一距离时，响声最大，再往远处移动，响声又逐渐减弱。在电缆附近声音强度与其位置关系形成一马鞍形曲线，如图 19-2-1 所

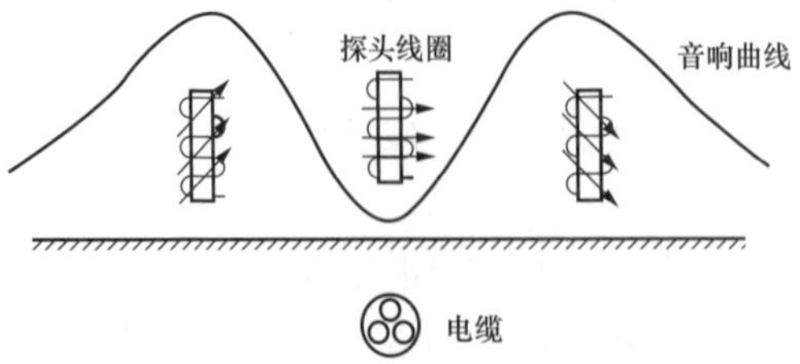

图 19-2-1 音谷法的音响曲线

示，曲线谷点所对应的线圈位置就是电缆的正上方，这就是音谷法查找电缆路径。

（2）音峰法。音峰法与音谷法原理一样，当感应线圈轴线平行于地面时（要垂直于电缆走向），在电缆的正上方线圈中穿过的磁力线最多，线圈中感应电动势也最大，通过耳机听到的音频声音也就最强；线圈往电缆左右方向移动时，音频声音逐渐减弱。这样声响最强的正下方就是电缆，如图 19–2–2 所示，这就是音峰法查找电缆的路径。

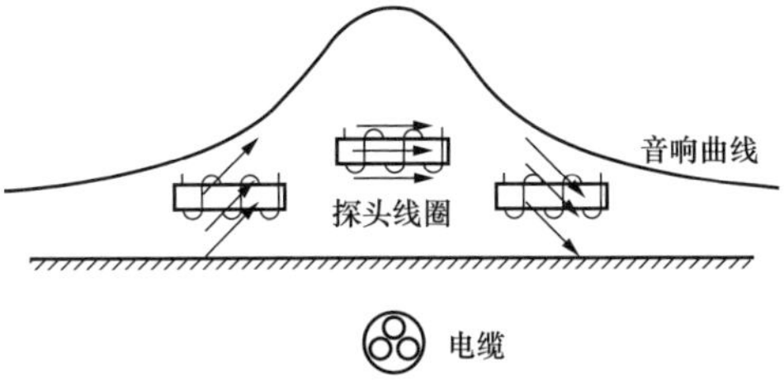

图 19–2–2　音峰法的音响曲线

（3）极大值法。当用两个感应线圈，一个垂直于地面，一个水平于地面。将垂直线圈负极性与水平线圈的感应电动势叠加，在电缆的正上方线圈中穿过的磁力线最多，线圈中感应电动势也最大，通过耳机听到的音频声音也就最强；线圈往电缆左右方向移动时，音频声音骤然减弱。这样声响最强的正下方就是电缆，如图 19–2–3 所示，这就是极大值法查找电缆路径。

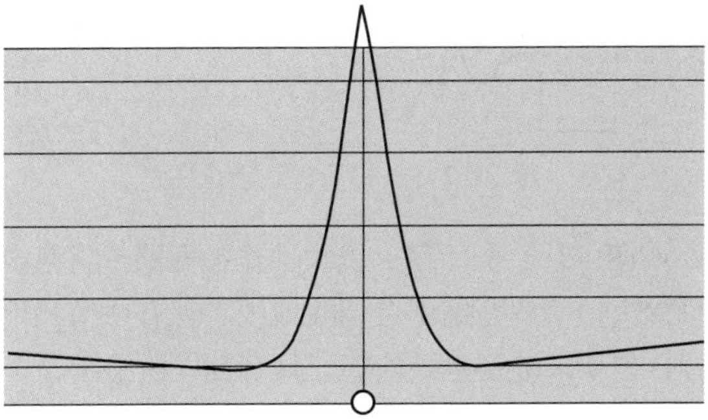
图 19–2–3　极大值法的音响曲线

2. 音频感应法的接线方式

音频感应法探测电缆路径时，其接线方式有相铠接法、相地接法、铠地接法、利用耦合线圈感应间接注入信号法等多种。根据上面所述的电磁理论，要想在大地表面得到比较强的磁场信号，必须使大地上有部分电流通过，否则磁场信号可能会比较弱。下面的接线方式中前三种接法比较有效，后一种接法感应到的信号会比较弱，能测试的距离比较近。在测量时，要根据实际情况、使用效果来选择不同的接线方法，以达到最快探测电缆路径的目的。

（1）相铠接法（铠接工作地）。如图 19–2–4 所示，将被测电缆线芯一根或几根并接后接信号发生器的输出端正极，负极接钢铠，钢铠两端接地。相铠之间加入音频电流信号。这种接线方法电缆周围磁场信号较强，可探测埋设较深的电缆，且探测距离较长。

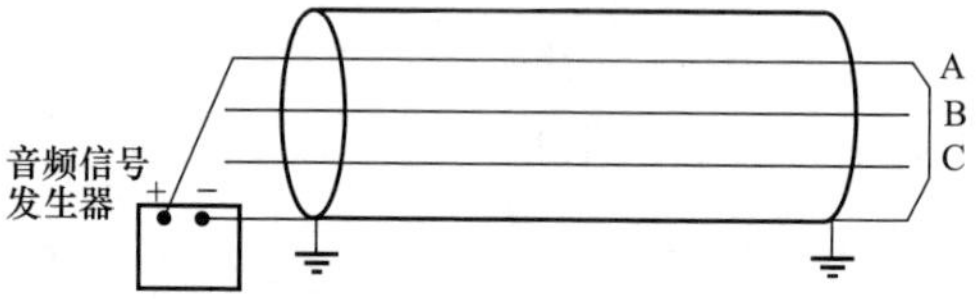

图 19–2–4 相铠接线示意图

（2）相地接法。如图 19–2–5 所示，以大地作为回路，将被测电缆线芯一根或几根并接后接信号发生器的输出端正极，负极接大地。电缆另一端线芯接地，并将被测电缆两端接地线拆开。这种方法信号发生器输出电流很小，但感应线圈得到的磁场信号却较大，测试的距离也较远。

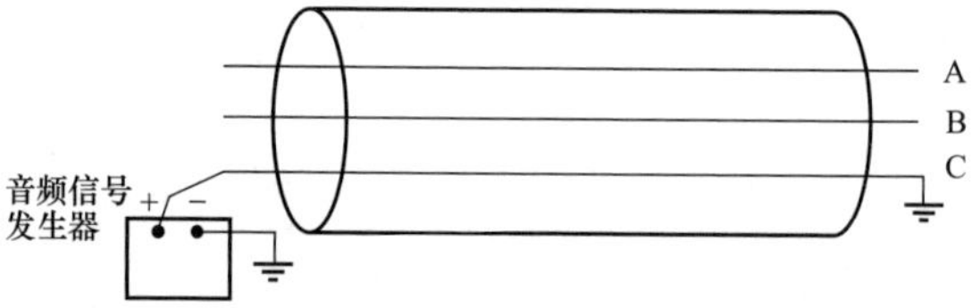

图 19–2–5 相地接线示意图

（3）铠地接法。如图 19–2–6 所示，以大地作为回路，将电缆钢铠接信号发生器的输出端正极，负极接大地，解开钢铠近端接地线。在有些情况下，铠地接法的测试效果比相地接法要好，但要求被测电缆外护套具有良好的绝缘。

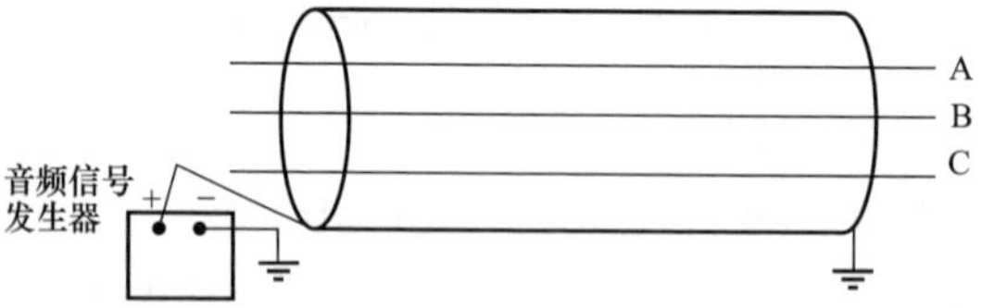

图 19–2–6 铠地接线示意图

（4）耦合线圈感应法。将信号发生器的正负端直接连接至卡钳式耦合线圈上，在运行电缆露出部分（终端头附近）位置用卡钳夹住，把音频信号耦合到电缆上，要求电缆两端接地线良好。这种方法测试效果一般，能测试的距离很短。但其可在不停电的情况下查找电缆路径。

二、电缆的鉴别

在几条并列敷设的电缆中正确判断出已停电的需要检修或切改的电缆线路，首先应核对电缆路径图。通常根据路径图上电缆和接头所标注的尺寸，在现场按建筑物边线等测量参考点为基准，实地进行测量，与图纸核对，一般可以初步判断需要检修的电缆。为了对电缆线路作出准确鉴别，可采用两种方法，即工频感应鉴别法和脉冲信号法。

1. 工频感应鉴别法

工频感应鉴别法也叫感应线圈法，当绕制在开口铁芯上的感应线圈贴在运行电缆外皮上时，其线圈中将产生交流电信号，接通耳机则可收听到。且沿电缆纵向移动线圈，可听出电缆线芯的节距。若将感应线圈贴在待检修的停运电缆外皮上，由于其导体中没有电流通过，因而听不到声音。而将感应线圈贴在邻近运行的电缆外皮上，则能从耳机中听到交流电信号。这种方法操作简单，缺点是只能区分出停电电缆；同时，当并列电缆条数较多时，由于相邻电缆之间的工频信号相互感应，会使信号强度难以区别。

2. 脉冲信号法

脉冲信号法所用设备有脉冲信号发生器、感应夹钳及识别接收器等。脉冲信号法的原理如图 19–2–7 所示，脉冲信号发生器发射锯齿形脉冲电流至电缆，这个脉冲电流在被测电缆周围产生脉冲磁场，通过夹在电缆上的感应夹钳拾取，传输到识别接收器。识别接收器可以显示出脉冲电流的幅值和方向，从而确定被选电缆（故障电缆或被切改电缆）。

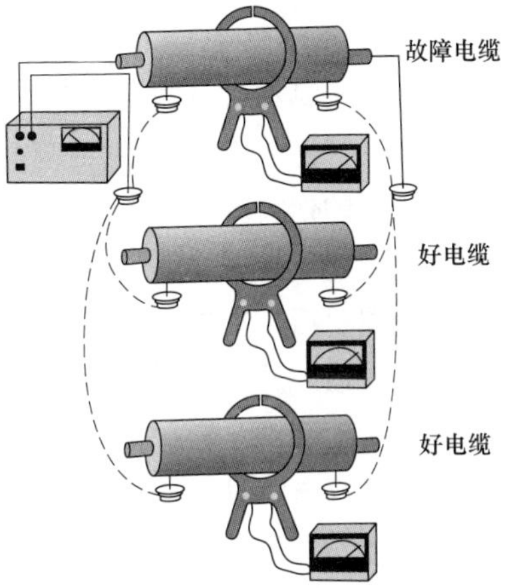

图 19–2–7 脉冲信号法原理图

【思考与练习】

1. 怎样使用音谷法确定电缆埋设路径？
2. 如何从几条并列敷设的电缆中鉴别出所需要的电缆？
3. 简述工频感应鉴别法的基本原理？

模块 3 高压电缆安全刺锥的方法（Z06I2003 Ⅰ）

【模块描述】本模块主要介绍高压电缆安全刺锥的基本方法，通过知识和案例分析讲解，掌握高压电缆安全刺锥的基本方法

【模块内容】

一、电缆安全刺锥

1. 定义

高压电缆安全刺锥通常是指："用接地的带绝缘柄的铁钎钉入电缆芯"，其目的是采取保护接地的方式，消除可能误判断电缆带来的安全隐患。

2. 适用范围

高压电缆刺锥适用于：

1）停电电缆割接；

2）故障电缆检修。

二、电缆安全刺锥方法

高压电缆安全刺锥的方法主要有三类：人工手动刺锥；带有安全接地装置的机械工具刺锥；带有安全接地装置的电动工具刺锥。

1. 人工手动刺锥

工作人员站在符合要求的绝缘板或绝缘垫上，戴绝缘手套，用带有绝缘棒的锤子把接地的铁钎钉入电缆导体，操作时应采取可靠安全措施，防止误钉电缆对人身及临近设备造成的伤害。

2. 带有安全接地装置的机械工具刺锥

电缆固定后，工作人员操控机械控制装置，将锥形接地棒刺透电缆绝缘层直至电缆导体，在该装置上外置接地线，使电缆导体稳定地、可靠地和安全地接地。此种方法靠机械压力刺锥，增加工作效率，操作时需工作人员手动操作，应采取可靠安全措施，防止误钉电缆对人身及临近设备造成的伤害。

3. 带有安全接地装置的电动工具刺锥

此刺锥方法是在机械工具刺锥的原理上加入电动遥控装置，将锥形接地棒刺透电缆绝缘层直至电缆导体。此方法较好的保障了工作人员的安全性。

三、电缆安全刺锥流程

（1）核对被刺锥电缆正确；

（2）铺设绝缘板或绝缘垫，刺锥所用工具安全接地；

（3）固定被刺锥电缆，在电缆上选取合适刺入位置并标记；

（4）选取长度适宜的锥；

（5）工作人员戴上绝缘手套操作刺锥工具对电缆进行刺锥（带有安全接地装置的电动工具刺锥除外）。

四、电缆安全刺锥的基本要求

（1）安全刺锥前，应与电缆走向图图纸核对相符，并使用专用仪器（如感应法）

确切证实电缆无电。

（2）安全刺锥位置：统包型电缆在垂直于电缆线芯位置宜选取 2–3 个点将锥刺入至电缆线芯；单芯电缆在垂直于电缆线芯位置自上而下刺入至电缆线芯。

（3）安全刺锥选用的锥长度要保证能刺穿电缆的绝缘，到达线芯。

（4）安全刺锥选用的绝缘棒遵照《国家电网公司电力安全工作规程（电力线路部分）》的带电设备安全距离要求；扶绝缘棒、使用带绝缘棒的锤子的工作人员应戴绝缘手套并站在绝缘垫上。

（5）电动摇控工作人员要遵照《国家电网公司电力安全工作规程（电力线路部分）》的带电设备安全距离要求。

（6）进行安全刺锥时应在刺锥位置安全距离外设置围栏，并派专人看护。

（7）电动刺锥时，刺锥电源应采用绝缘导线，并在开关箱的首端处装设合格的漏电保护器。

（8）电动刺锥工具应按规定周期进行试验合格。

（9）宜在天气良好的情况下进行。

【思考与练习】

1. 高压电缆为什么要安全刺锥？
2. 高压电缆安全刺锥的方法有哪些？各个方法有什么区别？
3. 高压电缆安全刺锥时有哪些注意事项？

模块 4　常用电缆故障测寻方法（Z06I2004 Ⅱ）

【模块描述】本模块包含电缆线路常见故障测距和精确定点。通过方法介绍，掌握利用电桥法和脉冲法进行电缆线路常见故障测距的原理、方法和步骤，掌握电缆故障点精确定点方法。

【模块内容】

电缆线路的故障寻测一般包括初测和精确定点两步，电缆故障的初测是指故障点的测距，而精确定点是指确定故障点的准确位置。

一、电缆故障初测

根据仪器和设备的测试原理，电缆故障初测方法可分为电桥法和脉冲法两大类。

（一）电桥法

用直流电桥测量电缆故障是测试方法中最早的一种，目前仍广泛应用。尤其在较短电缆的故障测试中，其准确度仍是最高的。测试准确度除与仪器精度等级有关外，还与测量的接线方法和被测电缆的原始数据正确与否有很大的关系。电桥法适用于低阻单相接地和两相短路故障的测量。

1. 单相接地故障的测量

接线如图 19–4–1 所示。

当电桥平衡时（同种规格电缆导体的直流电阻与长度成正比），有

$$\frac{1-R_k}{R_k}=\frac{2L-L_x}{L_x} \qquad (19–4–1)$$

简化后得

$$L_x=R_k\times 2L \qquad (19–4–2)$$

式中 L_x——测量端至故障点的距离，m；

L——电缆全长，m；

R_k——电桥读数。

2. 两相短路故障的测量

在三芯电缆中测量两相短路故障，基本上和测量单相接地故障一样。其接线如图 19–4–2 所示。

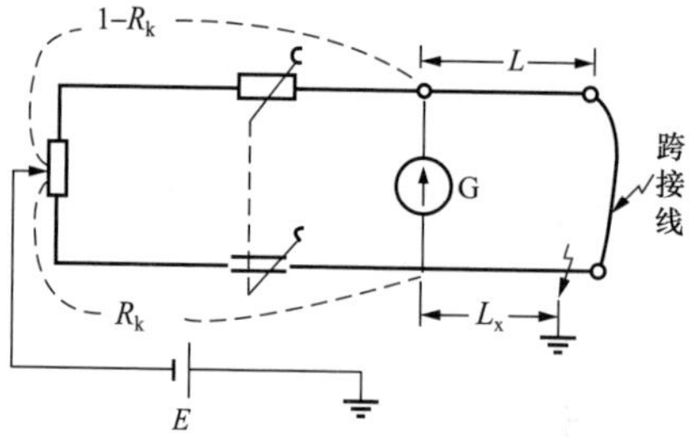

图 19–4–1 测试单相接地故障原理接线图

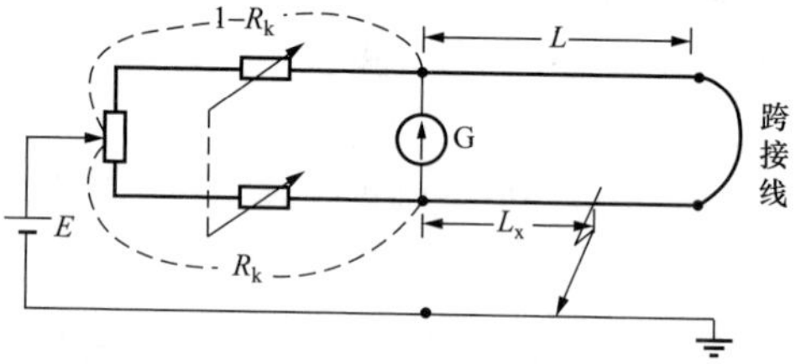

图 19–4–2 测量两相短路故障原理接线图

与测量接地故障不同之处，就是利用两短路相中的一相作为单相接地故障测量中的地线，以接通电桥的电源回路。如为单纯的短路故障，电桥可不接地；当故障为短路且接地故障时，则应将电桥接地。其测量方法和计算方法与单相接地故障完全相同。

（二）脉冲法

脉冲法是应用行波信号进行电缆故障测距的测试方法。它分为低压脉冲法、闪络法（直闪法、冲闪法）和二次脉冲法三种。

1. 测试原理

在测试时，从测试端向电缆中输入一个脉冲行波信号，该信号沿着电缆传播，当遇到电缆中的阻抗不匹配点（如开路点、短路点、低阻故障点和接头点等）时，会产生波反射，反射波将传回测试端，被仪器记录下来。假设从仪器发射出脉冲信号到仪器接收到反射脉冲信号的时间差为Δt，也就是脉冲信号从测试端到阻抗不匹配点

往返一次的时间为Δt，如果已知脉冲行波在电缆中传播的速度是 v，那么根据公式 $L=v\cdot\Delta t/2$ 即可计算出阻抗不匹配点距测试端的距离 L 的数值。

行波在电缆中传播的速度 v，简称为波速度。理论分析表明，波速度只与电缆的绝缘介质材质有关，而与电缆的线径、线芯材料以及绝缘厚度等几乎无关。油浸纸绝缘电缆的波速度一般为 160m/μs；而对于交联电缆，其波速度一般在 170～172m/μs 之间。

2. 低压脉冲法

（1）适用范围。低压脉冲法主要用于测量电缆断线、短路和低阻接地故障的距离，还可用于测量电缆的长度、波速度和识别定位电缆的中间头、T 形接头与终端头等。

（2）开路、短路和低阻接地故障波形。

1）开路故障波形。

a）开路故障的反射脉冲与发射脉冲极性相同，如图 19–4–3 所示；

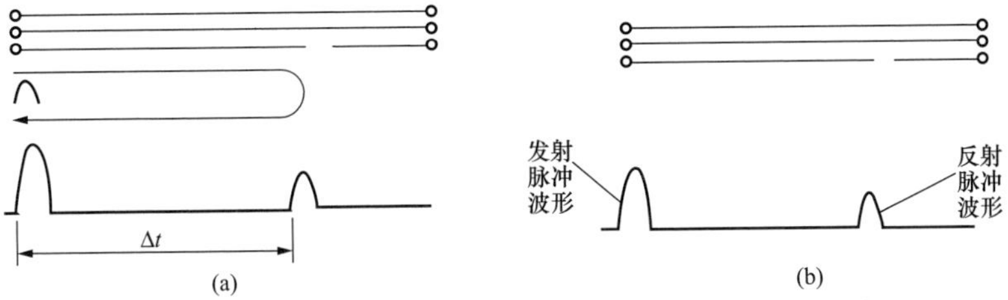

图 19–4–3　低压脉冲反射原理及开路故障

（a）反射原理；（b）开路故障

b）当电缆近距离开路，若仪器选择的测量范围为几倍的开路故障距离时，示波器就会显示多次反射波形，每个反射脉冲波形的极性都和发射脉冲相同，如图 19–4–4 所示。

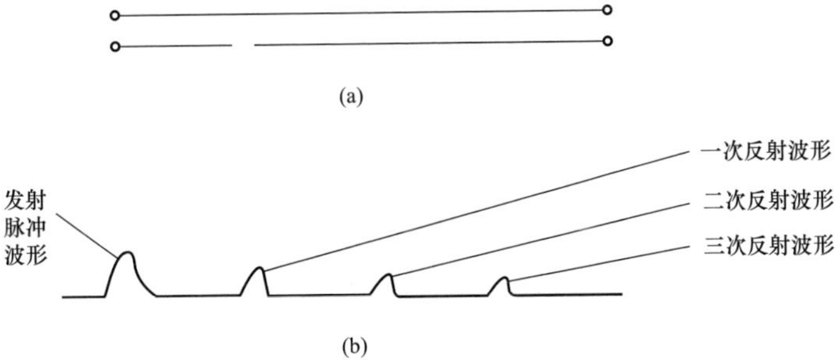

图 19–4–4　开路波形的多次反射

（a）电缆；（b）波形

2）短路或低阻接地故障波形。

a）短路或低阻接地故障的反射脉冲与发射脉冲极性相反，如图 19–4–5 所示；

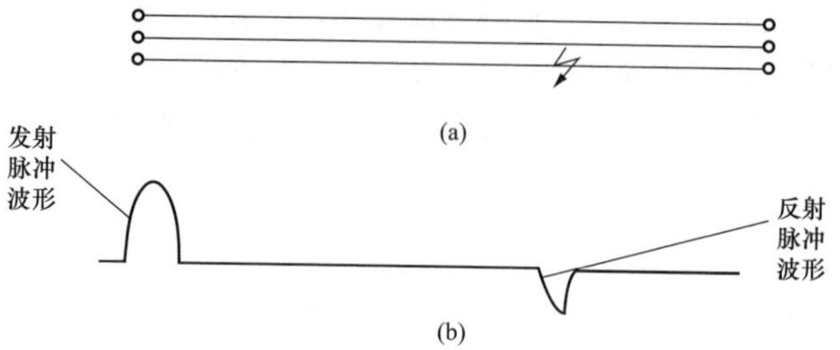

图 19–4–5 短路或低阻接地故障波形

（a）电缆；（b）波形

b）当电缆发生近距离短路或低阻接地故障时，若仪器选择的测量范围为几倍的低阻短路故障距离，示波器就会显示多次反射波形。其中第一、三等奇数次反射脉冲的极性与发射脉冲相反，而二、四等偶数次反射脉冲的极性则与发射脉冲相同，如图 19–4–6 所示。

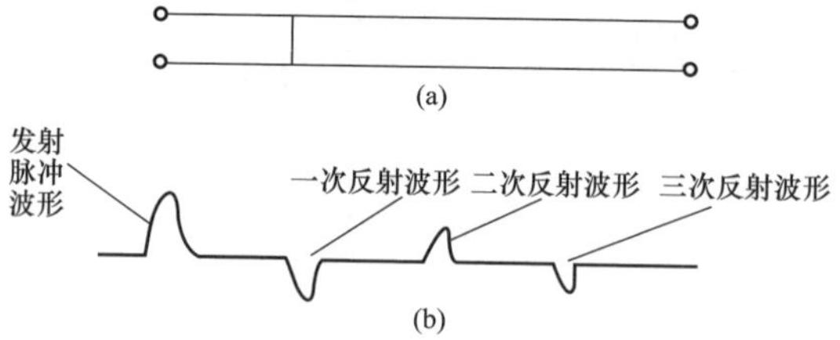

图 19–4–6 近距离低阻短路故障的多次反射波形

（a）电缆；（b）波形

（3）低压脉冲法测试示例。

1）图 19–4–7 所示的是低压脉冲法测得的典型故障波形。这里需要注意的是，当电缆发生低阻故障时，如果选择的范围大于全长，一般存在全长开路波形；如果电缆发生了开路故障，全长开路波形就不存在了。

2）图 19–4–8 所示的是采用低压脉冲法的一个实测波形。从波形上可以看到，在实际测试中发射脉冲是比较乱的，其主要原因是仪器的导引线和电缆连接处是一阻抗不匹配点，看到的发射脉冲是原始发射脉冲和该不匹配点反射脉冲的叠加。

3）标定反射脉冲的起始点。如图 19–4–8 所示，在测试仪器的屏幕上有两个光标：一个是实光标，一般把它放在屏幕的最左边（测试端），设定为零点；另一个是虚光标，把它放在阻抗不匹配点反射脉冲的起始点处。这样在屏幕的右上角，就会自动显示出该阻抗不匹配点距测试端的距离。

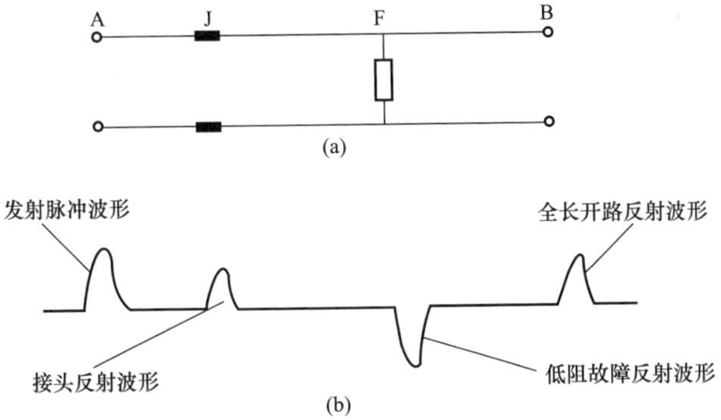

图 19–4–7　典型的低压脉冲反射波形

（a）电缆结构；（b）波形

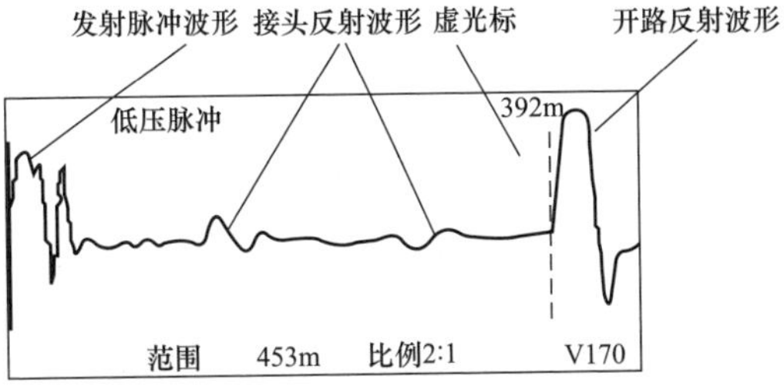

图 19–4–8　低压脉冲法实测波形

一般的低压脉冲反射仪器依靠操作人员移动标尺或电子光标，来测量故障距离。由于每个故障点反射脉冲波形的陡度不同，有的波形比较平滑，实际测试时，人们往往因不能准确地标定反射脉冲的起始点而增加故障测距的误差，所以准确地标定反射脉冲的起始点非常重要。

在测试时，应选波形上反射脉冲造成的拐点作为反射脉冲的起始点，如图 19–4–9（a）虚线所标定处；亦可从反射脉冲前沿作一切线，与波形水平线相交点，将该点作为反射脉冲起始点，如图 19–4–9（b）所示。

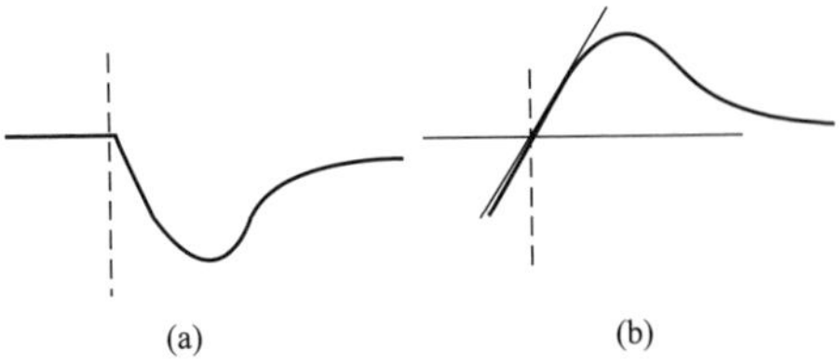

图 19–4–9　反射脉冲起始点的标定

（4）低压脉冲比较测量法。在实际测量时，电缆线路结构可能比较复杂，存在着接头点、分支点或低阻故障点等，特别是低阻故障点的电阻相对较大时，反射波形相对比较平滑，其大小可能还不如接头反射，更使得脉冲反射波形不太容易理解，波形起始点不好标定。对于这种情况，可以用低压脉冲比较测量法测试。如图 19–4–10（a）所示，这是一条带中间接头的电缆，发生了单相低阻接地故障。首先通过故障线芯对地（金属护层）测量得一低压脉冲反射波形，如图 19–4–10（b）所示；然后在测量范围与波形增益都不变的情况下，再用良好的线芯对地测得一个低压脉冲反射波形，如图 19–4–10（c）所示；最后把两个波形进行重叠比较，会出现了一个明显的差异点，这是由于故障点反射脉冲所造成的，如图 19–4–10（d）所示，该点所代表的距离即是故障点位置。

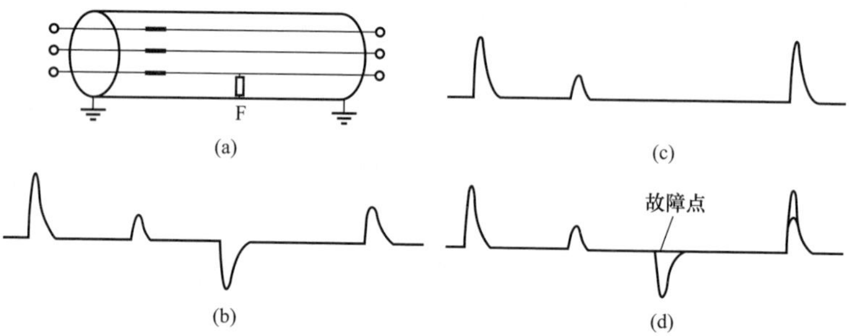

图 19–4–10　波形比较法测量单相对地故障

（a）故障电缆；（b）故障导体的测量波形；（c）良好导体的测量波形；（d）良好与故障导体测量波形相比较的波形

现代微机化低压脉冲反射仪具有波形记忆功能，即以数字的形式把波形保存起来，同时，可以把最新测量波形与记忆波形同时显示。利用这一特点，操作人员可以通过比较电缆良好线芯与故障线芯脉冲反射波形的差异，来寻找故障点，避免了理解复杂脉冲反射波形的困难，故障点容易识别，灵敏度高。在实际中，电力电缆三相均有故障的可能性很小，绝大部分情况下有良好的线芯存在，可方便地利用波形比较法来测量故障点的距离。

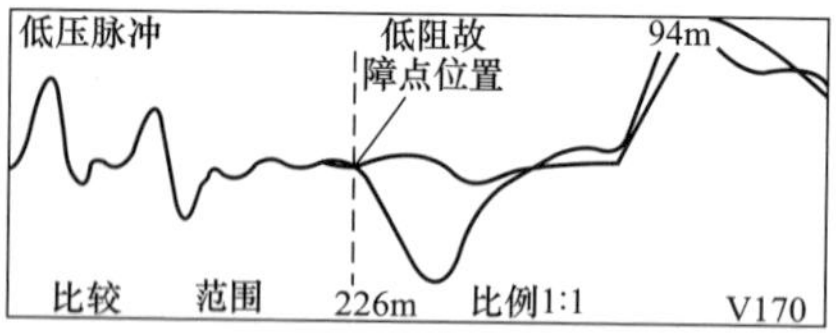

图 19–4–11　低压脉冲比较法实际测量的低阻故障波形

图 19–4–11 所示是用低压脉冲比较法实际测量的低阻故障波形，虚光标所在的两个波形分叉的位置，就是低阻故障点位置，距离为 94m。

利用波形比较法，可精确地测定电缆长度或校正波速度。由于脉冲在传播过程中存在损耗，电缆终端的反射脉冲传回到测试点后，波形上升沿比较圆滑，不好精确地标定出反射脉冲到达时间，特别当电缆距离较长时，这一现象更突出。而把终端头开路与短路的波形同时显示时，二者的分叉点比较明显，容易识别，如图 19–4–12 所示。

3. 闪络法

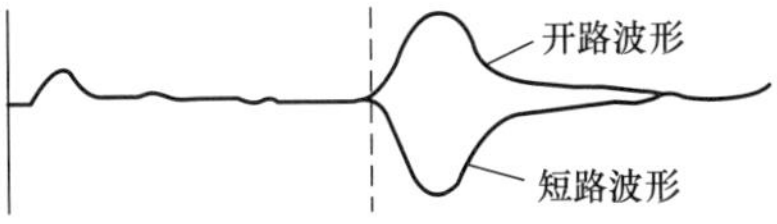

图 19-4-12　电缆终端开路与短路脉冲反射波形比较

对于闪络性故障和高阻故障，采用闪络法测量电缆故障，可以不必经过烧穿过程，而直接用电缆故障闪络测试仪（简称闪测仪）进行测量，从而缩短了电缆故障的测量时间。

闪络法基本原理和低压脉冲法相似，也是利用电波在电缆内传播时在故障点产生反射的原理，记录下电波在故障电缆测试端和故障之间往返一次的时间，再根据波速来计算电缆故障点位置。由于电缆的故障电阻很高，低压脉冲不可能在故障点产生反射，因此在电缆上加上一直流高压（或冲击高压），使故障点放电而形成一突跳电压波。此突跳电压波在电缆测试端和故障点之间来回反射。用闪测仪记录下两次反射波之间的时间，用 $L=v\cdot\Delta t/2$ 这一公式来计算故障点位置。

电缆故障闪络测试仪具有三种测试功能：① 用低压脉冲测试断线故障和低阻接地、短路故障；② 测闪络性故障；③ 能测高阻接地故障。下面对其后两种功能作一简单介绍。

（1）直流高压闪络法，简称直闪法。这种方法能测量闪络性故障及一切在直流电压下能产生突然放电（闪络）的故障。采用如图 19-4-13 所示的接线进行测试。在电缆的一端加上直流高压，当电压达到某一值时，电缆被击穿而形成短路电弧，使故障点电压瞬间突变到零，产生一个与所加直流负高压极性相反的正突跳电压波。此突跳电压波在测试端至故障点间来回传播反射。在测试端可测得如图 19-4-14 所示的波形，反映了此突跳电压波在电缆中传播、反射的全貌。图 19-4-15 为闪测仪开始工作后的第一个反射波形，其中 t_0～t_1 为电波沿电缆从测量端到故障点来回传播一次的时间，根据这一时间间隔可算出故障点位置。即

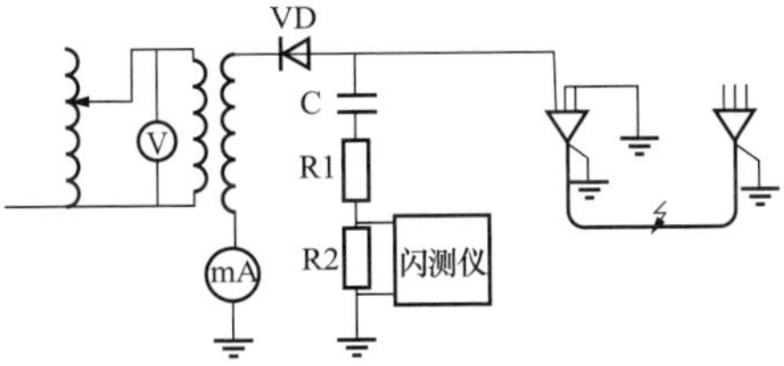

图 19-4-13　直流高压闪络法测量接线图

$$L_x=v\cdot\Delta t/2=160\times10/2=800\ (\text{m})$$

式中　v——波速，为 160m/μs；

t——电波沿电缆从测量端到故障点来回传播一次的时间，$t=t_0-t_1=10$（μs）。

图 19-4-13 中，C 为隔直电容，其值大于等于 1μF，可使用 6～10kV 移相电容器；R1 为分压电阻，为 15～40kΩ水阻；R2 为分压电阻，阻值为 200～560Ω。图中所示接线仅适于测量闪络性故障，且比冲击高压闪络法准确。当出现闪络性故障时，应尽量利用此法进行测量。一旦故障性质由闪络变为高阻时，测量将比较困难。

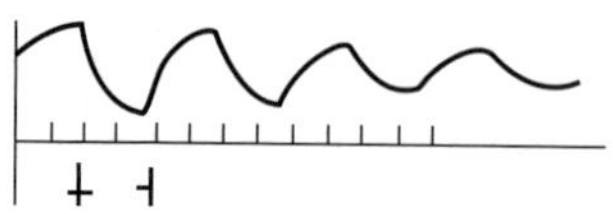

图 19–4–14 直闪法波形全貌

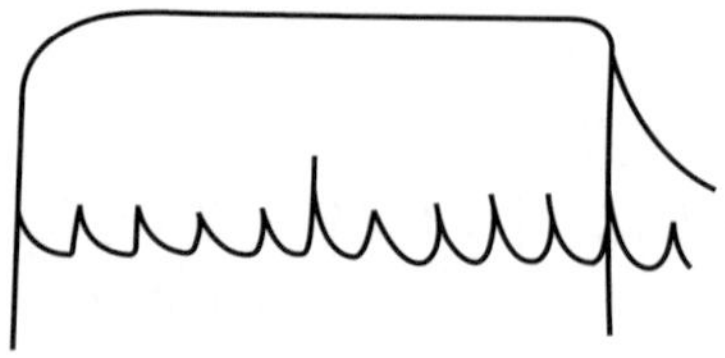

图 19–4–15 直闪法波形

（2）冲击高压闪络法，简称冲闪法。这种方法能用于测量高阻接地或短路故障。其测量时的接线

如图 19–4–16 所示。图中：C 为储能电容，其值为 2～4μF，可采用 6～10kV 移相电容器；L 为阻波电感，其值为 5～20μH；R1 为分压电阻，其值为 20～40kΩ；R2 为分压电阻，其值为 200～560Ω；*G* 为放电间隙。

由于电缆是高阻接地或短路故障，因此采用图 19–4–16 所示的接线，用高压直流设备向储能电容器充电。当电容器充电到一定电压后（此电压由放电间隙的距离决定），间隙击穿放电，向故障电缆加一冲击高压脉冲，使故障点放电，电弧短路，把所加高压脉冲电压波反射回来。此电波在测量端和故障点之间来回反射，其波形如图 19–4–17 所示，测量两次反射波之间的时间间隔（图中 a、b 两点间的时间差），即可算出测试端到故障点的距离为

$$L_x=\frac{1}{2}vt=\frac{1}{2}\times160\times7=560\text{（m）}$$

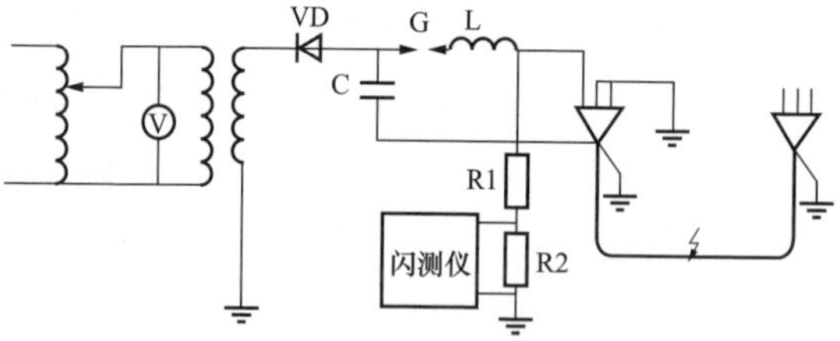

图 19–4–16 冲击高压闪络法测量接线图

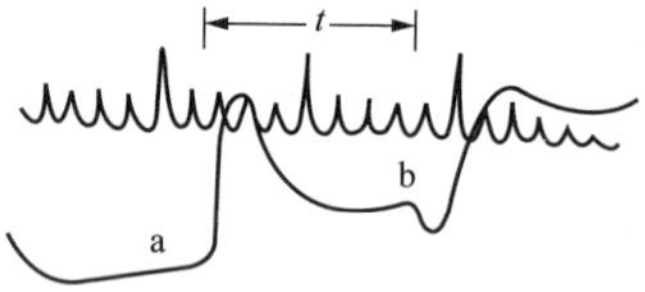

图 19–4–17 冲闪法波形

图 19–4–16 中的阻波电感用来防止反射脉冲信号被储能电容短路，以便闪测仪从中取出反射回来的突跳电压波形。

4. 二次脉冲法

二次脉冲法是近几年来出现的比较先进的一种测试方法，是基于低压脉冲波形容易分析、测试精度高的情况下开发出的一种新的测距方法。其基本原理是：通过高压发生器给存在高阻或闪络性故障的电缆施加高压脉冲，使故障点出现弧光放电。由于弧光电阻很小，在燃弧期间，原本高阻或闪络性的故障就变成了低阻短路故障。此时，

通过耦合装置向故障电缆中注入一个低压脉冲信号，记录下此时的低压脉冲反射波形（称为带电弧波形），则可明显地观察到故障点的低阻反射脉冲；在故障电弧熄灭后，再向故障电缆中注入一个低压脉冲信号，记录下此时的低压脉冲反射波形（称为无电弧波形），此时因故障电阻恢复为高阻，低压脉冲信号在故障点没有反射或反射很小。把带电弧波形和无电弧波形进行比较，两个波形在相应的故障点位上将明显不同，波形的明显分歧点离测试端的距离就是故障距离。

二次脉冲法的原理如图 19–4–18 所示，其效果如图 19–4–19 所示，实例波形如图 19–4–20 所示。

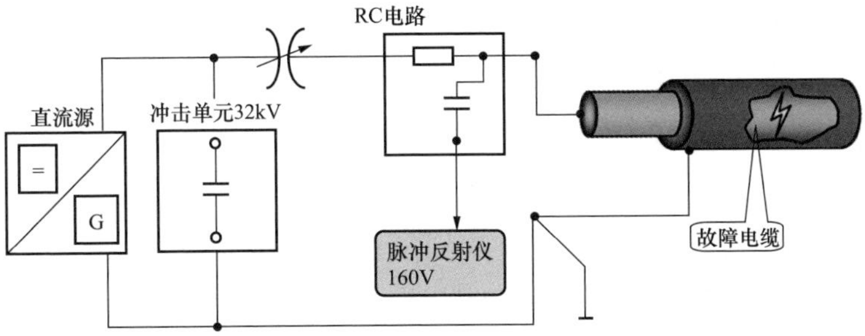

图 19–4–18　二次脉冲原理图

使用二次脉冲法测试电缆故障距离需要满足如下条件：① 故障点处能在高电压的作用下发生弧光放电；② 测量装置能够对故障点加入延长弧光放电的能量；③ 测距仪能在弧光放电的时间内发出并能接收到低压脉冲反射信号。在实际工作中，一般是通过在放电的瞬间投入一个低电压大电容量的电容器来延长故障点的弧光放电时间，或者精确检测到起弧时刻，再注入低压脉冲信号，来保证得到故障点弧光放电时的低压脉冲反射波形。

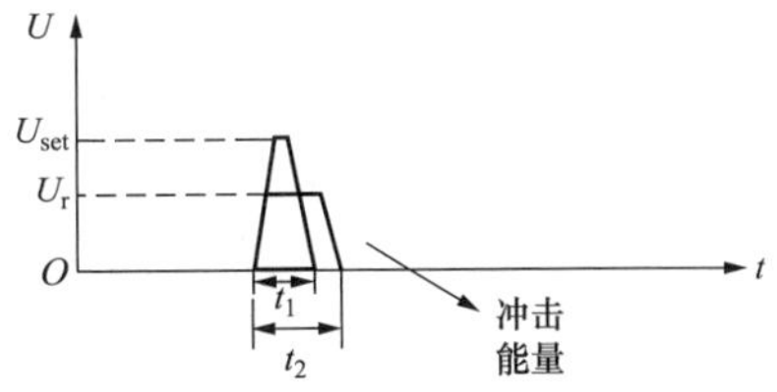

图 19–4–19　二次脉冲效果图

U_{set}—设定电压；U_r—实际冲击电压；t_1—燃弧时间；t_2—延长后燃弧时间

这种方法主要用来测试高阻及闪络性故障的故障距离，这类故障一般能产生弧光放电，而低阻故障本身就可以用低压脉冲法测试，不需再考虑用二次脉冲法测试。

二、电缆故障精确定点

电缆故障的精确定点是故障探测的重要环节，目前比较常用的方法是冲击放电声测法、声磁信号同步接收定点法、跨步电压法及主要用于低阻故障定点的音频感应法。实际应用中，往往因电缆故障点环境因素复杂，如振动噪声过大、电缆埋设深度过深等，造成定点困难，成为快速找到故障点的主要矛盾。

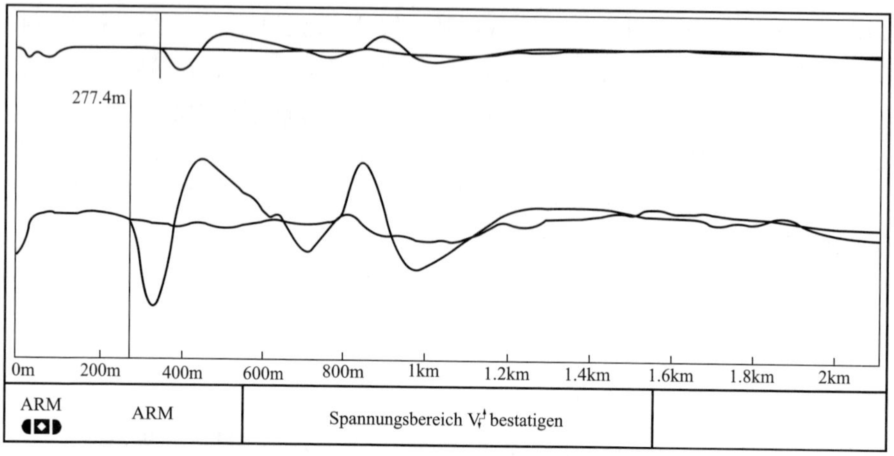

图 19–4–20 二次脉冲测试实例波形图

注：故障电缆运行电压为 20kV，电缆长度约 740m。

1. 冲击放电声测法

冲击放电声测法（简称声测法）是利用直流高压试验设备向电容器充电、储能，当电压达到某一数值时，球间隙击穿，高压试验设备和电容器上的能量经球间隙向电缆故障点放电，产生机械振动声波，用人耳的听觉予以区别。声波的强弱，决定于击穿放电时的能量。能量较大的放电，可以在地坪表面辨别，能量小的就需要用灵敏度较高的拾音器（或"听棒"）沿初测确定的范围加以辨认。

声测试验的接线图，按故障类型不同而有所差别。图 19–4–21 所示为短路（接地）、断线不接地和闪络三种类型故障的声测接线图。

声测试验主要设备及其容量为：调压器和试验变容量 1.5kVA，高压硅整流器额定反峰电压 100kV，额定整流电流 200mA，球间隙直径 10～20mm，电力电容器容量 2～10μF。

2. 声磁信号同步接收定点法

声磁信号同步接收定点法（简称声磁同步法）的基本原理是：向电缆施加冲击直流高压使故障点放电，在放电瞬间电缆金属护套与大地构成的回路中形成感应环流，从而在电缆周围产生脉冲磁场。应用感应接收仪器接收脉冲磁场信号和从故障点发出的放电声信号。仪器根据探头检测到的声、磁两种信号时间间隔为最小的点即为故障点。

声磁同步检测法提高了抗振动噪声干扰的能力，通过检测接收到的磁声信号的时间差，可以估计故障点距离探头的位置。通过比较在电缆两侧接收到脉冲磁场的初始极性，亦可以在进行故障定点的同时寻找电缆路径。用这种方法定点的最大优点是，

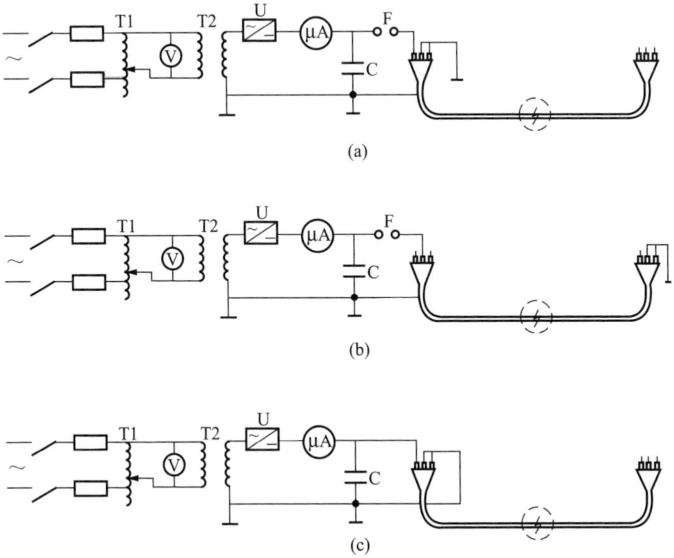

图 19–4–21 声测试验接线图

（a）短路（接地）故障；（b）断线不接地故障；（c）闪络故障

T1—调压器；T2—试验变压器；U—硅整流器；F—球间隙；C—电容器

在故障点放电时，仪器有一个明确直观的指示，从而易于排除环境干扰，同时这种方法定点的精度较高，信号易于理解、辨别。

声磁同步法与声测法相比较，前者的抗干扰性较好。图 19–4–22 所示为电缆故障点放电产生的典型磁场波形图。

3. 音频信号法

此方法主要是用来探测电缆的路径走向。在电缆两相间或者相和金属护层之间（在对端短路的情况下）加入一个音频电流信号，用音频信号接收器接收这个音频电流产生的音频磁场信号，就能找出电缆的敷设路径；在电缆中间有金属性短路故障时，对端就不需短路，在发生金属性短路的两者之间加入音频电流信号后，音频信号接收器在故障点正上方接收到的信号会突然增强，过了故障点后音频信号会明显减弱或者消失，用这种方法可

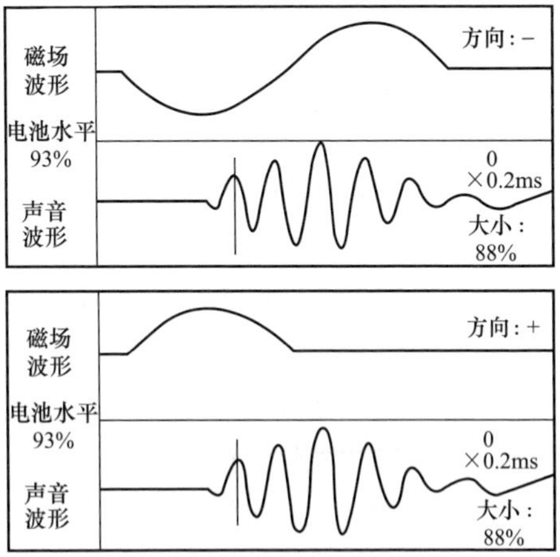

图 19–4–22 电缆故障点放电产生的典型磁场波形图

以找到故障点。

这种方法主要用于查找金属性短路故障或距离比较近的开路故障的故障点，而对于故障电阻大于几十欧姆以上的短路故障或距离比较远的开路故障则不适用。

4. 跨步电压法

通过向故障相和大地之间加入一个直流高压脉冲信号，在故障点附近用电压表检测放电时两点间跨步电压突变的大小和方向来找到故障点的方法，称为跨步电压法。

这种方法的优点是可以指示故障点的方向，对测试人员的指导性较强。但此方法只能查找直埋电缆外皮破损的开放性故障，不适用于查找封闭性的故障或非直埋电缆的故障。同时，对于直埋电缆的开放性故障，如果在非故障点的地方有金属护层外的绝缘护层被破坏，使金属护层对大地之间形成多点放电通道时，用跨步电压法可能会找到很多跨步电压突变的点，这种情况在 10kV 及以下等级的电缆中比较常见。

【思考与练习】

1. 为什么断线故障用低压脉冲法进行初测最简单？
2. 什么情况适用跨步电压法？
3. 跨步电压法的优点是什么？

模块 5 组织开展故障测寻（Z06I2005Ⅲ）

【模块描述】本模块主要介绍如何开展电缆线路故障查找，通过知识讲解分析，提高处理应急事件的能力。

【模块内容】

电缆故障测寻是整个电缆故障抢修的关键一环，准确找到故障点的速度直接影响到电缆线路完成抢修和恢复送电的时间。

一、制定故障查找方案

电缆发生故障后，首先了解电缆故障情况：故障线路名称、故障时间、故障性质、相关部门提供的故障距离、故障相位、短路（故障）电流等，故障电缆的运行前、运行中、检修、试验资料，对故障范围进行初步判断，制定合理的故障查找测寻方案。

故障查找包括故障巡线和故障测寻。

二、故障测寻的安全措施

（1）应断开故障电缆与其他电气设备的电气连接，作为主测端的始端应场地平整，适宜仪器设备的放置和开展工作，始端和末端应设围栏并设专人看护。

（2）宜在良好天气下进行，夜间开展电缆故障定位工作应有足够的照明及安全保障措施。

（3）负责人应熟悉设备状况，应具有故障抢修工作经验、具有一定组织能力和事故处理能力。工作人员应了解设备状况和电缆故障定位工作流程，并遵守《国家电网公司电力安全工作规程》的相关要求。

（4）工作过程中更换试验接线时应对地充分放电并可靠接地。

（5）工作过程中应保证相关测试仪器外壳可靠接地。接地方式应为单点接地。

（6）工作过程中特别注意与临近带电设备的安全距离，防止走错间隔。

（7）登高人员必须使用安全带，必要时使用高空作业车。

三、故障测寻

1. 人员分工

人员安排见表 19–5–1。

表 19–5–1　　故障测寻人员分工表

序号	人员类别	职　责	作业人数
1	工作负责人	1）对工作全面负责，在检修工作中要对作业人员明确分工，保证工作质量； 2）对安全作业方案及设备检修质量负责； 3）工作前对工作班成员进行危险点告知，交代安全措施和技术措施，并确认每一个工作班成员都已知晓	1
2	专责监护人	1）识别现场作业危险源，组织落实防范措施； 2）对作业过程中的安全进行监护	1
3	快速反应第一组抢修人员	进行故障隔离、抢修等工作，使其达到规定的安全、质量标准	3～4 人
4	故障探测抢修人员	进行故障探测工作，完成故障精确定位	3～4 人
5	修复工作人员	进行故障修复（电缆敷设、电缆附件、电缆线路附属设备制作及恢复搭接等工作）	根据抢修工作量具体调整
6	修复后试验	进行电缆线路故障修复后试验	5～7 人

抢修负责人应思路清晰，事故处理判断准确，快速、有效的控制事态的发展，消除事故根源，尽快恢复电缆线路的正常供电运行。

抢修人员应身体健康、精神状态良好。具备必要的电气知识和电缆线路作业技能，执证上岗。能正确使用工器具，了解设备有关技术标准要求，熟悉现场安全作业要求，并经考试合格。

2. 故障查找步骤

（1）在得到许可的情况下，隔离故障电缆设备两端设备，验电接地，测量电缆设备的绝缘电阻，分析判断绝缘情况。

（2）查看故障电缆的技术资料和相关参数，包括电缆型号、长度、生产厂家、路径图、中间接头数量及位置、敷设条件、运行记录、预防性试验记录、历史故障记录等。

（3）检查确认电力电缆的接地系统，电缆两端的金属屏蔽和铠装层应接地良好。

（4）使用仪器仪表初步判断故障类型和故障性质。

（5）采用合适电缆故障查找方法对故障点进行预定位，得到故障点与测试端的粗测距离。

（6）根据故障电缆的技术资料，寻找电缆故障点的地理位置。

（7）选取合适的定点方法对故障电缆进行精确定点。

四、流程介绍

下面介绍一般故障测寻的流程：

（一）准备工作安排

根据工作安排合理开展准备工作，准备工作内容见表 19–5–2。

表 19–5–2　　故障测寻准备工作内容表

序号	内　　容	标　　准
1	确定工作范围及作业方式	断开故障电缆与其他电气设备的电气连接，作为主测端的始端应场地平整，适宜仪器设备的放置和开展工作，始端和末端应设围栏并有专人看护
2	明确测试设备型号，准备材料	材料符合作业要求
3	组织作业人员学习作业指导书，使全体作业人员熟悉作业内容、作业标准、安全注意事项	工作人员应了解设备状况和电缆故障定位工作流程，并遵守《国家电网公司电力安全工作规程》及其他作业安全的相关规定要求。工作负责人应由熟悉设备状况、故障定位工作经验丰富、具有一定组织能力和事故处理能力的人员担任
4	根据工作时间和工作内容填写工作票（作业票）资料	工作票填写正确
5	准备工器具，所用工器具良好，未超过试验周期	工作过程中更换试验接线时应对其充分放电并可靠接地。测试时非测试相应可靠接地，作业人员应戴绝缘手套
6	危险源点预控卡编制	危险源点分析到位

（二）劳动组织及人员要求

1. 劳动组织

劳动组织明确了工作所需人员类别、人员职责和作业人员数量。

2. 人员要求

表 19–5–3 明确了工作人员的精神状态，工作人员的资格包括作业技能、安全资质和特殊工种资质等要求。

表 19–5–3　　工作人员状态要求

√	序号	内　　容
	1	现场作业人员应身体健康、精神状态良好
	2	具备必要的电气知识和送电线路作业技能，能正确使用作业工器具，了解设备有关技术标准要求
	3	熟悉现场安全作业要求，并经《安规》考试合格

（三）材料及工器具

工器具与仪器仪表主要包括专用工具、常用工器具、仪器仪表、电源设施和消防器材等见表 19–5–4。

表 19–5–4　　工器具与仪器仪表

序号	名　　称	型号及规格	单位	数量
1	发电机		台	1
2	兆欧表		块	1
3	万用表		块	1
4	多功能插座		个	1
5	皮卷尺		个	1
6	电缆故障测距仪		台	1
7	故障测试仪器	各种型号	台	4
8	故障探测车		辆	1
9	车载式高压电缆故障定位系统（SSG2600、PGK80E、SA32 等）			1
10	TG20/50（音频发生器）		套	1
11	UL20 及附件（音频接收器）		套	1
12	KSG100（电缆识别仪）		套	1
13	T－903（电缆故障测距仪）		套	1
14	T－301（高压信号发生器）		套	1
15	T－503（电缆故障定点仪）		套	1
16	T－601（电缆测试音频信号发生器）		套	1
17	G－30（电缆识别仪）		套	1
18	相应螺丝、螺帽		套	20
19	发电机	20kVA	台	1
20	交流耐压设备		套	1

（四）技术资料

1. 要求的技术资料主要包括现场使用的图纸、出厂说明书、测试记录等（见表 19–5–5）。

表 19–5–5 技 术 资 料

√	序号	名 称
	1	收集故障电缆的技术资料和相关参数，包括电缆型号、长度、生产厂、路径图、中间接头数量及位置、敷设条件、运行记录、预防性试验记录、历史故障记录等

2. 测试前设备设施状态

测试前通过查看表 19–5–6 的内容，了解设备的运行状态。

表 19–5–6 设 备 状 态 检 查 表

√	序号	测试前设备设施状态
	1	检查确认电力电缆的接地系统
	2	其他

（五）危险点分析与预防控制措施

表 19–5–7 规定了电力电缆故障测试的危险点与预防控制措施。

表 19–5–7 危险点与预防控制措施

√	序号	防范类型	危险点	预防控制措施
	1	高压触电	临近带电线路感应电	戴手套，加接地线，严格执行变电、线路安规
			拉接临时施工电源触电	一人监护、一人操作。严格执行安规相关条款
	2	高空坠落	高处作业	使用双保险安全带，加强监护，严格执行变电、线路安规
	3	机械伤人	切割机割物件	人站在后方，使用前试切割方向
			搬运盖板砸伤手脚	统一指挥，互相配合、监护，严格执行变电、线路安规
	4	火灾事故	焊接	采取有效隔离措施，严格执行变电、线路安规
			电缆烧坏	采取有效隔离措施，严格执行变电、线路安规

（六）测试流程图

根据测试设备的结构、测试工艺以及作业环境，将测试作业的全过程优化为最佳的测试步骤顺序，见图 15–5–1。

准备工作 → 故障判别 → 预定位 → 路径测寻 → 精确定点

图 15-5-1　电力电缆故障测试流程图

（七）测试记录及故障测寻报告

表 19-5-8　　　工 作 内 容 记 录 表

线路名称			工作日期	年　月　日
序号	工作内容	发现故障	精确定点位置	测试人员

表 19-5-9　　　电缆故障测试分析报告

编号 ＿＿＿＿＿＿

线路名称				电缆编号	
电缆型号				电缆长度	
故障日期				故障时间	
测试地点				测试时间	
故障性质描述					
电缆附件描述					
绝缘电阻	2500V 摇表测量值		A 相	B 相	C 相
	500V 摇表测量值		A 相	B 相	C 相
	万用表测量值		A 相	B 相	C 相
			仪器型号	测试结果	波形文件名
全长测量					
预定位	低压脉冲法				
	电桥法				
	直闪法	□ 直闪电压法			
		□ 直闪电流法			
		□ 直闪电压感应法			
	冲闪法	□ 冲闪电压法（冲 R 法）			
		□ 冲闪电压法（冲 L 法）			
		□ 冲闪电流法			
	二次脉冲法				
	其他方法				
精确定点		□ 声测法			
		□ 时间差法			

【思考与练习】

1. 电力电缆故障查找的一般步骤有哪些？
2. 进行电缆故障测寻时，精确定点常用哪些方法？如何选择何种方法精确定点？
3. 电力电缆故障测寻的人员怎样分工？

第二十章

接地系统试验

模块1　电缆接地系统的试验内容（Z06I3001Ⅱ）

【模块描述】本模块包含电缆接地系统的试验目的和内容。通过概念描述、功能介绍，掌握电缆接地系统的试验内容。

【模块内容】

所谓接地，就是将电气设备在正常情况下不带电的某一金属部分通过接地装置与大地做“电气连接”。电气设备的接地部位通常包括中性点、金属外壳、金属基座和支架等。

电缆的接地系统是保证电缆安全运行的一个重要部分，由于电缆接地系统不正确、运行中接地线被盗、接地施工质量存在问题而造成电缆和附件发生事故的情况时有发生。因此，电缆接地施工完毕后，必须进行接地系统的试验。

一、电缆接地系统的试验项目和内容

1. 接地电阻的测量

接地电阻是接地体到无穷远处土壤的总电阻，它是接地电流经接地体流入大地时，接地体电位和接地电流的比值。为了保证电缆设备和人身安全，按规程规定，电缆层、电缆沟、电缆隧道、电缆工井等电缆线路附属设施的所有金属构件都必须可靠接地。

电缆接地系统接地电阻的测量包括电缆终端的接地电阻、绝缘接头交叉换位处的接地电阻、直通接头的接地电阻、沿线金属支架等的接地电阻测量。

2. 交叉互联系统试验

（1）直流耐压试验。直流耐压试验可以检验电缆护套绝缘性能。护套绝缘损坏击穿后，电缆线路将形成两点或多点接地，金属护套上将产生环行电流。因此电缆线路除规定接地的地方以外，其他部位不得有接地的情况。

（2）非线性电阻型护层过电压保护器试验。过电压保护器是电缆在系统故障和遭受雷电冲击时保证电缆及附件安全的重要部件。如果过电压保护器参数不合格或发生故障，将造成电缆金属护层多点非金属性接地，不但在系统故障和遭受雷电冲击时不能起到保护作用，还会造成正常运行时也发生电缆或附件击穿事故。

（3）交叉互联箱试验。交叉互联箱试验能检验交叉互联箱是否满足设计要求，箱体是否进水，接线是否正确。如果接线不正确或进水，将引起金属护层感应电流过大，威胁电缆线路的安全运行。

（4）交叉换位接线正确性试验。交叉换位接线试验可以检验交叉换位接线是否正确，性能是否能满足要求。

二、电缆接地系统的试验标准

1. 接地电阻

接地电阻满足设计要求，设计无规定时，应符合技术规程要求。

2. 交叉互联系统试验

（1）直流耐压试验。

1）交接试验：施加直流电压 10kV，加压时间 1min，不应击穿。

2）预防试验：施加直流电压 5kV，加压时间 1min，不应击穿。

（2）非线性电阻型护层过电压保护器的试验。非线性电阻型护层过电压保护器的试验，除碳化硅电阻片做预防试验外，其他项目的交接和预防性试验标准均相同，包括交叉互联箱。

1）碳化硅电阻片试验：将连接线拆开后，分别对三组电阻片施加产品标准规定的直流电压，测量流过电阻片的电流值。这三组电阻片的直流电流值应在产品标准规定的最小和最大值之间。如试验时的温度不足 20℃，测被测电流值应乘以修正系数（120−t）/100（t 为电阻片的温度，℃）。

2）氧化锌电阻片试验：对电阻片施加直流参考电流后测量其压降，即直流参考电压，其值应在产品标准规定的范围之内。

3）非线性电阻片及其引线的对地绝缘电阻测量：用 1000V 绝缘电阻表计测量引线与外壳之间的绝缘电阻，其值不应小于 10MΩ。

（3）交叉互联箱试验。

1）接触电阻：互联箱在出厂时，必须对互联箱内的每个连接排的接触点进行接触电阻测量，接触电阻值不得超过 20Ω。

2）闸刀（或连接片）连接位置：本试验在以上交叉互联系统的试验合格后、密封互联接地箱之前进行。连接位置应正确。如发现连接错误而重新连接后，则必须重测闸刀（或连接片）的接触电阻。

（4）交叉换位接线正确性试验。每一个交叉换位系统都要进行交叉换位接线正确性试验。

【思考和练习】

1. 电缆接地系统接地电阻的测量包括哪些内容？

2. 交叉互联系统试验包括哪些内容？

3. 交叉互联箱试验的要求有哪些？

模块 2　电缆接地系统的试验方法（Z06I3002Ⅱ）

【模块描述】本模块包含电缆接地系统的试验方法。通过分类讲解、要点介绍、方法图形示意，掌握电缆接地系统试验方法的技能。

【模块内容】

一、接地电阻测量

接地电阻测量方法通常有三类，即打地桩法、钳夹法、地桩与钳夹结合法。

1. 打地桩法

地桩法可分为二线法、三线法和四线法。

（1）二线法。这是最初的测量方法，即将一根线接在被测接地体上，另一根接辅助地极。此法的测量结果 R=接地电阻+地桩电阻+引线及接触电阻，所以误差较大，现一般已不用。

（2）三线法。这是二线法的改进型，即采用两个辅助地极，如图 20–2–1 所示。通过公式计算，在中间一根辅助地极在总长的 0.62 倍时，可基本消除由于地桩电阻引起的误差。现在这种方法仍然在用。但是此法仍不能消除由于被测接地体风化锈蚀引起接触电阻的误差。

（3）四线法。这是在三线法基础上的改进法，如图 20–2–2 所示。这种方法可以消除由于辅助地极接地电阻、测试引线及接触电阻引起的误差。

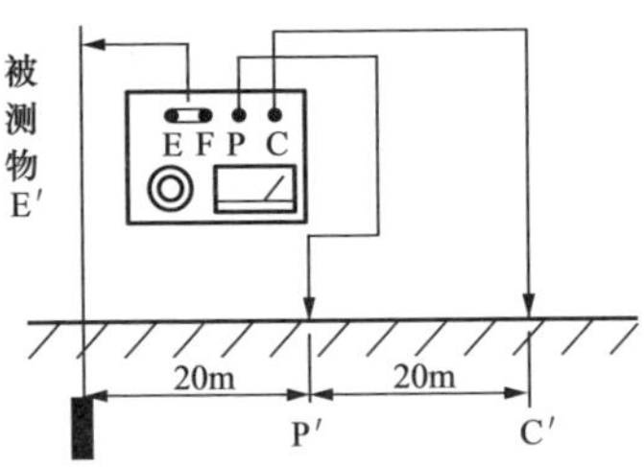

图 20–2–1　三线法示意图

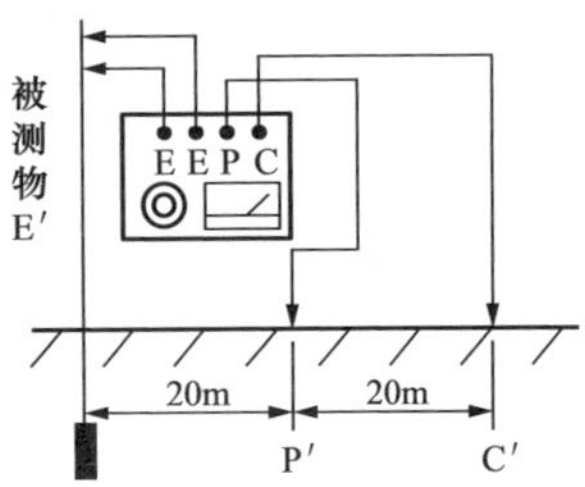

图 20–2–2　四线法示意图

2. 钳夹法

钳夹法分为单钳法和双钳法。

（1）双钳法。利用在变化磁场中的导体会产生感应电压的原理，用一个钳子通以变化的电流，从而产生交变的磁场，该磁场使得其内的导体产生一定的感应电压，用另一个钳子测量由此电压产生的感应电流，最后用欧姆定律计算出环路电路值，这就是双钳法的工作原理。其适用条件一是要形成回路，二是另一端电阻可忽略不计。

（2）单钳法。单钳法的实质是将双钳法的两个钳子做成一体，如果发生机械损伤，邻近的两个钳子难免相互干扰，从而影响测量精度。

3. 地桩与钳夹结合法

该法又叫选择电极法，其测量原理同四线法，不同的是在利用欧姆定律计算结果时，其电流值由外置的电流钳测得，而不是像四线法那样由内部的电路测得，因而极大地增加了测量的适用范围。尤其解决了输电杆塔多点接地并且地下有金属连接的问题。

二、交叉互联系统试验方法

1. 直流耐压试验

直流耐压试验主要包括电缆外护套、绝缘接头外护套与绝缘夹板的直流耐压试验，有如下要求：

（1）试验时必须将护层过电压保护器断开。

（2）在互联箱中将另一侧的三段电缆金属套都接地，使绝缘接头的绝缘夹板也结合在一起试验，然后在每段电缆金属屏蔽或金属套与地之间施加直流电压。

2. 非线性电阻型护层过电压保护器的试验方法

（1）碳化硅电阻片试验。将连接线拆开后，分别对三组电阻片施加产品标准规定的直流电压后，测量流过电阻片的电流值。

（2）氧化锌电阻片试验。对电阻片施加直流参考电流后测量其压降，即直流参考电压。

（3）非线性电阻片及其引线的对地绝缘电阻测量。将非线性电阻片的全部引线并联在一起与接地的外壳绝缘后，用1000V绝缘电阻表测量引线与外壳之间的绝缘电阻。

3. 交叉互联箱试验

（1）接触电阻试验。本试验在做完护层过电压保护器的上述试验后进行。将闸刀（或连接片）恢复到正常工作位置后，用双臂电桥测量闸刀（或连接片）的接触电阻。

（2）闸刀（或连接片）连接位置试验。本试验在以上交叉互联系统的试验合格后密封互联接地箱之前进行。连接位置应正确。如发现连接错误而重新连接后，则必须重测闸刀（或连接片）的接触电阻。

4. 交叉互联性能检查

使所有互联箱连接片处于正常工作位置，在每组电缆导体中通以大约 100A 的三相平衡试验电流。在保持试验电流不变的情况下，测量最靠近交叉互联箱处的金属套电流和对地电压。测量完后将试验电流降至零，切断电源。

然后将最靠近交叉互联箱内的连接片重新连接成模拟错误连接的情况，再次将试验电流升至 100A，并再测量该交叉互联箱处的金属套电流和对地电压。测量完后将试验电量降至零，切断电源，将该交叉互联箱中的连接片复原至正确的连接位置。

最后再将试验电流升至 100A，测量电缆线路上所有其他交叉互联箱处的金属套电流和对地电压。

试验结果符合下述要求则认为交叉互联系统的性能是令人满意的：

（1）在连接片做错误连接时，试验能表明存在异乎寻常大的金属套电流。

（2）在连接片正确连接时，将测得的任何一个金属套电流乘以一个系数（它等于电缆的额定电流除以上述试验电流）后所得的电流值不会使电缆额定电流的降低量超过 3%。

（3）将测得的金属套对地电压乘以上述（2）项中的系数后，其值不超过电缆在负载额定电流时规定的感应电压的最大值。

如现场不具备以上试验条件，也可以采用根据电缆的金属护层交叉互联的接线图，按照线路核相的方法检查电缆金属护层连接的正确性。

【思考和练习】

1. 电缆接地电阻的测量方法有哪几种？
2. 交叉互联性能检查有哪些内容？
3. 简述非线性电阻型护层过电压保护器的试验方法。

第二十一章

电缆线路参数试验

模块 电缆线路参数试验的标准和方法（Z06I4001Ⅱ）

【模块描述】本模块包含电缆线路参数试验的内容和方法。通过功能介绍、分类讲解、图形示意，掌握电缆线路参数试验技能。

【模块内容】

一、测试目的

电缆线路是电力系统的重要组成部分，其工频参数（主要指正序和零序阻抗）的准确性关系到电网的安全稳定运行。如电缆线路正、零序阻抗参数选取不当，一旦系统运行发生短路故障时，将严重影响系统继电保护的可靠性。特别是零序阻抗的准确性，对电网接地保护的正确性将产生关键的影响。其工频参数，如正序参数、零序参数和互感参数，是计算系统短路电流、继电保护整定、电力系统潮流计算和选择合理运行方式等的实际依据。

由于高压电缆品种与规格的多样性、金属护套接地方式的不同以及布置环境等因素的影响，正、零序阻抗计算非常复杂，而且往往理论计算值与实测值存有较大的差异，因此直接以电缆的出厂参数作为线路参数是不合适的。电缆参数需要在高压电缆线路建成后、投运前进行实测。

二、危险点分析及控制措施

（1）开工前必须确认高压电缆线路所有工作已完成、线路无工作，然后方能进行电缆参数测试。

（2）测量工作开始前，应使用静电电压表测量邻近带电线路的该电缆线路的感应电压，并将测得数据告知配合测试的短路侧工作人员，以做好相应防护措施。

（3）主测试现场和配合短路侧应保证通信畅通，加压、拉合接地刀闸均应告知对侧并得到许可后方可进行。

（4）如需登高接线时，应系好安全带，防止高空坠落。

三、测试前准备工作（包括仪器、材料、场地、试验条件）

（1）了解被试电缆线路的整体情况，根据现场试验条件，编制电缆线路参数试验方案。测量参数前，应收集电缆线路的有关设计资料，如线路名称，电压等级，电缆长度、型号、标称截面以及金属护套交叉互联接地方式等，了解该电缆线路电气参数的设计值或经验值。有条件时，还应对测试现场进行实地查看，以确定测试设备的放置及测试所需的检修电源位置。根据现场实际情况确定参数测试主现场及配合现场，并结合现场实际情况做出测试方案。

（2）测试仪器、设备的选择。

1）主要测试设备：线路参数测试仪，三相调压器，单相隔离变压器及整套试验接线。

2）辅助测试设备：三相电源线、单相电源线（带漏电保护开关）、静电电压表、万用表、接地线、短路线、放电棒、绝缘杆、温湿度计等。

（3）办理工作票并做好试验现场安全措施。变电站值班人员允许开始参数测试工作后，工作负责人应向其余试验人员交代工作内容、带电部位、现场安全措施、现场作业危险点，以及明确人员分工及试验程序。

（4）记录测试现场的环境温度及湿度。

四、现场测试步骤及要求（包括试验接线）

一般应测量的参数有直流电阻 R、正序阻抗 Z_1、零序阻抗 Z_0，对于距离较近、平行段较长或同沟槽、同隧道敷设的双回电缆线路，还需测量双回电缆间的互感阻抗 Z_m。

对于 110kV 及以上电缆线路，在进行参数试验时，其金属护套的接地方式应为电缆正常运行时的方式。

1. 直流电阻试验

测量直流电阻是为了检查电缆线路的连接情况和导线质量是否符合要求。

将电缆线路末端三相短路，如图 21–1–1 所示，在电缆线路始端使用双臂电桥逐次对 AB、BC、CA 相间直流电阻进行测量。

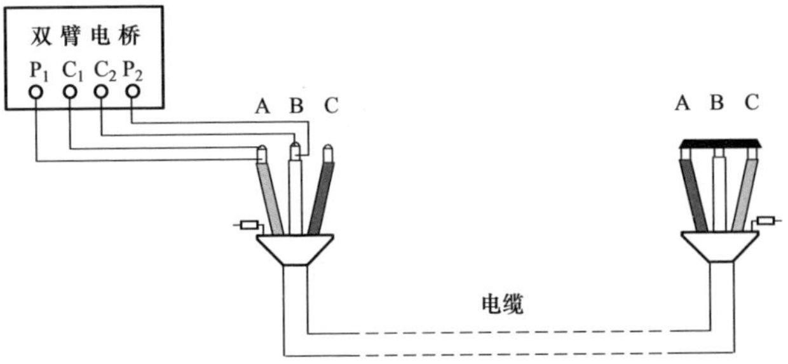

图 21–1–1　直流电阻试验接线图

根据以下公式计算出单相直流电阻

$$R_A = \frac{R_{AB} + R_{CA} - R_{BC}}{2} \quad (21\text{–}1\text{–}1)$$

$$R_B = \frac{R_{AB} + R_{BC} - R_{CA}}{2} \quad (21\text{–}1\text{–}2)$$

$$R_C = \frac{R_{BC} + R_{CA} - R_{AB}}{2} \quad (21\text{–}1\text{–}3)$$

2. 正序阻抗试验

对于正序阻抗，三相阻抗值基本相同，在测量每相的电压、电流后，即可算出阻抗。为获得电阻 R_1、电抗 X_1 和阻抗角 φ_1，可采用两功率表法测三相功率。

试验接线如图 21–1–2 所示，将线路末端三相短路（短路线应有足够大的截面，且连接牢靠），在线路始端施加三相工频电源，分别测量各相的电流、三相的线电压和三相总功率。

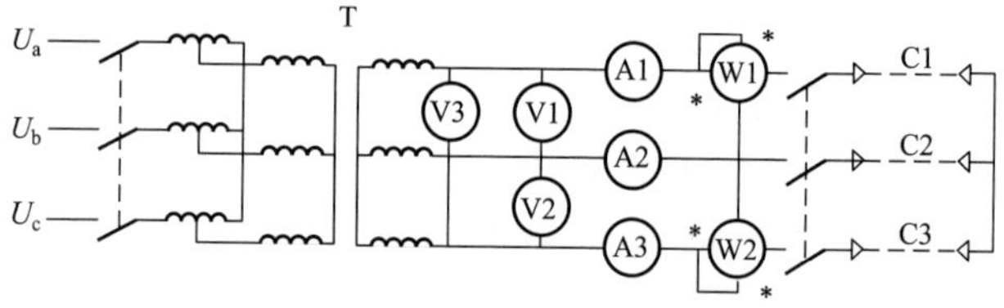

图 21–1–2 正序阻抗试验接线图

取测得电压、电流三个数的算术平均值，功率取两个功率表的代数和，计算公式为

$$Z_1 = \frac{U_{av}}{\sqrt{3}I_{av}} \quad (21\text{–}1\text{–}4)$$

$$R = \frac{P}{3I_{av}^2} \quad (21\text{–}1\text{–}5)$$

$$X_1 = \sqrt{Z_1^2 - R_1^2} \quad (21\text{–}1\text{–}6)$$

$$L_1 = \frac{X_1}{2\pi f} \quad (21\text{–}1\text{–}7)$$

$$\varphi_1 = \arctan\left(\frac{X_1}{R_1}\right) \quad (21\text{–}1\text{–}8)$$

式中 U_{av}——三相电压平均值，V；

I_{av}——三相电流平均值，A；

P ——两个功率表的代数和，W；

Z_1——正序阻抗，Ω；

R_1——正序电阻，Ω；

X_1——正序电抗，Ω；

L_1——正序电感，H；

φ_1——正序阻抗角，(°)。

3. 零序阻抗试验

测量零序阻抗的试验接线如图 21–1–3 所示，测量时将线路末端三相短路接地（合上接地刀闸亦可），在线路始端三相短路接单相交流电源，分别测量电流、电压和功率。

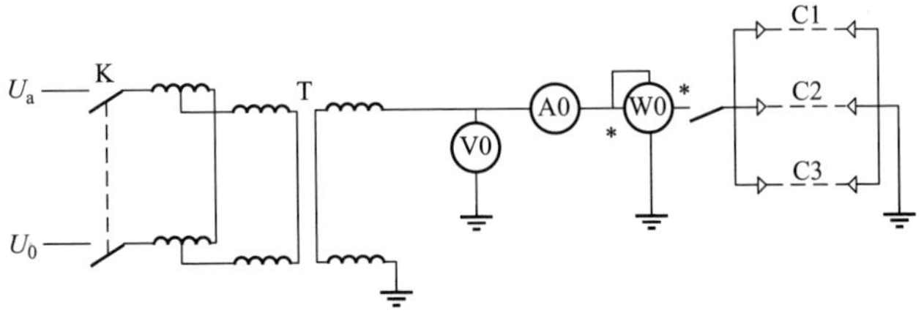

图 21–1–3　零序阻抗试验接线图

取测得电压、电流和功率三个数，分别代入下列公式计算

$$Z_0 = \frac{3U_0}{I_0} \tag{21–1–9}$$

$$R_0 = \frac{3P}{I_0^2} \tag{21–1–10}$$

$$X_0 = \sqrt{Z_0^2 - R_0^2} \tag{21–1–11}$$

$$L_0 = \frac{X_0}{2\pi f} \tag{21–1–12}$$

$$\varphi_0 = \arctan\left(\frac{X_0}{R_0}\right) \tag{21–1–13}$$

式中　U_0——电压值，V；

I_0——电流值，A；

P ——功率，W；

Z_0——零序阻抗，Ω；

R_0——零序电阻，Ω；

X_0——零序电抗，Ω；

L_0——零序电感，H；

φ_0——零序阻抗角，(°)。

4. 互感阻抗试验

在双回平行敷设的电缆线路中，若其中一回电缆线路中通过不对称短路电流，由于互感作用，可能在另一回电缆线路感应电压或电流，有可能使继电保护误动作。因此对于距离较近、平行段较长或同沟槽、同隧道敷设的双回电缆线路，当金属护套为不完整的交叉互联系统时，应对双回线路间的互感阻抗 Z_m 进行测量。

互感阻抗测量接线如图 21–1–4 所示，将两回线路末端三相各自短路并接地（合上接地刀闸亦可），在其中一回线路施加试验电压，并测量电流，在另一回线路用高内阻的电压表测量感应电压。

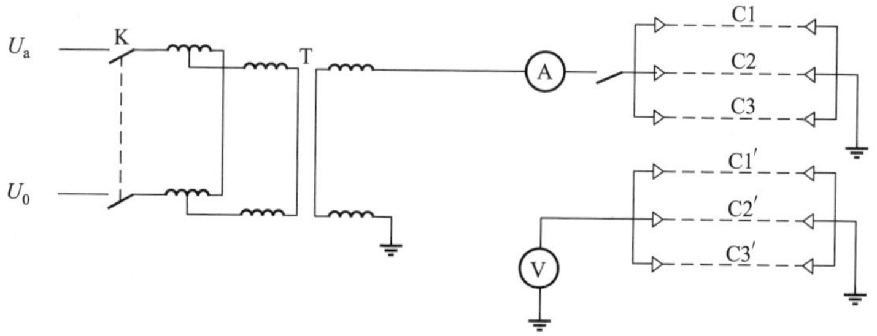

图 21–1–4　互感阻抗测量接线图

利用测得的数值按下式计算互感阻抗 Z_m 和互感 M

$$Z_m = \frac{U}{I} \tag{21–1–14}$$

$$M = \frac{Z_m}{2\pi f} \tag{21–1–15}$$

式中 U——非加压线路的感应电压，V；

I——加压线路电流，A；

f——试验电源的频率，Hz。

五、测试结果分析及测试报告编写

1. 测试结果分析

电缆参数受电缆金属护套的交叉互联方式和电缆敷设方式影响很大，且不同电缆厂家的产品参数也不尽相同，应在确认上述两方面情况后将测试结果与厂家的理论参考值进行比较分析。

2. 测试报告编写

测试报告填写应包括以下项目：测试时间、测试人员、天气情况、环境温度、湿度、委托单位、电缆线路名称、电缆型号、电缆长度、直流电阻、正序阻抗、零序阻抗、互感阻抗等，备注栏写明其他需要说明的内容。

六、测试注意事项（影响测试数据准确性）

1. 直流电阻试验

每一相电缆线路直流电阻测出后，根据式（21–1–16）将其换算成 20℃时单位长度的直流电阻值，并与出厂值进行校核

$$R_{20}=\frac{R_{\mathrm{t}}K_{\mathrm{t}}\times 1000}{L} \tag{21–1–16}$$

式中　R_{t} ——测得的直流电阻；

K_{t} ——温度系数，铜导体时，K_{t}=254.5/（234.5+t），铝导体时，K_{t}=248/（228+t）。

直流电阻测试虽然简便，但无法消除试验短接线的导体电阻和接触电阻的影响，会给测量带来一定的误差，此误差对大截面短电缆的测量结果影响尤为突出。为减小接触电阻的影响，准确测量电缆的直流电阻，电缆线路末端的短路线应有足够的截面，并使短路线尽可能短，且连接牢靠。

2. 序阻抗试验

在进行正序、零序阻抗试验时，试验电压应按线路长度和试验设备容量来选取，应避免由于电流过小而引起较大的测量误差。

电缆线路的零序阻抗与高压电缆的金属护套接地方式有关，因此测试时电缆线路金属护套的接地方式应为电缆正常运行时的方式。金属护套单端接地与两端直接接地或交叉互联接地，其零序阻抗相差很大。这是由于金属护套单端接地时，零序电流只能通过大地返回，大地电阻使线路每相等值电阻增大；当金属护套两端直接接地或交叉互联接地时，零序电流是通过金属护套返回，因此零序阻抗小得多。

3. 互感阻抗试验

在测量双回电缆线路间的互感时，由于线路上可能存在较大的干扰电压，非加压线路上测得的电压为感应电压和干扰电压的叠加。测量时必须排除干扰的影响，才能获得准确的结果。

在现场试验中通过对试验电源的倒相，可消除干扰电压对测量结果的影响。如图 21–1–4 所示，即在线路 L1 不加压的情况下，先测量线路 L2 上的干扰电压 U_0，然后线路 L1 加压，读取电流 I_1 和线路 L2 始端对地电压 U_1；切断电源，将电源倒相后再次加压，当电流达到 I_1 时，测量线路 L2 始端对地电压 U_2。

排除干扰后的感应电压 U_{m} 和互感阻抗 Z_{m} 按下列公式计算：

$$U_m = \sqrt{\frac{U_1^2 + U_2^2}{2 - U_0^2}} \tag{21-1-17}$$

$$Z_m = \frac{U_m}{I_1} \tag{21-1-18}$$

$$M = \frac{Z_m}{2\pi f} \tag{21-1-19}$$

【思考与练习】

1. 为何要对高压电力电缆的线路参数进行实测？
2. 电力电缆线路参数试验的危险点有哪些？
3. 电力电缆线路测量的主要参数都包括什么参数？
4. 直流电阻测试有哪些注意事项？
5. 试画出高压电缆线路正序阻抗和零序阻抗试验接线图。

第二十二章

充油电缆油务试验

模块1　现场取样的方法（Z06I5001Ⅰ）

【模块描述】本模块包含充油电缆终端和接头油样的采集。通过要点归纳，掌握充油电缆油样采样基本技能。

【模块内容】

本模块介绍充油电缆线路上电缆本体、供油压力箱、油桶及纸卷桶等处油样的采集方法和要求。

一、采集油样容器要求

（1）一般用500mL磨口玻璃瓶。

（2）油样瓶要先用中性洗涤剂清洗，用清水漂洗干净，再用蒸馏水冲洗，然后滴干水分，置于温度105～110℃的通风烘箱内，干燥2h。

（3）在采集油样现场，玻璃瓶还需用合格的电缆油或取油样处的电缆油再进行冲洗，每次冲洗油量为1/3瓶，反复3次，方可盛采集的油样。

（4）取出的油样应盛放在经过干燥处理的有盖的磨口广口瓶内。

二、采集油样技术要求

（1）按油试验要求，分别从电缆本体、供油压力箱、油桶及纸卷桶逐个采集油样，并分别正确挂好油样采集点标志牌。

（2）电缆终端和中间接头安装完毕后，应静置24h后再取油样。

（3）电缆线路的电缆本体油样应在每一油段离供油点较远的一端采集。如一个油段为两端供油，允许在油压低的一端采集。

三、采集油样注意事项

（1）采集时，应避免水分、灰尘等杂质污染油样。

（2）油样采集应在干燥晴天进行。

（3）油样采集前，取样油管应先冲洗。

（4）油样采集和油管路连接时，应防止空气进入。中间接头应在上油嘴取油样；

油管路带油连接时，管口要高于附件油嘴，防止进气。

（5）油瓶要装满，防止油中气体逸出。

（6）采集油样后及时试验，其存放时间不应超过 24h。

【思考与练习】

1. 充油电缆线路油样采集有哪些技术要求？

2. 充油电缆线路采集油样时有哪些注意事项？

模块 2 油品试验方法及标准（Z06I5002Ⅱ）

【模块描述】本模块包含充油电缆油品试验方法和标准。通过要素分析、图形示意，掌握充油电缆油品试验操作技能。

【模块内容】

一、充油电缆油品试验的方法

1. 交流电压击穿强度试验

充油电缆油交流电压击穿强度试验常用的试验设备有绝缘油电气强度试验仪等。

（1）本试验中关键部件是带电极的油杯。油杯由电气性能较好的瓷质材料制成，杯口高于电极 30mm，容量不小于 250cm^3，应能使电极装置在同一水平线上。试验电极由抛光黄铜制成，直径为 25mm。为避免电极尖端放电，其边缘制成圆角，两侧电极的轴心线应在同一直线上，电极的间距为 2.5mm。电缆油试验电极、油杯如图 22–2–1 所示。

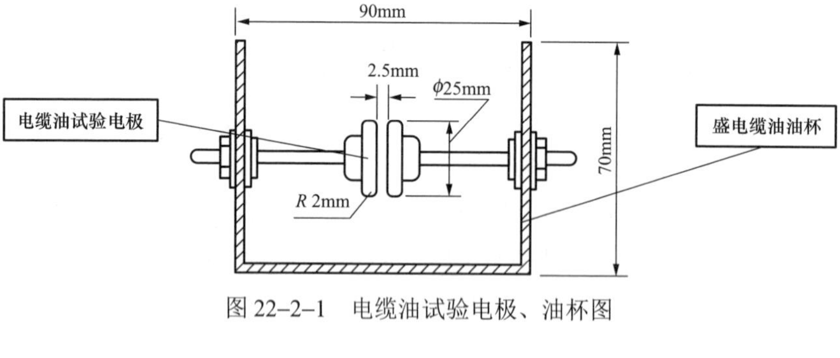

图 22–2–1 电缆油试验电极、油杯图

（2）试验方法。将电缆油徐徐倒入置有标准电极的瓷质油杯中，电极与油杯壁及油面距离不小于 15mm，静止 5～10min，等气泡全部逸出后从零开始加工频交流电压，直至击穿，读取击穿电压。然后用干净的玻璃棒在电极中搅动几次（不可触动电极间距）除去炭迹，静止 5min 再次加压至击穿。如此重复 5 次。

（3）试验结果。取 5 次击穿电压平均值即为被试油样的交流工频击穿强度。如果 5 次中任何一次的击穿电压值与平均值之差超过 25%，应重新取样试验。

2. 介质损失角正切值 $\tan\delta$ 试验

（1）测量介质损失角正切值 $\tan\delta$ 的设备主要有交流高压电桥或微电脑介质损失测量仪，标准油杯（见图 22-2-2）及其他辅助设备，如玻璃器皿、温度计、湿度计和烘箱等。

（2）对测量 $\tan\delta$ 的标准油杯有下列特殊要求：

1）容易拆卸和组装，便于清洗，空杯电容为 75pF，而且经反复拆卸组装，其空杯电容不应有明显变化。

2）最高试验温度 150℃，试验电极的金属材料热变形系数小，化学稳定性高，能保证电极间隙的均匀性不受试验温度的影响，表面的镜面光洁度不受油和清洗液的侵蚀。

3）最高试验电压 5000V，支撑油杯的固体绝缘材料必须有较高的绝缘电阻和较低的介质损失因数。

（3）交流高压电桥的接线原理图如图 22-2-3 所示，图中 C_x、R_x 为被试电缆油的电容和电阻，R_3 为无感可调电阻，C_N 为高压标准电容器，C_4 为可调电容器，R_4 为无感固定电阻，G 为交流检流计。

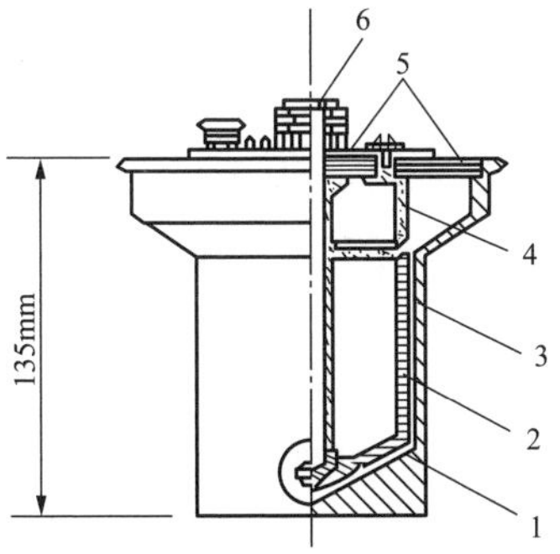

图 22-2-2　电缆油介质损失角正切 $\tan\delta$ 测量油杯图

1—间隙（2mm）；2—内电极（测量电极）；3—外电极（高压电极）；4—保护电极；5—石英或硼硅酸盐玻璃绝缘；6—温度计插孔

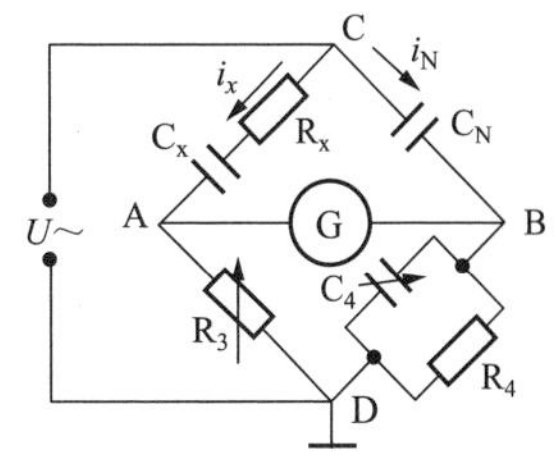

图 22-2-3　高压电桥原理图

当电桥平衡时，各桥臂电压之比等于相应桥臂的阻抗之比，即

$$\frac{Z_x}{Z_3}=\frac{Z_N}{Z_4} \tag{22-2-1}$$

其中 $Z_x = R_x + \dfrac{1}{\mathrm{j}\omega C_x}$，$Z_N = \dfrac{1}{\mathrm{j}\omega C_N}$，$Z_3 = R_3$，$Z_4 = \dfrac{1}{1/R + \mathrm{j}\omega C_4}$

代入式（22–2–1），并使两边虚部、实部相等，则可得

$$C_x = \frac{R_4}{R_3} C_N$$

而介质损失角正切值 $\tan\delta = \omega C_4 R_4$ （22–2–2）

为简化运算，使 R_4=10 000/π (Ω)，C_4 用微法表示，于是可简化为

$$\tan\delta = 2\pi \times 50 \times \frac{10\,000}{\pi} \times 10^{-6} C_4 \quad （22–2–3）$$

于是电缆油的 $\tan\delta$ 可以从电容器箱中直接读出。

（4）测试方法。

1）为防止测试时电极击穿损坏电桥。试验前，将洗净干燥后的电极杯先做空电极耐压试验，对空电极施加 1.5～2 倍工作电压 1min。

空电极通过耐压试验后，应先测量空电极杯的 $\tan\delta$。在 20℃下，电极本身的 $\tan\delta$ 应不大于 0.01%。

2）将装好被试油的电极杯放入试验箱内，接好电路，加热 15min，使内电极温度达到试验温度±1℃范围内。

3）采用 50Hz 工频电压，按电极间隙 1kV/mm 施加试验电压，从 70℃开始每 10℃测定一次，直到 100℃。

4）取试油冲洗电极杯一次，再进行第二次测量。操作过程同上，直至相邻两次测量结果的差值，不超过 0.000 1 加两个值中较大一个值的 25%时为止。取两次有效测量中较小的一个值，作为 $\tan\delta$ 的测定结果。

3. 充油电缆油色谱分析的基本工作流程

色谱分析的基本工作流程如图 22–2–4 所示，油样经喷嘴喷入真空罐内，使油中溶解的气体迅速释放出来。然后将脱出的气体压缩到常压，用注射器抽取试样后进行分析。

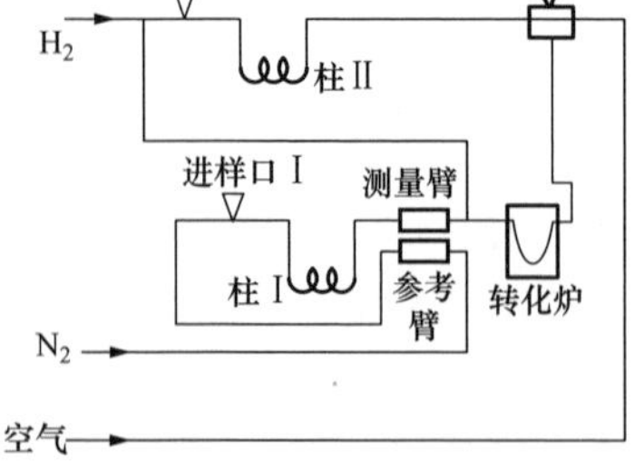

图 22–2–4 气相色谱仪流程示意图

图 22–2–4 中，N_2、H_2 为载气，气样进口分 I、II 两处。为了分出气体中所包含的气体成分，需要利用色谱柱，如图中柱 I 和柱 II。色谱柱为一种 U 形或圆盘形管，装有吸附剂，如柱 I 内装有碳分子吸附剂（80～100 目）。当气样注入管中后，这些吸附剂能使不同成分气体先后流出色谱柱，如色谱柱 I 可分离出 H_2、O_2、CH_4、CO_2 等，色谱柱 II 能分

离出 CH_4、C_2H_6、C_2H_2、C_3H_8 等烃类气体成分。

近年来开始用气敏半导体元件来鉴别油中的含气成分，方法更加简单，实际上是一种简易的色谱分析法。

二、充油电缆油品试验标准

1. 充油电缆油工频击穿电压试验标准

油温（20±1）℃，工频电压击穿强度应不小于 50kV/2.5mm。

2. 充油电缆油工频击穿电压试验标准

油温在（100±1）℃和电场梯度 1kV/mm 时，介质损失角正切值 $\tan\delta$ 应小于表 22–2–1 的规定。

表 22–2–1　充油电缆油品工频击穿电压介质损失角正切值 $\tan\delta$ 试验标准

额定电压（kV）	油样来源	$\tan\delta$	额定电压（kV）	油样来源	$\tan\delta$
110～220	施工前电缆本体、纸卷桶	0.003	110～330	油桶、压力箱	0.003
110～220	交接时电缆终端、中间接头	0.005	330	施工前电缆本体、纸卷桶	0.003
110～330	运行中电缆终端、中间接头	0.01	330	电缆终端、中间接头	0.004

3. 充油电缆油色谱分析试验标准

按 GB 7252 标准，见表 22–2–2 注意值。

表 22–2–2　高压电缆油中溶解气体注意值和参考值

高压电缆油中溶解气体的组成	注意值（$\times10^{-6}$）	参考检查方案
可燃性气体总量	1500	对电缆线路进行全面检查
氢气　H_2	500	可能电晕放电
乙炔　C_2H_2	痕量	可能电弧放电
一氧化碳　CO	100	可能绝缘过热
二氧化碳　CO_2	1000	可能绝缘过热
甲烷　CH_4	200	可能低温分解油
乙烷　C_2H_6	200	可能低温分解油
乙烯　C_2H_4	200	可能油高温分解
丙烷　C_3H_8	200	可能低温分解油
丙烯　C_3H_6	200	可能油高温分解
溶解气体	10 000	从密封性能方面进行评估
全 酸 值	0.02mg（KOH）/g	从油化学老化方面进行评估

4. 电缆油中含水量标准

参照 GB 7595 变压器油质量标准，电缆油中含水量标准数据参照表 22–2–3 规定。

表 22–2–3 电缆油中含水量标准

电压（kV）	新油（mg/kg）	运行中（mg/kg）	电压（kV）	新油（mg/kg）	运行中（mg/kg）
66～110	20	35	500	10	20
220～330	15	30			

【思考与练习】

1. 充油电缆线路油样介质损失角正切值 tanδ试验有哪些设备及技术要求？
2. 充油电缆线路油品试验有哪几种参照标准？
3. 简述充油电缆油色谱分析的基本工作流程？

第二十三章

电缆护层试验

模块 电缆护层试验的标准和方法（Z06I6001Ⅰ）

【模块描述】本模块包含电缆护层试验的内容及接线方法。通过要点归纳、护层接线及试验注意事项介绍，掌握电缆护层试验的标准和方法。

【模块内容】

电缆护层是指包覆在电缆绝缘外保护层中最外层的外被层，其结构在 Z06B1002Ⅰ模块已做过详尽的讲解。本模块主要介绍目前最常用的110kV及以上电缆护层外被层要进行的电气试验标准和方法。110kV 及以上外被层通常采用聚乙烯或聚氯乙烯材料挤包而成，所以通称外护套。

一、电缆护层试验的必要性

（1）高压电缆一般采用单芯电缆结构，其投运后金属护套仍具有一定感应电压，所以其外护套必须有一定的绝缘水平。如果外护套绝缘不良，对于一端接地或交叉互联的电缆线路，当有冲击过电压时，保护器尚未动作，外护套绝缘薄弱处就可能先被击穿，电缆线路上将形成两点或多点接地，导致金属护套产生环流，从而发热，影响电缆线路运行的载流量。

（2）110kV 及以上电力系统中性点直接接地的系统，对于两端接地或交叉互联的电缆线路，当发生接地故障时，故障电流很大，金属护套中回路电流也很大，而良好的外护套绝缘将能承受良好的过电压，不至于被击穿。若绝缘不良，则有可能被击穿，进而烧坏电缆的金属护套和加强带。

（3）外护套绝缘是金属护套与加强带良好的防腐层，一旦外护套绝缘性能受到破坏，故障点将有电流的流进或流出，进而产生交流腐蚀，损坏金属护套。

（4）具有良好绝缘的外护套，还有防止化学腐蚀的作用。运行中的电缆外护套，通过对其绝缘性能的测量，还可以验证电缆是否受到外力破坏。

综上所述，必须通过试验来确认外护套绝缘性能是否完好，以保证电缆线路安全运行。

二、电缆护层试验标准

1. 出厂试验

为了检验制造厂生产的电缆外护套是否符合规定技术要求，按照GB/T 2952—2008《电缆外护层》中规定进行例行的电气试验。在电缆金属屏蔽或金属套与地之间施加直流电压25kV，加压时间1min，不击穿为合格。

2. 交接试验

为了检验施工过程中电缆护层有无损伤，是否存在安装质量缺陷，应进行交接试验。按照GB 50150—2016《电气装置安装工程电气设备交接试验标准》中规定，试验时必须将护层过电压保护器断开。在互联箱中将另一侧的三段电缆金属套都接地，使绝缘接头的绝缘环也能结合在一起进行试验，在每段电缆金属屏蔽或金属套与地之间施加直流电压10kV，加压时间1min，不击穿为合格。

3. 预防性试验

电缆线路再投入运行后，为了防止发生绝缘击穿及线路附属设备损坏，按照一定周期进行的电气试验称为电缆线路的预防性试验。预防性试验的目的是判断电缆线路能否继续运行。试验标准按照DL/T 596—1996《电力设备预防性试验规程》规定进行。在电缆金属屏蔽或金属套与地之间施加直流电压5kV，加压时间1min，不应击穿。

三、护层试验方法

（1）试验前按照《国家电网公司电力安全工作规程（电力线路部分）》规定，办理相关安全手续，试验现场设置围栏，防止他人接近。

（2）将被试电缆护层与其连接设备断开。

1）若是在安装完成电缆附件的电缆线路上进行护层试验，则应将一个试验段的护层接地线与其他连接设备断开，并且保持足够的安全距离。

2）若是在敷设完成的电缆上进行护层试验，则应在试验电缆的两端去除护层上的电极（石墨）层，长度约200mm。

（3）按试验接线图23-1-1进行接线。

（4）升压前认真检查接线是否正确，调压器是否在零位，表计倍率是否恰当等。检查无误后通知无关人员离开被试电缆，另一端应派人看护。

（5）开始升压，在电缆一端的金属护套施加直流高压。以金属护套（金属屏蔽）为内电极，以电缆外护层上的电极（石墨）层为外电极。注意观察电压表，升压至标准电压后开始计时。

（6）每一相试验完后，将调压器调回零位，切断电源，对被试相充分放电。依次重复进行其他相试验。

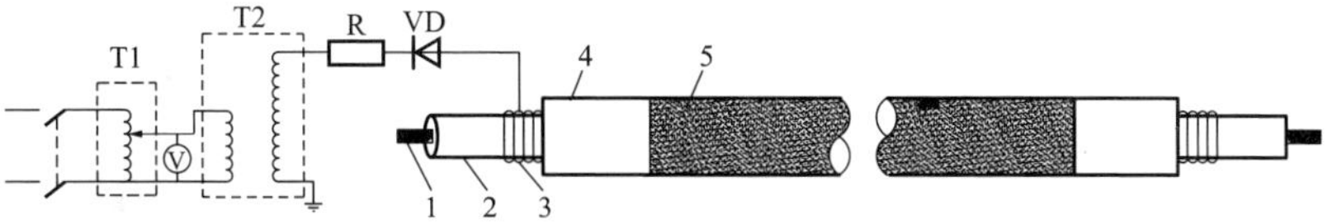

图 23-1-1　护层试验接线

T1—调压器；T2—试验变压器；*R*—限流保护电阻；VD—高压硅堆；1—导体；2—绝缘；
3—金属护套（金属屏蔽）；4—外护层；5—电极（石墨）层

四、护层试验注意事项

（1）金属护层两端接地的电缆线路，试验前应将接地断开。

（2）金属护层一端接地的电缆线路，试验前应将接地侧地线断开，将另一侧护层过电压保护器断开。

（3）金属护层中点接地的电缆线路，试验前应将中点接地断开，将两端护层过电压保护器断开。

（4）对于交叉互联的电缆线路，试验时应将接地点及护层过电压保护器全部断开，试验一相电缆时，在交叉互联箱中将另两相的电缆金属护层接地。

【思考与练习】

1. 简述电缆护层试验的必要性。

2. 简述单芯电缆护层交接试验的标准。

3. 简述单芯电缆护层预防性试验的标准。

第八部分

电缆线路运行维护与检修

第二十四章

工程竣工验收及资料管理

模块1　电缆线路工程验收（Z06J1001Ⅱ）

【模块描述】本模块介绍电缆线路工程验收制度、验收项目及验收方法。通过要点讲解和方法介绍，熟悉电缆线路工程验收方法，掌握电缆线路敷设工程、接头和终端工程、附属设备验收及调试的内容、方法、标准、技术要求。

【模块内容】

电缆线路工程属于隐蔽工程，其验收应贯穿于施工全过程中。为保证电缆线路工程质量，运行部门必须严格按照验收标准对新建电缆线路进行全过程监控和投运前竣工验收。

一、电缆线路工程验收制度

电缆线路工程验收分自验收、预验收、过程验收、竣工验收四个阶段，每个阶段都必须填写验收记录单，并作好整改记录。

（1）自验收由施工部门自行组织进行，并填写验收记录单。自验收整改结束后，向本单位质量管理部门提交工程验收申请。

（2）预验收由施工单位质量管理部门组织进行，并填写预验收记录单。预验收整改结束后，填写工程竣工报告，并向上级工程质量监督站提交工程验收申请。

（3）过程验收是指在电缆线路施工工程中对土建项目、电缆敷设、电缆附件安装等隐蔽工程进行的中间验收。施工单位的质量管理部门和运行部门要根据工程施工情况列出检查项目，由验收人员根据验收标准在施工过程中逐项进行验收，填写工程验收单并签字确认。

（4）竣工验收由施工单位的上级工程质量监督站组织进行，并填写工程竣工验收签证书，对工程质量予以等级评定。在验收中个别不完善项目必须限期整改，由施工单位质量管理部门负责复验并作好记录。工程竣工后1个月内施工单位应向运行单位进行工程资料移交，运行单位对移交的资料进行验收。

二、电缆线路工程验收方法

1. 验收程序

施工部门在工程开工前应将施工设计书、工程进度计划交质监站和运行部门，以便对工程进行过程验收。工程完工后，施工部门应书面通知质监、运行部门进行竣工验收。同时施工部门应在工程竣工后1个月内将有关技术资料、工艺文件、施工安装记录（含工井、排管、电缆沟、电缆桥等土建资料）等一并移交运行部门整理归档。对资料不齐全的工程，运行部门可不予接收。

2. 电缆线路工程项目划分

电缆线路工程验收应按分部工程逐项进行。电缆线路工程可以分为电缆敷设、电缆接头、电缆终端、接地系统、信号系统、供油系统、调试七个分部工程（交联电缆线路无信号系统和供油系统）。每个分部工程又可分为几个分项工程，具体项目见表24–1–1。

表24–1–1　　电缆线路工程项目划分一览表

序号	分部工程	分项工程
1	电缆敷设	电缆通道（电缆沟槽开挖、排管、隧道建设）、电缆展放、电缆固定、孔洞封堵、回填掩埋、防火工程、分支箱安装等
2	电缆接头	直通接头、绝缘接头、塞止接头、过渡接头
3	电缆终端	户外终端、户内终端、GIS终端、变压器终端
4	接地系统	终端接地、接头接地、护层交叉互联箱接地、分支箱接地、单芯电缆护层交叉互联系统
5	信号系统	信号屏、信号端子箱、控制电缆敷设和接头、自动排水泵
6	供油系统	压力箱、油管路、电触点压力表
7	调试	绝缘测试（含耐压试验和电阻测试）、参数测量、信号系统测试、油压整定、护层试验、接地电阻测试、油样试验、油阻试验、相位校核、交叉互联系统试验

3. 验收报告的编写

验收报告的内容主要分工程概况说明、验收项目签证和验收综合评价三个方面。

（1）工程概况说明。内容包括工程名称、起讫地点、工程开竣工日期以及电缆型号、长度、敷设方式、接头型号、数量、接地方式、信号装置布置和工程设计、施工、监理、建设单位名称等。

（2）验收项目签证。验收部门在工程验收前应根据工程实际情况和施工验收规范，编制好项目验收检查表，作为验收评估的书面依据，并对照项目验收标准对施工项目逐项进行验收签证和评分。

（3）验收综合评价。验收部门应根据有关国家标准和企业标准制定验收标准，对照验收标准对工程质量作出综合评价，并对整个工程进行评分。成绩分为优、良、及格、不及格四种，所有验收项目均符合验收标准要求者为优；所有主要验收项目均符合验收标准，个别次要验收项目未达到验收标准，不影响设备正常运行者为良；个别主要验收项目不合格，不影响设备安全运行者为及格；多数主要验收项目不符合验收标准，将影响设备正常安全运行者为不及格。

三、电缆线路敷设工程验收

电缆敷设工程属于隐蔽工程，验收应在施工过程中进行，并且要求抽样率大于50%。

1. 电缆敷设验收的内容和重点

电缆线路敷设验收的主要内容包括电缆通道（电缆沟槽开挖、排管、隧道建设）、电缆展放、电缆固定、孔洞封堵、回填掩埋、防火工程、分支箱安装等，其中电缆通道、电缆展放和电缆固定为关键验收项目，应重点加以关注。

2. 电缆线路敷设验收的标准及技术规范

1）电力电缆敷设规程；

2）工程设计书和施工图；

3）工程施工大纲和敷设作业指导书；

4）电缆沟槽、排管、隧道等土建设施的质量检验和评定标准；

5）电缆线路运行规程和检修规程的有关规定。

3. 电缆线路敷设验收内容

（1）电缆沟槽、排管和隧道等土建设施验收内容包括：

1）施工许可文件齐全；

2）电缆路径符合设计书要求；

3）与地下管线距离符合设计要求；

4）开挖深度按通道环境及线路电压等级均应符合设计要求。

（2）电缆展放及固定验收内容包括：

1）电缆牵引车位置、人员配置、电缆输送机安放位置均符合作业指导书和施工大纲要求；

2）如使用网套牵引，其牵引力不能大于厂家提供的电缆护套所能承受的拉力；

3）如使用牵引头牵引，按导体截面计算牵引力，同时要满足电缆所能承受的侧压力；

4）施工时电缆弯曲半径符合作业指导书及施工大纲要求；

5）电缆终端、接头及在工井、竖井、隧道中必须固定牢固，蛇形敷设节距符合设计要求。

（3）孔洞封堵验收。变电站电缆穿墙（或楼板）孔洞、工井排管口、开关柜底板孔等都要求用封堵材料密实封堵，符合设计要求。

（4）对电缆直埋、排管、竖井与电缆沟敷设施工的基本要求如下：

1）摆放电缆盘的场地应坚实，防止电缆盘倾斜；

2）电缆敷设前完成校潮、牵引端制作、取油样等工作；

3）充油电缆油压应大于 0.15MPa；

4）电缆盘制动装置可靠；

5）110kV 及以上电缆外护层绝缘应符合规程规定；

6）敷设过程中电缆弯曲半径应符合设计要求；

7）电缆线路各种标志牌完整、字迹清晰，悬挂符合要求。

（5）对直埋、排管、竖井敷设方式的特殊要求如下：

1）对直埋敷设的特殊要求是：① 滑轮设置合理、整齐；② 电缆沟底平整，电缆上下各铺 100mm 的软土或细砂；③ 电缆保护盖板应覆盖在电缆正上方。

2）对排管敷设的特殊要求是：① 排管疏通工具应符合有关规定，并双向畅通；② 电缆在工井内固定应符合装置图要求，电缆在工井内排管口应有“伸缩弧”。

3）对竖井敷设的特殊要求是：① 竖井内电缆保护装置应符合设计要求；② 竖井内电缆固定应符合装置图要求。

（6）支架安装验收内容包括：

1）支架应排列整齐，横平直竖；

2）电缆固定和保护：在隧道、工井、电缆夹层内的电缆都应安装在支架上，电缆在支架上应固定良好，无法用支架固定时，应每隔 1m 间距用吊索固定，固定在金属支架上的电缆应有绝缘衬垫；

3）蛇形敷设应符合设计要求。

（7）电缆防火工程验收内容包括：

1）电缆防火槽盒应符合设计要求，上下两部分安装平直，接口整齐，接缝紧密，槽盒内金具安装牢固，间距符合设计要求，端部应采用防火材料封堵，密封完好；

2）电缆防火涂料厚度和长度应符合设计要求，涂刷应均匀，无漏刷；

3）防火带应半搭盖绕包平整，无明显突起；

4）电缆夹层内接头应加装防火保护盒，接头两侧 3m 内应绕包防火带；

5）其他防火措施应符合设计书及装置图要求。

（8）电缆分支箱验收内容包括：

1）分支箱基础的上平面应高于地面，箱体固定牢固，横平竖直，分支箱门开启方便；

2）内部电气安装和接地极安装应符合设计要求；

3）箱体防水密封良好，底部应铺以黄沙，然后用水泥抹平；

4）分支箱铭牌书写规范，字迹清晰，命名符合要求；

5）分支箱内相位标识正确、清晰。

四、电缆接头和终端工程验收

电缆接头及终端工程属于隐蔽工程，工程验收应在施工过程中进行。如采用抽样检查，抽样率应大于 50%。电缆接头有直通接头、绝缘接头、塞止接头、过渡接头等类型，电缆终端则有户外终端、户内终端、GIS 终端、变压器终端等类型。

1. 电缆接头和终端验收

（1）施工现场应做到环境清洁，有防尘、防雨措施，温度和湿度符合安装规范要求。

（2）电缆剥切、导体连接、绝缘及应力处理、密封防水保护层处理、相间和相对地距离应符合施工工艺、设计和运行规程要求。

（3）接头和终端铭牌、相色标志字迹清晰、安装规范。

（4）接头和终端应固定牢固，接头两侧及终端下方一定距离内保持平直，并做好接头的机械防护和阻燃防火措施。

（5）按设计要求做好电缆中间接头和终端的接地。

2. 电缆终端接地箱验收

（1）接地箱安装符合设计书及装置图要求。

（2）终端接地箱内电气安装符合设计要求，导体连接良好。护层保护器符合设计要求，完整无损伤。

（3）终端接地箱密封良好，接地线相色正确，标志清晰。

（4）接地箱箱体应采用不锈钢材料。

五、电缆线路附属设备验收

电缆线路附属设备验收主要是指接地系统、信号系统、供油系统的验收。

1. 接地系统验收

接地系统由终端接地、接头接地网、终端接地箱、护层交叉互联箱及分支箱接地网组成。接地系统主要验收以下项目：

（1）各接地点接地电阻符合设计要求。

（2）接地线与接地排连接良好，接线端子应采用压接方式。

（3）同轴电缆的截面应符合设计要求。

（4）护层交叉互联箱内接线正确，导体连接良好，相色标志正确清晰。

2. 信号保护系统验收

在对信号保护系统验收中，信号与控制电缆的敷设安装可参照电力电缆敷设安装规范来验收。信号屏、信号箱安装，以及自动排水装置安装等工程验收可按照二次回路施工工程验收标准进行。信号保护系统主要验收以下项目：

（1）控制电缆每对线芯核对无误且有明显标记。

（2）信号回路模拟试验正确，符合设计要求。

（3）信号屏安装符合设计要求，电器元件齐全，连接牢固，标志清晰。

（4）信号箱安装牢固，箱门和箱体由多股软线连接，接地良好。

（5）自动排水装置符合设计要求。

（6）低压接线连接可靠，绝缘符合要求，端部标志清晰。

（7）接地电阻符合设计要求。

（8）铭牌清晰，名称符合命名原则。

3. 供油系统验收

供油系统验收含压力箱、油管路和电触点压力表三个分项工程的验收。验收的主要内容包括：

（1）压力箱装置符合设计和装置图要求，表面无污迹和渗漏，各组压力箱有相位标识。压力箱支架采用热浸镀锌钢材。

（2）油管路及阀门。油管路采用塑包铜管，布置横平竖直，固定牢固，连接良好无渗漏。焊接点表面平整，管壁形变小于15%。

（3）压力表和电触点压力表应有检验记录和标识，连接良好无渗漏。

六、电缆线路调试

电缆线路调试由信号系统调试、油压整定、绝缘测试、电缆常数测试、护层试验、接地网测试、油阻试验、油样试验，相位校核、交叉互联系统试验等项目组成，其中绝缘测试包括直流或交流耐压试验和绝缘电阻测试。各调试结果均应符合电缆线路竣工交接试验规程和工程设计书要求。

【思考与练习】

1. 电缆线路验收报告的编写包含哪些内容？
2. 简述电缆线路敷设工程验收的重点内容。
3. 简述电缆接头和终端验收内容。

模块2　电缆构筑物工程验收（Z06J1002Ⅱ）

【模块描述】本模块包含电缆构筑物的种类及其工程验收的项目要求。通过要点讲解和方法介绍，掌握电缆构筑物土建工程、电缆排管、工井、电缆桥架、电缆沟、电缆隧道的验收内容、方法和要求。

【模块内容】

为适应现代城市建设和电力网发展，往往需要在同一路径上敷设多条电缆。当采用直埋敷设方式难以解决电缆通道时，就需要建造电缆线路构筑物设施。构筑物设施建成之后，在敷设新电缆或检修故障电缆时，可以避免重复挖掘路面，同时将电缆置于钢筋混凝土的土建设施之中，还能够有效避免发生机械外力损坏事故。

一、电缆线路构筑物的种类

电缆线路构筑物的主要种类及结构特点见表 24–2–1。

表 24–2–1　电缆线路构筑物的主要种类及结构特点

种类		主要适用场所	结构特点
电缆管道	电缆排管管道	道路慢车道	钢筋混凝土加衬管并建工作井
	电缆非开挖管道	穿越河道、重要交通干道、地下管线、高层建筑	可视化定向非开挖钻进，全线贯通后回扩孔，拉入设计要求的电缆管道，两端建工作井
电缆沟		工厂区、变电站内（或周围）、人行道	钢筋混凝土或砖砌，内有支架
桥梁（市政桥、电缆专用桥）		跨越河道、铁路	钢构架、钢筋混凝土箱型，内有支架
电缆桥架		工厂区、高层建筑	钢构架
电缆隧道		发电厂、变电站出线、重要交通干道、穿越河道	钢筋混凝土、钢管，内有支架
电缆竖井		落差较大的水电站、电缆隧道出口、高层建筑	钢筋混凝土、在大型建筑物内，内有支架

二、电缆构筑物土建工程的验收

1. 土石方工程的验收

（1）土石方工程竣工后，应检查验收下列资料：

1）土石方竣工图；

2）有关设计变更和补充设计的图纸或文件；

3）施工记录和有关试验报告；

4）隐蔽工程验收记录；

5）永久性控制桩和水准点的测量结果；

6）质量检查和验收记录。

（2）土石方工程验收除检查验收相关资料外，还应验收挖方、填方、基坑、管沟等工程是否超过设计允许偏差。

2. 混凝土工程的验收

（1）钢筋混凝土工程竣工后，应检查验收下列资料：

1）原材料质量合格证件和试验报告；

2）设计变更和钢材代用证件；

3）混凝土试块的试验报告及质量评定记录；

4）混凝土工程施工和养护记录；

5）钢筋及焊接接头的试验数据和报告；

6）装配式结构构件的合格证和制作、安装验收记录；

7）预应力筋的冷拉和张拉记录；

8）隐蔽工程验收记录；

9）冬期施工热工计算及施工记录；

10）竣工图及其他文件。

（2）钢筋混凝土工程验收除检查验收相关资料外，尚应进行外观抽查。

3. 砖砌体工程的验收

（1）砖砌体工程竣工后，应检查验收下列资料：

1）材料的出厂合格证或试验检验资料；

2）砂浆试块强度试验报告；

3）砖石工程质量检验评定记录；

4）技术复核记录；

5）冬期施工记录；

6）重大技术问题的处理或修改设计等的技术文件。

（2）施工中对下列项目应作隐蔽验收：

1）基础砌体；

2）沉降缝、伸缩缝和防震缝；

3）砖体中的配筋；

4）其他隐蔽项目。

三、电缆排管和工井的验收

电缆排管是一种使用比较广泛的土建设施，对排管和与之相配套的工井，应检查验收以下内容：

1. 管道和工井的验收

（1）排管孔径和孔数。电缆排管的孔径和孔数应符合设计要求。

（2）衬管材质的验收。排管用的衬管应物理和化学性能稳定，有一定机械强度，对电缆外护层无腐蚀，内壁光滑无毛刺，遇电弧不延燃。

（3）工井接地的验收。工井内的金属支架和预埋铁件要可靠接地，接地方式要与设计相符，且接地电阻满足设计要求。

（4）工井尺寸的验收。工井尺寸应符合设计要求，检查其是否有集水坑，是否满足电缆敷设时弯曲半径的要求，工井内应无杂物、无积水。

（5）工井间距的验收。由于电缆工井是引入电缆，放置牵引、输送设备和安装电缆接头的场所，根据高压和中压电缆的允许牵引力和侧压力，考虑到敷设电缆和检修电缆制作接头的需要，两座电缆工井之间的间距应符合电缆牵引张力限制的间距，满足施工和运行要求。

2. 土建验收

典型的电缆排管结构包括基础、衬管和外包钢筋混凝土。

（1）基础。排管基础通常为道渣垫层和素混凝土基础两层。

1）道渣垫层：采用粒径为30～80mm的碎石或卵石，铺设厚度符合设计要求。垫层要夯实，其宽度要求比素混凝土基础宽一些。

2）素混凝土基础：在道渣垫层上铺素混凝土基础，厚度满足设计要求。素混凝土基础应浇捣密实，及时排除基坑积水。对一般排管的素混凝土基础，原则上应一次浇完。如需分段浇捣，应采取预留接头钢筋、毛面、刷浆等措施。浇注完成后要做好养护。

（2）排管。

1）排管施工，原则上应先建工井，再建排管，并从一座工井向另一座工井顺序铺设管材。排管间距要保持一致，应用特制的U形定位垫块将排管固定。垫块不得放在管子接头处，上下左右要错开，安装要符合设计要求。

2）排管的平面位置应尽可能保持平直。每节排管转角要满足产品使用说明书的要求，但相邻排管只能向一个方向转弯，不允许有S形转弯。

（3）外包钢筋混凝土。排管四周按设计图要求，以钢筋增强，外包混凝土。应使用小型手提式振荡器将混凝土浇捣密实。外包混凝土分段施工时，应留下阶梯形施工缝，每一施工段的长度应不少于50m。

（4）排管与工井的连接。

1）在工井墙壁预留与排管断面相吻合的方孔，在方孔的上下口预留与排管相同规格的钢筋作为插铁。排管接入工井预留孔处，将排管上、下钢筋与工井预留插铁绑扎。

2）在浇捣排管外包混凝土之前，应将工井留孔的混凝土接触面凿毛（糙），并用水泥浆冲洗。在排管与工井接口处应设置变形缝。

（5）排管疏通检查。为了确保敷设时电缆护套不被损伤，在排管建好后，应对各孔管道进行疏通检查。管道内不得有因漏浆形成的水泥结块及其他残留物，衬管接头处应光滑，不得有尖突。疏通检查方式是用疏通器来回牵拉，应双向畅通。疏通器的管径和长度应符合表24–2–2的规定。

表 24–2–2　　疏通器规格　　mm

排管内径	150	175	200
疏通器外径	127	159	180
疏通器长度	600	700	800

在疏通检查中，如发现排管内有可能损伤电缆护套的异物，必须清除。清除方法是用钢丝刷、铁链和疏通器来回牵拉，必要时用管道内窥镜探测检查。只有当管道内异物排除，整条管道双向畅通后，才能敷设电缆。

四、电缆桥架和电缆沟的验收

电缆通过河道，在征得有关部门同意后，可从道路桥梁的人行道板下通过。电缆沟一般用于变配电站内或工厂区，不推荐用于市区道路。电缆沟采用钢筋混凝土或砖砌结构，用预制钢筋混凝土盖板或钢制盖板覆盖，盖板顶面与地面平齐。

对电缆桥架和电缆沟，应检查验收以下内容。

1. 尺寸和间距

电缆沟尺寸和支架间距应符合表 24–2–3 的规定。

表 24–2–3　　电缆沟内最小允许距离　　mm

名称		电缆沟深度		
		≤600	600～1000	≥1000
两侧有电缆支架时的通道宽度		300	500	700
单侧有电缆支架时的通道宽度		300	450	600
电力电缆之间的水平净距		不小于电缆外径		
电缆支架的层间净距	电缆为 10kV 及以下	200		
	电缆为 20kV 及以上	250		
	电缆在防火槽盒内	槽盒外壳高度 h+80		

2. 支架和接地

电缆支架按结构分，有装配式和工厂分段制造的电缆托架等种类；按材质分，有金属支架和塑料支架。金属支架应采用热浸镀锌，并与接地网连接。用硬质塑料制成的塑料支架又称绝缘支架，具有一定的机械强度并耐腐蚀。支架相互间距为 1m。

电缆沟接地网的接地电阻应小于 4Ω。

3. 防火措施

（1）选用裸铠装或聚氯乙烯阻燃外护套电缆，不得选用纤维外被层的电缆。电缆排列间距应符合表 24–2–3 的规定。

（2）电缆接头以置于防火槽盒中为宜，或者用防火包带包绕两层。

（3）高压电缆应置于防火槽盒内，或敷设于沟底，并用沙子覆盖。

（4）防范可燃性气体渗入。

4. 电缆沟盖板

电缆沟盖板必须满足道路承载要求，钢筋混凝土盖板应用角钢包边。电缆沟的齿口也应用角钢保护。盖板尺寸要与齿口相吻合，不宜有过大间隙。

五、电缆隧道的验收

电缆隧道的验收，除需按照土建要求进行验收外，还需对其附属设施进行验收。其检查验收内容如下：

1. 照明

从两端引入低压照明电源，并间隔布置灯具，设双向控制开关。灯具应选用防潮、防爆型。

2. 通风

隧道通风有自然通风和强制排风两种方式。市区道路上的电缆隧道，可在有条件的绿化地带建设进、出风竖井，利用进、出风竖井高度差形成的气压，使空气自然流通。强制排风需安装送风机，根据隧道容积和通风要求进行通风计算，以确定送风机功率和自动开机与关机的时间。采用强制排风可以提高电缆载流量。

3. 排水

整条隧道应有排水沟道，且必须有自动排水装置。隧道中如有渗漏水，将集中到两端集水坑中，当达到一定水位时，自动排水装置启动，用排水泵将水排至城市下水道。

4. 消防设施

为了确保电缆安全，电缆隧道中必须有可靠的消防措施。

（1）隧道中不得采用有纤维绕包外层的电缆，应选用具有阻燃性能、不延燃的外护套电缆。在不阻燃电缆外护层上，应涂防火涂料或绕包防火包带。

（2）应用防火槽盒。高压电缆应该用耐火材料制成的防火槽盒全线覆盖，如果是单芯电缆，可呈品字形排列，三相罩在一组防火槽中。防火槽两端用耐火材料堵塞。

（3）安装火灾报警和自动灭火装置。

【思考与练习】

1. 电缆线路构筑物的种类有哪些？
2. 简述电缆沟的验收内容及要求。
3. 简述电缆隧道的验收内容及要求。

模块3 电缆工程竣工技术资料（Z06J1003Ⅲ）

【模块描述】本模块介绍各类电缆线路工程竣工资料的内容。通过要点介绍，熟悉施工文件、技术文件和相关资料的具体内容要求。

【模块内容】

一、电缆线路竣工资料的种类

电缆线路工程竣工资料包括施工文件、技术文件和相关资料。

二、电缆工程施工文件

（1）电缆线路工程施工依据性文件，包括经规划部门批准的电缆路径图（简称规划路径批件）、建设规划许可证、规划部门对于电缆及通道路径的批复文件、施工许可证，完整的设计资料，包括初步设计、施工图及设计变更文件、设计审查文件等。

（2）土建及电缆构筑物相关资料。

（3）电缆线路安装的过程性文件，包括电缆敷设记录、接头安装记录、设计修改文件和修改图、电缆护层绝缘测试记录、油样试验报告，压力箱、信号箱、交叉互联箱和接地箱安装记录。

三、电缆工程技术文件

（1）由设计单位提供的整套设计图纸。

（2）由制造厂提供的技术资料，包括产品设计计算书、技术条件、技术标准、电缆附件安装工艺文件、产品合格证、产品出厂试验记录及订货合同。

（3）由设计单位和制造厂商签订的有关技术协议。

（4）电缆线路竣工试验报告。

四、电缆工程竣工验收相关资料

电缆线路工程属于隐蔽工程，电缆线路建设的全部文件和技术资料，是分析电缆线路在运行中出现的问题和需要采取措施的技术依据。电缆工程竣工验收相关资料主要包括以下内容：

（1）原始资料。电缆线路施工前的有关文件和图纸资料称为原始资料，主要包括工程计划任务书、线路设计书、管线执照、电缆及附件出厂质量保证书、有关施工协议书等。

（2）施工资料。电缆和附件在安装施工中的所有记录和有关图纸称为施工资料，主要包括电缆线路竣工图纸和路径图、电缆接头和终端装配图、安装工艺和安装记录、电缆线路竣工试验报告。

1）电缆及通道竣工图纸和路径图，比例尺一般为 1:500，地下管线密集地段为

1:100，管线稀少地段，为 1:1000。在房屋内及变电所附近的路径用 1:50 的比例尺绘制。平行敷设的电缆，必须标明各条线路相对位置，并标明地下管线剖面图。电缆及通道如采用特殊设计，应有相应的图纸和说明。

2）电缆敷设施工记录，应包括电缆敷设日期、天气状况、电缆检查记录、电缆生产厂家、电缆盘号、电缆敷设总长度及分段长度、施工单位、施工负责人等。

（3）共同性资料。与多条电缆线路相关的技术资料为共同性资料，主要包括电缆线路总图、电缆网络系统接线图、电缆在管沟中的排列位置图、电缆接头和终端的装配图、电缆线路土建设施的工程结构图等。

电缆及通道沿线施工与有关单位签署的各种协议文件。

工程施工监理文件、质量文件及各种施工原始记录。

工程施工监理文件、质量文件及各种施工原始记录。

隐蔽工程中间验收记录及签证书。

施工缺陷处理记录及附图。

有油压的电缆应有供油系统压力分布图和油压整定值等资料，并有警示信号接线图

电缆设备开箱进库验收单及附件装箱单。

一次系统接线图和电缆地理信息图。

【思考与练习】

1. 电缆线路竣工资料的种类有哪些？
2. 电缆施工文件有哪些？
3. 电缆工程技术资料有哪些？

第二十五章

电缆线路巡视

模块1　电缆线路运行维护的内容和要求（Z06B3001Ⅰ）

【模块描述】本模块介绍电缆线路运行维护的基本知识。通过要点讲解，掌握电缆线路运行维护工作范围、主要内容和相关技术规程。

【模块内容】

一、电缆线路运行维护工作范围

为满足电网和用户不间断供电，以先进科学技术、经济高效手段，提高电缆线路的供电可靠率和电缆线路的可用率，确保电缆线路安全经济运行，应对电缆线路进行运行维护。其范围如下：

1. 电缆本体及电缆附件

各电压等级的电缆线路（电缆本体、控制电缆）、电缆附件（接头、终端）的日常运行维护。

2. 电缆线路的附属设备、设施

（1）电缆线路附属设备（电缆接地线、交叉互联线、回流线、电缆支架、分支箱、交叉互联箱、接地箱、在线监测系统、信号装置、通风装置、照明装置、排水装置、防火装置、供油装置）的日常巡查维护。

（2）电缆线路附属其他设备（环网柜、隔离开关、避雷器）的日常巡查维护。

（3）电缆线路构筑物（电缆沟、电缆管道、电缆井、电缆隧道、电缆竖井、电缆桥梁、电缆架）的日常巡查维护。

二、电缆线路运行维护基本内容

1. 电缆线路的巡查

（1）运行部门应根据《电力法》及有关电力设施保护条例，宣传保护电缆线路的重要性。了解和掌握电缆线路上的一切情况，做好保护电缆线路的反外力损坏工作。

（2）巡查各种电压等级的电缆线路，观察路面状态正常与否。

（3）巡查各种电压等级的电缆线路有无化学腐蚀、电化学腐蚀、虫害鼠害迹象。

（4）对运行电缆线路的绝缘（电缆油）进行事故预防监督工作：

1）电缆线路载流量应按《电力电缆运行规程》中规定，原则上不允许过负荷，每年夏季高温或冬、夏电网负荷高峰期，多根电缆并列运行的电缆线路载流量巡查及负荷电流监视；

2）电力电缆比较密集和重要的运行电缆线路，进行电缆表面温度测量；

3）电缆线路上，防止（交联电缆、油纸电缆）绝缘变质预防监视；

4）充油电缆内的电缆油，进行介质损耗 $\tan\delta$ 和击穿强度测量。

2. 电缆线路设备连接点的巡查

（1）户内电缆终端巡查和检修维护。

（2）户外电缆终端巡查和检修维护。

（3）单芯电缆保护器定期检查与检修维护。

（4）分支箱内终端定期检查与检修维护。

3. 电缆线路附属设备的巡查

（1）各类线架（电缆接地线、交叉互联线、回流线、电缆支架）定期巡查和检修维护。

（2）各类箱型（分支箱、交叉互联箱、接地箱）定期巡查和检修维护。

（3）各类装置（信号装置、通风装置、照明装置、排水装置、防火装置、供油装置）巡查：

1）装有自动信号控制设施的电缆井、隧道、竖井等场所，应定期检查和检修维护；

2）装有自动温控机械通风设施的隧道、竖井等场所，应定期检查和检修维护；

3）装有照明设施的隧道、竖井等场所，应定期检查和检修维护；

4）装有自动排水系统的电缆井、隧道等场所，应定期检查和检修维护；

5）装有自动防火系统的隧道、竖井等场所，应定期检查和检修维护；

6）装有油压监视信号、供油系统及装置的场所，应定期检查和检修维护。

（4）其他设备（环网柜、隔离开关、避雷器）的定期巡查和检修维护。

4. 电缆线路构筑物的巡查

（1）电缆管道和电缆井的定期检查与检修维护。

（2）电缆沟、电缆隧道和电缆竖井的定期检查与检修维护。

（3）电缆桥及过桥电缆、电缆桥架的定期检查与检修维护。

5. 水底电缆线路的监视

（1）按水域管辖部门的航运规定，划定一定宽度的防护区，禁止船只抛锚。

（2）按船只往来频繁情况，配置能引起船只注意的警示设施，必要时设置嘹望岗哨。

（3）收集电缆水底河床资料，并检查水底电缆线路状态变化情况。

三、电缆线路运行维护要求

1. 电缆线路运行维护分析

（1）电缆线路运行状况分析。

1）对有过负荷运行记录或经常处于满负荷或接近满负荷运行电缆线路，应加强电缆绝缘监测，并记录数据进行分析；

2）要重视电缆线路户内、户外终端及附属设备所处环境，检查电缆线路运行环境和有无机械外力存在，以及对电缆附件及附属设备有影响的因素；

3）积累电缆故障原因分析资料，调查故障的现场情况和检查故障实物，并收集安装和运行原始资料进行综合分析；

4）对电缆绝缘老化状况变化的监测，对油纸电缆和交联电缆线路运行中的在线监测，记录绝缘检测数据，进行寻找老化特征表现的分析。

（2）制定电缆线路反事故对策。

1）加强运行管理和完善管理机制，对电缆线路安装施工过程控制、电缆线路设备运行前验收把关、竣工各类电缆资料等均作到动态监视和全过程控制；

2）改善电缆线路运行环境，消除对电缆线路安全运行构成威胁的各种环境影响因素和其他影响因素；

3）使电缆线路安全经济运行，对电缆线路运行设备老化等状况，应有更新改造具体方案和实施计划；

4）使电缆线路适应电网和用户供电需求，对不适应电网和用户供电需求的电缆线路，应重新规划布局，实施调整。

2. 电缆线路运行技术资料管理

（1）电缆线路的技术资料管理是电缆运行管理的重要内容之一。电缆线路工程属于隐蔽工程，电缆线路建设和运行的全部文件和技术资料，是分析电缆线路在运行中出现的问题和确定采取措施的技术依据。

（2）建立电缆线路一线一档管理制度，每条线路技术资料档案包括以下四大类资料：

1）原始资料：电缆线路施工前的有关文件和图纸资料存档；

2）施工资料：电缆和附件在安装施工中的所有记录和有关图纸存档；

3）运行资料：电缆线路在运行期间逐年积累的各种技术资料存档；

4）共同性资料：与多条电缆线路相关的技术资料存档。

（3）电缆线路技术资料保管。由电力电缆运行管理部门根据国家档案法、国家质量技术监督局发布的 GB/T 11822—1989《科学技术档案案卷构成的一般要求》等法规，制定电缆线路技术资料档案管理制度。

3. 电缆线路运行信息管理

（1）建立电缆线路运行维护信息计算机管理系统，做到信息共享，规范管理。

（2）运行部门管理人员和巡查人员应及时输入和修改电缆运行计算机管理系统中的数据和资料。

（3）建立电缆运行计算机管理的各项制度，做好运行管理和巡查人员计算机操作应用的培训工作。

（4）电缆运行信息计算机管理系统设有专人负责电缆运行计算机硬件和软件系统的日常维护工作。

四、电缆线路运行维护技术规程

1. 电缆线路基本技术规定

（1）电缆线路的最高点与最低点之间的最大允许高度差应符合电缆敷设技术规定。

（2）电缆的最小弯曲半径应符合电缆敷设技术规定。

（3）电缆在最大短路电流作用时间内产生的热效应，应满足热稳定条件。系统短路时，电缆导体的最高允许温度应符合《电力电缆运行规程》技术规定。

（4）电缆正常运行时的长期允许载流量，应根据电缆导体的工作温度、电缆各部分的损耗和热阻、敷设方式、并列条数、环境温度以及散热条件等加以计算确定。电缆在正常运行时不允许过负荷。

（5）电缆线路运行中，不允许将三芯电缆中的一芯接地运行。

（6）电缆线路的正常工作电压，一般不得超过电缆额定电压15%。电缆线路升压运行，必须按升压后的电压等级进行电气试验及技术鉴定，同时需经技术主管部门批准。

（7）电缆终端引出线应保持固定，其带电裸露相与相之间部分乃至相对地部分的距离应符合技术规定。

（8）运行中电缆线路接头，终端的铠装、金属护套、金属外壳应保持良好的电气连接，电缆及其附属设备的接地要求应符合GB 50169—2006《电气装置安装工程接地装置施工及验收规范》。

（9）充油电缆线路正常运行时，其线路上任一点的油压都应在规定值范围内。

（10）对运行电缆及其附属设备可能着火蔓延导致严重事故，以及容易受到外部影响波及火灾的电缆密集场所，必须采取防火和阻止延燃的措施。

（11）电缆线路及其附属设备、构筑物设施，应按周期性检修要求进行检修和维护。

2. 单芯电缆运行技术规定

（1）在三相系统中，采用单芯电缆时，三根单芯电缆之间距离的确定，要结合金属护套或外屏蔽层的感应电压和由其产生的损耗、一相对地击穿时危及邻相可能性、所占线路通道宽度及便于检修等各种因素，全面综合考虑。

（2）除了充油电缆和水底电缆外，单芯电缆的排列应尽可能组成紧贴的正三角形。三相线路使用单芯电缆或分相铅包电缆时，每相周围应无紧靠铁件构成的铁磁闭合环路。

（3）单芯电缆金属护套上任一点非接地处的正常感应电压，无安全措施不得大于50V或有安全措施不得大于300V，电缆护层保护器应能承受系统故障情况下的过电压。

（4）单芯电缆线路当金属护套正常感应电压无安全措施大于50V或有安全措施大于300V时，应对金属护套层及与其相连设备设置遮蔽，或者采用将金属护套分段绝缘后三相互联方法。

（5）交流系统单芯电缆金属护套单点直接接地时，其接地保护和接地点选择应符合有关技术规定，并且沿电缆邻近平行敷设一根两端接地的绝缘回流线。

（6）单芯电缆若有加固的金属加强带，则加强带应和金属护套连接在一起，使两者处于同一电位。有铠装丝单芯电缆无可靠外护层时，在任何场合都应将金属护套和铠装丝两端接地。

（7）运行中的单芯电缆，一旦发生护层击穿而形成多点接地时，应尽快测寻故障点并予以修复。因客观原因无法修复时，应由上级主管部门批准后，通知有关调度降低电缆运行载流量。

3. 电缆线路安装技术规定

（1）电缆直接埋在地下，对电缆选型、路径选择、管线距离、直埋敷设等的技术要求。

（2）电缆安装在沟道及隧道内，对防火要求、允许间距、电缆固定、电缆接地、防锈、排水、通风、照明等的技术要求。

（3）电缆安装在桥梁构架上，对防振、防火、防胀缩、防腐蚀等的技术要求。

（4）电缆敷设在排管内，对电缆选型、排管材质、电缆工作井位置等的技术要求。

（5）电缆敷设在水底，对电缆铠装、埋设深度、电缆保护、平行间距、充油电缆油压整定等的技术要求。

（6）电缆安装的其他要求，如对气候低温电缆敷设、电缆防水、电缆终端相间及对地距离、电缆线路铭牌、安装环境等的技术要求。

4. 电缆线路运行故障预防技术规定

（1）电缆化学腐蚀是指电缆线路埋设在地下，因长期受到周围环境中的化学成分影响，逐渐使电缆的金属护套遭到破坏或交联聚乙烯电缆的绝缘产生化学树枝，最后导致电缆异常运行甚至发生故障。

（2）电缆电化学腐蚀是指电缆运行时，部分杂散电流流入电缆，沿电缆的外导电层（金属屏蔽层、金属护套、金属加强层）流向整流站的过程中，其外导电层逐步受到破坏，因长期受到周围环境中直流杂散电流的影响，最后导致电缆异常运行甚至发生故障。

（3）电缆线路应无固体、液体、气体化学物质引起的腐蚀生成物。

（4）电缆线路应无杂散（直流）电流引起的电化学腐蚀。

（5）为了监视有杂散（直流）电流作用地带的电缆腐蚀情况，必须测量沿电缆线路铅包（铝包）流入土壤内杂散电流密度。阳极地区的对地电位差不大于+1V 及阴极地区附近无碱性土壤存在时，可认为安全，但对阳极地区仍应严密监视。

（6）直接埋设在地下的电缆线路塑料外护套遭受白蚁、老鼠侵蚀情况，应及时报告当地相关部门采取灭治处理。

（7）电缆运行部门应了解有腐蚀危险的地区，必须对电缆线路上的各种腐蚀作分析，并有专档记载腐蚀分析资料。设法杜绝腐蚀的来源，及时采取防止对策，并会同有关单位，共同做好防腐蚀工作。

（8）对油纸电缆绝缘变质事故的预防巡查，黏性浸渍纸绝缘 15 年以上的上杆部分予以更换。

【思考与练习】

1. 电缆线路运行维护有哪些基本内容？
2. 电缆线路运行维护分析有哪几种方法？其意义何在？
3. 电缆线路技术资料有哪些内容？运行信息管理有哪些内容？
4. 电缆线路运行维护中单芯电缆运行技术有哪些规定？

模块 2　电缆线路的巡查周期和内容（Z06J2001Ⅰ）

【模块描述】本模块介绍电缆设备巡查的一般规定、周期、流程、项目及要求。通过要点讲解和示例介绍，掌握电缆线路巡查的专业技能。

【模块内容】

一、电缆线路巡查的一般规定

1. 电缆线路巡查目的

对电缆线路巡查目的是监视和掌握电缆线路和所有附属设备的运行情况，及时发现和消除电缆线路和所有附属设备异常和缺陷，预防事故发生，确保电缆线路安全运行。

2. 设备巡查的方法及要求

（1）巡查方法。

巡查人员在巡查中一般通过察看、听嗅、检测等方法对电缆线路设备进行检查，见表 25–2–1。

表 25–2–1　　　　巡视检查基本方法

方法	电缆设备	正 常 状 态	异常状态及原因分析
察看	1）电缆设备外观。 2）电缆设备位置。 3）电缆线路压力或油位指示。 4）电缆线路信号指示	1）设备外观无变化，无移位。 2）电缆线路走向位置上无异物，电缆支架坚固，电缆位置无变化。 3）压力指示在上限和下限之间或油位高度指示在规定值范围内。 4）信号指示无闪烁和警示	1）终端设备外观渗漏、连接处松弛及风吹摇动、相间或相对地距离狭小等。 2）电缆走向位置上有打桩、挖掘痕迹等。支架腐蚀锈烂、脱落。电缆跌落移位等。 3）压力指示高于上限或低于下限，有油位指示低于规定值等。 4）信号闪烁，或出现警示，或信号熄灭等
听嗅	1）电缆终端设备运行声音。 2）电缆设备气味	1）均匀的嗡嗡声。 2）无塑料焦煳味	1）电缆终端处啪啪等异常声音，电缆终端对地放电或设备连接点松弛等。 2）有塑料焦煳味等异常气味，电缆绝缘过热熔化等
检测	1）测量：电缆设备温度（红外线测温仪、红外热成像仪、热电偶、压力式温度表）。 2）检测：单芯电缆接地电流	1）电缆设备温度小于电缆长期允许运行温度。 2）单芯电缆接地电流（环流）小于该电缆线路计算值	1）超过允许运行温度可能有以下原因：① 电缆终端设备连接点松弛；② 负荷骤然变化较大；③ 超负荷运行等。 2）接地电流（环流）大于该电缆线路计算值

（2）安全事项。

1）电缆线路设备巡查时，必须严格遵守《国家电网公司电力安全工作规程（电力线路部分）》和企业管理标准相关规定，做到不漏巡、错巡，不断提高电缆线路设备巡查质量，防止设备事故发生；

2）允许单独巡查高压电缆线路设备的人员名单应经安监部门审核批准，新进人员和实习人员不得单独巡查电缆高压设备；

3）巡查电缆线路户内设备时应随手关门，不得将食物带入室内，电站内禁止烟火，巡查高压电缆设备时，应戴安全帽并按规定着装，应按规定的路线、时间进行。

（3）巡查质量。

1）巡查人员应按规定认真巡查电缆线路设备，对电缆线路设备异常状态和缺陷做到及时发现，认真分析，正确处理，作好记录并按电缆运行管理程序进行汇报。

2）电缆线路设备巡查应按季节性预防事故特点，根据不同地区、不同季节的巡查项目检查侧重点不同进行。例如：电缆进入电站和构筑物内的防水、防火、防小动物；冬季的防暴风雪、防寒冻、防冰雹；夏季的雷雨迷雾和沙尘天气的防污闪、防渗水漏雨；以及构筑物内的照明通风设施、排水防火器材是否完善等。

3. 电缆线路巡查分类

电缆及通道巡视分为定期巡视和非定期巡视，其中非定期巡视包括故障巡视、特殊巡视等。

（1）定期巡视：

1）巡视周期。

① 电缆通道路面及户外终端巡视：66kV 及以上电缆线路每半个月巡视 1 次，35kV 及以下电缆线路每月巡视 1 次，发电厂、变电站内电缆线路每 3 个月巡视 1 次。

电缆线路每 3 个月巡视 1 次。

35kV 及以下开关柜、分支箱、环网柜内的电缆终端 2～3 年结合停电巡视检查 1 次。

对于城市排水系统泵站电缆线路，在每年汛期前进行巡视。

② 水底电缆应每年至少巡视 1 次。

2）定期巡视应结合电缆及通道所处环境，巡视检查历史记录以及状态评价结果，适当调整巡视周期。

3）巡视对象主要包括电缆本体、附件、附属设备（含油路系统、交叉互联箱、接地箱、在线监测装置等）及附属设施（含直埋、排管、电缆沟、电缆隧道、桥梁及桥架等）等。

4）巡查结果应记录在巡查日志中。

（2）故障巡视：

1）电缆发生故障后应立即进行故障巡视，具有交叉互联的电缆跳闸后，还应对交叉互联箱、接地箱进行巡视，并对向同一用户供电的其他电缆开展巡视工作以保证用户供电安全。

2）巡视对象主要包括电缆本体、附件、附属设备（含油路系统、交叉互联箱、接地箱、在线监测装置等）及附属设施（含直埋、排管、电缆沟、电缆隧道、桥梁及桥架等）等。

3）故障巡视的巡查结果应记录在运行重点巡查交接日志中。

（3）特殊巡视：

1）遇有下列情况，应开展特殊巡视：

设备重载或负荷有显著增加；

设备检修或改变运行方式后，重新投入系统运行或新安装设备的投运；

根据检修或试验情况，有薄弱环节或可能造成缺陷；

设备存在严重缺陷或缺陷有所发展时；

存在外力破坏或在恶劣气象条件下可能影响安全运行的情况；

重要保供电任务期间；

其他电网安全稳定有特殊运行要求时；

2）巡视对象主要包括电缆本体、附件、附属设备（含油路系统、交叉互联箱、接地箱、在线监测装置等）及附属设施（含直埋、排管、电缆沟、电缆隧道、桥梁及桥架等）等。

3）巡查结果应记录在巡查日志中。

4. 日常巡视中的带电检测要求

（1）红外检测：① 新设备投运及大修后应在1个月内完成红外检测，330kV及以上在运橡塑绝缘电缆每1个月红外检测1次、220kV每3个月红外检测1次、110kV/66kV每6个月红外检测1次，在运充油电缆220kV/330kV每3个月红外检测1次、110kV/66kV每6个月红外检测1次；② 重大活动、重大节日、设备负荷突然增加或运行方式改变等应增加设备监测次数；③ 新建、扩建、改建或大修的设备在带负荷后一个月内应进行一次检测。

（2）接地电流测量：重点检测电缆终端、电缆中间接头、交叉互联线及接地线等部位，新设备投运、大修后应在1个月内完成接地电流测量，在运设备每3个月接地电流测量1次。

（3）超声波局部放电检测：重点检测电缆终端及中间接头处，新设备投运、大修后1个月内完成检测；投运3年内至少每年1次，3年后根据线路的实际情况，每3～5年1次，20年后根据电缆状态评估结果每1～3年1次。

（4）高频局部放电检测：重点检测电缆终端及中间接头处，新设备投运、大修后1个月内完成检测；投运3年内至少每年1次，3年后根据线路的实际情况，每3～5年1次，20年后根据电缆状态评估结果每1～3年1次。

（5）超高频局部放电检测：重点检测电缆终端及中间接头处，新设备投运、大修后1个月内完成检测；投运3年内至少每年1次，3年后根据线路的实际情况，每3～5年1次，20年后根据电缆状态评估结果每1～3年1次。

二、电缆线路巡查流程

电缆线路巡查包括巡查安排、巡查准备、核对设备、检查设备、巡查汇报等部分内容。

1. 电缆线路巡查流程

见图25-2-1。

2. 电缆线路巡查的流程

（1）巡查安排。设备巡查工作安排，依据巡查人员管辖的责任设备和责任区域，明确巡查任务的性质（周期巡查、交接班巡查、特殊巡查），并根据现场情况提出安全注意事项。特殊巡查还应明确巡查的重点及对象。

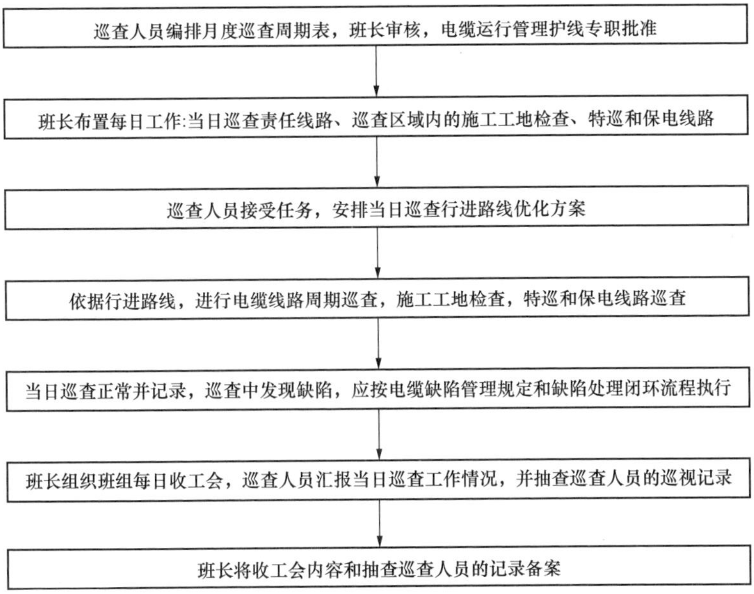

图 25–2–1　电缆线路巡查流程图

（2）巡查准备。根据巡查性质，检查所需用使用的钥匙、工器具、照明器具以及测量仪器具是否正确、齐全；检查着装是否符合安全工作规程规定；检查巡查人员对巡查任务、注意事项和重点是否清楚。

（3）核对设备。开始巡查电缆设备，巡查人员记录巡查开始时间。设备巡查应按巡查性质、责任设备、项目内容进行，不得漏巡。到达巡查现场后，巡查人员根据巡查内容认真核对电缆设备铭牌。

（4）检查设备。设备巡查时，巡查人员根据巡查内容，逐一巡查电缆设备部位。依据巡查性质逐项检查设备状况，并将巡查结果作记录。巡查中发现紧急缺陷时，应立即终止其他设备巡查，仔细检查缺陷情况，详细记录在运行工作记录簿中。巡查中，巡查负责人应做好其他巡查人的安全监护工作。

（5）巡查汇报。全部设备巡查完毕后，由巡查责任人填写巡查结束时间，巡查性质，所有参加巡查人，分别签名。巡查发现的设备缺陷，应按照缺陷管理进行判断分类定性，并详细向上级（电缆设备运行专职、技术负责）汇报设备巡查结果。

三、电缆线路的巡查项目及要求

1. 电缆线路及线段的巡查

（1）巡查各种电压等级的电缆线路，观察路面状态正常与否。

1）对电缆线路及线段，察看路面正常，无挖掘痕迹、打桩及路线标志牌完整无缺等；

2）敷设在地下的直埋电缆线路上，不应堆置瓦砾、矿渣、建筑材料、笨重物件、酸碱性排泄物或砌堆石灰坑等；

3）在直埋电缆线路上的松土地段通行重车，除必须采取保护电缆措施外，应将该地段详细记入守护记录簿内。

4）敷设于桥梁上的电缆，应检查桥梁电缆保护管、沟槽有无脱开或锈蚀，检查盖板有无缺损，检查遮阳棚是否完好。

（2）巡查各种电压等级的电缆线路有无化学腐蚀、电化学腐蚀、虫害鼠害迹象。

1）巡查电缆线路有被腐蚀状或嗅到电缆线路附近有腐蚀性气味时，采用 pH 值化学分析来判断土壤和地下水对电缆的侵蚀程度（如土壤和地下水中含有有机物、酸、碱等化学物质，酸与碱的 pH 值小于 6 或大于 8 等）；

2）巡查电缆线路时，发现电缆金属护套铅包（铝包）或铠装呈痘状及带淡黄或淡粉红的白色，一般可判定为化学腐蚀；

3）巡查电缆线路时，发现电缆被腐蚀的化合物呈褐色的过氧化铅时，一般可判定为阳极地区杂散电流（直流）电化学腐蚀，发现电缆被腐蚀的化合物呈鲜红色（也有呈绿色或黄色）的铅化合物时，一般可判定为阴极地区杂散电流（直流）电化学腐蚀；

4）当发现电缆线路有腐蚀现象时，应调查腐蚀来源，设法从源头上切断，同时采取适当防腐措施，并在电缆线路专档中记载发现腐蚀、化学分析、防腐处理的资料；

5）对已运行的电缆线路，巡查中发现沿线附近有白蚁繁殖，应立即报告当地白蚁防治部门灭蚁，采用集中诱杀和预防措施，以防运行电缆受到白蚁侵蚀；

6）巡查电缆线路时，发现电缆有鼠害咬坏痕迹，应立即报告当地卫生防疫部门灭鼠，并对已经遭受鼠害的电缆进行处理，亦可更换防鼠害的高硬度特殊护套电缆。

（3）电缆线路负荷监视巡查，运行部门在每年夏季高温或冬、夏电网负荷高峰期间，通过测量和记录手段，做好电缆线路负荷巡查及负荷电流监视工作。

目前较先进的运行部门与电力调度的计算机联网（也称为 OMS 系统），随时可监视电缆线路负荷实时曲线图，掌握电缆线路运行动态负荷。

电缆线路过负荷反映出来的损坏部件大体可分为下面五类：

1）造成导体接点的损坏，或是造成终端头外部接点的损坏。

2）因过热造成固体绝缘变形，降低绝缘水平，加速绝缘老化。

3）使金属铅护套发生龟裂现象，整条电缆铅包膨胀，在铠装隙缝处裂开。

4）电缆终端盒和中间接头盒胀裂，是因为灌注在盒内的沥青绝缘胶受热膨胀所致，在接头封铅和铠装切断处，其间露出的一段铅护套，可能由于膨胀而裂开。

5）电缆线路过负荷运行带来加速绝缘老化的后果，缩短电缆寿命和导致电缆金属护套的不可逆膨胀，并会在电缆护套内增加气隙。

（4）运行电缆要检查外皮的温度状况：

1）电缆线路温度监视巡查，在电力电缆比较密集和重要的电缆线路上，可在电缆表面装设热电偶测试电缆表面温度，确定电缆无过热现象。

2）应选择在负荷最大时和在散热条件最差的线段（长度一般不少于 10m）进行检查。

3）电缆线路温度测温点选择，在电缆密集和有外来热源的地域可设点监视，每个测量地点应装有两个测温点，检查该地区地温是否已超过规定温升。

4）运行电缆周围的土壤温度按指定地点定期进行测量，夏季一般每 2 周一次，冬、夏负荷高峰期间每周一次。

5）电缆的允许载流量在同一地区随着季节温度的变化而不同，运行部门在校核电缆线路的额定输送容量时，为了确保安全运行，按该地区的历史最高气温、地温和该地区的电缆分布情况，作出适当规定予以校正（系数）。

2. 电缆终端附件的巡查

（1）户内户外电缆终端巡查：

1）电缆终端无电晕放电痕迹、污秽现象，终端密封是否完好；终端绝缘管材有无开裂；套管及支撑绝缘子有无损伤。

2）电缆铭牌是否完好，相色标志是否齐全、清晰；电缆固定、保护设施是否完好等。

3）电缆终端盒内绝缘胶（油）无水分，绝缘胶（油）不满者应予以补充。

4）电缆终端盒壳体及套管有无裂纹，套管表面无放电痕迹。

5）电缆终端垂直保护管，靠近地面段电缆无被车辆撞碰痕迹。

6）装有油位指示器的电缆终端油位正常。

7）高压充油电缆取油样进行油试验，检查充油电缆的油压力，定期抄录油压。

8）单芯电缆保护器巡查，测量单芯电缆护层绝缘，检查安装有保护器的单芯电缆在通过短路电流后阀片或球间隙有无击穿或烧熔现象。

9）电气连接点固定件有无松动、锈蚀，引出线连接点有无发热现象；终端应力锥部位是否发热，应对连接点和应力锥部位采用红外测温仪测量温度。

10）检查 GIS 筒内有无放电声响，必要时测量局部放电。

11）接地线是否良好，连接处是否紧固可靠，有无发热或放电现象；必要时测量连接处温度和单芯电缆金属护层接地线电流，有较大突变时应停电进行接地系统检查，查找接地电流突变原因。

12）检查电缆终端杆塔周围有无影响电缆安全运行的树木、爬藤、堆物及违章建筑等。

13）对电缆终端处的避雷器，应检查套管是否完好，表面有无放电痕迹，检查泄漏电流监测仪数值是否正常，并按规定记录放电计数器动作次数。

14）通过短路电流后应检查护层过电压限制器有无烧熔现象，交叉互联箱、接地箱内连接排接触是否良好。

（2）电缆线路绝缘监督巡查：

1）对电缆终端盒进行巡查，发现终端盒因结构不密封有漏油和安装不良导致油纸电缆终端盒绝缘进水受潮、终端盒金属附件及瓷套管胀裂等问题时，应及时更换。

2）填有流质绝缘油的终端头，一般应在冬季补油。

3）需定期对黏性浸渍油纸电缆线路进行巡查，应针对不同敷设方式的特点，加强对电缆线路的机械保护，电缆和接头在支架上应有绝缘衬垫。

4）对充油电缆内的电缆油进行巡查，一般 2～3 年测量一次介质损失角正切值、室温下的击穿强度，试验油样取自远离油箱的一端，必要时可增加取样点。

5）为预防漏油失压事故，充油电缆线路只要安装完成后，不论是否投入运行，巡查其油压示警系统，如油压示警系统因检修需要较长时间退出运行，则必须加强对供油系统的监视巡查。

6）对交联电缆绝缘变质事故的预防巡查，采用在线检测等方法来探测交联聚乙烯电缆绝缘性能的变化。

7）对交联聚乙烯电缆在任何情况下密封部位巡查，防止水分进入电缆本体产生水树枝渗透现象。

8）对交联聚乙烯电缆线路运行故障的电缆绝缘进行外观辨色和切片检测。

3. 电缆线路附属设施的巡查

（1）对地面电缆分支箱巡查：

1）核对分支箱铭牌无误，检查周围地面环境无异常，如无挖掘痕迹、无地面沉降。

2）检查通风及防漏情况良好。

3）检查门锁及螺栓、铁件油漆状况。

4）分支箱内电缆终端的检查内容与户内终端相同。

（2）对电缆线路附属设备巡查：

1）装有自动温控机械通风设施的隧道、竖井等场所巡查，内容包括排风机的运转正常，排风进出口畅通，电动机绝缘电阻、控制系统继电器的动作准确，绝缘电阻数值正常，表计准确等。

2）装有自动排水系统的工井、隧道等的巡查，内容包括水泵运转正常，排水畅通，逆止阀正常，电动机绝缘电阻，控制系统继电器的动作准确，自动合闸装置的机械动作正常，表计准确等。

3）装有照明设施的隧道、竖井等场所巡查，内容包括照明装置完好无损坏，漏电保护器正常，控制系统继电器的动作准确，绝缘电阻数值正常，表计、开关准确并无损坏等。

4）装有自动防火系统的隧道、竖井等场所巡查，内容包括报警装置测试正常，控制系统继电器的动作准确，绝缘电阻数值正常，表计准确等。

5）装有油压监视信号装置的场所巡查，内容包括表计准确，阀门开闭位置正确、灵活，与构架绝缘部分的零件无放电现象，充油电缆线路油压正常，管道无渗漏油，油压系统的压力箱、管道、阀门、压力表完善，对于充油（或充气）电缆油压（气压）监视装置、电触点压力表进行油（气）压自动记录和报警正常，通过正常巡查及时发现和消除产生油（气）压异常的因素和缺陷。

4. 电缆线路上构筑物巡查

（1）工井和排管内的积水无异常气味。电缆支架及挂钩等铁件无腐蚀现象。井盖和井内通风良好，井体无沉降、裂缝。工井内电缆位置正常，电缆无跌落，接头无漏油，接地良好。

（2）电缆沟、隧道和竖井的门锁正常，进出通道畅通。隧道内无渗水、积水。

（3）隧道内的电缆要检查电缆位置正常，电缆无跌落。电缆和接头的金属护套与支架间的绝缘垫层完好，在支架上无硌伤。支架无脱落。

（4）隧道内电缆防火包带、涂料、堵料及防火槽盒等完好，防火设备、通风设备完善正常，并记录室温。

（5）隧道内电缆接地良好，电缆和电缆接头有无漏油。隧道内照明设施完善。

（6）通过市政桥梁的电缆及专用电缆桥的两边电缆不受过大拉力。桥堍两边电缆无龟裂，漏油及腐蚀。

（7）通过市政桥梁的电缆及专用电缆桥的电缆保护管、槽未受撞击或外力损伤。电缆铠装护层完好。

5. 水底电缆线路的巡查

（1）水底电缆线路的河岸两端可视警告标志牌清晰，夜间灯光明亮。

（2）在水底电缆两岸设置瞭望岗哨，应有扩音设备和望远镜，瞭望清楚，随时监视来往船只，发现异常情况及早呼号阻止。

（3）未设置瞭望岗哨的水底电缆线路，应在水底电缆防护区内架设防护钢索链，减少违反航运规定所引起的电缆损坏事故。

（4）检查邻近河岸两侧的水底电缆无受潮水冲刷现象，电缆盖板无露出水面或移位。

（5）根据水文部门提供的测量数据资料，观察水底电缆线路区域内的河床变化情况。

6. 电缆线路上施工保护区的巡查

（1）运行部门和运行巡查人员必须了解和掌握全部运行电缆线路上的施工情况，宣传保护电缆线路的重要性，并督促和配合挖掘、钻探等有关单位切实执行《电力法》和当地政府所颁布的有关地下管线保护条例或规定，做好电缆线路反外力损坏防范工作。

（2）在高压电缆线路和郊区挖掘、钻探施工频繁的电缆线路上，应设立明显的警告标志牌。

（3）在电缆线路和保护区附近施工，护线人员应对施工所涉及范围内的电缆线路进行交底，认真办理“地下管线交底卡”，并提出保护电缆的措施。

（4）凡因施工必须挖掘而暴露的电缆，应由护线人员在场监护配合，并应告知施工人员有关施工注意事项和保护措施。配合工程结束前，护线人员应检查电缆外部情况是否完好无损，安放位置是否正确。待保护措施落实后，方可离开现场。

（5）在施工配合过程中，发现现场出现严重威胁电缆安全运行的施工，应立即制止，并落实防范措施，同时汇报有关领导。

（6）运行部门和运行巡查人员应定期对护线工作进行总结，分析护线工作动态，同时对发生的电缆线路外力损坏故障和各类事故进行分析，制定防范措施和处理对策。

（7）运维单位应加强电缆通道的准入管理，任何单位和个人进入电缆通道前，应到运维单位办理许可手续，施工作业应签订安全协议。

四、危险点分析

巡查电缆线路时，防止人身、设备事故的危险点预控分析和预控措施见表 25-2-2。

表 25-2-2　　电缆线路设备巡查的危险点分析和预控措施

序号	危险点	预控措施
1	人身触电	1. 巡查时应与带电电缆设备保持足够的安全距离：10kV 及以下，0.7m；35kV，1m；110kV，1.5m；220kV，3m；330kV，4m；500kV，5m。 2. 巡查时不得移开或越过有电电缆设备遮栏
2	有害气体燃爆中毒	1. 下电缆井巡查时，应配有可燃和有毒气体浓度显示的报警控制器。 2. 报警控制器的指示误差和报警误差应符合下列规定： （1）可燃气体的指示误差：指示范围为 0～100%LEL 时，±5%LEL。 （2）有毒气体的指示误差：指示范围为 0～3TLV 时，±10%指示值。 （3）可燃气体和有毒气体的报警误差：±25%设定值以内
3	摔伤或碰砸伤人	1. 巡查时注意行走安全，上下台阶、跨越沟道或配电室门口防鼠挡板时，防止摔伤、碰伤。 2. 巡查中需要搬动电缆沟盖板时，应防止砸伤和碰伤人。 3. 在电缆井、电缆隧道、电缆竖井内巡查中，应及时清理杂物，保持通道畅通，上下扶梯及行走时，防止绊倒摔伤

续表

序号	危　险　点	预　控　措　施
4	设备异常伤人	1. 电缆本体受到外力机械损伤或地面下陷倾斜等异常可能对人身安全构成威胁时，巡查人员远离现场，防止发生意外伤人。 2. 电缆终端设备放电或异常可能对人身安全构成威胁时，巡查人员应远离现场
5	意外伤人	1. 巡查人员巡查电缆设备时应戴好安全帽。 2. 进入电站巡查电缆设备时，一般应两人同时进行，注意保持与带电体的安全距离和行走安全，并严禁接触电气设备的外壳和构架。 3. 巡查人员巡查电缆设备时，应携带通信工具，随时保持联络。 4. 高压设备发生接地时，室内不得接近故障点 4m 以内，室外不得接近故障点 8m 以内。 5. 夜间巡查设备时携带照明器具，并两人同时进行，注意行走安全
6	保护及自动装置误动	1. 在电站内禁止使用移动通信工具，以免造成保护及自动装置误动。 2. 在电站内巡查行走应注意地面标志线，以免误入禁止标志线，造成保护及自动装置误动

【案例 25-2-1】

第二届青年奥林匹克运动会 S 市电力公司对青奥会期间供电线路的 S 市体育场特殊巡查。

第二届青年奥林匹克运动会于 2014 年 8 月在南京隆重开幕，S 市作为第二届青年奥林匹克运动会比赛协办城市，S 市电力公司对奥运比赛所涉及的体育场馆和宾馆供电线路作了全面部署，8 月 10 日首场足球比赛在 S 市体育场（见图 25-2-2）举行。S 市电缆运行巡查人员担负 S 市体育场 110kV“奥体 728 线”供电电缆线路保电特巡任务。2008 年 7 月中旬，S 市电力公司电缆运行部门就开始对 S 市体育场 110kV“奥体 728 线”供电电缆线路进行为期半个月的试巡查，检查保电特殊巡查的责任设备和责任区域内安全、保障工作。

一、S 市体育场电缆线路保电特殊巡查要求

（1）S 市体育场巡查项目：电缆线路本体、电缆终端附件、电缆线路附属设备等。

（2）S 市体育场电缆线路保电特殊巡查结果，记录在“电缆值守记录簿”中。

二、S 市体育场电缆线路保电特殊巡查流程

1. 巡查安排

设备巡查工作安排，依据巡查人员管辖的责任设备和责任区域，明确巡查任务的性质、巡查的重点，并提出巡查路段、安全注意事项，如图 25-2-2 和图 25-2-3 所示，制订 S 市体育场特殊巡查日安排表（见表 25-2-3）。

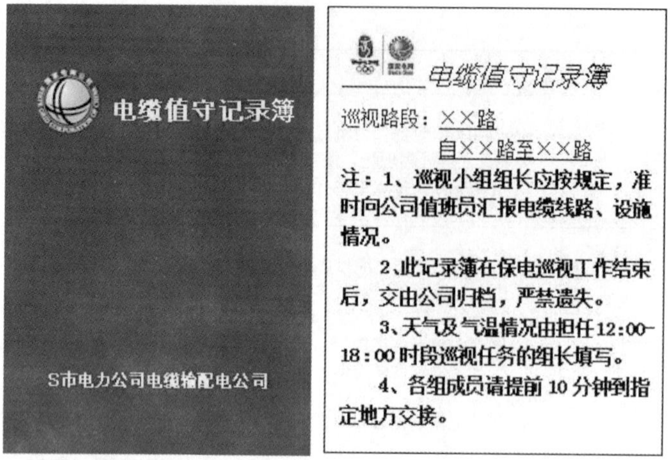

图 25-2-2 S 市体育场电缆线路特殊巡查路段

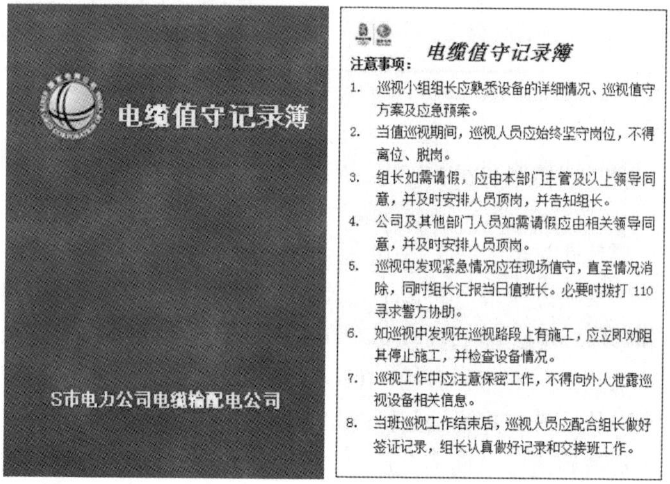

图 25-2-3 第二届青奥会 S 市电网保电电缆线路特殊巡查注意事项

表 25-2-3 电缆巡查人员管辖部分责任设备和责任区域（S 市体育场）日安排表

电缆线路名称	供电对象	开始时间	结束时间	巡视起点	巡视终点	线路负责人	组长姓名	第一组组员	第二组组员
110kV“奥体 728 线”	S 市体育场	6:00	12:00	瑞金站	S 市体育场	朱××	沈×	王×	李××
110kV“奥体 728 线”	S 市体育场	12:00	18:00	瑞金站	S 市体育场	朱××	陆××	汪××	闵×
110kV“奥体 728 线”	S 市体育场	18:00	0:00	瑞金站	S 市体育场	朱××	王××	范××	蒋××
110kV“奥体 728 线”	S 市体育场	0:00	6:00	瑞金站	S 市体育场	朱××	姚××	谭××	杜×

2. 巡查准备

根据巡查性质，检查所需使用的钥匙、工器具、照明器具以及测量仪器具是否正确、齐全；检查着装是否符合《国家电网公司电力安全工作规程（线路部分）》规定；检查巡查人员对巡查任务、注意事项和重点是否清楚。

3. 核对设备

到达巡查现场后，开始巡查电缆设备，巡查人员根据巡查内容认真核对电缆设备铭牌。S 市体育场特殊巡查，应对照 110kV“奥体 728 线”电缆线路 GPS 图所示位置正确巡查。图 25–2–4 所示为巡查人员在 S 市体育场 110kV“奥体 728 线”供电电缆线路走向通道上详细核对 110kV“奥体 728 线”电缆正确位置。

4. 检查设备

巡查人员根据巡查内容，巡查电缆设备部位，检查设备状况，并将巡查结果作好记录。巡查中，巡查负责人应做好其他巡查人的安全监护工作。图 25–2–5 所示为巡查人员在 S 市体育场 110kV“奥体 728 线”供电电缆线路上踏线巡查。

图 25–2–4　巡查人员在 S 市体育场 110“奥体 728 线”电缆线路上核对位置

图 25–2–5　巡查人员在 S 市体育场 110“奥体 728 线”电缆线路终端巡视

5. 巡查汇报

S 市体育场 110“奥体 728 线”电缆线路特巡要求：每天的每组值守来回巡查一般不少于 4 次。来回巡查一次完毕后，由巡查组长（交班人或接班人）填写巡查结束时间，所有参加巡查人，分别签名。每组当天巡查结束，组长（交班人或接班人）做好交接班手续和汇报上级工作。

【思考与练习】

1. 电缆线路运行巡查有哪些周期要求？
2. 电缆线路巡查有哪些分类项目和内容？
3. 电缆线路反外力损坏工作重点在哪几个方面？

4. 电缆线路巡查的危险点分析和预控措施有哪些内容？

模块3 红外测温仪的使用和应用（Z06J2002Ⅱ）

【模块描述】本模块介绍红外测温仪的原理和使用方法。通过对测温原理、操作步骤讲解和示例介绍，熟悉红外测温仪的用途、基本原理与结构，掌握操作方法、操作步骤、注意事项和日常维护方法。

【模块内容】

一、用途

红外线测温被测目标点温度数字式技术采用：① 点测量，测定物体全部表面温度；② 温差测量，比较两个独立点的温度测量；③ 扫描测量，探测在宽的区域或连续区域目标变化。其检测得到的被测目标点的温度结果以数字形式在显示器上显示。

红外线测温技术是一项简便、快捷的设备状态在线检测技术。主要用来对各种户内、户外高压电气设备和输配电线路（包括电力电缆）运行温度进行带电检测，可以大大减少甚至从根本上杜绝由于电气设备异常发热而引起的设备损坏和系统停电事故。具有不停电、不取样、非接触、直观、准确、灵敏度高、快速、安全、应用范围广等特点，是保证电力设备安全、经济运行的重要技术措施。

二、基本原理与结构

1. 基本原理

红外线测温仪应用非电量的电测法原理，由光学系统、光电探测器、信号放大器及信号处理、显示输出等部分组成。通过接受被测目标物体发射、反射和传导的能量来测量其表面温度。测温仪内的探测元件将采集的能量信息输送到微处理器中进行处理，然后转换成温度由读数显示器显示。

2. 结构分类

红外测温仪根据原理分为单色测温仪和双色测温仪（又称辐射比色测温仪）。

（1）单色测温仪在进行测温时，被测目标面积应充满测温仪视场，被测目标尺寸超过视场大小 50%为好。如果目标尺寸小于视场，背景辐射能量就会进入而干扰测温读数，容易造成误差。

（2）比色测温仪在进行测温时，其温度是由两个独立的波长带内辐射能量的比值来确定的，因此不会对测量结果产生重大影响。

三、操作步骤与缺陷判断

1. 操作步骤

（1）检测操作时，应充分利用红外测温仪的有关功能并进行修正，以达到检测最佳效果。

（2）红外测温仪在开机后，先进行内部温度数值显示稳定，然后进行功能修正步骤。

（3）红外测温仪的测温量程（所谓“光点尺寸”）宜设置修正至安全及合适范围内。

（4）为使红外测温仪的测量准确，测温前一般要根据被测物体材料发射率修正。

（5）发射率修正的方法是：根据不同物体的发射率（见表 25–3–1）调整红外测温仪放大器的放大倍数（放大器倍数=1/发射率），使具有某一温度的实际物体的辐射在系统中所产生的信号与具有同一温度的黑体所产生的信号相同。

表 25–3–1　　常用材料发射率的选择（推荐）

材　料	金　属	瓷　套	带 漆 金 属
发射率（8～14μm）	0.80	0.85	0.90

（6）红外测温仪检测时，先对所有应测试部位进行激光瞄准器瞄准，检查有无过热异常部位，然后再对异常部位和重点被检测设备进行检测，获取温度值数据。

（7）检测时，应及时记录被测设备显示器显示的温度值数据。

2. 缺陷判断

（1）表面温度判断法。根据测得的设备表面温度值，对照 GB/T 11022—1999《高压开关设备和控制设备标准的共用技术要求》中，高压开关设备和控制设备各种部件、材料和绝缘介质的温度和温升极限的有关规定，结合环境气候条件、负荷大小进行分析判断。

（2）同类比较判断法：

1）根据同组三相设备之间对应部位的温差进行比较分析；

2）一般情况下，对于电压致热的设备，当同类温差超过允许温升值的 30%时，应定为重大缺陷；

（3）档案分析判断法。分析同一设备不同时期的检测数据，找出设备致热参数的变化，判断设备是否正常。

四、操作注意事项

（1）在检测时离被检设备以及周围带电运行设备应保持相应电压等级的安全距离。

（2）不应在有雷、雨、雾、雪的情况下进行，风速一般不大于 5m/s。

（3）在有噪声、电磁场、振动和难以接近的环境中，或其他恶劣条件下，宜选择双色测温仪。

（4）被检设备为带电运行设备，并尽量避开视线中的遮挡物。由于光学分辨率的作用，测温仪与测试目标之间的距离越近越好。

（5）检测不宜在温度高的环境中进行。检测时环境温度一般不低于 0℃，空气相对湿度不大于 95%，检测同时记录环境温度。

（6）在户外检测时，晴天要避免阳光直接照射或反射的影响。

（7）在检测时，应避开附近热辐射源的干扰。

（8）防止激光对人眼的伤害。

五、日常维护事项

（1）仪器专人使用，专人保管。

（2）保持仪器表面的清洁。

（3）仪器长时间存放时，应间隔一段时间开机运行，以保持仪器性能稳定。

（4）电池充电完毕应停止充电，如果要延长充电时间，不要超过 30min，不能对电池进行长时间充电。仪器不使用时，应把电池取出。

（5）仪器应定期进行校验，每年校验或比对一次。

【案例 25–3–1】

使用 MX–2C 红外测温仪（见图 25–3–1）对电缆终端三相温差拍摄图像，采用同类比较判断法分析案例。

S 市电缆巡视人员于 2009 年 6 月 4 日上午 10 时 47 分，对某条 35kV 电缆线路户内终端使用 MX–2C 红外测温仪测温，环境温度为 28～29℃，距离 1.8m，图形曲线和数字显示温度值。检测结果：A 相 27.6℃，B 相 29℃，C 相 27.7℃。

红外测温仪拍摄的照片如图 25–3–2～图 25–3–4 所示。

图 25–3–1 MX–2C 红外测温仪

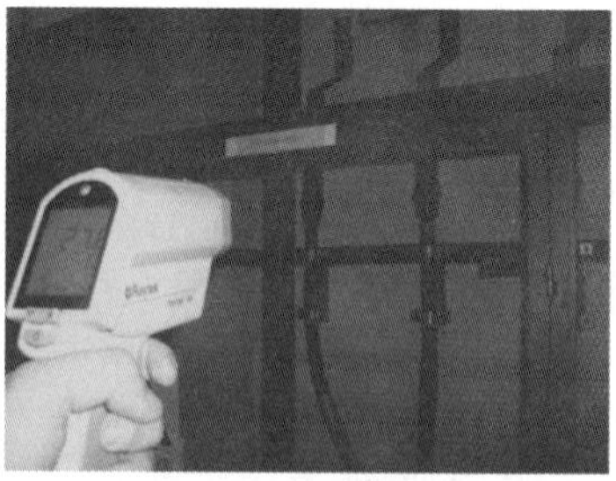

图 25–3–2 某条 35kV 电缆 A 相

案例分析：采用同类比较判断法，根据同组三相设备之间对应部位的温差进行比较分析。S 市该条 35kV 电缆线路户内终端 A、B 两相温度相差最大 1.4℃，温度相差最大百分比为 5%，说明运行温度正常。

图 25-3-3　某条 35kV 电缆 B 相

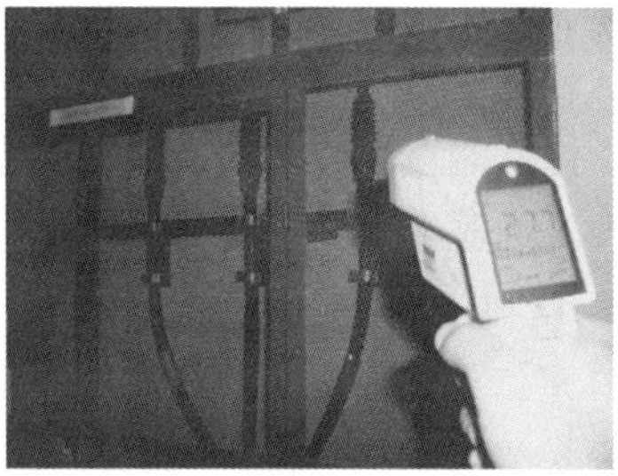

图 25-3-4　某条 35kV 电缆 C 相

【思考与练习】

1. 双色红外测温仪较之单色红外测温仪有什么优点？
2. 根据红外测温仪检测出的数据进行缺陷判断有哪些方法？
3. 红外测温仪日常维护应注意哪些事项？

模块 4　温度热像仪的使用和应用（Z06J2003Ⅱ）

【模块描述】本模块介绍温度热像仪的原理和使用方法。通过对测温原理、操作步骤讲解和示例介绍，熟悉温度热像仪的用途、基本原理与结构，掌握操作方法、操作步骤、注意事项和日常维护方法。

【模块内容】

一、用途

红外温度热成像仪被测目标点温度成像图技术是一项简便、快捷的设备状态在线检测技术，主要用来对各种户内、户外高压电气设备和输配电线路（包括电力电缆）运行温度进行带电检测，其结果在电视屏或监视器上成像显示。

红外温度热成像仪被测目标点温度成像图技术可以反映电力系统各种户内、户外高压电气设备和输配电线路（包括电力电缆）设备温度不均匀的图像，检测异常发热区域，及时发现设备存在的缺陷。具有不停电、不取样、非接触、直观、准确、灵敏度高、快速、安全、应用范围广等特点。大大减少由于电气设备异常发热而引起的设备损坏和系统停电事故，是保证电力设备安全、经济运行重要技术措施。

二、基本原理与结构

1. 工作原理

红外温度热成像仪是利用红外探测器、光学成像镜和光机扫描系统（目前先进的焦平面技术则省去了光机扫描系统）接受被测目标的红外辐射能量分布图形，反映到红外探测器的光敏元件上，在光学系统和红外探测器之间，有一个光扫描机构（焦平面热像仪无此机构）对被测物体的红外热像进行扫描，并聚焦在单元或多元分光探测器上，由探测器将红外辐射能转换成电信号，经过放大处理、转换成标准视频信号通过电视屏或监视器显示红外热成像图。

2. 结构分类

（1）红外热像仪一般分光机扫描成像系统和非光机扫描成像系统两类。

（2）光机扫描热像仪的成像系统采用单元或多元（元数有 8、10、16、23、48、55、60、120、180 甚至更多）光电导或光伏红外探测器。用单元探测器时速度慢，主要是帧幅响应的时间不够快，多元阵列探测器可做成高速实时热像仪。

（3）非光机扫描成像的热像仪。近几年推出的阵列式凝视成像的焦平面热成像仪，属新一代的热成像装置，在性能上大大优于光机扫描式热成像仪，有逐步取代光机扫描式热成像仪的趋势。

三、操作步骤与缺陷判断

1. 操作步骤

（1）红外热像仪在开机后，先进行内部温度校准，在图像稳定后进行功能设置修正。

（2）热像系统的测温量程宜设置修正在环境温度加温升（10～20K）之间进行检测。

（3）红外测温仪的测温辐射率，应正确选择被测物体材料的比辐射率（见表 25–4–1）进行修正。

（4）检测时应充分利用红外热像仪的有关功能（温度宽窄调节、电平值大小调节等）达到最佳检测效果，如图像均衡、自动跟踪等。

表 25–4–1　　常用材料比辐射率的选择（推荐）

材　料	金　属	瓷　套	带 漆 金 属
比辐射率（ε）	0.90	0.92	0.94

（5）红外热像仪有大气条件的修正模型，可将大气温度、相对湿度、测量距离等补偿参数输入，进行修正并选择适当的测温范围。

（6）检测时先用红外热像仪对被检测设备所有应测试部位进行全面扫描，检查有无过热异常部位，然后对异常部位和重点部位进行准确检测。

2. 缺陷判断

（1）表面温度判断法。根据测得的设备表面温度值，对照 GB/T 11022—1999 中高压开关设备和控制设备各种部件、材料和绝缘介质的温度和温升极限的有关规定，结合环境气候条件、负荷大小进行分析判断。

（2）相对温度判断法：

1）两个对应测点之间的温差与其中较热点的温升之比的百分数；

2）对电流致热的设备，采用相对温差可减小设备小负荷下的缺陷漏判。

（3）同类比较判断法：

1）根据同组三相设备之间对应部位的温差进行比较分析；

2）一般情况下，对于电压致热的设备，当同类温差超过允许温升值的30%时，应定为重大缺陷。

（4）图像特征判断法。根据同类设备的正常状态和异常状态的热图像判断设备是否正常。当电气设备其他试验结果合格时，应排除各种干扰对图像的影响，才能得出结论。

（5）档案分析判断法。分析同一设备不同时期的检测数据，找出设备致热参数的变化，判断设备是否正常。

四、操作注意事项

（1）检测时，检测人员距被检设备以及周围带电运行设备需保持相应电压等级的安全距离。

（2）被检设备为带电运行设备，应尽量避开视线中的遮挡物。

（3）检测时以阴天、多云气候为宜，晴天（除变电站外）尽量在日落后检测。在室内检测要避开灯光的直射，最好闭灯检测。

（4）不应在有雷、雨、雾、雪的情况下进行，风速一般不大于5m/s。

（5）检测时，环境温度一般不低于5℃，空气相对湿度不大于85%。

（6）由于大气衰减的作用，检测距离应越近越好。

（7）检测电流致热的设备，宜在设备负荷高峰下进行，一般不低于设备负荷的30%。

（8）在有电磁场的环境中，热像仪连续使用时，每隔5～10min，或者图像出现不均衡现象时（如两侧测得的环境温度比中间高），应进行内部温度校准。

五、日常维护事项

（1）仪器专人使用，专人保管。

（2）保持仪器表面的清洁，镜头脏污可用镜头纸轻轻擦拭。不要用其他物品清洗或直接擦拭。

（3）避免镜头直接照射强辐射源，以免对探测器造成损伤。

（4）仪器长时间存放时，应间隔一段时间开机运行，以保持仪器性能稳定。

（5）电池充电完毕，应该停止充电，如果要延长充电时间，不要超过30min，不能对电池进行长时间充电。仪器不使用时，应把电池取出。

（6）仪器应定期进行校验，每年校验或比对一次。

【案例 25–4–1】

使用 PM695 红外热成像仪（见图 25–4–1）对电缆终端三相温差拍摄图像，采用同类比较判断法进行分析和消除缺陷的案例。

S 市电缆巡视人员 2008 年 9 月 9 日上午 10 时 44 分 05 秒，对某条 35kV 交联聚乙烯绝缘电缆户外终端使用 PM695 红外热像仪［FOV11 镜头］拍摄图像（见图 25–4–3），环境温度为 30℃，距离 2.8m，辐射率 0.92，温度值范围 12～32℃。发现 A、B 两相电缆终端与架空线连接处温度在 22℃左右，而 C 相电缆终端与架空线连接处温度在 32℃，C 相温度超过 A、B 两相 10℃。

图 25–4–1 PM695 红外热成像仪

图 25–4–2 MX–2C 红外测温仪

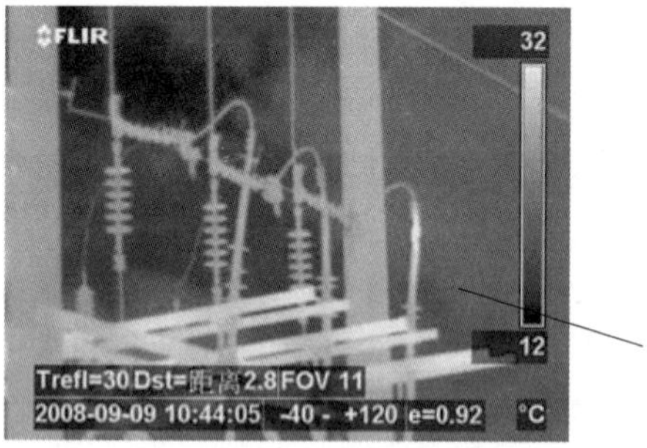

图 25–4–3 巡视中拍摄的某条

案例分析：采用同类比较判断法：根据同组三相设备之间对应部位的温差进行比较分析，当同类相温差超过允许温升值的 30%时，应定为重大缺陷。该 35kV 电缆线路户外终端 C 相温度超过 A、B 两相 10℃，与同类相温差最大为 45%，C 相定为严重缺陷进行处理。

消除缺陷后于 2008 年 9 月 12 日上午 10 时 45 分 21 秒，对该 35kV 电缆线路户外终端，巡视人员在巡视中再次使用 PM695 红外热像仪拍摄图像（见图 25–4–4），环境温度 20℃，距离 2.8m，辐射率 0.9，温度值范围 6～34℃。发现 A、B、C 三相电缆终端与架空线连接处温度均在 25℃左右，说明运行温度正常。

【案例 25–4–2】

使用 PM695 红外热成像仪，环境条件对成像仪检测结果影响的内容案例。

（2–1）2009 年 12 月 9 日上午 10 时 02 分，S 市电缆巡视人员使用 PM695 红外热成像仪，对 35kV“泰肥 791”电缆线路户外终端进行温度检测拍摄的成像图，见图 25–4–5 环境条件对成像仪检测“泰肥 791”电缆线路户外终端结果影响图。

案例分析：该电缆户外终端支架倚靠混凝土墙，电缆顺墙壁攀登至终端支架。由于钢筋混凝土建筑墙白昼易吸收大量的热量，造成红外热成像图不清楚，并无法调节至清晰状态。从拍摄的图中可以看到三相户外电缆终端颜色较之墙壁颜色深，导致背景墙壁淡色，对成像仪检测结果有影响。

图 25–4–4 消除缺陷后拍摄的某条 35kV 交联电缆热成像图

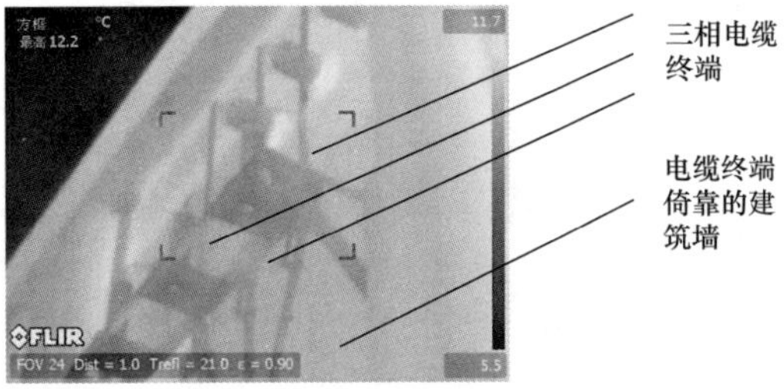

图 25–4–5 环境条件对成像仪检测 35kV“泰肥 791”电缆户外终端结果影响图

（2–2）2010 年 2 月 25 日上午 9 时 51 分，S 市电缆巡视人员使用 PM695 红外热成像仪，大雨停后对“郁家宅泵站”电缆线路户外终端进行温度检测拍摄的成像图，见图 25–4–6 环境条件对成像仪检测“郁家宅泵站”电缆线路户外终端结果影响图。

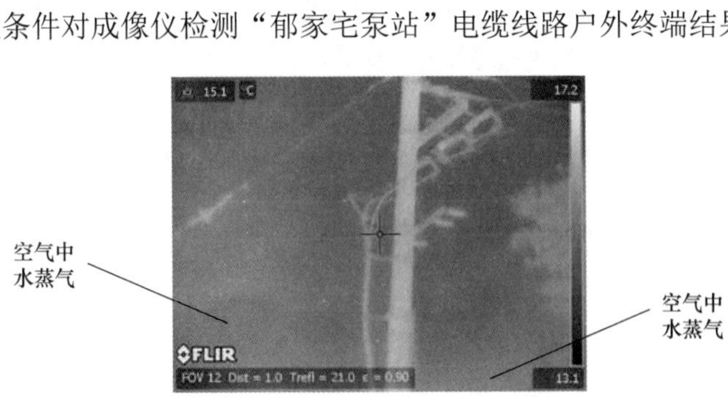

图 25–4–6 环境条件对成像仪检测“郁家宅泵站”电缆线路户外终端结果影响图

案例分析：由于雨过天晴太阳的照射，空气中水蒸气影响，造成红外热成像图模糊不清晰，并无法调节至清晰状态。从图中可以看到雨后太阳照射水分蒸发，导致空气中水蒸气含量较高，对成像仪检测结果的影响非常大。

【案例 25–4–3】

使用 PM695 红外热成像仪，消除环境条件对成像仪检测结果影响，突显设备缺陷发热点放电的案例。

S 市电缆巡视人员 2008 年 12 月 19 日上午 11 时 09 分 10 秒，对某条交联聚乙烯绝缘电缆户外终端在巡视中，使用 PM695 红外热像仪［FOV11 镜头］拍摄的图像，环境温度为 15℃，距离 12.8m，比辐射率 0.9，温度值范围–2～21℃。图像见图 Z06J2003Ⅱ–7 S 市某条交联电缆户外终端缺陷成像图。

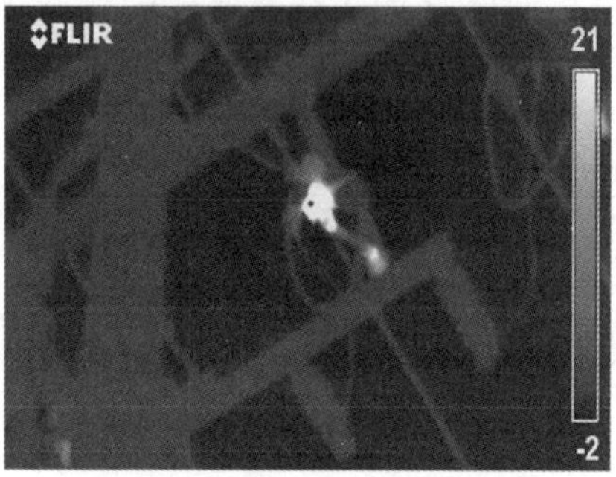

图 25–4–7　S 市某条 110kV 交联电缆户外终端缺陷成像图

案例分析：从拍摄的成像图中发现，B 相电缆终端与架空线连接处温度在 21℃左右，而 A、C 两相电缆终端与架空线熔丝连接处温度在 10℃左右，B 相温度超过 A、C 两相 10℃。由于是白天，拍摄的图像不易察看到放电现象，巡视人员采用手动模式，利用红外热像仪调节图像亮度的电平功能，将电平值向大调节，使成像仪图像背景逐渐变暗，直至可看到设备缺陷发热点突显电弧闪络放电光，见图 25–4–7。

【思考与练习】

1. 红外热成像仪结构分类及发展趋势是怎样的？不同结构的热成像仪工作原理上有哪些区别？
2. 红外热成像仪使用操作时应注意哪些问题？
3. 红外热成像仪检测时有哪些注意事项？

模块 5　电子巡检仪器的基本原理（Z06J2004Ⅱ）

【模块描述】本模块介绍电子巡检仪器的基本原理，通过知识讲解及案例分析，学会使用电子巡检仪器工作的基本原理。

【模块内容】

一、用途

电子巡检仪器是电力电缆线路运行维护单位用来对电力电缆线路进行日常巡视和

检查的信息系统。

电子巡检仪器采用先进的移动通信技术、地理信息处理、信息处理技术、网络安全技术和信息采集技术，以专网和无线通信技术为依托，可以对现场指定仪表进行抄录，对设备的巡检数据进行现场记录。

电子巡检仪既实现了在巡检现场采集故障数据和运行参数的功能以及对电缆线路、设备信息查询的功能，也使管理人员可以随时对巡检数据进行管理、分析、和检索，并能够及时、准确了解巡线员经过的巡视线路上设备的运行状况，从而及时发现、处理设备缺陷和存在的安全隐患。

二、基本原理与结构

（一）工作原理

巡检管理人员通过巡检后台系统制定计划和安排任务；巡检人员利用巡检终端设备来接受巡检任务、到现场进行巡检、提交巡检结果到巡检后台；巡检管理人员对巡检人员提交的巡检记录进行审批、统计分析等管理工作。

（二）结构功能

电子巡检仪器一般由巡检后台系统与巡检终端设备组成见图25–5–1。

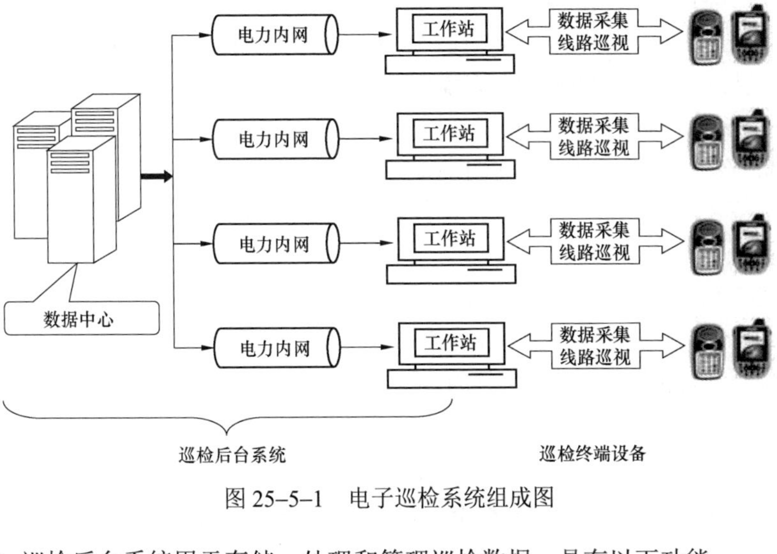

图25–5–1 电子巡检系统组成图

（1）巡检后台系统用于存储、处理和管理巡检数据。具有以下功能：

1）允许系统管理员管理系统的用户和权限，能验证用户的身份；

2）支持对巡检对象数据的管理功能，支持自定义巡检对象类型、巡检周期、巡检项目和缺陷类型；

3）支持巡检任务的手工制定和自动生成；

4）接收巡检终端提交的巡检数据，检查巡检任务的完成情况，支持在电子地图背景上回放巡检轨迹和过程，具有缺陷及状态改变的录入功能；

5）应具有对巡检数据的处理和分析功能；

6）能与现有的生产管理信息系统进行以下数据交换：

a. 从生产管理信息系统中获取巡检对象数据；

b. 将巡检数据输出到生产管理信息系统；

c. 与生产管理信息系统交换巡检对象缺陷和缺陷处理结果。

（2）巡检终端设备用于在现场采集巡检数据和查阅相关资料。巡检终端设备能与巡检后台系统通信。具有以下功能：

1）能验证用户的身份。

2）应能自动从巡检后台获取任务及相关数据；单个巡检终端应能支持多个巡检任务；宜能提示与巡检任务相关的危险点、工器具等。

3）提示巡检对象的巡检顺序；确定自身的地理位置；查询巡检对象的基本信息；提示巡检对象未消除的缺陷；显示巡检对象的巡检项。

4）采用便捷的录入方法，方便用户快速、准确地录入设备运行数据和缺陷等。

5）对巡检过程进行记录（包括巡检时间、巡检人员、巡检轨迹、巡检结果等）。

6）支持录音、照相和录像等多媒体数据的获取和提交。

7）提示未巡检的巡检对象。

8）能够在巡检后台的支撑下自动升级。

9）与后台系统之间可实现大批量数据交互，数据传输要求采取必要的安全手段保证信息安全。

【思考与练习】

1. 电子巡检仪器的基本原理是什么？

2. 电子巡检仪器的结构是怎样的？

3. 巡检后台系统与巡检终端设备的功能主要有哪些？

模块 6　电子巡检仪器的使用方法（Z06J2005Ⅱ）

【模块描述】本模块主要介绍电子巡检仪器的使用方法，通过知识讲解及案例分析，学会使用电子巡检仪器开展电缆线路巡视。

【模块内容】

电子巡检仪器是电力电缆线路运行维护单位用来对电力电缆线路进行日常巡视和

检查的信息系统。

一、电子巡检仪器的使用方法

电子巡检仪器的使用根据它的组成部分分为两类：

1. 巡检后台系统的使用

巡检后台系统用于存储、处理和管理巡检数据。

（1）巡检管理人员在巡检后台系统中制定巡视计划并安排巡视任务，并将巡视任务数据发送到巡检终端设备。

（2）在巡检人员持用巡检终端设备完成巡检任务后，接收巡检结果数据，处理分析，并与生产管理信息系统进行数据交换。

2. 巡检终端设备的使用

巡检终端设备用于在现场采集巡检数据和查阅相关资料。

（1）巡检人员持用巡检终端设备从巡检后台系统中接收巡检任务及相关数据。

（2）巡检人员根据巡检任务准备相应工器具并做好相关的危险点预控。

（3）巡检人员根据巡检终端设备提供的巡检顺序对巡检对象进行巡视；并在巡检终端设备上准确地录入设备运行数据和缺陷等数据。

（4）核对巡检终端设备上的巡检对象，对未巡检、巡检数据缺失的重新巡视。

（5）提交巡检结果到巡检后台系统。

二、电子巡检仪器的巡视流程

如图 25–6–1 所示。

三、电子巡检仪器使用注意事项

（1）巡检人员巡视时离被检设备以及周围带电设备应保持相应电压等级的安全距离。

（2）巡检后台系统应有专人负责管理，并采取有效的安全手段来保证数据的安全，保护数据不被非法截获或非法修改。

（3）由于在数据和流程上与现有的生产管理信息系统连接，工作人员进入巡检后台系统必须通过身份验证才能使用。

（4）巡检人员须及时把巡检终端设备上记录的资料上传至巡检后台系统。

（5）常用巡检终端设备应及时充电。

【思考与练习】

1. 巡检后台系统与巡检终端设备的使用方法是？
2. 巡检人员巡视的主要流程是？
3. 巡检仪器使用注意事项有哪些？

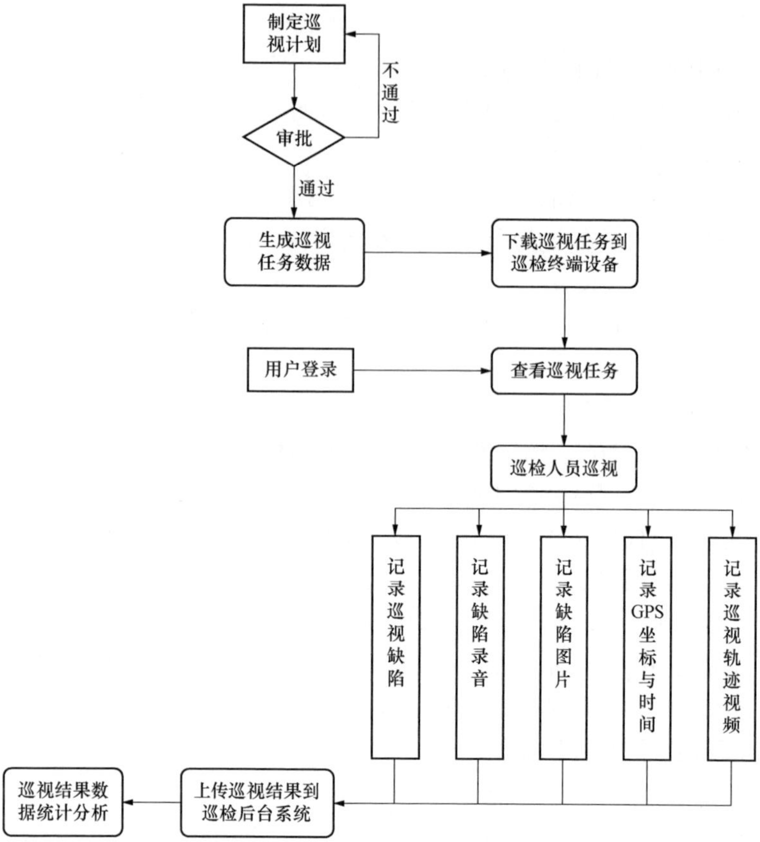

图 25-6-1 电子巡检仪器巡视流程图

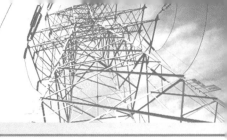

第二十六章

设备运行分析及缺陷管理

模块1　电缆缺陷管理（Z06J3001Ⅰ）

【模块描述】本模块包含电缆线路缺陷管理的相关知识。通过要点、流程讲解和示例介绍，了解电缆缺陷性质，熟悉电缆线路及附属设备缺陷涉及范围，掌握电缆设备评级分类和缺陷管理技能。

【模块内容】

一、电缆缺陷管理范围

对于已投入运行或备用的各电压等级的电缆线路及附属设备有威胁安全运行的异常现象，必须进行处理。电缆线路及附属设备缺陷涉及范围包括电缆本体、电缆接头、接地设备，电缆线路附属设备，电缆线路上构筑物。

1. 电缆本体、电缆接头、接地设备

包括电缆本体、电缆连接头和电缆终端、接地装置和接地线（包括终端支架）。

2. 电缆线路附属设备

（1）电缆保护管、电缆分支箱、高压电缆交叉互联箱、接地箱、信号端子箱。

（2）电缆构筑物内电源和照明系统、排水系统、通风系统、防火系统、电缆支架等各种装置设备。

（3）充油电缆供油系统压力箱及所有表计，报警系统信号屏及报警设备。

（4）其他附属设备，包括环网柜、隔离开关、避雷器。

3. 电缆线路上构筑物

电缆线路上的电缆沟、电缆管道、电缆井、电缆隧道、电缆竖井、电缆桥、电缆桥架。

二、电缆缺陷性质分类

1. 电缆缺陷定义

运行中或备用的电缆线路（电缆本体、电缆附件、电缆附属设备、电缆构筑物）出现影响或威胁电力系统安全运行、危及人身和其他安全的异常情况，称为电缆线路缺陷。

2. 缺陷性质判断

根据缺陷性质，可分为一般、严重和危急三种类型。其判断标准如下：

（1）一般缺陷性质判断标准：电网设备在运行中发生了偏离运行标准的误差，尚未超过允许范围，在一定期限内对安全运行影响不大的缺陷，可判定为一般缺陷。

（2）严重缺陷性质判断标准：电网设备在运行中发生了偏离且超过运行标准允许范围的误差，对人身或设备有重要威胁，暂时尚能坚持运行，不及时处理有可能造成事故的缺陷，可判定为严重缺陷。

（3）紧急缺陷性质判断标准：电网设备在运行中发生了偏离且超过运行标准允许范围的误差，直接威胁安全运行并需立即处理的缺陷，否则，随时可能造成设备损坏、人身伤亡、大面积停电、火灾等事故，可判定为紧急缺陷。

三、电气设备评级分类

1. 电气设备绝缘定级原则

电气设备的绝缘定级，主要是根据设备的绝缘试验结果，结合运行和检修中发现的缺陷，权衡对安全运行的影响程度，确定其绝缘等级。绝缘等级分为三级：

（1）一级绝缘。符合下列指标的设备，其绝缘定为一级绝缘：

1）试验项目齐全，结果合格，并与历次试验结果比较无明显差别；

2）运行和检修中未发现（或已消除）绝缘缺陷。

（2）二级绝缘。凡有下列情况之一的设备，其绝缘定为二级绝缘：

1）主要试验项目齐全，但有某些项目处于缩短检测周期阶段；

2）一个及以上次要试验项目漏试或结果不合格；

3）运行和检修中发现暂不影响安全的缺陷。

（3）三级绝缘。凡有下列情况之一的设备，其绝缘定为三级绝缘：

1）一个及以上主要试验项目漏试或结果不合格。

2）预防性试验超过规定的期限：

a）需停电进行的项目为规定的周期加 6 个月；

b）不需停电进行的项目为规定的周期加 1 个月。

3）耐压试验因故障低于试验标准（规程中规定允许降低的除外）。

4）运行和检修中发现威胁安全运行的绝缘缺陷。

三级绝缘表示绝缘存在严重缺陷，威胁安全运行，应限期予以消除。

2. 电缆设备评级分类

电缆设备评级分类是电缆设备安全运行重要环节，也是电缆设备缺陷管理一项基础工作，运行人员应做到对分类电缆设备运行状态全面掌握。电缆设备评级分为以下三类：

（1）一类设备。是经过运行考验，技术状况良好，能保证在满负荷下安全供电的设备。

（2）二类设备。是基本完好的设备，能经常保证安全供电，但个别部件有一般缺陷。

（3）三类设备。是有重大缺陷的设备，不能保证安全供电，或出力降低，严重漏剂，外观很不整洁，锈烂严重。

电缆设备分类参考标准：

（1）一类设备：

1）规格能满足实际运行需要，无过热现象；

2）无机械损伤，接地正确可靠；

3）绝缘良好，各项试验符合规程要求，绝缘评为一级；

4）电缆终端无漏油、漏胶现象，绝缘套管完整无损；

5）电缆的固定和支架完好；

6）电缆的敷设途径及接头区位置有标志；

7）电缆终端分相颜色和标志铭牌正确清楚；

8）技术资料完整正确；

9）电缆线路附属设备（如供油箱及管路、装有油压监视、外护层绝缘、专用接地装置、换位装置、信号装置系统等）完好。

（2）二类设备：仅能达到一级设备1）～4）项标准的，绝缘评级为一级或二级。

（3）三类设备：达不到二级设备标准的［一级设备 1）～4）项］，绝缘评级为三级者。

四、电缆缺陷闭环管理

1. 建立完善管理制度

（1）制定处理权限细则：

1）对电缆线路异常运行的电缆设备缺陷的处理，必须制定各级运行管理人员的权限和职责；

2）运行电缆缺陷处理批准权限，各地可结合本地区运行管理体制，制定相适应的电缆缺陷管理细则。

（2）规范电缆缺陷管理：

1）在巡查电缆线路中，巡线人员发现电缆线路有紧急缺陷，应立即报告运行管理人员，管理人员接到报告后根据巡线人员对缺陷描述，应采取对策立即消除缺陷；

2）在巡查电缆线路中，巡线人员发现电缆线路有严重缺陷，应迅速报告运行管理人员，并作好记录，填写严重缺陷通知单，运行管理人员接到报告后，应采取措施及时消除缺陷；

3）在巡查电缆线路中，巡线人员发现有一般缺陷，应记入缺陷记录簿内，据以编订月度、季度维护检修计划消除缺陷，或据以编制年度大修计划消除缺陷。

2. 制定电缆消缺流程

（1）建立电缆缺陷处理闭环管理系统，明确运行各个部门的职责。

（2）采用计算机消除缺陷流程信息管理系统，填写缺陷单，流转登录审核和检修消除缺陷。

（3）电缆缺陷消除后实行闭环，缺陷单应归档留存等规范化管理。

（4）运行部门每月应进行一次汇总和分析，作出处理安排。

（5）电缆缺陷闭环流程：设备周期巡查→巡查发现缺陷→汇报登录审核→流转检修消缺→消缺验收→定期复查闭环。

3. 规范电缆缺陷闭环操作

见图 26–1–1。

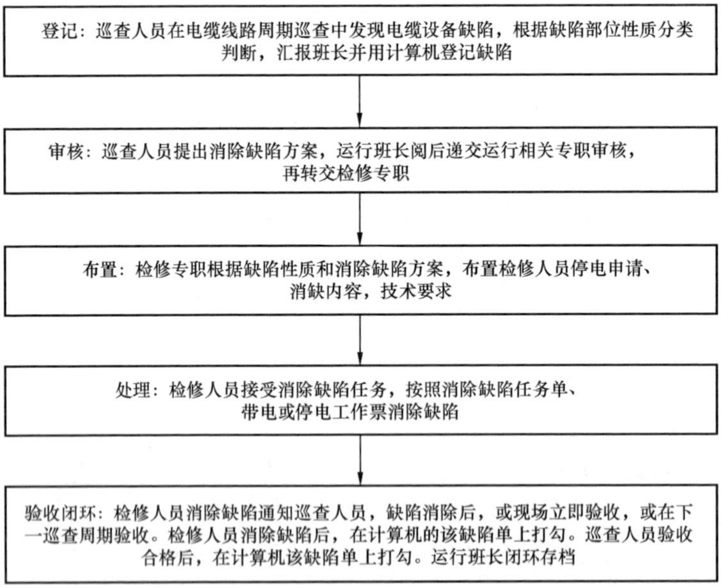

图 26–1–1 电缆线路缺陷闭环操作流程

【案例 26–1–1】

以巡查发现某条 110kV 电缆户外终端发热缺陷为例，说明《×××电力公司输配电生产管理系统》“电缆线路运行缺陷管理流程”整个执行过程。

电缆缺陷：S 市电缆巡视人员易某于 2008 年 9 月 9 日上午 10 时 44 分 05 秒，对某条 110kV 交联聚乙烯绝缘电缆户外终端，在巡视中使用 PM695 红外热像仪（FOV11 镜头）拍摄图像（见图 26–1–2），现场环境温度为 30℃，距离 2.8m，辐射率 0.92，温度值范围 12～32℃。发现 A、B 两相电缆终端与架空线连接处温度在 22℃左右，而 C 相电缆终端与架空线连接处温度在 32℃，C 相温度超过 A、B 两相 10℃，说明有发热缺陷。

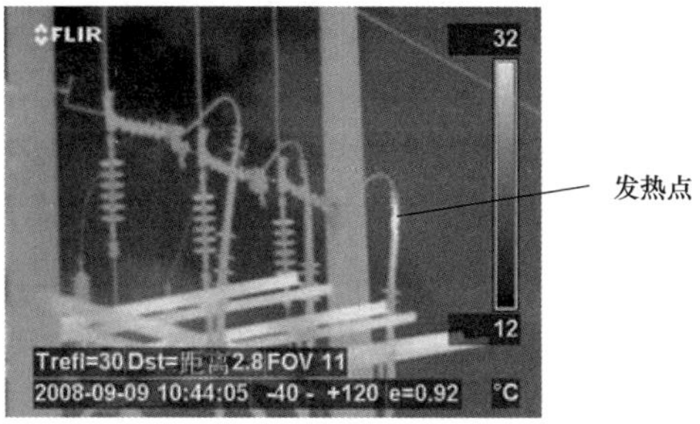

图 26–1–2 巡视中拍摄的某条 35kV 交联电缆发热缺陷热成像图

管理流程：《×××电力公司输配电生产管理系统》“电缆线路运行缺陷管理流程”执行操作步骤如下：

（1）打开软件 PMS 系统：进入“×××电力公司输配电生产管理系统”对话框，如图 26–1–3 所示。

（2）在“×××电力公司输配电生产管理系统”对话框选中右边齿轮图下拉箭头（会显示：系统），点击进入“中心工作”“运行管理”“缺陷管理”，如图 26–1–4 所示。

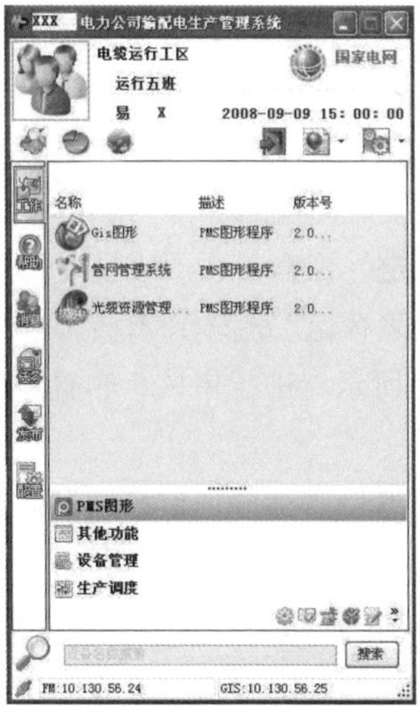

图 26–1–3 进入“×××电力公司输配电生产管理系统”对话框图

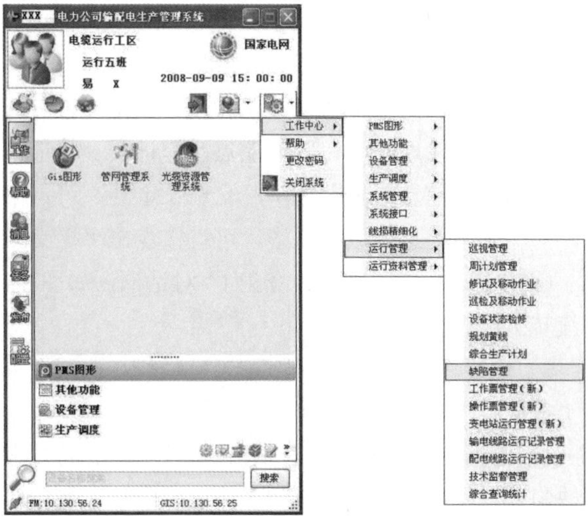

图 26–1–4 “×××电力公司输配电生产管理系统”对话框打开缺陷管理图

（3）点击进入“中心工作”“运行管理”“缺陷管理”后，出现“缺陷管理—［登记]”对话框，如图 26–1–5 所示。

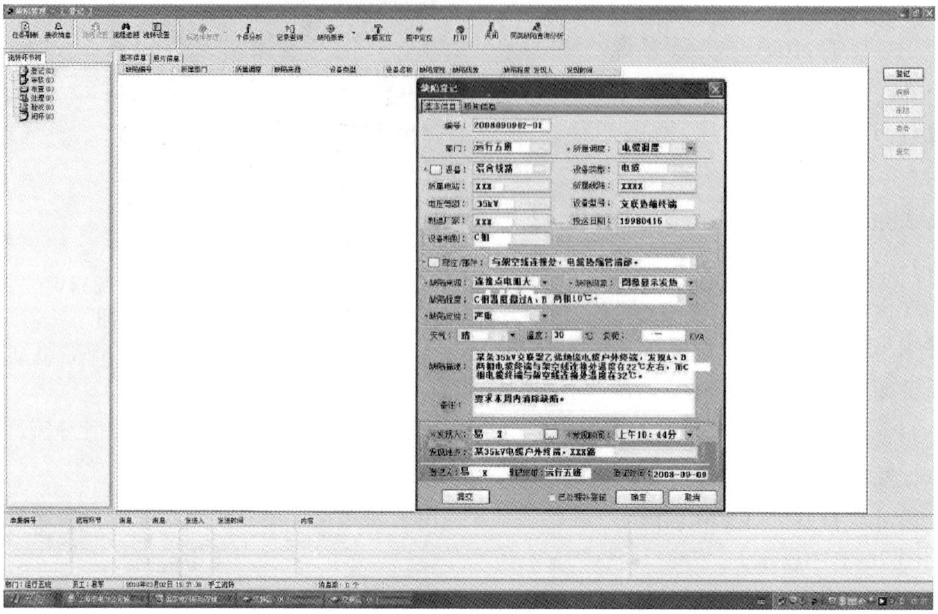

图 26–1–5 “缺陷管理—［登记］”对话框“基本信息”填写图

1）点击进入“基本信息”，填写“编号、部门、所属调度、设备、设备类型、所属电站、所属线路、电压等级、设备型号、制造厂家、投运日期、设备相别、部位/部件、缺陷来源、缺陷现象、缺陷程度、缺陷定性、天气、温度、负荷、缺陷描述、备注、发现人、发现时间、发现地点、登记人、登记班组、登记时间”。

2）“基本信息”填写完毕，交班长审阅，可点击“确定”保存，暂不“提交”。

3）“基本信息”填写完毕，可直接点击“提交”，“缺陷登记”流转到审核。

（4）在“缺陷管理—［登记］”对话框，如图 26–1–6 所示，进行审核、布置、处理流转工作。

1）运行专业技术管理者点击“审核”，出现“基本信息”对话框，审核通过后点击“提交”，“缺陷登记”流转到布置。

2）检修专业技术管理者点击“布置”，出现“基本信息”对话框，将“基本信息”的缺陷处理工作通知相关部门（调度、车辆、测绘等）做好配合缺陷处理准备，布置给检修班组后点击“提交”，“缺陷管理—［登记］”流转到检修班组。

3）检修班组点击“处理”，出现“基本信息”对话框，接受“基本信息”的缺陷处理任务，进行缺陷处理一系列准备工作，再对缺陷进行消除。

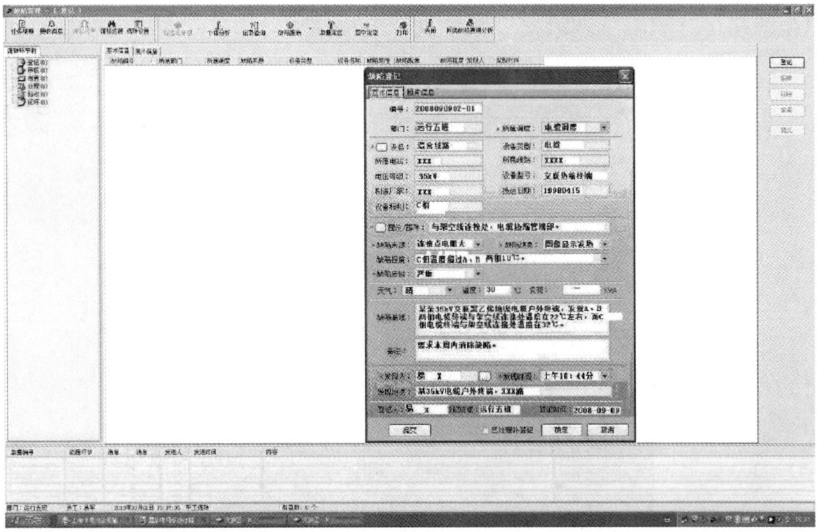

图 26–1–6 “缺陷管理—［登记］”对话框审核、布置、处理流转图

4）检修班组消除缺陷完成后，点击“处理”填写，包括“缺陷处理时间、完成情况”，填写完毕，点击“提交”，“缺陷管理—［登记］”流转到运行班组。

（5）运行班组点击“缺陷管理—［登记］”内“验收”，出现“缺陷查看”对话框。

1）电缆运行巡查责任人对检修班组人员的缺陷消除进行现场验收。消除缺陷后，易某于 2008 年 9 月 12 日上午 10 时 45 分 21 秒，对该条 110kV 电缆线路户外终端再次使用 PM695 红外热像仪拍摄图像（见图 26–1–7），环境温度 20℃，距离 2.8m，辐射率 0.9，温度值范围 6～34℃。发现 A、B、C 三相电缆终端与架空线连接处温度均在 25℃左右，说明运行温度正常。

图 26–1–7 消除缺陷后拍摄的某条 35kV 交联电缆热成像图

2）根据验收合格结果，在“缺陷查看”对话框填写相关内容，如图 26–1–8 所示。

a. 运行巡查人员易某填写：“验收意见［不合格应填原因分析］、验收人、验收时间”，“确定”。

b. 运行班长曹某填写：“验收登记人、验收登记时间、闭环人、闭环时间”，最后“确定”。

“电缆线路运行缺陷管理流程”整个执行过程结束。

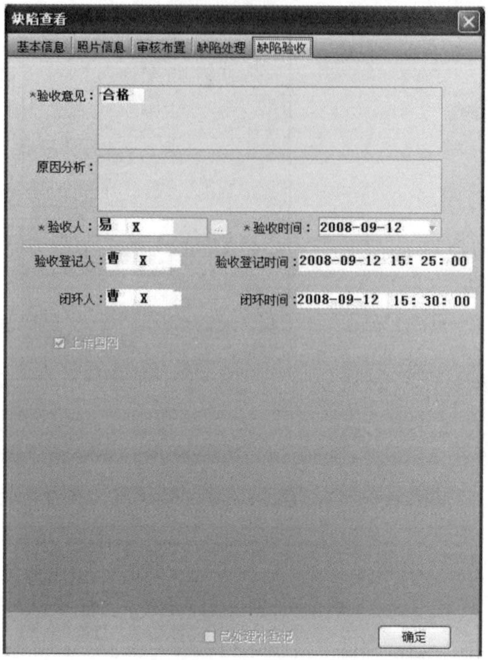

图 26–1–8 “缺陷查看”对话框验收、闭环图

【思考与练习】

1. 电缆线路缺陷管理范围有哪些？
2. 电缆线路缺陷性质有哪些判断标准？
3. 电缆设备评级分类参考标准包括哪些内容？
4. 电缆线路缺陷闭环管理包括哪些内容？

◢ 模块 2 电缆缺陷处理（Z06J3002 Ⅱ）

【模块描述】本模块介绍电缆线路缺陷分类、处理周期、处理原则及技术标准。通过要点讲解和示例介绍，掌握电缆线路缺陷处理技能。

【模块内容】

一、电缆线路缺陷处理周期

各类电缆线路缺陷从发现后到消缺处理的时间段称为周期，周期根据各类缺陷性质不同而定。

（1）电缆线路一般缺陷：需停电处理的一般缺陷处理时限不超过一个例行试验检修周期，可不停电处理的一般缺陷处理时限原则上不超过 3 个月。

（2）电缆线路严重缺陷：严重缺陷处理时限不超过 7 天。

（3）电缆线路紧急缺陷：处理时限不超过 24h。

二、电缆缺陷处理技术原则

1. 不同性质缺陷处理原则

（1）一般缺陷。如油纸电缆终端漏油、电缆金属护套和保护管严重腐蚀等，可在一个检修周期内消除。

（2）重要缺陷。如接点发热、电缆出线金具有裂纹、塑料电缆终端表面闪络开裂、金属壳体胀裂并严重漏剂等，必须及时消除。

（3）危急缺陷。如接点过热发红、终端套管断裂、充油电缆失压等，必须立即消除。

2. 电缆缺陷处理遵循原则

（1）电缆缺陷处理，应贯彻“应修必修，修必修好”的原则。

（2）电缆缺陷处理时，应符合电力电缆各类相应的技术工艺规程要求。

（3）电缆缺陷处理过程中发现其电缆线路上还存在其他异常情况时，应在消除检修中一并处理，防止或减少事故发生。

三、电缆缺陷处理技术要求

1. 电缆缺陷处理要求

（1）在电缆设备事故处理中，不允许留下重要及以上性质的缺陷。

（2）在电缆线路缺陷处理中，因一些特殊原因有个别一般缺陷尚未处理的，必须填好设备缺陷单，作好记录，在规定的一个检修周期内处理。

（3）电缆缺陷处理应首先制订“缺陷检修作业指导书”，在电缆线路缺陷处理中应严格遵照执行。

（4）电缆设备运行责任人员应对电缆缺陷处理过程进行监督，在处理完毕后按照相关的技术规程和验收规范进行验收签证。

2. 电缆缺陷处理技术

（1）制订缺陷处理方案。电缆线路“缺陷检修作业指导书”应根据不同性质的电缆绝缘处理技术和各种类型的缺陷制订处理方案，详细拟订检修消缺步骤和技术质量要求。

（2）不同电缆处理技术：

1）油纸绝缘电缆缺陷，如终端渗油、金属护套膨胀或龟裂等，应严格按照相关技术规程规定进行检查处理。

2）交联聚乙烯绝缘电缆缺陷，如终端温升、终端放电等，应严格按照相关技术规程规定进行检查处理。

3）自容式充油电缆缺陷，如供油系统漏油、压力下降等，应严格按照相关技术规程规定进行检查处理。

（3）电缆缺陷带电处理：

1）充油电缆线路的油压调整：当油压偏低时，可将供油箱接到油管路系统进行补压；

2）在不加热的情况下，修补金属护套及外护层；

3）户内或户外电缆终端的带电清扫；

4）电缆终端引出线发热检修或更换。

【案例 26–2–1】

交联聚乙烯绝缘电缆线路终端放电缺陷及处理。

S 市电缆巡视人员王某在周期巡视中，发现 110kV××线路 20 号塔电缆终端附近树木安全距离不足，有明显放电声响，且靠近终端头的树叶焦黄。巡视人员易某判断：此处是树木与电缆终端安全距离不足，终端对树叶放电，并判定为紧急缺陷。立即电告班长，要求马上申请紧急停电处理。班长及时向运行专业技术管理者汇报，并进行以下流程的操作：

（1）首先打开软件 PMS 系统：进入“×××电力公司输配电生产管理系统”对话框，如图 26–2–1 所示。

（2）在“×××电力公司输配电生产管理系统”对话框，选中右边齿轮图下拉箭头（会显示：系统），点击进入“中心工作”“运行管理”“缺陷管理”，如图 26–2–2 所示。

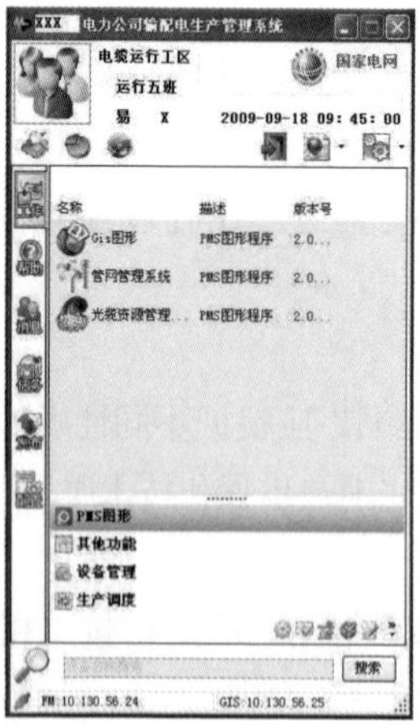

图 26–2–1 进入“×××电力公司输配电生产管理系统”对话框图

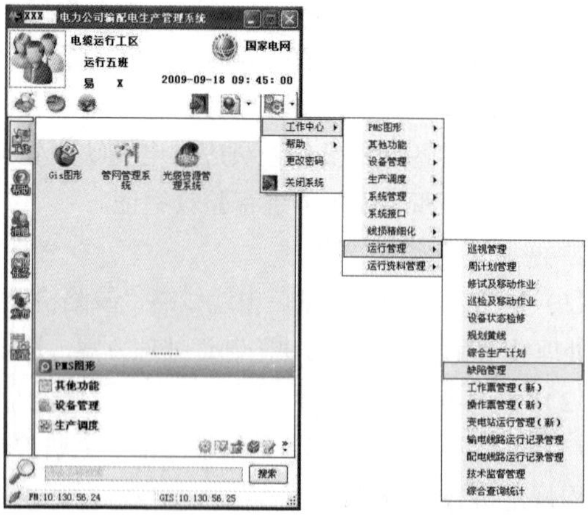

图 26–2–2 “×××电力公司输配电生产管理系统”对话框打开缺陷管理图

（3）点击进入“中心工作”“运行管理”“缺陷管理”后，出现“缺陷管理—［登记］”对话框，如图 26–2–3 所示。

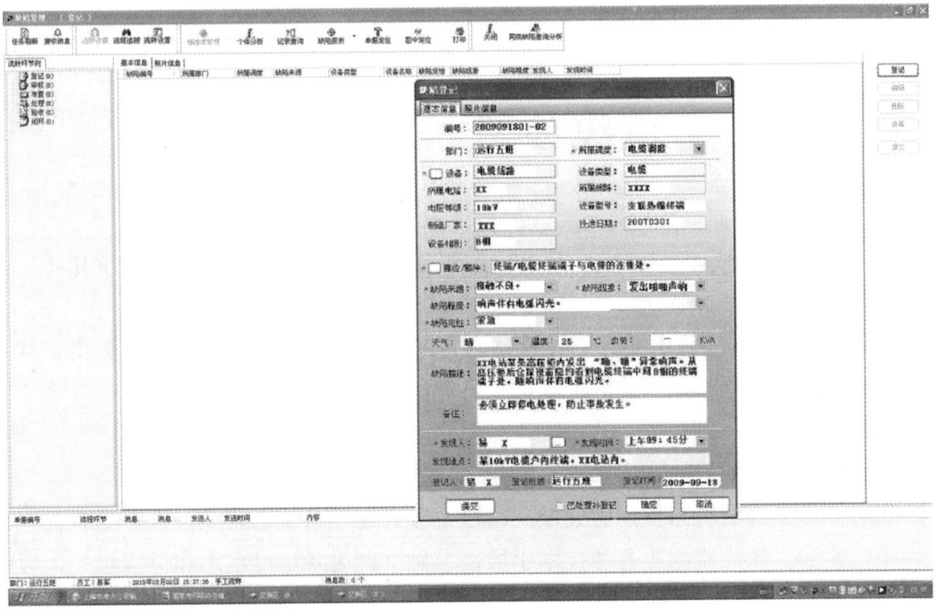

图 26–2–3 “缺陷管理—［登记］”对话框“基本信息”填写图

1）点击进入“基本信息”填写：“编号、部门、所属调度、设备、设备类型、所属电站、所属线路、电压等级、设备型号、制造厂家、投运日期、设备相别、部位/部件、缺陷来源、缺陷现象、缺陷程度、缺陷定性、天气、温度、负荷、缺陷描述、备注、发现人、发现时间、发现地点、登记人、登记班组、登记时间”。

2）“基本信息”填写完毕，可直接点击“提交”，“缺陷登记”流转到审核。

检修人员对现场进行勘察，采取相应安全措施后，将电缆终端附近树木锯除，缺陷消除后，投入运行再未发现异常响声。

【思考与练习】

1. 电缆线路各类性质缺陷处理周期有哪些规定？
2. 电缆缺陷处理应遵循哪些技术原则？
3. 电缆缺陷带电处理有哪些处理内容和技能？

第二十七章

电缆线路状态检修

模块1　状态评价工作的基本概念及要求（Z06J4001Ⅱ）

【模块描述】本模块主要介绍评价状态目的意义、要求、评价状态的分类、状态量的构成及权重，通过知识讲解，掌握状态评价相关的基本概念。

【模块内容】

一、状态评价的目的、意义

状态评价是开展状态检修的关键，通过持续开展设备状态跟踪监视，综合停电试验、带电检测、在线监测等各种技术手段，准确掌握设备运行状态和健康水平，以制定相应的状态检修策略，防患于未然，最大程度减少设备故障停运及其所带来的损失，减少设备周期停电所带来的供电风险，以及检修试验的成本和风险，提高设备的可靠性，充分保障电网安全运行。

二、术语、定义及评价状态的分类

1. 状态

状态指对设备当前各种技术性能综合评价结果的体现。设备状态分为正常状态、注意状态、异常态常和严重状态四种类型。

2. 状态量

状态量指直接或间接表征设备状态的各类信息，如数据、声音、图像、现象等。《电缆线路状态评价导则》将状态量分为一般状态量和重要状态量。

3. 一般状态量

一般状态量指对设备的性能和安全运行影响相对较小的状态量。

4. 重要状态量

重要状态量指对设备的性能和安全运行有较大影响的状态量。

5. 正常状态

正常状态指设备各状态量处于稳定且在规程规定的注意值、警示值等以内，可以正常运行。

6. 注意状态

注意状态指设备的单项（或多项）状态量变化趋势朝接近标准限值方向发展，但未超过标准限值或部分一般状态量超过标准限值，仍可继续运行，应加强运行中的监视。

7. 异常状态

异常状态指单项重要状态量变化较大，已接近或略微超过标准限值，应监视运行，并适时安排检修。

8. 严重状态

严重状态指单项重要状态量严重超过标准限值，需要安排尽快检修。

三、状态量构成及权重

1. 状态量构成

1）原始资料：

设备的原始资料主要包括铭牌参数、型式试验报告、定货技术协议、设备监制报告、出厂试验报告、运输安装记录、交接试验报告、交接验收材料、安装使用说明书等。

2）运行资料：

运行资料主要包括设备运行工况记录信息、历年缺陷及异常记录、巡视记录、带电检测、在线监测记录等。

3）检修资料：

检修资料主要包括检修报告、试验报告、设备技改及主要部件更换情况等信息。

4）其他资料：

其他资料主要包括同型（同类）设备的异常、缺陷和故障情况、设备运行环境的变化、相关反措的执行情况、其他影响电缆线路安全稳定运行的因素等信息。

2. 状态量权重

视状态量对电缆线路安全稳定运行的影响程度，从轻到重分为 4 个等级，对应的权重分别为权重 1、权重 2、权重 3、权重 4，其系数分别为 1、2、3、4。权重 1 和权重 2 与一般状态量（对电缆线路影响较小）相对应、权重 3 和权重 4（对电缆线路影响较大）与重要状态量相对应。

3. 状态量的劣化程度

视状态量从轻到重分为四个等级，分别为Ⅰ、Ⅱ、Ⅲ、Ⅳ级，其对应的基本扣分值为 2、4、8、10。

4. 状态量扣分值

状态量扣分值由状态量的劣化程度和权重共同决定，即状态量扣分值等于该状态量的基本扣分乘以权重系数。具体见表 27–1–1 所示。状态量正常时不扣分。

表 27–1–1 状态量的评价表

状态量状态	基本扣分＼权重系数	1	2	3	4
Ⅰ	2	2	4	6	8
Ⅱ	4	4	8	12	16
Ⅲ	8	8	16	24	32
Ⅳ	10	10	20	30	40

四、工作要求

1. 设备定期评价

（1）定期评价 35kV 及以上电缆 1 年 1 次，20kV 及以下特别重要电缆 1 年 1 次，重要电缆 2 年 1 次，一般电缆 3 年 1 次。

（2）每年 4 月 20 日前，运检单位完成设备状态评价报告、状态检修综合报告报地市公司运检部、省检修公司运检部审批，完成家族缺陷状态评价报告报地市公司运检部、省检修公司运检部复核。

（3）每年 5 月 31 日前，地市公司运检部、省检修公司运检部完成家族缺陷评价报告复核，并按规定格式编制家族缺陷状态评价报告上报省公司运检部备案。

（4）每年 6 月 30 日前，省公司运检部汇总家族缺陷评价报告，并按规定格式报国网运检部备案。

1）地市公司三级评价。三级评价（即班组评价、工区评价和地市公司评价）是设备评价的基础，其评价结果应能反映设备的实际状态，各单位必须加强设备评价的管理与培训，提高设备状态评价人员的能力和水平，确保设备评价工作质量。

2）网省公司复核。网省公司生产技术部门委托网省公司设备状态评价指导中心对地市公司上报的电网设备状态检修综合报告进行复核，并考虑电网发展、技术更新等要求，综合相关部门意见，编制复核意见并形成网省公司 220kV 及以上电网设备状态检修综合报告。500（330）kV 及以上电网设备状态检修综合报告以及评价结果为异常和严重状态的输电线路的状态评价报告上报公司总部复核。

3）公司总部复核。总部生产技术部组织国家电网公司设备状态评价指导中心对区域电网公司上报的设备状态检修综合报告进行复核并反馈复核意见。

2. 设备动态评价

设备动态评价在地市公司进行三级评价，由地市公司根据评价结果安排相应的检修维护。特殊时期专项评价应按照定期评价流程开展，由地市公司上报电网设备状态检修综合报告以及评价结果为异常和严重状态的 110（66）kV 及以上设备状态评价报告；网省公司上报 500（330）kV 及以上电网设备状态检修综合报告以及评价结果为异常和严重状态的输电线路的状态评价报告。

3. 风险评估

1）风险评估应按照《国家电网公司输变电设备风险评估导则》的要求执行，结合设备状态评价结果，综合考虑安全性、经济性和社会影响等三个方面的风险，确定设备风险程度。风险评估与设备定期评价同步进行。

2）风险评估工作由各地市公司生产技术部组织，财务、营销、安监、调度等部门共同参与，科学合理确定设备风险水平。

（1）财务部门负责确定设备的价值；

（2）营销部门负责确定设备的供电用户等级；

（3）安监部门负责确定设备的事故损失预估；

（4）调度部门负责确定设备在电网中的重要程度及事故影响范围。

4. 检修决策

检修决策应以设备状态评价结果为基础，参考风险评估结果，考虑电网发展、技术更新等要求，综合调度、安监部门意见，依据《国家电网公司输变电设备状态检修导则》等技术标准确定检修类别、检修项目和检修时间等内容。

1）确定设备的检修等级（A、B、C、D）。

2）确定设备的检修项目，包括设备必须进行的例行试验和诊断性试验项目，以及在停电检修前应开展的 D 类检修项目。

3）确定设备检修时间，根据为设备状态评价结果，并依据《输变电设备状态检修试验规程》等技术标准和管理规定确定。

五、工作时限要求

设备动态评价

（1）主要包括新设备首次评价、缺陷评价、不良工况评价、检修评价、特殊时期专项评价等。动态评价应根据设备状况、运行工况、环境条件等因素及时开展，确保设备状态可控、在控。

（2）新设备投运后首次状态评价应在 1 个月组织开展，并在 3 个月内完成。

（3）停电修复后设备状态评价应在 2 周内完成。

（4）缺陷评价随缺陷处理流程完成。

（5）家族缺陷评价在上级家族缺陷发布后 2 周内完成。

（6）不良工况评价在设备经受不良工况恢复运行后 1 周内完成。

（7）特殊时期专项评价应在特殊时期开始前 1～2 个月内完成。

【思考与练习】

1. 设备的状态评价的目的和意义？

2. 设备的状态分为哪几种？

3. 状态量构成由那些资料构成？

模块 2 电缆设备状态评价的方法及标准（Z06J4002Ⅱ）

【模块描述】本模块主要介绍电缆本体、电缆中间接头、电缆终端、附属设施、电缆过电压保护器、电缆线路通道的评价方法和标准，通过知识讲解和案例分析，掌握电缆设备评价的基本方法。

【模块内容】

一、电缆线路的状态评价方法

1. 电缆线路的状态评价以部件和整体进行评价

当电缆线路的所有部件评价为正常状态时，则该条线路的状态评价为正常状态。当电缆任一部件状态评价为注意、异常和严重状态时，则该条线路状态评价为注意、异常和严重状态。

2. 混合线路评价方法

混合线路是指由架空线路和电缆线路共同组成的线路。其评价应将混合线路设备分别归为架空线路和电力电缆两部分进行评价，设备最终状态由评价结果较差者决定。

3. 电缆线路的状态评价方法

10（6）～35kV 电压等级电力电缆设备评价状态按扣分的大小分为“正常状态”、“注意状态”“异常状态”和“严重状态”。扣分值与状态的关系见表 27–2–1。

当任一状态量单项扣分和合计扣分同时达到表 27–2–1 规定时，视为正常状态。

当任一状态量单项扣分或合计扣分达到表 27–2–1 规定时，视为注意状态。

当任一状态量单项扣分达到表 27–2–1 规定时，视为异常状态或严重状态。

表 27–2–1　　10（6）～35kV 电压等级电力电缆线路评价标准

部件 \ 评价标准	正常状态		注意状态		异常状态	严重状态
	合计扣分	单项扣分	合计扣分	单项扣分	单项扣分	单项扣分
电缆本体	≤30	＜12	＞30	12～16	20～24	≥30
电缆终端	≤30	＜12	＞30	12～16	20～24	≥30
中间接头	≤30	＜12	＞30	12～16	20～24	≥30
过电压保护器	≤30	＜12	＞30	12～16	20～24	≥30
线路通道	≤30	＜12	＞30	12～16	20～24	≥30

二、电缆线路状态量的权重及评价标准

电缆线路状态量评价标准见表 27–2–2～表 27–2–7。

表 27–2–2　　　　电缆本体状态量评价标准

序号	状态量 分类	状态量名称	劣化程度	基本扣分	判断依据	权重系数	扣分值（应扣分值×权重）
1	家族缺陷	同厂、同型、同期设备的故障信息	Ⅱ	4	一般缺陷未整改的	2	
			Ⅳ	10	严重缺陷未整改的		
2	运行巡检	电缆投运时间	Ⅱ	4	运行时间超过使用寿命	2	
		电缆过载运行	Ⅱ	4	负荷超过电缆额定负荷		
		本体变形	Ⅲ	8	电缆本体遭受外力出现明显变形	3	
		充油电缆渗油	Ⅱ	4	电缆本体出现渗油现象		
3	试验	主绝缘绝缘电　阻“※”（单芯电缆）	Ⅳ	10	在排除测量仪器和天气因素后，主绝缘电阻值与上次测量相比明显下降	2	
		主绝缘绝缘电　阻“※”（单芯电缆）	Ⅲ	8	各相之间主绝缘电阻值不平衡系数大于 2		
4		主绝缘绝缘电　阻“※”（多芯电缆）	Ⅳ	10	在排除测量仪器和天气因素后，相间或各相与零线或各相与地线绝缘电阻值与上次测量相比明显下降	3	
5		自容充油电缆油耐压试验*	Ⅳ	10	电缆油击穿电压小于 50kV	3	
6		自容充油电缆油介质损耗因数试验*	Ⅳ	10	在油温 100±1℃和场强 1MV/m 条件下，介质损耗因数大于等于 0.005	3	
7		橡塑电缆主绝缘耐压试验	Ⅳ	10	220kV 及以上电压等级：电压为 $1.36U_0$，时间为 5min；110kV/66kV 电压等级 $1.6U_0$，时间为 5min。66kV 以下电压等级 $2U_0$，时间为 5min	4	
8		护套及内衬层绝缘电阻测试	Ⅰ	2	绝缘电阻与电缆长度乘积小于 0.5，110kV 以上电压等级电缆外护套绝缘电阻明显下降。（0.1～0.5MΩ/km）	2	
		护套及内衬层绝缘电阻测试	Ⅱ	4	每公里绝缘电阻 0.1MΩ/km 以下		

续表

序号	状态量		劣化程度	基本扣分	判断依据	权重系数	扣分值（应扣分值×权重）
	分类	状态量名称					
9	试验	橡塑电缆护套耐受能力	Ⅳ	10	每段电缆金属屏蔽或过电压保护层与地之间施加 5kV 直流电压，60s 内击穿	3	
10		充油电缆外护套和接头护套耐受能力*	Ⅳ	10	每段电缆金属屏蔽或过电压保护层与地之间施加 6kV 直流电压，60s 内击穿		
11		外护层接地电流测试	Ⅱ	4	下列任一条件满足： 1. 接地电流，≥100A 且绝对值，≤200A； 2. 接地电流/负荷比值，≥20%且≤50% 3. 单相接地电流最大值/最小值，≥3 且≤5	2	
		外护层接地电流测试	Ⅲ	8	下列任一条件满足： 1. 接地电流，＞200A； 2. 接地电流/负荷比值，＞50%； 3. 单相接地电流最大值/最小值，＞5		
12		电缆线路负荷过载	Ⅱ	4	电缆因运行方式改变，短时间（不超过 3h）超额定负荷运行	4	
		电缆线路负荷过载	Ⅲ	8	电缆长期（超过 3h）超额定负荷运行		
13		其他	Ⅰ	2			

注 1. “*”为部分电缆特有元器件，如没有则该项不进行评价，按满分计。

2. “※”为该项内容仅适用于可进行对电缆主绝缘进行测试的电力电缆，而不适用于无绝缘屏蔽层结构电缆。

3. 主绝缘耐压试验指的是交流耐压试验。

表 27-2-3 电缆线路终端状态量评价标准

序号	状态量		劣化程度	基本扣分	判断依据	权重系数	扣分值（应扣分值×权重）
	分类	状态量名称					
1	家族性缺陷	同厂、同型、同期设备的故障信息	Ⅲ	8	严重缺陷未整改的	2	
			Ⅳ	10	危急缺陷未整改的		
2	运行巡检	终端固定部件外观	Ⅰ	2	固定件松动、锈蚀、支撑绝缘子外套开裂	1	
			Ⅱ	4	且未采取整改措施；底座倾斜		

续表

序号	状态量		劣化程度	基本扣分	判断依据	权重系数	扣分值（应扣分值×权重）
	分类	状态量名称					
3	运行巡检	防雨罩外观	Ⅰ	2	存在老化、破损情况但不影响设备	1	
			Ⅱ	4	存在老化、破损情况，且存在漏水现象		
4		外绝缘	Ⅱ	4	外绝缘爬距不满足要求，但采取措施	2	
			Ⅳ	10	外绝缘爬距不满足要求，且未采取措施		
5		终端套管外绝缘	Ⅲ	8	存有破损、裂纹	2	
			Ⅳ	10	存在明显放电痕迹，异味和异常响声		
6		套管密封	Ⅱ	4	存在渗油现象	3	
			Ⅲ	8	存在严重渗油或漏油现象，终端尾管下方存在大片油迹		
7		瓷质终端瓷套或支撑绝缘子损伤情况	Ⅳ	10	瓷套管龟裂损伤	2	
			Ⅲ	8	瓷套管有较大破损，表面硬伤超过 200mm² 以上		
			Ⅱ	4	瓷套管有细微破损，表面硬伤 200mm² 以下		
8		终端瓷套脏污情况	Ⅳ	10	瓷套表面积污严重，盐密和灰密达到最高运行电压下能够耐受盐密和灰密值的 50%以上	2	
			Ⅱ	4	瓷套表面中度积污，盐密和灰密达到最高运行电压下能够耐受盐密和灰密值的 30%～50%		
			Ⅰ	2	瓷套表面轻微积污，盐密和灰密达到最高运行电压下能够耐受盐密和灰密值的 20%～30%		
9		电缆终端外观	Ⅰ	2	存在破损情况（破损长度 10mm 以下）;或存在龟裂现象(长度 10mm 以下)	2	
			Ⅱ	4	存在破损情况（破损长度 10mm 以上）;或存在龟裂现象(长度 10mm 以上)		
			Ⅲ	8	存在破损情况（贯穿性破损）;或存在龟裂现象（贯穿性龟裂）		

续表

序号	状态量		劣化程度	基本扣分	判断依据	权重系数	扣分值（应扣分值×权重）
	分类	状态量名称					
10	试验	电缆终端与金属部件连接部位红外测温	Ⅰ	2	同一线路三相相同位置部件（下同）相对温差超过 6℃但小于10℃	3	
			Ⅱ	4	同一线路三相相同位置部件相对温差错误！未找到引用源。10℃		
11	试验	电缆套管本体红外测温	Ⅰ	2	本体相间超过 2℃但小于 4℃	4	
			Ⅱ	4	本体相间相对温差，≥4℃		
12		其他	Ⅰ	2			

注 1. 第 12 项为特殊试验，在具备条件时应开展相关测量工作，如不具备相关检测条件可不进行，不进行扣分。
2. 电缆终端包括上杆终端、终端头（包括户内和户外）。
3. 电缆终端外观指的是电缆终端外绝缘部分的外观，终端外观破损指的是破损部位最大长度。

表 27-2-4　电缆线路附属设施状态量评价标准

序号	状态量		劣化程度	基本扣分	判断依据	权重系数	扣分值（应扣分值×权重）
	分类	状态量名称					
1	运行巡检	电缆支架外观	Ⅰ	2	存在锈蚀、破损情况.	1	
2		电缆支架接地性能	Ⅰ	2	存在接地不良（大于 2Ω）现象	1	
3		抱箍外观	Ⅰ	2	存在螺栓脱落、缺失、锈蚀情况	1	
			Ⅰ	2	未采取隔磁措施		
4		接地箱外观	Ⅰ	2	存在箱体损坏、保护罩损坏、基础损坏情况	1	
5		交叉互联保护器外观	Ⅱ	4	存在保护器损坏情况	2	
6		交叉互联换位情况	Ⅲ	8	存在交叉互联换位错误现象	3	
7		交叉互联箱母排对地绝缘	Ⅲ	8	存在母排与接地箱外壳不绝缘现象	2	
8		主接地引线接地状态	Ⅲ	8	存在接地不良（大于 1Ω）现象	2	
9		主接地引线破损	Ⅰ	2	存在破损现象，接地线外护套破损	1	
			Ⅱ	4	接地电缆受损股数占全部股数小于 20%		
			Ⅲ	8	受损股数占全部股数大于等于20%		

续表

序号	状态量		劣化程度	基本扣分	判断依据	权重系数	扣分值（应扣分值×权重）
	分类	状态量名称					
10	运行巡检	接地（或交叉互联）箱连通性	Ⅰ	2	连接存在连接不良（大于 1Ω 但小于 2Ω）情况	1	
			Ⅱ	4	箱体存在接地不良（大于 2Ω）情况		
11		回流线连通性	Ⅱ	4	回流线连通存在连接不良（大于 1Ω）情况	2	
12		回流线破损	Ⅰ	2	存在破损现象，回流线外护套破损	1	
			Ⅱ	4	回流电缆受损股数占全部股数小于 20%		
			Ⅲ	8	受损股数占全部股数大于等于 20%		
13		充油电缆供油装置*	Ⅱ	4	存在渗油情况	2	
		充油电缆供油装置*	Ⅲ	8	存在漏油情况		
14		充油电缆压力箱供油量*	Ⅲ	8	小于供油特性曲线所代表的标称供油量的 90%	3	
15		充油电缆压力表计*	Ⅰ	2	压力表计损坏	2	
16		防火措施	Ⅰ	2	防火槽盒、防火涂料、防火阻燃带存在脱落	1	
17		标识牌	Ⅰ	2	电缆线路铭牌、线路相位指示牌、路径指示牌、接地箱（交叉互联箱）铭牌、警示牌标识不清或错误	2	
18		在线监测设备	Ⅰ	2	出现功能异常现象	2	
19		附属设备遗失	Ⅰ	2	电缆回流线、接地箱丢失	3	
20		接地类设备遗失	Ⅱ	4	直接接地箱、接地扁铁丢失	2	
21	试验	设备线夹、连接导线红外测温	Ⅰ	2	同一线路三相相同位置部件（下同）相对温差 20%	3	
			Ⅱ	4	同一线路三相相同位置部件相对温差 80%或热点温度 80℃		
			Ⅲ	8	同一线路三相相同位置部件相对温差 95%或热点温度 110℃		
22		交叉互联系统直流耐压试验	Ⅲ	8	电缆外护套、绝缘接头外护套、绝缘夹板对地施加 5kV，加压时间为 60s	3	

续表

序号	状态量		劣化程度	基本扣分	判断依据	权重系数	扣分值（应扣分值×权重）
	分类	状态量名称					
23	试验	交叉互联系统过电压保护器及其引线对地绝缘	Ⅲ	8	1000V 条件下，应大于 10MΩ	2	
24	试验	交叉互联系统闸刀（或连接片）接触电阻测试	Ⅱ	4	要求不大于 20μΩ 或满足设备技术文件要求	2	
25	试验	充油电缆油压示警系统控制电缆对地绝缘电阻	Ⅰ	2	250V 兆欧表测量，绝缘电阻（MΩ）与被试电缆长度（km）乘积应不小于 1	2	
26		其他	Ⅰ	2			

注 “*”为部分电缆特有元器件，如没有则该项不进行评价，按满分计。

表 27-2-5　　电缆线路中间接头状态量评价标准

序号	状态量		劣化程度	基本扣分	判断依据	权重系数	扣分值（应扣分值×权重）
	分类	状态量名称					
1	家族性缺陷	同厂、同型、同期设备的故障信息	Ⅲ	8	严重缺陷未整改的	2	
			Ⅳ	10	危急缺陷未整改的		
2	运行巡检	中间接头护套接地连通性	Ⅱ	4	接地连通存在连接不良（大于 1 欧姆）情况	2	
3	运行巡检	铜外壳外观	Ⅱ	4	存在变形现象，但不影响正常运行	2	
			Ⅲ	8	存在变形现象，有可能威胁正常运行		
	运行巡检	铜壳密封性	Ⅲ	8	存在内部密封胶向外渗漏现象	2	
4	运行巡检	密封胶	Ⅱ	4	存在未凝固、未填满以及由于配比错误导致阻水性下降现象	2	
5	运行巡检	环氧外壳密封	Ⅱ	4	存在内部密封胶向外渗漏现象	2	
6	运行巡检	接头底座（支架）	Ⅰ	2	存在锈蚀和损坏情况	1	
7	试验	接头耐压试验	Ⅳ	10	结合电缆本体试验进行：220kV 及以上电压等级：电压为 1.36U_0，时间为 5min；110kV/66kV 电压等级 1.6U_0，时间为 5min。66kV 以下电压等级 2U_0，时间为 5min	4	
8		其他	Ⅰ	2			

注 此处接头耐压试验为交流耐压试验。

表 27–2–6 电缆线路过电压保护器状态量评价标准

序号	状态量 分类	状态量名称	劣化程度	基本扣分	判断依据	权重系数	扣分值（应扣分值×权重）
1	运行巡检	过电压保护器外观	Ⅰ	2	存在连接松动、破损	1	
			Ⅰ	2	连接引线断股、脱落、螺栓缺失		
2		过电压保护器动作指示器	Ⅰ	2	存在图文不清、进水和表面破损	1	
3			Ⅱ	4	误指示		
4		过电压保护器均压环	Ⅱ	4	存在脱落、移位现象	1	
			Ⅲ	8	存在缺失		
5	试验	过电压保护器电气性能	Ⅳ	10	直流耐压不合格或泄漏电流超标	3	
6		其他	Ⅰ	2			

表 27–2–7 电缆线路通道状态量评价标准

序号	状态量 分类	状态量名称	劣化程度	基本扣分	判断依据	权重系数	扣分值（应扣分值×权重）
1	运行巡检	接头工井积水	Ⅰ	2	工井内存在积水现象，且敷设的电缆未采用阻水结构，应根据以下标准进行评分：接头未浸水但其有浸水的趋势	1	
			Ⅱ	4	工井内接头 50%以下的体积浸水		
			Ⅲ	8	工井内接头 50%以上的体积浸水		
		接头工井积水	Ⅰ	2	工井内存在积水现象，但敷设电缆采用阻水结构，应根据以下标准进行评分：工井内接头 50%以上的体积浸水且浸水时间超过 1 个巡检周期		
2		接头工井基础	Ⅰ	2	存在工井下沉情况，应按下列标准扣分：墙体破损引起盖板倾斜低于周围标高，最大高差 3～5cm	2	
			Ⅱ	4	坍塌引起盖板倾斜低于周围标高，最大高差在 5cm 以上，离电缆本体、接头或者配套辅助设施还有一定距离，还未对行人、过往车辆产生安全影响的		

续表

序号	状态量		劣化程度	基本扣分	判断依据	权重系数	扣分值（应扣分值×权重）
	分类	状态量名称					
2	运行巡检	接头工井基础	Ⅲ	8	坍塌引起盖板倾斜低于周围标高，最大高差在5cm以上，造成盖板压在电缆本体、接头或者配套辅助设施上，严重影响行人、过往车辆安全的	2	
3		接头工井墙体坍塌	Ⅰ	2	存在工井墙体坍塌情况，应按下列标准扣分：墙体破损引起盖板倾斜低于周围标高，最大高差为3～5cm	2	
			Ⅱ	4	坍塌引起盖板倾斜低于周围标高，最大高差在5cm以上，离电缆本体、接头或者配套辅助设施还有一定距离，还未对行人、过往车辆产生安全影响的		
			Ⅲ	8	坍塌引起盖板倾斜低于周围标高，最大高差在5cm以上，造成盖板压在电缆本体、接头或者配套辅助设施上，严重影响行人、过往车辆安全的		
4		非接头工井基础	Ⅰ	2	存在工井墙体坍塌情况，应按下列标准扣分：墙体破损引起盖板倾斜低于周围标高，最大高差3～5cm	2	
			Ⅱ	4	坍塌引起盖板倾斜低于周围标高，最大高差在5cm以上，离电缆本体、接头或者配套辅助设施还有一定距离，还未对行人、过往车辆产生安全影响的		
			Ⅲ	8	坍塌引起盖板倾斜低于周围标高，最大高差在5cm以上，造成盖板压在电缆本体、接头或者配套辅助设施上，严重影响行人、过往车辆安全的		
5		非接头工井墙体坍塌	Ⅰ	2	存在工井墙体坍塌情况，应按下列标准扣分：墙体破损引起盖板倾斜低于周围标高，最大高差3～5cm	2	
			Ⅱ	4	坍塌引起盖板倾斜低于周围标高，最大高差在5cm以上，离电缆本体、接头或者配套辅助设施还有一定距离，还未对行人、过往车辆产生安全影响的		

续表

序号	状态量		劣化程度	基本扣分	判断依据	权重系数	扣分值（应扣分值×权重）
	分类	状态量名称					
5	运行巡检	非接头工井墙体坍塌	Ⅲ	8	坍塌引起盖板倾斜低于周围标高，最大高差在 5cm 以上，造成盖板压在电缆本体、接头或者配套辅助设施上，严重影响行人、过往车辆安全的	2	
6		非接头工井盖板	Ⅰ	2	存在缺失、破损、不平整情况	1	
7		电缆沟基础	Ⅰ	2	存在电缆沟基础下沉情况，应按下列标准扣分：轻度扣 20%：墙体破损引起盖板倾斜低于周围标高，最大高差 3～5cm	2	
			Ⅱ	4	坍塌引起盖板倾斜低于周围标高，最大高差在 5cm 以上，离电缆本体、接头或者配套辅助设施还有一定距离，还未对行人、过往车辆产生安全影响的		
			Ⅲ	8	坍塌引起盖板倾斜低于周围标高，最大高差在 5cm 以上，造成盖板压在电缆本体、接头或者配套辅助设施上，严重影响行人、过往车辆安全的		
8		电缆沟墙体坍塌	Ⅰ	2	存在墙体坍塌情况，应按下列标准扣分：墙体破损引起盖板倾斜低于周围标高，最大高差 3～5cm	2	
			Ⅱ	4	坍塌引起盖板倾斜低于周围标高，最大高差在 5cm 以上，离电缆本体、接头或者配套辅助设施还有一定距离，还未对行人、过往车辆产生安全影响的		
			Ⅲ	8	坍塌引起盖板倾斜低于周围标高，最大高差在 5cm 以上，造成盖板压在电缆本体、接头或者配套辅助设施上，严重影响行人、过往车辆安全的		
9		电缆沟盖板	Ⅰ	2	存在缺失、破损、不平整情况	1	
10		电缆排管包方变形	Ⅰ	2	存在变形情况，依下列原则扣分，2 处及以下缝隙在 1cm 以下的裂缝	1	
			Ⅱ	4	2 处及以下缝隙在 1cm 以上裂缝或者 3～5 处缝隙在 1cm 以下的裂缝		
			Ⅲ	8	3 处以上缝隙在 1cm 以上裂缝或者 5 处以上缝隙在 1cm 以下的裂缝		

续表

序号	状态量		劣化程度	基本扣分	判断依据	权重系数	扣分值（应扣分值×权重）
	分类	状态量名称					
11	运行巡检	电缆排管包方破损	Ⅰ	2	存在破损情况，依下列原则扣分：素混凝土结构：局部点包方混凝土层厚度不符合设计要求的；钢筋混凝土结构：局部点包方混凝土层厚度不符合设计要求但未见钢筋层结构裸露的	1	
			Ⅱ	4	素混凝土结构：局部点无包方混凝土层但未见排管的；钢筋混凝土结构：包方混凝土层破损仅造成有钢筋层结构裸露但未见排管的		
			Ⅲ	8	素混凝土结构：局部点无包方混凝土层并明显可见排管的；钢筋混凝土结构：包方混凝土层破损造成钢筋层结构损坏、明显可见排管或影响其对排管的保护作用		
12		电缆隧道墙体裂缝	Ⅰ	2	存在墙体开裂情况，依下列原则扣分：2 处及以下缝隙在 2cm 以下的裂缝	2	
			Ⅱ	4	2 处及以下缝隙在2cm以上裂缝或者 3～5 处缝隙在 2cm 以下的裂缝		
			Ⅲ	8	3 处以上缝隙在 2cm 以上裂缝或者 5 处以上缝隙在 2cm 以下的裂缝		
13		电缆隧道内附属设施*	Ⅱ	4	原有排水设施、照明设备、通风设备（或设施）、消防设备存在缺失情况，视情况酌情扣分	1	
14		电缆隧道竖井盖板	Ⅰ	2	存在数量缺少、损坏情况	1	
15		隧道爬梯锈蚀	Ⅰ	2	爬梯出现锈蚀情况，依下列原则扣分 10%以下爬梯主材锈蚀	1	
			Ⅱ	4	10%～30%爬梯主材锈蚀		
			Ⅲ	8	30%以上爬梯主材锈蚀		
16		隧道爬梯损坏	Ⅰ	2	爬梯存在损坏，依下列原则扣分：爬梯上下档 1 档轻微损坏但不影响上下通行	1	
			Ⅱ	4	爬梯上下档 1 档损坏但影响上下通行	1	
			Ⅲ	8	爬梯上下档 1 档以上损坏影响上下通行	1	

续表

序号	状态量		劣化程度	基本扣分	判断依据	权重系数	扣分值（应扣分值×权重）
	分类	状态量名称					
17	运行巡检	电缆桥基础下沉	Ⅰ	2	存在桥架基础下沉情况，依下列原则扣分：桥架与过渡工井之间产生裂缝或者错位在5cm之内的	1	
			Ⅱ	4	桥架与过渡工井之间产生裂缝或者错位 5～10cm	1	
			Ⅲ	8	桥架与过渡工井之间产生裂缝或者错位在 10cm 以上的	1	
18		电缆桥基础覆土流失	Ⅰ	2	存在基础覆土流失情况，依下列原则扣分：桥架与过渡工井之间产生裂缝或者错位在 5cm 之内的	1	
			Ⅱ	4	桥架与过渡工井之间产生裂缝或者错位 5～10cm，重度扣100%	1	
			Ⅲ	8	桥架与过渡工井之间产生裂缝或者错位在 10cm 以上的	1	
19		电缆桥架损坏	Ⅰ	2	存在桥架主材损坏情况，依下列原则扣分：10%以下围栏主材损坏	1	
			Ⅱ	4	10%～30%围栏主材损坏	1	
			Ⅲ	8	30%以上面积围栏主材损坏	1	
20		电缆桥遮阳棚	Ⅰ	2	遮阳棚存在损坏现象，按如下标准扣除相应分数；10%以下遮阳棚面积损坏	1	
			Ⅱ	4	10%～30%遮阳棚面积损坏	1	
			Ⅲ	8	30%遮阳棚面积损坏	1	
21		电缆桥架主材	Ⅰ	2	主材存在锈蚀，依下列原则扣分：10%以下钢架桥主材腐蚀	1	
			Ⅱ	4	10%～30%钢架桥主材腐蚀	1	
			Ⅲ	8	30%以上钢架桥主材腐蚀	1	
22		电缆桥架接地电阻	Ⅰ	2	不满足规程要求全部扣完	1	
23		电缆桥架倾斜	Ⅰ	2	存在桥架倾斜情况，依下列原则扣分：桥架与过渡工井之间产生裂缝或者错位在 4cm 之内的	1	
			Ⅱ	4	桥架与过渡工井之间产生裂缝或者错位 5～10cm		
			Ⅲ	8	桥架与过渡工井之间产生裂缝或者错位在 10cm 以上的		

续表

序号	状态量		劣化程度	基本扣分	判断依据	权重系数	扣分值（应扣分值×权重）
	分类	状态量名称					
24	运行巡检	敷设电缆与其他管线距离	Ⅱ	4	电缆线路与煤气（天然气）管道、自来水（污水）管道、热力管道、输油管道不满足规程要求即扣除全部分数	2	
25		电缆线路保护区土壤流失	Ⅰ	2	存在水土流失现象，依下列原则扣分：土壤流失造成排管包方、工井等局部构筑物暴露或者导致工井、沟体下沉使盖板倾斜低于周围标高，最大高差3～5cm	1	
			Ⅱ	4	土壤流失造成排管包方、工井等构筑物大面积暴露或者导致工井、沟体下沉使盖板倾斜低于周围标高，最大高差5～10cm		
			Ⅲ	8	土壤流失造成排管包方开裂、工井、沟体等墙体开裂甚至凌空的；或者工井、沟体下沉导致盖板倾斜低于周围标高，最大高差在 10cm 以上的		
26		电缆线路保护区内构筑物	Ⅰ	2	不满足规程要求	2	
27	试验	电缆工井、隧道、电缆沟接地网接地电阻异常	Ⅱ	4	存在接地不良（大于1Ω）现象	2	
28		其他	Ⅰ	2			

注 “*”为部分电缆特有，如没有则该项不进行评价，按满分计。

【思考与练习】

1. 混合线路应该如何评价？
2. 当电缆本体扣分达到什么状态时则设备评价为注意状态？
3. 当接地电流＞200A 时，应扣什么状态量多少分？

模块 3 电缆线路检修分类及检修项目（Z06J4003Ⅲ）

【模块描述】本模块主要介绍电缆设备状态检修的分类和检修项目，通过知识讲解及案例分析，能够正确开展电缆设备状态检修。

【模块内容】

一、检修分类

按照工作性质内容及工作涉及范围，将电缆线路状态检修工作分为四类：A 类检修、B 类检修、C 类检修、D 类检修。其中 A、B、C 类是停电检修，D 类是不停电检修。

A、B 类检修的施工方案、现场安全技术组织措施、标准化作业指导书（卡）等应在施工开始前一周批准。C、D 类检修工作的标准化作业指导书（卡）等应在施工开始前一个工作日批准。

1. A 类检修

A 类检修是指电缆线路的整体解体性检查、维修、更换和试验。

2. B 类检修

B 类检修是指电缆线路局部性的检修，部件的解体检查、维修、更换和试验。

3. C 类检修

C 类检修是指对电缆线路常规性检查、维护和试验。

4. D 类检修

D 类检修是指对电缆线路在不停电状态下的带电测试、外观检查和维修。

二、检修项目

电缆线路各类检修所对应的检修项目见表 27–3–1。

表 27–3–1　　电缆线路的检修分类和检修项目

检修分类	检 修 项 目
A 类检修	A.1 电缆更换 A.2 电缆附件更换
B 类检修	B.1 主要部件更换及加装 B.1.1 更换少量电缆 B.1.2 更换部分电缆附件 B.2 其他部件批量更换及加装 B.2.1 交叉互联箱更换 B.2.2 更换回流线 B.3 主要部件处理 B.3.1 更换或修复电缆线路附属设备 B.3.2 修复电缆线路附属设施 B.4 诊断性试验 B.5 交直流耐压试验
C 类检修	C.1 绝缘子表面清扫 C.2 电缆主绝缘绝缘电阻测量 C.3 电缆线路过电压保护器检查及试验 C.4 金具紧固检查 C.5 护套及内衬层绝缘电阻测量 C.6 其他

续表

检修分类	检 修 项 目
D类检修	D.1 修复基础、护坡、防洪、防碰撞设施 D.2 带电处理线夹发热 D.3 更换接地装置 D.4 安装或修补附属设施 D.5 回流线修补 D.6 电缆附属设施接地联通性测量 D.7 红外测温 D.8 环流测量 D.9 在线或带电测量 D.10 其他不需要停电试验项目

【思考与练习】

1. 电缆线路的状态检修分哪几类？哪几类是不停电检修?
2. 电缆线路C类检修对应的检修项目是什么？
3. 电缆线路红外测温、环流测量等项目应安排哪类检修？

模块4 电缆线路状态检修分类的原则和策略（Z06J4004Ⅲ）

【模块描述】本模块主要介绍电缆设备状态检修的基本原则和检修策略，通过知识讲解及案例分析，能够依据状态评价结果，制定相应的状态检修策略。

【模块内容】

一、基本原则

1. 状态检修实施原则

状态检修应遵循“应修必修，修必修好”的原则，依据设备状态评价的结果，考虑设备风险因素，

动态制定设备的检修计划，合理安排状态检修的计划和内容。

电缆线路状态检修工作内容包括停电、不停电测试和试验以及停电、不停电检修维护工作。

2. 状态评价工作的要求

状态评价应实行动态化管理，每次检修和试验后应进行一次状态评价。

3. 新投运设备状态检修

新投运设备投运初期按照国家电网公司《输变电设备状态检修试验规程》规定110（66）kV的新设备投运后1～2年，220kV及以上的新设备投运后1年，应进行例行试验，同时应对设备及其附件（包括电气回路和机械部分）进行全面检查，收集各种状态量，并进行一次状态评价。

4. 老旧设备的状态检修实施原则

对于运行达到一定年限，故障或发生故障概率明显增加的设备，宜根据设备运行及评价结果，对检修计划及内容进行调整。

二、检修策略

电缆线路的状态检修策略既包括年度检修计划的制定，也包括缺陷处理、试验、不停电的维修和检查等。检修策略应根据设备状态评价的结果动态调整。

年度检修计划每年至少修订一次。根据最近一次设备的状态评价结果，考虑设备风险评估因素，并参考制造厂家的要求确定下一次停电检修时间和检修类别。在安排检修计划时，应协调相关设备检修周期，尽量统一安排，避免重复停电。

对于设备缺陷，根据缺陷性质，按照缺陷管理相关规定处理。同一设备存在多种缺陷，也应尽量安排在一次检修中处理，必要时，可调整检修类别。

C 类检修正常周期宜与试验周期一致。

不停电维护和试验根据实际情况安排。

1.“正常状态”检修策略

被评价为“正常状态”的设备停电检修按 C、D 类检修项目执行，试验按《输变电设备状态检修试验规程》例行试验项目执行。根据设备实际情况，检修周期可按照正常周期或者按基准周期延迟 1 个年度执行。

2.“注意状态”检修策略

被评价为“注意状态”的电缆线路，停电检修按 C 类检修项目执行，试验按《输变电设备状态检修试验规程》例行试验项目执行，必要时按《输变电设备状态检修试验规程》增做部分诊断性试验项目。如果单项状态量扣分导致评价结果为“注意状态”时，应根据实际情况缩短检测周期，提前安排 C 类检修。如果由多项状态量合计扣分导致评价结果为“注意状态”时，可按正常周期执行，并根据设备的实际情况，增加必要的检修和试验内容。被评价为“注意状态”的电缆线路实施停电检修前应加强 D 类检修。

3.“异常状态”检修策略

被评价为“异常状态”的电缆线路，根据评价结果确定检修类型，并适时安排 C 类或 B 类检修，试验项目按《输变电设备状态检修试验规程》例行试验项目执行，根据异常的程度按《输变电设备状态检修试验规程》增做诊断性试验项目。实施停电检修前应加强 D 类检修。

4.“严重状态”检修策略

被评价为“严重状态”的电缆线路应尽快安排 B 类或 A 类检修，试验项目按《输变电设备状态检修试验规程》例行试验项目执行，根据异常的程度按《输变电设备状态检修试验规程》增做诊断性试验项目，必要时对设备进行更换。实施停电检修前应加强 D 类检修。

【思考与练习】

1. 状态检修的实施原则是什么？
2. “异常状态” 的检修策略是什么？
3. “严重状态” 的检修策略是什么？

模块 5 编制状态检修评估报告（Z06J4005Ⅲ）

【模块描述】本模块主要介绍如何编写电缆设备的状态检修报告，通过知识讲解及案例分析，学会编制电缆设备状态评估报告。

【模块内容】

电缆设备主人应根据设备实际状况，依据《电缆线路状态评价导则》评价设备，以设备状态评价结果为基础，参考风险评估结果，考虑电网发展、技术更新等要求，综合调度、安监部门意见，依据《国家电网公司输变电设备状态检修导则》等技术标准制定相应的检修策略，最后编制状态检修评估报告。

市供电公司工区一级的设备状态检修综合报告模版如下，供参考。

××供电公司输电运检工区××年电网设备状态检修综合报告

一、电网规模

简述所辖设备规模

二、设备状态评价情况

表 27–5–1 设备状态统计表

设备类型	110kV 设备数量					220kV 设备数量					500kV 设备数量					合计					各种状态设备所占比例（%）			
	总数	正常状态	注意状态	异常状态	严重状态	总数	正常状态	注意状态	异常状态	严重状态	总数	正常状态	注意状态	异常状态	严重状态	总数	正常状态	注意状态	异常状态	严重状态	正常状态	注意状态	异常状态	严重状态
变压器（电抗器）																								
断路器																								
架空线路	100	100	0	0	0																87%	13%		
电缆线路	132	119	12	1	0																100%			
共计																								

三、下年度评价需要停电检修设备统计

表 27–5–2　　　　设备××年评价需要停电检修设备统计表

设备类型	110kV 设备数量				220kV 设备数量				500kV 设备数量				××年检修合计				各类检修占停电检修总数比例（%）			变电一次设备总数	××年停电检修比例（%）
	总数	A类检修	B类检修	C类检修	总数	A类检修	B类检修	C类检修	总数	A类检修	B类检修	C类检修	总数	A类检修	B类检修	C类检修	A类检修	B类检修	C类检修		
变压器（电抗器）																					
断路器																					
电缆路	13		1	12											1	12		0.77%	92.3%		9.8%
…																					
共计																					

四、线路评价统计

110kV 线路评价统计

电压等级	110kV	评价输电电缆线路数量（条）	132	报告日期	××××年××月
状态评价结果	设备状态	正常状态	注意状态	异常状态	严重状态
	线路条数	119	12	1	0
注意状态设备原因分析	1. ***线等 11 条线路防火措施老化，接地锈蚀严重，电缆工井盖板缺损。 2. ***线终端 C 相本体发热，红外测温异常。 3. ***线由于道路施工，护层接地箱及基础被埋约 50cm。				
异常状态设备原因分析					
严重状态设备原因分析					
设备风险分析	1. 防火措施老化，接地锈蚀严重，电缆工井盖板缺损，威胁电网安全运行。 2. 终端本体发热，可能导致终端故障，威胁电网安全运行。 3. 护层接地箱及基础被埋，威胁电缆线路安全。				
根据基建、技改、停电计划、可靠性，需要修正周期的设备及原因说明					
检修决策	1. 防火措施，锈蚀接地及电缆盖板修复或更换。 2. 对***线发热终端进行更换。 3. 对护层接地箱进行迁移。				
备注					

电缆线路状态评价报告格式

国家电网公司 10（6）～500kV 电压等级电缆线路状态评价报告

<table>
<tr><td colspan="7">××公司××线路电缆</td></tr>
<tr><td rowspan="5">设备资料</td><td>安装地点</td><td></td><td>运行编号</td><td></td><td>型号</td><td></td></tr>
<tr><td>电缆本体生产厂家</td><td></td><td>生产日期</td><td></td><td rowspan="3">投运日期</td><td rowspan="3"></td></tr>
<tr><td>中间接头生产厂家</td><td></td><td>生产日期</td><td></td></tr>
<tr><td>电缆终端生产厂家</td><td></td><td>生产日期</td><td></td></tr>
<tr><td>额定电压</td><td></td><td>额定电流</td><td></td><td></td><td></td></tr>
<tr><td colspan="2">上次评价结果/时间</td><td colspan="5"></td></tr>
<tr><td colspan="7">本次评价</td></tr>
</table>

评价指标	电缆本体	电缆终端	辅助设施	中间接头	电缆线路过电压保护器	通道
状态定级						
扣分值						

<table>
<tr><td colspan="3">整体评价结果（诊断后）
□正常状态　□注意状态　□异常状态　□严重状态</td></tr>
<tr><td>扣分状态量状态描述</td><td colspan="2">主要扣分情况：
描述重要状态量扣分项情况，如一般状态量评价为最差状态时，也应描述：</td></tr>
<tr><td>处理建议</td><td colspan="2"></td></tr>
<tr><td colspan="3">评价时间：　　　　年　月　日</td></tr>
<tr><td colspan="2">评价人：</td><td>审核：</td></tr>
<tr><td colspan="3">上述诊断结果、扣分状态量状态描述如报告篇幅不够，可用附录说明。</td></tr>
</table>

【思考与练习】

1. 根据设备实际情况编制状态评价报告。
2. 状态检修的意义？
3. 编制状态检修的注意事项。

第二十八章

电缆线路带电检测与在线监测

模块 1　高压电缆外敷式光纤测温系统（Z06J5001Ⅲ）

【模块描述】本模块主要介绍高压电缆外敷式光纤系统的相关概念、结构组成、基本工作原理，通过知识讲解，了解高压电缆外敷式光纤系统的概念、结构组成、基本工作原理。

【模块内容】

一、概念介绍

1. 高压电缆光纤分布式测温系统

高压电缆光纤分布式测温系统是一种基于分布式光纤温度传感器 DTS 的电力电缆状态监测系统。系统采用 DTS 实时检测电缆全长范围内的电缆表面温度，并通过 DCR 电缆载流量算法计算电缆导体温度和短时应急电流，实现电缆分布温度异常监测、热负荷状态监测、短时应急负荷调度支持三项功能。

2. 分布式光纤温度传感器

光纤分布式温度传感器（Distributed Temperature Sensor，DTS）可以检测到一根长达几千米到几十千米光纤的温度分布，采样点距离可达到 1～2m，检测周期可达秒级至分钟级。将该测温光纤沿电缆长度方向布置，则可以获得电缆的长度方向上的温度分布。光纤本身由石英制成，具有极佳的电磁惰性。

3. 电缆动态载流量算法

电缆动态载流量算法（Dynamic Cable Rating，DCR）算法采用数值算法技术计算电缆内部实时温度场及其对负荷的响应。DTS 的测温光纤仅能测到电缆表面或金属护套温度。为满足电缆热负荷状态在线监测的需求，需要采用数值算法方法计算出实时导体温度和短时应急电流。

4. 测温光纤

接入 DTS 主机的温度敏感部件，也称感温光纤；一根光纤可通过熔接和另一根光纤接续；一根接入 DTS 主机的测温光纤可称为光通道。

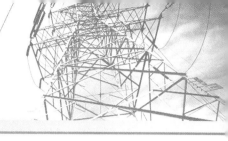

5. 测温光缆

探测光纤的成缆形态，可以达到实际安装和使用目的；其内部容纳一根或多根探测光纤。

6. DTS 测温子系统

一台 DTS 主机和接入的一根测温光纤、或通过光纤通道扩展器再接入一根或若干根测温光纤/光缆所构成的检测系统。

二、系统结构

下面介绍一种典型的外敷式光纤测温系统配置，该系统通常由监测主机、DTS 测温子系统、电流采集模块、周边设备组成；

监测主机：由一 PC 机、一个不间断运行在其上的监测进程构成，读取检测数据、执行监测任务和其他必要功能。

DTS 测温子系统：由测温光缆及其附件、DTS 测温主机及其附属设备构成，其功能为检测和向监测主机输出测温光纤的分布温度；

电流采集模块：功能为获得和向监测主机输出各个监测回路的实时负荷电流；其实现的方案有多种。

周边设备：可能包括机架、LAN 交换机、UPS 电源控制器等。

图 28–1–1 为一个典型的系统配置，其中电流采集模块通过设置一套电缆电流检测装置来实现。

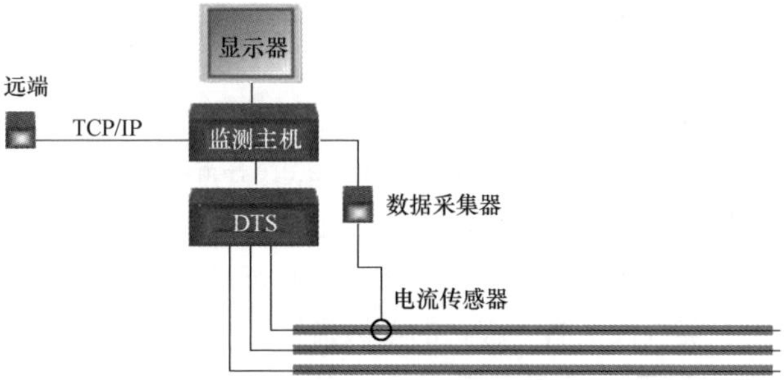

图 28–1–1　典型的系统配置

一般情况下，以上设备以一个 19 英寸标准机架的安装形式布置在变电站机房内，远程通信连接采用 TCP/IP 网络。

三、工作原理

1. 总体

系统功能分为三个层次：检测、监测和远程通信（见图 28–1–2）。

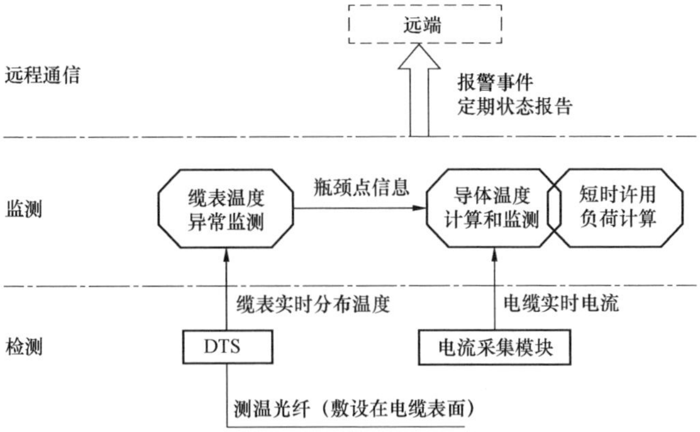

图 28–1–2　总体工作原理

一般情况下，监测主机需要完成监测和远程通信功能，除非主机直接设置在有人值守点（在这种情况下，无需远程通信功能）。

2. DTS 测温子系统

图 28–1–3 为 DTS 工作原理图。

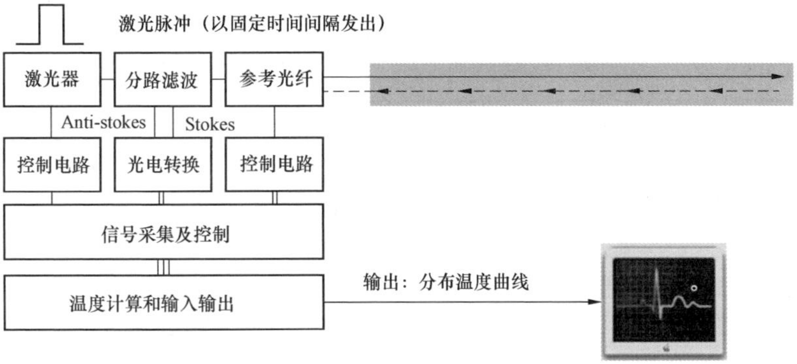

图 28–1–3　DTS 工作原理图

3. 电流采集模块

系统可以访问变电站 CT、SCADA 或 EMS 系统来获得实时回路电流。但由于越来越严格的电力设备和信息安全方面的要求，系统可自带电流检测装置。

四、设计和安装

1. 总体

系统的整体设计寿命为 10 年；其中电子、光电和计算机设备的设计寿命不得小于 10 年，测温光缆和附件、其他线缆的设计寿命不得小于 15 年；标志标牌应达到其归属的设备或线缆同等的寿命要求；

系统的运行采用无人值守的 7×24h 持续运行模式；各部件均可能被断电，在恢复供电时应立即自动恢复运行；

整个系统的年有效工作时间比不得小于 97%；年有效工作时间比的定义：在一年内系统正常运行的小时/8760h；在正常运行的时间外，系统处于失效、维护或停机状态；失效包括：系统崩溃、检测部件停止工作并无法自动恢复、失稳、输出紊乱、通信中断并无法自动恢复、数据丢损严重、无法报警、频繁误报等。

2. DTS 测温子系统

电力电缆线路分布式光纤测温系统的主要技术指标如表 28–1–1 所示。

表 28–1–1　　电力电缆线路分布式光纤测温系统的主要技术指标

序号	技术参数名称	技术指标要求值
1	测量范围	2～30km
2	测试通道	4 通道、8 通道（根据需要可扩展）
3	温度测量准确度	≤±1℃
4	温度测量范围	–40℃～120℃
5	空间分辨率	≤2m
6	温度分辨率	≤0.5℃
7	导体温度计算准确度	≤±2℃
8	定位准确度（最大测量范围内）	≤±1m
9	单通道测量时间	不大于 1min（在定位精度为±1m，温度精度为±1℃时，16km 以下测量范围条件下） 不大于 5min（在定位精度为±1m，温度精度为±1℃时，16km –30km 测量范围条件下）
10	主机寿命	≥10 年
11	供电电源	交流电源失电时，系统具有保存数据和自恢复功能
12	测量光纤通道衰耗	980nm 波长光纤最大不应超过 0.5dB/km 1550nm 波长光纤最大不应超过 0.3dB/km 单点损耗最大不应超过 0.1dB
13	系统时延	≤1s
14	通信协议	满足 IEC 61850 通信标准，允许采用 RS485、CAN、GPRS 等辅通信方式
15	报警	具备温度超限报警、温升速率报警、温差报警、功能异常报警等。告警响应时间，≤3s
16	系统平均故障间隔时间（MTBF）	25 000h
17	系统年数据完整率	≥95%
18	数据保存时限	正常数据　不少于 6 个月 异常数据　不少于 2 年

3. 布局设计

测温光缆应尽可能覆盖电缆的全长，包括和终端连接的电缆端部。

对于重要的三相单芯电缆并行敷设的回路，应考虑光缆覆盖回路的每一相电缆；其他情况，光缆可仅覆盖其中一相，通常考虑选择其中散热最不利的一相。三相电缆在行进过程中可能交换空间位置，在这种情况下，光缆也应随之转移到当前散热最不利的一相电缆上。

只要单根测量光纤维的长度不超过DTS主机的测温距离，光缆可以来回敷设，覆盖同一回路的若干电缆或若干回路。为使空间映射关系简单明了，覆盖的顺序应按照回路的相序和回路的序号。在基于DTS的电缆安全监控系统中，回路是基本的监测对象单元；为避免混淆，光缆未完全覆盖某一回路前不应跳至其他回路或其他热源。

DTS通过光纤通道扩展器可以引出两根或以上的测温光纤。DTS主机按照顺序，依次检测各根光纤；采用通道扩展器，一个通道的光纤完整地覆盖一个回路是一种良好的设计，见图28–1–4。

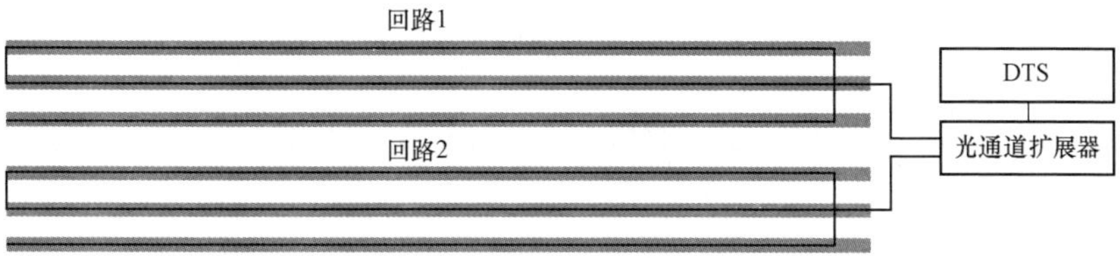

图28–1–4 光纤连接方式

4. 光缆敷设

总体要求

对于隧道内电缆或其他人力可以接触到的电缆，光缆应通过固定件可靠地固定在电缆表面；

固定件为非铁磁性材料制成，可采用尼龙扎带或绳；对于三角形叠放电缆，除了需要尼龙扎带或绳外，还需要借助固定件将光缆定位于某一相电缆的顶面；

固定好的光缆应不受拉力或扭力，并施放有热胀冗余；扎带的固定间距不小于2.0m；光缆外观平顺，主要依靠重力贴合在电缆顶面。对于已经安装固定夹具的电缆，光缆可从夹具上越过。对于光缆贴合电缆的紧密度要求为：在电缆的任意1m内，至少有75%的长度和光缆的间隙小于0.5mm，其中至少有一点接触到电缆表面，见图28–1–5。

对于排管电缆，对穿过排管的光缆的形位和固定不作要求。

在电缆附件处，测温光缆采用U形缠绕方式固定在电缆附件处，并保证测温光缆与电缆附件表面紧密接触，U 形缠绕光缆展开长度不应小于 5 倍电缆附件的长度，见图 28–1–6。

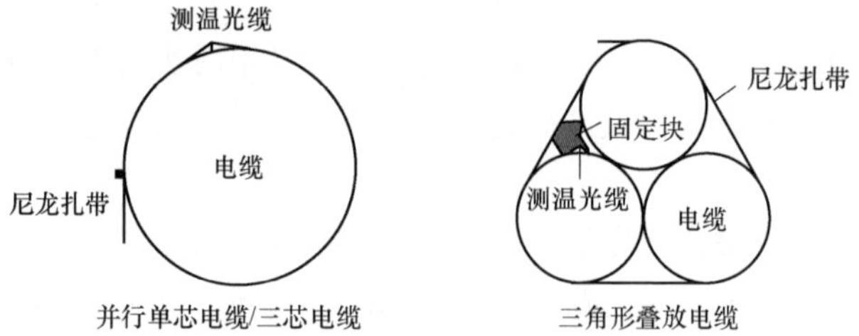

图 28–1–5 光纤固定示意图

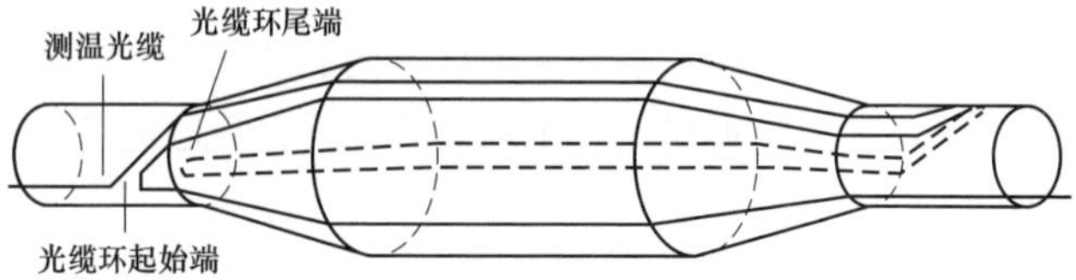

图 28–1–6 光纤 U 形缠绕示意图

光缆不受挤压（包括固定处），极限弯曲半径 2.5cm，频发（>5 次）弯曲半径不小于 5cm；

每千米应设置一个温度测试点，采用 U 型引出 10m 光缆，并制作一个直径为 20cm 的绕组；

光纤接头盒应具备不低于光缆的阻水和阻燃指标，可绑扎固定在电缆侧面、支架或桥架上；

光缆的跳线应妥善固定，避免外力损坏或影响人员通行。

5. 电流采集模块

采集精度不大于+/–1.0%，巡检周期不大于 60s。

6. 监测主机

PC 机：CPU 主频 1.6M 或以上，内存不小于 2G；磁盘空间不小于 250G；采用工业计算机或中高端商用计算机标准；操作系统为中文 WINDOWS XP/7；显示器：不小于 19 英寸 LCD 屏。

【思考和练习】

1. 光纤测温系统的结构组成有哪些？

2. 光纤测温系统的功能有哪些组成？

3. 外敷式光纤测温系统光缆敷设要求有哪些？

模块 2　高压电缆内置式光纤测温系统（Z06J5002Ⅲ）

【模块描述】本模块包含高压电缆内置式光纤测温系统的概念和敷设方法，通过知识讲解，了解高压电缆内置式光纤测温系统的概念和敷设方法

【模块内容】

一、概念介绍

1. 高压电缆内置式光纤测温系统

由于外敷式光纤测温系统测得的温度是电缆外表温度，并不能直接反应电缆线芯温度，当前，部分国内企业开始研制内置式光纤测温系统，该系统与外敷式光纤测温系统的显著区别是测温光纤敷设在电缆内部，测得的温度更接近于电缆线芯温度。内置式光纤测温系统的测温原理以及系统的结构组成与外敷式光纤测温系统基本一致。

2. DTS 分布式光纤温度传感器

光纤分布式温度传感器（Distributed Temperature Sensor，DTS）可以检测到一根长达几千米到几十千米光纤的温度分布，采样点距离可达到 1.0m 至 2.0m，检测周期可达秒级至分钟级。将该测温光纤沿电缆长度方向布置，则可以获得电缆的长度方向上的温度分布。光纤本身有石英制成，具有极佳的电磁惰性。

3. 电缆动态载流量算法

电缆动态载流量算法（Dynamic Cable Rating，DCR）算法采用数值算法技术计算电缆内部实时温度场及其对负荷的响应。DTS 的测温光纤仅能测到电缆表面或金属护套温度。为满足电缆热负荷状态在线监测的需求，需要采用数值算法方法计算出实时导体温度和短时应急电流。

4. 测温光纤

接入 DTS 主机的温度敏感部件，也称感温光纤；一根光纤可通过熔接和另一根光纤接继；一根接入 DTS 主机的测温光纤可称为光通道。

5. 测温光缆

探测光纤的成缆形态，应符合实际安装和使用目的；其内部容纳一根或多根探测光纤。

6. DTS 测温子系统

一台 DTS 主机和接入的一根测温光纤、或通过光纤通道扩展器再接入一根或若干根测温光纤/光缆所构成的检测系统。

二、系统结构

下面介绍一种典型的外敷式光纤测温系统配置，该系统通常由监测主机、DTS 测温子系统、电流采集模块、周边设备组成；

监测主机：由一 PC 机、一个不间断运行在其上的监测进程构成，读取检测数据、执行监测任务和其他必要功能。

DTS 测温子系统：由测温光缆及其附件、DTS 测温主机及其附属设备构成，其功能为检测和向监测主机输出测温光纤的分布温度；

电流采集模块：功能为获得和向监测主机输出各个监测回路的实时负荷电流；其实现的方案有多种。

周边设备：可能包括机架、LAN 交换机、UPS 电源控制器等。

图 28–2–1 为一个典型的系统配置，其中电流采集模块通过设置一套电缆电流检测装置来实现。

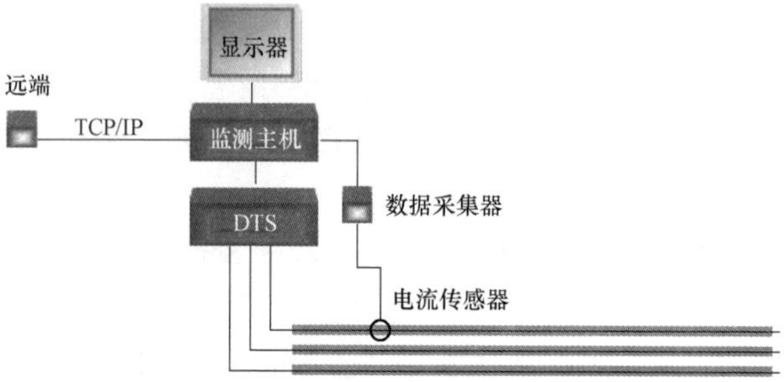

图 28–2–1 典型的系统配置

一般情况下，以上设备以一个 19 英寸标准机架的安装形式布置在变电站机房内，远程通信连接采用 TCP/IP 网络。

三、工作原理

1. 总体

系统功能分为三个层次：检测、监测和远程通信（见图 28–2–2）。

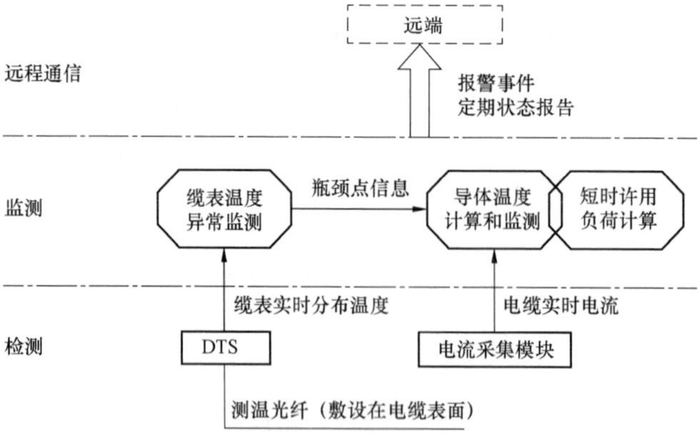

图 28–2–2 总体工作原理

一般情况下，监测主机需要完成监测和远程通信功能，除非主机直接设置在有人值守点（在这种情况下，无需远程通信功能）。

2. DTS 测温子系统

图 28–2–3 为 DTS 工作原理图。

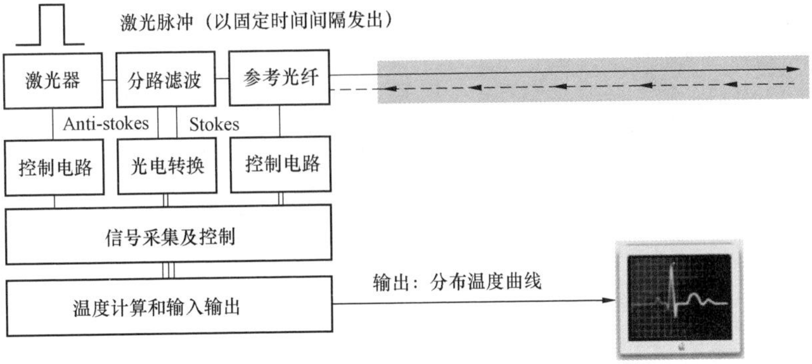

图 28–2–3　DTS 工作原理图

3. 电流采集模块

系统可以访问变电站 CT、SCADA 或 EMS 系统来获得实时回路电流。但由于越来越严格的电力设备和信息安全方面的要求，系统可自带电流检测装置。

四、安装方式

目前，内置式光纤测温系统测温光纤的安装位置主要有两种：一种是直接将测温光纤内置于电缆线芯内部，在电缆线芯的中心处安置具有支撑作用的一个圆形骨架，在圆形骨架上开有多个凹槽，在凹槽内放置感温光缆，那么系统监测的温度即为线芯的温度，使得整个系统大大简化。国内部分电缆厂家开始研制这种电缆，而且已有厂家宣称可以上线生产。如图 28–2–4 所示，这是某厂家提供的样品，他们将光纤内置于分割式导体的间隙，从结构上避免了对光纤的挤压。但是，这种安装方式必须考虑两个问题：一是电缆中间接头的导体压接，必须将光纤拉出，在压接管外部实现光纤的接续，既要保证接续可靠、损耗小、允许拉伸力和压扁力满足要求，又要保证绕包带材之后不影响应力锥的套装；二是电缆终端与其他电气设备连续之前，必须先将光纤引出，要求不改变电缆终端各部分之间、各部分与地之间的绝缘水平。而目前这两个问题，尤其是后者，还没有得出一种可以进行推广的方案。所以，这种光纤安装方式暂时处于理想状态。

另一种是将光纤内置于绝缘屏蔽层的外表面，由于导体屏蔽层与导体良好接触，而且导体屏蔽层、绝缘层、绝缘屏蔽层实行了“三层共挤”，使得层间紧密结合，减少了气隙及杂质的污染，所以可以考虑将光纤内置于绝缘屏蔽层的外表面，如图 28-2-5 所示，绝缘屏蔽层与金属护套之间是质地较软的填充层，避免了刚性接触，对光纤的挤压程度不容易超过允许值。

图 28-2-4 光纤内置线芯

图 28-2-5 光纤内置绝缘屏蔽层的外表面

【思考和练习】

1. 内置式光纤测温系统的结构组成有哪些？
2. 内置式光纤测温系统的工作原理是什么？
3. 内置式光纤测温系统的安装方式有哪些？

模块 3 高压电缆各类型局部放电检测（Z06J5003Ⅲ）

【模块描述】本模块包含高压电缆各类局部放电测量的基本原理，掌握局部放电测量方法并判断典型的电缆附件中可能存在的微小的局部放电缺陷。

【模块内容】

一、局部放电定义

局部放电是指设备绝缘系统中部分被击穿的电气放电，这种放电可以发生在导体（电极）附近，也可发生在其他位置。

高压交联电缆及其附件采用交联聚乙烯固体绝缘，由于固体绝缘和绝缘周围不可避免的存在由于制造、运输、现场安装以及老化导致的缺陷。在场强的作用下，这些缺陷表现出局部放电特征，而局部放电所伴随的声、光、热、化学分解会将绝缘体的破坏扩大化，局部放电的持续发展，会逐渐造成绝缘的损伤。

局部放电的类型分为：绝缘材料内部放电和表面放电。

二、局部放电检测种类

局部放电检测是为了确定被试品是否存在微量放电及放电量是否超标，确定局部放电起始和熄灭电压，发现其他绝缘试验不能检查出来的绝缘局部隐形缺陷及故障。

局部放电的检测方法包括很多种，利用上述提到的物理和化学的变化均可进行局部放电的检测。总的来说分为IEC标准的测量方法和非传统测量方法两大类。

（1）IEC60270 标准局放测量方法是目前国际电工委员会推荐进行局部放电测试的通用方法，适合于实验室等使用，放电量可校准。

（2）非传统测量方法包括高频、甚高频、超高频、超声法等测量方法。

三、局部放电检测原理

局部放电电气检测的基本原理是在一定的电压下测定试品绝缘结构中局部放电所产生的高频电流脉冲。

（1）IEC 标准测量方法采用脉冲电流法原理进行测量。试品产生一次局部放电，在其两端就会产生一个瞬时的电压变化，此时在被试品、耦合电容和检测阻抗组成的回路中产生一脉冲电流。脉冲电流经过检测阻抗会在其两端产生一脉冲电压，将此脉冲电压进行采集、放大、显示等处理，就可得出此次局部放电量。IEC 标准测量方法检测频带范围规定为200kHz到800kHz。

（2）高频检测法。通过在电缆接头中预埋电极提取局部放电信号和从交叉互联箱用高频 CT 提取放电信号这两种方式来检测电缆的局部放电量。采集到的局部放电信号通过监测软件进行处理后显示放电量、放电次数、放电起始电压和熄灭电压，并定位局部放电点。

（3）UHF 测量法。也就是所谓超高频测量法，其下限频率在300MHz以上，上限频率在1000MHz或以上。在GIS局放测量中，当用宽带数字存储示波器一起测量时，可以根据从相邻耦合器到达的信号之间的时间差对局放点准确定位，测得两耦合器之间的距离，根据计算求出局放点的位置。

（4）超声诊断法。超声诊断法就是在电力设备外部安放传感器，检测局部放电时产生的压力波进行局放检测。传感器的灵敏范围为20～100kHz。

上述对电力电缆的局部放电常用检测种类和原理进行了介绍，其中脉冲电流法适用于变电所现场或试验室条件下测量变压器、互感器、套管、耦合电容器等电容型绝缘结构设备的局部放电量；超声法更适合35kV及以下电缆终端GIS的带电巡检和短期的在线监测；超高频法适合于GIS设备和中低压电缆接头的连续固定的在线监测；高频检测法适用于高压电缆设备的带电检测和在线检测。

四、分布式局部放电检测法

分布式局部放电检测系统由一台主机、局部放电耦合器和多个采集单元组成。使用光纤传输技术，系统利用位于电缆局部放电信号采集点的感性传感器或预置在电缆接头内部的容性传感器提取局部放电信号（局部放电信号采集器安装在电缆附件旁边）。每个采集单元之间采用光缆将实时数据上传到控制主机。监测系统连接图见图 28–3–1。

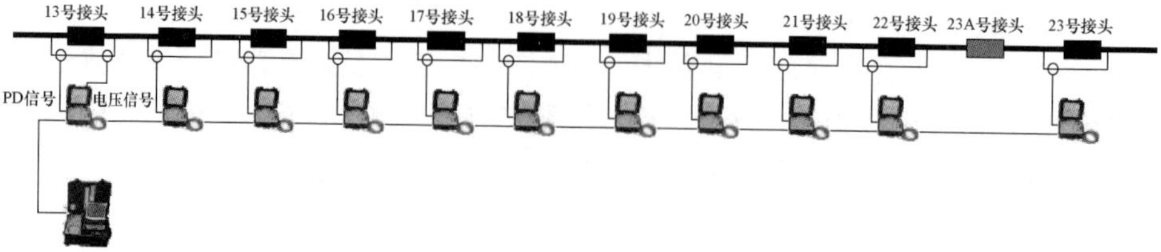

图 28–3–1 分布式局部放电监测系统连接示意图

分布式局部放电检测方法在实际运用中有两种检测模式。

1. 基于变频谐振耐压试验的分布式局部放电检测

在进行高压电缆变频谐振耐压试验的同时进行分布式局部放电检测，可以发现待投运电缆附件中存在的微小局部放电缺陷。

（1）设备组成。基于变频谐振耐压试验的分布式局部放电检测法采用的设备包括高压变频谐振设备和分布式局部放电检测系统。

（2）检测方法。在进行电力线路耐压试验的同时，在每个接头位置布置局放检测单元，并将检测到的信号传输到检测主机上，进行局放检测。根据 GB 50150—2016《电气装置安装工程电气设备交接试验标准》，耐压试验时施加的电压和时间如表 28–3–1 所示。

表 28–3–1　　试验电压等级表

电缆电压等级	试验标准	试验电压	试验时间
21/35kV	$2U_0$	42kV	60min
26/35kV	$2U_0$	52kV	60min
64/110kV	$2U_0$	128kV	60min
127/220kV	$1.7U_0$（或 $1.4U_0$）	216kV	60min
290/500kV	$1.7U_0$（或 $1.1U_0$）	493kV	60min

2. 运行电缆的在线监测

在运行的高压电缆设备接地点和电缆接头的金属护层交叉换位点安装信号耦合器或在电缆接头内部预置信号耦合器，对运行电缆进行局部放电在线监测。

（1）设备组成。运行电缆的局部放电在线监测采用的设备包括分布式局部放电检测系统、信号传输系统和软件分析系统。

（2）检测方法。基于 $1U_0$ 电压下，采集被测电缆设备的局部放电信号。

【思考与练习】

1. 高压电缆及附件发生局部放电会造成什么影响？

2. 高压电缆局部放电检测的发展趋势是怎样的？不同的局部放电检测方法基本原理上有哪些区别？

3. 分布式局部放电检测的基本原理是？

模块 4 高压电缆接地电流带电检测与在线监测（Z06J5004Ⅲ）

【模块描述】本模块主要介绍高压电缆接地系统电流的测量原理和方法，通过知识讲解，掌握高压电缆接地系统电流的测量原理和方法。

【模块内容】

一、意义

我国 110（66）kV 及以上电压等级的高压电缆多采用带有金属护层的单芯电缆，电缆金属护层上的接地线为保护接地，其作用是将其电缆接头外屏蔽层上的高感应电压和电缆接头故障时产生的故障电流通过接地线再经接地系统导入大地，从而保证设备和工作人员的人身安全。运行中的高压电力电缆，一旦出现由于过电压或接地故障使电缆金属护套外的绝缘护层击穿，或其他原因引起的受伤、破损，形成金属护套一点或多点接地，则会破坏高压电缆金属护套的正确接地规则，使金属护套与大地形成较大的环流，长期存在环流将会降低电缆绝缘水平、缩短电缆线路的正常运行寿命，影响线路的安全运行。因此，对电缆护层接地电流的监测显得尤为重要。

二、接地电流检测的方法

目前，高压电缆接地电流检测主要有以下两种方法：

1. 现场测量法

现场测量是用钳型电流表测量电缆线路的接地电流。

（1）钳形电流表的选择。

1）钳形电流表按结构和工作原理的不同，分为整流系和电磁系两类；根据测量结果显示形式的不同又可分为指针式和数字式两类。整流系钳形电流表只能用于交流电流的测量，而电磁系钳形电流表可以实现交、直流两用测量。电缆线路的接地电流测量选用电磁系钳形电流表。

2）根据被测线路的电压等级正确选择钳形电流表，被测线路的电压要低于钳表的额定电压。测量高压线路的电流时，应选用与其电压等级相符的高压钳形电流表。低电压等级的钳形电流表只能测低压系统中的电流，不能测量高压系统中的电流。

（2）测量时的安全注意事项。

1）用钳形表测量高压电缆接地系统时，应由两人操作，非值班人员测量还应填写第二种工作票，测量时应戴绝缘手套，站在绝缘垫上，不得触及其他设备，以防止短路或接地。

2）当电缆有一相接地时，严禁测量。防止出现因电缆头的绝缘水平低发生对地击穿爆炸而危及人身安全。

3）观测表计时，要特别注意保持头部与带电部分的安全距离，人体任何部分与带电体的距离不得小于钳形表的整个长度。

4）测量时应注意身体各部分与带电体保持安全距离。

（3）钳形电流表的使用。

1）使用前要正确检查钳形电流表的外观情况，一定要检查表的绝缘性能是否良好，外壳应无破损，手柄应清洁干燥。若指针没在零位，应进行机械调零。钳形电流表的钳口应紧密接合，若指针抖晃，可重新开闭一次钳口，如果抖晃仍然存在，应仔细检查，注意清除钳口杂物、污垢，然后进行测量。

2）使用时应按紧扳手，使钳口张开，将被测导线放入钳口中央，然后松开扳手并使钳口闭合紧密。钳口的结合面如有杂声，应重新开合一次，仍有杂声，应处理结合面，以使读数准确。另外，不可同时钳住两根导线。读数后，将钳口张开，将被测导线退出，将挡位置于电流最高挡或 OFF 挡。

3）要根据被测电流大小来选择合适的钳型电流表的量程。选择的量程应稍大于被测电流数值，若无法估计，为防止损坏钳形电流表，应从最大量程开始测量，逐步变换挡位直至量程合适。严禁在测量进行过程中切换钳形电流表的挡位，换挡时应先将被测导线从钳口退出再更换挡位。

4）每次测量前后，要把调节电流量程的切换开关放在最高档位，以免下次使用时，因未经选择量程就进行测量而损坏仪表。

（4）钳形电流表测量接地电流的优缺点。传统的监测手段是带电用钳型电流表测量护层循环电流，这种方法在以往的电缆线路运行中使用较多，优点是使用简单方便，缺点是受环境因素影响大，在人员不易到达、操作的区域，测量不方便，对大规模的电缆线路测量时需要花费大量的人力、物力，工作效率很难提高。

2. 接地电流在线监测系统

（1）接地电流在线监测系统介绍（见图 28–4–1）。通过实时在线监测电力电缆金属护套的电流、电压等性能参数来判断电力电缆接地系统的状况，实现免巡视就可以知道与接地系统工作状况相关的电缆金属护层电压及电流值，同时实现超过设定阀值立即报警，箱体开启报警，周期性上报，该系统可提供电缆线路金属护层上实时和历史电流数据，便于相关工作人员对隐患处或故障点做出预判断，以便能够及时、准确的发现电缆故障点。同时，该系统还能实现电流曲线和报警等数据的显示、存储、打印、远程传输等功能，为整个电缆系统安全稳定运行提供了重要保障。

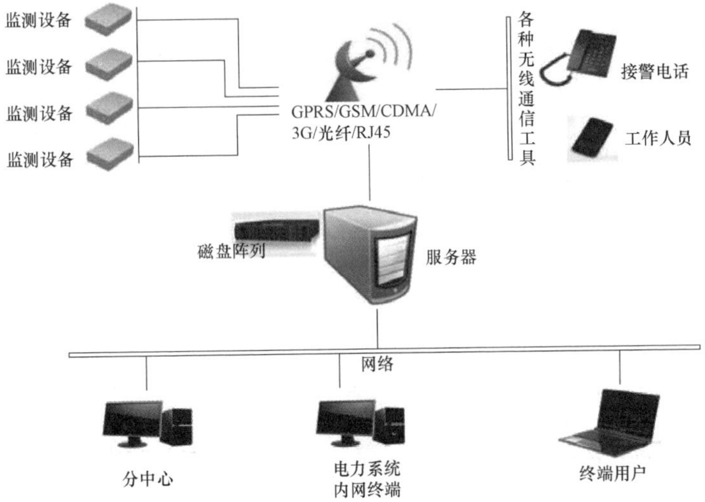

图 28–4–1　接地电流在线监测系统

（2）系统组成

一般而言，系统主要由以下几部分构成：

1）高压电缆金属护套接地环流在线监测终端。它包括接地装置及信号采集/传输装置两个部分；其中接地装置是完成传统的接地装置的功能，确保电缆线路系统可靠、正确接地（如保护接地、直接接地、交叉互联接地）。信号采集/传输装置则是集成了电力系统电缆金属护套接地环流的在线采集、过程 IO 控制、数据通信于一体的高性能远程智能测控装置。主要负责电缆金属护套上电流及电压信号的采集、量值转换及信号数据的传输。

对于信号采集单元，有内置和外置两种形式。内置式信号采集单元，可以在一定程度上减少外部环境对采集器的干扰，提高信号采集器对不同环境的适应能力，尤其体现在采集器的防水和防尘能力等方面。另外，信号采集单元内置使其承受突发外力破坏的能力大大加强，且外观更加美观，见图 28–4–2。信号采集单元与接地装置有外置式和内置式两种结构形式。外置式结构实物图 28–4–3。如下信号采集单元外置，对于生产厂家而言，工艺更加简单，成本更加低廉，但会使其防水和防尘能力大大减弱，基本无承受突发外力破坏的能力，且极易受到各种电磁信号的干扰，影响其采集、测量精度，会导致测量不准，甚至误判、误报。

图 28–4–2 内置式信号采集单元

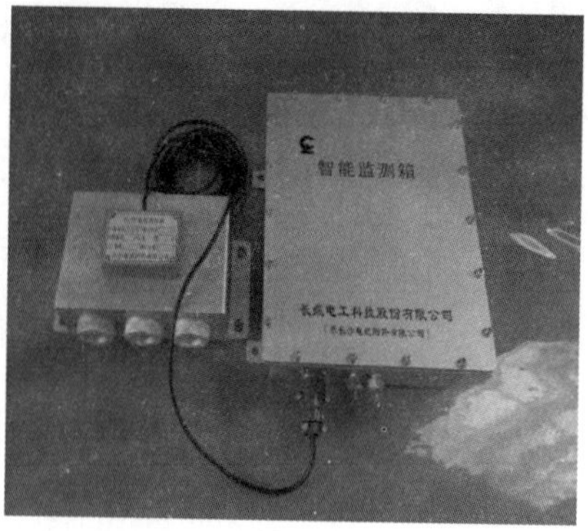

图 28–4–3 外置式信号采集单元

2）数据传输网络：GSM 无线网络、GPRS 无线网络、光纤网络。

GSM 全名为：Global System for Mobile Communication，中文为全球移动通信系统，俗称"全球通"，是一种起源于欧洲的移动通信技术标准，是第二代移动通信技术。利用该网络，智能接地在线监测系统中的信号采集/传输装置可以将采集的电缆金属护层上的电压和电流信号发送到指定人员的手机上，遇到特殊情况时，还会将报警信息（如超限、非法开箱等）发送到指定人员手机上。该种方式不具有历史数据查询功能。

GPRS 即通用分组无线服务技术（General Packet Radio Service）的简称，它是 GSM 移动电话用户可用的一种移动数据业务。利用该网络，可以实现无线网络与宽带网络的连接，可以令您在任何时间、任何地点都能快速、方便地利用手机、掌上电脑、平板电脑等设备实时读取电缆金属护层上的电压和电流信号、查询历史数据（曲线）等。

在无线网络使用受到限制的地方，如隧道、无 GPRS 信号覆盖的偏远地区，则可以通过光纤作为信号传输媒介对信号进行传输。

3）集中监测平台或用户手机。其中集中监测平台包括主控制电脑（包括系统应用程序）、GSM 模块报警终端、无线网络及用户手机组成。后台监测处理平台可同时处理多条线路，多个监测点不分距离、不分时间段传输的数据信息，能实现在线监测、历史数据查询、报警上限的设置、箱体开启报警等功能，参数设置可以根据电力系统运行环境或负载情况而调整。用户也可采用 GSM 模式，监测终端通过短信方式将数据发送至用户手机。

由图 28–4–4～图 28–4–6 三个流程图可以看出，电缆金属护层上的电流或电压信号首先经高精度内置式电流、电压采集模块，然后按一定比例线性转换成标准直流模拟信号，经转换模块转化为数字信号，通过 GSM 网络、光纤网络、GPRS 网络，最终传到用户手机或主机端显示。主机端集中监测平台可以将各点实际电流在主界面上显示出来，并存入服务器数据库，实现监测、报警等功能。用户也可通过主程序对采集的数据进行查询，掌握各点接地点电流变化规律。

1. GSM 传输

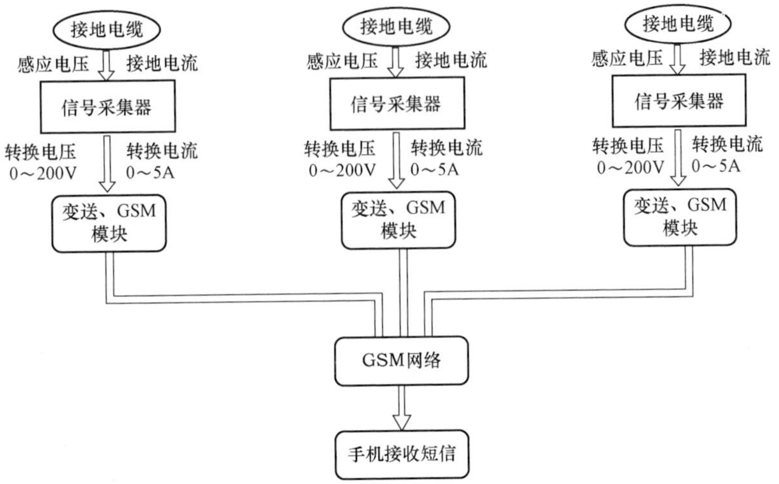

图 28–4–4 GSM 传输流程图

2. 光纤传输

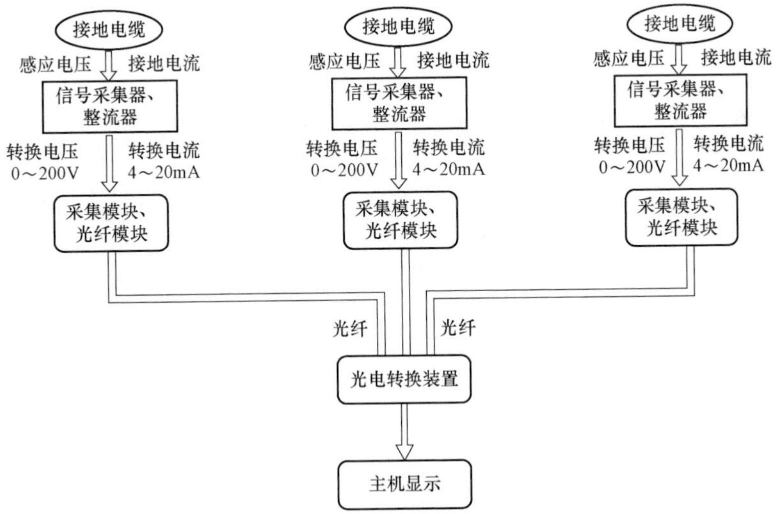

图 28–4–5 光纤传输流程图

集中监测平台系统由数据显示界面、系统管理设置、后台数据库三部分组成（见图 28–4–7）。数据显示界面包括三部分：监测点数据数值显示界面、波形显示界面和地图显示界面，可以完成多条线路，多个监测点数据的显示，通过点击界面左方的菜单栏选择显示的线路名称。系统管理设置包括系统参数设置、用户管理设置、串口参数设置、短信报警设置等。后台数据库，兼容 Oracle、My SQL 数据库，方便用户对数据管理、储存，及其他软件对数据的访问和提取。

3. GPRS 传输

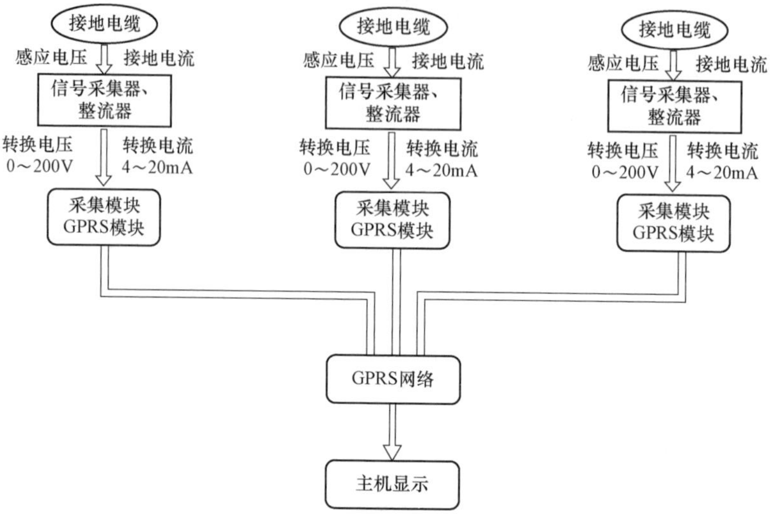

图 28–4–6　GPRS 传输流程图

图 28–4–7　平台展示

【思考和练习】

1. 高压电缆护层接地电流监测系统主要由哪几部分组成？
2. 高压电缆护层接地电流监测系统基本功能有哪些？
3. 使用钳形电流表测量时的安全注意事项有哪些？

模块5 红外热成像仪检测（Z06J5005Ⅲ）

【模块描述】本模块主要介绍电缆红外热成像检测技术，通过知识讲解及案例分析，掌握电缆红外热成像检测技术。

【模块内容】

在电力系统中，红外热成像仪器主要用来对各种户内、户外电气设备和电缆线路发热情况进行带电检测。在实践中，红外热成像仪器的使用可以发现运行设备中的不少缺陷，大大减少各种高压电气设备和高压输电线路（包括电力电缆线路）由于异常发热而引起的设备损坏和系统停电事故。目前，红外热成像检测技术已经成为电力系统对运行中设备进行在线检测的关键技术之一。

一、对检测仪器的要求

红外热像仪应图像清晰、稳定，不受测量环境中、高压电磁场的干扰，具有必要的图像分析功能，具有较高的温度分辨率，空间分辨率应满足实测距离的要求，应具有较高的测量精确度和合适的测温范围。

二、工作原理

热成像仪器应用非电量的电测法原理，由光学系统、光电探测器、信号放大器及信号处理、显示输出等部分组成。光学系统汇集其视场内的目标红外辐射能量，视场的大小由测温仪的光学零件以及位置决定。

一切温度高于绝对零度的物体都在不停地向周围空间发出红外辐射能量，物体的红外辐射能量的大小及其波长的分布与它的表面温度有十分密切的关系。因此通过对物体自身辐射的红外能量的测量，红外能量聚焦在光电探测仪上并转变为相应的电信号。该信号经过放大器和信号处理电路按照仪器内疗的算法和目标发射率校正后，转变为被测目标的温度数字值读数显示。

红外温度热成像仪是利用红外探测器、光学成像镜和光机扫描系统（目前先进的焦平面技术则省去了光机扫描系统）接受被测目标的红外辐射能量分布图形反映到红外探测器的光敏元件上，在光学系统和红外探测器之间，有一个光扫描机构（焦平面热像仪无此机构）对被测物体的红外热像进行扫描，并聚焦在单元或分光探测器上，由探测器将红外辐射能转换成电信号，经过放大处理、转换成标准视频信号通过电视屏或监视器显示红外热成像图。

三、热像仪分类

红外热像仪一般分为光机扫描成像系统和非光机扫描成像系统。光机扫描成像系统采用单元或多元（元数有 8、10、16、23、48、55、60、120、180 甚至更多）光电导或光伏红外探测器，用单元探测器时速度慢，主要是帧幅响应的时间不够快，多元阵列探测器可做成高速实时热像仪。非光机扫描成像的热像仪，近几年推出的阵列式凝视成像的焦平面热成像仪，属新一代的热成像装置，在性能上大大优于光机扫描式热成像仪，有逐步取代光机扫描式热成像仪的趋势。其关键技术是探测器由单片集成电路组成，被测目标的整个视野都聚焦在上面，并且图像更加清晰，使用更方便，仪器非常小巧轻便，同时具有自动调焦图像冻结，连续放大，点温、线温、等温和语音注释图像等功能，仪器采用 PC 卡，存储容量可高达 500 幅图像。

图 28–5–1　PM695 红外热成像仪

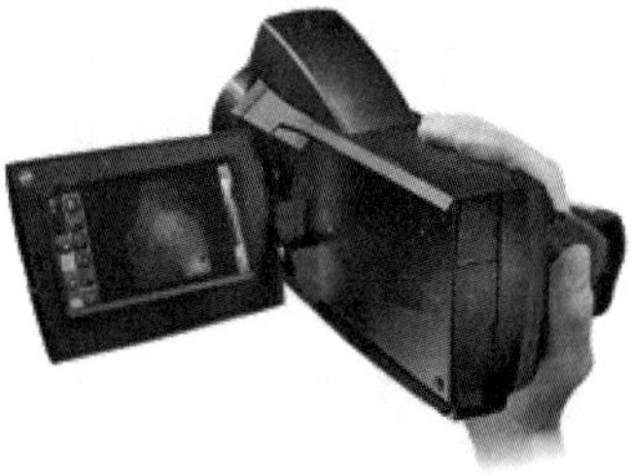

图 28–5–2　testo 890　红外热成像仪

四、红外热像仪应用

1. 对使用人员要求

红外热成像仪器是保证电力安全生产的一项带电检测技术，使用红外线测温仪器在电气设备上检测人员应具备如下条件：

（1）了解红外线测温仪器诊断技术和诊断程序，熟悉红外线测温仪器的工作原理、技术参数和性能，掌握仪器的操作程序和调试方法。

（2）接受有关红外线检测技术的培训，合格上岗。

（3）了解被检测设备的结构特点、运行状况和导致设备故障基本因素。

（4）具有一定现场工作经验，熟悉并能严格遵守电力生产和工作现场的有关安全规程。

2. 检测条件

（1）被检设备为带电运行设备，并尽量避开视线中的遮挡物。

（2）检测时以阴天、多云气候为宜，晴天（除变电站外）尽量在日落后检测。在室内检测要避开灯光的直射，最好闭灯检测。

（3）不应在有雷、雨、雾、雪的情况下进行，风速一般不大于 5m/s。

（4）检测时环境温度一般不低于 5℃、空气湿度不大于 85%。

（5）由于大气衰减的作用，检测距离应越近越好。

（6）检测电流致热的设备，宜在设备负荷高峰状态下进行，一般不低于负荷的 30%。

3. 操作方法

（1）红外热像仪在开机后，先进行内部温度校准，在图像稳定后即可开始检测。

（2）红外检测一般先用红外热像仪对所有应测试部位进行全面扫描，发现过热异常部位，然后对异常部位和重点被检测设备进行准确检测。

（3）热像系统的测温量程宜设置在环境温度加温升（10～20K）之间进行检测。

（4）检测时应充分利用红外热像仪的有关功能达到最佳检测效果，如图像均衡，自动跟踪等。

（5）在有电磁场的环境中，热像仪连续使用时每隔 5～10min，或者图像出现不均衡现象时［如：两侧测得的环境温度比中间高］，应进行内部温度校准。

4. 测量结果的判断

（1）表面温度判断法

根据测得的设备表面温度值，对照 GB/T 11022 中，高压开关设备和控制设备各种部件、材料和绝缘介质的温度和温升极限的有关规定，结合环境气候条件、负荷大小进行分析判断。

（2）相对温度判断法。两个对应测点之间的温差与其中较热点的温升之比的百分数。

对电流致热的设备，采用相对温差可减小小负荷下的缺陷漏判。

（3）同类比较判断法。根据同组三相设备之间对应部位的温差进行比较分析。

一般情况下，对于电压致热的设备，当同类温差超过允许温升值的 30%时，应定为重大缺陷。

（4）图像特征判断法。根据同类设备的正常状态和异常状态的热图像判断设备是否正常，当电气设备其他试验结果合格时，应排除各种干扰对图像的影响，才能作出结论。

（5）档案分析判断法。分析同一设备不同时期的检测数据，找出设备致热参数的变化，判断设备是否正常。

5. 精确检测注意事项

（1）检测温升所用的环境温度参照体应尽可能选择与被测设备类似的物体，且最好能在同一方向或同一视场中选择。

（2）在安全距离保证的条件下，红外仪器宜尽量靠近被检设备，使被检设备充满整个视场。以提高红外仪器对被检设备表面细节的分辨能力及测温精度，必要时，可使用中长焦距镜头。

（3）精确测量跟踪应事先设定几个不同的角度，确定可进行检测的最佳位置，并做上标记，使以后的复测仍在该位置，有互比性，提高作业效率。

（4）正确选择被测物体的辐射率（可参考下列数值选取：瓷套类选 0.92，带漆部位金属类选 0.94，金属导线及金属连接选 0.9）。

（5）仪器若有大气条件的修正模型，可将大气温度、相对湿度、测量距离等补偿参数输入，进行修正，并选择适当的测温范围。

（6）记录被检设备的实际负荷电流、电压及被检物温度及环境参照体的温度值。

五、仪器的管理和校验

由于红外热成像仪是一种贵重测量仪器，使用时要求仪器长时间能保持稳定、精确测温。因此对红外热成像仪的维护就显得特别重要。所以，我们在使用和存放红外热成像仪时，应该注意如下事项：

（1）仪器专人使用，专人保管。

（2）保持仪器表面的清洁，镜头脏可用镜头纸轻轻擦拭。不要用其他物品清洗或直接擦拭。

（3）避免镜头直接照射到强辐射源，以免对探测器造成损伤。

（4）仪器长时间存放时，间隔一段时间开机运行，以保持仪器性能稳定。

（5）电池充电完毕，应该停止充电，如果要延长充电时间，不要超过 30min，不能对电池进行长时间充电。仪器不使用时，把电池取出。

（6）红外检测仪器应定期进行校验，每年校验或比对一次。

【思考和练习】

1. 红外热成像仪检测对检测仪器的要求有哪些？
2. 红外热成像仪检测精确检测时注意事项有哪些？
3. 红外热成像仪检测测量结果的判断方法有哪几种？

◢ 模块 6 井盖监控技术（Z06J5006Ⅲ）

【模块描述】本模块主要介绍电缆井盖监控技术，通过知识讲解，了解电缆井盖监控的技术。

【模块内容】

一、概念介绍

电缆通道是一种与外界环境相对隔离的封闭式地下电力设施运行场所，一般位于城市道路下部，可由分布在通道沿线的若干个工作井进出隧道。由于电缆设备造价昂贵，有些不法分子打起了通道内电缆、电线及金属井盖的歪主意，对电缆通道进行蓄意破坏。一旦井盖被盗，不但使得电缆的安全运行得不到保障，更会危害人民群众的生命安全，因此，对井盖的监控非常重要。

为了防止人员随意进出电缆通道，本模块介绍一种智能井盖监测系统。该系统使用智能电子井盖开关对通道的井盖进行监测。将智能电子井盖安装在井口处，实现监控中心对现场电子井盖的授权管理、出入记录等功能，达到安全监控的目的，防止人员非法入侵。

二、工作原理

智能井盖监测系统采用在线实时监控模式，在一个管理控制单元内将井盖及井盖锁控制器安装在电缆隧道每个出入井或接收井处，智能井盖监测系统将每个井盖监控采集器进行编码，采集井盖开启和关闭信号后，通过通道内的信号电缆上传至监控中心，监控中心根据编码及开闭信号确定井盖的开启或关闭状态。防盗井盖 24h 处于布防状态，正常维护需要开启时，授权施工人员刷卡控制开启，同时后台监控中心数据库保存开启记录。对非法打开井盖行为启动报警上传到报警中心，报警中心软件根据井盖的编号和地图，及时显示上报告警及被打开井盖所处位置，值班人员根据警情立即通知相关领导及维护人员到现场处理，抓捕盗贼，并及时对被盗井盖实施修补，从而快速地解决安全隐患。

三、系统组成

系统主要由电子井盖、井盖锁控制器、通信链路、监控主机、上位机软件组成。井盖及井盖锁控制器安装在电缆隧道每个出入井或接收井处，井盖锁控制器通过通信线路与上位机软件实现状态数据、控制信号等的交互。

系统结构图如图 28–6–1 所示。

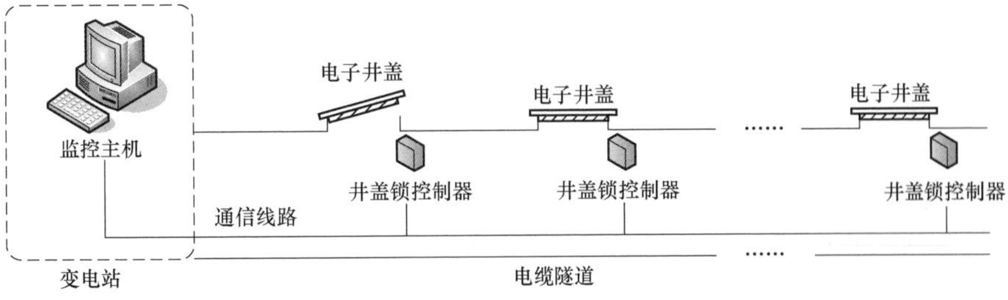

图 28–6–1 系统结构图

四、基本功能

展示当前时间所有井盖状态信息及某段指定时间的开井详细信息；

可根据需要，随意选择展示井盖当前状态为“打开”“通信故障”“非法开井”中的井盖列表信息；

查看某一井盖状态下的所有井盖信息列表。列表内容包括井盖监控、井盖通道号、井盖所属变电站、井盖编号、状态发生时刻；

选中某井盖，可查看该井盖的历史报警、历史记录、开井申请单；

可在现场进行电子井盖应急开锁；

井盖读取信息卡均使用监控中心授权的信息卡，读取信息卡后相关数据上传管理中心并记录开启人员、开启通过时间、地点等资料；

如电子井盖被非法打开，监控中心将发出报警信息，并显示井盖的具体编号、位置等信息；在软件界面提示报警信息，可通过短信方式自动通知值班维护人员，并自动将排障资料打印/存档。

五、安装要求及注意事项

（1）电子井盖尺寸需根据现场实际情况定制，确保满足现场需求。前期现场勘查时需要确认是标准井盖还是特殊井盖，明确井盖现场安装工况要求，如有无供电，有无积水等情况；

（2）电子井盖安装应符合国家相关井盖产品安装规范及规定，现场安装过程中需要遵循相应的法律法规，做好提前申报及现场保护，尤其对于行路上的井盖安装（公路及路边），需要提前做好施工区域指示牌放置及施工区域围护；

（3）由于涉及供电线路及信号线路，需要对连接到井盖上线缆进行良好的保护及固定，其原则为：不可干涉到井盖的进出；不可将线缆直接裸露固定于墙面，需要使用保护管进行保护后再固定；需要进行明确的标识及提示；

（4）电子井盖在确认安装完毕后，再进行相应通电操作，确认其运行无误后方可进行测试和使用，并在最终交付前，完成井盖所有功能的相关测试（包括上锁，解锁，打开，关闭等），并确认井盖具有符合要求的防护能力和承载性。

【思考和练习】

1. 简述井盖监测系统的工作原理。
2. 简述井盖监测系统的组成。
3. 简述井盖监测系统的安装要求。

模块 7 隧道水位监测技术（Z06J5007Ⅲ）

【模块描述】本模块主要介绍电缆隧道水位监测技术，通过知识讲解分析，了解隧道水位监测技术。

【模块内容】

一、概念介绍

目前，针对电缆隧道水位监测主要有两大类技术：一类是实时在线监测型，能够实时准确测量隧道内的相对水位高度，通过这种技术，可以实时观察隧道内的水位变化，除了高位报警功能外，还有预警的功能；另一类是开关型，当水位达到高位时，能够报警，但是没法实时获取隧道内的水位高度。

这两种技术相比较，开关型技术简单，造价低廉，但是其无法提供实时数据，而实时在线监测型提供的信息丰富，能实时提供水位情况。

随着近些年光纤传感行业的快速发展，在隧道水位监测领域，已经研发生产出了智能光纤水位计，具有测量精度高、不受电磁干扰、传输距离远等特点。目前智能光纤水位计已经被广泛应用于各个领域的水位测量中。下面主要介绍一种智能光纤水位计的相关技术。

二、工作原理

智能光纤水位计是通过测量某处的水压强，利用 $P=\rho gh$，在已知 P 和 ρ、g 的前提下，就计算出来 h。压强的测量是利用水体压力使水位计内部的光栅产生形变，从而导致光栅中心波长飘移，通过检测光栅的中心波长，可以准确测量出压强 P。工作原理示意如图 28–7–1 所示。

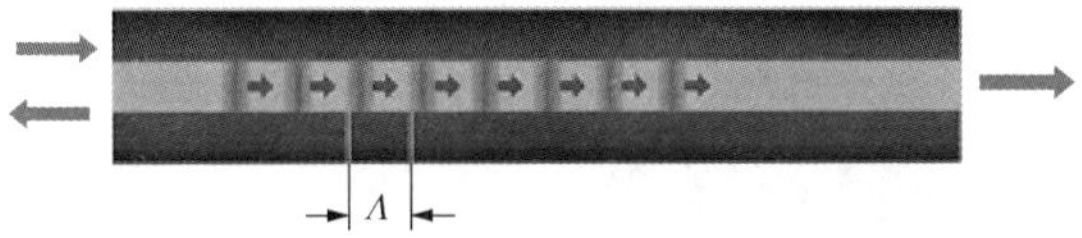

图 28–7–1 工作原理

三、系统组成

图 28–7–2 为系统组成示意简图。

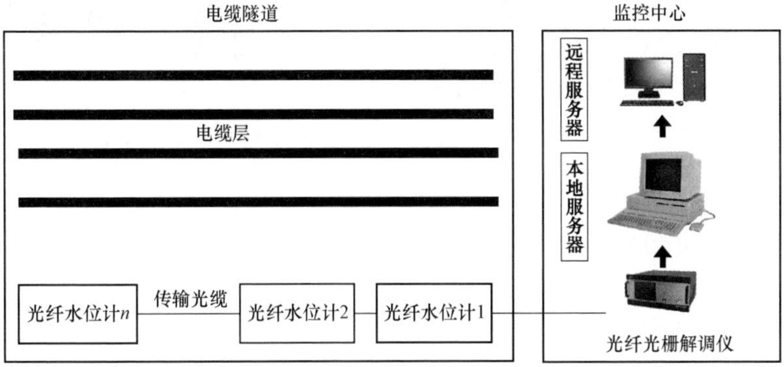

图 28–7–2 系统组成示意简图

四、安装要求，注意事项

根据现场经验，光缆布线时需要注意以下四点：

（1）不能过度弯曲（见图 28–7–3）。光缆在铺设的过程中，不能过度弯曲光缆，要保证 15mm 以上的弯曲半径。

（2）不能过度拉拽（见图 28–7–4）。光缆在铺设过程中，不能过度拉拽光缆，不然会将光纤拉折甚至拉断。

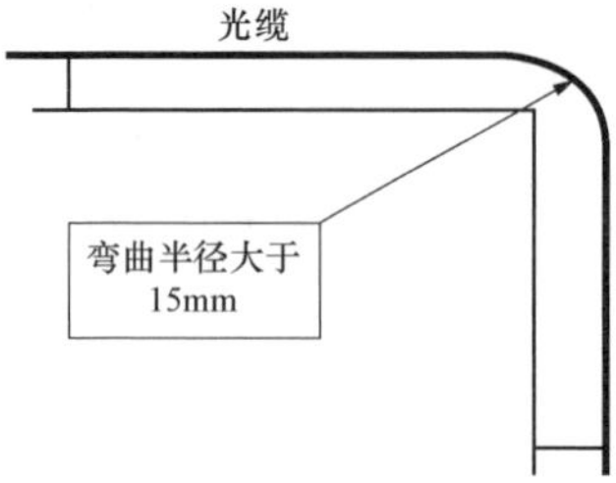

图 28–7–3 布线注意点

图 28–7–4 布线注意点

（3）留余量（见图 28–7–5）。

光缆在铺设过程中，需要留好一定的余量，以便安装方便以及后续的维修。

（4）做保护（见图 28–7–6）。考虑到美观及可靠性，必要时需要对光缆进行保护，经常采用 PVC 管、镀锌管、波纹管等进行保护。

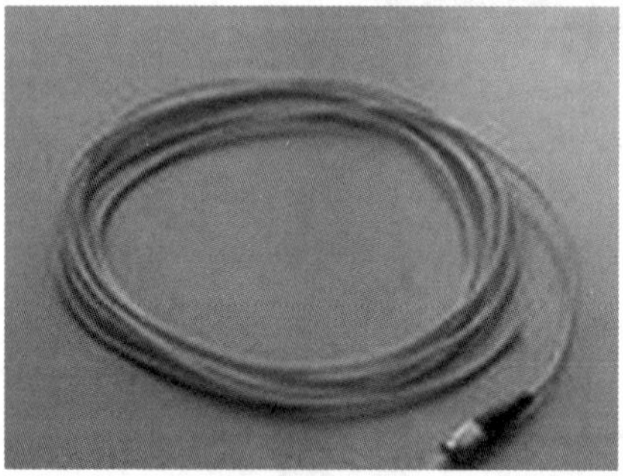

图 28–7–5 布线注意点

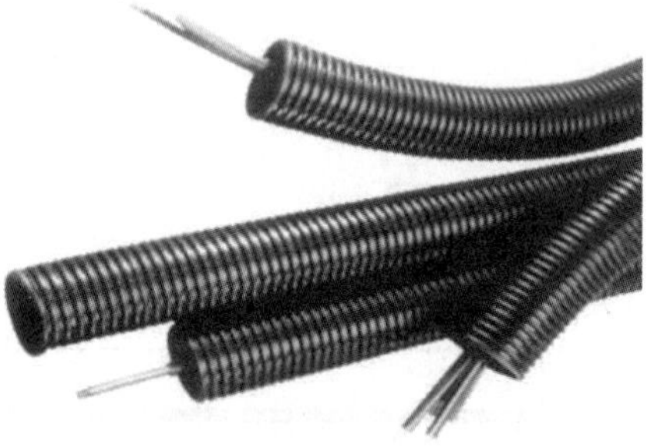

图 28–7–6 布线注意点

【思考和练习】

1. 简述隧道水位监测技术的基本原理。
2. 简述隧道水位监测系统安装的要求及注意事项。
3. 简述隧道水位监测技术的基本组成。

模块 8　视频监测技术（Z06J5008Ⅲ）

【模块描述】本模块主要介绍电缆摄像头监测技术，通过知识讲解及案例分析，了解摄像头监测技术。

【模块内容】

一、概念介绍

智能视频（Intelligent Video，IV）源自计算机视觉（Computer Vision，CV）技术。计算机视觉技术是人工智能（Artificial Intelligent，AI）研究的分支之一，它能够在图像及图像描述之间建立映射关系，从而使计算机能够通过数字图像处理和分析来理解视频画面中的内容。如果把摄像机看作人的眼睛，而智能视频系统或设备则可以看作人的大脑。智能视频技术借助计算机强大的数据处理功能，对视频画面中的海量数据进行高速分析，过滤掉用户不关心的信息，仅仅为监控者提供有用的关键信息。

智能视频监控以数字化、网络化视频监控为基础，它是一种更高端的视频监控应用。通过智能视频监控系统能够识别不同的物体，及时准确发现监控画面中的异常情况，并能够以最快和最佳的方式发出警报和提供有用信息，从而能够更加有效的协助安全人员处理危机，并最大限度的降低误报和漏报现象，为用户带来更大的收益。

智能视觉监控系统通常包括：图像采集，视频图像处理、数据通信、决策报警等主要部分。

21 世纪，迅速发展的计算机软硬件技术、数字 CCD 摄像机技术、计算机网路及数字通信技术与日益成熟的计算机视觉、人工智能、模式识别、信号与图像处理以及自动化控制等学科的理论为视觉监控系统的自动化、智能化发展和广泛应用提供了强大支持。

二、系统结构组成

在电缆隧道内安装若干摄像头，保证电缆隧道内各个位置的状况都能被监视，实现电缆隧道的可视化管理。视频监控系统总体上分为三层：分别是系统主站层、通信传输层、数据采集设备层，各层在统一的安全框架下运行，完成电缆隧道综合检测的功能，系统典型结构如图 28–8–1 所示。

三、系统的功能

该系统对视频监控区域出现的越界、区域闯入、区域离开、滞留、徘徊等行为做出准确判断并发出报警信息。并在此重点关注视频图像的巨大变化，对遮挡、破坏摄像机的行为进行识别与预警，保证区域周界的高度安全级别控制要求。能够对视频进行周界监测与异常行为分析，并可对于指定目标物体进行近距离持续动态跟踪；对于视频指定区域内的可疑或异常行为进行自动标记，及时报告可疑事件的发生，并能够

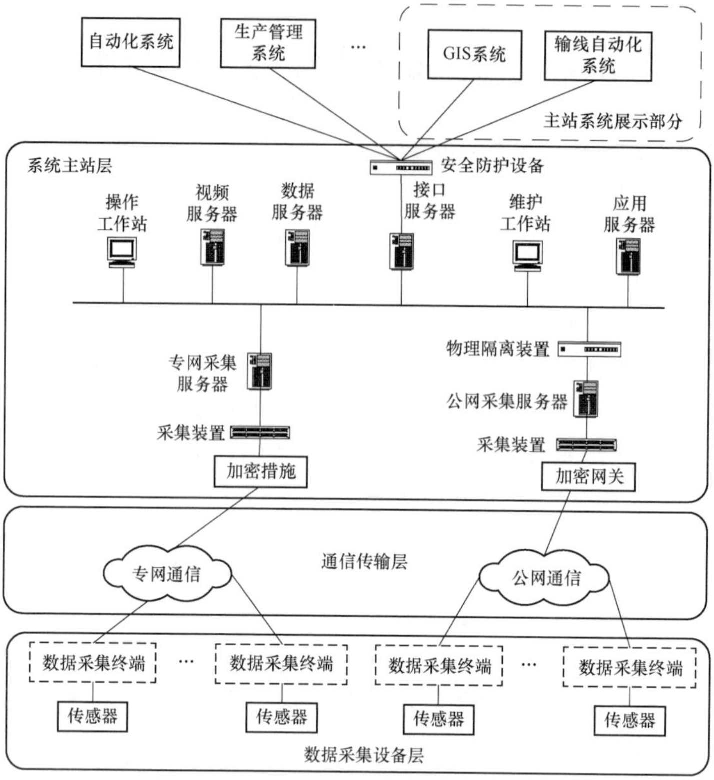

图 28-8-1 电缆视频监控系统典型结构图

很好地抗摄像头抖动。一旦有非法人员闯入隧道时，系统平台能提供抓图和录像功能，为取证工作提供了有力的证据。

【思考和练习】

1. 简述视频监控系统结构组成。
2. 简述视频监控系统的有哪些功能。

模块 9 高压电缆光纤测温系统调试校准（Z06J5009Ⅲ）

【模块描述】本模块主要介绍高压电缆光纤测温系统调试校准的方法，通过知识讲解及案例分析，掌握高压电缆光纤测温系统调试校准的方法和原理。

【模块内容】

一、测温原理

光纤测温系统使用一个特定频率的光脉冲照射光纤内的玻璃芯。当光脉冲沿着光纤玻璃芯下移时，会产生多种类型的辐射散射。如瑞利（Rayleigh）散射、布里渊（Brillouin）散射和拉曼（Raman）散射等。其中拉曼散射是对温度最为敏感的一种，光纤中光传输的每一点都会产生拉曼散射。

拉曼散射是由于光纤分子的热振动和光子相互作用发生能量交换而产生的，具体地说，如果一部分光能转换成为热振动，那么将发出一个比光源波长更长的光，称为斯托克斯光（Stokes 光），如果一部分热振动转换成为光能，那么将发出一个比光源波长更短的光，称为反斯托克斯光（Anti–Stokes 光）。其中 Stokes 光强度受温度的影响很小，可忽略不计，而 Anti–Stokes 光的强度随温度的变化而变化。Anti–Stokes 光与 Stokes 光的强度之比提供了一个关于温度的函数关系式。光在光纤中传输时一部分拉曼散射光（背向拉曼散射光）沿光纤原路返回，被光纤探测单元接收。测温主机通过测量背向拉曼散射光中 Anti–Stokes 光与 Stokes 光的强度比值的变化实现对外部温度变化的监测。在时域中，利用 OTDR 技术，根据光在光纤中的传输速率和入射光与后向拉曼散射光之间的时间差，可以对不同的温度点进行定位，这样就可以得到整根光纤沿线上的温度并精确定位。

DTS 测温系统见图 28–9–1。

拉曼散射原理见图 28–9–2。

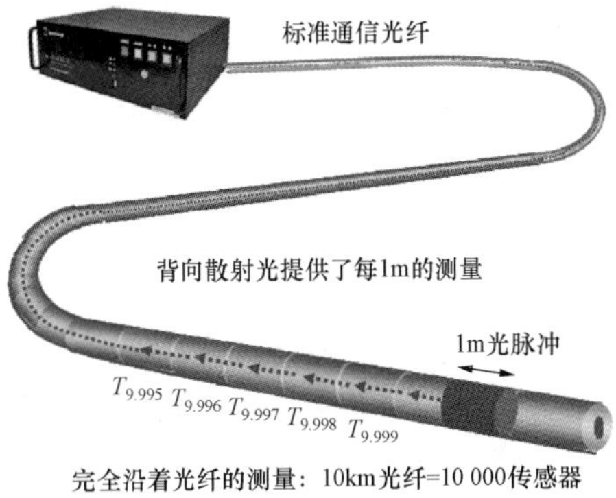

图 28–9–1　DTS 测温系统

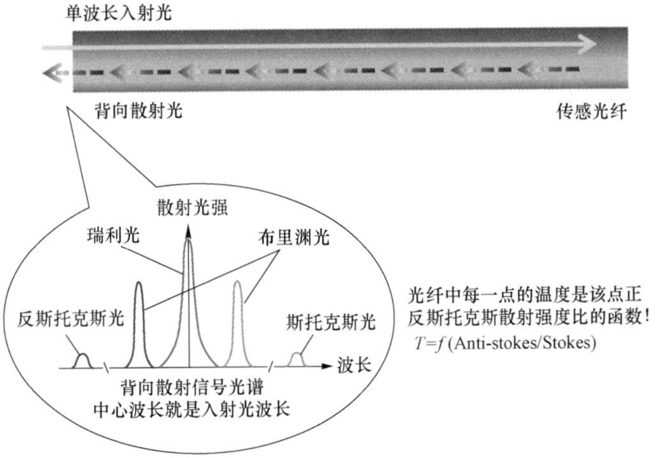

图 28–9–2　拉曼散射原理

测量位置定位原理见图 28–9–3。

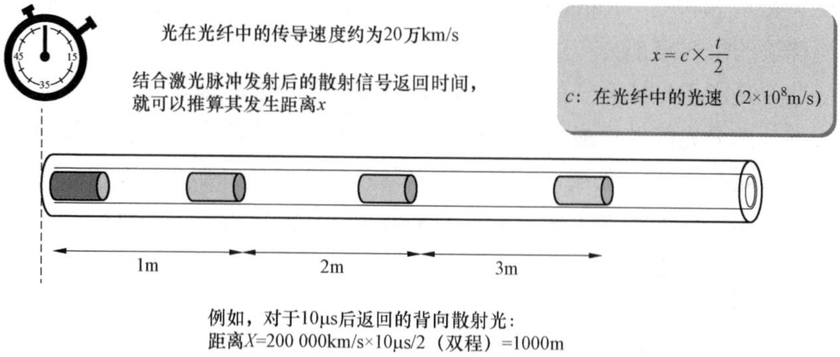

光在光纤中的传导速度约为20万km/s
结合激光脉冲发射后的散射信号返回时间，就可以推算其发生距离x
$x=c\times\frac{t}{2}$
c：在光纤中的光速（2×10^8m/s）
1m
2m
3m
例如，对于10μs后返回的背向散射光：
距离X=200 000km/s×10μs/2（双程）=1000m

图 28–9–3 测量位置定位原理

结合高品质的脉冲光源和高速的信号采集与处理技术，就可以得到沿着光纤所有点的准确温度值。

二、安装与调试

通常，DTS 系统由一台 DTS 主机与 50/125μm 或 62.5/125μm 渐变折射率多模光纤所组成，光纤敷设在待探测区域。与软件相配合，DTS 系统可以实时精确的对温度变化进行监测。在测量前，必须对 DTS 系统进行安装，连接和配置。

（1）DTS 系统连接与配置。

（2）光纤与 DTS 系统连接。DTS 系统使用的光纤为标准 50/125μm 或 62.5/125μm 渐变折射率光纤，光纤的接头为 FC/APC 或 E2000/APC 光纤连接器。为了防止系统的激光出射到自由空间中造成不必要的伤害，不使用的光纤另一端必须进行防护，可以有四种办法：

1）将不使用的一端也用斜角连接器与光纤连接并使用光纤接头帽保护光纤接头；

2）将光纤末端硬性折断，并将尾部包裹；

3）在光纤末端打一个直径为 5mm 的结；

4）在光纤末端添加折射率匹配液并将尾部包裹。

准备好连接所使用的光纤后，就可以将 FC/APC 或 E2000/APC 接头的光纤与本产品主机连接，从而进行温度测量。

（3）继电器设置和连接。

（4）温度校正。每一台测温主机在出厂前都经过系统及性能方面的测试，为了进一步保证测温主机的精确性，在实际应用时，根据具体应用的感温光缆，还需要进行性能优化调整，其中之一，就是温度校正。

在温度零点校准前，首先要准备一个标准的温度传感器，然后选取一段长度至少6m的光纤放入均匀、稳定的温度环境中，如使用恒温水槽，同时使用标准的温度传感器获取此温度环境的温度，然后调整温度零点值，使得此段光纤的温度同标准温度相同。

温度校正方法：

1）搭建恒温源，在现场可用冰水混合物代替；

2）校正温度线性（斜率）（见图28–9–4）；

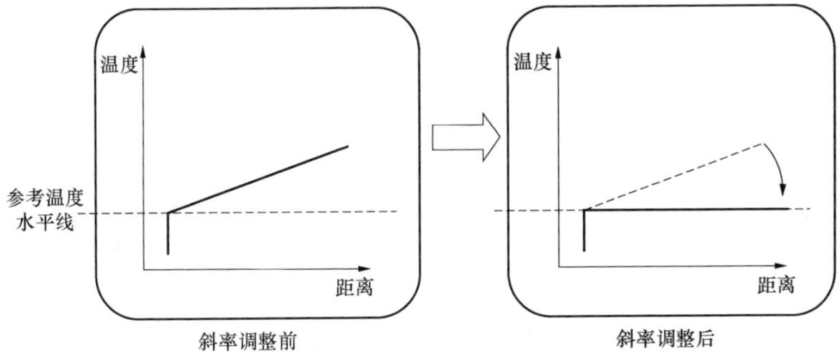

图28–9–4　温度线性校正

3）校正温度零点（偏移量）（见图28–9–5）；

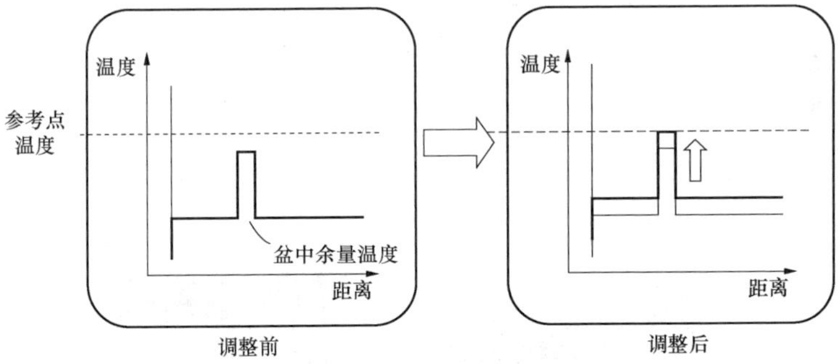

图28–9–5　温度零点校正

4）重复上述2）、3）两步即可完成温度校正工作。

（5）区域定位。

为进一步降低光缆米标所引入误差，需对下列关键点进行定位：区域交界点；测量起始点；测量结束点；用户关注的重点区域。

（6）注意事项：

1）确保设备在一个有良好通风的环境里，在设备周围有空气的流动。

2）确保 DTS 所处的运行环境是在技术指标的要求范围内。

3）确保所有的光连接器在配对前是干净的，并确保其安装牢固。

4）如果系统中某处存在较强的反射光信号，将会在原始数据中显示为对应位置有一个较大的尖峰，这种情况虽然不会对 DTS 系统造成损害，但也会大大减低机器的运行精度。

5）定期对光纤损耗进行测试，并与第一次安装后的基准值进行比较，可以帮助监测光纤的老化。

6）建议由专业工程师每年进行一次服务。

三、项目实施案例

（1）北京电力 220kV 电缆在线测温系统，见图 28–9–6。

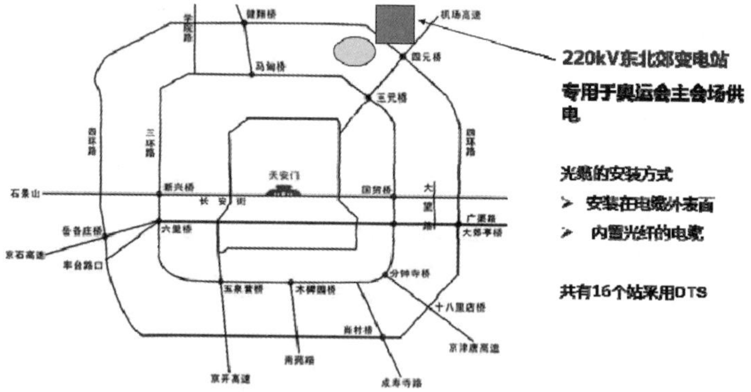

图 28–9–6　北京案例

（2）上海人民广场地铁站 220kV 电缆在线测温系统，见图 28–9–7。

工程现场

图 28–9–7　上海案例

（3）广州珠江新城隧道220kV在线测温系统，见图28-9-8。

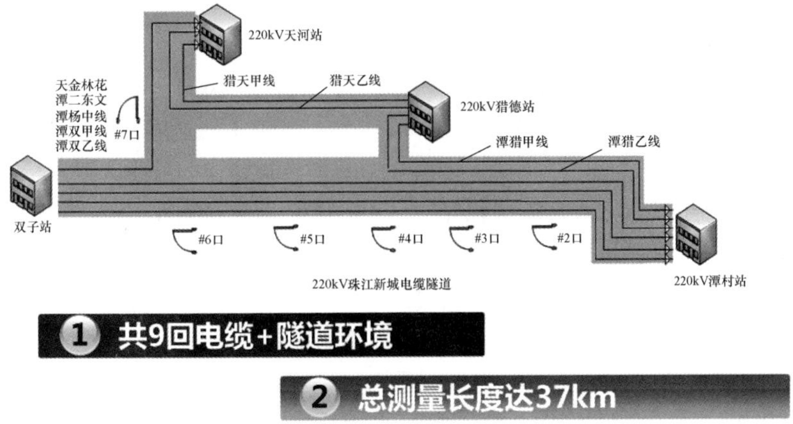

图28-9-8　广州案例

【思考和练习】

1. 简述DTS系统的组成。
2. 简述DTS系统校准的方法。
3. 简述DTS安装调试的注意事项。

模块10　光纤断点故障测寻方法（Z06J5010Ⅲ）

【模块描述】本模块主要介绍光纤断点故障测寻方法，通过知识讲解及案例分析，掌握光纤断点故障测寻方法。

【模块内容】

一、原理概述

OTDR（光学时域反射技术）的基本原理是利用分析光纤中后向散射光或前向散射光的方法测量因散射、吸收等原因产生的光纤传输损耗和各种结构缺陷引起的结构性损耗，当光纤某一点受温度或应力作用时，该点的散射特性将发生变化，因此通过显示损耗与光纤长度的对应关系来检测外界信号分布于传感光纤上的扰动信息。

OTDR测试是通过发射光脉冲到光纤内，然后在OTDR端口接收返回的信息来进行。当光脉冲在光纤内传输时，由于光纤本身的结构，在连接器、接合点由于弯曲或其他类似的因素而产生散射、反射。其中一部分的散射和反射就会返回到OTDR中。返回的有用信息由OTDR的探测器来测量，它们就作为光纤内不同位置上的时间或曲线片断。测量从发射信号到接收到返回信号所用的时间，再确定光在玻璃物质中的速度，就可以计算出距离。

以下的公式就说明了 OTDR 是如何测量距离的。$d=(c\times t)/2$（IOR）在这个公式里，c 是光在真空中的速度，而 t 是信号发射后到接收到信号（双程）的总时间（两值相乘除以 2 后就是单程的距离）。因为光在玻璃中要比在真空中的速度慢，所以为了精确地测量距离，被测的光纤必须要指明折射率（IOR）。IOR 是由光纤生产商来标明。

而当光纤发生断点或者传输损耗异常增大的情况之后，DTS 将可以运用以上技术进行快速分析和故障定位。

二、配置方法

从顶部菜单上选择配置 报警参数打开报警配置窗口。

DTSCM 软件主界面如图 28–10–1 所示。

断纤告警配置（见图 28–10–2）：选择一条通道，设置光纤破坏报警。在光纤破坏时触发报警前打勾，激活光纤破坏报警。

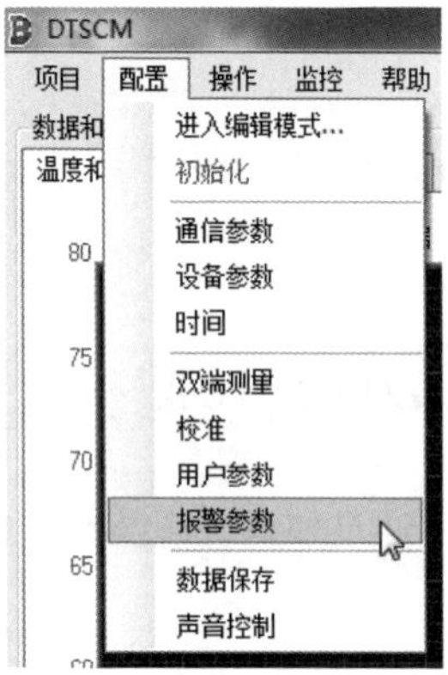

图 28–10–1 DTSCM 软件主界面

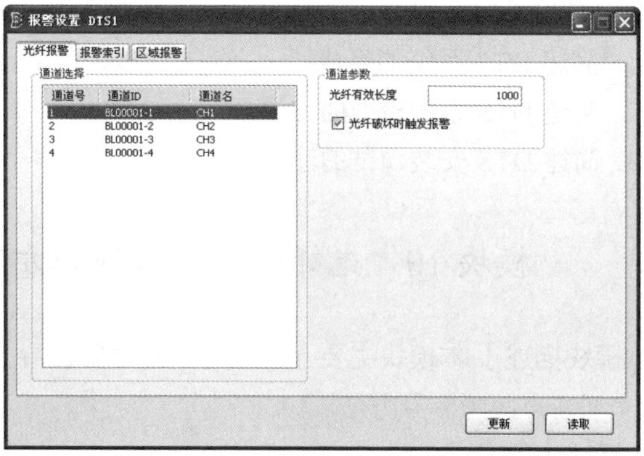

图 28–10–2 断纤告警配置

光纤破坏报警是一种强制性报警，当光纤破坏时，软件会给出报警，并且会返回光纤破坏的位置。如果光纤在预先设置的有效长度内被破坏，DTS 前面板的故障指示灯将会被点亮，同时扬声器会响起报警铃声。

三、某测温项目实施案例介绍

1. 光缆敷设

光缆的安装采用沿着主/次梁的顶部直线敷设的方式，距顶部 75～150mm。同时采用光缆托卡将其固定，以保持良好的通风和温度响应，光缆线夹紧固点之间的距离为 1～1.5m。

每盘感温光纤长度，可以按照每个库区的实际长度进行量身定制，实现每个库区内无一光熔接点，提高光缆敷设品质；在测温主机一侧光缆通常过尾纤熔接方式接入，一旦熔上尾纤，并将尾纤连接上测温主机连接终端，即完成光缆连接工作。

安装工具：膨胀挂钩（膨胀挂环）、钢丝绳卡、钢丝绳、光缆固定件（光缆托卡）。

安装方法：

（1）通过测量，在主/次梁顶端找出安装膨胀挂钩（膨胀挂环）的位置，并将该位置做好标记。

（2）使用手电转等打孔工具在标记处钻孔，孔的深度根据膨胀挂钩底部膨胀螺杆的长度而定，一般孔深约 45mm 左右。

（3）将膨胀挂钩（膨胀挂环）尾端膨胀螺杆放入空洞内，两个膨胀挂钩（膨胀挂环）之间的距离约为 15～20m（根据实际情况调整）。

（4）钢丝绳头穿过膨胀挂钩后张紧并用钢丝绳卡紧固，牵引钢丝绳沿着膨胀挂钩向前，到达下一个膨胀挂钩处，在稍有余量且不浪费的前提下降钢丝绳剪断。观察钢丝绳水平度，张紧钢丝绳。

（5）使用光缆固定件（光缆托卡）将光缆固定在钢丝绳上，每隔 1m 左右使用固定件进行固定。

（6）在进行光缆的敷设时，在每个防火单元的起始端及回路的始终端需要放置约 5m 的余量，进行备用。

安装示意图如图 28-10-3 所示。

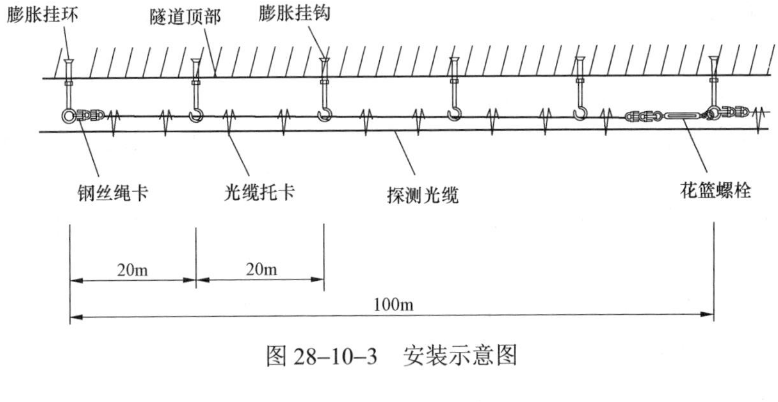

图 28-10-3 安装示意图

2. 光缆接续

（1）光缆熔接（见图 28-10-4）。在以下三种场景处需要进行光缆的熔接操作：① 不同光缆盘之间接续；② 光缆断点处；③ 光缆较大损耗点处。

感温光纤是通过尾纤与分布式光纤测温系统连接在一起的，而尾纤与感温光纤之间通过光纤熔接机连接，熔接点位于感温光纤单元旁的光纤终端盒内。除此之外，感温光纤应尽可能减少熔接点。感温光纤的末端预留一定长度后盘成圈，并用油膏封死光纤末端。

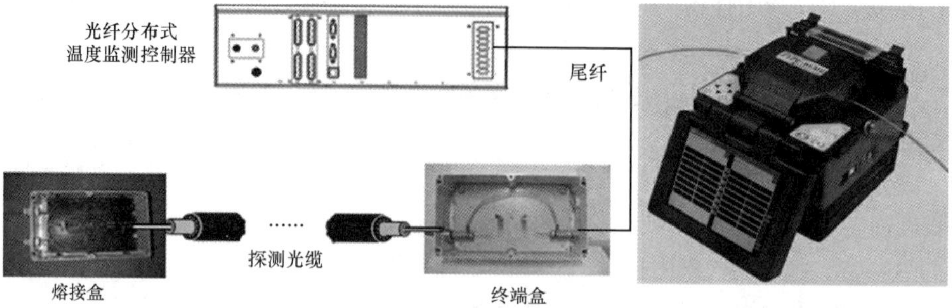

图 28–10–4　光缆熔接图

（2）端面制备。光纤端面的制备包括剥覆、清洁和切割这几个环节。合格的光纤端面是熔接的必要条件，端面质影响到熔接质量。光纤涂面层的剥除，掌握平、稳、快三字剥纤法。“平”，即持纤要平。左手拇指和食指捏紧光纤，使之成水平状，所露长度以 5cm 为它，余纤在无名指、小拇指之间自然打弯，以增加力度，防止打滑。“稳”，即剥纤钳要握得稳。“快”，即剥纤要快，剥纤钳应与光纤垂直，上方向内倾斜一定角度，然后用钳口轻轻卡住光纤，右手随之用力，顺光纤轴向平推出去，整个过程要自然流畅，一气呵成。

（3）裸纤清洁。裸纤的清洁应按下面的步骤操作。

1）观察光纤剥除部分的涂覆层是否全部剥除，若有残留应重剥。如有极少量不易剥除的涂覆层，可用棉球沾适量酒精，边浸渍，边逐步擦除。

2）将棉花撕成层面平整的扇形小块，沾少许酒精（以两指相捏无溢出为宜），折成 V”形，夹住已剥覆的光纤，顺光纤轴向擦拭，力争一次成功，一块棉花使用 2～3 次后要及时更换，每次要使用棉花的不同部位和层面，这样既可提高棉花利用率，又防止了探纤的两次污染。

3）裸纤的切割，切割是光纤端面制备中最为关键的部分，精密、优良的切刀是基础，严格、科学的操作规范是保证。

（4）熔接程序。熔接前根据光纤的材料和类型，设置好最佳预熔主熔电流和时间及光纤送入量等关键参数。熔接过程中还应及时清洁熔接机“V”形槽、电极、物镜、熔接室等，随时观察熔接中有无气泡、过细、过粗、虚熔、分离等不良现象，注意 OTDR 跟踪监测结果，及时分析产生上述不良现象的原因，采取相应的改进措施。如多次出现虚熔现象，应检查熔接的两根光纤的材料、型号是否匹配，切刀和熔接机是否被灰尘污染，并检查电极氧化状况，若均无问题，则应适当提高熔接电流。

（5）盘纤规则。

1）先中间后两边，即先将热缩后的套管逐个放置于固定槽中，然后再处理两侧余纤。优点：有利于保护光纤接点，避免盘纤可能造成的损害。在光纤预留盘空间小，光纤不易盘绕和固定时，常用此种方法。

2）以一端开始盘纤，即从一侧的光纤盘起，固定热缩管，然后再处理另一侧余纤。优点：可根据一侧余纤长度灵活选择效铜管安放位置，方便、快捷，可避免出现急弯、小圈现象。

3）特殊情况的处理，如个别光纤过长或过短时，可将其放在最后单独盘绕；带有特殊光器件时，可将其另盘处理，若与普通光纤共盘时，应将其轻置于普通光纤之上，两者之间加缓冲衬垫，以防挤压造成断纤，且特殊光器件尾纤不可太长。

4）根据实际情况，采用多种图形盘纤。按余纤的长度和预留盘空间大小，顺势自然盘绕，切勿生拉硬拽，应灵活地采用圆、椭圆等，尽可能最大限度利用预留盘空间和有效降低因盘纤带来的附加损耗。

（6）熔接步骤。

1）剥开测温光缆长度约 50cm 左右；

2）固定测温光缆剥开部分至接头盒内；

3）清洗测温光纤；

4）穿热缩管，对于多纤光缆完成分纤匹对；

5）制作光纤端面，并熔接；

6）盘内光纤固定；

7）密封光缆接头盒，并牢靠固定于高位。

3. 光缆标识

为了便于维护人员进行现场维护，在以下地点放置光缆标识牌：

1）测温光缆的始端与尾端；

2）每个防火分区交界处；

3）维护人员进出口处。

4. 光缆安装品质检测

为了保证 DTS 主机具有良好测温性能，建议使用光缆检测仪器如 OTDR，在测温光缆敷设时进行品质检测，及时消除大的损耗点和断纤点。

注：① 光缆每千米损耗值应小于 1.0dB；② 光缆单通道整体损耗值应＜7.5dB，测温主机内部至光缆尾端前 10m；③ 熔接点，及测温光缆上单点损耗＞0.3dB 应定位，并重新熔接；尾

纤点损耗应小于 0.5dB。

5. 光缆米标记录

为实现光缆长度和待测区域的映射，在以下地点对光缆米标进行记录：① 每个防火分区的始端和尾端；② 区域交界处；③ 光缆接头盒处；④ 余量段处。

6. 注意事项

（1）在将尾纤连接到测温主机端口之前，必须确保尾纤端子洁净且无杂质，并且要确保激光器是处于关闭状态，要保证连接可靠。

（2）每次拔下尾纤后，在连接前需要对尾纤进行清理。

（3）在施工过程中需填写光缆敷设记录、光缆接续盒记录。

（4）在进行分区及区域报警参数设定过程中要做好相应配置记录。

（5）在系统施工过程中，需做好相应的实施进度记录，包括固定件安装、光缆安装、主机安装、系统调试实施具体日期等。

（6）光缆安装过程中保持最小弯曲半径大于 10 倍的光缆直径。

【思考和练习】

1. 简述 OTDR（光学时域反射技术）的基本原理。

2. 哪些场景处需要进行光缆的熔接操作？

3. 光缆安装的注意事项有哪些？

第二十九章

电缆的运行维护基础

模块　电缆线路检修（抢修）（Z06J6001Ⅲ）

【模块描述】本模块主要介绍电缆线路故障抢修流程和原则，通过知识讲解及案例分析，掌握组织开展电缆线路故障抢修方法。

【模块内容】

为了加强电缆线路的故障抢修管理，应规范故障抢修行为，明确故障抢修流程及步骤，快速、有序修复受损电缆，将最大限度地缩小故障对社会供电和电力生产的影响，有效的保证电缆的线路安全、可靠、稳定运行。

一、事故抢修要求

1. 组织措施

（1）人员安排见表29–1–1。

表29–1–1　　人员安排

序号	人员类别	职　责	作业人数
1	工作负责人	1）对工作全面负责，在检修工作中要对作业人员明确分工，保证工作质量； 2）对安全作业方案及设备检修质量负责； 3）工作前对工作班成员进行危险点告知，交代安全措施和技术措施，并确认每一个工作班成员都已知晓	1
2	专责监护人	1）识别现场作业危险源，组织落实防范措施； 2）对作业过程中的安全进行监护	1
3	快速反应第一组抢修人员	进行故障隔离、抢修等工作，使其达到规定的安全、质量标准	3～4人
4	故障探测抢修人员	进行故障探测工作，完成故障精确定位	3～4人
5	修复工作人员	进行故障修复（电缆敷设、电缆附件、电缆线路附属设备制作及恢复搭接等工作）	根据抢修工作量具体调整
6	修复后试验	进行电缆线路故障修复后试验	5～7人

（2）人员要求。抢修负责人抢修思路应清晰，事故处理判断准确，能够快速、有效的控制事态的发展，消除事故根源，尽快恢复电缆线路的正常供电运行。

抢险人员应身体健康、精神状态良好。具备必要的电气知识和电缆线路作业技能，执证上岗。能正确使用检修工器具，了解设备有关技术标准要求，熟悉现场安全作业要求，并经《安规》考试合格。

2. 技术措施及安全措施

接到电缆线路发生故障通知后，应与当值调度员联系，确认故障线路的名称、故障发生的时间、故障测距以及保护动作情况。首先考虑隔离故障段电缆，尽量缩小对其他段线路的供电影响，如需接触或者断开线路，应向当值调度员申请将故障电缆线路转为检修状态，并接调度口令后方可开始工作。

为了节省故障抢修时间，根据供电部门相关规定，在故障发生后，参与抢险的人员应填写事故应急抢修单，同时履行相应的许可手续，并做好安全措施后方可进行。停电申请和工作票在抢修工作开展的同时补办。

验电挂接地时，工作负责人完成工作许可手续后，方可下令在工作区段两端进行验电、接地。负责验电、接地的作业人员登塔前核对停电线路的双重名称和识别标记无误后，方可上塔进行验电、接地，现场应设专人监护。折搭头时注意相位，以便恢复，若架空线路要求送电，两端的搭引线必须保持足够的安全距离（见表 29–1–2）。

表 29–1–2　　危险点分析与预防控制措施

序号	防范类型	危险点	预 控 措 施
1	人身触电	（1）误碰带电设备	1）进入变电站工作要认清检修线路，工作前进行验电接地，防止走错间隔； 2）在线路杆塔侧工作要认清杆塔杆号及位置，防止误登同塔架设的线路，应使用相应电压等级的验电器验电，并按安规要求挂好接地线； 3）与带电线路，同回路线路带电裸露部分保持足够的安全距离（110kV，≥1.5m；220kV，≥3m）； 4）电缆线路上不应有人工作，工作现场应设好检修遮拦，悬挂好标示牌，加压时应有人监护
		（2）接、拆检修电源	1）应由两人进行，一人操作，一人监护； 2）螺丝刀等工具金属裸露部分除刀口外包绝缘； 3）作用前应检查漏电开关可靠动作
2	高空摔跌	摔伤	1）要按规定使用梯子，使用时应有人扶持或绑牢； 2）正确使用安全带，严禁低挂高用

续表

序号	防范类型	危险点	预控措施
3	井下工作	中毒、窒息	（1）进入工作井作业前先通风至少 15min，如需进入井内深处，应随时使用有毒气体检测仪检查隧道内部的含氧量，在保证安全的情况下下井工作，下井工作需要有人监护； （2）下井工作应按规定使用梯子，使用时应有人扶持或绑牢； （3）工作过程中要防止行人跌入窨井、沟坎，对开启的井口、窨井、沟坎要设专人监护，并加装警示标识和安全标识
4	物体打击	落物伤人	（1）进入工作现场试验人员必须戴安全帽，穿绝缘鞋。 （2）杆上人员应防止掉东西，使用的工具、材料应用绳索传递，杆下应防止行人逗留；传递物件，不得上下抛掷，应使用绝缘绳。 （3）接地棒等要连接牢固
5	交通安全	撞伤	占用道路应办理相关手续，并在道路 50m 处设置标示牌，夜间作业应采用反光标示牌
6	动火	灼伤、火灾	（1）动火时注意火焰喷口不能对着人体，防止伤人； （2）动火时应开具动火证，做好安全防护措施，现场应配灭火器
7	防小线遗漏	遗漏试验结线	试验结束后，拆除试验接线，并检查被试设备上是否有遗漏的试验结线和清理现场

电缆故障探测：

（1）电缆故障的测寻一般分故障类型判别、故障测距和精确定位三个步骤。

（2）D 的类型一般分接地、短路、断线、闪络及混合故障等五种。

（3）电缆故障测距主要有电桥法、低压脉冲反射法和高压闪络法。

（4）故障点经初步测定后，在精确定位前应与电缆路径图仔细核对，必要时应用电缆路径仪探测确定其准确路径。

二、电缆故障抢修流程

（1）启动应急机制。相关人员应迅速赶往事故现场，组织进行抢修。抢修现场应有专人指挥，负责组织现场抢修工作，协调抢修过程中遇到的问题，及时向各级应急抢修指挥机构汇报事故抢修的进展情况及存在问题，贯彻落实关于抢修的各项指示和要求。组织相关施工人员进行现场勘查，确定事故范围及事故损坏情况。及时掌握抢修物资需求。组织协调落实设备、材料的供应及到货时间。负责落实现场住宿、饮食、应急医疗、防寒防冻等方面工作。

（2）现场调查。抢修人员到达故障发生地点后，应重点对以下几个方面进行详细调查和记录：

1）故障发生的地理位置：故障发生地所在的行政区划和建筑物部位及相应的交通运输路径。

2）故障发生的范围，故障所涉及的电缆区段。

3）故障区段电缆受损情况的检查。检查人员沿电缆路径对受到破坏的范围进行全过程踏勘，对所涉及的电缆管道土建工程（中间接头电缆沟、工作沟、砖砌电缆沟、电缆排管、电缆专用桥架、顶管、隧道、涵洞等）、电缆敷设等进行认真检查，做好书面记录，重要部位应有影像记录。

4）若是外破原因产生的故障。应了解电缆遭受外破的初步原因，通过向属地运行部门、当地百姓、交通部门、肇事单位了解事故发生时的现状，以初步分析引起事故或外力破坏的原因。

5）故障发生点的地形及交通情况。对事故发生地的地形、地貌、跨越物、道路、耕种等情况进行详细的勘察、了解并做好记录，特殊地形应予以拍照。

6）控制事故范围。根据现场调查的情况和故障线路遭受破坏的范围，首先应分析事故电缆已存在的态势，采取有效的措施消除客观存在的隐患，防止事故进一步蔓延扩大，避免事故等级的恶化上升。其次对事故电缆进行隔离，并按规定做好标识。

（3）确定抢修方案。经现场检查获得详细的资料后，抢修组应召开会议，形成抢修方案的初步意见，技术人员再针对现场实际情况和检查组讨论的初步意见，进一步分析并查阅有关设计及施工资料，拿出详实可行的抢修措施。明确事故控制的范围和方法，使故障电缆处于可控状态。

（4）组织抢修队伍：

1）故障后，相关抢修小组应立即赶往事故现场。

2）抢修小组人员应各负其责首先完成抢修方案规定的任务。

3）抢修工作的总负责人应根据现场情况进行动态协调。根据事故抢修需要，确定是否增派施工队伍。施工队伍的到场时间应考虑到工序提前准备的需要，做到科学合理的安排。

4）抢修工作应严格执行安规有关规定，强化抢修关键环节、关键点的安全风险控制，使用事故应急抢修处理单和工作票，严格执行现场标准化作业指导书（卡）。

5）现场抢修严格按照有关检修规程标准的工艺、技术要求进行，确保抢修质量。对采取临时措施恢复供电的故障，做好安全措施和记录，及时进行彻底处理。

6）检修（抢修）班组应在抢修工作完成后 7 天内完成设备台账更新、资料归档及物料清点补充等工作。

7）电缆抢修人员统一着装，规范用语和行为。

（5）准备抢修工具、器材等物资：

1）如电缆沟需重新浇制，则应在第一时间落实砂、石料场、水泥厂家、钢材供应厂家，落实后随即取样送检并做配合比试验。试验结果出来前应尽量完成基础浇制的各项准备工作。在电缆沟施工过程中，应落实其他材料的供应。材料的供应设专人负责，并随时掌握供应的进度。

2）抢修期间，应 24h 有人值班，随时根据现场的需要落实材料和工器具的供应。

3）抢修所需的工器具、材料应专管专用（见表 29–1–3、表 29–1–4）。

表 29–1–3　　抢修主要工器具（按单回路考虑）

序号	名　称	型号或规格	单位	数量
1	液压吊车	25t	台	1
2	平板车	50t	台	1
3	货车	5t	辆	1
4	电缆校直机		台	2
5	电缆剥线器	JP–105	把	2
6	电缆砂皮机	9031 带式	台	2
7	电缆输送机	PSJ–150	台	12
8	电缆牵引机		台	2
9	输送机电源箱		只	12
10	发电机	YAMAHA	台	2
11	抽水泵		台	8
12	电动兆欧表	2500～5000V	只	2
13	放线架	16t	付	1
14	放线轴	100MM	根	1
15	手动葫芦	0.75×3	个	4
16	单开葫芦		只	5
17	千斤顶	20t	只	4
18	煤气包		只	4
19	喷枪		只	4
20	对讲机		台	10
21	穿管器	150M、200M	台	2
22	座式滑轮	228	只	23
23	转角滑轮	229	只	8
24	电焊机		台	1
25	钢丝绳		米	500
26	220kV 绝缘刀及刀架		套	6

续表

序号	名　称	型号或规格	单位	数量
27	带锯		把	4
28	盘锯		把	3
29	应力锥专用工具		个	2
30	200t 压钳		台	1
31	压模	对角线距离（102mm）	付	2
32	安全围栏		米	100

表 29–1–4　　电缆抢修耗材用料清单

序号	名称	数量	序号	名称	数量
1	酒精	根据工作量定	27	锌锡焊料	根据工作量定
2	保鲜膜	根据工作量定	28	四氟带	根据工作量定
3	纸	根据工作量定	29	棉球专用布料	根据工作量定
4	塑料布	根据工作量定	30	棉花	根据工作量定
5	玻璃	根据工作量定	31	砂带机用砂带 320#（目）	根据工作量定
6	相色带	根据工作量定	32	240#（目）砂纸	根据工作量定
7	无尘纸	根据工作量定	33	400#（目）砂纸	根据工作量定
8	硬脂酸	根据工作量定	34	棉纱	根据工作量定
9	口罩	根据工作量定	35	帆布手套	根据工作量定
10	铁丝	根据工作量定	36	帆布手套	根据工作量定
11	铁丝	根据工作量定	37	棉纱手套	根据工作量定
12	铅条	根据工作量定	38	医用手套	（大号）根据工作量定
13	盘锯锯片	根据工作量定	39	黄油	根据工作量定
14	带锯锯条	根据工作量定	40	油泥	根据工作量定
15	钢锯条	根据工作量定	41	滑石粉	根据工作量定
16	大红油漆	（1kg/瓶）根据工作量定	42	禁止攀登牌（搪瓷）	根据工作量定
17	中绿油漆	（1kg/瓶）根据工作量定	43	线路名称牌（搪瓷）	根据工作量定
18	中黄油漆	（1kg/瓶）根据工作量定	44	行灯灯泡	根据工作量定
19	油漆刷子	（25mm 宽）根据工作量定	45	自粘带	根据工作量定
20	铜扎线	根据工作量定	46	丁字架	根据工作量定
21	铜接管	根据工作量定	47	电缆包箍	根据工作量定
22	液化气	15kg/罐根据工作量定	48	海绵棒	根据工作量定
23	电缆标示贴纸	根据工作量定	49	套海绵棒用的金属杆	根据工作量定
24	汽油	根据工作量定	50	螺栓	根据工作量定
25	柴油	根据工作量定	51	美工刀片	根据工作量定
26	帽头	根据工作量	52	垫片	根据工作量定

（6）抢修施工。

1）抢修施工是一项非常复杂、严密的系统工程，施工前应进行详细的交底，要把每一个环节做细、做实，要把具体的任务落实到人。要充分做好后勤保障工作，要分秒必争。抢修工作中抢修领导小组及工作组有关领导应在现场指挥、协调。

2）施工前根据安全作业规程办理好相关手续。

3）抢修过程中电缆敷设、安装须保证线路处于检修状态。

4）要考虑到现场的道路、地形条件和气候条件的变化，提前对关键的道路进行修补或采取可靠措施，以确保施工的顺利进行。

5）施工时既要合理安排各道工序，又要注意避免在同一作业点同时作业。

6）夜间施工时应有可靠的照明、通信等措施。现场应布置隔离围栏和警告标志牌，并加强各关键施工点的监督、检查。

7）抢修过程中一定要特别注意安全，严格按施工措施进行作业，做好现场的监护工作。

8）加强现场安全监督和技术监督工作，坚决杜绝冒险违章作业和违反技术规定的作业。

9）施工完毕应立即进行检查，确认安装正确。

10）电缆线路发生故障，根据线路跳闸、故障测距和故障寻址器动作等信息，对故障点位置进行初步判断，并组织人员进行故障巡视，重点巡视电缆通道、电缆终端、电缆接头及与其他设备的连接处，确定有无明显故障点。

11）如未发现明显故障点，应对所涉及的各段电缆使用兆欧表或耐压仪器进一步进行故障点查找。

12）故障电缆段查出后，应将其与其他带电设备隔离，并做好满足故障点测寻及处理的安全措施。

13）电缆故障的测寻一般分故障类型判别、故障测距和精确定位三个步骤。

14）电缆故障的类型一般分接地、短路、断线、闪络及混合故障等五种。

15）电缆故障测距主要有电桥法、低压脉冲反射法和高压闪络法。

16）故障点经初步测定后，在精确定位前应与电缆路径图仔细核对，必要时应用电缆路径仪探测确定其准确路径。

（7）验收。

1）由于抢修时间紧迫，抢修工程验收应随工进行。每道工序完工并经自检后，立即进行检查验收，检查验收应请运行部门参加，对验收发现的问题当即进行消缺整改。

2）抢修施工全部完工，由施工单位自己进行三级验收后，再由检修部门、运行部门、施工单位共同进行，如有缺陷立即进行整改。

（8）抢修工作全部结束必须经过耐压试验合格后才能恢复搭头，向调度台汇报送电。

（9）收集资料。抢修工作结束后应做好资料管理工作。根据事故现场调查的情况收集有关的资料，以作为抢修施工和事故分析的依据，并作为本次抢修工作结束的资料归档。

1）电缆的设计和施工资料。

2）收集事故电缆的有关运行资料。

3）收集电缆线路故障段的样本资料。

4）收集电缆故障点周围相关环境的具体情况。

5）收集分析发生故障的原因初步资料。

6）收集本次电缆故障修复的一系列资料。

电缆故障修复速度直接影响到运行部门的经济效益和社会形象，也是衡量电缆运行部门的综合管理水平。因此电缆故障的修复，从接到电缆故障抢修命令，查资料、测故障寻找故障点，排除故障，修复故障到恢复送电，需要部门配合共同协作完成。为加快电缆故障修复速度，平时注重加强业务知识的学习与积累，熟练运用电缆故障测寻仪器，快速测出故障点。平时做好备品备件工作，尽可能地缩短抢修时间，为供电企业在社会上树立良好形象。

【思考和练习】

1. 简述故障探测的步骤。
2. 简述故障抢修的主要流程。
3. 简述故障抢修的准备工作有哪些。

第九部分

相 关 规 范

第三十章

电力电缆相关规范

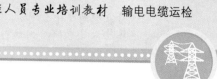

模块1 电力电缆设计规范（Z06B6001Ⅰ）

【模块描述】本模块介绍新建、扩建的电力工程中 220kV 及以下电力电缆和控制电缆的选择与敷设设计，通过知识讲解，掌握电力电缆设计规范的主要内容。

为使电力工程电缆设计做到技术先进，经济合理安全适用，便于施工和维护，制定本电力工程电缆设计规范。设计规范共有 9 个部分组成，分别为总则、导语、电缆型式与截面选择、电缆附件的选择与配备、电缆敷设、电缆的支持与固定、电缆防缺失与阻止延燃、附录以及规范的编制解释和用词说明。

本规范适用于新建、扩建的电力工程中 500kV 及以下电力电缆和控制电缆的选择与敷设设计。本规范对耐火性、耐火电缆、阻燃性、阻燃电缆、干式交联、水树、金属塑料复合阻水层、热阻、回流线、直埋铺设、线槽、工作井、电缆构筑物、挠性固定、刚性固定、电缆蛇形敷设等术语进行了定义和说明。

电缆型式与截面选择部分对电缆导体的材度、电缆参数、电缆绝缘水平、电缆绝缘类型、电缆护层类型、控制电缆及金属屏蔽、电缆导体截面的设计规定进行了明确的标准化。

电缆附件的选择和配置部分对一般的设计规定及自容式充油电缆的供油系统进行了明确和标准化。

电缆敷设部分中对电缆敷设方式的选择、地下直埋敷设、保护管敷设、电缆构筑物中的敷设、其他公用设施中的敷设、水下敷设等电力电缆的敷设方式的设计要求进行明确和标准化。

电缆的支持和固定部分中，对一般规定电缆支架及桥架的固定方式进行了明确和标准化。

电缆防火与阻止延燃部分对防火阻燃采取的安全措施、防火分隔的选择方式及技术特性、阻燃电缆及阻燃材料的选用等进行明确和标准化。

在设计规范中，对常用电力电缆导体的最高允许温度、10kV 及以下常用电缆经济电缆截面选用方法、10kV 及以下常用电缆允许 100%持续载流量、敷设条件不同时电缆允许持续载流量的校正系数、按短路热稳定条件计算电缆导体允许最小截面的方法、交流系统单芯电缆金属护层正常感应电势算式、35kV 及以下电缆敷设度量时的附加长度、电缆穿管敷设时容许最大管长的计算方式等进行了附表、附图及附计算公式。

设计规范的最后部分是对规范中“必须”“严禁”“应”“不应”“不得”“宜”“不宜”等用词的说明，以及对设计规范的编制说明解释。

电缆工程的设计除应符合本规范外，尚应符合现行相关国家标准。

【思考和练习】

1. 简述电缆终端的装置类型的选择应符合哪些规定。
2. 简述回流线的选择与设置应符合哪些规定。
3. 简述电缆路径的选择应符合哪些规定。

模块 2 电缆线路施工及验收规范（Z06B6002Ⅰ）

【模块描述】本模块介绍电力电缆线路安装工程及其附属设备和构筑物的施工及验收的技术要求，通过知识讲解，掌握电缆线路施工及验收规范的主要内容。

电缆装置安装规程电缆线路施工及验收规范是为保证电缆线路安装工作的施工质量，促进电缆线路施工技术水平的提高，确保电缆线路安全运行而进行制定。

本规范规定了电缆线路安装工程及附属设备和构筑物设施的施工及验收的技术要求。本规范适用于 500kV 及以下电力电缆、控制电缆线路安装工程的施工及验收。该规范共有 9 个部分组成，分别为总则、术语、电缆及附件的运输与保管、电缆线路附属设施和构筑物的施工、电缆的敷设、电缆附件的安装、电缆线路防火阻燃设施的施工、工程交接竣工附录及编制说明。

总则部分主要介绍了本规范的编制依据和准则，同时对矿业、船舶、冶金、化工等有特殊要求的电缆安装工程也应符合本专业规程和相关规定。

本规范对电缆本体、金属套、铠装层、终端、接头、电缆分支箱、附件、电缆支架、电缆桥架及电缆导管等术语进行了定义和说明。

电缆及附件的运输和保管部分对电缆及附件的运输、贮存、保管、装卸、电缆盘的滚动、电缆及附件到达现场后的检查、防火材料的检查以及充油电缆的油压检查等规定进行说明和标准化。其中对电缆及其附件的受损和防潮作了特别说明。

电缆线路附属设施和构筑物的施工部分对电缆管的加工及敷设，电缆支架的配置及安装，电缆线路其他防护设施与构筑物的施工验收等规定进行了明确和标准化。其中对于电缆管的埋深、连接有详细的要求。现场中，有时由于施工的不规范和验收的不细致，管线埋深不够，造成了运行的极大隐患，应予以注意。

电缆敷设部分对关于施工验收的一般规定、直埋电缆的敷设、电缆导管内电缆的敷设、电缆构筑物中电缆的敷设、桥梁上电缆的敷设、电缆的架空敷设等方面的规定进行了明确和标准化。其中对于电缆的拉力、弯曲半径、施放速度作了明确的规定。现场中，有时由于土建不规范，施工队伍不规范，野蛮施工，对电缆的本体造成一定程度的损伤，短时内难以发现，长期运行后，将大大缩短电缆的使用寿命。本章节还对电缆间、电缆与道路、电缆与构筑物等平行或交叉时的最小净距进行了明确规定，它是不同部门间的设备（物产）相互不受影响的基本规定。现场中，大家一定要严格遵守相关规定，避免重大或恶性事件的发生。

电缆附件的安装部分对关于施工及验收的一般规定，准备工作，电缆附件安装要求等方面的规定进行了明确和标准化。电缆附件的安装是电缆运行寿命的重要组成部分，它关系电网的运行安全，因此，一定要加强业务培训，重视基本功的训练。

电缆线路防火阻燃设施的施工部分规定在本规范中进行了明确和标准化，防火问题责任重大，它关乎千家万户，社会影响重大，因此必须予以高度重视。

工程交接验收部分对施工验收内容以及验收的提交资料和技术文件的规定进行了明确和标准化。

本规范的最后是对侧压力和牵引力的常用计算公式的附录以及对规范的编制说明解释。

电缆线路和施工及验收除按本规范的规定执行外，尚应符合国家现行的有关标准规范的规定。

【思考和练习】

1. 电缆线路的附属设施包括哪几部分？
2. 电缆工程验收包括哪些内容？
3. 电缆设备缺陷分为哪几类？

模块3 电气装置安装工程接地装置施工及验收规范（Z06B6003Ⅰ）

【模块描述】本模块介绍电力电缆线路安装工程及附属设备和构筑物设施的施工及验收的技术要求。通过知识讲解，了解电气装置安装工程接地装置施工及验收的相关要求。

为保证接地装置安装工程的施工质量，促进工程施工技术水平的提高，确保接地装置安全运行，制定本规范。本规范适用于电气装置的接地装置安装的施工及验收。

本规范共有总则、术语和定义、电气装置的接地、工程交接验收等几部分。

总则部分介绍了本规范的编制依据和适用范围。

术语部分是对接地体、接地线、接地电阻、安全接地、接地网等名词的解释和说明。

电气装置的接地部分是对一般接地装置的施工和验收规定、接地装置的选择、接地装置的敷设、接地体的连接、避雷针（线、带、网）的接地、携带式和移动式电气设备的接地等施工和验收的规定和标准化。

工程交接验收部分规定了验收时的检查要求和竣工时应提交的相关资料和文件。

规程的最后对规程中出现的“必须”“严禁”“应”“不应”“不得”“宜”“可”“不宜”等用词进行了说明以及本规程的编制解释说明。

接地装置的施工及验收，除按本规范的规定执行外，尚应符合国家规范的有关标准和规范的规定。

【思考和练习】

1. 简述故障探测的步骤。
2. 简述故障抢修的主要流程。
3. 简述故障抢修的准备工作有哪些。

模块 4 电力电缆运行规程（Z06B6004 Ⅰ）

【模块描述】本模块介绍电力电缆线路验收、运行、维护检修及故障处理等要求，通过知识讲解，了解电力电缆运行中的相关要求。

本规程规定了电缆线路的验收、运行、维护检修及故障处理等要求。本规程适用于额定电压为500kV及以下的交流电缆线路。本规程共有9个部分组成。分别是适用范围、规范性文件的引用、术语和定义、运行维护工作的基本要求、技术要求、验收、运行维护检修、故障处理和附录。

本规程在适用范围中明确了电压等级、规定验收、运行、维护检修及故障处理的要求，在规范性引用文件部分中对编制本规程引用的文件进行了归纳。

术语和定义部分对电缆线路、电缆系统、附属设备、附属设施、交叉互联箱、电缆护层过电压限制器、回流线、电缆分接箱、电缆线路缺陷、电缆线路故障、外力破坏保护、电缆线路巡视和检查、电缆线路状态检修、电缆线路技术资料等名词进行解释。

运行维护工作基本要求部分对运行单位的岗位职责、运维人员的培训、运维工作的贯彻方针进行规定。运行人员应熟知相关法律法规。运行单位应建立健全岗位责任制，明确分工，做到每段电缆线路有专人负责。

技术要求部分中对一般的运维要求、电缆的额定电压和绝缘水平、电缆的安全和防护能力、电缆金属屏蔽和铠装的接地方式、电缆敷设要求、其他的相关运维要求进行了规定和标准化。其中，交流三芯电缆线路的金属屏蔽层（金属套）、铠装层（及其他附属设备）应在电缆线路两终端和接头等部位实施直接接地。运行中由于环境等因素的影响，接地线极易腐蚀锈断，运维人员因及时修补，否则在电缆、架空线路或配电设备故障时，易引起故障范围的扩大。

验收部分中对一般的要求、资料的验收、试验验收进行规定和标准化。

运维部分中对资料管理、巡视检查、外力破坏防护、状态检修试验、缺陷和隐患管理、状态评价管理、备品备件、技术培训等内容进行了规定和标准化。

维护检修部分明确了维护检修的“应修必修，修必修好”的遵循原则，同时还明确了维护检修应依据电缆线路状态评价结果进行以及新规定的线路的检修依据等内容。

故障处理部分对故障查找与隔离、故障测寻、故障修复、故障分析等内容进行了规定和标准化。

规程的最后对电缆导体最高允许温度，敷设条件不同时电缆允许持续载流量及校正系数，电缆与电缆或管道、道路、构筑物等相互间容许的最小净距，电缆敷设和运行时的最小弯曲半径，电缆线路交接试验项目和方法，电缆线路的检修分类和项目等内容进行了附录。

【思考和练习】

1. 电力电缆接头的布置应符合哪些要求？
2. 电力电缆标志牌的布置应符合哪些要求？
3. 电缆的固定应符合哪些要求？

模块 5 电缆线路管理规范（Z06B6005 Ⅰ）

【模块描述】本模块介绍电缆线路的设计、建设、改造、运行、检修、技术监督、安全、培训等管理工作的规范性要求，通过知识讲解掌握电缆线路管理规范的主要内容。

本规范是为加强电缆及通道运维管理水平，确保电缆及通道安全可靠运行，提升运维标准化精益化管理水平，依据国家和行业有关政策、法律法规以及公司有关制度标准及其他规范性文件进行制定。

本规范共 18 个模块组成，分别为总则、自责分工、生产准备、工程验收、巡视管理、通道管理、状态评价、带电检测与在线监测、缺陷管理、隐患管理、专项管理、电缆及通道标准化运维管理、运行分析管理、电缆及附属设备退役、档案资料管理、人员培训、检查考核、附则。

总则部分对规程的编制依据、适用范围进行了规定和标准化，解释电缆及通道运维管理的含义。

职责分工部分对电缆及通道运维管理工作实行归口管理，明确国网公司、省、地市、县公司、运维班组、乡镇供电所的运维职责和分工。

生产准备部分规定和要求运检部门提前介入电缆工程前期工作，组织参与可研、初设评审、图纸审查等技术审查工作，明确了工程竣工投运前应完备的管理资料和台账及工器具与备品备件的移交和接收。

工程验收部分明确了电缆的验收标准和管理制度；验收时对资料的管理和归档；同时还明确了设备交接试验应按国家、行业、公司相关制度标准及其他规范性文件进行。

巡视管理部分明确巡视对象即电缆本体、附件、附属设备及附属设施等，明确电缆及通道的巡视周期和特殊巡视的要求，还明确了巡视检查的内容。

通道管理部分对管理制度和要求、通道断面的管理、进入通道前的安全要求、在通道中施工作业的管理要求进行了规定和标准化。

状态评价部分对评价依据进行明确、对设备信息收集的时限、设备定期评价、设备动态评价等内容进行规定和标准化。

带电检测与在线监测部分对开展和实施检测监测的依据进行了明确；对检测监测的范围、项目、周期以及检测监测完毕后的报告、资料管理进行了规定和标准化。

缺陷管理部分对缺陷管理的依据进行了明确，对缺陷的分类；清除缺陷的时限和周期进行了规定和标准化。

隐患管理部分对隐患管理的依据进行了明确，对隐患等级进行划分；对隐患重点排查内容、排查方式及排查周期进行规定和标准化。

专项管理部分对运维单位的管理职责，运维人员的职责；对电缆通道发生外力破坏的管理工作，对于旧电缆通道的评估，变电站的电缆层、电缆竖井、电缆隧道以及电缆沟的防火封堵防水封堵等要求进行了规定和标准化。

电缆通道表标准化管理部分明确了电缆及通道标准化管理的要求和内容。

运行分析管理部分明确了电缆运行分析的内容和范围以及运行分析后上报国网公司、省、地市、县公司的时限和要求。

电缆及附属设备退役部分明确了电缆及附属设备申报退役的流程和管理制度。

档案资料管理部分明确了管理范围的内容以及档案资料的管理原则。

人员培训部分明确了对人员培训的管理、周期和内容。

检查考核部分明确了考核时间和周期，并要求纳入单位年度绩效考核。

附则部分明确本规范的施行时间，附属了电缆及通道生产管理和运维管理的流程图，附属了电缆运行分析报告模板、年度电缆专业总结报告模板、电缆故障信息报运及专题分析要求和电缆故障分析报告模板。

【思考和练习】

1. 解释电缆及通道运维管理的含义。
2. 电缆及通道运维管理工作中，地市公司运维的职责和分工各是什么？
3. 简述电缆及附属设备申报退役的流程。

模块 6　电缆通道管理规范（Z06B6006Ⅰ）

【模块描述】本模块介绍电缆通道的基本技术要求，运行管理与验收、巡视检查、隐患排查与治理、状态评价等工作的规范性要求，通过知识讲解，掌握电缆线路通道管理规范的主要内容。

本规范为贯彻“安全第一，预防为主，综合治理”的方针，规范国网公司电缆通道的专业管理，全面提高电缆通道安全生产工作水平，特制定本规范。

本规范具有以下几个部分组成，分别是总则，基本要求，管理职责，建设，改造和验收管理，运行监视管理，隐患排查和治理，状态评价以及附则。

总则部分主要介绍了本规范编制依据和适用范围、对电缆通道的定义进行解释。

基本要求部分明确了电缆通道建设和设计原则，对电缆通道内电缆的排列、固定方式、支架的安装、照明、防火、防水、通风和通信等系统进行了规定和标准化；对排管、电缆沟、隧道和桥梁等构筑物的建设进行了规定和标准化。

管理职责部分对电缆运行单位的管理职责进行了明确，对电缆通道的管理和技术资料进行了规定。

建设、改造和验收管理部分明确了电缆通道的建设、改造和验收依据，对进入电缆通道和在电缆通道内施工作业的管理职责以及程序进行了规定，同时还明确了电缆通道工程竣工验收前不得进行电气施工。

运行监视管理部分明确了电缆通道的监视周期、电缆通道内外部的监视内容以及发现异常后的处理方法。

隐患排查和治理部分明确了电缆通道隐患防控原则、电缆通道的隐患分类以及消除各种电缆通道隐患的方法。

状态评价部分明确了电缆通道状态评价依据，明确了电缆通道状态评价标准；对评价报道以及如何编制评价报告进行了解释。

附则部分附属了电缆通道状态评价标准和电缆通道状态评价表格。

【思考和练习】

1. 电缆通道的隐患主要包括哪些内容？
2. 电缆线路运行单位的主要职责包括哪些内容？
3. 运行单位建立完善电缆通道的技术资料主要包括哪些内容？

模块7　电力设备交接和预防性试验规程（Z06B6007Ⅰ）

【模块描述】本模块介绍各种电力设备交接、预防性试验的项目、周期和要求，通过知识讲解，掌握电力设备交接和预防性试验规程的主要内容。

本模块主要针对《国网输变电电设备状态检修试验规程》和《电气装置安装工程 电气设备交接试验标准》进行学习（具体执行标准以最新指导文件为准）。

规范的前言主要明确了编制依据和适用范围以及引用的规范性文件。规范中对各类检修、各类预防性和交接试验的名词术语进行了解释。

在规范中主要针对金属氧化物避雷器、电力电缆、接地装置等方面的试验方法和标准进行学习；规范中对电缆线路的试验项目和类型、电缆线路的试验接线方法、试验中的注意事项和环境要求进行了规定和标准化；对纸绝缘电缆、充油绝缘电缆的直流耐压试验标准、充油电缆及附件内和压力箱张绝缘油试验项目和要求、橡塑电缆20～300Hz 交流耐压试验标准等内容进行了规定；规范中对金属氧化物避雷器的巡检和例行试验项目进行规定和标准化；对交叉互联系统的试验方法的标准进行了规定和标准化；对接地装置的试验方法和标准进行了规定和标准化。

【思考和练习】

1. 简述电缆线路交叉互联系统的试验方法和要求。
2. 简述电缆线路中油压示警系统信号指示的试验方法和要求。
3. 简述金属氧化物避雷器的试验方法和要求。

第三十一章

电力安全工作规程

模块 国家电网公司电力安全工作规程（电力线路部分）（Z06A6001Ⅰ）

【模块描述】本模块包含保证送、配电线路施工、运行和维护、带电作业、电力电缆施工等工作安全的组织和技术措施，以及施工机具和安全工器具的使用、保管、检查和试验等内容，通过知识讲解和案例分析，掌握《国家电网公司电力安全工作规程（电力线路部分）》的相关内容。

为加强电力生产现场管理，规范各类工作人员的行为，保证人身、电网和设备安全，依据国家有关法律、法规，结合电力生产的实际，制定本《国家电网公司电力安全工作规程（线路部分）》。

本规范共 13 个部分组成，分别是总则，保证安全的组织措施，保证安全技术措施，线路运行和维护，临近带电导线的工作，线路施工，高处作业，起重与运输，配电线路上的工作，带电作业，施工机具和安全工器具的使用、保管、检查和试验，电力电缆工作，一般安全措施以及附录。

总则部分明确了编制依据，对作业现场的基本条件、作业人员的基本条件、教育培训等内容进行了规定和标准化。

保证安全的组织措施部分对在电力线路上的工作，保证安全的组织措施、现场勘察制度、工作票制度、工作许可制度、工作监护制度、工作间断制度、工作终结和恢复送电制度进行了规定和标准化。

保证电力线路安全工作的技术措施对在电力线路上的工作、保证安全的技术措施、停电、验电、装设接地线、使用个人保安线、悬挂标示牌和装设遮拦（围栏）等内容进行了规定和标准化。

线路运行和维护部分对线路巡视、倒闸操作、测量工作、砍伐树木等内容进行了规定和标准化。

临近带电导线的工作部分对在带电杆塔上的工作、临近或交叉其他电力线路的工

作、同杆架设多回路线路中部分线路停电的工作、临近高压线路感应电压的防护等内容进行了规定和标准化。

线路施工部分对坑洞开挖与爆破，杆塔上作业，杆塔施工，放线、紧线与撤线等内容进行了规定和标准化。

高处作业部分对高处作业进行了定义，对高处作业时的安全注意事项、安全带的使用、梯子的使用、脚手架的安装等内容进行了规定和标准化。

起重和运输部分对起重和运输的一般规定、起重设备的一般规定、人工搬运等内容进行了规定和标准化。

配电线路上的工作部分对配电线路上工作的一般规定、架空绝缘导线作业、装表接地等内容进行了规定和标准化。

带电作业部分对一般规定，一般安全技术措施，等电位作业，带电断、接引线，带电短接设备，带电清扫机械作业，带电爆炸压接，高压绝缘斗车臂作业，保护间隙，带电检测绝缘子，配电带电作业，低压带电作业，带电作业工具的保管、使用和试验等内容进行了规定和标准化。

施工机具和安全工器具的使用、保管、检查和试验部分对一般规定，施工机具的使用要求，施工机具的保管、检查和试验，安全工器具的保管、使用、检查和试验等内容进行了规定和标准化。

电力电缆工作部分对电力电缆工作的基本要求、电力电缆作业时的安全措施等内容进行了规定和标准化。

一般安全措施部分对一般规定，设备的维护，一般电气安全注意事项，工具的使用，焊接、切割，动火工作等内容进行了规定和标准化。

规程的最后部分对电力线路第一种工作票格式；电力电缆第一种工作票格式；电力线路第二种工作票格式；电力电缆第二种工作票格式；电力线路带电作业工作票格式；电力线路事故应急抢修单格式；电力线路工作任务单格式；电力线路倒闸票格式；标示牌式样；带电作业高架绝缘斗臂车电气试验标准表；绝缘安全工器具试验项目、周期和要求；登高工器具试验表标准表；起重机具检查和试验周期、质量参考标准；线路一级动火工作票格式；线路二级动火票格式；动火管理级别的划定；紧急救护法等进行了附录。

【思考和练习】

1. 简述在哪些情况下应组织现场勘查。
2. 专职监护人离开时，应如何办理手续？
3. 在电力线路上工作时，保证安全的组织措施有哪些？

参 考 文 献

[1] 史传卿. 电力电缆·供用电工人职业技能培训教材. 北京：中国电力出版社，2006.
[2] 史传卿. 电力电缆·供用电工人技能手册. 北京：中国电力出版社，2004.
[3] 史传卿. 电力电缆·安装运行技术问答. 北京：中国电力出版社，2002.
[4] 梁曦东，陈昌渔，周运翔. 高电压工程. 北京：清华大学出版社，2003.
[5] 邱昌容. 电线与电缆. 西安：西安交通大学出版社，2007.
[6] 陈家斌. 电缆图表手册. 北京：中国水利水电出版社，2004.
[7] 李国正. 电力电缆线路设计施工手册. 北京：中国电力出版社，2007.
[8] 陈珩. 电力系统分析. 北京：中国电力出版社，1995.
[9] 阮礽忠. 电气识图. 福州：福建科技出版社，2008.
[10] 董崇庆，陈黎来. 电力工程识绘图. 北京：中国电力出版社，2004.
[11] 白公. 怎样阅读电气工程图. 北京：机械工业出版社，2009.
[12] 陈家斌. 电缆图表手册. 北京：中国水利水电出版社，2004.
[13] 李宗廷. 电力电缆施工. 北京：中国电力出版社，1999.
[14] 李宗廷，王佩龙，赵光庭，等. 电力电缆施工手册. 北京：中国电力出版社，2002.
[15] 李建明，朱康. 高压电气设备试验方法. 北京：中国电力出版社，2001.
[16] 王伟. 交联聚乙烯（XLPE）绝缘电力电缆技术基础. 西安：西北工业大学出版社，2005.
[17] 朱启林. 电力电缆故障测试方法与案例分析. 北京：机械工业出版社，2008.
[18] 韩伯锋. 电力电缆试验及检测技术. 北京：中国电力出版社，2007.
[19] 何利民，尹全英. 怎样阅读电气工程图. 北京：中国建筑工业出版社，1987.
[20] 游智敏，李海. 上海电力隧道及运行管理. 上海：全国第八次电缆运行经验交流会，2008.